中国轻工业"十四五"规划立项教材
高等学校植物生产类专业应用型本科教材

植物生理学

龚月桦　　何龙飞　　主编

中国轻工业出版社

图书在版编目（CIP）数据

植物生理学／龚月桦，何龙飞主编. — 北京：中国轻工业出版社，2023.2

ISBN 978-7-5184-4182-2

Ⅰ. ①植… Ⅱ. ①龚… ②何… Ⅲ. ①植物生理学 Ⅳ. ①Q945

中国版本图书馆 CIP 数据核字（2022）第 207639 号

责任编辑：贾　磊

文字编辑：王　欣　　责任终审：唐是雯　　封面设计：锋尚设计
版式设计：王超男　　责任校对：朱燕春　　责任监印：张　可

出版发行：中国轻工业出版社（北京东长安街 6 号，邮编：100740）
印　　刷：北京君升印刷有限公司
经　　销：各地新华书店
版　　次：2023 年 2 月第 1 版第 1 次印刷
开　　本：787×1092　1/16　印张：23.5
字　　数：520 千字
书　　号：ISBN 978-7-5184-4182-2　定价：55.00 元
邮购电话：010-65241695
发行电话：010-85119835　传真：85113293
网　　址：http://www.chlip.com.cn
Email：club@ chlip.com.cn
如发现图书残缺请与我社邮购联系调换
200855J1X101ZBW

本书编写人员

主　　编　龚月桦（宜宾学院）

　　　　　　何龙飞（广西大学）

副主编　赵　霞（宜宾学院）

　　　　　　付　饶（四川大学）

参　　编　杨贵利（贵州大学）

　　　　　　赵　鑫（宜宾学院）

　　　　　　高　刚（宜宾学院）

　　　　　　黄秋兰（宜宾学院）

前 言
Preface

　　植物生理学是研究植物生命活动规律及其与环境相互关系的科学，是植物生产类等专业重要的专业基础课。通过本课程的学习，学生能了解植物物质和能量代谢的基本理论，掌握植物生长发育的基本规律和环境对植物生命活动的影响，为后续课程的学习打下基础。

　　本教材按照"代谢生理-生长发育-逆境生理"的基本框架进行编写，包括绪论和正文十一章内容。在阐明植物生理学基本概念和基本理论的基础上，既跟踪学科发展前沿又注重理论联系实际，并且为适应新形势下"课程思政"的教学改革要求提炼出课程思政案例。

　　为了反映学科发展和适应 21 世纪高素质人才培养的需求，编写时我们参考了比较经典的植物生理学方面的著作、教材和其他相关文献，由宜宾学院、广西大学、四川大学、贵州大学的一线教师分工协作编写了本教材。本教材由龚月桦、何龙飞任主编，由龚月桦统稿并制作配套的教学课件。具体编写分工：绪论由宜宾学院龚月桦编写，第一章由贵州大学杨贵利和龚月桦编写，第二章由宜宾学院赵霞编写，第三章由赵霞和龚月桦编写，第四章由宜宾学院赵鑫编写，第五章由龚月桦编写，第六章由赵鑫和龚月桦编写，第七章由四川大学付饶和龚月桦编写，第八章由龚月桦编写，第九章由龚月桦和宜宾学院高刚编写，第十章由宜宾学院黄秋兰编写，第十一章由广西大学何龙飞和龚月桦编写。

　　本教材是宜宾学院 2021 年教材建设立项出版项目（编号 JC202109）。编写过程中宜宾学院学生张家豪、王棚和杨静思帮助查找资料，任静老师进行图片的整理修饰，在此表示衷心的感谢。

　　由于编者水平有限，教材中难免有疏漏和不足之处，敬请读者批评指正。

编者

2022 年 11 月

目　录
Contents

绪论

一、 植物生理学的定义和研究对象

植物生理学（Plant Physiology）是研究植物生命活动规律及其与环境相互关系的科学。从学科发展过程来看，植物生理学是植物学的一个分支，是在认识植物形态、解剖结构和分类的基础上，用不断发展的生物学、物理学、化学的理论和方法研究植物生命活动规律的科学。

植物生理学研究的对象是各种植物，但主要还是研究与人类生产生活关系密切的高等植物，如农作物、果树、蔬菜、木材等。植物生理学的任务就在于研究和了解植物在各种环境条件下进行生命活动的规律和机理，从而将这些研究成果应用于一切利用植物生产的事业中，从而促进生产、改善生活。当然，在涉及机理研究时，也常用低等植物做材料，因为低等植物结构简单，易于控制研究条件，容易研究某一特定生理活动的机理。

二、 植物生理学的研究内容

植物的生命活动是在水分代谢、矿质营养、光合作用和呼吸作用、物质运输与分配等基本代谢的基础上，表现出种子萌发、幼苗生长、器官运动、开花、授粉受精、果实和种子成熟等生长发育过程；同时，植物体内存在复杂的信息传递和信号转导网络来调控代谢和生长发育，达到与环境的协调和统一。因此植物生理学研究的内容总体分为三方面：代谢生理、生长发育、信息传递和信号转导。

代谢生理是物质和能量的转化。植物代谢生理主要研究水分代谢、矿质营养、光合作用、呼吸作用、有机物质的转化、运输与分配等生理活动规律及代谢过程，代谢生理是植物生长发育的基础。

生长发育生理是植物生命活动的外在表现，包括种子萌发、器官生长、开花、受精、结实、衰老、脱落、休眠等生长发育过程。生长发育生理是植物代谢生理的对外综合表现。

信息传递和信号转导是植物适应环境的重要环节。信息传递主要指内源或外源的物理或化学信号在植物整体水平的传递过程（如根、冠间的信息传递）；信号转导多指在单个细胞水平上的信号传递过程，又称为细胞信号转导。植物的代谢途径异常复杂，不同代谢途径之间既相互联系又相互制约，同时植物生活在复杂多变的环境中，植物的代谢及生长发育也会受环境因素的影响。植物通过体内复杂的信息传递和信号转导过程感知环境变化、对各种代谢途径进行调控，这些信息传递和信号转导又与植物体内的遗传信息表达密切相关，进而影响植物的生长发育。

另外，外界环境条件对植物的生命活动有影响，如水分、温度、光照等。过去多是研究适宜条件下植物的代谢和生命活动规律，现在人们越来越关注植物在各种不适宜条件（逆境）下的生理变化，如水分缺乏、低温、盐渍等对植物的生理过程有何影响，为什么有些植物能适应、抵抗逆境，怎样培育适应性强的品种来提高植物的生存能力，在农业生产中如何才能稳产、高产。这形成了逆境生理研究的内容。

三、 植物生理学的产生和发展

植物生理学是一门实验性学科，作为一门独立完整的学科体系，在其形成之前，在劳动人民长期的生产实践中就出现了植物生理学知识的萌芽（17 世纪以前）。早在公元前 1400—前 1100 年，我国古代劳动人民在农业生产中就总结出许多涉及植物生理的朴素知识。例如，在甲骨文的卜辞上就反映出作物生长与水分、太阳有密切的关系。在公元 6 世纪北魏贾思勰所著的《齐民要术》中则更全面地总结了劳动人民在农业技术上的成就，其中涉及作物对水分和肥料的需要，植物的性别，种子的处理、繁殖和贮藏等知识，如我国首创了豆科与谷类作物的轮作法。该书里描述的"热进仓法"（日曝令干，及热埋之）贮藏小麦，至今仍在民间应用；"粪种法"（即用粪水浸泡种子）及"七九闷麦法"（即春化法）等，这些都符合现代植物生理学的原理。在西欧，罗马人使用的肥料，除动物的排泄物外，还包括某些矿物质，如灰分、石膏和石灰等，他们也知道绿肥的作用。

所有这些都说明古代劳动人民的生产实践促进了植物生理学的萌芽。但是这些还只是感性认识，真正科学的植物生理学研究开始于 17 世纪。从 17 世纪开始，植物生理学的发展分为 3 个阶段。

（一）植物生理学的孕育阶段（17 世纪至 19 世纪中期）

植物生理学的孕育阶段从探讨植物营养问题开始。1629 年荷兰人海尔蒙（J. B. van Helmont）进行了有名的柳树实验。他把一株质量为 2.27kg 的柳树枝条栽培在盛有 136.08kg 土的桶里，只给它浇水；5 年后柳枝质量增加了 75kg，而土壤减少 0.06kg。海尔蒙当时得出两个结论：植物不能从土壤中获得全部的营养，植物生长需要水；他的另一个结论是植物从水中获得大多数的营养。虽然他的结论只是部分正确，但是他的实验引起了人们在农业生产上对灌溉的重视。1699 年，英国的伍德沃特（J. Woodward）用雨水、河水、泉水、土壤溶液培养薄荷，结果发现只有在最后一种情况下，植物生长最好。因此他得出结论：植物生长不仅需要水，还需要土壤。后来证明植物是从土壤中吸收了矿质营养。其后英国的海尔斯（S. Hales）研究蒸腾，解释水分的吸收与运转。

1771—1779 年，英国的普利斯特利（J. Priestley）对燃烧和呼吸进行了一系列的研究，认为燃烧时空气会被污染，因而不能供动物呼吸。随后他设计了下列试验：将老鼠放在一封闭的玻璃钟罩内，几天后老鼠死去；若把一株绿色植物与老鼠一起放在密闭钟罩内，老鼠不死。他认为绿色植物可以净化空气。由于他终生信奉燃素学说，他认为绿色植物能放出"脱燃素空气"。但是有人重复 J. Priestley 的实验却得出相反的结果，即植物也能使空气变坏。1779 年荷兰的因根浩滋（J. Ingenhousz）根据这些矛盾的结果进行了 500 次试验，研究发现植物只有在光下才能净化空气。1782 年法国化学家拉瓦锡（A. L. Lavoisier）摆脱传统思想的束缚，大胆地提出氧化的概念，形成了燃烧的氧化理论，指出所谓的"脱燃素空气"实际上就是 O_2，推翻了统治化学界近 100 年的燃素学说，指出动物的呼吸实质上是缓慢氧化。随着空气组分的发现，1785

年人们才明确植物的绿色叶片在光下放出的气体是 O_2，吸收的是 CO_2。1804 年瑞士的植物生理学家索苏尔（T. de Saussare）证实了植物在光下吸收 CO_2 和释放 O_2 的体积相等，植物中的碳素是从空气中得来的；H_2O 也是光合作用的原料。

1840 年德国的李比西（J. von. Liebig）编写的《化学在农学和生理学上的应用》出版，书中建立了矿质营养学说，指出植物体内所有的矿物都是从土壤中获得的，提出施矿质肥料以补充土壤营养的消耗。这一阶段的研究建立了土壤营养和空气营养的观念。

（二）植物生理学的诞生阶段（19 世纪中期至 20 世纪初期）

第二阶段从 1840 年李比西建立矿质营养学说到 1904 年《植物生理学》出版，经历约半个世纪。

19 世纪 40 年代，法国的布森格（G. Boussingault）用实验证明植物不能利用空气中的氮素：他将向日葵种在烧过的砂砾土中，土中原有的 C、H、O、N 以气体释放后，向日葵生长得很小，测得植株含氮量等于原种子的含氮量；若往土中加入硝石（含无机态氮，主要成分 KNO_3）后，植株生长繁茂。此实验证明，植物不吸收空气中游离态氮，可吸收无机态氮。1859 年德国的克诺普（W. Knop）和费弗尔（W. Pfeffer）用溶液培养植物获得成功，为植物营养理论的发展做出了很大的贡献。

19 世纪自然科学的三大发现（细胞学、能量守恒定律和进化论）为植物生理学的发展提供了重要基础。例如，在细胞学的基础上费弗尔和凡特·霍夫（Vant Hoff）对渗透现象进行了全面研究，推动了人们对水分进出细胞的研究。19 世纪 60 年代，俄国植物生理学家季米里亚捷夫（Gimiriazev）对叶绿素吸收光谱进行研究，发现红光是光合作用最有效的光，证明光合作用符合能量守恒定律。德国的萨克斯（J. Sachs）对植物的生长、光合、矿质营养进行了很多研究，他于 1864 年观察到植物在光下可产生淀粉粒且不断增大，证明光合作用可以合成有机物，并第一次确定了光合作用的总方程式。1880 年进化论的奠基人查尔斯·罗伯特·达尔文（C. R. Darwin）关于植物运动的研究，出版了《植物运动的本领》，最终导致了 20 世纪植物内源激素的发现，大大丰富了植物生长控制的生理知识。出生于法国的德国人席姆佩尔（Schimper）1883 年证明淀粉在植物细胞的特定部位形成，他将其命名为叶绿体。1883 年德国的恩格尔曼（T. Engelmann）用水绵实验证明氧气是叶绿体释放的，叶绿体是绿色植物进行光合作用的场所，而且照射红光和蓝光释放氧气效率最高。

1882 年萨克斯在全面总结植物生理学以往研究成果的基础上编写了《植物生理学讲义》，1904 年萨克斯的学生费弗尔出版了一部三卷本的《植物生理学》，这就标志着植物生理学作为一门独立学科的诞生。因此萨克斯和费弗尔被称为植物生理学的两大先驱。

（三）植物生理学的发展与壮大时期（20 世纪初期至今）

20 世纪初，随着各学科领域的深化和发展及生产实践的需要，许多原属植物生理学的内容逐渐分化出来变成独立学科。例如：植物营养的研究已超出了植物生理学的内容而转变为农业化学；早期植物生理学中占一定地位的微生物学如固氮及寄生现象的生理逐渐离开植物生理学，完全成为微生物学研究的内容；20 世纪 30 年代以后，原属于植物生理学核心部分的代谢生理学，发展为生物化学。

20 世纪以来，科学技术突飞猛进，植物生理学也得到了快速的发展与壮大。如物理学、化学、细胞学、遗传学等学科的新思想、新方法不断涌现，同位素示踪技术、X 射线衍射、电子显微镜、层析、电泳、超速离心等现代化研究技术得以发展和应用，这些对于了解细胞的结构与功能、探索细胞内部代谢反应都有很大推动作用，使得 20 世纪植物生理学得到了快速发展与壮大。例如：20 世纪 20 年代发现了光周期现象；20 世纪 30—60 年代相继发现了五大类植物激素；1940 年，德国的 G. A. Kausche 和 H. Ruska 发表了第一张叶绿体的电镜照片，人们才了解叶绿体内部的结构；20 世纪 50 年代，发现 C_3 途径、光合作用原初反应；20 世纪 60 年代，C_4 途径、CAM 途径、光呼吸的发现把光合作用的研究推向新的阶段。20 世纪 50—60 年代证明植物细胞具有全能性，使得组织培养技术建立并在 20 世纪 70—80 年代飞速发展，现已在生产领域发挥很大作用。20 世纪 80—90 年代迅猛发展的分子生物学、分子遗传学等新学科和新技术兴起和发展，并交叉渗透到植物生理学中，推动了植物生理学在分子水平上去探讨植物生命活动的机理，出现了许多新概念和新理论，如源库关系、同化物装卸、细胞信号转导等。逆境生理的研究也获得了长足发展，对指导作物栽培以及培育抗逆、高产、优质作物新品种有重要理论意义。从 20 世纪 60 年代至今，光敏色素、隐花色素、向光素等相继发现，成花途径的阐明为调控植物生长发育打下理论基础。

进入 21 世纪后，随着基因组学、转录组学、蛋白质组学、代谢组学、表观遗传学等的发展，植物生理学已全面进入分子生物学时代，即在分子水平研究植物的生长、发育、代谢及其与环境的相互关系，有关研究进展将在各章进行介绍。

我国植物生理学起步较晚。1915 年钱崇澍（1883—1965）从美国留学回国，先后在金陵大学、厦门大学讲授植物生理学，是我国植物生理学的创始人。20 世纪 20—30 年代李继桐（1892—1961）、罗宗洛（1898—1978）和汤佩松（1903—2001）相继回国，分别在中山大学、中央大学、武汉大学从事植物生理学的教学、科研工作，是我国植物生理学的奠基人。中华人民共和国成立之后，我国的植物生理学获得了很大的发展，研究和教学机构剧增，队伍迅速扩大，研究成果众多。如殷宏章等的作物群体生理研究，汤佩松等首先提出植物呼吸代谢的多条途径，沈允钢等发现了光合磷酸化中间高能态，娄成后关于原生质的胞间运输、植物电生理的研究，在国际上都是较早被发现或提出的。最近 30 多年，我国的植物生理学研究逐渐接近国际水平，并在某些领域处于国际领先水平。如匡廷云等关于光合膜色素蛋白复合体结构的解析，组织培养技术在花药培养、单倍体育种和生产中的广泛应用，植物激素的作用机理，作物生长发育及产量和品质调控等方面在国际学术界占有重要地位。

四、 植物生理学对农业做出的贡献和发展趋势

植物生理学是植物学的分支学科，本身属于基础科学，是理论性的研究。而任何科学理论研究最终目的都是要运用理论知识改造和利用自然而造福于人类。植物生理学的研究对象和研究内容决定了它与以植物生产为基础的农业生产实践关系密切。

（一） 植物生理学对农业的贡献

植物生理学的每一次突破性进展都为农业生产技术的进步起到了巨大的推动作用。例如，对植物矿质营养的研究，使得农业生产中广泛施用化肥，这在增加粮食产量以满足世界人口剧增对食物的需求方面发挥了不可估量的作用。用溶液培养法来研究植物必需营养元素，应用于生产上就是无土栽培，在美国、俄罗斯、英国已广泛运用，我国设施农业也在迅猛发展，无土栽培正在兴起。研究植物激素的结构、作用、提取分离等，推动了生长调节剂、除草剂的人工合成及应用。对光合作用机理及其调节控制的研究，使人们在农业栽培时懂得合理密植、间作套种的道理。而根据如何提高光合效率而培育出的矮秆、株型紧凑作物品种导致了"绿色革

命"，大大提高了粮食产量。有关植物呼吸作用调控机理的研究则促进了果蔬保鲜技术的应用及产业化。对植物水分生理的研究，促进了节水灌溉理论和实践的发展。春化、光周期现象在引种、栽培、育种上的应用，使很多植物扩大了种植范围或提高了生产效益。在细胞全能性基础上发展起来的组织培养技术，现在已深入到生物科学的各个领域，如单倍体育种、突变体选育、原生质体融合、种苗快速繁殖等。

农业生产的发展也会不断对植物生理学的研究提出需要解决的新课题。比如现代设施农业的兴起，也带来一些与植物生理学密切相关的问题——弱光照及光质差异、密闭系统中空气质量问题及 CO_2 不足、多次连作造成病害加重、产品品质和风味调控等，这些都需要展开一系列植物生理学的研究加以解决。随着经济的发展和社会的不断进步，人们对农产品品质的要求越来越高，而品质的形成取决于植物生长发育过程中的代谢调控。在植物生理学逐步阐明各种代谢调控机制的基础上，结合基因工程和育种技术就有可能改造植物的物质代谢调控，从而达到改善谷物、蔬菜、水果营养品质的目的。而人工模拟光合作用，使粮食、蔬菜生产工厂化，具有重要的理论价值和实践意义。

总之，植物生理学的理论、技术研究和农业生产实践相结合，具有很强的生命力。

（二）植物生理学的发展方向

21 世纪是生命科学的世纪，作为自养生物的绿色植物在为人类增加食物、资源、能源，保护和改善环境中起着不可替代的重要作用。作为研究植物生命活动规律及其与环境相互关系的科学，植物生理学处在生命科学的枢纽，将向微观和宏观两个方向深入发展。

在微观方面，由于细胞学、遗传学、分子生物学的迅速发展，使植物生命活动机理的研究不断向分子水平深入。如利用突变体使得花发育生理及其遗传控制的研究取得了突破性进展；对光合机理的研究已经深入到光合膜蛋白复合体分子结构与功能的关系；激素作用机理的研究已深入到激素与受体蛋白的分子作用机制；将抗性基因转入一般植物、把豆科植物的固氮基因转入禾谷类作物改善植物的性状、提高产量等。而随着拟南芥、水稻等模式植物基因组全序列测定的完成，21 世纪植物科学的研究重点将逐步转向"功能基因组"研究，即研究与植物生长发育调控、作物重要农艺性状（如抗旱、抗病、水分和养分的高效利用、产量与品质形成等）表达密切相关的基因的功能及相互作用。所以，植物生理学研究表现出从植物个体到器官、组织、细胞、亚细胞、分子水平之后，再从分子、细胞、器官到个体水平的综合型研究趋势。从学科间的关系上看，植物生理学正是基因水平研究与性状表达研究之间的"桥梁"。

在宏观方面，植物生理学与生态学、环境科学相结合，产生了一些新的边缘学科如生理生态学、环境生理学等，使植物生理学的研究范围由植物个体扩大到植物群体、生态系统、生物圈，研究植物间的相互影响、植物群体与环境的关系、自然生态系统与农业生态系统中出现的生理问题等，如植物个体和植物群体光合作用及对光能的利用效率是不同的。在农业方面，植物生理学应用于生产的趋势也更加明显，如节水灌溉、合理密植、科学施肥、调控同化物运输分配提高产量、设施栽培等。

因此，植物生理学的研究表现出"分子→亚细胞→细胞→组织→器官→个体→群体→环境"的不同层次。系统科学、数学模拟、电子计算机及信息技术等新技术新理论在应用和发展过程中，不断地向植物生理学输入新理论、新技术、新方法，将会使植物生理学展现出崭新的面貌。可以预见未来植物生理学和农业的关系将更加密切，与环境保护、资源开发、食品工业、医药、轻工业及商业等的关系也将日益密切。

五、 植物生理学学习方法

植物生理学属于基础理论学科，也是一门实验学科，实践性很强，具有承上启下的作用。学习植物生理学需要有其他学科的知识为基础，如物理、化学、植物学、生物化学、土壤学、气象学等；同时，植物生理学又是后续课程的基础，如栽培学、农业化学等。

学好植物生理学，必须要有正确的观点和学习方法。

首先要有辩证唯物主义的观点。例如，生命现象本身就是矛盾的过程，如新陈代谢的同化、异化，根系吸水、叶片蒸腾失水，光合作用与呼吸作用等，植物就是在矛盾的过程中不断发展、生长发育的，所以在学习植物生理时尤其要以矛盾分析的方法分析问题。另外，环境条件会影响植物的生理活动，外因通过内因起作用。而且植物生命活动是非常复杂的，如光照不足、氮肥缺乏、温度过低、病害、衰老等任何一项，都会使叶色变黄。可能有多个矛盾因素同时作用，但要抓住主要矛盾，上面的例子中要分析在具体条件下的主要原因，问题便可迎刃而解。

其次应该有进化发展的观点。生命本身是不断进化发展的，既有遗传又有变异，有了变异才有了进化的可能。生命活动是动态的，植物与环境之间，植物体内的各种代谢过程之间，各器官生长、分化、发育之间都是紧密相连并处于动态变化之中，因此学习植物生理学也应该持进化发展的观点去认识植物的共性和个性。科学知识也是不断发展更新的，还应重视学习植物生理学研究中的思维方式和创新精神，注意了解学科发展的新成就、新动向；要在学习前人理论知识的基础上，学会提出问题、分析问题、独立思考、并进行独立探索。只有摆脱孤立、静止和片面的思维方式，才能学到真正有用的知识。

最后还要有实践的观点。植物生理学是一门实验学科，它需要进行各种实验，取得证据，才能发展植物生理学。因此要加强实验技能的训练，掌握科学的实验方法。此外，植物生理学诞生于农业生产实践，又要服务于生产实践，因此要重视观察和联系生产实际，在生产实践中去发现问题，进行周密的调查、研究、观察、分析，以解决生产实际中的问题，从生产实践和科学实验中提高和发展植物生理学的理论知识。

课程思政案例

普利斯特利在气体化学方面取得了巨大的成就，一是以其强烈的求知欲与非凡的勤奋为基础，二是得益于他精湛的实验技能。他发现了5种气体：一氧化氮、二氧化氮、氨、氯化氢、二氧化硫。而对于氧气，虽然在1774年的实验中就发现氧化汞在高温时分解释放出"脱燃素空气"，但由于他深信燃素学说的教条，躲避理论上的思考，只埋头于实验，因而陷入了狭隘的经验论，影响了他的认识进一步发展。他在访问欧洲时拜访了法国科学家拉瓦锡，向他介绍自己的研究并演示从氧化汞中提取气体的实验。拉瓦锡重复了他的实验，将自己的实验结果与普利斯特利的实验联系起来，指出所谓的"脱燃素空气"就是氧气。遗憾的是，普利斯特利虽然发现了氧气但不认识氧气；而拉瓦锡在实验的基础上很重视理论思考，摆脱传统思想的束缚，这使他在科学发展的历史长河中，实现了第一次化学革命，成为"近代化学之父"。因此，我们在学习和工作中不仅要勤奋努力，还要有创新精神。

第一章
植物的水分代谢

　　生命起源于水，任何生物都不能离开水。植物也不例外，水是植物生命活动不可缺少的环境和内部条件。植物只有在一定含水量的状态下，才能正常生长和发育。

　　植物的水分代谢（water metabolism）是指植物对水分的吸收、运输、利用和散失的过程。植物一方面需要不断地从环境中吸收水分，以满足生命活动的基本要求；另一方面又通过蒸腾作用将大量水分散失到环境中，并以此促进对土壤营养的吸收和体内物质的转运。

　　在农业生产上，俗语道"有收无收在于水"，也说明了水的重要性。研究植物水分代谢的规律，并以此为基础在作物栽培过程中进行合理灌溉，可以有效提高作物水分利用效率，对实现作物的高产和优质具有重要意义。

第一节　水在植物生命活动中的重要性

一、　植物的含水量

　　一般植物体含水量占植物组织鲜重的 70%～90%，但是植物体的含水量并不是均一的，也不是恒定不变的，会因植物的种类、器官和组织、年龄、环境条件的不同而有较大的差异。

　　草本植物的含水量高于木本植物，水生植物的含水量高于陆生植物，陆生植物的含水量高于旱生植物。水生植物的含水量基本在 90% 以上，草本植物含水量一般在 70%～80%，木本植物含水量一般在 40%～50%，而旱生植物的含水量更低，如地衣的含水量仅为 6%。

　　同一植物的不同部位含水量不同。例如，同一棵树木中，其幼根、嫩梢、绿叶的含水量为 80%～90%，树干的含水量为 40%～50%，休眠芽的含水量为 40%，风干种子的含水量为 10%～14%。总体而言，生命活动旺盛的植物器官含水量高。

　　同一器官或组织在不同生育时期含水量不同。植物含水量一般会随着植物木质化程度的增加而降低；植物器官在幼嫩时期的含水量通常较高，而在趋于衰老和死亡时期则较低。

　　同一植物生长在不同环境中含水量不同。通常生长在潮湿、阴凉的环境比生长在干燥、向阳的环境中的植物含水量更高。

植物含水量（WC）的表示方法有两种：一种是以鲜重为基础表示；另一种是以干重为基础表示。

$$WC = \frac{W_f - W_d}{W_f} \times 100\% \ \text{或} \ WC = \frac{W_f - W_d}{W_d} \times 100\%$$

还有另一个概念，相对含水量（RWC）：

$$RWC = \frac{W_f - W_d}{W_t - W_d} \times 100\%$$

式中　WC——含水量，%

　　　RWC——相对含水量，%

　　　　W_f——鲜重，g

　　　　W_d——干重，g

　　　　W_t——饱和鲜重，即植物组织吸足了水分时的质量，g

二、　植物体内水分存在的状态

水分在植物体内通常以自由水（free water）和束缚水（bound water）两种状态（形式）存在。水分的这两种存在状态是与原生质的性质密切相关的。细胞主要由原生质组成，原生质的化学成分主要是蛋白质，它可占细胞总干重的 60% 以上。蛋白质分子上有许多基团，既有疏水基团，如烷烃基、苯基等；也有亲水基团，如$-NH_2$、$-COOH$、$-OH$ 等。当蛋白质大分子溶于水时形成的是胶体溶液，而蛋白质分子则为胶体颗粒。蛋白质分子在水中其空间构型趋向于将疏水基团包在分子内部，而将亲水基团露在表面。因此蛋白质分子的表面会吸引很多水分子，形成很厚的水层。水分子距蛋白质胶粒越近，吸附力越强；水分子离胶粒越远，则吸附力越弱。

不被细胞中的胶体颗粒或渗透物质所吸引或吸引力很小，可以自由移动的水分称为自由水。自由水的特点是在温度升高时可以挥发，温度降低至冰点以下时会结冰。自由水的含量变化较大，流动性强，可以参与植物体内的各种代谢活动。植物细胞中绝大部分的水都是以自由水的形式存在，可以占到细胞内全部水分的 95% 左右。

被细胞中的胶体颗粒或渗透物质吸附，被束缚不能自由移动的水分称为束缚水。束缚水的特点是在温度升高时不会挥发，温度降低至冰点以下时也不会结冰。束缚水的含量较为稳定，不参与植物体内的代谢活动，不能作为溶剂。需要注意的是，自由水和束缚水的划分只是相对的，并没有绝对的界限，会随着植物体内代谢活动的变化而发生改变。

植物体内的自由水可直接参与各种代谢活动，如光合、呼吸、物质运输、植物生长等。所以自由水含量的高低是代谢旺盛与否的标志。如风干种子含水量为 10% ~ 14%，其中自由水很少，代谢活性很弱；吸水达 20% ~ 25% 后，自由水的含量显著增加，代谢活性明显增强。束缚水不参与代谢，其作用在于维持细胞原生质胶体的稳定，因此束缚水含量与植物的抗逆性有关。当自由水与束缚水比值高时，细胞原生质呈溶胶状态，植物代谢旺盛，生长较快，但抗逆性较弱；反之，当自由水与束缚水的比值低时，细胞原生质呈凝胶状态，代谢活性减弱，生长缓慢，抗逆性较强，以避免不良环境对细胞的伤害。因此，常根据自由水与束缚水的比值来衡量植物代谢活动和抗逆性的强弱。

三、 水在植物生命活动中的作用

（一） 水是植物细胞原生质体的重要成分

植物细胞的中央大液泡中含大量的水，而且其细胞质是一个胶体系统，该胶体系统有两种状态：凝胶和溶胶。含水较多的细胞，其胶粒完全分散在介质中，胶粒和胶粒之间联系减弱，胶体呈现液体状态，这种状态的胶体称为溶胶（sol）；含水量较少的细胞，其胶粒和胶粒相互结成网状，液体则分布于网眼内，胶体失去流动性而凝结近似固体状态，这种状态的胶体称为凝胶（gel）。植物细胞的含水量一般在 70%～90%，细胞质才能保持溶胶状态，植物细胞才能正常地进行分裂、伸长、分化及代谢活动。细胞若失水由溶胶状态变为凝胶状态，会引起植物细胞代谢活性减弱，进而导致植物生命活动微弱；若植物细胞进一步失水，可能会引起原生质体的破坏而最终导致植物的死亡。水也是维持生物膜脂双层结构所必需的。

（二） 水是生理生化反应和物质运输的介质

水分子具有极性，是自然界中溶解物质最多的良好溶剂。因此水是植物体内许多生理生化反应的良好介质，如光合作用中的碳代谢、呼吸作用中的糖降解、蛋白质和核酸代谢等都是在水介质中进行的。另外，植物不能直接吸收和运输固态的无机物和有机物，这些物质只有溶解在水中才能被吸收，如矿质元素的吸收、运输，光合产物的运输等。甚至气体交换，都需要以水作为介质才能进行。

（三） 水是植物代谢过程中的重要原料

水分子是植物光合作用的原料，在植物呼吸作用以及有机质合成和分解过程中也有水分子参与。

（四） 植物细胞的正常分裂和生长，需要有足够的水分参与

植物细胞的分裂和伸长对水分很敏感，缺水会影响细胞的分裂及伸长，植物生长受到抑制，最终导致植株矮小。

（五） 水能保持植物固有的姿态

植物细胞和组织中含有大量的水分，可以维持植物细胞的紧张度（即膨胀），使植物枝叶、花朵伸展挺拔，利于植物捕获光能、气体交换和授粉受精，也有利于植物根系在土壤中的生长和营养吸收，这是维持植物正常生命活动的必要条件。

（六） 水可调节植物体温以及周边环境

水分子具有很高的汽化热和比热。植物蒸腾作用散失了水分，同时也带走了热量，避免高温烈日灼伤叶片。而在寒冷的环境中，水分的高比热可使温度下降缓慢，有利于植物生命活动的正常进行。

水可以增加大气的湿度、调节土壤和土壤表面大气的温度，进而有效改善田间小气候。如作物栽培中，早春寒潮降临时给秧田灌水保温抗寒，就是利用水来调节农田小气候。

正是由于水分在植物生命活动中起着如此重要的作用，所以满足植物对水分的需要是植物体正常生存的重要条件。因此，在农业生产中要合理灌溉，适时灌溉。

第二节　植物对水分的吸收

植物的根、幼叶、幼茎、幼芽等都可以吸水，其中根系是吸水的主要器官。这些器官由很多细胞组成，所以要了解植物的吸水，必须先弄清细胞吸水的基本原理。20世纪60年代，人们将物理学中有关能量变化与运动、做功的关系引入水分进出细胞的研究中，提出了水势等相关概念。要了解植物对水分的吸收，就要掌握水势等基本概念。

一、　自由能与水势

（一）自由能

根据热力学原理，通常把所研究的所有物质称作一个系统，系统中所有的物质都具有能量。系统中物质的总能量可分为束缚能和自由能两种。束缚能是不能用于做功的能量，自由能是可以用于做功的那部分能量。

$$U = Q + G$$

式中　U——系统中物质的总能量，J

　　　Q——束缚能，J

　　　G——自由能，J

一般情况下，人们关心的是自由能而不是系统的总能量或束缚能，因为只有自由能才可以做功。自由能的绝对值很难测定，但是系统在变化前后，能量的变化是可以测定的。自由能的变化常以 ΔG 代表。

$$\Delta G = G_2 - G_1$$

式中　G_2——末状态的自由能

　　　G_1——初状态的自由能

若 $\Delta G>0$，说明系统变化过程中自由能增加，必须从外界获得能量，系统才能发生由状态1到状态2的变化；若 $\Delta G<0$，说明系统变化过程中自由能减少，系统由状态1向状态2的变化可以自发进行；若 $\Delta G=0$，说明自由能不增不减，系统处于动态平衡状态。

（二）化学势

1mol 的任何物质所具有的自由能被称为该物质的化学势，用 μ 表示，单位是 J/mol。化学势的绝对值是很难测定的，通常以某状态和标准状态的差值表示。

水的化学势记为 μ_w，和其他热力学参数一样，也是用相对值 $\Delta\mu_w$ 表示。一般以纯水的化学势 μ_w^0 作为比较标准，所以水的化学势差就是体系中水的化学势与同温同压下纯水化学势的差值。

$$\Delta\mu_w = \mu_w - \mu_w^0$$

因纯水的化学势 μ_w^0 规定为 0，则 $\Delta\mu_w = \mu_w$，即水的化学势差也可视为水的化学势。

（三）水势

植物生理学家通常采用一个相关的参数——水势（用 Ψ_w 表示）来衡量单位体积水的自由

能。水势就是每偏摩尔体积水的化学势（差），单位是 J/m^3。同温同压下，一个系统中水溶液与纯水之间的自由能（化学势）差值除以水的偏摩尔体积所得的商，称作水势。

$$\Psi_w = \frac{\mu_w - \mu_w^0}{\overline{V}_w} = \frac{\Delta\mu_w}{\overline{V}_w}$$

式中　Ψ_w——水势

$\overline{V}_w$——水的偏摩尔体积（即在温度、压强及其他组分不变的条件下，在无限大的混合体系中加入 1mol 水时使体系的体积发生的变化）

偏摩尔体积的具体数值随不同含水体系而异，在浓度很小的水溶液中，水的偏摩尔体积与纯水的摩尔体积 V_w 相差很小，因此实际应用时稀溶液中常用纯水的摩尔体积代替偏摩尔体积。

水势可以用能量的单位，也可以用压强的单位。因为化学势的单位是 J/mol，而 $J = N \cdot m$。而偏摩尔体积的单位是 m^3/mol，所以水势的单位为 N/m^2，这就是压强的单位 Pa（帕斯卡，简称帕）。水势的国际单位是帕（Pa），一般常用兆帕（MPa）。

规定 0℃ 一个大气压下纯水的水势为 0。这并不代表没有水势，就相当于将海平面定义为海拔高度为 0，是作为一个参比值。纯水不受任何物理的、化学的力量束缚，它的自由能最大，水势也最高。水中有溶质会使自由能下降，因此一切溶液的水势都比纯水的水势低，都为负值。溶液浓度越大，水势越低。如荷格兰特（Hoagland）营养液的水势为 -0.05MPa，海水的水势为 -2.5MPa，1mol/L 蔗糖溶液的水势为 -2.69MPa，1mol/L 氯化钾溶液的水势为 -4.5MPa。

从物理学知识中我们知道，任何物质的移动都需要消耗能量，自发进行的移动一定是由自由能较高处向自由能较低处进行。因此，在一个体系中，水分总是由水势高处向水势低处流动，直到水势相等，达到动态平衡为止。

二、 植物细胞的水势

植物细胞是吸水还是失水决定于细胞的水势。一个典型的植物细胞，其水势由溶质势、压力势、衬质势和重力势四部分组成：$\Psi_w = \Psi_s + \Psi_p + \Psi_m + \Psi_g$。

（一）溶质势（solute potential）

溶质势是指由于溶质颗粒的存在而引起体系水势降低的值，用 Ψ_s 表示，为负值。溶液的溶质越多，其溶质势就越低。

在渗透系统中溶质势表示溶液中水分潜在渗透能力的大小，因此又被称为渗透势（osmotic potential），与渗透压绝对值相等，符号相反。

$$\Psi_s = -\pi = -iCRT$$

式中　Ψ_s——溶质势，Pa

π——渗透压，Pa

i——溶质的解离系数，对非电解质（如蔗糖）来说 $i = 1$，对电解质来说它与浓度和每个分子解离产生的离子数目有关，很稀的溶液中 NaCl 的 $i = 2$，$CaCl_2$ 的 $i = 3$，而 0.1mol/L 的 NaCl 溶液的 $i = 1.872$，0.1mol/L 的 $CaCl_2$ 溶液的 $i = 2.601$

C——质量摩尔浓度（mol/kg），在稀溶液中可用体积摩尔浓度代替（mol/L）

R——摩尔气体常数［8.314J/(mol·K)］

T——绝对温度，K

此公式适用于稀溶液。

（二）压力势（pressure potential）

压力势是由于溶液的静水压（hydrostatic pressure）的存在而使体系水势改变的数值，用 Ψ_p 表示。正压力增加水势，负压力减小水势。压力势以标准大气压下的水作为参比态，1 个标准大气压下敞口烧杯中溶液的压力势规定为 0。水被压缩就产生正的静水压；水被拉拽产生负的静水压，即张力（tension）。

植物中正压力和负压力都可能发生。由于植物细胞有细胞壁，当细胞吸水时，细胞膨胀、体积增大，但细胞壁的伸缩性比原生质体的伸缩性小，所以原生质体的膨胀会对细胞壁产生一种向外的压力，称作膨压（turgor pressure）；同时细胞壁会对原生质体产生反作用力——向内的正压力，使细胞内的水被压缩，所以一般情况下细胞 Ψ_p 为正。膨压和 Ψ_p 相等。但在特殊情况下，压力势也会等于零或负值。如刚发生质壁分离时的细胞，Ψ_p 为 0；剧烈蒸腾引起细胞大量失水收缩，由于原生质体和细胞壁有黏着点，会对细胞壁产生向内的牵拉，细胞壁对原生质体的反作用力就是向外的张力，即负的静水压，此时 Ψ_p 为负值。所以，也可以说由于细胞壁压力的存在而引起的细胞水势的改变值，就是细胞的压力势。另外，当水在木质部导管时，也经常产生负静水压，此时 Ψ_p 为负。

（三）衬质势（matrix potential）

衬质（matrix）是指表面能够吸附水分的物质，具有潜在的吸水能力。衬质势是指由于亲水的衬质与水分子相互作用引起的水势降低值，用 Ψ_m 表示，一般为负值。例如，当水分被土壤颗粒、细胞内亲水性胶体物质和细胞壁微小孔道形成的毛细管表面吸附时，形成 1~2 水分子的薄层，水的自由能降低引起水势的降低值即为衬质势。但是当含水量很高时，衬质势很小，趋于零，常忽略不计。

（四）重力势（gravity potential）

重力势是指由于重力的存在使体系水势改变的值，用 Ψ_g 表示。重力会使水向低处流动，除非有相等的反作用力抵消重力的作用。Ψ_g 的大小取决于距离参考平面的高度（h）、水的密度（ρ_w）和重力加速度（g），计算公式为：

$$\Psi_g = \rho_w g h$$

式中　$\rho_w g = 0.01\text{MPa/m}$，即高度增加 10m，使水势增加 0.1MPa

当在细胞水平考虑水的运输时，h 很小，Ψ_g 就很小，因此常忽略，所以此时典型细胞的 $\Psi_w = \Psi_s + \Psi_p + \Psi_m$。

由于衬质势代表的是被固体或生物大分子表面吸附的微量薄层水的水势，而不是生活细胞中大部分自由水的水势，因此具有中央大液泡的成熟植物细胞由于含自由水多、原生质层很薄，衬质势的影响很小可忽略不计，此时 $\Psi_w = \Psi_s + \Psi_p$；但考虑干燥的土壤或风干种子的水势时，由于系统的水层很薄，可能仅有 1~2 个水分子的厚度，它们由于静电引力吸附在固体表层，衬质势绝对值很大，自由水极少没有溶液，所以没有溶质势和压力势，因此风干种子或干燥土壤的 $\Psi_w = \Psi_m$，其值分别约为 -100MPa 和 -3MPa。

不同生境下植物叶片的 Ψ_w、Ψ_s、Ψ_p 范围：完全吸水膨胀时叶片的 $\Psi_w = 0$MPa，土壤供水充足、生长迅速的叶片 $\Psi_w = -0.8 \sim -0.2$MPa，水分亏缺、生长缓慢的叶片 $\Psi_w = -1.5 \sim -0.8$MPa，中生植物干旱伤害时叶片 $\Psi_w = -3.0 \sim -2.0$MPa，沙漠灌木干旱停止生长时叶片 $\Psi_w = -6.0 \sim$

−3.0MPa。温带作物组织渗透势（Ψ_s）一般为−2～−1MPa，旱生植物叶渗透势（Ψ_s）可低达 −10MPa。草本作物叶片细胞压力势（Ψ_p）下午为+0.3～+0.5MPa，晚上约为+1.5MPa。当细胞 Ψ_p降低为0时，植物组织萎蔫。

三、 植物细胞对水分的吸收

植物细胞的水势由 Ψ_s、Ψ_p、Ψ_m组成，任何组分的降低都能引起水势的降低，从而导致细胞吸水。因此细胞吸水可分为渗透吸水、降压吸水和吸胀吸水三种方式，其中以渗透吸水为主。根据吸水与代谢活动的关系，又可将植物细胞的吸水分为代谢吸水和非代谢吸水。降压吸水和渗透吸水都与细胞的代谢活动密切相关，属于代谢吸水；吸胀吸水与细胞的代谢活动无直接关系，属于非代谢吸水。

（一）渗透吸水

渗透吸水是指由于 Ψ_s 的下降而引起的吸水。液泡形成后的细胞主要为渗透吸水。

1. 渗透作用（osmosis）

渗透作用是指溶液中的溶剂分子通过半透膜扩散的现象。半透膜是只让溶剂分子通过，而不能让溶质分子透过的薄膜。如蚕豆种皮、动物膀胱、火棉胶等都接近于半透膜。

渗透作用可用下面的实验演示：取一长颈漏斗，在漏斗口紧缚一张半透膜，倒过来放在盛有纯水的烧杯中，装置如图1-1（1）所示。向漏斗中注入蔗糖溶液，使漏斗中糖溶液与烧杯中水保持同一平面，整个装置就成为一个渗透系统。经过一段时间后可以看到漏斗管中液面上升，当上升达一定高度时，不再继续上升，此时漏斗管中液面比烧杯中水面高出一定高度，如图1-1（2）所示，这就是渗透现象。

现在用水势的概念来解释这个大家熟悉的现象：烧杯中纯水的水势高，漏斗中的溶液因溶质势低所以水势低，两侧的压力势都为0。所以烧杯中的水通过半透膜进入漏斗内，使漏斗内液面升高、溶液浓度降低溶质势升高。由于漏斗中的溶质不能出来，所以其浓度总是高于外面的纯水，溶质势会一直低于外面烧杯中的纯水。但为何漏斗中的液面没有一直上升呢？因为升高的液面会对漏斗中的液体产生静水压力（这是由于水柱在重力作用下形成的压力，此时与重力势本质相同，这里没有细胞壁的作用，任意选一种说法即可），促使其向外流。但溶质是不能透过半透膜的，只有水分可以通过半透膜。因此刚

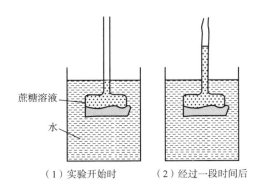

蔗糖溶液

水

（1）实验开始时 （2）经过一段时间后

图1-1 由渗透作用引起的水分移动

开始时进入漏斗的水多出来的水少，总的结果水柱慢慢升高；水柱越高静水压越大，当漏斗管中的液面上升到一定高度时水柱产生的静水压足以抵消半透膜两侧的溶质势差时，通过半透膜进出的水分相等，液面不再上升，此时半透膜两侧水势相等，整个系统呈动态平衡。如果想办法使漏斗中溶质数目增加、溶液浓度增加，水柱会更高。

这种水分从水势高处通过半透膜向水势低处移动的现象，称作渗透作用。要发生此现象必

须具备两个条件：半透膜和水势不同的两个溶液体系。

2. 生活细胞是一个渗透系统

成熟的植物细胞具有中央大液泡。最外面是细胞壁，在细胞壁以内有质膜包围着细胞质，中央大液泡将其挤压成很薄的一层。细胞壁可以通过水和溶质。由于液泡膜和质膜都具有半透性，原生质层很薄，因此可将整个原生质层（包括质膜、细胞质和液泡膜）看作是半透膜。液泡中含有多种物质，具有溶质势；细胞以外的环境和其他细胞有水或一定浓度的水溶液。因此可以把植物的生活细胞看作是一个渗透系统。

若把这样的细胞放在高浓度的溶液中，液泡的水势高于环境的水势，细胞会失水收缩，体积变小；由于细胞壁的伸缩性有限，原生质体的伸缩性较大，当细胞失水较多时，原生质体和细胞壁慢慢分离开来，这种现象称为质壁分离。这个现象证明原生质层确实具有半透膜的性质，植物细胞是一个渗透系统。若将发生质壁分离的细胞浸在水势较高的稀溶液或清水中，环境中的水分又会进入细胞，液泡变大，使原生质体恢复到原来状态，重新与细胞壁贴合，这种现象称为质壁分离复原。利用质壁分离，可鉴定细胞是否存活。因为死细胞的原生质层受损多数物质都能通过，失去了半透膜的性质就不能发生质壁分离现象；只有活的细胞才可以发生质壁分离和复原。也可用此证明渗透系统的存在和测定细胞渗透势。

3. 细胞吸水过程中水势各组分的变化

植物细胞在环境中，如纯水或高浓度溶液中，不仅其含水量会有变化，其体积、Ψ_s、Ψ_p、Ψ_w 都会发生变化（图1-2）。如果把刚发生质壁分离时的细胞体积规定为1，此时 $\Psi_p=0$，由于 Ψ_m 忽略不计，所以此时 $\Psi_w=\Psi_s$。当把细胞放入纯水中，细胞吸水，体积增大，质壁分离复原，Ψ_w、Ψ_s、Ψ_p 都增加。当细胞充分吸水完全膨胀时（相对体积为1.5），体积达最大，水势也达到最大，$\Psi_w=0$，此时不再吸水；由于 $\Psi_w=\Psi_s+\Psi_p$，因此渗透势与压力势的绝对值相等符号相反，$\Psi_s=-\Psi_p$。当细胞剧烈蒸腾时，失水过多，细胞收缩体积变小。由于原生质体的收缩性比细胞壁大，细胞壁对原生质体产生向外拉的力量，此时 Ψ_p 的方向和原来相反，因此为负值。由于 Ψ_p 和 Ψ_s 都为负，所以此时 $\Psi_w<\Psi_s$。

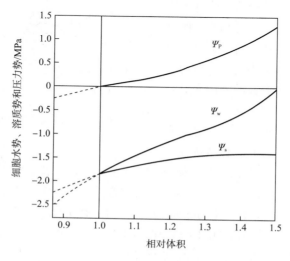

图1-2　细胞水势、溶质势、压力势与细胞相对体积的关系（李合生，2012）

在植物器官或组织中，相邻细胞间的水分移动情况也是如此：从高水势部位流到低水势部位。

（二）吸胀吸水

吸胀吸水是指依赖于低的衬质势而引起的细胞吸水膨胀的现象。对于无液泡的干燥种子而言，衬质势是细胞水势的主要组分，它们吸水主要依赖于低的衬质势。

衬质吸引水分子的力量称为吸胀力。细胞内蛋白质类物质吸胀力最大，淀粉次之，纤维素较小。因此富含蛋白质的豆类种子的吸水量远大于禾谷类种子。在豆类种子吸水过程中，由于子叶主要含有蛋白质，种皮主要含有纤维素，导致子叶吸胀力高于种皮而出现种皮胀破现象。豆类种子 Ψ_m 可低至-100MPa，吸水达饱和时 $\Psi_m=0$。

（三）降压吸水

降压吸水是指因压力势的降低而引发的细胞吸水。比如，伸长期的细胞通过松弛软化细胞壁，使压力势下降，细胞吸水伸长。

蒸腾旺盛时，木质部导管和萎蔫组织叶肉细胞的细胞壁都因失水而收缩，使压力势下降，从而引起这些细胞水势下降而吸水。失水过多时，还会使细胞壁向内凹陷产生负压，这时 $\Psi_p<0$，细胞水势降低，吸水能力增强。

（四）水分的跨膜运输

生物膜的基本结构是脂双层，上面镶嵌有一些蛋白。脂双层是疏水性的，膜脂排列紧密，水扩散通过很慢；但实际测得细胞通过细胞膜渗透吸水或失水都很快，因此人们设想可能膜上有水的通道。1988 年彼得·阿格雷（Peter Agre）发现了水通道（water channel）蛋白，又称为水孔蛋白（aquaporin，AQP）。目前在不同生物中已经报道的水孔蛋白基因序列超过 1700 种，拟南芥中有 35 种，玉米和水稻中分别有 36 和 33 种。研究发现水通道蛋白（水孔蛋白）相对分子质量在 21k~34k，其多肽链穿越膜并形成孔道（图 1-3）。水孔蛋白只允许水通过，不允许溶质通过，存在开、闭两种状态，受细胞内 pH 和 Ca^{2+} 等调控，通过其氨基酸残基的可逆磷酸化或质子化等修饰可以改变对水的通透性。植物在应答昼夜节奏和盐、冷、干旱及水涝等胁迫时，

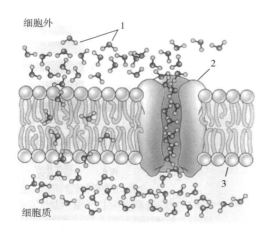

图 1-3　水分跨膜运输（Taiz 和 Zeiger，2006）

1—水分子　2—水分选择性孔道（水孔蛋白）　3—脂双层

细胞能迅速改变水孔蛋白对水的通透能力。水孔蛋白在植物快速吸水中起作用，但它只是为水分跨膜运输提供了通道，吸水的动力仍然是水势差。这一发现表明人们对细胞吸水的了解已进入分子水平。

四、植物对水分的吸收

（一）根系吸水

陆生植物主要靠根系吸水，根系在地下形成一个庞大的网状结构，其总面积是地上部分枝叶总面积的几十倍，分布范围很广。比如，一株黑麦，根系的总面积是枝叶总面积的130倍。另一方面，根系可深入土壤的深层，吸收深层水分，如小麦、棉花、豌豆等，其根深达2m左右。由于这两方面的原因，根系在土壤中吸水的能力是相当强的。

1. 根系吸水的部位

根系虽然是植物吸水的主要器官，但并不是根的所有部位都能吸水。通常植物根系吸水主要是在根尖部位进行，而表皮细胞木质化或栓质化的区域吸水能力较弱。根尖分为根冠、分生区、伸长区和成熟区。成熟区细胞已经分化，形成了维管束，表皮细胞分化形成了根毛，所以又称为根毛区。根毛区具有较多根毛，有效增加吸收水分的面积；根毛细胞壁外的果胶物质黏性好、亲水性好，有利于水分吸收；维管束发育良好，有益于水分运输。而伸长区、分生区和根冠由于原生质浓厚，输导组织不发达，对水分运输阻力较大；因此以根毛区或成熟区吸水能力最大。

由于植物根系主要靠根尖部位吸水，在移栽苗木时应尽量避免损伤根尖部位，通常采用带土移栽来提高成活率。

2. 根系吸水的方式和动力

植物根系吸水主要有两种方式：主动吸水和被动吸水。主动吸水的动力是根压，被动吸水的动力是蒸腾拉力。

（1）根压　由于根系的生命活动使植物产生吸水并使水分沿导管上升的力量称为根压。根压把根部的水分压到地上部，然后土壤中的水分不断补充到根部，这种吸水过程就是主动吸水。有两种现象可以证明根压的存在：伤流（bleeding）和吐水（guttation）。

吐水是指从未受伤的叶片尖端或边缘向外溢出液滴的现象。这种现象在早晨或傍晚土壤水分充足、天气潮湿的条件下可以看到，如小麦或草莓从叶片尖端或边缘的排水孔吐水。吐水不是露水，露水是物理现象，吐水是生理现象。

伤流是指从受伤或折断的植物组织溢出液体的现象。从植物茎的基部把茎切断，切口处不久即流出液滴，称作伤流液（bleeding sap），其中除含有大量水分外，还含有各种无机物、有机物和植物激素等，有些还是重要的工业原料，如松脂和橡胶。如果在切口套上橡皮管与压力计连接，则可测出液体从茎内流出的力量大小，即根压，一般为 0.1 ~ 0.2MPa（图1-4）。植物伤流液的多少及成分可代表根部生命活动的强弱。

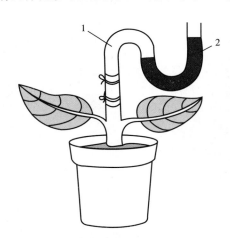

图1-4　植物根压测定示意图
（Hopkins 和 Hüner，1995）
1—木质部渗出液　2—压力计

伤流和吐水都是由根压引起的，那么根压产生的机理是什么？水分在根内横向运输是通过根毛、皮层、内皮层，再经过中柱鞘薄壁细胞进入导管。根的内部空间可分为共质体和质外体两部分：共质体是指生活细胞的原生质体通过胞间连丝连接在一起形成的共同整体；而共质体以外的连接在一起的细胞壁和细胞间隙以及木质部导管称为质外体。

共质体和质外体是细胞间物质运输的两大通道，质外体对水分运输的阻力很小，共质体对水分传导的阻力较大，所以水分会优先选择进行质外体运输。但是根横切面内皮层细胞的细胞壁由于木栓化和木质化加厚形成凯氏带，使水分和溶质在此处从质外体不能通过，因而把根横截面上质外体空间分割成两部分（图1-5）。所以根中水分和溶质横向转运是通过质外体空间→内皮层（共质体）→导管（质外体）途径，内皮层起着半透膜的作用，因此可以把根看作一个渗透系统，水分的流动就由内皮层两侧的水势梯度决定。

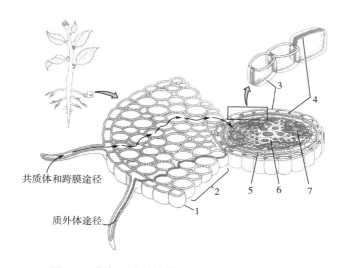

图 1-5　根部吸水的途径（Taiz 和 Zeiger，2010）

1—表皮　2—皮层　3—内皮层　4—凯氏带　5—中柱鞘　6—木质部　7—韧皮部

根系主动吸收土壤中矿质离子进入导管，所以导管溶液水势下降，而土壤溶液水势较高，水分通过渗透作用沿根毛经由内皮层细胞组成的"半透膜"进入导管，水分沿导管上升，在导管内就产生了一种静水压力，这就是根压。根压对导管中的水有向上的驱动作用。所以，主动吸水通常不是指植物吸水本身，而是植物利用能量主动吸收溶质造成导管内水势低于外界水势，水自发地顺着水势梯度从外部进入导管。

（2）蒸腾拉力　植物由于地上部分枝叶的蒸腾失水所产生的力量传到根而引起植物吸水，这种吸水的力量称为蒸腾拉力或蒸腾牵引力。

可以通过以下的实验证明蒸腾拉力可引起植物吸水：剪取生长旺盛的植物的枝条（如棉花），把茎下端插入有孔的橡皮塞内，然后将橡皮塞塞到一玻璃管的上端，将玻璃管倒过来注满水，再将玻璃管正立放入盛有水银的大玻璃皿内，整个装置不能漏气，用铁架台将枝条和玻璃管等固定（图1-6）。把这个装置放在通风处，一段时间后可以看到玻璃管中的水柱变短，水银沿玻璃管不断上升。这是因为枝叶进行蒸腾作用，叶肉细胞因失水而水势下降，它便向邻近的细胞吸水；同理，邻近的细胞又从另一个细胞吸取水分，如此下去叶肉细胞便向叶脉导管吸

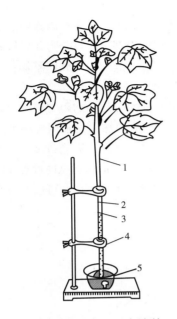

图 1-6　蒸腾拉力示意图（张继澍，2006）
1—棉花枝　2—玻璃管　3—水银面
4—支架　5—水银

水，叶脉导管向茎导管吸水，茎就向玻璃管吸水，因此玻璃管中水柱变短，在大气压的作用下水银便顺着玻璃管上升。这种因蒸腾作用产生的吸水力量称为蒸腾拉力。植物生长在土壤中，这种力量可经茎导管传到根系，最后根就从土壤中吸水。

这种吸水的动力是由枝叶传递到根部的，与根系生理活动无直接关系，因此称为被动吸水。没有根的切条或根被麻醉或死亡的枝条都可通过蒸腾作用被动吸水。

蒸腾拉力是蒸腾旺盛季节植物吸水的主要动力，如中午、夏季。从吸水的效果来看，被动吸水大于主动吸水，在蒸腾旺盛时可相差 $10 \sim 100$ 倍。因此植物一般以被动吸水为主，即主要由蒸腾拉力引起。只有当蒸腾速率很低时，如早晨、傍晚土壤水分充足、大气湿度很大或者早春树木未长出新叶前，主动吸水才成为主要吸水方式，根压也才成为吸水的主要动力。

（二）叶面吸水

高等植物的叶面虽然有角质层，但当被雨水或露水湿润以后，叶面也能吸水。这就是叶面施肥的生理基础。不过叶面吸水的量很少，相对于植物的需要而言，不具有重要的意义。

五、 影响根系吸水的环境因素

植物自身的生长发育、生理状况和环境因素都会影响根系吸水。影响根系吸水的环境因素主要包括大气因子和土壤因子。大气因子是通过影响植物的蒸腾作用而间接地影响植物吸水的，土壤因子对根系吸水的影响则是直接的，因此这里主要讨论土壤因子的影响。

（一）土壤水分状况

土壤中的水分对植物来说，并不是都能被利用的。植物根系有吸水的能力，而土壤有保水的能力。因为土壤中的胶体物质能吸附水分，降低土壤衬质势；另一方面，土壤溶液还有一定的渗透势。根系能否从土壤中吸水和吸水速率的大小，决定于植物根部组织水势和土壤溶液水势两个方面。

大多数土壤在水分饱和时水势很高，植物可以顺利地吸收水分。当土壤含水量下降到一定程度后，植物根系吸水往往不能补偿地上部分的消耗，植物会发生萎蔫（wilting）。萎蔫是指植物由于失水大于吸水，引起细胞水势下降，丧失膨压，出现叶片和其他幼嫩部分下垂的现象，分为暂时萎蔫和永久萎蔫。暂时萎蔫是指蒸腾强烈时发生叶片萎蔫，但经过夜晚或遮阳降低蒸腾或灌溉以后可以较快恢复常态的情况。暂时萎蔫对植物生命活动的危害不大，是植物调节蒸腾作用的一种方式。如果植物缺水严重，引起根毛死亡，即使降低蒸腾或补充水分，植物仍不能较快恢复正常，这称作永久萎蔫。此时土壤含水量占土壤干重的百分比称作永久萎蔫系数

（permanent wilting coefficient）。当土壤含水量接近永久萎蔫系数时，土壤的水势约为-1.5MPa，土壤中存留的水分不能被植物吸收利用，称为无效水。永久萎蔫对植物伤害严重，时间稍长，植物就可能死亡。

对植物来说，土壤中的可用水就是土壤永久萎蔫系数以外的土壤水分。土壤质地不同，保水能力不同，永久萎蔫系数也不同。粗砂、细砂、砂壤、壤土和黏土，其萎蔫系数依次递增，可利用水依次减少。掌握土壤可利用水的状况，有助于制定灌溉和抗旱措施，适时灌水。

（二）土壤温度

土壤温度对根系吸水的影响很大：在一定范围内，土温升高，根系吸水增多；土温降低，根系吸水速率降低。低温影响根系吸水的原因有以下几个方面：第一，低温时水分子运动减慢，移动性降低；第二，低温也使根细胞原生质黏性增大，增大吸水阻力；第三，低温导致根系生长受抑制，吸收面积减少；第四，低温时，根的呼吸速率降低，影响根压。春天低温水凉，所以在栽种水稻时要注意提高水温和土温。尤其是在夏季中午，突然降温时，即使土壤中水分充足，植物也会因缺水而萎蔫。所以，有经验的农民非常注意，夏天中午要避免用井水浇地，以免因土温突降引起作物萎蔫或落花落果。

当然，土温过高对根系吸水也是不利的。因为高温会加速根的老化过程，使吸收机能衰退；同时，温度过高使酶钝化，原生质流动缓慢甚至停止。

（三）土壤通气状况

一般来说，土壤通气良好，根系吸水性强；土壤通气不好，吸水减少。可能原因是：第一，土壤缺乏 O_2，CO_2 浓度过高，根系呼吸作用减弱，减少根压，影响根系吸水；第二，持续缺氧会导致根部进行无氧呼吸，产生和积累较多的酒精，损害根部细胞，吸水减少。因此在作物受涝时，土壤通气不良，抑制根部吸水，表现出缺水的症状。

有研究表明，正常情况下菠菜质膜水通道蛋白两个保守的丝氨酸残基磷酸化，通道开放，植物正常吸水；淹水时水通道蛋白一个保守的组氨酸残基质子化引起水通道关闭，植物吸水困难。这从分子机制解释了植物受涝表现缺水症状的原因。

在作物栽培过程中，中耕、晒田等措施都是为了改善土壤的通气状况。如水稻田长期保持水层，也会因为通气不良，产生有毒物质，引起水稻"黑根"或"烂根"，因此农业生产中要适时排水晒田，增加土壤透气性。

（四）土壤溶液浓度

如果土壤溶液浓度过高，渗透势很低，就会使土壤水势降低。若土壤水势低于根系水势，植物便不能吸水，反而会丧失水分。一般正常土壤水势为-0.01MPa，植物可以顺利吸水。盐碱土由于盐分浓度过高，水势低，对植物吸水不利，因此要经过改造才能种植农作物。当施用化肥过多或过于集中时，局部土壤溶液浓度高水势低，使根系吸水困难，可能产生"烧苗"现象。

第三节　植物的蒸腾作用

植物吸收的水分，只有1%（最多不超过5%）被用于代谢，大部分的水分都散失到体外。水分从植物体散失到外界的方式有两种：一种是以液体状态散失，就是吐水现象；另一种是以气体状态散失，这便是蒸腾作用。蒸腾作用是植物体内水分散失的主要途径。

一、蒸腾作用的概念及意义

（一）蒸腾作用的概念及蒸腾的部位

蒸腾作用是指植物体内水分通过植物体表以气态方式散失到大气中的过程。蒸腾作用本质上是一个蒸发过程，但它比单纯物理过程的水分蒸发复杂得多，因为蒸腾作用是受植物生命活动控制的生理过程。

当植株幼小时，地上部的全部表面都能进行蒸腾。当植物长大以后，茎和枝条形成木栓，这时茎、枝上只有皮孔可以蒸腾。但是皮孔蒸腾量非常小，约占全部蒸腾的0.1%。所以，植物的蒸腾作用绝大部分是在叶面上进行。

水分通过叶面的蒸腾有两种：①通过角质层（孔隙）的角质蒸腾；②通过叶片上气孔的气孔蒸腾。成年叶子的角质层较厚，蒸腾量很少，仅占总蒸腾量的5%～10%。因此，对一般的成熟叶片，气孔蒸腾是植物叶片蒸腾的主要方式。但幼叶、嫩茎和生长在潮湿环境中的植物，由于角质层不发达，所以角质蒸腾可占总蒸腾量的30%～50%。

（二）蒸腾作用的生理意义

叶片的蒸腾作用在植物体内产生一系列水势梯度而在导管内形成巨大的蒸腾拉力，是植物被动吸水与转运水分的主要动力。如果没有蒸腾作用，蒸腾拉力引起的吸水过程就不能进行，植物的较高部分也无法获得水分。

蒸腾作用促进木质部汁液中物质的运输：土壤中的矿质盐类和根系合成的物质可随着水分的吸收和集流而被运输和分布到植物体各个部分和组织，满足生命活动的需要。

水分子具有很高的汽化热，通过蒸腾作用可以散失过多的辐射热，维持植物正常的体温。

（三）蒸腾作用的指标

在研究中人们用过下列指标来定量描述蒸腾作用。

1. 蒸腾速率（transpiration rate）

蒸腾速率也称蒸腾强度，是指植物在单位时间内、单位叶面积通过蒸腾作用散失的水量，常用 $g/(m^2 \cdot h)$ 表示。大多数植物白天的蒸腾强度为 $15 \sim 250 g/(m^2 \cdot h)$，夜间 $1 \sim 20 g/(m^2 \cdot h)$。

2. 蒸腾效率（transpiration efficiency）

蒸腾效率是指植物每蒸腾1kg水时所形成的干物质的质量。常用单位是 g/kg，一般植物蒸腾效率为 $1 \sim 8 g/kg$。

3. 蒸腾系数（transpiration coefficient）

蒸腾系数也称需水量（water requirement），是指植物每制造 1g 干物质所消耗水分的质量（g）。它是蒸腾效率的倒数，一般植物蒸腾系数为 125~1000。

蒸腾系数是衡量作物经济用水的重要指标。曾有测定表明，水稻蒸腾系数为 1000，豌豆为788，棉花为 646，小麦为 513，玉米为 368，高粱为 322，谷子为 310，糜子为 293。所以，作物中高粱、谷子、糜子对水分的利用更经济有效。另外，植物品种不同、生育期不同，测得的蒸腾系数也不同。需水量对农业区划、作物布局及田间管理都有一定的指导意义。

4. 蒸腾比率（transpiration ratio）

蒸腾比率是指一定时期内植物蒸腾失水的量与光合同化 CO_2 的量之比。

从概念的内涵来说，蒸腾系数和蒸腾比率都是指植物在一定生长期内消耗的水量和所同化干物质的比值，但两个指标所用单位不同，因此数值不同。木本植物的蒸腾比率比草本植物的小，C_4 植物的蒸腾比率比 C_3 植物的小。典型 C_3 植物的蒸腾比率为 400~500，C_4 植物的蒸腾比率为 150~250，CAM 植物的蒸腾比率为 50 左右。

5. 水分利用效率（water use efficiency，WUE）

水分利用效率是指植物每蒸腾消耗单位水量所生产干物质的量（或同化 CO_2 的量），又分为大田作物群体的水分利用效率、植物单株水分利用效率和叶片水分利用效率三种。植物单株水分利用效率的内涵和蒸腾效率相同，是指在一定时期内植物同化的干物质和所蒸腾消耗水量的比值，单位为 g/kg。叶片水分利用效率是指在一定时间内叶片光合同化 CO_2 的量与蒸腾失水量的比值，即光合速率与蒸腾速率的比值，是蒸腾比率的倒数。

植物的干物质生产主要是由于光合产物的积累，植物消耗的水分主要用于蒸腾，所以植物生理学家通常用光合速率代表干物质生产，用蒸腾速率代表水分消耗，水分利用效率代表植物生长过程中利用水分的经济程度。高的水分利用效率有利于植物在干旱逆境下保持一定的产量，这在生产上有重要意义。植物的水分利用效率受遗传控制并被环境影响，因此可通过育种途径和栽培措施来加以提高。

二、气孔蒸腾

气孔（stoma，复数 stomata）是植物叶表皮上的两个保卫细胞（guard cell）所围成的小孔。气孔是植物叶片与外界进行气体交换的主要通道，水蒸气、O_2 和 CO_2 等都可以通过气孔进行扩散。气孔可由植物自身控制其开和闭（气孔运动），因此气孔在植物的水分代谢、光合作用、呼吸作用等生理过程中起着重要作用。

（一）气孔的数量、大小和分布

叶片气孔数目很多，且不同的植物气孔数目差异较大，平均每平方毫米叶面上有 50~500个气孔。气孔数目虽多，但直径很小，长 7~30μm，宽 1~10μm。所以气孔总面积占叶片总面积的比例很小，一般只有 1%~2%。

通常叶尖比基部气孔多，植株上部叶子较下部叶子气孔多。大部分植物叶片上下表面都有气孔，而且同一叶片的上、下表面气孔数目差异很大。如木本植物苹果叶片，上表面无气孔，而下表面每平方毫米有 200~700 个气孔。小麦叶片上表面每平方毫米有 33 个气孔，下表面有14 个；而水生植物的气孔只分布在叶片上表面。

总面积只有叶面积 1% 的气孔，蒸腾散失水量却相当于与叶面积相等的自由水面蒸发量的

50% 以上，也就是说，经过气孔的蒸腾速率要比同面积自由水面的蒸发速率快 50 倍以上。

（二）经过气孔的扩散——小孔扩散律

在任何蒸发面上，气体分子除经过表面向外扩散，还可以沿边缘向外扩散。气体分子向外扩散过程中会相互碰撞，中央的分子相互碰撞机会多、扩散慢；边缘的分子相互碰撞的机会少，因此扩散速率比中间快。当扩散表面的面积较大时，周长与面积的比值小，扩散主要是在表面进行，因此经过大孔的扩散速率与孔的面积成正比；当扩散表面积较小时，周长与面积的比值大，沿边缘扩散的比例增大，而且孔越小，周长所占比例越大，扩散速率就越快。因此经过小孔的扩散与周长成正比，而不和小孔的面积成比例，这就是小孔扩散律，又称为周长扩散。

如果把大孔分成许多小孔，其总面积不变，但周长（边缘长度）却增加很多，扩散速率也就大大提高。叶片表面的气孔正是这样的小孔，所以气孔的蒸腾速率要比同面积的自由水面的蒸发速率快得多。

（三）气孔运动

大多数植物的气孔白天张开，晚上关闭。气孔的开、闭（气孔运动）与保卫细胞壁的特殊结构有关。

双子叶植物的保卫细胞是肾形的，禾本科植物的保卫细胞是哑铃形的（图 1-7）。保卫细胞的解剖结构有两大特点：一是保卫细胞壁不均匀加厚，靠着气孔的内壁较厚，而背向气孔的外壁较薄；二是保卫细胞壁上的微纤丝以气孔为中心呈放射状分布。

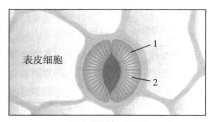
（1）肾形保卫细胞

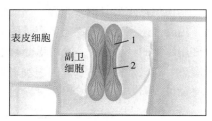
（2）哑铃形保卫细胞

图 1-7　植物的两类气孔（王小菁，2019）

1—辐射状微纤丝　2—保卫细胞

由于保卫细胞的这些特殊结构，因此当保卫细胞吸水膨胀时，肾形保卫细胞的外壁易于伸长，细胞向外弯曲，两个保卫细胞呈现两个面对的拉弓状形变，于是气孔张开；哑铃形保卫细胞吸水时，细胞两端膨胀呈球形，两个保卫细胞中间的气孔被撑开。当保卫细胞失水缩小时，气孔关闭。

决定细胞吸水还是失水的是水势，而细胞水势 $\Psi_w = \Psi_s + \Psi_p$，保卫细胞的体积比其他表皮细胞小得多，只要有少量的渗透物质积累，就可引起水势的明显降低，促进保卫细胞吸水，膨压升高，气孔开放。

（四）气孔运动的机理

一般植物在光照条件下气孔开放，黑暗使气孔关闭。研究表明在温室中生长的蚕豆叶片，其气孔开度和入射的太阳光强度有很好的相关性。

详细研究表明，光可以激活保卫细胞中的两种不同反应：保卫细胞叶绿体中的光合作用和特异的蓝光反应。光合作用能被光合电子传递抑制剂二氯苯基二甲脲（DCMU）抑制，蓝光反应不受 DCMU 抑制。用 DCMU 处理叶片，发现气孔对白光的反应只被部分抑制，这说明除了保卫细胞叶绿体的光合作用参与了依赖于光的气孔开放，还有非光合作用组分参与。该结论也可被双光实验（图 1-8）所验证：先用红光使光合作用达到饱和，再添加蓝光可引起气孔进一步张开；这不能用光合作用来解释，因为此时的光合作用已经被红光饱和了。对蓝光效应的作用光谱进行研究表明这是典型的蓝光反应，其蓝光受体是玉米黄素；而光合作用的光受体是叶绿素。

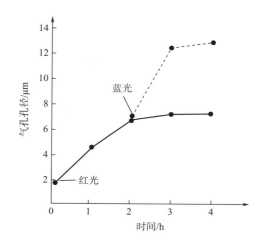

图 1-8 红光背景下气孔对蓝光的反应
（Taiz 和 Zeiger，2010）

气孔运动的机理很复杂，目前仍未完全了解，可以归纳为以下三种学说。

1. 淀粉与糖转化学说

此学说最早在 1908 年由植物生理学家洛伊德（F. E. Lloyd）提出，近年进行了补充修正。与叶肉细胞不同，保卫细胞的叶绿体是淀粉仓库，含有大的淀粉粒，光照下储存的淀粉降解为己糖或磷酸丙糖，然后转运到细胞质合成蔗糖；或光合作用也可以直接合成蔗糖，因此细胞内糖浓度升高、渗透势下降、水势下降，水分就从周围的细胞进入保卫细胞。保卫细胞吸水膨胀时外壁易于拉伸，细胞向内弯曲，气孔张开。在黑暗里则相反，光合作用停止，蔗糖分解后转运到叶绿体合成淀粉并贮存起来，细胞液糖浓度降低、渗透势升高、水势升高，保卫细胞失水收缩，气孔便关闭。光照下保卫细胞内累积的蔗糖来源有三个：保卫细胞淀粉水解，保卫细胞叶绿体光合作用碳固定，也可能是叶肉细胞光合固定碳转运而来。

淀粉与糖转化学说是经典学说，在 20 世纪 60 年代以前一直占统治地位。支持这个学说的证据是用显微镜可以观察到植物叶片在光下气孔张开，保卫细胞的淀粉粒消失，这与叶肉细胞不同；晚上气孔关闭，淀粉粒出现。但随着研究的深入，发现这个学说并不能解释所有的现象，如葱等植物的保卫细胞中没有淀粉，而蚕豆保卫细胞在光下并未检测出大量的糖，却发现了大量 K^+ 的累积。

2. K^+ 累积学说

电子探针微量分析仪可直接测定保卫细胞中的 K^+，利用该技术进行大量实验后发现，气孔张开后，保卫细胞中含有大量 K^+，气孔关闭后这些 K^+ 消失（图 1-9）。因此，提出了气孔张开的 K^+ 累积学说。

最近研究表明，植物照光后玉米黄素在接收蓝光信号后发生构象改变，然后激活质膜上的 H^+-ATP 酶，此酶水解 ATP 使 H^+ 主动泵出保卫细胞，细胞外 pH 下降细胞内 pH 上升，质膜内侧电势降低，导致跨膜的质子电化学势梯度差增加，质膜超极化，内向钾离子通道打开，钾离子运入保卫细胞，同时阴离子 Cl^- 也进入细胞以维持细胞电中性，引起保卫细胞内离子浓度升高、渗透势降低、水势降低，保卫细胞吸水膨胀、气孔打开。在黑暗中 H^+-ATP 酶停止做功，

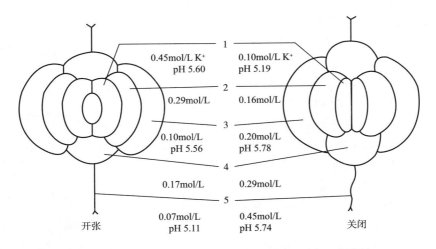

图 1-9　鸭跖草气孔开放和关闭时各细胞的 K^+ 浓度和 pH（张继澍，2006）

1—保卫细胞　2—内副卫细胞　3—外副卫细胞　4—端副卫细胞　5—表皮细胞

质膜去极化，外向 K^+ 通道打开使 K^+ 从保卫细胞扩散出去，并伴随阴离子释放，因此离子浓度降低、渗透势升高、水势升高，保卫细胞失水收缩，气孔关闭（参见第二章、第八章）。

大量的钾离子由保卫细胞附近的副卫细胞或表皮细胞提供。另外蓝光也刺激淀粉降解和苹果酸合成，苹果酸根也可以平衡部分钾离子的正电荷。蓝光所引起的气孔大小变化遵循反比定律（reciprocity law），即反应不仅取决于光照强度和光照时间，还取决于总光量的大小。所以，气孔可以作为叶片的"光感受器"来感知达到叶面的总光量。

3. 苹果酸代谢学说

20 世纪 70 年代初，研究发现保卫细胞积累的 K^+，有 1/2～2/3 被苹果酸根平衡，以维持电中性，而苹果酸来源于淀粉水解。

苹果酸代谢学说的内容：照光时保卫细胞的细胞质中磷酸丙糖和葡萄糖可通过糖酵解作用产生磷酸烯醇式丙酮酸（PEP）。保卫细胞含有 PEP 羧化酶，在它的催化下，PEP 与 HCO_3^- 结合，形成草酰乙酸，再被 NAD(P)H 还原形成苹果酸。苹果酸可解离出 2 个 H^+，在 H^+/K^+ 泵作用下，H^+ 与 K^+ 交换，使保卫细胞内 K^+ 浓度增加，可以促进保卫细胞吸水、气孔张开；苹果酸根进入液泡和 Cl^- 共同与 K^+ 在电学上保持平衡，也可作为渗透物质降低水势，使保卫细胞吸水、气孔张开。当叶片由光下转入暗处时，苹果酸转入线粒体脱羧降解（参见第四章）或排出到质外体。近期研究也证明，保卫细胞内淀粉和苹果酸之间存在一定的数量关系。

$$PEP+HCO_3^- \longrightarrow 草酰乙酸+磷酸$$

$$草酰乙酸+NADPH（或 NADH）\longrightarrow 苹果酸+NADP^+（或 NAD^+）$$

这三个学说本质都是渗透调节保卫细胞，糖、苹果酸、K^+、Cl^- 等在保卫细胞中积累，使其水势下降，吸水膨胀，气孔就开放。没有任何单一的学说可以完全解释气孔开闭的机理。对气孔在一天中的变化进行连续观察，发现早上气孔逐渐张开时伴随着保卫细胞钾离子含量的迅速增加；中午气孔开度继续增加，但钾离子含量已经降低。而蔗糖含量在早上增加缓慢，中午及下午早些时候快速增加，傍晚气孔关闭，蔗糖含量降低（图 1-10）。可能气孔的开放主要与钾离子的吸收有关，气孔关闭主要与蔗糖含量降低有关。蔗糖的调节作用使得气孔开度与光合作用相关联。

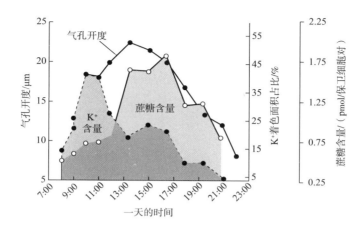

图 1-10　蚕豆完整叶片保卫细胞气孔开度、K⁺含量和蔗糖含量在一天中的变化（宋纯鹏等，2015）

（五）气孔运动的调节

除了光照以外，对气孔运动影响最大的外界因素是水分状况。陆生植物在长期适应干旱的过程中形成了一套调控机制对气孔开度进行调节，包括前馈式和反馈式调节。

1. 前馈式调节

研究发现供水充足时植物叶片气孔开放；干旱条件下植物水分亏缺，叶片的气孔会关闭，而在气孔关闭以前就可以检测出植物激素脱落酸（ABA）含量增加。

若将一株植物根系分开放置于两个容器中对植物进行栽培，一半根系充分供水，一半根系干旱处理。结果发现植株叶片水分状况良好，但气孔是部分关闭的。为什么呢？进一步研究发现由于有一半的根系可以充分吸收水分因此叶片的细胞不缺水；而遭受干旱胁迫的那一半根系可产生脱落酸，转运至叶中，促使保卫细胞外向钾离子通道打开，钾离子外运、水势升高，保卫细胞失水收缩，所以气孔关闭（参见第七章、第十一章）。

这说明最先感受土壤干旱的是根系，根系感知干旱后会产生根源信号，通过信息传递调节气孔使之关闭，即使叶片并不缺水；脱落酸可以作为干旱的信号，调节气孔的运动。这种调节方式称为前馈式调节，相当于气孔的预警系统，在土壤水分减少后，叶片水势还未发生变化时气孔即关闭，避免水分过量散失导致叶片严重缺水。除此以外，pH 和多肽也在根和地上部长距离信号传递中起作用。近期研究表明，根系受到干旱后产生的信号也有多肽样激素，它运到叶片后促进脱落酸合成，进而促进气孔关闭。

研究表明，外施脱落酸可促进植物气孔关闭。除脱落酸以外，细胞分裂素可促进气孔张开。

2. 反馈式调节

当蒸腾旺盛而植物吸水的速率赶不上失水的速率时，叶片水分亏缺，水势降低至某一临界值以下时，气孔关闭，以减少水分的进一步散失，这种方式称为反馈式调节。气孔开始关闭时的叶片水势称为临界水势，它可以表示植物对干旱的耐受程度。不同植物的临界水势不同，一般临界水势低的植物耐旱性强。

（六）环境因素对气孔运动的影响

许多环境因素能够影响气孔运动，简要归纳总结如下。

1. 光照

在供水充足的情况下，光照是调节气孔运动的主要因素。一般植物在光照下，气孔开放；暗中，气孔关闭。其中红光和蓝光最有效。但是一些沙漠中生长的植物，如仙人掌、景天等，白天气孔关闭、晚上气孔开放（参见第三章）。

2. 温度

一般随温度升高气孔开度增大，在30℃左右气孔开度最大；低于10℃或高于35℃气孔会关闭或部分关闭。

3. 水分

保卫细胞必须吸水才能使膨压升高而引起气孔开放，因此叶片的水分状况对气孔开度有强烈的调控作用。水分充足，气孔开度大；水分减少，气孔开度降低；缺水干旱时气孔关闭，但久雨时气孔也会关闭。

4. CO_2

低 CO_2 浓度促进气孔开放；高 CO_2 浓度使气孔关闭。

5. 风

微风，气孔张开；风速高，气孔关闭。

三、影响蒸腾作用的因素

蒸腾作用基本上是一个蒸发过程。首先，靠近气孔下腔的叶肉细胞的水分在表面变成水蒸气，扩散到气孔下腔，然后再经过气孔扩散到叶面的界面层，再由界面层扩散到空气中去（图1-11）。

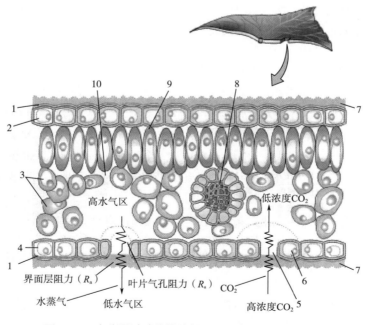

图 1-11   水分通过叶片的途径（Taiz 和 Zeiger，2010）

1—表皮   2—上表皮   3—叶肉细胞   4—下表皮   5—气孔腔   6—保卫细胞

7—空气界面层   8—木质部   9—柱状薄壁组织   10—气孔下腔

蒸腾的速率取决于水蒸气向外扩散的力量和扩散途径的阻力。即:

$$蒸腾速率 = \frac{扩散力}{扩散途径阻力} = \frac{C_L - C_a}{R_s + R_a}$$

式中 C_L——叶内气孔下腔的水蒸气压

C_a——空气中的水蒸气压

R_s——气孔阻力 [包括气孔下腔和气孔的形状和体积,其中以气孔开度为主(用光合测定仪测定时称为气孔导度)]

R_a——叶片外水蒸气界面层阻力(界面层越厚,阻力越大;界面层越薄,阻力越小)

从上面的公式来看,凡是能改变扩散力和扩散阻力的因素,都会对蒸腾作用产生影响。

(一) 影响蒸腾作用的内部因素

气孔阻力(内部阻力)是影响蒸腾作用的内部因素,凡是能减小气孔阻力的因素,都会促进蒸腾作用,使蒸腾速率加快。

1. 气孔的特征

气孔的构造特征是影响气孔蒸腾的主要内部因素。气孔频度(叶片的气孔数/cm²)大,气孔也大时,内部阻力小,蒸腾较强;气孔下腔体积大,内蒸发面大,叶肉细胞水分蒸发快,使 C_L 变大,蒸腾加快。叶子长成后,气孔频度、气孔大小和气孔下腔都固定,只有气孔开度决定着 R_s 的大小。

2. 叶变态

有些植物的变态叶使气孔构造特殊,也会影响蒸腾。例如苏铁和印度橡胶树的气孔陷在表皮层之下,气体扩散阻力增大;有些植物内陷的气孔口还有表皮毛,更增大了气孔阻力,使蒸腾减慢。

(二) 影响蒸腾作用的外部因素

1. 温度

气温高,叶温就高,叶内水分蒸发就快,C_L 高;同时,气温升高,空气湿度下降,C_a 减小。结果是水蒸气压差增大,蒸腾加强。

2. 光照

光照对蒸腾的影响有两方面,首先光照可提高大气和叶面的温度,增大水蒸气压差,间接促进蒸腾;另一方面,光照可促进气孔张开,减小气孔阻力 R_s,因此也会使蒸腾加强。

3. 湿度

空气相对湿度较低,也就是空气中水蒸气分子少,水蒸气压 C_a 低,有利于蒸腾;反之,则阻碍蒸腾。

4. 风速

风对蒸腾作用的影响比较复杂。微风可促进叶片界面层水蒸气分子的扩散,使 C_a 减小,水蒸气压差增大,有利于蒸腾;如果强风,水分散失过快,会引起气孔关闭,抑制蒸腾。

5. 土壤状况

植物地上蒸腾与根系的吸水有密切的关系。因此,凡是影响根系吸水的各种土壤条件,如土温、土壤通气、土壤溶液浓度等,均可间接影响蒸腾作用。

第四节 水分在植物体内的运输

一、 水分运输的途径

植物的根部从土壤吸收水分，通过茎的木质部导管或管胞运输到叶子及其他器官，除少部分参与代谢外，大部分通过叶片蒸腾散失。从水分的吸收到水分的散失，主要经过下列途径：土壤水→根毛→根皮层→根内皮层→根中柱鞘→根导管→茎导管→叶脉导管→叶肉细胞→叶肉细胞间隙蒸发→气孔下腔→气孔→大气。

水分从根向地上部分运输的过程可分为两个部分：一部分是通过活细胞运输，即共质体运输，属横向运输，包括根毛→根皮层→根内皮层→根中柱鞘，以及叶脉导管→叶肉细胞→叶肉细胞间隙。横向的共质体运输距离虽短，但运输阻力大，速度慢。另一部分是在维管束的死细胞（导管或管胞）和细胞壁与细胞间隙中运输，即质外体运输。质外体对水分运输的阻力小，运输速度快，适宜于纵向长距离运输。

（一）质外体运输

质外体的运输是指水在导管或管胞和细胞壁、细胞间隙的运输。木质部导管或管胞是由无原生质体的长形死细胞组成的中空管道，细胞与细胞之间都有孔，特别是导管细胞的横壁几乎完全消失，对水分运输的阻力很小，适于远距离运输。

水分在细胞壁和导管中运输的方式是集流（bulk flow 或 mass flow），即液体中全体原子或分子集体移动的现象，常是在压力梯度的驱动下进行。最常见的集流的例子是花园橡胶软管中水的流动。管道中集流的流速与溶质浓度无关，而与管子半径的 4 次方和压力梯度成正比，与液体黏度成反比。水分在导管中运输速率非常快，一般为 3~45m/h。但由于壁上的胶质、纤维素可吸引水分，因此水流仍有阻力，但比活细胞的原生质的阻力小得多。

（二）共质体运输

水分子在共质体的运输可分为两段：一段在根内，包括根毛→皮层→内皮层→根中柱鞘；另一段在叶内，叶脉导管→叶肉细胞→叶肉细胞间隙。在共质体的运输都要经过活细胞，细胞内有原生质，以渗透方式进行，所以阻力很大，速度很慢（0.001cm/h），不适于长距离运输。

二、 运输的动力

水分经由土壤到达植物根表皮，进入根系后，通过植物茎到达叶片，再由叶片的气孔扩散到大气参与大气交换，形成了一个统一的、动态的相互反馈的连续系统，即土壤-植物-大气连续体系（Soil-Plant-Atmosphere Continuum，SPAC）。

水分在 SPAC 中运移的驱动力是水势梯度。从土壤到大气的水势梯度如图 1-12 所示，水分可以在此水势梯度下由土壤进入根系然后长距离运输到叶片最后又散失到大气中。构成水势梯度的组分在根和叶的共质体运输部位主要是渗透势差，而在导管中主要是压力势差。维持这个水势梯度的因素有两个：蒸腾拉力和根压。因此水分在植物体内长距离运输的动力是：上部有蒸腾牵引力（又称蒸腾拉力），下部有根压，其中主要是蒸腾拉力。根压一般不超过 0.2MPa，只能使水上升 20.4m。许多树木远比这个数字高，如澳大利亚的桉树、花楸、北美的海岸红杉，可以高达 100m 以上，这个时候仅靠根压肯定不够了。而且，蒸腾旺盛时根压很小。所以，蒸腾拉力才是水分上升的主要动力。

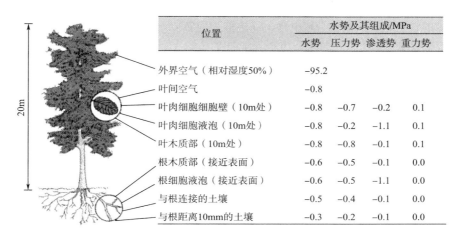

位置	水势及其组成/MPa			
	水势	压力势	渗透势	重力势
外界空气（相对湿度50%）	−95.2			
叶间空气	−0.8			
叶肉细胞细胞壁（10m处）	−0.8	−0.7	−0.2	0.1
叶肉细胞液泡（10m处）	−0.8	−0.2	−1.1	0.1
叶木质部（10m处）	−0.8	−0.8	−0.1	0.1
根木质部（接近表面）	−0.6	−0.5	−0.1	0.0
根细胞液泡（接近表面）	−0.6	−0.5	−1.1	0.0
与根连接的土壤	−0.5	−0.4	−0.1	0.0
与根距离10mm的土壤	−0.3	−0.2	−0.1	0.0

图 1-12　从土壤到大气的水势梯度（Taiz 和 Zeiger，2002）

三、内聚力学说

蒸腾拉力要使水分在茎内上升，导管中的水分必须形成连续水柱。如果水柱中断，蒸腾拉力便无法把下部的水分拉上去。

叶片蒸腾失水后，叶水势降低，便从下部吸水；所以导管水柱的上端总是受到向上的拉力，蒸腾越强拉力越强。与此同时，水柱本身的重量又使水柱下降，这样上拉下拽使水柱产生张力。但张力较小，为 0.5~3.0MPa。同时，相同分子之间有相互吸引的力量，称作内聚力；据测定，植物细胞中水分子间的内聚力可达 30MPa 以上，比张力大得多。另外，导管内细胞壁的纤维素分子由 β-葡萄糖组成，上有-OH 基，可吸引水。因此，水分子与导管壁之间有附着力。由于这三个力量共同的作用，所以导管中的水柱可以连续不断，这就是内聚力学说的主要内容。该学说又被称为"蒸腾-张力-内聚力学说"。

总的来看，目前该学说是比较受支持的。幼嫩植株一般水柱都连续。但也有观察发现有些植物的木质部里有气泡，这种现象称为空穴化（cavitation）；此时水柱不连续，但水分却还是继续上升。有研究指出，茎局部用毒物杀死或烫死后，水分照样能运到叶片。可能因为茎中存在多个导管，虽然空气进入个别导管，水柱中断，但水分可以经由旁边其他导管"绕道"运输。夜间蒸腾减弱时，气泡便会溶解在木质部溶液中，又可以恢复连续水柱了。当然，如果气泡过大，堵塞导管，称为导管栓塞，不一定都能恢复。在一些植物（如复苏植物密罗木）中，部分空穴化的导管或管胞，能够通过根压或毛细管作用而重新充满水，恢复输导功能，称为导管的修复。

四、 水分运输的速率

植物体内水分运输的速率随植物种类、细胞形态、生理状况以及环境条件的不同而存在很大的差异（表 1-1）。裸子植物没有导管只有管胞，管胞是长梭形、两端尖细没有穿孔的管状死细胞，内径较小，相叠的两个管胞各以其偏斜的两端相互穿插而连接，水分只能经过侧壁上的纹孔才能在管胞间移动，阻力较大，速度慢；被子植物既有导管也有管胞，导管是由中空且没有原生质体的管状死细胞组成，其中每一细胞称为导管分子，内径大，端壁穿孔或完全溶解，从而形成纵向连续通道，所以运输阻力小，速率快。

表 1-1   不同类型植物木质部导管液流传导率和最大水流速率（蒋高明，2004）

植物类型	木质部导管液流传导率/ $[m^2/(s \cdot MPa)]$	最大速率/(mm/s)	导管直径/μm
草本植物	30~60	3~17	—
常绿松柏	5~10	0.3~0.6	<30
地中海硬叶灌木	2~10	0.1~0.4	5~70
落叶环孔植物	50~300	1.1~12.1	5~150
落叶散孔植物	5~50	0.2~1.7	5~60
藤本植物	300~500	42	200~300

水分在植物体内运输途径不同，运输速率也不同。共质体运输由于活细胞的原生质体有亲水胶体，所以水分运输速率很慢；质外体运输，水分受到的阻力较小，因而速率较快。

环境因素对水分在植物体内的运输速率也有一定影响。通常，植物体内水分运输的速率是白天大于晚上，直射光时大于散射光时，这可能与植物的生理活动强弱相关。白天蒸腾作用强烈，叶片急需补充水分，蒸腾拉力较大，引起水流速率相应加快。此外，土壤的供水状况也会对植物体内的水分运输速率产生直接影响。

第五节   水分平衡与合理灌溉

一、 水分平衡与移栽

（一）水分平衡

在正常情况下，植物一方面蒸腾失水，同时不断地从土壤中吸收水分；另外，植物还要利用水分进行代谢。植物吸水、用水、失水三者的动态关系称为水分平衡。一般植物用于代谢的水分只占其吸水量的1%，常忽略不计。

当吸水>失水时，植物体内水分达到饱和，可产生吐水现象。这种情况容易造成作物徒长或倒伏，降低产量。当失水>吸水时，蒸腾旺盛，植物体内含水量下降，出现水分亏缺，叶片下垂萎蔫，各种代谢活动如光合、呼吸、有机物的合成、矿质的吸收和转化都受到影响，植物生长受抑制。当吸水等于失水时，水分维持动态平衡，植物生长旺盛。不过一般情况下，植物体内的水分平衡只是暂时的和相对的，而不平衡却是经常的、绝对的。

因此农林生产中，如何通过各种栽培、管理措施维持植物的水分平衡，成为保证作物健壮生长和农业高产稳产的重要课题。

（二）育苗移栽过程的水分平衡

育苗移栽可以充分利用生长季节，延长作物生育期，增加作物产量。如何提高成活率，缩短缓苗期是移栽成败的关键。移栽成活与否主要取决于能否维持植物体内的水分平衡。

植物在移栽的过程中，不可避免地会损伤大量根系，使根系吸水赶不上蒸腾失水，时间一长，植株容易萎蔫死亡。因此，维持植株水分平衡可以从增加根系的吸水和减少蒸腾失水这两方面考虑。增加根系吸水的措施：起苗时，少损根多带土；移栽后，适量灌水，注意中耕，提高地温，改善水、气、温条件，促进根系早发快长等。减少蒸腾失水的措施：移栽时剪去一部分叶子（可使蒸腾速率升高而总蒸腾量下降）；有的植物移栽后可覆盖；选择合适季节移栽，林业上移栽苗木，常在秋末或初春，因为气温低，苗木无叶子，蒸腾量小；如夏季移栽，最好选阴天或傍晚进行。

二、 合理灌溉的生理基础及指标

为了使作物正常生长，避免严重的水分亏缺，在农业生产中需要进行灌溉。灌溉是以作物水分代谢为生物学基础，依据植物的需水规律，进行合理灌溉，保障在关键生育期的水分平衡。

（一）作物的需水规律

植物一生当中需要大量的水分，这些水分一方面用来满足自身的生命活动需要，另一方面作为维持和调节植物正常生长发育所必需的环境需水。一般可根据蒸腾系数估算其对水分的需要量，以作物的生物学产量乘以蒸腾系数即可大致估计作物的需水量，并作为灌溉用水量的一种参考。当然，应用过程中，还应该考虑土壤的含水量、土壤保水能力和降水量等因素的影响。

首先，不同的作物需水量不同，如大豆和水稻的需水量较多，小麦和甘蔗次之，高粱和玉米最少。一般而言，C_3植物比C_4植物需水量大。作物需水量的多少，可供作物区化布局及灌水、管理时参考。

其次，作物从种子萌发到开花结实，在不同生育期的需水量不同。植物一生中对水分不足最敏感、最容易受到伤害的时期称为水分临界期，此时缺水对产量影响很大，因此如果水分有限，要尽量保证水分临界期的供水，以尽可能地争取产量，保证作物正常的生长发育。

以小麦为例，根据其对水分的需要来划分，可分为五个生育期：一是种子萌发-分蘖前期，即幼苗期，根系发育快而蒸腾面积小，需水量不大。二是拔节-孕穗期，此时小穗分化发育、茎叶迅速生长，叶面积增大，蒸腾失水多；如果缺水，穗发育不良或畸变，生长矮小，会使产量降低。这是小麦的第一个水分临界期，也是花粉母细胞四分体到花粉粒形成阶段。三是抽穗-开始灌浆期，此时主要进行授粉受精和种子胚胎发育和生长，如供水不足，会引起粒数减少，导致产量下降，这是小麦的第二个水分临界期。四是开始灌浆-乳熟末期，此时主要进行光合产物的运输与分配，如果缺水非常严重，引起输导组织结构破坏，会导致光合产物运输受抑制，籽粒瘦小，产量降低；但轻度缺水不会影响光合产物的运输，反而促进茎叶贮存物向籽粒调运，增加籽粒产量。五是成熟期，种子逐渐风干，植株枯萎，不需供水。

一般而言，植物的水分临界期在生殖生长开始期。玉米水分临界期在开花至乳熟期，高粱在抽花序到灌浆期，豆类、荞麦和花生在开花期，水稻在花粉母细胞形成期和灌浆期。

（二）合理灌溉的指标

作物是否需要灌水，何时灌水，灌水量多大适宜，可以根据土壤墒情、作物的形态和生理指标等进行科学判断。

1. 土壤指标

农业生产上往往根据土壤含水量确定灌溉时期。一般来说，适合作物正常生长发育的根系活动层，土壤的含水量为田间最大持水量的 60% ~ 80%，如果低于此含水量，就应该及时进行灌溉。但这个值不固定，常随许多因素的改变而变化。土壤含水量对灌溉有一定的参考价值，但由于灌溉的目的是满足作物对水分的需求而不是土壤，所以最好是根据当时当地作物的生长情况来确定灌水指标才准确。

2. 作物形态指标

通常情况下，当植物叶片出现颜色变深或变红，幼嫩叶萎蔫，生长速度下降等现象时应进行适当灌溉。形态指标易观察，但判断主观性较强，不易掌握，因此还需要客观、灵敏、及时反映灌溉需要的生理指标作为灌水依据。

3. 作物生理指标

灌溉的生理指标主要有叶片水势、细胞汁液浓度或渗透势、相对含水量和气孔开度等。叶片水势可以灵敏地反映植物的水分状况，当植物缺水时，水势下降；叶片水势下降达一定值就需要及时灌水。如小麦灌浆期叶片水势低于 $-1.25MPa$ 就需要灌水。植物受旱缺水时细胞汁液浓度升高，若超过一定限度就会阻碍物质的合成。例如，小麦拔节抽穗期功能叶汁液浓度 6.5% ~ 8% 为宜，超过 9% 需要灌水；抽穗以后 10% ~ 11% 为宜，超过 13% 应当灌水。水分充足时气孔张开，随着水分减少，气孔开度逐渐缩小，甚至完全关闭。因此，灌水应在气孔缩小到一定程度之前进行。如小麦气孔开度达到 $5.0 \sim 6.0 \mu m$，甜菜气孔开度达 $5.0 \sim 7.0 \mu m$ 就应该灌水。

需要注意的是，不同地区、不同作物、不同品种在不同生育期，不同叶位的叶片，不同取样时间，其生理指标都有差异。因此，实际应用时需要先做好准备工作，结合当地实际情况，测定出临界值，以指导灌溉合理实施。一般取样时间以上午 9:00 ~ 10:00 为宜。

三、 节水灌溉的生理基础及方法

（一）节水灌溉的生理基础

传统的丰水灌溉理论认为，为保证作物正常生长发育并获得高产，作物各阶段所需的水分都必须得到满足，使植物一直处于水分平衡，因此，过去人们常进行大水漫灌，供给植物充足水分。现在，水资源短缺促使人们想办法进行节水灌溉，用少量水使产量不下降或下降很少，使总产量增加。

大量研究表明，随着灌水量增加，植物气孔开度增大，蒸腾速率增大同时光合速率也增大；但植株水分充足时，蒸腾失水量继续增加但光合同化 CO_2 量不再增加，水分利用效率降低，存在奢侈蒸腾。而水分适度亏缺时蒸腾速率下降但光合速率不降或降低很少，水分利用效率会增加。因此，可以适当减少灌水量，使蒸腾减少而产量未降，这便是节水农业的生理基础。

还有研究表明，干旱缺水对作物的影响有一个从"适应"到"伤害"的过程，不超过适应范围的缺水，后期复水后植物普遍存在补偿生长的效应，对作物有利或无害。生产实践也表明作物一定时期的有限缺水并不一定会降低产量，还可能对增产有利（如玉米蹲苗）。

因此，近年有人提出了非充分灌溉（有限灌溉）理论，认为灌溉的目的并不是要达到最高的单位面积产量，而是要使单位用水量的作物产量最高，这样可以使有限的水资源能灌溉更多的作物，获得更高的总产量，这本质上就是节水灌溉。节水农业的原理主要是提高水分利用效率。植物的水分利用效率可分为三个层次：单叶水分利用效率、植物单株水分利用效率和大田作物群体水分利用效率（也称为农田水分利用效率）。农田水分利用效率是指一定时间内单位面积农田上植物积累的干物质与植物蒸腾失水和田间蒸发失水量之和的比值。因此提高水分利用效率也可以从这三个层次去考虑。

（二）节水灌溉的方法

节水灌溉的方式有多种，除了喷灌、滴灌以外，根据上述研究成果，近年来出现了一些新型灌水方式，这里主要介绍三种。

1. 精确灌溉

精确农业是高新技术与相关基础学科综合之后所产生的一种信息化现代农业，精确灌溉以高新技术为手段，以作物需水规律为依据。精确灌溉的实施需要三个基本条件：一是掌握详细可靠的作物需水规律；二是运用先进的信息化技术，主要是遥感技术和计算机自动监控技术等；三是提高使二者相衔接的技术参数，特别是作物水分亏缺程度指标，再将这些指标转化为遥感标识和模型，并结合滴灌、喷灌等技术实现精确灌溉。

2. 调亏灌溉（regulated deficit irrigation，RDI）

调亏灌溉是一种新型节水技术，属于生物节水和管理节水的范畴。调亏灌溉是从作物生理角度出发的一种生物调节措施，主要原理是在作物的非水分临界期尤其是营养生长旺盛期适度水分亏缺，而在作物的水分临界期充分供水；这样一方面使作物建立一套适应干旱的机制，另一方面通过调节作物的生理生化过程，影响光合产物的代谢和分配，使经济产量和水分利用效率都保持较高的水平。目前已应用于果树、蔬菜、小麦、玉米、棉花等，如在水稻上的干湿交替灌溉便是调亏灌溉的一种应用。

3. 控制性分根区交替灌溉（control root-splited alternative irrigation，CRAI）

传统灌溉方法追求田间作物根系层的充分和均匀湿润，而控制性分根区交替灌溉强调从根系生长空间上改变土壤湿润方式，人为保持根际土壤在某个区域干燥，交替灌水使根系始终有一部分生长在干燥或较干燥的土壤中，让其产生水分亏缺胁迫信号物质脱落酸，控制叶片气孔开度，减少作物蒸腾失水；另一部分根系生长在湿润区域吸水满足植物生长所需。这种方式不仅减少灌水量和无效蒸腾，同时通过对不同区域根系进行交替干旱锻炼，利用补偿生长效应刺激植株根系的生长，还可以提高根系对水分和养分的利用效率，最终达到不牺牲作物光合产物积累而大量节水的目的。这是一种具有创新意义的灌溉模式，大田生产中这种灌水方式称为隔沟交替灌溉或控制性交替灌溉（controlled alternative irrigation）。

内容小结

任何生命都离不开水，植物体内含水量通常占其鲜重的 70%~90%，水分对植物生命活动具有重要作用。水分在植物体内以自由水和束缚水两种形式存在，二者的比值可表示植物代谢活动与抗性的强弱。

植物细胞是吸水还是失水取决于细胞的水势。典型植物细胞的水势由溶质势、压力势、衬质势和重力势四部分组成。植物细胞以渗透吸水为主。

根系是吸水的主要器官，吸水的主要区域为根毛区，有主动吸水和被动吸水两种方式；吸水动力分别是根压和蒸腾拉力。影响根系吸水的土壤因素主要有土壤水分、土壤温度、通气性和土壤溶液的浓度。

植物不仅能吸水，而且不断失水。气孔蒸腾是陆生植物的主要失水方式。目前主要用淀粉与糖转化学说、K^+累积学说和苹果酸代谢学说解释气孔开闭机制。气孔蒸腾受内外因素的影响，外部因素中光照最主要，内部因素中以气孔调节为主。

水分在植物体内运输的途径有质外体运输和共质体运输两种。前者对水分移动阻力小，适宜长距离运输；后者运输距离短，阻力大，只适宜于短距离运输。解释水分在茎中上升最受认可的是内聚力学说。

植物在一定含水量基础上的水分平衡是植物正常生命活动的关键。合理灌溉是维持植物水分平衡最可靠的方法。作物需水量因不同种类而异，同一作物不同生育期对水分亏缺的敏感度不同。为解决水资源短缺，新型节水灌溉技术应运而生。

课程思政案例

控制性分根交替灌溉的发展历史：20世纪90年代末西北农业大学的康绍忠教授（现为中国农业大学教授、中国工程院院士）原本的专业是农田水利工程，因为西北地区干旱，所以他很关注旱地农业灌溉问题。当他在期刊上看到一篇香港浸会大学张建华博士（现为香港中文大学教授）与其导师Davies合写的关于根系受旱会产生根源信号脱落酸导致叶片气孔关闭的文章，便和张建华联系进行合作，把这个理论应用到农田灌溉上，只给作物一半根系灌水维持植物的生长需要，另一半根系干旱产生根源信号促使气孔开度降低以减少蒸腾失水。但是这样又出现一个问题，即根系发育不平衡，有水的一边根比较多，无水的一边根系少。为解决这个问题，他们想出的解决办法是后续灌水时进行交换——这次灌水的行间下次不浇水，这次没灌水的行间下次灌水，如果以后再灌水再进行交换。这样就形成了分根交替灌溉的思路。21世纪初，他们在甘肃、新疆等地的玉米、棉花等农田做了很多试验，如灌水的时期、灌水量、灌水次数以及对作物光合、蒸腾、生长和产量的影响等进行系统研究，形成成套的技术，然后推广到西北干旱地区，为旱地农业发展做出了贡献。从这个案例可以看出，不同学科交叉就容易创新，这个分根交替灌溉就是工科和理科的交叉融合。另外，研究要和生产实际结合或者说要想办法解决生产实际中的问题。康教授在西北看到那里很干旱，就一直思考在缺水的情况下如何进行灌溉才能对生产有利。我们要学习前辈们这种为国为民的责任感和使命感，在学习和工作中多出成果。

第二章

植物的矿质与氮素营养

农谚说："有收无收在于水，收多收少在于肥"，"庄稼一枝花，全靠肥当家。" 可见施肥对农业生产的重要性。这里所指的肥，包括植物生命活动需要的多种矿质元素。

矿质元素也和水分一样，主要存在于土壤，被根系吸收进入植物体运输到各个部位再加以同化利用，满足植物的需要。植物对矿质元素的吸收、转运和同化，统称为矿质营养。

人们对矿质营养的认识，经过了漫长科学实践，最后在 19 世纪中叶才被完全确定。1840年，德国的李比西建立了矿质营养学说。

第一节　植物所需的矿质元素

一、　植物体内的元素

植物组织中一般含有 10%～95% 的水分，在 105℃ 条件下将植物烘干，即得到占植物鲜重 5%～90% 的干物质。如果将干物质在 600℃ 燃烧，则有机物中的碳、氢、氧、氮等元素以气体形式挥发，剩下的残留物称为灰分。灰分中的元素称为灰分元素，一般直接从土壤矿质中吸收，故又称为矿质元素。因为它们一般是以简单的无机盐形式存在，所以又称为无机盐。干物质中 90% 左右是有机物，矿质元素只占干重的 5%～10%。

氮在燃烧时挥发，而且氮本身不是土壤矿质的成分，因此氮不是矿质元素。不过植物对氮的需要量较多，而且氮和矿质元素主要都由植物从土壤中吸收，因此通常将氮和矿质元素一起讨论。

不同的植物、同一植物的不同器官，或者不同环境生长的同一种植物，其矿质元素的含量都不同。如水生植物矿质元素含量约 1%，而盐生植物矿质元素含量可高达 45%。同株植物不同器官的矿质元素含量差异也很大，如木质部约 1%、种子为 3%，草本植物茎矿质元素含量 4%～5%、叶片为 10%～15%。

植物体内灰分含量虽然不高，只有 5%～10%，但是种类很多。据分析，地壳中存在的元素几乎都可以在不同的植物中找到，已发现有 70 多种元素存在于不同的植物中，其中比较普遍的有十多种。

二、 植物必需的矿质元素

植物体内矿质元素种类很多,但这么多种的元素并非都是植物生长发育所必需。某元素含量多也不能说明就是植物的必需元素。

(一) 植物必需元素的标准

植物的必需元素是指植物正常生长发育必不可少的营养元素。判断植物必需元素(essential element)的标准有三条:一是不可缺少性,由于缺乏该元素,植物生长发育受阻,不能完成其生活史;二是不可替代性,除去该元素,植物表现出专一、特殊的症状,而且这种缺素症状只有加入该元素才能恢复或预防;三是直接功能性,该元素在植物营养生理上表现直接的效果,而不是由于土壤的物理、化学、微生物条件的改善而产生的间接效果。

(二) 确定植物必需矿质元素的方法

由于植物体内所含的元素并不一定是植物的必需元素,因此分析植物灰分中各种元素组成并不能确定某种元素是否为必需元素。因为土壤成分复杂,而且它所含的矿质元素无法控制,所以采用土壤栽培植物的方法无法确定必需元素。可靠的方法是在人为严格控制植物生长环境(如非土壤培养基、培养液等)各种元素组成的条件下,对照必需元素的三条标准,逐一地分析各种元素。1859 年,德国科学家克诺普(Knop)利用人为配制的、可控制成分的营养液培养植物以确定各种营养元素的必需性,称溶液培养法(solution culture),也称为水培法(hydroponics)。最简单的溶液培养法是直接将植物根系浸没于营养液中进行培养。在此基础上,用洗净的石英砂、蛭石或玻璃球等,加入含有全部或部分营养元素的溶液来栽培植物,此方法称为砂培法(sand culture)。水培法和砂培法对每一种矿质元素都能人为控制。例如,当除去溶液中某种元素时,如植物生长发育正常,就表示这种元素不是植物必需的;如植物生长发育不正常,但当补充该元素后又恢复正常状态,即可判断该元素是植物必需的。这种培养技术不仅适用于实验室研究,而且已逐渐应用于农业生产。植物浸泡在营养液中进行培养,易导致植物根系缺氧,对于根系通气组织不发达的植物,无法正常生长,因此在此基础上形成了气培法(aeroponics),该方法是将根系置于营养液气雾中栽培植物。这些统称为无土栽培法。

随着无土栽培的发展,形成了针对不同类型植物的营养液,如 Hoagland 营养液、Knop 营养液、Sachs 营养液等。在进行无土栽培时,选择营养液应注意以下三点:①营养要全,即要含有植物生长发育所需的全部营养元素;②比例适当,各种矿质元素的相对含量要适宜,符合植物的营养要求;③溶液的 pH 适宜,总浓度适当。溶液培养过程中应注意:一是选择合适的培养液,二是定期更换培养液,三是经常通气增氧、调节 pH,四是根系需避光。

(三) 植物必需元素的种类

通过研究发现植物必需的元素共有 17 种,除去碳、氢、氧外,必需的矿质元素(包括氮)是 14 种。在这 17 种植物必需的元素中,有 9 种需要量相对较大,称为大量元素。如碳、氢、氧、氮、磷、钾、钙、镁、硫,其含量一般占植物干重 0.1% 以上。另外 8 种元素植物需要量极微,稍多即发生毒害,故称为微量元素,如铁、锰、硼、锌、铜、钼、氯、镍,其含量一般占植物干重 0.01% 以下(表 2-1)。

表 2-1 植物的必需元素

元素	化学符号	植物利用形式	相对原子质量	干物质中的占比/%
大量元素				
氢	H	H_2O	1.01	6
碳	C	CO_2	12.01	45
氧	O	O_2，H_2O	16.00	45
氮	N	NO_3^-、NH_4^+	14.01	1.5
钾	K	K^+	39.10	1
钙	Ca	Ca^{2+}	40.08	0.5
镁	Mg	Mg^{2+}	24.32	0.2
磷	P	$H_2PO_4^-$、HPO_4^{2-}	30.98	0.2
硫	S	SO_2、SO_4^{2-}	32.07	0.1
微量元素				
氯	Cl	Cl^-	35.46	0.01
铁	Fe	Fe^{2+}、Fe^{3+}	55.85	0.01
锰	Mn	Mn^{2+}	54.94	0.005
锌	Zn	Zn^{2+}	65.38	0.002
硼	B	H_3BO_3	10.82	0.002
铜	Cu	Cu^{2+}、Cu^+	63.54	0.00006
钼	Mo	MoO_4^{2-}	95.95	0.00001
镍	Ni	Ni^{2+}	58.69	0.00001

除以上 17 种必需元素以外，还有些元素能促进植物的生长，称为有益元素。如：钠（Na）对藜科植物有益；硅（Si）对禾本科植物有益，可增强茎秆硬度，降低蒸腾，增强抗病性；铷（Rb）和锶（Sr）可部分代替钾和钙的作用；钴（Co）、钒（V）可增加甜菜的蔗糖含量；钴是豆科植物根瘤菌固氮所必需的；硒（Se）对黄芪有益。

另外，还有些元素是有害元素，仅少量就对植物生长有害。如重金属元素铅（Pb）、汞（Hg）使蛋白质变性；铝抑制铁的吸收，干扰磷的代谢；钨（W）抑制固氮作用。

三、 必需矿质元素的生理功能及缺乏症

必需矿质元素在植物体内的生理作用有三个方面：一是细胞结构物质和功能物质的组成成分；二是植物生命活动的调节者，参与酶的活动；三是起电化学平衡和信号转导作用，即维持细胞渗透势、原生质胶体的稳定性、构成细胞的缓冲系统和保持细胞的电荷平衡等。有些大量元素同时具备上述 2~3 个作用，大多数微量元素只具有酶促功能。

（一）氮（N，Nitrogen）

氮主要以 NH_4^+、NO_3^- 形式被植物吸收，有时也以有机态吸收，如尿素；空气中含有 80% 左

右的分子态氮，但植物不能直接利用。

氮是蛋白质、核酸、磷脂的主要组成成分。蛋白质含氮量约为 16%。核酸由戊糖、磷酸和含氮碱基组成；磷脂由脂肪酸、甘油和含氮的胆碱或乙醇胺构成，其中都有氮。而蛋白质、核酸、磷脂是细胞质、细胞核和细胞膜的主要构成成分。氮也是叶绿素 a 和叶绿素 b 的主要成分，因此与光合作用密切相关；缺氮通常导致叶片发黄。酶是调控植物生化反应的关键物质，而大多数的酶由蛋白质组成，含有氮元素。另外，酶的辅基或辅酶如辅酶 I（NAD）、辅酶 II（NADP）、辅酶 A（CoA）、黄素单核苷酸（FMN）和黄素腺嘌呤二核苷酸（FAD）等，均含有氮；某些植物激素（如生长素、细胞分裂素）、维生素（如维生素 B_1、维生素 B_2、维生素 B_6、维生素 PP 等）以及三磷酸腺苷（ATP）均含有氮。所以氮对生命活动有广泛的调节作用，另外，NO 可作为信号分子调节植物的生长发育和逆境反应。由于氮在植物生命活动中的重要地位，因此有生命元素之称。

缺氮时，由于蛋白质合成受阻，细胞分裂、生长受影响，植株生长矮小，分枝（分蘖）少，叶片小而薄；叶绿素形成受影响，叶变黄或发红，甚至干枯，导致产量降低。由于氮素可以重复利用，在缺氮时，老叶中的氮化物分解转运到幼嫩组织中再次加以利用，所以缺氮时叶片发黄的贫绿症状，先由下部老叶开始逐渐向上发展。这是缺氮症状的突出特点。

当氮肥供应充足时，植物生长快，叶片大而深绿，分支能力强，籽粒中含氮量高。植物所需的矿质元素中，氮的需求量最大。所以生产上应注意氮肥的供应。但氮素过量时叶片大而浓绿，植株高大柔嫩多汁，机械组织不发达，易倒伏或疯长，不耐干旱；体液偏碱性，易被病原菌侵染，贪青晚熟。同时也会造成土壤氮利用率低和环境污染。

（二）磷（P，phosphorus）

磷一般以磷酸盐的形式被植物吸收，其中 $H_2PO_4^-$ 最易吸收，HPO_4^{2-} 次之。当磷进入植物体内以后，大部分变成有机态磷（如磷酸己糖、核苷酸、磷脂），有一部分仍以无机态形式存在。一般根、茎生长点和种子中磷含量很丰富。

磷是磷脂、核酸、核蛋白的重要组成成分。磷脂是生物膜的主要成分，核酸和核蛋白是细胞核和细胞质的组成成分之一，因此磷参与细胞分裂长大、遗传信息的传递以及蛋白质合成等。磷是三磷酸腺苷（ATP）和二磷酸腺苷（ADP）的组成成分，是能量储存和供应的化合物，与整个生命活动有关。细胞液中含有磷酸盐，一方面起酸碱缓冲作用，另一方面维持一定的渗透势。磷也是许多酶和辅酶的组分，如 NAD、NADP、FMN、FAD、CoA 等，因此磷参与多种生理代谢，如脂肪代谢、光合作用、呼吸作用、氮代谢等，还能促进糖的运输。

缺磷时，植物累积硝态氮，蛋白质合成受阻，影响细胞分裂生长，植株瘦小，分枝分蘖少。缺磷阻碍糖运输，叶片累积糖有利于形成花青素，因此叶色呈暗绿或紫红色。缺磷使植物成熟期延迟，果实种子不饱满，产量低，抗性弱。玉米缺磷会出现秃顶现象，是因为缺磷导致雌蕊生长慢，影响授粉。磷易于重复利用，因此缺乏的症状常从下部老叶开始。

磷肥充足，代谢正常，作物抗性提高，成熟提早；但若磷肥过多，叶片上出现小焦斑，这是磷酸钙沉淀所致，磷过多还会使硅和锌吸收不好。

（三）钾（K，potassium）

钾在土壤中以 KCl、K_2SO_4 等盐类形式存在。在土壤溶液或水中解离成钾离子而被植物根系吸收。与氮和磷不同，钾不参与重要有机物的组成，在植物体内钾呈离子状态。植物体的所有活细胞的细胞质中均含有大量钾离子，浓度通常为 $80\sim100\text{mmol/L}$；而在幼嫩的植物组织和器官（如生长点、形成层、幼叶）及生理生化活动较为活跃的组织和器官（如功能叶片、幼根等）中则相对含量更高。

钾离子可用作 60 多种酶的活化剂。如呼吸过程中的丙酮酸磷酸激酶、果糖激酶等需要钾离子作活化剂，所以钾离子能促进呼吸。钾离子可以提高 1,5-二磷酸核酮糖羧化酶/加氧酶的活性，促进光合作用；钾离子是淀粉合成酶的活化剂，在储藏碳水化合物的组织和器官中，如红薯块根、马铃薯块茎，通常钾含量非常丰富。钾参与磷酸化过程，影响葡萄糖聚合，以及促进糖类运输到储藏器官。所以钾对糖类的合成、转化、聚合及运输都有影响。核酸和蛋白质形成过程中，钾离子也是活化剂，因此钾离子也促进核酸和蛋白质的形成。所以钾与蛋白质在植物体中的分布是一致的，富含蛋白质的豆科植物籽粒的钾含量比禾本科植物高。钾离子是构成渗透势的重要成分。例如，钾离子与气孔开放有关。研究表明，钾离子在保卫细胞中积累，使渗透势下降，促进保卫细胞吸水，气孔张开。钾离子还是植物细胞中最重要的电荷平衡成分，在维系活细胞正常生命活动所必需的跨膜（质膜、液泡膜、叶绿体膜、线粒体膜等）电位中有不可替代的作用。另外，钾使原生质体水合程度增加，黏性降低，细胞保水力增强，植物抗旱性提高。

缺钾时，葡萄糖聚合受阻，纤维素和木质素含量降低，茎秆柔弱易倒伏；细胞保水力差易失水，抗旱性差；蛋白质解体，叶绿素破坏，所以叶色变黄甚至坏死。棉花等缺钾时叶片的叶缘枯焦，生长缓慢，整个叶片皱缩。钾也容易重复利用，缺乏症状也先从老叶出现。

由于钾可促进糖聚合及运输，故栽培马铃薯、甘薯、甜菜等作物时，注意增施钾肥，增产显著。氮、磷、钾是作物需要量最大的元素，故称为"肥料三要素"。生产上施肥主要是为了满足以上三要素；除了量的满足外，还需要按比例合理搭配。

（四）钙（Ca，calcium）

钙元素以钙离子（Ca^{2+}）的形式被植物吸收。钙离子进入植物体后一部分仍以离子状态存在，一部分形成难溶的有机盐类（如草酸钙等），还有一部分与有机物（如植酸、果胶酸、蛋白质）相结合。因为它是不易移动的元素，钙在植物体内主要分布在老叶、储藏器官或其他衰老或死亡的组织中。

钙是构成细胞壁的一种元素，壁的中胶层由果胶酸钙组成。缺 Ca^{2+} 时，细胞分裂不能进行，细胞伸长生长停止。Ca^{2+} 与花粉管的定向生长有关。钙在生物膜中存在，作为磷脂的磷酸与蛋白质的羟基间联结的桥梁，具有稳定膜的作用。植物体内含有机酸，许多肉质植物体内草酸含量较高，钙与草酸形成草酸钙结晶，能消除过量草酸对植物的毒害。钙也是一些酶的活化剂，如 ATP 酶、磷脂酶、琥珀酸脱氢酶等。Ca^{2+} 可与钙调素（CaM）结合，形成有活性的 Ca^{2+}-CaM 复合体，在代谢中起"第二信使"的作用，感知环境条件的变化。

缺钙时，细胞壁形成受阻，细胞分裂不能正常进行或分裂不完全。因此植物生长受阻，根系短小，分支多，褐色，严重时根尖茎尖溃烂坏死；顶芽、嫩芽初期缺绿，继而叶尖呈典型的钩状，随后坏死。苹果、白菜心坏，也是由于缺钙引起。

（五）镁（Mg，magnesium）

镁以离子状态（Mg^{2+}）被吸收进入植物体，它在体内一部分与有机物结合，另一部分仍以游离的离子状态存在。

镁是叶绿素的组成之一。缺乏镁，叶绿素不能合成，叶片贫绿，影响光合作用及产量。镁是磷酸化酶和脱氢酶的活化剂，如葡萄糖激酶、果糖激酶、半乳糖激酶，1,5-二磷酸核酮糖羧化酶/加氧酶、核酮糖-5-磷酸激酶。故镁与碳水化合物的代谢有关。镁是 DNA 聚合酶、RNA 聚合酶的激活剂，参与 DNA、RNA 的合成。镁在蛋白质合成中的氨基酸活化过程也起活化剂的作用。具有合成蛋白质能力的核糖体是由许多亚单位组成，镁能使这些亚单位结合形成稳定的结构；如果镁缺乏，则核糖体解离成亚单位，丧失蛋白质合成能力。

缺镁的明显特征是叶片贫绿，首先从下部老叶开始，往往叶肉变黄而叶脉仍保持绿色，严重时形成褐斑坏死或叶子脱落。

（六）硫（S，sulfur）

植物从土壤中吸收硫酸根离子，进入体内后，大部分被还原成硫氢基（-SH）和二硫键（-S-S-）而形成有机化合物，只有少部分保持不变。

硫是一些氨基酸的成分，如半胱氨酸、胱氨酸、甲硫氨酸。这些氨基酸几乎是所有蛋白质的组成成分，所以硫也是原生质的构成元素。硫是一些辅酶或辅基的组成成分，如 CoA、硫胺素、生物素等。CoA 参与氨基酸、脂肪、糖类的合成代谢。硫胺素参与糖类的分解代谢。生物素是脂肪和蛋白质正常代谢不可缺少的物质，也是多种羧化酶的辅酶。硫还是硫氧还蛋白、铁硫蛋白与固氮酶的组分，因此硫在光合电子传递、豆科植物固氮中起重要作用。含硫氨基酸中的-SH 与-S-S-的相互转换，可调节植物体内的氧化还原反应。硫还是芥子油糖苷的成分，构成某些植物如葱、蒜、芥菜的特殊气味。

植物缺硫时，一般幼叶先表现缺绿，全叶黄白色。土壤中有足够的硫满足植物的需要，生产中一般很少出现缺乏症。

上述的氮、磷、钾、钙、镁、硫是植物需要的大量元素，下面介绍微量元素的功能。

（七）铁（Fe，iron）

铁元素以二价铁或三价铁的螯合物形式被植物吸收。铁离子在植物体中以三价铁与二价铁两种形式存在，二者之间的转换构成了活细胞内最重要的氧化还原系统。

铁是许多酶的辅基，如过氧化物酶、过氧化氢酶、细胞色素（血红蛋白）及细胞色素氧化酶等，这些酶中的铁可以发生三价铁与二价铁的转变，起到电子传递和氧化还原的作用。在呼吸链和光合作用的电子传递过程中起着重要作用。铁又是固氮酶中的铁蛋白和钼铁蛋白的金属成分，在生物固氮、氮素循环中发挥着重要作用。铁影响叶绿体的构造，而叶绿体构造是叶绿素合成的先决条件，因而铁是合成叶绿素所必需的。

缺铁会影响叶绿素形成，且铁不容易重复利用，因此明显症状是幼芽幼叶脉间失绿，严重时叶脉也缺绿，甚至整叶变为黄白色。一般碱性土或石灰质土壤中，易引起植物缺铁。华北果树"黄叶病"就是由于缺铁所致。

（八）铜（Cu，copper）

在通气良好的土壤中，铜多以二价离子（Cu^{2+}）的形式被吸收，而在潮湿缺氧的土壤中，则多以一价离子（Cu^+）的形式被吸收。与铁离子的情况类似，铜离子在植物体内以一价铜离子和二价铜离子两种形式存在，二者之间的转换构成了活细胞内又一重要的氧化还原系统。

铜是多酚氧化酶、抗坏血酸氧化酶、漆酶的成分，在呼吸的氧化还原中发挥重要作用。铜又存在于叶绿体的质体蓝素中，参与光合作用中的电子传递。铜对叶绿素有稳定作用，防止叶绿素过早被破坏。铜可提高马铃薯抗晚疫病的能力。

植物缺铜时，叶片生长速率缓慢，最初呈蓝绿色或缺绿变黄，随后出现坏死斑，坏死斑首先从嫩叶的叶尖开始，后沿叶缘扩展到叶片的基部。另外，缺铜会导致叶片栅栏组织退化，气孔下面形成空腔，使植株即使在水分供应充足时也会因蒸腾过度而发生萎蔫。

（九）硼（B，boron）

硼以硼酸（H_3BO_3）的形式被植物吸收。植株各器官间硼的含量以花器官中最高，其中又以柱头含硼量最高。

硼与花粉形成、花粉管萌发和受精有密切关系。硼能与游离态糖结合成"糖-硼"络合物，促进糖跨质膜运输。硼有激活尿苷二磷酸葡萄糖焦磷酸化酶的作用，该酶催化尿苷二磷酸葡萄糖（UDPG）的生成，而 UDPG 不仅可参与蔗糖的生物合成，还可用于合成果胶、胼胝质等多种糖类物质。硼促进植物根系发育，特别对豆科植物根瘤菌的形成影响较大，缺硼降低豆科植物的固氮能力。硼可抑制有毒酚类化合物的形成，如咖啡酸、绿原酸，这些酚类化合物如果含量较高，会导致根尖或茎尖受害或死亡。

缺硼时，花药花丝萎缩、花粉母细胞不能向四分体分化、授粉后的花粉不能萌发，植物受精不良，籽粒减少，造成"花而不实"。缺硼也表现为根尖、茎尖停止生长，严重时坏死；果实、肉质根或块茎畸变或坏死。甜菜的干腐病、花椰菜的褐腐病、马铃薯卷叶病，都是缺硼所致。缺硼植株失去顶端优势，多分枝。

（十）锌（Zn，zinc）

锌以二价离子（Zn^{2+}）的形式被植物吸收。锌是生长素生物合成必需的：吲哚与丝氨酸合成色氨酸必须要有锌，而色氨酸是合成生长素的前体物质。叶绿素的生物合成可能也需要锌。锌是碳酸酐酶的成分之一，此酶催化 CO_2 溶于水生成 H_2CO_3。植物吸收和排出 CO_2，均需先溶于水，故缺锌时，呼吸和光合作用都受影响。锌也是谷氨酸脱氢酶及羧肽酶的活化剂，故在氮代谢过程中也有一定作用。

缺锌时，生长素合成受阻，节间缩短，植株呈莲座状，叶片小，出现"小叶病"，如苹果、梨、桃等；缺锌时，玉米、高粱老叶叶脉间失绿变黄，然后产生白色坏死斑。

（十一）锰（Mn，manganese）

锰主要以 Mn^{2+} 形式被植物吸收，由于锰离子可以多种不同化合价的形式存在，因此是植物细胞中与氧化还原、电子传递等过程密切相关的元素。

光合作用中，锰是放氧复合体的组成成分，参与水的光解。锰是叶绿体的结构成分，缺锰时，叶绿体破坏、解体。锰是许多酶的活化剂，如糖酵解中的己糖激酶、烯醇化酶和三羧酸循环中的 α-酮戊二酸脱氢酶和柠檬酸合成酶等，所以锰可提高呼吸速率。锰也是硝酸还原酶和脂肪酸合成酶的活化剂。

缺锰时叶绿素不能形成，叶片变黄而叶脉仍绿；症状在幼叶先出现。

（十二）钼（Mo，molybdenum）

钼以 MoO_4^{2-} 的形式被植物吸收。钼是硝酸还原酶和固氮酶中钼铁蛋白的成分，所以钼主要参与植株氮代谢过程，缺钼时植株会表现出缺氮症状，叶较小，老叶叶脉间失绿，有坏死斑点，边缘焦枯，向内卷曲。

（十三）氯（Cl，chlorine）

氯以 Cl^- 的形式被植物吸收，进入植物体内后绝大部分仍以 Cl^- 的形式存在，只有极少量的氯被结合成有机物。大多数植物对氯的需求量较少，盐生植物需求量相对较多。

氯在光合作用的水光解过程中起活化剂的作用，促进 O_2 释放和 $NADP^+$ 还原。叶和根细胞的分裂需要 Cl^- 的参与。Cl^- 是细胞内含量最高的阴离子，作为 K^+ 等阳离子的电荷平衡成分，在细胞渗透调节和电荷平衡等方面起重要作用，如调节气孔运动。

缺氯时叶片萎蔫，缺绿坏死，最后变成褐色，根系生长受阻，根尖变为棒状。由于氯的来源广，大田、雨水中的氯远超过作物每年的需要量，因此在大田生产中农作物很少发生缺氯症状。

（十四）镍（Ni，nickel）

镍以 Ni^{2+} 的形式被植物吸收，在植株体内也以 Ni^{2+} 的形式存在，是植株体内含量最少的必需元素。即使在培养溶液中不添加镍，仅仅种子中残留的镍也能满足其后代完成生活史。大麦通过连续 3 代的无镍培养后发现其种子不能萌发，因此证明了镍也是必需元素。

镍是脲酶的必需辅基，脲酶的作用是将尿素水解为 CO_2 和 NH_4^+，在氨基酸代谢和嘌呤代谢中发挥着重要作用。无镍时，脲酶失活，不能降解腺嘌呤和鸟嘌呤及豆科固氮等生理过程中产生的脲基化合物和尿素，尿素在植株体内积累，首先出现叶片的尖端和边缘组织坏死，严重时叶片整体坏死而影响植物的正常生长。

总的来看，大量元素的生理功能，主要是作为细胞物质的成分；而微量元素的主要功能是酶的成分或活化剂。

四、 矿质元素的重复利用及缺素症状

矿质元素被根吸收后随着蒸腾流上升到地上部以后，便分布到各个组织和器官，合成植物所需的各种化合物，参与植物的生命活动。矿质元素在植物体内的分布与元素能否被植物重复利用有关。重复利用是指已参加到生命活动中去的矿质元素，经过一个时期后也可分解并转运到其他部位，再次加以利用。不同元素的重复利用情况不同。根据元素的可重复利用程度将元素分为可重复利用元素和不可重复利用元素两大类。

可重复利用的矿质元素有氮、磷、钾、镁、锌、氯和钼，因为它们或者以离子状态在体内存在，或者形成不稳定的化合物，可以不断地分解，运输到其他器官去。能够被植物重复利用的矿质元素，大多分布在生长点和嫩叶等代谢较旺盛的部分，以及代谢旺盛的果实和贮藏器官。如果这些元素缺乏时，其症状首先从下部老叶开始。

钙、铁、硫、锰、硼、铜等元素，在植物细胞中形成难溶解的稳定状态化合物，难以重复利用，特别是铁和钙，完全不能重复利用。不能被植物再利用的元素被植物吸收到地上部后，就被固定而不能移动，所以器官越老含量越大；当这些元素缺乏时，其症状首先从茎尖和嫩叶开始。

五、 缺素诊断

植物生长发育过程中缺乏某种必需元素时其生理生化过程受到影响，进而在植物的组织或器官的形态、颜色等方面发生一些可观测到的变化。无论是研究工作中植物材料的培养还是作

物栽培实践中，如果能及时准确判断缺素现象，可有效减少损失。在缺素症状诊断过程中，一般应遵循以下步骤。

（一）调查研究、分析症状

首先，区分其他生理病害、病虫害或环境条件不适宜引起的症状与缺素症状的区别，例如，叶片折断、红蜘蛛危害后出现红叶，缺水或淹水后叶片发黄，低温时叶绿素合成受阻叶色改变，这些都很像缺素症状，必须具体调查做出判断。

其次，如果能确定是由于缺素引起的生理病害，应对症状进行归类分析。如叶片是否缺绿，若有失绿症状，症状出现在老叶还是在新叶。引起老叶缺绿的元素有氮、镁、锌；引起新叶缺绿的元素有铁、硫、锰等。叶片是脉间失绿还是整片叶子黄化、叶缘有无焦枯等。如幼叶全叶失绿，可能缺硫；若叶肉变黄而叶脉保持绿色，可能缺锰。据此初步判断缺何种元素。部分必需元素缺乏的典型症状如表 2-2 所示。

表 2-2　　　　　　　　　　　　部分必需元素典型缺素症状

缺素症状	缺乏元素
1. 较幼嫩组织先出现症状——不易或难以重复利用的元素	
2. 生长点枯死	
3. 叶缺绿，茎易断；多分枝；果实、肉质根或块茎畸形；花而不实	B
3. 叶片缺绿，皱缩，坏死，根系发育不良；果实极少或不能形成	Ca
2. 生长点不枯死	
3. 叶片缺绿	
4. 叶脉间缺绿以至于坏死	Mn
4. 叶片不坏死	
5. 叶淡绿至黄色；茎细小	S
5. 叶片黄白色	Fe
3. 叶尖变白，叶细，扭曲，易萎蔫	Cu
1. 较老的组织先出现症状——易重复利用的元素	
2. 整个植株生长受抑制	
3. 较老叶片先缺绿	N
3. 叶暗绿色或红紫色	P
2. 失绿斑点或条纹以至坏死	
3. 脉间缺绿	Mg
3. 叶缘失绿或整个叶片上有失绿或坏死斑点	
4. 叶缘失绿以致坏死，有时叶片上也有失绿至坏死斑点	K
4. 整个叶片有失绿至坏死斑点或条纹	Zn

植物表现缺素，不一定是土壤缺乏该元素。如果根系生长、吸收不好，即使土壤中该元素丰富也会表现缺素。因此要结合土壤及施肥情况分析缺素原因，如土壤酸碱度、板结与否、是否缺 O_2、低温等。土壤若呈酸性，会含有较多的三价铁离子和铝离子，磷易与它们结合形成不溶性的磷酸铁和磷酸铝，很难被植物吸收。若土壤 pH>7 时，铁可形成不溶性化合物，植物会表现出缺铁症状。

（二）土壤和植物组织营养元素的测定

在调查研究和分析症状的基础上，进一步做土壤测定或植物测定，判断是否缺素。比如推测出现缺氮症状，可测定植物组织中的含氮量，并与其他正常植株作比较。

（三）外源补充辅助诊断

在上述分析的基础上，如果喷施某种元素后症状消失即肯定缺乏某一元素。对大量元素从根际施肥，微量元素叶面喷施。为避免浪费或失误，可先进行小面积试验，若效果明显再推广。

第二节 植物细胞对矿质元素的吸收

植物通过根系从土壤中吸收矿质元素，而根系由细胞组成，因此细胞吸收矿质营养是植物吸收矿质营养的基础。细胞吸收矿质元素，必定需要进行跨细胞膜（也称质膜）运输。

一、生物膜

在真核细胞中，膜结构占整个细胞干重的 70% ~ 80%。膜的基本成分是蛋白质和脂质，蛋白质占 60% ~ 65%，脂质占 25% ~ 40%，还有糖及一些无机离子。脂质主要包括磷脂、糖脂、硫脂和胆固醇等。磷脂主要有磷脂酰胆碱（PC）、磷脂酰乙醇胺（PE）、磷脂酰甘油（PG）、磷脂酰肌醇（PI）等，线粒体中还有心磷脂。糖脂主要有单半乳糖基甘油二酯（MGDG）和双半乳糖基甘油二酯（DGDG），主要存在于叶绿体类囊体膜中。构成细胞膜的主要是磷脂。磷脂含有甘油、脂肪酸、磷酸和含氮碱。甘油的两个羟基与两个脂肪酸通过酯键相连，另一个羟基与磷酸相连。其脂肪酸侧链就像两条非极性的"长尾巴"，含磷的极性基就像是头部，所以磷脂既具有亲水性又具有亲脂性（疏水性）。通过实验证明，磷脂分子在水中成两层排列，疏水性尾部向内，亲水性头部向外，称为单位膜，厚度为 5~10nm。1972 年桑格（S. J. Singer）和尼克森（G. Nicolson）提出了"流动镶嵌模型"，认为有些蛋白质位于磷脂双分子层的外面，与膜的外表面相连，称为外在蛋白或外周蛋白；有些蛋白镶嵌在磷脂之间，甚至穿透膜的内外表面，称为内在蛋白。整个膜就像轻油一样，可以自由地侧向流动，所以称为流动镶嵌模型。

生物膜内的蛋白质按照功能主要有结构蛋白、酶、信号传递体、转运蛋白等。生物膜对非极性分子和许多小的极性分子具有通透性；但离子和一些大的极性分子（如蔗糖），需要借助转运蛋白才能进行跨膜运输。转运蛋白主要包括三种类型：通道（channel）、载体（carrier）和泵（pump），这些转运蛋白都是内在蛋白。

二、　细胞吸收溶质的方式

把含矿质元素很少的根系放到有矿质元素的溶液中，检测根在不同时间吸收溶质的量，结果如图 2-1 所示。在正常条件下，根对溶质的吸收刚开始非常迅速，但持续时间较短；随后吸收速率变得缓慢而平稳，但持续时间长。因此可以把根对矿质的吸收分为两个阶段，第一个阶段是快速吸收期，第二阶段是缓慢持久吸收期。当在 2h 时，将吸收了矿质元素的根放入清水中，根内矿质元素含量会下降一些，但降低到一定值时就保持稳定不再下降。说明根内的矿质元素有一小部分会泄漏至水中。如果在溶液中加入氰化钾（KCN），或者使根系缺氧，或处于低温，这样会抑制呼吸作用，刚开始时根吸收溶质的量也迅速升高，但时间很短，随后根内的矿质含量保持在此水平不再升高。说明抑制呼吸作用后，根系对矿质的吸收只有迅速吸收期，矿质元素吸收的第二个阶段被抑制。

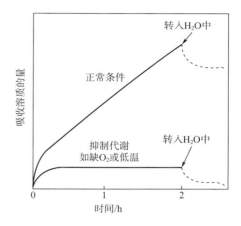

图 2-1　根在溶液中吸收矿质元素
（张继澍，2006）

因此第一阶段的吸收与呼吸作用无关，第二阶段的吸收与呼吸作用有关。同样在 2h 时把此根放入水中后，根中的溶质量会很快地降低至接近于 0。

为什么被根吸收进去的溶质会重新泄漏出来？因为根内部也有细胞间隙和细胞壁，即质外体，这部分空间与外界溶液是相通的，溶质可以因浓度差从溶液扩散进入这些质外体，也可以因浓度差而从根的质外体扩散到外界。但是在正常条件下被根吸收的溶质为什么没有全部泄漏出去呢？根吸收的溶质若进入细胞内，就不会再像质外体的溶质那样扩散出去，所以根中的溶质只有一小部分泄漏出去，仍有一定的量保留在组织内。

从图 2-1 可以看出，第一阶段快速吸收不因抑制呼吸而受影响，说明此期矿质的吸收不需要消耗能量，是被动吸收；而第二阶段缓慢持久期的溶质吸收会因抑制了呼吸而被抑制，说明该阶段的溶质吸收需要代谢提供能量，是主动吸收。因此，物质跨生物膜的运输分为被动运输和主动运输。

（一）　被动运输（passive transport）

被动运输是指分子或离子顺着电化学势梯度转移的现象，不需要代谢提供能量，包括简单扩散和协助扩散。电化学势梯度包括化学势梯度和电势梯度，化学势梯度即浓度梯度。分子扩散的动力是化学势梯度，离子扩散的动力是电化学势梯度。

1. 简单扩散（simple diffusion）

简单扩散是指不带电荷的溶质从浓度高的区域直接跨膜移向低浓度区域的物理过程。决定简单扩散的主要因素是细胞内外的浓度梯度。一般而言，气体如 CO_2、O_2、N_2 以及小而不带电荷的极性分子如甘油、H_2O 和尿素等能以简单扩散方式通过磷脂双分子层进入膜内。尽管磷脂双分子层是疏水的，但少部分水分子仍可以直接扩散穿过生物膜；当然水的快速运输需要利用水通道蛋白。

2. 协助扩散（facilitated diffusion）

协助扩散是指小分子物质经膜上转运蛋白顺浓度梯度或电化学梯度跨膜的转运，不需要消耗能量。能够进行协助扩散的膜转运蛋白有两类：离子通道和载体蛋白（图 2-2）。

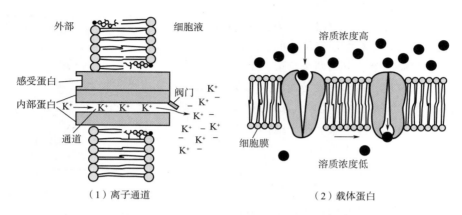

（1）离子通道　　　　　　　　　　　　（2）载体蛋白

图 2-2　细胞膜上的离子通道和载体蛋白的假想模型（张继澍，2006）

（1）**通道**（channel）　通道是生物膜中的一类内在蛋白，它们在膜上形成选择性的孔道，控制离子或分子通过膜的顺势流动，顺势即指顺着电化学梯度。通道主要运输离子和水。

孔道的大小及孔内表面所带电荷等性质会决定通道转运哪一种离子。现在人们已经鉴定出质膜上有 K^+、Ca^{2+}、Cl^- 通道和水通道，也可能存在着供有机离子通过的通道。做离子通道方面的研究，用得最多的材料是保卫细胞，从保卫细胞上已鉴定出来有两种 K^+ 通道，一种是允许 K^+ 外流的通道称作外向整合 K^+ 通道，简称外向 K^+ 通道；另一种是 K^+ 吸收的内流通道，称作内向整合 K^+ 通道，简称内向 K^+ 通道。图 2-2 显示的是一个内向 K^+ 通道，虽然细胞内 K^+ 浓度比细胞外高，但因通常情况下细胞内带有较多的负电荷，因此 K^+ 还是逆着浓度梯度，但顺着电势梯度从细胞外进入细胞。

通道阀门的开闭可受两种机制的影响，一种是跨膜电势梯度，另一种是外界刺激如光照、激素等。对于特定的离子（如 K^+、Ca^{2+}），膜上有多种不同的通道，这些通道可在不同的电压范围内开放，或对不同的信号如 Ca^{2+} 浓度、pH、活性氧等作出反应，使每一种离子的运输被精确调控。如气孔运动中，照光时保卫细胞膜上内向 K^+ 通道打开，黑暗中内向 K^+ 通道关闭，外向 K^+ 通道打开。目前，研究离子通道最先进的方法是膜片钳（patch clamp，PC）技术。1976年德国马普生物物理研究所尼赫（E. Neher）和萨克曼（B. Sakmann）创建膜片钳技术，并因此获得 1991 年的诺贝尔医学和生理学奖。膜片钳技术的原理是用玻璃微电极吸管把只含 1~3 个离子通道、面积为几个平方微米的细胞膜，通过负压吸引封接起来；在那片膜区域内，离子通过离子通道会产生电流，此电流强度用一个极为敏感的电流监视器（膜片钳放大器）测量，代表单一离子通道电流。此技术的建立将细胞水平和分子水平的生理学研究联系在一起，对生物科学特别是神经科学来说，是一个具有重大意义的变革。

（2）**载体**（carrier）　载体也是一种内在蛋白，在跨膜区域不形成明显的孔道。其运转机理是，载体的特异位点首先与要转运的物质结合，载体蛋白的构象发生变化，将被转运的物质暴露于膜的另一侧，此时载体与被转运物质的亲合力降低，释放出被转运物质，然后载体构象又变回原来的形式，参与下一次转运。

离子通道和载体都可以进行协助扩散式的被动运输，可用动力学的方法区分二者（图2-3）。经过离子通道进行的转运，随溶液中溶质浓度增大，转运速度加快，没有饱和现象。而经载体进行的转运，刚开始溶质浓度低，随着溶质浓度增加，转运速度加快；当溶质浓度增大到一定程度以后，转运速度不再加快，出现了饱和现象，达到了转运的最大速度，这和酶促反应的动力学相似。可以求解得知载体与溶质的亲和力（K_m）。与通道不同，由载体进行的转运既可以是顺电化学梯度的被动转运，也可以是逆电化学梯度的次级主动转运。

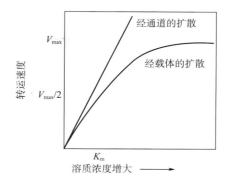

图2-3　离子通道和载体蛋白对溶质离子吸收的动力学曲线

载体也称为运输体、传递体或转运体（transporter，简称porter），有时称透过酶（permease或penetrase），有单（向）转运体（uniporter）和共转运体或协同运输体（cotransporter）之分。单（向）转运体进行分子或离子顺电化学势梯度的被动跨膜运输，是协助扩散；共转运体进行次级主动运输，如糖、氨基酸、PO_4^{3-}、NO_3^-、SO_4^{2-}等。

（二）主动运输（active transport）

利用代谢能量逆电化学势梯度进行的物质运输称为主动运输，根据其利用能量的来源不同又分为原初主动运输和次级主动运输。

1. 原初主动运输（primary active transport）

原初主动运输是直接与ATP水解或光能吸收相偶联的（低等生物）方式进行逆电化学势梯度的物质运输，也称为初级主动运输。执行原初主动运输的膜蛋白称作泵（pump），因为这和水泵抽水原理相似，因此将之称为泵。大多数泵运输的是离子，因此又称为离子泵。植物细胞质膜上，最引人注目的是H^+泵和Ca^{2+}泵，在高等植物细胞中大量存在。它可以水解ATP成ADP，并释放能量用于转运物质，因此这一类泵又称为ATP酶（ATPase）。

（1）H^+–ATP酶　植物细胞的H^+–ATP酶（H^+–ATPase）有三类：位于质膜上的P型H^+–ATP酶，位于液泡膜上的V型H^+–ATP酶和位于线粒体内膜和叶绿体类囊体膜上的F型H^+–ATP酶。其中P型H^+–ATP酶最普遍也最重要。

质膜H^+–ATP酶是相对分子质量为100k的单一多肽，底物是Mg-ATP，最适pH为6.5，最适温度为30~40℃，K^+能使它激活，比较专一的抑制剂是己烯雌酚（DES）和VO_4^{3-}。该泵通过水解ATP释放的能量将H^+泵到细胞膜外。细胞质膜H^+–ATP酶在植物许多代谢活动中发挥重要的调控作用，因此被称为植物生命活动过程的主宰酶。主要表现为：

①使细胞壁的pH降低，使细胞质的pH升高。但由于细胞质有很强的缓冲作用，所以这种升高并不显著，通常细胞质的pH在7.0~7.5；由于胞壁的缓冲能力较小，其pH通常降到5.0~5.5。

②使细胞质相对于细胞壁表现电负性，这是由于将阳离子运出细胞质而保留阴离子，从而使质膜从内到外形成电势差，也称为跨膜的电位梯度（ΔE）。pH梯度差和电位差合称为跨膜质子电化学势梯度（$\Delta \mu_{H^+}$），可以推动溶质的跨膜运输，因此又称为质子动力势或质子推动力。正常细胞未受刺激时膜内呈负电性，膜外呈正电性，称为膜的极化；若膜内电位负值更大，膜外电位正值更大，称为超极化；若膜内负电性和膜外正电性减少，称为去极化。质膜H^+–ATP

酶的活性受底物浓度、pH、温度及其他因子调控，另外也可以被光、激素或病原菌侵染等信号可逆地活化或失活，这由位于肽链 C 端的自抑制结构域来介导完成：C 端自抑制区域的 Ser/Thr 残基可以磷酸化或去磷酸化，14-3-3 蛋白结合在磷酸化区域，取代自抑制区域导致 H^+-ATP 酶活化。14-3-3 蛋白是真核生物中普遍存在的调控蛋白，可与其他蛋白相互作用，影响其活性和定位。

液泡膜的 V 型 H^+-ATP 酶利用水解 ATP 的能量将 H^+ 泵入液泡。液泡膜上除了有 H^+-ATP 酶还有焦磷酸酶（H^+-PPase），利用水解焦磷酸获取能量将质子跨膜运输进入液泡。叶绿体和线粒体的 F 型 H^+-ATP 酶主要是用来合成 ATP 的（参见第三章、第四章）。

（2）Ca^{2+}-ATP 酶　质膜上除了 H^+-ATP 酶还有 Ca^{2+}-ATP 酶，是相对分子质量约为 140k 的膜蛋白。在植物细胞中，细胞质中的自由钙离子浓度极低，一般维持在 20~200nmol/L。而在植物细胞外的细胞壁，以及细胞内液泡、内质网等空间中的钙离子浓度可以达到 mmol/L 水平。把这些富集钙的区域称为钙库。植物细胞质膜上的 Ca^{2+}-ATP 酶可以利用水解 ATP 的能量将细胞质的钙运到胞外钙库中，以维持细胞质较低的自由钙离子浓度。

除了质膜以外，细胞器膜上也存在类似的 Ca^{2+}-ATP 酶，如液泡膜、叶绿体、内质网等，水解 ATP 将钙离子泵入细胞器。

离子泵可以区分为致电离子泵或电中性离子泵。致电离子泵涉及净电荷跨膜移动，如上述的 H^+-ATP 酶和 Ca^{2+}-ATP 酶都是致电泵。电中性离子泵没有净电荷的跨膜移动，如动物胃黏膜的 H^+/K^+-ATP 酶，在向外泵出 1 个 H^+ 时向内泵入 1 个 K^+，无跨膜净电荷转移。

（3）ABC 转运体　ABC 转运体是 ATP 结合盒式转运体（ATP-binding cassette transporter）的简称，是一个古老而庞大的家族，广泛分布在从细菌到人类的各种生物中，它们含有 2 个高度保守的 ATP 结合区，通过结合 ATP 发生二聚化，ATP 水解后解聚、构象改变将与其结合的底物转运到膜的另一侧，也是一种泵。植物拥有超过 100 个 ABC 转运体基因，质膜和液泡膜上都有 ABC 转运体，主要转运分子有多糖、胆固醇、磷脂、多肽、黄酮、花青素、脱落酸、叶绿素降解物和异源物质等。

2. 次级主动运输（secondary active transport）

质膜 H^+-ATP 酶利用 ATP 水解产生的能量，将细胞内 H^+ 泵向胞外产生跨膜的质子电化学势梯度。以质子电化学势梯度作为驱动力进行逆电化学势梯度的物质转运称为次级主动运输。

进行次级主动运输的载体称为共运输体或协同传递体（cotransporter），包括同向传递体和反向传递体。这类传递体上有 2 个结合位点，一个结合 H^+，另一个结合被转运物质。同向传递体（symporter）是将阴离子（如 Cl^-、PO_4^{3-}、SO_4^{2-}、NO_3^- 等）或中性溶质（如糖和氨基酸）等随同 H^+ 一起向相同方向运输。另外，外部 K^+ 浓度很低时，细胞可通过同向传递体将 K^+ 和 H^+（有时是 Na^+）同向吸收。反向传递体（antiporter）是将阳离子（如 Ca^{2+}、Na^+ 等）和 H^+ 同时向相反方向运输。因此次级主动运输有 2 类：同向运输（symport）和反向运输（antiport）。

以同向运输为例说明次级主动运输的机理（图 2-4）：H^+ 泵水解 ATP 将 H^+ 泵到细胞外，产生跨膜的 $\Delta\mu H^+$。传递体有 2 个结合位点，一个结合 H^+，一个结合转运的物质 S。质子电化学势梯度是外高内低，S 的电化学势梯度是内高外低。A：在此构象时，H^+ 结合位点暴露；B：当 H^+ 结合上去以后，构象改变，S 的结合位点暴露；C：当 2 个都结合上去以后，又发生变构，将质子和 S 一起释放到细胞内，因此 S 是逆电化学势梯度从细胞外运到了细胞内；D：再次发生构象改变，回复到最初的构象，进行下一轮转运。

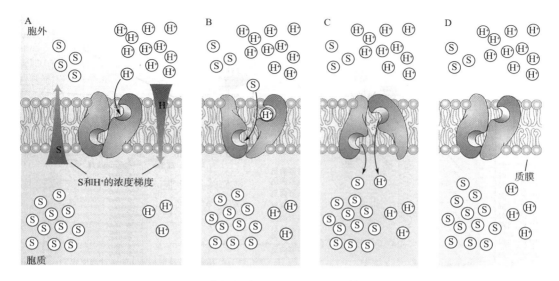

图 2-4 次级主动运输示意图 (Taiz 等, 2015)

在这两种次级主动运输中, 溶质与质子同时运输, 都是逆着溶质自身的电化学势梯度进行的(图 2-5), 因此是主动运输。其消耗的动力是质子电化学势梯度, 而不是直接来源于 ATP 水解的能量。这种运输是一种溶质 (S) 的逆电化学势梯度运输与另一种溶质 (H⁺) 的顺梯度运输相偶联, 所以又称为共转运或协同运输 (cotransport)。

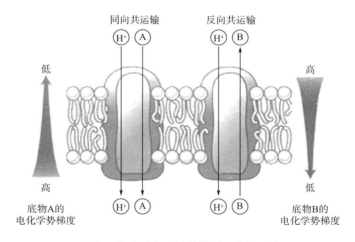

图 2-5 同向运输和反向运输的模型 (宋纯鹏等, 2015)

葡萄糖/质子共转运的实验证明了此类型运输的存在 (图 2-6)。用简单的矿质营养液培养水生植物膨胀浮萍, 同时监测培养液 pH 的变化和细胞膜电势的变化。刚开始未加葡萄糖时 (时间 0~10min), pH 为 5.7, 膜电势为 -250mV; 在 10min 时将 50mmol/L 葡萄糖加入营养液, 营养液 pH 迅速升高至 6.32, 膜电势梯度降至 -145mV。pH 和膜电势的变化证明细胞吸收葡萄糖时 H⁺ 也进入了细胞, 因此细胞膜上存在偶联 H⁺ 运输的次级共运输。由于有 H⁺-ATP 酶的存在, 膜电势梯度的降低使其加强运转, 随着时间延长, 营养液的 pH 又缓慢降低至 5.68, 膜电势也恢复至 -255mV。

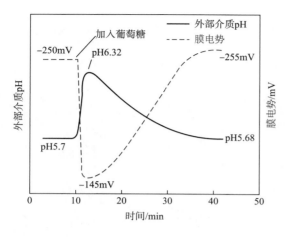

图 2-6 营养液培养水生植物膨胀浮萍的葡萄糖/质子
共运输实验结果（张继澍，2006）

图 2-7 显示了植物质膜和液泡膜上主要的转运蛋白。注意同一种溶质依赖于浓度、部位、信号等的不同可以有多种运输方式和多种转运蛋白，此图并未全部显示。如 K^+，外界溶液浓度较高时细胞通过低亲和性的离子通道进行被动吸收，外界浓度很低时通过高亲和性的同向传递体进行主动吸收；而叶绿体内膜及类囊体膜上有 K^+/H^+ 反向传递体。Fe^{2+}、Mn^{2+}、Cu^{2+}、Zn^{2+}、Cd^{2+} 等金属离子可以共用同一种载体，也存在多种载体运输这些元素；外液浓度高时细胞可能通过单向传递体被动吸收，外液浓度低时可能通过同向传递体主动吸收；有些植物细胞质膜上有重金属 ATP 酶，当细胞内铜、锌、镉等多时可将其运出细胞。

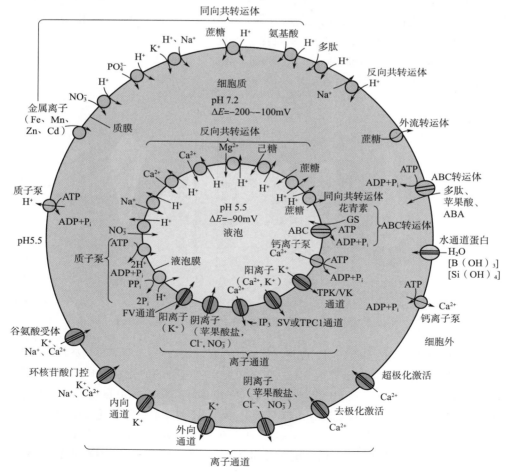

图 2-7 植物细胞质膜和液泡膜上各种转运蛋白总览（Taiz 等，2015）

（三）胞饮作用（pinocytosis）

细胞通过膜的内陷从外界直接摄取物质进入细胞的过程，称为胞饮作用。胞饮过程如图 2-8 所示：当物质吸附在质膜时，质膜内陷、内折，逐渐将物质和液体包围，形成小囊泡，并向细胞内移动，囊泡把物质转移到细胞质，或者经过液泡膜转移到液泡。胞饮作用对物质的转运是非选择性的，可将各种盐类、大分子物质甚至是病毒一起转运入细胞内。

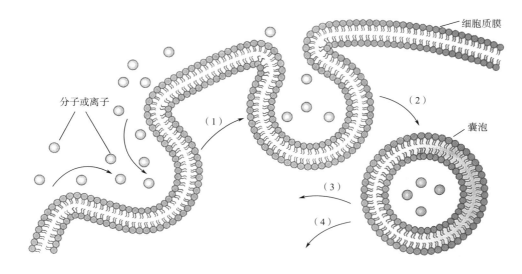

图 2-8　胞饮作用（王小菁，2019）
（1）溶质吸附在质膜上，质膜内陷，溶质进入，形成囊泡；（2）囊泡向内移动；
（3）部分囊泡膜溶解，溶质释放到细胞基质中；（4）部分囊泡运输到液泡后，将溶质释放到液泡。

第三节　植物吸收矿质元素的特点和过程

一、植物吸收矿质元素的特点

植物对矿质元素的吸收是一个复杂的生理过程。它一方面与吸水有关，另一方面又具有独立性，同时对不同离子的吸收还有选择性。

（一）矿质元素和水分的相对吸收

由于矿质元素必须溶解于水中才能被植物吸收，所以过去人们认为植物吸收矿质是随着水分带入植物体的，因此植物吸收水分和矿质元素的量应该是成正比的。但后来的研究表明，植物吸收矿质盐分与吸收水分是相互独立的。用大麦进行试验，分别测其在光下和黑暗中水分吸收、散失的量和矿质元素吸收的量。结果发现，光下植物水分吸收、散失比黑暗中大 2.5 倍左右，但吸收的矿质元素的量却并无这种比例关系。因为两者的吸收机理不同：根系吸水主要是以蒸腾引起的被动吸收为主，矿质吸收则是以消耗代谢能量的主动吸收为主，其吸收离子数量因为外界溶液浓度而异，吸收速率不可能与吸水速率完全一致。因此，植物的吸水量和吸盐量之间不存在直接的依赖关系。总之，植物对水分和矿质的吸收既有关，又无关；既相互依赖又相互独立。有关表现为盐分（矿质元素）一定要溶解在水中，才能被根吸收；无关是指吸收机理不同，吸收量也不成比例。

（二）离子的选择吸收

离子的选择吸收是指植物对同一溶液中不同离子或同一种盐的阴、阳离子吸收比例不同的现象。有些离子吸收快，有些离子吸收慢，有些甚至不吸收。这种选择性与膜上转运离子的载体的种类和数量有关。比如：番茄栽培在含 Ca、Mg、Si 的溶液中，番茄吸收和累积 Ca、Mg 的速率较快，而不吸收 Si；而栽培水稻时，结果则相反。另外根系对同一化合物的阴阳离子吸收比例也不同。如 $(NH_4)_2SO_4$，植物对 NH_4^+ 吸收多，SO_4^{2-} 吸收少。植物吸收 NH_4^+ 后，细胞内正电荷增多；为了维持自身电荷平衡，细胞会向外分泌 H^+，因此环境中 pH 下降呈酸性，所以这种盐称为生理酸性盐（physiologically acid salt）。而 $NaNO_3$，根系吸收 NO_3^- 比吸收 Na^+ 快且多，为了维持自身电荷平衡，植物向外分泌 OH^- 或 HCO_3^-，使环境 pH 升高呈碱性，所以这种盐称为生理碱性盐（physiologically alkaline salt）。而 NH_4NO_3，植物吸收 NH_4^+ 和 NO_3^- 的量很接近，环境 pH 不发生变化，所以称为生理中性盐（physiologically neutral salt）。

因此我们在生产实际中不要长期施用某一种化学肥料，而要合理搭配。另外，在进行肥料调拨时也要注意，北方土壤一般偏碱性，宜施生理酸性盐；而南方土壤偏酸性，宜施生理碱性盐。

（三）单盐毒害和离子对抗（拮抗）

任何植物，假若培养在某种单一的盐溶液中，即使该盐的阴阳离子都是植物的必需元素，不久也会导致植物呈现不正常状态，最后死亡，这种现象称为单盐毒害（toxicity of single salt）。但是，如果在单盐溶液中加入少量其他盐类，这种毒害作用便会消除（图2-9）。这种离子间能够相互消除毒害的现象，称为离子对抗或离子拮抗（ion antagonism）。

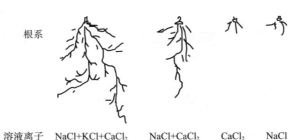

根系				
溶液离子	NaCl+KCl+CaCl$_2$	NaCl+CaCl$_2$	CaCl$_2$	NaCl

图 2-9　单盐毒害与离子拮抗作用

离子对抗的本质，现在还不清楚，只知道亲水胶体才有这种现象。在元素周期表中，不同族的离子之间存在拮抗作用，而同族的离子间无拮抗作用。例如，Na^+ 与 K^+ 之间、Ca^{2+} 和 Ba^{2+} 之间不能拮抗，但 Na^+ 和 K^+ 可以对抗 Ba^{2+} 或者 Ca^{2+}。在含有适当比例的多种盐溶液中，植物可以很好地生长，这种溶液称为平衡溶液（balance solution）。对陆生植物来说，土壤溶液一般是平衡溶液；对海藻来说，海水是平衡溶液。

二、 根系吸收矿质元素的过程

（一） 根系吸收矿质元素的区域

和吸收水分一样，幼根的根尖才能吸收矿质元素。观测大麦根系不同区域吸收同位素^{32}P的试验发现，距大麦根尖很近的分生区累积^{32}P最多，离根尖较远的伸长区、根毛区等累积^{32}P较少。因此曾一度认为根尖分生区是吸收矿质元素最活跃的部位。但是更细致的研究发现，从根运输的^{32}P来看，却是距根尖30mm处的根组织运输量最大，靠近根尖处运输的^{32}P极少。而距根尖30mm处正是根毛区。分析发现分生区无输导组织，离子不能运出，因而积累最大；根毛区输导组织发育完全，吸收的离子能很快被运走，所以累积不多。因此吸收矿质元素最活跃的区域应该是根尖根毛区。根毛区的木质部分化完全有利于矿质运输；根毛细胞特化，表面积大，与土壤的接触面积大大增加，有利于吸收。

（二） 根系吸收矿质元素的过程

根系吸收矿质元素需要经过两个步骤：离子被吸附在根细胞表面和离子进入根导管。

1. 离子被吸附在根细胞表面

根细胞呼吸释放出CO_2和水，CO_2溶于水生成H_2CO_3，H_2CO_3解离生成H^+和HCO_3^-，吸附在根细胞膜的表层。这些离子可与土壤溶液或胶体上吸附的矿质离子进行离子交换。离子交换的方式有两种：间接交换和直接交换。

（1） 以土壤溶液为媒介进行交换吸附　根系表面H^+可与土壤溶液中的阳离子交换，HCO_3^-可与土壤溶液中的阴离子交换，代换到土壤液中的H^+和HCO_3^-再和土壤胶粒上的离子交换，这样根系便可不断吸收矿质离子，又称为间接交换（图2-10）。

（2） 接触交换　由于根系表面和土壤胶粒表面所吸附的离子是在一定的吸引力范围内震荡着，当根系和土壤胶粒距离很近时两者间离子的振荡面部分重合时，便可互相交换，又称为直接交换（图2-11）。

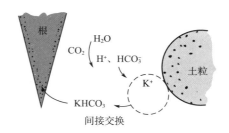

图2-10　土壤溶液中的离子交换过程

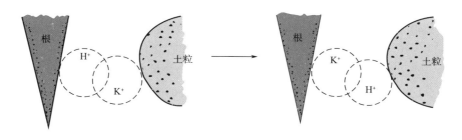

图2-11　接触交换过程

离子交换的原则是同荷等价，即阳离子只同阳离子交换，阴离子只同阴离子交换，而且价数必须相等。

2. 离子进入根导管

离子从根表面进入根系木质部导管的途径有质外体和共质体两条。

（1）质外体途径　根部质外体所组成的空间可与外界土壤溶液保持扩散平衡，离子可以自由出入，因此称为自由空间。自由空间的大小是无法直接测定的，但可以通过某种离子的扩散平衡实验估算组织的相对自由空间（relative free space）。相对自由空间是指某组织中自由空间的体积占组织总体积的百分数，又称为表观自由空间。据测定，豌豆、大豆、小麦的表观自由空间在 8%～14%。

各种离子通过扩散作用进入根部自由空间，但是因为内皮层细胞上有凯氏带，离子和水都不能通过，因此自由空间运输只限于根的内皮层以外。

（2）共质体途径　离子通过自由空间到达根内皮层细胞表面后，通过主动吸收或被动吸收的方式跨越质膜进入细胞，通过胞间连丝和内质网系统进行共质体途径的运输到达木质部薄壁细胞后，在此处释放到导管质外体空间中。释放的机理可以是被动的，也可以是主动的。研究证实木质部薄壁细胞质膜上有 ATP 酶，在离子的释放中起重要作用。离子进入导管后，随蒸腾流运输到地上部。

三、　植物对土壤中难溶解矿质元素的吸收

植物根系通过呼吸放出 CO_2 溶于水形成的 H_2CO_3，以及根分泌的有机酸如柠檬酸、苹果酸、葡萄糖酸等，将根系周围的难溶盐溶解后吸收利用。岩石上生长的植物可能通过这种方法获取矿质营养。土壤中铁以难溶的三价铁存在，水稻和大麦等禾本科植物通过根系分泌麦根酸与三价铁形成螯合物再由质子偶联的转运蛋白运进细胞；而双子叶植物和非禾本科单子叶植物，分泌更多 H^+ 增加铁的溶解性，根表皮的还原酶使三价铁还原成二价铁再吸收。

四、　叶面施肥

植物除了根系以外，地上部分茎叶也能吸收矿质元素，其生理基础是叶面吸水。生产上常把速效肥的溶液直接喷在叶面上以供植物吸收，这种施肥的方法称为根外施肥或叶面施肥。溶于水中的矿质离子喷到叶面以后，可通过气孔和角质层的裂缝进入叶内，嫩叶吸收速率和吸收量比老叶大，而角质层厚的叶片吸收效果差。叶面施肥的效果取决于植物叶片的数量、年龄，以及环境的温度、湿度、风等因素。

除某些植物（如柑橘类）叶片角质层厚，叶面施肥效果差些外，多数植物叶面施肥效果较好。叶面施肥的优点有：①根系吸收能力衰弱时或植物迅速生长的营养临界期，叶面施肥可即时补充营养；②易被土壤固定的肥料（如铁、锰、铜等元素在碱性土壤中易被固定）可用此法施用，用量少见效快；③用叶面施肥的方法补充植物缺乏的微量元素，效果快。

叶面施肥的注意事项：①溶液浓度不要过高，过高会引起"烧苗"。一般大量元素 1% 左右，微量元素 0.1% 左右为宜；②由于叶片只吸收液体，所以溶液留在叶面上的时间越长，吸收营养元素越多；如果水分蒸发会使溶液浓度增大，引起烧苗。为保证溶液能很好地吸附在叶面上，可在溶液中加入表面活性剂或沾湿剂如吐温、洗涤剂等；③凡是影响液体蒸发的外界因素（如光照、风速、温度、湿度等）都会影响叶面对营养元素的吸收，因此根外施肥的时间以傍晚或阴天为佳；④挥发性强的元素（肥料）不能用作根外追肥。

五、 影响根系吸收矿质元素的环境因素

根系发达程度、代谢强弱等会影响对矿质元素的吸收，同时环境条件也会影响矿质元素的吸收，其中温度、氧气、土壤酸碱度和土壤溶液浓度的影响最为突出。

（一）土壤温度

在一定范围内，随土壤温度升高，根系吸收矿质元素的速度也加快。但是温度过高（>40℃）时，一般作物吸收矿质的速率下降。这可能是因为高温使酶钝化，影响根部代谢；高温时根系老化（木栓化）加快，吸收面积减小；高温也使细胞膜透性增大，矿质元素被动外流，所以根部净吸收矿质元素量减少。温度过低时，代谢活性弱，主动吸收慢；细胞质黏性也增大，离子进入困难，使根吸收矿质元素量也减少。

（二）土壤通气状况

土壤积水过多、土壤板结等会造成土壤通气不良、植物根系缺氧，从而影响根系的呼吸作用，矿质元素的吸收减慢。因此增加有机肥、改善土壤结构、加强中耕松土，可改善土壤通气状况，增强植物根系对矿质的吸收。

（三）土壤溶液浓度

当土壤溶液浓度很低时，根系吸收矿质元素的速度随着浓度的增加而增加，但浓度增加到一定量时，根系吸收速度不再增加，通常认为是离子载体和通道数量所限。因此化肥施用量存在一定的适宜范围。施用量较多时，植物不能吸收的矿质离子通过淋溶进入地下水体，造成水资源污染。同时一次性施用化肥过多，会导致土壤水势降低，根系无法正常吸收水分，出现生理干旱；甚至可能使植物细胞失水，引起"烧苗"。

（四）土壤 pH

1. 直接影响

一般阳离子的吸收，随 pH 升高而加速；而阴离子的吸收随 pH 升高而下降。这主要是因为细胞内的蛋白质是两性电解质，在酸性条件下带正电荷，易吸收外部的阴离子；在碱性条件下，蛋白质带负电荷，易吸收外部的阳离子。

2. 间接影响

土壤溶液 pH 对植物矿质营养吸收的间接影响比上述直接影响要大。首先土壤 pH 会影响矿质元素的沉淀或溶解。如碱性较强时，铁、钙、镁、铜、锌等会形成不溶解化合物，植物吸收得少。酸性环境中，磷酸根离子、钾离子、钙离子、镁离子的溶解性增大，植物常来不及吸收就被雨水冲掉。因此酸性土（如红壤）往往缺乏这几种元素。另外，如果酸性过强时，铝、锰的溶解过多，植物吸收过多容易受害。

其次土壤 pH 也会影响微生物的活动。酸性环境中，根瘤菌会死亡，失去固氮能力；在碱性环境中，反硝化细菌生长好，使硝态氮不能很好被利用，不利于氮素营养。

因此，一般作物生长发育最适 pH 是 6~7。但茶、花生、油菜、柑橘、马铃薯、烟草、胡萝卜等适于偏酸的环境，而甘蔗、甜菜适于偏碱性的环境。所以在栽培作物或溶液培养时应考虑外界溶液的酸碱度，以获得良好的效果。

（五）离子间的相互作用

溶液中某些离子的存在会影响另一些离子的吸收，有的表现出抑制作用，有的表现出促进

作用。

例如，溴和碘的存在会使氯的吸收减少，但 NO_3^- 和 PO_4^{2-} 的存在则对 Cl^- 的吸收有促进作用。这种现象与各种离子在载体上的结合位置有关，在同一结合位置则相互竞争，不在同一结合位置则无竞争。磷、钾能促进氮的吸收，故生产上氮、磷、钾适当的配合对增产有很好的效果。而磷过多会引起缺锌症状，因为磷与锌形成不溶性物质 $Zn_3(PO_4)_2$，植物不能吸收。故施肥时应考虑离子间的平衡。

第四节　矿质元素在植物体内的运输与分布

一、矿质元素运输的形式、途径和动力

(一) 运输形式

矿质元素在植物体内运输的形式和根对矿质元素吸收的形式并不完全相同。例如，氮主要以无机的铵态氮或硝态氮形式被根吸收，然后大部分在根内就转化成有机态，所以氮的运输形式主要有氨基酸、酰胺，还有少量以 NO_3^- 形式运输；氨基酸主要是天冬氨酸，少量的有丙氨酸、甲硫氨酸、缬氨酸等；酰胺主要是天冬酰胺和谷酰胺。矿质元素磷主要以 $H_2PO_4^-$ 形式运输，少量的转化为有机化合物运输，如 AMP、ADP、ATP、葡萄糖-6-磷酸等。矿质元素硫主要以 SO_4^{2-} 形式运输，少量的转化为含硫氨基酸形式运输，如甲硫氨酸、谷胱甘肽等。而金属离子主要以离子形式运输。

(二) 运输途径

根系吸收的矿质离子主要通过木质部向上运输，同时也存在横向运输，即木质部运输到韧皮部。叶片吸收的矿质离子通过韧皮部向下运输，也有少量横向运输。利用放射性同位素可验证其运输途径。

如图 2-12（1）所示，把柳枝茎的一段的木质部和韧皮部分开，中间插入不透水的蜡纸。根部用 ^{42}K 的水溶液培养 5h 后，测定植株茎各部分的 ^{42}K 的含量。发现有蜡纸隔开的那一段，木质部含大量的 ^{42}K，而韧皮部几乎没有。这说明根系吸收的 ^{42}K 是通过木质部向上运输的。在分离部位以上和以下，以及不插入蜡纸的对照实验中检测到韧皮部也有较多的 ^{42}K，这说明 ^{42}K 可以从木质部活跃地运输到韧皮部。

利用相似的方法可验证叶片吸收矿质元素运输的途径。如图 2-12（2）所示把棉花茎一段的韧皮部和木质部分开，其间插入不透水的蜡纸。叶片施用含 ^{32}P 的溶液，同时以木质部和韧皮部不分开的棉花作对照，1h 以后测定 ^{32}P 分布。结果韧皮部和木质部分离的部位，韧皮部含大量 ^{32}P，而木质部几乎没有；对照植株及分离部位的上面、下面，韧皮部含 ^{32}P 多，木质部含有少量 ^{32}P。这个实验结果证明叶片吸收的矿质元素向上和向下运输是以韧皮部为主，也有少量横向运输到木质部。

(三) 运输动力

因为矿质元素是溶于水中通过集流方式和水一起向地上部运输的，因此矿质元素在植物体

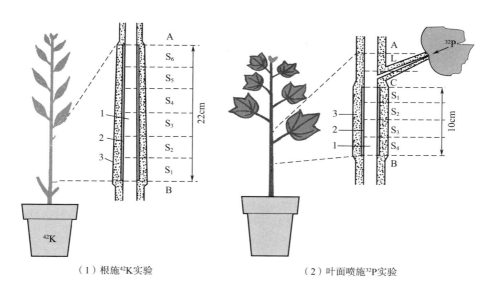

（1）根施⁴²K实验　　　　　　　（2）叶面喷施³²P实验

图 2-12　矿质元素运输途径示意图

1—木质部　2—蜡纸　3—韧皮部

内运输的动力和水分运输的动力一样，都是根压和蒸腾牵引力。矿质元素在植物体内的运输速度为 30~100cm/h。

二、 矿质元素的分布

矿质元素随着蒸腾流上升到地上部以后，便分布到各处，合成植物所需的各种化合物参与植物的生命活动。矿质元素在植物体内的分布与元素能否被植物重复利用有关。可重复利用的元素有氮、磷、钾、镁、锌、氯和钼，它们或者以离子状态存在，或者形成不稳定的化合物，可以不断地分解，运输到其他器官去。因此能够被植物重复利用的元素，大多分布在生长点和嫩叶等代谢较旺盛的部分，以及代谢旺盛的果实和贮藏器官。而铁、硫、钙、锰、硼和铜等元素，在植物细胞中呈难溶解的稳定化合物状态，难以重复利用；特别是铁和钙，完全不能重复利用。不能被植物重复利用的元素，它们被植物吸收到地上部后，就被固定而不能移动，所以器官越老含量越大。

第五节　植物对氮、磷、硫的同化

高等植物吸收的矿质元素，许多都需要被同化后才能更加充分地被植物利用，发挥其特有的生理功能。本节主要介绍植物对氮、磷、硫的同化。

一、 氮的同化

（一）植物的氮源

大气中含有约78%的氮气，但不能被植物利用，只有某些微生物才能利用大气中的氮气。植物所利用的氮源主要是土壤中的含氮化合物。土壤中的含氮化合物包括有机物和无机物。由于土壤基质（由矿物岩石经过风化而成）中不含氮素，所以土壤中的含氮化合物主要源于动物、植物和微生物躯体的腐烂分解，小部分形成氨基酸、酰胺、尿素等而被植物直接吸收；大部分则通过土壤微生物转化为无机氮化物后被植物吸收。农业生产上常使用的氮肥有硝态氮、铵态氮和尿素。尿素虽然是植物良好的氮源，但由于它易被土壤微生物的脲酶分解为 NH_3 和 CO_2，并伴随硝化作用形成 NO_3^-，因此只有一小部分以尿素的形式被植物吸收。所以被植物吸收的氮源常是无机的铵态氮和硝态氮。植物吸收的铵态氮可以直接被同化，而硝态氮则需要先还原成铵态氮，再被同化。

（二）氮的同化

硝态氮是植物吸收氮的主要形式。氮的同化分为以下三个步骤：硝酸盐还原为亚硝酸盐，亚硝酸盐还原为铵，铵同化为氨基酸。

1. 硝酸盐的还原

硝态氮由硝酸还原酶（NR）催化还原为亚硝态氮，可在根和叶的细胞质进行，通常绿色组织中更活跃，但木本植物根的硝态氮还原能力也很强。同化力 NAD（P）H 来源于光合、呼吸。所以，光下硝酸盐还原加强。其反应式如下：

$$NO_3^- + NAD（P）H + H^+ \rightarrow NO_2^- + NAD^+（P） + H_2O$$

高等植物的硝酸还原酶是一个钼黄素蛋白，由腺嘌呤黄素二核苷酸（FAD）、亚铁血红素和钼组成复合体。硝酸还原酶是植物营养组织中主要的含钼蛋白，缺钼的一个症状是硝酸还原酶的活性减弱，所以植物缺钼时会累积 NO_3^- 不能被还原，表现缺氮的症状。硝酸还原酶是一种底物诱导酶（或适应酶）。我国科学家吴相钰、汤佩松 1957 年首次发现，水稻幼苗在硝酸盐溶液中培养，体内即生成硝酸还原酶；如果把幼苗放在不含硝酸盐的溶液中继续培养，硝酸还原酶又逐渐消失。这是高等植物内存在诱导酶的首例报道。

2. 亚硝酸盐的还原

亚硝酸盐还原为铵是在叶绿体中进行，由亚硝酸还原酶（NiR）催化。正常有氧条件下，亚硝态氮很少在体内累积，因为植物组织内存在大量的亚硝酸盐还原酶。其反应过程如图 2-13 所示，由光合作用供给 e^- 经过铁氧还蛋白（Fd），提供给 NiR 的辅基铁硫簇（Fe_4-S_4），然后再转移给另一个辅基多肽血红素，最后将电子传给 NO_2^- 而还原成 NH_4^+，同时释放少量 N_2O。根中前质体的 NiR 也能进行亚硝酸盐还原。

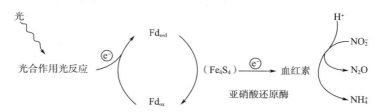

图 2-13　亚硝酸还原酶还原亚硝酸的过程（Taiz 等，2015）

3. 铵的同化

植物从土壤中吸收的铵或由硝酸盐还原形成的铵被同化为氨基酸的过程称为铵（氨）的同化。高浓度的游离氨对植物有害，因此植物体内铵（氨）形成后立即被同化为氨基酸。根、叶、根瘤都可以进行同化，但叶片活性最强。主要由谷氨酰胺合成酶（GS）和谷氨酸合成酶（GOGAT）两个酶催化，由 NAD（P）H 或 Fd 提供电子，转变为谷氨酸。然后谷氨酸可以在转氨酶的作用下转化为其他氨基酸。GS 普遍存在于各种植物组织中，对氨的亲和力很高，能防止氨累积造成的毒害。

GS 催化的反应式为：

$$NH_4^+ + \text{谷氨酸} \xrightarrow[\text{ATP} \to \text{ADP} + P_i]{GS} \text{谷氨酰胺} + H_2O$$

GOGAT 催化的反应式为：

$$\text{谷氨酰胺} + \alpha\text{-酮戊二酸} \xrightarrow[\text{NADH}+H^+ \text{或} Fd_{red} \to \text{NAD}^+ \text{或} Fd_{ox}]{GOGAT} \text{谷氨酸} + \text{谷氨酸}$$

另外，植物体还有谷氨酸脱氢酶（GDH）可以参与氨的同化，它催化 α-酮戊二酸和氨生成 L-谷氨酸。但此酶与氨亲和力很低，活性弱，不是氨同化的主要途径；它主要在谷氨酸的降解中起作用。

综上所述，氮的同化过程包括硝酸盐的还原、铵同化为谷氨酸、谷氨酸再经过转氨作用生成其他氨基酸（图2-14）。NO_3^- 通过叶肉细胞质膜上的硝酸盐-质子同向运输器（NRT）进入叶肉细胞质基质，在硝酸还原酶（NR）的作用下转变为 NO_2^-，NO_2^- 接着进入叶绿体基质并在亚硝酸还原酶（NiR）的作用下转变为 NH_4^+，NH_4^+ 与 α-酮戊二酸结合形成谷氨酸，谷氨酸随后运出到细胞质基质，再转变为天冬氨酸和其他氨基酸，最后形成蛋白质、核酸等。

（三）生物固氮

氮气转变为含氮化合物的过程称为固氮。工业固氮是人为地在高温、高压下将氮气还原为铵（氨）的过程。自然固氮中 10% 通过闪电完成，90% 由生物固氮完成。植物不能固定空气中游离的 N_2，但某些微生物能把空气中的游离 N_2 固定转化为含氮化合物，称为生物固氮。工业固氮能耗大、污染环境，因此有效利用生物固氮意义重大。

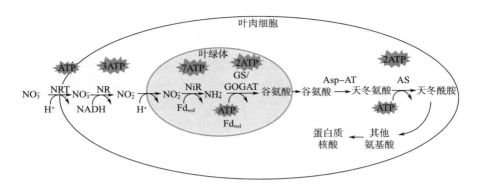

图 2-14　叶片氮素的同化过程（Taiz 等，2015）

生物固氮主要由两类微生物实现：能独立生存的固氮微生物，包括多种细菌和蓝绿藻；与植物共生的微生物，如与豆科植物共生的根瘤菌，与非豆科植物共生的放线菌以及与满江红共生的蓝藻等，其中根瘤菌最重要。固氮微生物含有固氮酶，此酶由钼铁蛋白和铁蛋白构成。固氮酶对 O_2 高度敏感，在含氧空气中很快被钝化。

其催化的总反应式：　$N_2 + 8e^- + 8H^+ + 16ATP \longrightarrow 2NH_3 + H_2 + 16ADP + 16P_i$

生物固氮可以改良土壤，增加土壤肥力。目前我国耕地退化，土壤肥力下降，在农田放养红萍，种植紫云英、花生、大豆等豆科植物，是改良和保护土壤的最有效最经济的方法之一。不过，固氮酶固定 1 分子氮气形成 2 分子氨要消耗 16 分子 ATP，是一个耗能过程。据估算，高等植物固定 1g 氮气要消耗 12g 有机碳。

二、　磷的同化

磷酸盐被植物吸收后，可以 $H_2PO_4^-$（P_i）的形式存在，也可以合成有机物如核苷酸、磷酸糖和磷脂等。与 ADP 合成 ATP 是磷最主要的同化途径。植物细胞中 ATP 的合成主要有两个途径：一个是发生在叶绿体中的光合磷酸化；另一个是发生在线粒体中的氧化磷酸化。

在植物细胞中，许多小分子通过磷酸化作用，与 P_i 结合形成含磷小分子，如 UTP、GTP、CTP、ATP 等。这些小分子物质可作为核酸、脂类、糖类、蛋白质等大分子物质合成的物质和能量来源。如蔗糖的合成需要消耗 UTP，淀粉合成需要 ATP，磷脂合成过程需要 CTP 参与。糖代谢时，底物通常需要先磷酸化，单糖之间的转化也需要先磷酸化，一般是将 ATP 上的 P_i 与糖结合形成磷酸糖。

三、　硫的同化

高等植物根系以 SO_4^{2-} 的形式吸收矿质元素硫，叶片也可以 SO_2 的形式获得硫，吸收的气体 SO_2 需要转变为 SO_4^{2-} 才能被植物同化。因此 SO_2 和 SO_4^{2-} 的同化过程是一样的。硫酸盐的同化既可以发生在根系也可以在叶片。SO_4^{2-} 的同化需要经过 SO_4^{2-} 的活化、SO_4^{2-} 的还原以及硫化物（S^{2-}）合成半胱氨酸。

（一）SO_4^{2-} 的活化

SO_4^{2-} 非常稳定，在与其他物质作用前要先活化，需经 ATP 硫酸化酶催化，SO_4^{2-} 与 ATP 反应，形成 5′-腺苷酰硫酸（APS）和焦磷酸（PP_i）。催化此反应的酶有两种形式，多数存在于质体中，少部分存在于细胞质，其反应式：

$$SO_4^{2-}+ATP \xrightarrow{\text{ATP 硫酸化酶}} APS+PP_i$$

（二）APS 还原为 S^{2-}

在质体的 APS 还原分为 2 个步骤。首先 APS 还原酶催化还原态的谷胱甘肽（GSH）转移 2 个电子给 APS，生成亚硫酸盐（SO_3^{2-}）和氧化态的谷胱甘肽（GSSG）。其次亚硫酸盐还原酶借助 Fd_{red} 转移 6 个电子给亚硫酸盐，生成硫化物（S^{2-}）。其反应式：

$$2GSH+APS \xrightarrow{\text{APS 还原酶}} SO_3^{2-}+2H^++GSSG+AMP$$

$$SO_3^{2-}+6Fd_{red} \xrightarrow{\text{亚硫酸盐还原酶}} S^{2-}+6Fd_{ox}$$

（三）S^{2-} 合成半胱氨酸

此过程同样也分为两个步骤：首先在线粒体中丝氨酸（Ser）在丝氨酸乙酰转移酶的作用下，与乙酰 CoA 反应生成乙酰丝氨酸（OAS）和 CoA。其次在细胞质中 OAS 经乙酰丝氨酸硫酸酶的催化，与 S^{2-} 反应生成半胱氨酸（Cys）和乙酸。

$$Ser+\text{乙酰 CoA} \xrightarrow{\text{丝氨酸乙酰转移酶}} OAS+CoA$$

$$OAS+S^{2-} \xrightarrow{\text{乙酰丝氨酸硫酸化酶}} Cys+\text{乙酸}$$

经过上述步骤 SO_4^{2-} 被还原生成半胱氨酸，半胱氨酸会进一步合成胱氨酸等含硫氨基酸。由 SO_4^{2-} 转化为半胱氨酸的还原过程需要转移 8 个电子，是高耗能的。因此叶片中硫同化比根系更活跃些，因为光合作用可提供还原型铁氧还蛋白（Fd_{red}），光呼吸可以提供丝氨酸。

第六节 合理施肥的生理基础

在农业生产中，由于土壤中的养分不断被植物吸收，植物又被人类收获利用，土壤中的养分会越来越少，因此施肥就成了提高作物产量和品质的一个重要措施。合理施肥要求适时、适量，这就需要了解作物需肥规律。

一、 作物需肥规律

（一）不同作物或同一作物的不同品种对肥料的需求不同

禾谷类作物如小麦、水稻、玉米等需要氮肥较多，同时要供给足够的磷、钾肥，以使后期籽粒饱满。以根茎为收获对象的作物，如甜菜、甘薯、马铃薯等，需要多施钾肥，促进地下部累积糖类；叶菜类作物，如菠菜、白菜、甘蓝等蔬菜和牧草，可施氮肥多些，使叶片肥大、枝叶茂盛。同一作物因栽培目的不同，施肥的情况也有所不同，因为矿质元素供应对作物的专用品质具有显著影响。如食用大麦，应在开花前后多施氮肥，使种子中的蛋白质含量增高；而酿造啤酒的大麦应减少后期施氮，否则蛋白质含量高会影响啤酒品质。

（二）同一作物的不同生育时期，对矿质元素的需求不同

在种子萌发和幼苗时期，由于植株小，需要矿质元素量少，以及种子贮藏有部分营养，所

以需肥少；当幼苗长大，开花、结实时，对矿质元素的吸收达到高峰；后期随着植株衰老，生长下降，对矿质元素的吸收逐渐减少。所以，在不同的生育时期施肥，对生长的影响不同，增产效果也不同。其中施用肥料营养效果最好的时期，称为肥料的最高生产效率期（或植物营养最大效率期）。一般植物营养最大效率期是生殖生长时期。例如，小麦和水稻的营养最大效率期是在幼穗形成时，油菜和大豆都是在开花期。

（三）不同作物需肥形态不同

如烟草和马铃薯需要钾肥，用草木灰比用 KCl 好，因为 Cl⁻ 可降低烟草的燃烧性和马铃薯的淀粉含量。铵态氮和硝态氮混合施用的水稻植株长得比单一氮源的更好。烟草施用硝酸铵效果最好。

二、 合理施肥的指标

作物对矿质元素的吸收随着生育期的转变而变化，所以应该根据作物生长发育规律，施用基肥和追肥，以满足作物不同生育期的需要。作物生长发育还受到环境的影响，而环境条件千变万化，因此在施肥时应根据作物生长以及土壤等情况决定施肥量、时期和种类。

（一）追肥的形态指标

根据植株的外部形态来判断是否缺肥，是否需要施肥，即"看苗施肥"，主要包括相貌和叶色。相貌一般为株型、叶片长短和披垂度、长势等，如氮肥过多，植株生长快，叶片长而软，株型松散；氮肥不足，生长慢，叶短而直，株型紧凑。有经验的农民根据植株外观就知道肥料的多寡。叶色是反映作物体内营养状况最灵敏的指标。功能叶的叶绿素含量与其含氮量的变化基本一致：叶色深，氮和叶绿素含量均高；叶色浅，两者均低。缺磷，叶片往往会积累花青素，呈红紫色。缺铁、镁等会出现脉间失绿现象。

（二）追肥的生理指标

施肥的生理指标包括测定植株营养元素、叶绿素、酰胺含量和酶活性等。

1. 营养元素含量

在不同施肥水平下，分析不同作物或者同一作物不同生育期的不同组织中营养元素的含量与作物产量之间的关系，作物获得最高产量时，组织中营养元素的最低含量为临界浓度（图 2-15）。如果测得样品组织中的营养元素含量低于临界浓度，就预示着应及时补充肥料。目前，在水稻生产管理中采用的"实时实地氮肥管理"，就是依据水稻的需肥规律，结合植株的氮含量和叶色等指标来确定是否需要施肥和施多少肥。

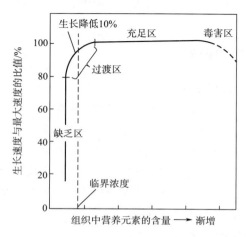

图 2-15　植物组织中矿质元素
含量与作物生长的关系

2. 叶绿素含量

有研究指出，南京地区的小麦返青期功能叶的叶绿素含量占干重 1.7%～2.0% 为宜，如果低于 1.7% 则缺肥；拔节期以 1.2%～1.5% 为正常，低于 1.1% 表示缺肥。也有研究者依据叶绿素快速测定仪测定的功能叶片叶绿素相对含量提出实时氮肥管理技术。

3. 酰胺含量

当植株吸收氮素过多时，以酰胺的形式贮藏在叶片中，故酰胺的积累情况可作为氮素含量丰缺的指标。一般在水稻幼穗分化期测定未展开或半展开叶中是否含有天冬酰胺，若有则表示氮肥充足，可不施穗肥。水稻叶鞘中淀粉含量也可作为氮素丰缺的指标。氮肥不足，可使淀粉在叶鞘中积累，叶鞘内淀粉越多，表示氮肥越缺乏。测定方法是将叶鞘劈开，浸入碘液，蓝色深浅和占叶鞘面积大小，能显示含淀粉的多少。

4. 酶活性

某些酶活性与其特有的元素多寡密切相关，这些矿质元素常作为酶的辅酶或活化剂。如缺铜时抗坏血酸氧化酶和多酚氧化酶活性降低，缺钼时硝酸还原酶活性降低，缺锌时碳酸酐酶和核糖核酸酶活性降低，缺铁可引起过氧化物酶和过氧化氢酶活性降低。因而可根据某种酶活性的变化，判断某一元素的丰缺情况。

（三）土壤分析

除了了解作物对矿质元素的吸收特点，还需要分析土壤中全部养分和有效养分的贮存量，这有利于制定有效的施肥策略，因此提出了测土配方施肥。以土壤测试和肥料田间试验为基础，根据作物需肥规律、土壤供肥性能和肥料效应，在合理施用有机肥料的基础上，提出氮、磷、钾及中、微量元素等肥料的施用数量、施肥时期和施用方法。测土配方施肥技术的核心是调节和解决作物需肥与土壤供肥之间的矛盾，有针对性地补充作物所需的营养元素，实现各种养分平衡供应，满足作物的需要；达到提高肥料利用率和减少用量、提高作物产量和品质、节省劳力和节支增收的目的。

三、 发挥肥效的措施

农业生产中除了适时适量的施入肥料外，还要采取某些措施，使肥效得到充分发挥。

（一）合理灌溉，肥水配合

水分使矿质元素溶解，是矿物质在植株体内和土壤中运输的媒介，直接影响矿质元素吸收。适量的灌溉才能保证肥料的利用率，因此研究者提出水肥耦合效应、水肥一体化等栽培技术。灌溉施肥的肥效快，养分利用率提高，可以避免肥料施在较干的表土层引起的挥发损失、溶解慢、肥效发挥慢的问题；尤其避免了铵态氮和尿素态氮肥施在地表挥发损失的问题，既节约氮肥又有利于环境保护。所以水肥一体化技术使肥料的利用率大幅度提高。四川农业大学孙永健等认为水氮耦合有利于提高氮素利用效率，并提出杂交稻关键生育时期水肥耦合调控机制，集成了高产、氮高效的杂交稻节水控灌与精确施肥一体化高效栽培技术模式。

（二）适当深耕，改善土壤环境

适当深耕可以使土壤孔隙度增加，容纳更多的水分和肥料，增加土壤的保水保肥能力；改善根系生长环境，有利于根系往下生长，增加根系肥水吸收面积；促进根系呼吸作用，提高根系对矿质元素的主动吸收，增加吸收速率。

（三）改善施肥方式

对于在土壤中容易被固定的中微量元素，采用叶面喷施或深层施肥的方式可以获得较好的追肥效果。以往施肥多是在土壤表层施用，氧化剧烈，分解、转化、挥发、淋失都比较严重，所以肥料的利用率不高。据估计，水稻对氮肥的利用率只有 30～50%，磷肥的利用率不超过 25%，钾肥利用率仅 30%～60%。深层施肥是将液体或固体肥料施于作物根系附近土层 5～10cm 深。由于施肥深，挥发少，流失少，供肥久而稳，加上根系生长有趋肥性，根系深扎，植株健壮，增产显著。据中国农科院土肥研究所同位素示踪试验证明，相对于表面撒施，碳酸氢铵、尿素深施地表以下 6～10cm 的土层中，利用率可由 27% 和 37% 提高到 58% 和 50%，大面积应用化肥深施机械化技术后，氮肥的平均利用率可由 30% 提高到 40% 以上。磷钾等深施还可以减少风蚀的损失，促进作物吸收和延长肥效，提高化肥利用率。

内容小结

植物必需元素具有不可缺少性、不可替代性、直接功能性。利用溶液培养法和砂基培养法研究得知植物生长发育必需元素有 17 种，其中必需矿质元素 14 种。根据植物需求量的大小，可将植物必需元素分为大量元素和微量元素。

必需的矿质元素在植物体内的生理作用有三个方面：一是细胞结构物质和功能物质的组成部分；二是植物生命活动的调节者，参与酶的活动；三是起电化学平衡和信号转导作用，即维持细胞渗透势、原生质胶体的稳定性、构成细胞的缓冲系统和保持细胞的电荷平衡等。矿质元素缺乏时会呈现专一的症状。

植物细胞对矿质元素的吸收分为主动吸收和被动吸收。被动吸收又可分为简单扩散和协助扩散。根据其利用能量的来源不同又将主动吸收分为原初主动运输和次级主动运输。根系对同一溶液的不同离子、同种盐的阴阳离子吸收速率不同。

离子从根表面进入根系木质部导管的途径有质外体和共质体两条。根系吸收的矿质离子主要通过木质部向上运输，叶片吸收的矿质离子通过韧皮部运输。同时也存在横向运输，即木质部和韧皮部间的运输。可重复利用的元素有氮、磷、钾、镁、锌、钼和氯等，大多分布在代谢较旺盛的幼嫩部分，缺乏症状先出现在老叶。不可重复利用的元素包括铁、硫、钙、锰、硼、铜等，多分布在较老组织中，缺乏症状先出现在幼叶。

氮的同化分为以下三个步骤：硝酸盐还原为亚硝酸盐，亚硝酸盐还原为铵，氨同化为氨基酸。

不同作物或同一作物在不同生育期对矿质元素的吸收情况不同，因此应分期施肥，看苗追肥。为了充分发挥肥料效能，要适当灌溉、改进施肥方式和适当深耕等。

课程思政案例

1. 施用氮肥是农作物增产的重要措施之一。近年来氮肥的过量施用不仅没有带来作物产量的持续提高，反而导致了严重的环境污染，如土壤酸化、水体富营养化、温室气体排放等。而且当氮肥施用过量时，会导致蔬菜叶片内致癌物质亚硝酸盐含量较高。请思考如何合理施肥生产无公害农产品，保护环境，服务于人民对美好生活的向往。

2. 以前人们认为硝态氮是植物养分和氮的来源，20 世纪 90 年代人们发现硝态氮不仅是营养元素也可以作为信号分子。2009 年我国台湾研究人员发表文章认为，硝酸盐的运输器 NRT 除了膜转运蛋白的功能外，还是硝酸盐信号的感受器，影响后面一些基因的表达。2022 年 9 月西北农林科技大学刘坤祥团队在美国《科学》杂志（Science）发表文章，认为NLP7转录因子是植物的一个硝酸盐受体。该研究的重大意义在于阐明了植物通过感受硝态氮进而激活信号转导网络和生长反应的调节机制，这一发现将为提高作物的氮利用效率，进而支持农业的可持续发展提供新的启迪。

CHAPTER

3

第三章

植物的光合作用

光合作用（photosynthesis）是地球上最重要的化学反应，地球上大部分的能源来自古代或近代的光合作用，大部分生物所需的食物也来源于光合作用。本章将阐述参与植物光合作用的细胞器结构，光合作用中光能捕获与转化成有机物的机理，以及植物适应不同环境所形成的光合作用调节机制。

第一节　光合作用的概念和意义

一、　光合作用的概念

一切有机物都是在碳骨架的基础上形成的，碳素营养是生命的基础。按照碳素营养方式的不同，生物可分为自养生物和异养生物。自养生物吸收 CO_2 合成有机物的过程称为碳素同化作用。碳素同化作用包括三种类型：细菌光合作用，绿色植物光合作用，化能合成作用。

（一）植物的光合作用

绿色植物吸收阳光的能量，同化 CO_2 和 H_2O 制造有机物并释放 O_2 的过程，称为光合作用。光合作用所合成的有机物主要是碳水化合物（糖类），其反应方程式：

$$CO_2 + H_2O \xrightarrow[\text{叶绿体}]{\text{光}} (CH_2O) + O_2$$

植物光合作用的主要特点：释放 O_2，无机碳转化为有机碳水化合物，光能转化为化学能。

（二）细菌光合作用

在绿色植物出现以前，地球表面的大气中没有氧气，这时的碳素同化主要由厌氧性的光合细菌（如红色、紫色和绿色硫细菌和非硫细菌）在光照下利用 H_2S、异丙醇等无机物作还原剂，把 CO_2 还原为有机物，这就是细菌光合作用。光合细菌虽不具有叶绿体，但含有细菌叶绿素和类胡萝卜素。反应方程式如下：

$$CO_2 + 2H_2S \xrightarrow{\text{光}} (CH_2O) + 2S + H_2O$$

$$CO_2+2(CH_3)_2CHOH \xrightarrow{\text{光}} (CH_2O)+2CH_3COCH_3+H_2O$$

（三）化能合成作用

有一些不含色素的好气性细菌（如硝化细菌等），不能利用日光能，但能用硫化氢、氢、氨等物质氧化时所放出的化学能去同化 CO_2，称为化能合成作用。这类化能合成细菌需要在有氧条件下进行氧化反应，故只能出现在绿色植物之后，其产生能量较少，来源有限，在自然界分布不广泛。以硝化细菌为例，其反应方程式如下：

$$2NH_3+3O_2 \xrightarrow{\text{亚硝化细菌}} 2HNO_2+2H_2O+能量$$

$$2HNO_2+3O_2 \xrightarrow{\text{硝化细菌}} 2HNO_3+能量$$

$$6CO_2+6H_2O \longrightarrow C_6H_{12}O_6+6O_2$$

在这三种类型的碳同化作用中，只有绿色植物的光合作用最广泛，合成有机物最多，与人类生活关系最密切，所以本章主要学习绿色植物的光合作用。

二、　植物光合作用的意义

（一）光合作用是合成有机物的最重要途径

绿色植物光合作用合成的有机物，既满足植物本身生长发育的需要，又为生物界提供食物的来源，人类生活所必需的粮、油、棉、菜、果、茶和木材等都是光合作用的产物。甚至有研究认为通过了解光合作用的生理机制，利用作物遗传工程等技术进一步提高光合作用效率可解决全球人口增长所带来的粮食短缺问题。

（二）光合作用是巨大的能量转换过程

植物同化无机碳化物的同时把太阳能转变成化学能，贮存在有机化合物中。工农业生产和日常生活所利用的主要能源如煤、石油、天然气、木材等，均是植物光合作用所贮存的能量。近年利用植物光合作用能量转换这一特征，进行生物燃料的开发：以光合作用合成的有机物为根本能量来源进行燃料乙醇、生物柴油和航空生物燃料的研究，可以替代由石油制取的汽油和柴油，是可再生能源开发利用的重要方向。受世界石油资源、价格、环保和全球气候变化的影响，20世纪70年代以来，许多国家日益重视生物燃料的发展，并取得了显著的成效。中国的生物燃料发展也取得了很大的成绩，特别是以粮食为原料的燃料乙醇生产，已初步形成规模。

（三）光合作用净化空气，保护环境

微生物、动物和植物等生物的呼吸作用，以及燃料的燃烧都要消耗氧气放出二氧化碳。正是由于绿色植物光合作用吸收二氧化碳，放出氧气，才使得大气中氧气含量保持平衡。植物的光合作用释放出的氧气在短波紫外线辐射下，易发生光电效应，形成氧负离子，从而提升小区域空气负离子水平。氧负离子在空气净化、城市小气候等方面有调节作用，其浓度水平是城市空气质量评价的指标之一。绿色植被覆盖区域空气负离子浓度要远高于其他地区。因此，绿色植物被认为是一个自动的空气净化器。

食物、能量、氧气是人类生活的三大要素，而它们基本上都来自植物的光合作用。虽然今

天科学发展已达到相当进步的程度，可是人类还无法直接大规模地把太阳能转变成化学能，所以绿色植物的光合作用对人类以及整个生物界都具有十分重要的意义。

第二节　叶绿体和光合色素

一、叶片是光合的主要器官

实验证明，凡是植物的绿色部位，都能进行光合作用，如叶片、幼嫩的茎、芽、种子、果实、花的萼片、穗子的颖壳等。但叶片才是光合作用的主要器官，因为叶片含有能吸收光能的叶绿素（chlorophyll），叶面积大而扁平，同株植物的叶片相间排列，因此有利于接受和吸收大量的太阳能；叶片上有无数气孔（stoma，复数 stomata），内部叶肉细胞排列疏松，有四通八达的细胞间隙和气孔连通，这种结构有利于吸收二氧化碳，并使之在细胞间扩散，以便进一步进入细胞；叶脉发达，分支多，便于将根部吸收的水分和矿物质运入叶片，也便于将光合作用制造的有机物运往他处，保证光合作用的顺利进行。

由于叶片具有上述特点，所以绿色植物的光合作用主要由叶片完成。但并不是叶片中所有细胞都可以进行光合作用，只有叶肉细胞的叶绿体才能进行光合作用。试验证明，离体叶绿体的光合速率可达完整叶片的 80%～90%。因此，叶绿体（chloroplast）是进行光合作用的主要细胞器。

二、叶绿体的结构和组成

（一）叶绿体的结构

叶绿体是质体的一种。在光学显微镜下观察，高等植物的叶绿体是绿色椭圆的扁平碟状颗粒，一般直径 $3～6\mu m$，厚 $2～3\mu m$。但藻类叶绿体的形态变化很大，存在板状、带状、杯状、囊状等。高等植物每个细胞有 $50～200$ 个叶绿体，据统计，每平方毫米蓖麻叶就含有 $3\times10^7～5\times10^7$ 个叶绿体。由于叶绿体数量众多，叶绿体的总表面积远大于叶片面积；较大的总表面积有利于光能和二氧化碳的吸收与利用。

叶绿体在细胞内并不是静止的，而是可以运动的（图3-1）。当光照弱时，叶绿体多排列在与光源垂直的方向上，宽面向着光源利于吸收光能；光照强时，叶绿体排列在与光源平行的方向上，窄面对着光源，减少吸收面积，以避免过多光能的伤害。

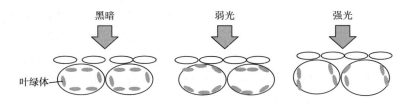

图 3-1　不同光照环境下叶绿体运动示意图

电子显微镜下观察叶绿体的外面被两层生物膜包围，称为被膜（envelope），有保护叶绿体和控制物质进出的作用。外膜透性较大，小分子物质如核苷酸、蔗糖、无机磷、羧酸等可自由通过；内膜选择透性强，只有 CO_2、O_2 和 H_2O 可自由通过，磷酸丙糖、苹果酸、草酰乙酸等需要经由膜上的运输器才能通过；内外膜间是 $10\sim20nm$ 的膜间隙（图 3-2）。若将叶绿体切开，可以看到叶绿体被膜以内是许多层层叠叠的片层结构（也称层膜系统）。片层（lamella，复数 lamellae）是由自身闭合的生物膜组成，呈扁平的袋状，称为类囊体（thylakoid）。有些部位若干个类囊体垛叠在一起组成基粒（granum，复数 grana），构成基粒的片层称为基粒片层或基粒类囊体，连接基粒和基粒之间的片层称为基质片层或基质类囊体。

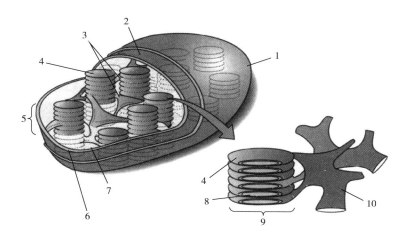

图 3-2　叶绿体膜结构整体示意图（Taiz 等，2015）

1—外膜　2—膜间隙　3—基质片层　4—类囊体　5—基粒类囊体
6—内膜　7—基质　8—类囊体内腔　9—基粒　10—基质片层

类囊体膜包围形成的内腔称为类囊体腔（lumen），腔内有水及溶解的盐类。所有类囊体连接起来即成为一个复杂的层膜系统。层膜系统沉浸在液态基质（stroma）中。所谓基质就是指叶绿体被膜以内的基础物质，也称为间质。其主要成分为水和可溶性蛋白质，例如催化碳同化的酶等，还有少量 DNA、RNA、糖类、核糖体等，呈流动状态。除此以外，基质里还含有一些固态物，如淀粉粒，嗜锇颗粒等。嗜锇颗粒在叶绿体中起脂质库的作用，当叶绿体衰老时，膜系统解离，嗜锇颗粒增大。光合作用的能量转换发生于类囊体膜，所以类囊体膜亦称为光合膜。

叶绿体中类囊体堆叠成基粒，是高等植物细胞所特有的膜结构。研究认为这有两个意义：第一，类囊体垛叠成基粒，使捕获光能的机构高度密集，更有效地收集光能，加速光反应的进行；第二，膜系统是酶排列的支架，类囊体垛叠就像形成一条长的代谢传送带，促进代谢进行。因此，从系统发育的角度看，这是一个进化的优点。

类囊体膜上镶嵌有蛋白质和色素，色素主要是叶绿素，因此呈绿色。包含高浓度类胡萝卜素等而非叶绿素的质体称为有色体，是很多水果、花及秋天叶子呈黄色、橙色或红色的原因之一。非色素质体称为白色体，其中最重要的是淀粉体，是贮藏淀粉的细胞器。分生组织细胞含有原质体，没有内部的膜也无色素；在不同的植物组织原质体转化为特定的质体。如黑暗中萌发的幼苗原质体分化为黄化质体，含原片层体，不含叶绿素而含淡绿色的原叶绿素；照光后转变为叶绿体；秋天的叶子或成熟的果实中叶绿体转变为有色体。种子、茎或根的贮藏组织原质体则转变为淀粉体。

(二) 叶绿体的化学组成

叶绿体约含 75% 的水分，25% 的干物质。而在干物质中，以蛋白质、脂质、色素和无机盐为主。蛋白质一般占叶绿体干重的 30%~45%，一部分是叶绿体的结构基础，还有些是光合代谢过程中的催化剂。叶绿体中的色素很多，占干重 8% 左右，在光合作用中起着决定性的作用。脂质是组成叶绿体膜系统的主要成分之一，占叶绿体干物质的 20%~40%。类囊体膜脂中糖脂约占 75%，主要是单半乳糖甘油二酯（monogalactosyl diglyceride，MGDG）和双半乳糖甘油二酯（digalactosyl diglyceride，DGDG），还有少量磷脂和硫脂；类囊体膜脂的不饱和脂肪酸含量达80%。类囊体膜含有大量的膜蛋白，色素分子常以非共价但高度特异的方式与蛋白质连接，形成色素蛋白质复合体嵌在膜上，主要有光系统I（PSI）和光系统II（PSII）。叶绿体中还含有10%~20% 的贮藏物质（淀粉）等，10% 左右的矿质元素（铁、铜、锌、钾、磷、钙、镁等）。此外，叶绿体还含有多种维生素和质体醌（plastoquinone，PQ），它们在光合过程中起传递质子（或电子）的作用。

三、 光合色素

光合生物在光合作用中吸收光能的色素称为光合色素，主要有叶绿素、类胡萝卜素、藻胆素三类。叶绿素类包括叶绿素 a、叶绿素 b、叶绿素 c、叶绿素 d 和叶绿素 f 等；类胡萝卜素包括胡萝卜素和叶黄素；藻胆素包括藻蓝素和藻红素。高等植物中只有叶绿素 a、叶绿素 b 和类胡萝卜素。叶绿素 c、叶绿素 d、叶绿素 f 和藻胆素存在于藻类。

(一) 光合色素的组成和结构

1. 叶绿素 （chlorophyll）

高等植物中叶绿素只有叶绿素 a 和叶绿素 b。叶绿素 a 呈蓝绿色，分子式 $C_{55}H_{72}O_5N_4Mg$，相对分子质量 893；叶绿素 b 呈黄绿色，分子式 $C_{55}H_{70}O_6N_4Mg$，相对分子质量 907。

1930 年，德国化学家 H. Fischer 阐明了叶绿素的结构。叶绿素分子像网球拍或者蝌蚪，有一个头部和一个长的尾巴（图 3-3）。"尾巴"是叶绿醇，它是由四个异戊二烯单位组成的双萜，是非极性的具有亲脂性；"头部"是一个大的金属卟啉环，这个大环是由四个吡咯环通过四个甲烯基连接而成，镁原子处于环的中央。镁原子带正电荷，氮原子带负电荷，因而"头部"是极性的，具有亲水性，可以和蛋白质结合。叶绿素非极性的"尾巴"具有亲脂性，可以和脂类分子连接，这就决定了它在类囊体膜中与其他分子之间的排列关系。叶绿素 b 和叶绿素 a 的区别在于第二个吡咯环上的甲基被醛基所取代，因此叶绿素 b 的极性比叶绿素 a 强些，它的亲水性也要强些；在进行层析时，移动得比叶绿素 a 慢。绝大部分的叶绿素 a 和全部的叶绿素 b 具有收集和传递光能的作用，称为天线色素（antenna pigment）。只有少数特殊状态的叶绿素 a 具有把光能转化为电能的作用，称为反应中心色素（reaction center pigment）。叶绿素不溶于水，但能溶于酒精、丙酮等有机溶剂中。

2. 类胡萝卜素 （carotenoid）

类胡萝卜素是由 8 个异戊二烯单位组成的四萜，其结构特点是一条共轭双键的长链两端各有一个对称排列的紫罗兰酮环。高等植物中的类胡萝卜素分为胡萝卜素和叶黄素。胡萝卜素呈橙黄色，分子式 $C_{40}H_{56}$，主要有 α、β、γ 三种同分异构体，最常见的是 β-胡萝卜素（图 3-3）。

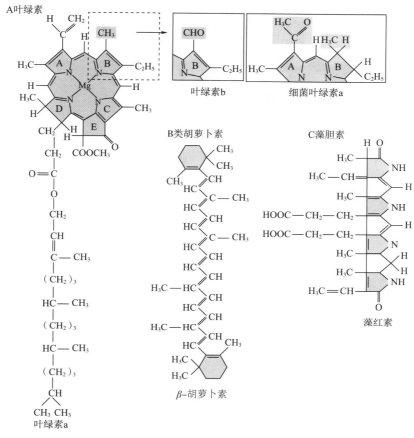

图 3-3　一些光合色素的分子结构（Taiz 等，2015）

叶黄素是胡萝卜素衍生的醇类，在两个紫罗兰酮环第四位上各有一个羟基，因此它的极性比胡萝卜素强，在层析时移动得比胡萝卜素慢；其分子式为 $C_{40}H_{56}O_2$，呈黄色。类胡萝卜素不溶于水而溶于酒精、丙酮等有机溶剂中。

　　这四种色素分子都与蛋白质结合形成色素蛋白复合体嵌在光合膜上，都有共轭双键组成的共轭系统，它们都有一个共同的作用，吸收光能。此外类胡萝卜素分子还有光保护作用，可以防止光合机构免受光氧化的破坏，主要是通过三种叶黄素的循环起作用：紫黄质（素）、花药黄质（素）和玉米黄质（素）。藻胆素是 4 个吡咯开环结构，存在于蓝细菌和红藻的藻胆体里。

　　各种光合色素在生物合成上也是相互关联的（图 3-4）。可以通过改变生物合成途径中的各关键酶活性调控光合色素的含量及比例，以适应多变的外界

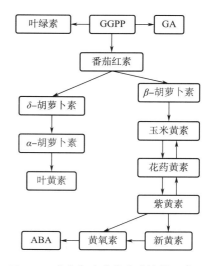

图 3-4　光合色素生物合成途径示意图
（Duan 等，2012）

GGPP—牻牛儿基牻牛儿基焦磷酸

ABA—脱落酸　GA—赤霉素

环境条件。

（二）叶绿体色素的光学特性

太阳光的波长范围300~2600nm，按其波长范围可分为紫外光、可见光、红外光。我们肉眼所能看见的只是波长范围很窄的可见光（390~760nm）。当太阳光束通过三棱镜后，可把白光分为红、橙、黄、绿、靛、蓝、紫七色光，这是太阳的连续光谱。色素分子可以选择性地吸收太阳光波，如果把叶绿素溶液放在光源和三棱镜之间，就可以看到光谱中有些波长的光线被吸收了，因此光谱上就出现黑线或暗带，这种光谱称为吸收光谱。

叶绿素对太阳光有两个强烈吸收区，一个是波长为640~660nm的红光部分，另一个波长为430~450nm的蓝紫光部分［图3-5（1）］。叶绿素对绿光500~560nm的吸收最少，所以叶绿素溶液呈绿色。叶绿素a、叶绿素b的吸收光谱基本相似，但略有差异：叶绿素a在红光部分的吸收峰高一些，吸收带略宽些，在蓝紫光部分的窄些；而叶绿素b在蓝紫光部分的吸收峰高一些，吸收带宽些；与叶绿素b相比，叶绿素a在红光部分的吸收带偏向长光波方面，而在蓝紫光部分则偏向短光波方面。

胡萝卜素和叶黄素的吸收光谱与叶绿素不同，它们最大吸收带在波长较短的蓝紫光部分（400~500nm），不吸收红光［图3-5（2）］。

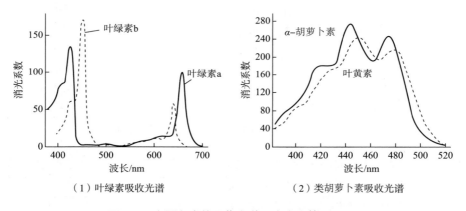

（1）叶绿素吸收光谱　　　　　（2）类胡萝卜素吸收光谱

图3-5　主要色素的吸收光谱（李合生等，2019）

叶绿素和类胡萝卜素都可以吸收光能，那么在光合作用中是什么色素在起主要作用呢？1883年，德国的恩格尔曼（Engelmann）用一种丝状绿藻，含螺旋带状叶绿体的水绵进行试验。用三棱镜将太阳光分解成七色光后照射水绵，在系统中加入一群好氧细菌，用显微镜观察游动的好氧细菌聚集在何处。结果400~500nm蓝紫光和650~700nm红光区聚集了较多的好氧细菌，说明这些地方氧气多、光合作用强。以波长为横坐标光合速率为纵坐标作图，便得到光合作用的作用光谱。从作用光谱看出对光合作用最有效的是蓝紫光和红光。比较光合作用的作用光谱和叶绿素的吸收光谱，发现二者很相似，因此在光合作用中起作用的主要是叶绿素。

（三）叶绿素的荧光和磷光现象

1. 荧光（fluorescence）

叶绿素溶液在透射光下呈翠绿色，而在反射光下呈红色（叶绿素a为血红色，叶绿素b为棕红色），这种现象称为荧光现象。

光是携带有能量的，当光量子照射到某些生物分子，光的能量被分子吸收，该分子的电子会跃迁到一个更高能级的轨道上，处于激发态。电子跃迁后有三种命运（图3-6）：①能量以荧光形式辐射出来，自己回到基态；②能量以热的形式辐射出来；③电子逃逸到别的分子，使别的分子得到电子被还原，自身失去电子被氧化，这就是光化学反应。而前两种都是物理反应。

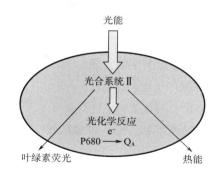

图 3-6　PSII内吸收光能的分配示意图（Baker，2008）

　　光的能量与波长成反比。因此长光波（如红光）的光量子所含的能量比短光波（如蓝紫光）的能量少。叶绿素主要吸收红光和蓝紫光。按照光化学定律，每吸收一个光量子，会使一个反应物分子激发。叶绿素分子吸收红光后电子跃迁的能态稍低一些，称为第一单线态（或较低的激发态）；吸收蓝紫光电子跃迁的能态更高，称为第二单线态（或较高的激发态）。处于较高激发态的叶绿素分子的电子如果部分能量以热的形式耗散，可以回到较低的激发态。处于较低激发态的叶绿素分子的电子如果迅速返回基态，多余的能量就以荧光的形式辐射出来（图3-7）。由于叶绿素分子吸收的光能有一部分消耗在分子内部的振动上，所以发射出来的荧光能量比原来吸收的能量少，波长就长一些（约680nm），使叶绿素溶液在反射光下呈红色。

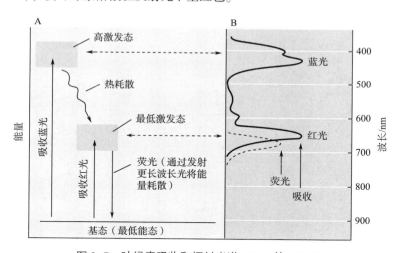

图 3-7　叶绿素吸收和辐射光谱（Taiz 等，2015）

　　荧光的寿命很短，为 $10^{-8} \sim 10^{-9}$s。叶绿素溶液的荧光很强，约占其吸收光能的10%；而叶片的荧光很弱，只占吸收光能的0.1%～1%，肉眼难以观察。这可能是因为叶片中叶绿素吸收的光能更多地用于光合作用，荧光所占比例减少。虽然叶片中的叶绿素荧光占吸收光能的比例非常低，但极为重要，可以通过仪器检测不同环境条件下的叶片荧光，间接反映荧光、热能、光化学反应三个途径的光能分配比例，进而反映光合系统的运行状态，这就是叶绿素荧光仪的基本原理。

　　2. 磷光（phosphorescence）

　　叶绿素溶液除了在照光时能辐射出荧光外，去掉光源后，用灵敏仪器可观察到还能继续辐射出极微弱的红光，这个现象称为磷光现象。这是由于较低激发态的叶绿素分子部分能量以热的形式散失成为半稳定的三线态，电子从半稳定三线态返回基态时辐射的光即为磷光。

荧光和磷光现象都说明叶绿素能被光所激发。

(四) 叶绿素的生物合成

1. 叶绿素的生物合成途径

用 ^{15}N 或 ^{14}C 同位素标记进行研究发现，叶绿素是经常更新的，也就是说它在不断地合成和降解。这也导致经常出现缺少叶绿素的黄化叶和白色条斑叶。叶绿素的合成过程可以分为几个阶段（图3-8），第I阶段：由2个谷氨酸形成含一个吡咯环的胆色素原（PBG），然后4个PBG聚合形成原卟啉IX，它含有4个吡咯环形成的大卟啉环。原卟啉IX是形成叶绿素和亚铁血红素

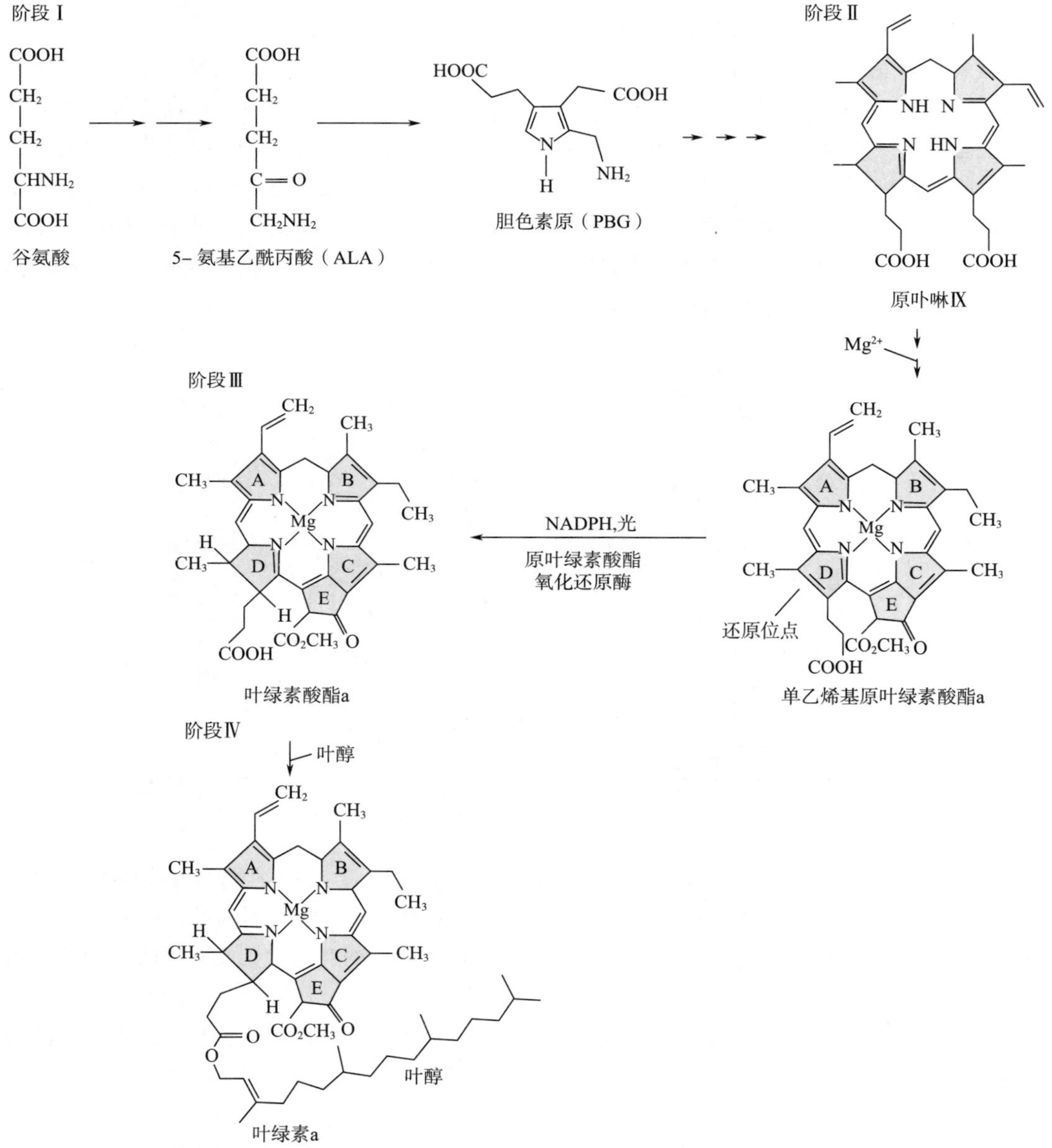

图 3-8　叶绿素的生物合成途径（Taiz 等，2015）

的分水岭：如果与铁结合就形成亚铁血红素，如果与镁结合则形成 Mg–原卟啉Ⅸ。Mg–原卟啉Ⅸ的一个羧基被甲基酯化，形成原叶绿酸酯，含有第 5 个环（阶段Ⅱ）；然后原叶绿酸酯在光下还原为叶绿酸酯（阶段Ⅲ）；最后与叶绿醇结合形成叶绿素 a（阶段Ⅳ）。叶绿素 b 由叶绿素 a 转化而来。第Ⅲ阶段是需要光参与的酶促反应，因此叶绿素合成需要光照。

2. 影响叶绿素合成的环境条件

由于叶绿体有其自身的 DNA 和 RNA，在叶绿素的合成中有一定的自主性；但环境因素也会影响叶绿素的合成，如光照、温度、水分、矿质元素、氧气等。

光是影响叶绿素合成的主要条件，从叶绿素的生物合成过程可知原叶绿素酸酯经过光照后，才能顺利合成叶绿素。一般植物在黑暗中生长因不能合成叶绿素而呈黄白色，这种现象称为黄化现象。在电镜下观察，黑暗中生长的植物前质体只形成原片层体，不能发育形成层膜系统，没有基粒，不能成为具有光合能力的叶绿体。田间若栽培作物密度过大，上部遮光严重，往往造成植株下部叶片叶绿素合成比分解慢，叶色变黄。但自然界的植物众多，总存在一些特殊现象，如藻类、苔藓、蕨类和松柏科植物在黑暗中也可以合成叶绿素，其生理机制还不清楚。

叶绿素的生物合成是一系列酶促反应，因此受温度影响较大。一般叶绿素形成的最低温度为 2~4℃，最适温度为 30℃，最高温度为 40℃左右。秋天叶子变黄，早春寒潮过后秧苗变白都与低温抑制叶绿素合成有关。

矿质元素对叶绿素形成也有很大的影响，植物缺乏氮、镁、铁、锰、铜、锌等元素时，不能形成叶绿素，表现出缺绿的症状，称为缺绿病。其中氮和镁是组成叶绿素的元素，不能缺少；铁、锰、铜、锌等可能是叶绿素形成过程中某些酶的活化剂，或者起着维持叶绿体结构的作用，镁和钾与类囊体垛叠有关，因此在叶绿素形成中起间接作用。

缺水不但影响叶绿素合成，而且会促进叶绿素分解，因此干旱时叶片发黄。

叶绿素合成需要呼吸代谢提供能量及中间产物。通常情况植物不缺氧；但淹水时，水中溶氧量低，缺氧使叶绿素合成受阻，叶片变黄。

3. 植物的叶色

植物叶子呈现的颜色是各种色素的综合光学表现，主要是绿色的叶绿素和黄色的类胡萝卜素两大类色素之间的比例。高等植物叶子所含各种色素的数量与植物种类、叶片年龄、生育期及季节有关。

一般来说，正常叶子的叶绿素和类胡萝卜素的比例为 3:1，叶绿素 a 和叶绿素 b 的比值也约为 3:1，叶黄素和胡萝卜素比值约为 2:1。由于绿色的叶绿素比黄色的类胡萝卜素多，所以正常的叶子总是表现为绿色。当然，不同物种间或不同品种间各色素的比例和含量差异较大。这个比例也会随气候、环境、叶片年龄等发生变化，通常叶绿素不太稳定，秋天叶片衰老时或遭遇逆境时，叶绿素容易先降解，含量减少，而类胡萝卜素比较稳定，所以叶片呈黄色。

有些植物秋季叶片变红，是因为秋天降温，积累较多糖以适应寒冷，可溶性糖促进形成较多的花青素，叶子就显红色。

第三节　光合作用机理

从表面上看，光合作用的总反应方程式似乎是一个简单的氧化还原过程：$CO_2 + H_2O \rightarrow$ $(CH_2O) + O_2\uparrow$，但实质上包括一系列的光化学反应和物质的转变问题，有 50 多个步骤。光合作用是积蓄能量和形成有机物的过程，根据能量的转化形式，现代的研究将光合作用分为三大步骤。一为原初反应：包括光能的吸收、传递和转换过程，是利用光能推动的电子的逃逸。此过程将光能转化为电能。二为电子传递和光合磷酸化：此过程将电能转化为活跃的化学能，生成 ATP 和 NADPH。三为碳同化：利用 ATP 和 NADPH，同化 CO_2 生成糖类，此过程中活跃的化学能转化为稳定的化学能。

过去也曾根据是否需要光照，把光合作用分为光反应阶段和暗反应阶段，其中光反应阶段包括原初反应与电子传递和光合磷酸化，而暗反应阶段为碳同化。后来研究证实，碳同化阶段也受光的调控，暗反应的说法逐渐被摒弃。而根据反应进行的部位也可以将光合作用整个过程分为两个阶段，第一阶段称为光反应，在类囊体膜上进行，在光的驱动下经原初反应、电子传递和光合磷酸化形成 ATP 和 NADPH，并分解 H_2O 产生 O_2；第二阶段称为碳同化，在叶绿体基质中进行一系列酶促反应，利用 ATP 和 NADPH 同化 CO_2 形成糖类（图 3-9）。

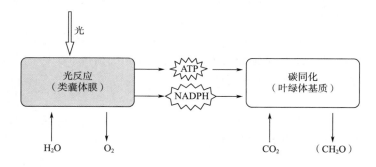

图 3-9　光合作用反应过程（据文涛 2018 修改）

一、　原初反应（ primary reaction ）

原初反应发生于光合作用最起始阶段，在类囊体膜上进行，包括光能吸收、传递和引起反应中心的第一个光化学反应过程。原初反应速度很快，在 $10^{-12} \sim 10^{-9}$ s 内完成；而且与温度无关，在 $-196℃$（液氮温度）也可进行。

（一）参与原初反应的结构单位

1. 光合色素及色素蛋白复合体

叶绿体类囊体膜中含有很多的色素，在原初反应中起重要作用。参与原初反应的色素按照其功能可分为两种：反应中心色素和聚光色素。反应中心色素（reaction center pigment）指具有光化学活性的色素分子，它可由光激发引起氧化还原反应；是少数具有特殊排列的叶绿素 a。聚光色素（light harvest pigment）是指没有光化学活性，不直接参与光化学反应，可以吸收、聚集光能的色素，又称为捕光色素或天线色素，包括所有叶绿素 b、类胡萝卜素及多数叶绿素 a。

叶绿素分子通常与蛋白质以非共价键的形式结合，形成叶绿素蛋白复合体镶嵌在类囊体膜上。主要的两类叶绿素蛋白复合体为叶绿素 a 蛋白复合体和叶绿素 a/b 蛋白复合体。叶绿素 a 蛋白复合体包括 PSI 反应中心复合体和 PSII 反应中心复合体。而叶绿素 a/b 蛋白复合体又称为捕光色素蛋白复合体（light harvest complex，LHC），它是类囊体膜上最丰富的蛋白复合体，结合了多数的叶绿素 a 和所有的叶绿素 b 以及类胡萝卜素，不参与光化学反应，只起光能收集传递的作用。LHC 又分为 LHCI 和 LHCII，分别是光系统 PSI 和 PSII 的天线。叶绿素结合在位于膜中的蛋白质上，可以优化能量转移和电子传递，减少无谓的浪费。

2. 反应中心及光合单位

光合作用的反应中心（reaction center）是植物吸收光能进行光化学反应的场所，是叶绿体中进行原初反应最基本的色素蛋白结构，又称为作用中心。它由反应中心色素分子（P）、原初电子供体（primary electron donor，D）和原初电子受体（primary electron acceptor，A）等电子传递体，以及维持这些电子传递体的微环境所必需的蛋白质组成复合体。

吸收和传递一个光量子到反应中心所需协同作用的叶绿体色素分子数称为光合单位。1932年爱默生在研究光合放氧与叶绿素分子数的关系时，认为每同化一分子 CO_2 或释放一分子 O_2 需要 2500 个叶绿素分子组成一个单位，共同进行光合作用，因此把 2500 个叶绿素分子就叫做一个光合单位。而每同化一分子 CO_2 需要 8~10 个光量子，因此可以认为每吸收传递一个光量子的光合单位是 250~300 个叶绿素分子。现在倾向于把光合单位看成类囊体膜上能进行完整光反应的最小结构单位，因此光合作用单位=聚光色素系统+反应中心。在一般情况下，250~300 个天线色素分子与一个反应中心组成一个光合单位。

（二）原初反应的过程

波长在 400~700nm 的可见光照射植物时，类囊体膜上的天线色素吸收光能，以诱导共振方式，将吸收的光能通过 250~300 个色素分子传递最后到达反应中心色素分子（P）；反应中心色素分子被激发（P*），由于激发态分子不稳定，电子容易失去而呈氧化态（P⁺）同时留下一个空位称为空穴；原初电子受体（A）接受来自反应中心色素分子的电子而被还原（A⁻）；由于反应中心色素分子有空穴又可以从原初电子供体（D）夺取电子而复原，而原初电子供体失去电子被氧化（D⁺）。这样就形成了电子从 D 通过 P 到 A 的流动，有电子的流动就有电能，这样就把光能转化成了电能。光合作用要持续进行，需要使 D 和 A 恢复原状，现在已经知道最终的电子供体是 H_2O，最终的电子受体是 NADP⁺（图 3-10）。

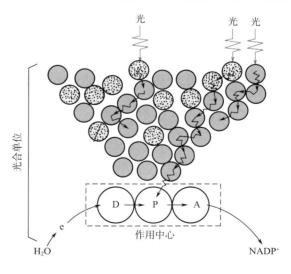

图 3-10　光能的吸收与传递过程

光能共振传递要求色素分子挨得很近，传递的方向是从吸收短波光的色素传到吸收长波光的色素，即由类胡萝卜素传向叶绿素，最后传到反应中心色素分子。因为短波光能量高，长波光能量低，能量传递要符合从能量高处向能量低处传递的规律。光能从天线色素传递到作用中心色素的传递效率很高：叶绿素 a、b 的传递效率 100%，类胡萝卜素的传递效率是 90%，色素分子间激发能传递时相差的能量以热的形式释放出来。而且传递的速度很快，一个寿命为 5×10^{-9}s 的红光量子在叶绿体中可把能量传递给几百个叶绿素 a 分子。

二、 电子传递和光合磷酸化

反应中心的色素分子受光激发发生电荷分离，实现了光能向电能的转换，但生物体无法直接利用此电能；而光合作用的原初反应是连续不断进行的，电子需连续不断地沿电子传递链进行传递，最终引起水的分解，放出氧气，NADP$^+$ 还原为 NADPH，并通过光合磷酸化形成 ATP，把电能转化为活跃的化学能，才能被生物体利用（图 3-10）。

（一） 光合电子传递

研究表明光合电子传递是由两个光系统协同完成的。

1. 两个光系统的发现

20 世纪 40 年代，爱默生以小球藻为材料，研究其不同光波的光合效率［以量子产额（quantum yield）表示，即每吸收一个光量子后放出的氧分子数目或固定二氧化碳的分子数目］，发现当光的波长大于 685nm（远红光）时，虽然光仍被叶绿素大量吸收，但量子产额急剧下降，这种现象称为红降（red drop）现象（图 3-11）。1957 年爱默生进一步观察到，用远红光（>685nm）照射小球藻的时候，如补充照明短波红光（约 650nm），则量子产额大增，而且比这两种波长的光单独照射的量子产额总和还要多，这种效应称为双光增益效应（enhancement effect）或爱默生效应（Emerson effect），如图 3-12 所示。

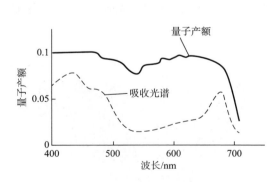

图 3-11　光合作用光反应的红降现象
（Taiz 和 Zeiger，2006）

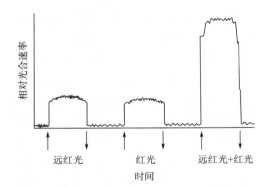

图 3-12　光合作用光反应的双光增益效应
（Taiz 和 Zeiger，2006）

为了解释红降现象和双光增益效应，爱默生提出可能有两个不同的光化学反应一起协同作用，一个吸收红光一个吸收远红光。20 世纪 60 年代证实光合作用确实有两个光化学反应，分别由两个不同的光系统完成。它们是镶嵌在光合膜上的色素蛋白复合体颗粒，可以从膜上分离，即光合系统Ⅰ（Photosystem Ⅰ，PSI）和光合系统Ⅱ（Photosystem Ⅱ，PSⅡ）。

PSII的反应中心色素分子的最大吸收峰值在680nm，因此也称为P680；分布在类囊体膜的内侧，直径17.5nm；主要特征是进行水的光解。PSI含有一对反应中心色素，其最大吸收峰值在700nm，因此也称为P700；其颗粒较小，直径11nm，分布在类囊体膜的外侧；主要特征是$NADP^+$的还原。

20世纪70年代以后，又从光合膜上分离出了捕光色素蛋白复合体（LHC）、细胞色素b_6f复合体和ATP合成酶复合体（简称ATP合酶）。两个光系统都有各自的LHC，因此就有LHCI和LHCII。自然状态下有生理活性的LHCII是同三聚体。所以PSI复合体=PSI反应中心复合体+LHCI，而PSII复合体=PSII反应中心复合体+内周天线色素蛋白（CP43，CP47等）+LHCII。在体内PSII复合体以二聚体形式存在，形成超级复合体（图3-13）。

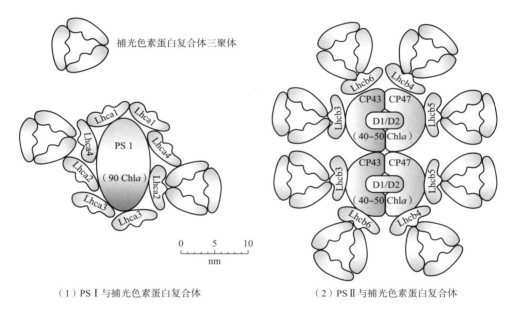

图3-13　PSI和PSII超级复合体（蒋德安，2022）

PSI和PSII在类囊体膜上的分布在空间上是分离的：PSII反应中心、天线色素及相关电子转运蛋白主要位于基粒膜；PSI反应中心、相关天线色素、电子转运蛋白及ATP合酶几乎都位于基质膜和基粒膜的边缘。因此必须有电子传递体使电子得以在两个光系统间进行传递。负责连接两个光系统的是细胞色素b_6f复合体和质体醌（PQ），二者在类囊体膜中均匀分布。PSI和PSII在空间上相互分离表明两个光系统间不需要严格的一对一的化学计量学关系。多数研究表明，叶绿体中PSII是过量的，一般PSII：PSI=1.5：1，这个比例关系常随着环境的光条件而变化，与光能的利用、光合系统的修复能力以及光保护密切相关。与真核光合生物相反的是，蓝藻中的PSI通常多于PSII。

2. 光合电子传递体的组成及功能

在类囊体膜上的光合电子传递体由PSI、PSII和细胞色素b_6f复合体、质（体）醌（plastoquinone，PQ）、质（体）蓝素（plastocyanin，PC）和铁氧还蛋白（ferredoxin，Fd）等组成。

（1）PSII复合体　PSII是光合电子传递链上的第一个多亚基的蛋白复合体，含20多种多肽，约250个叶绿素及胡萝卜素、叶黄素、新黄质和紫黄质等。其核心复合体结构如图3-14所示，

包含反应中心的 D_1 和 D_2 蛋白、细胞色素 b559、内周天线色素蛋白 CP47 和 CP43 以及位于内侧的放氧复合体（oxygen-evolving complex，OEC）。水的光解即发生在放氧复合体内。

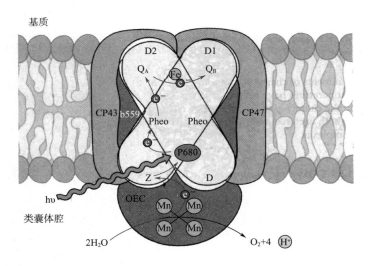

图 3-14　PSII核心蛋白复合体及其电子传递（Buchanan，2000）

当 LHCII吸收的光能传递到 PSII的反应中心色素 P680 使其被光激发，将电子传递给脱镁叶绿素（Pheo）就形成 $P680^+$。$P680^+$ 具有很强的氧化性，它从 D_1 蛋白第 161 位的酪氨酸残基（Tyr，过去称为 Z 或 Y_Z）上获得电子；酪氨酸再通过 OEC 氧化水，从而使水裂解形成氧，并在类囊体膜内腔中释放质子。2 分子水被氧化裂解，释放出 1 分子氧气，产生 4 个电子和 4 个 H^+。水裂解放氧的反应是 1937 年英国科学家希尔（Robert Hill）发现的。在含离体叶绿体类囊体的悬浮液中加入 Fe^{3+}，照光时会放出氧气，高价铁被还原为 Fe^{2+}，这就是水的光解，也称为希尔反应。其反应式为：$2H_2O+4Fe^{3+} \longrightarrow 4Fe^{2+}+O_2\uparrow+4H^+$

希尔的发现表明光合作用中释放的氧来自于水，而水是光合作用最终的电子供体。OEC 是由相对分子质量分别为 33k、23k、16k 的三条肽链及 Mn_4CaO_5 聚集体和氯离子组成的复合体。20 世纪 60 年代，法国的乔利尔特（P. Joliot）用极谱电极测定小球藻的光合放氧反应。将小球藻预先保持在暗中，然后给予一系列短时间闪光（5~10μs），每次闪光间隔 300ms。发现每次闪光后氧的释放量是不均匀的，大约每隔 4 次闪光出现一次放氧高峰，即以 4 为周期呈现振荡（图 3-15）。为了解释此现象，科克等认为放氧复合体存在五种状态（S_0、S_1、…、S_4），提出了 5 个 S 态循环的模式说明水分解释放氧气的机制（图 3-16）。

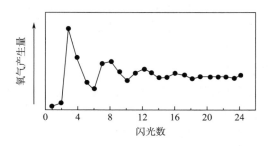

图 3-15　小球藻放氧量与闪光次数的关系（Buchanan 等，2000）

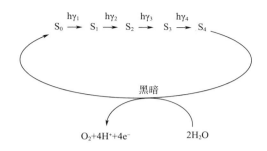

图 3-16 放氧过程的 S 状态模型

注：$h\gamma_1$ 表示第一次闪光，$h\gamma_2$、$h\gamma_3$ 和 $h\gamma_4$ 依次类推。

PSII的还原侧 P680* 把电子交给脱镁叶绿素（Pheo）后，传给 D_2 蛋白 A 位点质体醌（Q_A），再传给 D_1 蛋白 B 位点的质体醌（Q_B），Q_B 得到一个电子仍然停留在 PSII 复合体上，直到得到 2 个电子后与基质侧 2 个 H^+ 结合形成还原型的质体氢醌或称为质体醌醇（PQH_2）（图 3-17），释放到类囊体膜脂中，而另一分子 PQ 再结合到 B 位点成为 Q_B。

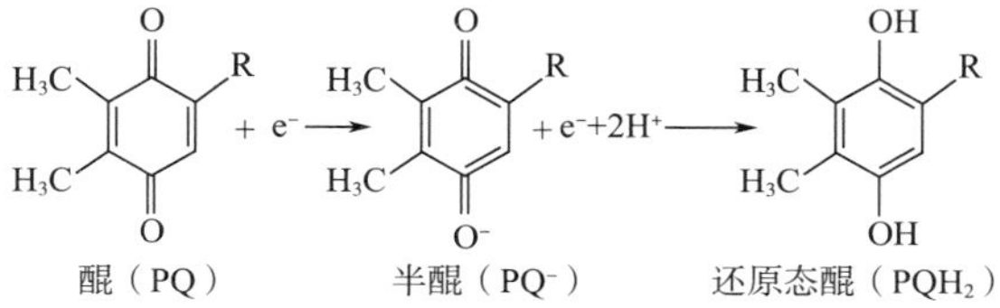

醌（PQ）　　　　　　半醌（PQ^-）　　　　　还原态醌（PQH_2）

图 3-17　质醌的还原反应（Taiz 等，2015）

（2）PQ 和细胞色素 b_6f 复合体　在 PSII 和 PSI 之间进行电子传递的是细胞色素 b_6f 复合体，它是一个大的多亚基蛋白复合体，主要含 2 个 $Cytb_6$、1 个 Cytf、1 个 Rieske 铁硫蛋白和一个相对分子质量为 17k 的多肽（亚基Ⅳ）等。2019 年利用冷冻电子显微镜揭示了其二聚体复合物 0.36nm 分辨率的结构。细胞色素 b_6f 复合体分子质量很大，移动性较差，因此细胞色素 b_6f 复合体与 PSII 之间借助质体醌进行电子传递，细胞色素复合体与 PSI 之间的电子传递借助于可溶性蛋白质体蓝素（PC）。参与电子传递的传递体大多结合在蛋白质复合体上，只有 PQ 和 PC 是电子传递链中可移动的电子传递体。PQ 可以在类囊体膜脂中自由移动，是类囊体膜上最丰富的电子传递体，既传递电子也传递质子。PC 是一个小的水溶性含铜蛋白质，存在于腔内，可以在类囊体膜内表面移动，只传递电子不传递质子。因此在 PQ 和 PC 间的细胞色素 b_6f 复合体充当氧化还原酶的作用，将 PQH_2 的电子传递给 PC，而 H^+ 释放到类囊体腔内。关于其确切机理还不清楚，目前用醌循环（Q cycle）模型可以说明大多数观察到的现象。Q 循环的最终结果相当于每个 PQH_2 传递 1 个电子给 PC，1 个电子使 PQ 还原为半醌，将 2 个质子释放到类囊体腔。

（3）PSI　PSI也是色素蛋白超复合体，由 PSI 反应中心色素蛋白复合体和 LHCI 组成，至少 15 种多肽（用 A、B、C、D、E 等字母表示）。LHCI 吸收的光能传给反应中心色素 P700 使其受激发后，将电子传递给原初电子受体 A_0（A_0 为叶绿素 a），并从 PC 处获得电子还原。A_0 将电子传给叶醌（A_1）后传递给 3 个 4Fe-4S 中心（分别为 F_X、F_A 和 F_B），然后将电子传递到铁氧还

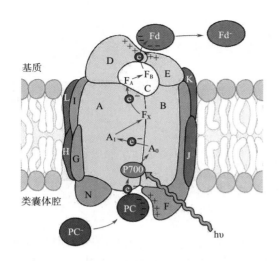

图 3-18　PSI反应中心色素蛋白复合体及
其电子传递（Buchanan，2000）

蛋白（Fd）（图 3-18）。

Fd 是存在于叶绿体基质中小的可溶性电子传递体，具有 2Fe-2S 簇。还原性的 Fd 可以将电子用于多种生物还原过程，正是由于此功能产生了多种途径的电子传递。

3. 光合电子传递途径

目前认为光合电子传递途径有三条，即非循环光合电子传递、循环式光合电子传递和假环式光合电子传递。

（1）非循环光合电子传递　PSII受光激发出来的高能电子经质体醌、细胞色素复合体、质体蓝素等一系列电子传递体传给 PSI后，PSI再受光激发又释放出电子传递给 Fd，然后由 Fd-NADP 还原酶（FNR）将电子交给 $NADP^+$，形成 NADPH；同时 PSII从水中夺取电子使自身还原，释放出 O_2。这是一条开放的通路，故又称为非循环光合电子传递。它是光合电子传递的主要途径，一般占总电子传递的 70% 以上。

非环式光合电子传递链有以下几个特点：

①两个光系统以串联的方式，共同完成电子传递，最终电子供体是水，最终电子受体是 $NADP^+$。

②两个光系统之间有一系列的电子载体，如质体醌、细胞色素 b_6f 复合体、质体蓝素和铁氧还蛋白等。质体醌和细胞色素复合体在转运电子的同时也转运质子到类囊体内腔，形成跨膜质子电化学势梯度。

③质子电化学势梯度可推动 ATP 合酶的运转，因此光合电子传递过程中，偶联着磷酸化作用形成 ATP。

④若按电子传递体的氧化还原电位高低将它们排列作图，其形状像横写的英文字母"Z"，故通常称 Z 链（图 3-19）。有两处的电子传递是"上坡传递"，需光能予以推动（光反应中心），而其余过程"下坡传递"可自发进行。

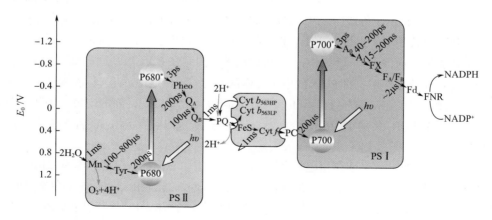

图 3-19　光合作用 Z 链（Taiz 等，2010）

（2）循环式光合电子传递　当只有 PSI 激发而 PSII 未激发时，电子由 P700 传给 Fd，Fd 也可将电子传递给质体醌，而不是 $NADP^+$，再经细胞色素 b_6f 复合体和质体蓝素，传回给 PSI，从而形成一个围绕 PSI 的电子传递循环，故称为循环式电子传递，它占总电子传递的 30% 左右（图 3-20）。这条电子传递途径没有 NADPH 的产生，但也有跨类囊体膜的质子电化学势梯度的产生。

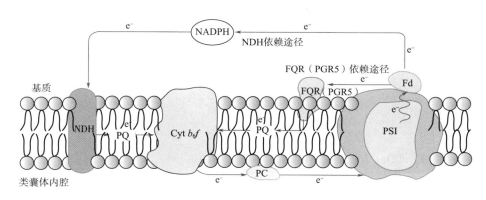

图 3-20　循环式电子传递链示意图

关于环式光合电子传递的分子机制还未完全搞清楚，参与其中的一些蛋白质刚被发现，这仍然是一个研究的活跃领域。目前认为围绕 PSI 的循环电子传递主要有依赖 PGR5 和依赖 NDH 复合体这两条途径。在第一条途径中，在类囊体膜的质子梯度调节蛋白（PGR5）（也称为 Fd-质醌还原酶，FQR）的作用下，Fd 将电子传给 PQ 而非 $NADP^+$，完成循环电子传递。除此以外，也有文献表明叶绿体类囊体膜上有和线粒体复合物I类似的 NAD（P）H 脱氢酶复合体，简称 NDH 复合体，参与将 NADPH 的电子传回质体醌的围绕 PSI 的循环电子传递（图 3-20）。这两条循环电子传递途径是互补的，不能同时缺失。

（3）假环式光合电子传递　此途径与第一条途径十分相似，也需要 PSII 和 PSI 共同参与，但电子从 Fd 处不是给 $NADP^+$，而是传给分子 O_2 形成超氧自由基阴离子（$O_2^- \cdot$），然后在超氧化物歧化酶（SOD）、抗坏血酸过氧化物酶（APX）、过氧化氢酶（CAT）等抗氧化酶系统的作用下，经过一系列反应清除超氧自由基阴离子再形成 H_2O，电子从 $H_2O \rightarrow H_2O$ 好像是循环，但实际不是循环，因为水的光解放氧在类囊体膜内侧，Fd 将电子传给 O_2 最后又形成水是在类囊体膜外侧，故称为假环式光合电子传递，也称为水-水循环。该途径一般很少发生，但在高光强等逆境时可能会发生；没有 NADPH 的产生，但有跨类囊体膜质子电化学势梯度的形成（图 3-21）。

植物通过光化学反应和电子传递，产生 NADPH 和 ATP，可以用于碳的固定。但 ATP 和 NADPH 的需求量会随着生理状态及外界环境的变化而改变。多条电子传递途径的存在有利于植物对复杂环境的适应：如空气中 CO_2 不足时，$NADP^+$ 的供应量不足，这时需要环式电子传递；当发生光抑制时，PSII 受到破坏，也需要其他途径进行电子传递。

4. 光合电子传递抑制剂

光合电子传递抑制剂如取代脲类、三氮苯类、尿嘧啶类等，抑制 PSII 和 PSI 之间 Q_A 和 Q_B 间的电子传递。联吡啶类可抑制 PSI 和 NADPH 之间的电子传递，从而影响光合作用。可以此为

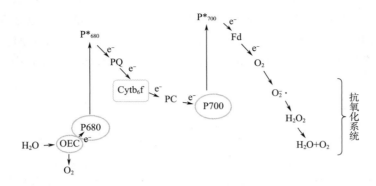

图 3-21 假环式光合电子传递途径示意图

核心成分开发除草剂。如常见除草剂，百草枯阻断 PSI 和 NADPH 之间的电子传递，敌草隆（DCMU）阻断 Q_A 和 Q_B 间的电子传递。

（二）光合磷酸化

电子在光合电子传递链内传递的同时伴随着 ADP 和无机磷酸合成 ATP 的过程，该过程即称为光合磷酸化。

1. 光合磷酸化的机理

（1）化学渗透学说　关于光合磷酸化形成 ATP 的机理，目前普遍认可的是 1961 年米切尔（Peter. Mitchell）提出的化学渗透学说。光合作用电子传递的同时产生了跨类囊体膜的电势差和质子浓度差，二者合称为跨膜质子电化学势梯度或者跨膜质子电动势（pmf），这就是光合磷酸化的动力。在质子电化学势梯度的推动下，H^+ 有返回类囊体膜外的趋势，但生物膜中部是非极性的，H^+ 不容易通过膜；类囊体膜上的 ATP 合酶复合体有 H^+ 通道，当 H^+ 通过此通道返回类囊体外时，推动 ATP 合酶的运转，产生 ATP（图 3-22）。后来许多学者的研究为化学渗透学说提供了证据，因此化学渗透学说得到了普遍的认可，P. Mitchell 获得 1978 年诺贝尔化学奖。

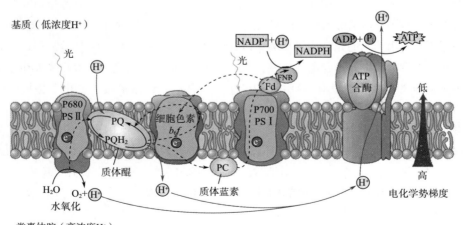

图 3-22　类囊体膜上的电子传递链和 ATP 合酶（Taiz 等，2015）

（2）ATP 合酶的结构及运转　类囊体膜上的 H^+-ATP 酶是多亚基组成的复合体，属于 F 型 ATP 酶，生理条件下主要是合成 ATP，因此又称为 ATP 合酶。它将 ATP 的合成与电子传递和 H^+ 跨膜转运偶联起来，所以也称为偶联因子（coupling factor，简称 CF_0-CF_1）。关于 ATP 合酶合成 ATP 的机制也经历了很长时间的探索。波耶尔（P. Boyer）等从 20 世纪 70 年代就提出结合改变机理，随着对 ATP 合酶结构的了解，1993 年 Boyer 回顾总结他的学说，归纳为"结合改变机理"（也称为旋转催化理论）。该学说目前已被人们广泛接受，Boyer 因此获得 1997 年诺贝尔化学奖。ATP 合酶（图 3-23）由头部（CF_1）和柄部（CF_0）组成，CF_1 在基质中而 CF_0 嵌在类囊体膜中。CF_1 由 5 种多肽（α、β、γ、δ、ε）组成；α 和 β 多肽各 3 条交替排列成中空的橘瓣状，催化 ATP 合成主要在 β 亚基上。CF_0 可能有 4 种多肽组成，形成埋入膜内的质子通道。

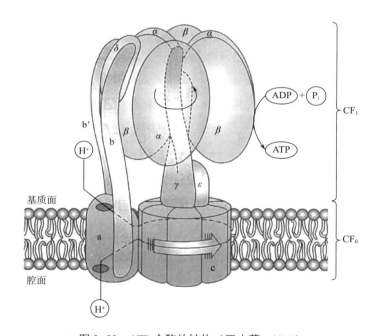

图 3-23　ATP 合酶的结构（王小菁，2019）

CF_1 上有 3 个核苷酸结合位点，每一个结合位点有不同的状态：松弛（L）态、开放态（O）、紧密态（T）。每一个位点都要经历 3 种不同状态的循环。任何时候 3 种状态都同时存在于 CF_1 复合体中，但是分别位于不同的催化中心。O 态的位点无底物，L 态的位点结合 ADP+P_i，T 态的位点和 ATP 结合。质子流经 CF_0 时，释放的能量推动 γ 亚基相对于 $\alpha_3\beta_3$ 旋转 $120°$，3 个位点构象发生相应改变：T → O，释放 ATP；L → T，推动 ATP 合成；O → L，与 ADP 和 P_i 结合。下一次供能，再旋转 $120°$，蛋白质构象又发生 O → L → T 的变化。旋转 $360°$，可形成 3 个 ATP（图 3-24）。线粒体 ATP 合酶的结构和工作原理与此相似。

2. 光合磷酸化的类型

1954 年，阿农（D. I. Arnon）发现离体叶绿体在光下可进行非环式光合磷酸化和环式光合磷酸化两种类型的反应。

（1）非环式光合磷酸化　电子在非环式光合电子传递链中传递，伴随有 ATP 合成的过程称为非环式光合磷酸化。该过程有两个光系统参与，既有 O_2 的释放，也有 $NADP^+$ 的还原，是光合

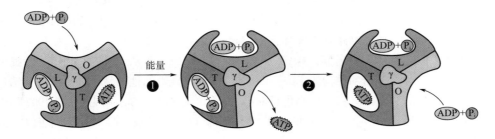

图 3-24　ATP 合酶的运转模型（Buchanan 等，2015）

磷酸化的主要类型。

（2）环式光合磷酸化　电子在环式光合电子传递链中传递，伴随有 ATP 合成的过程称为环式光合磷酸化。该过程只有 PSI 参与，不涉及水的光解，因此既没有 O_2 的释放，也没有 $NADP^+$ 的还原，只产生 ATP，且数量显著少于非环式光合磷酸化。

（3）假环式光合磷酸化　根据化学渗透学说，电子在假环式光合电子传递链中进行传递，通过了质体醌和细胞色素 b_6f 复合体，也会有 H^+ 跨膜转移，因此也会伴随 ATP 的合成，此过程称为假环式光合磷酸化。该过程与非环式光合磷酸化相似，唯一的不同是最终将电子传递给 O_2，因此不产生 NADPH。

综上可知，光合作用的原初反应阶段，太阳的光子流引起了叶绿体中的电子流，使光能转变成电能；在电子传递和光合磷酸化的过程中，又把电能转变为不稳定的化学能，贮藏在 NADPH 和 ATP 中，所以光反应阶段的产物为 O_2、NADPH 和 ATP。ATP 和 NADPH 可以用于碳同化中 CO_2 的还原，因此又称为同化力或还原力。同化 1 分子 CO_2 需要从水中获得 4 个电子；每个电子需经 2 个光系统的 2 次激发，至少需 2 个光量子；因此同化 1 分子 CO_2 最少需要 8 个光量子。测定发现每同化 1 分子 CO_2 至少需要 8~12 个光量子，这便是量子需要量。

三、碳同化

碳同化在叶绿体基质中进行，有多种酶参与反应。高等植物的 CO_2 同化的生化途径有三条，即卡尔文循环、C_4 途径和景天酸代谢途径。其中以卡尔文循环最基本最普遍，其他两条途径所固定的 CO_2 最终都必须通过卡尔文循环才能还原成糖。

（一）卡尔文循环（C_3 途径）

20 世纪 40 年代中期，卡尔文（M. Calvin）和他的同事本森（A. Benson）以小球藻为材料用 [14]C 标记碳酸氢盐结合纸层析技术研究 CO_2 转化为有机物的途径，经过十年研究在 20 世纪 50 年代提出了 CO_2 同化的循环途径，故称为卡尔文-本森循环（Calvin-Benson cycle）或简称为卡尔文循环（Calvin cycle）。卡尔文因此获得了 1961 年诺贝尔化学奖。这个途径的 CO_2 固定最初产物是一种三碳化合物，故又称为 C_3 途径，大致可分为羧化（固定）、还原和再生（更新）三个阶段（图 3-25）。

1. 羧化（固定）阶段

以核酮糖-1,5-二磷酸（简称 RuBP）为 CO_2 的受体，在核酮糖-1,5-二磷酸羧化酶/加氧酶（简称 Rubisco）的催化下生成两分子的 3-磷酸甘油酸（简称 PGA）。

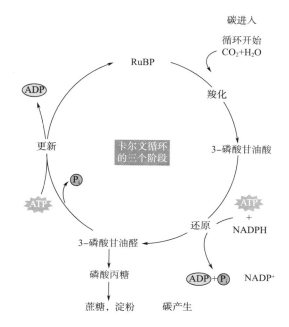

图 3-25　卡尔文循环 (王小菁, 2019)

（图中化学结构式：RuBP ＋ *CO₂ ──Rubisco──→ [酶结合的中间产物] ──H₂O──→ 3-磷酸甘油酸（PGA）（2分子））

RuBP　　　　酶结合的中间产物　　　　3-磷酸甘油酸（PGA）（2分子）

2. 还原阶段

PGA 在磷酸甘油酸激酶的催化下消耗 ATP 形成 1,3-二磷酸甘油酸（简称 DPGA），然后在 3-磷酸甘油醛脱氢酶的作用下消耗 NADPH 还原为 3-磷酸甘油醛（简称 GAP），从而完成了 CO_2 还原为三碳糖的转变。此过程需要 ATP 和 NADPH，还原 2 分子 PGA 需要消耗 2 分子 ATP 和 2 分子 NADPH。GAP 可以变构形成磷酸二羟丙酮（简称 DHAP）。GAP 和 DHAP 统称为磷酸丙糖（简称 TP），二者可以相互变构，它们可以运到细胞质中合成蔗糖，也可以留在叶绿体中合成淀粉或再生出底物 RuBP。

（图中化学结构式：PGA ──ATP／ADP，PGA激酶──→ DPGA ──NADPH／NADP，NADP-GAP脱氢酶──→ GAP ＋ Pᵢ）

PGA　　　　　　　　　　DPGA　　　　　　　　GAP

3. 再生（更新）阶段

卡尔文循环中 RuBP 的再生是循环能否继续运转的关键。此阶段主要是由部分 GAP 和 DHAP 经过 C_4、C_5、C_6、C_7 等多种糖转化形成 5-磷酸核酮糖（Ru5P）后，再由核酮糖-5-磷酸激酶催化消耗 ATP 生成底物 RuBP。其中有部分 C_6 糖可转变为淀粉。再生的 RuBP 又可以参加下一轮反应，固定新的 CO_2 分子，整个途径形成一个循环。

在上述反应中，每进行一次卡尔文循环，可同化 1 分子 CO_2 消耗 3 分子 ATP 和 2 分子 NADPH；因此需同化 6 分子 CO_2 才能合成 1 分子己糖，需要进行六次循环，则要消耗 18 分子 ATP 和 12 分子 NADPH，所以总的反应式是：

$$6CO_2+6H_2O+18ATP+12NADPH \longrightarrow P\text{-}6\text{-}G+18ADP+17P_i+12NADP^+$$

4. 卡尔文循环的光调节

在卡尔文循环中，Rubisco、甘油醛-3-磷酸脱氢酶（GAPDH）、果糖-1,6 二磷酸酶（FBPase）、景天庚酮糖-1,7-二磷酸酶（SBPase）、核酮糖-5-磷酸激酶（Ru5PK）均受光的调节。这些光调节酶可以在光下活化，以适应光合的需要；而在黑暗中钝化，以减少底物的消耗。

Rubisco 是碳同化的关键酶，数量也特别多，占叶绿体可溶性蛋白的一半。Rubisco 在暗中钝化光下活化，但光对 Rubisco 的活化作用不是直接的：包括跨类囊体膜的 Mg^{2+} 流动、pH 改变以及活化酶等多因素间复杂的相互作用。Rubisco 的活性受叶绿体间质中 pH 和 Mg^{2+} 含量的影响。在光下，由于光合电子传递使叶绿体间质中的 H^+ 通过 Q 循环向类囊体腔内转移，使腔内 pH 下降，而间质 pH 上升到 8.0 左右；为了平衡电荷，Mg^{2+} 由类囊体腔内转移至间质；间质中高的 pH 和 Mg^{2+} 数量增加，使得 Rubisco 酶活化，形成酶·CO_2·Mg 三元复合物（ECM）形式（图 3-26）。如果在暗中与上述情况相反，间质 pH 下降至 7.0，Mg^{2+} 浓度也降低，缺乏适宜环境，酶活性就下降。另外黑暗中 Rubisco 与 RuBP 结合，呈钝化状态；光照激活 Rubisco 活化酶，活化酶使 Rubisco 与 RuBP 解离，Rubisco 活性位点上的赖氨酸残基的 ε-氨基才能与 CO_2 和 Mg^{2+} 结合形成有催化活性的 ECM 三元复合物。

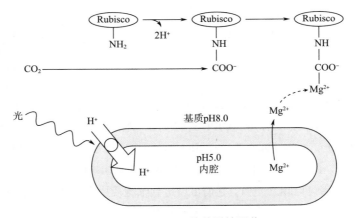

图 3-26　Rubisco 酶的活性调节

除 Rubisco 以外的四种酶都含有二硫键（-S-S-），光可通过铁氧还蛋白-硫氧还蛋白系统（ferredoxin-thioredoxin system）的氧化还原进行共价修饰以控制酶活性：暗中酶呈氧化态（-S-S-），活性降低；光下-S-S-还原为-SH，酶活化。光也可通过调控超分子复合物的组装以控制酶活性。目前已发现 Ru5PK 和 GAPDH 在黑暗中形成超分子复合物，其催化活性受到抑制；一种称为 CP12 的含二硫键的蛋白质参与超分子复合物的形成，其光调控机制如图 3-27 所示。

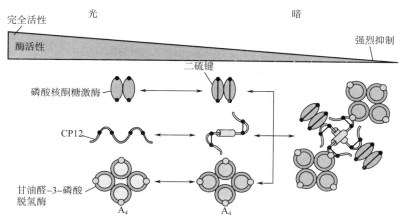

图 3-27　甘油醛-3-磷酸脱氢酶和核酮糖-5-磷酸激酶通过形成超分子复合物调节其酶活性（Taiz 等，2015）

卡尔文循环的光调节酶在光下活化、暗中钝化的特性使此循环成为一个具有自动调节能力的系统，使得碳同化在光照条件下快速进行、暗中减速或停止进行，因此现在不再称碳同化为暗反应。

（二）C$_4$ 途径

1966 年哈奇（M. O. Hatch）和斯莱克（C. R. Slack）利用 [14]C 示踪技术研究甘蔗、玉米、高粱等的光合作用时发现，CO$_2$ 固定的最早产物是草酰乙酸、苹果酸、天冬氨酸等 C$_4$-二羧酸，随后才出现 3-磷酸甘油酸、6-P-己糖等。由于这条途径中 CO$_2$ 固定的最初产物是四碳化合物，故称为 C$_4$ 途径，或者称为四碳二羧酸途径或哈奇-斯莱克循环。具有这种途径的植物为 C$_4$ 植物。至今已发现禾本科、莎草科、苋科、藜科、菊科等 22 科的 1700 多种植物是 C$_4$ 植物，其中禾本科占 50% 左右。

C$_4$ 途径在叶肉细胞和维管束鞘细胞中进行（图 3-28），主要包括以下几个步骤。

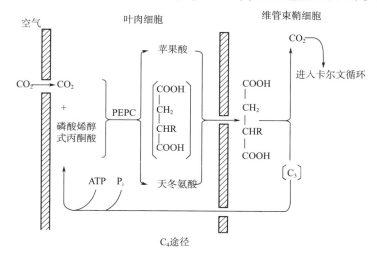

图 3-28　两个类型细胞中进行 C$_4$ 循环

1. 羧化阶段

C_4 途径的 CO_2 受体是磷酸烯醇式丙酮酸（PEP），它在 PEP 羧化酶（PEPC）的作用下固定 CO_2 形成草酰乙酸（OAA），这个反应在叶肉细胞的细胞质中进行。

$$
\begin{array}{c}
CH_2 \\
| \\
CO\textcircled{P} \\
| \\
COOH
\end{array}
\quad + HCO_3^- \quad \xrightarrow[Mg^{2+}]{PEP\ 羧化酶} \quad
\begin{array}{c}
COOH \\
| \\
CH_2 \\
| \\
CO \\
| \\
COOH
\end{array}
\quad + P_i
$$

PEP   OAA

2. C_4-二羧酸的转化和转移

草酰乙酸可在 NADP-苹果酸脱氢酶的催化下加氢还原成苹果酸（Mal），或者在天冬氨酸转氨酶的作用下转变为天冬氨酸（Asp）。苹果酸或天冬氨酸通过胞间连丝转运到维管束鞘细胞中脱羧，释放出 CO_2 进入卡尔文循环，再经固定、还原形成磷酸丙糖。而脱羧后形成的 C_3 酸运回叶肉细胞再生 PEP，使循环得以继续进行。

$$
\begin{array}{c}
COOH \\ | \\ CH_2 \\ | \\ CO \\ | \\ COOH
\end{array}
\xrightarrow[NADP-苹果酸脱氢酶]{NADPH \quad NADP^+}
\begin{array}{c}
COOH \\ | \\ CH_2 \\ | \\ CHOH \\ | \\ COOH
\end{array}
\qquad
\begin{array}{c}
COOH \\ | \\ CH_2 \\ | \\ CO \\ | \\ COOH
\end{array}
\xrightarrow[天冬氨酸转氨酶]{谷氨酸 \quad \alpha-酮戊二酸}
\begin{array}{c}
COOH \\ | \\ CH_2 \\ | \\ CHNH_2 \\ | \\ COOH
\end{array}
$$

OAA   Mal   OAA   Asp

因参与脱羧反应的酶不同，C_4 植物又可分为以下三种类型。

（1）NADP-苹果酸酶类型（NADP-ME 型） 此类植物在叶肉细胞中将草酰乙酸经 NADP-苹果酸脱氢酶转化为苹果酸，苹果酸转移至维管束鞘细胞的叶绿体中，由 NADP-苹果酸酶催化氧化脱羧放出 CO_2，生成丙酮酸运回叶肉细胞。玉米、高粱、甘蔗等属于这一类型。

（2）NAD-苹果酸酶类型（NAD-ME 型） 此类植物通过转氨作用将草酰乙酸转化成天冬氨酸，天冬氨酸转移至维管束鞘细胞的线粒体中先转化成草酰乙酸，然后还原成苹果酸，再通过 NAD-苹果酸酶氧化脱羧，生成丙酮酸，丙酮酸转化成丙氨酸后运回叶肉细胞。谷子、狗尾草、马齿苋属于这一类型。

（3）PEP 羧激酶类型（PCK 型） 此类植物叶肉细胞的天冬氨酸转移到维管束鞘细胞的细胞质中，转化成草酰乙酸，然后在 PEP 羧激酶催化下氧化脱羧生成 PEP。PEP 可转化为丙酮酸，再转化为丙氨酸后返回到叶肉细胞。大黍、虎尾草等属于这一类型。

3. PEP 再生阶段

为了促进 C_4 途径不断循环运转，返回叶肉细胞的丙酮酸（Pyr）在丙酮酸磷酸双激酶（PP-DK）的催化下形成 CO_2 固定的受体 PEP，再次加入到 CO_2 固定的过程中，此过程消耗 2 个高能磷酸键。

$$
Pyr+ATP+P_i \xrightarrow{丙酮酸磷酸双激酶} PEP+AMP+PP_i
$$

C_4 植物光合作用具有两个相互联系的循环，先在叶肉细胞内固定 CO_2 形成 C_4-二羧酸，然后转移至维管束鞘细胞，在那里脱羧放出 CO_2，同时形成 C_3 化合物。CO_2 进入鞘细胞叶绿体中进行 C₃ 循环，而 C₃ 化合物返回到叶肉细胞，再生成 PEP，作为 CO₂ 受体，形成一个循环。所以 C₄ 途径既有 C₄ 循环也有 C₃ 循环，分别在两个细胞中进行，叶肉细胞的 C₄ 循环起到 CO₂ 泵的作用，可将空气中低浓度的 CO₂ 固定后，集中在维管束鞘细胞中释放，使维管束鞘细胞内的 CO₂ 浓度升高，促进卡尔文循环。因此 C₄ 植物有较高光合速率；但是 C₄ 植物每同化 1 分子 CO₂ 比 C₃ 植物至少多消耗 2 分子 ATP。

4. C₄ 途径的调节

C₄ 途径的酶活性受光和代谢物运输调节。光可活化 PEPC、NADP-苹果酸脱氢酶和 PPDK，暗中这些酶钝化。苹果酸和天冬氨酸的积累会反馈性抑制 PEPC 的活性，而 PEP 则增加其活性。另外，Mn²⁺ 和 Mg²⁺ 是 C₄ 植物 NADP-苹果酸酶、NAD-苹果酸酶、PEP 羧激酶的活化剂。

（三）景天酸代谢途径

景天科植物如景天、落地生根等的叶子，具有很特殊的 CO₂ 同化方式。它们晚上气孔开放，吸收 CO₂，与 PEP 结合，在细胞质中形成草酰乙酸后还原为苹果酸，积累在液泡中；白天气孔关闭，液泡中的苹果酸运出来，氧化脱羧放出 CO₂，进入叶绿体参与卡尔文循环，形成淀粉等。夜间淀粉分解，运到细胞质，通过糖酵解过程产生 PEP，再一次进入循环。所以这些植物晚上有机酸含量高，碳水化合物少；白天却相反，酸度下降，而糖分增多。这种有机酸合成日变化的代谢类型，称为景天酸代谢（crassulacean acid metabolism），简称 CAM 途径（图 3-29）。这些植物统称为 CAM 植物，仙人掌、兰花、菠萝、剑麻、百合等都属于此类。如仙人掌液泡凌晨 6 点 pH 为 1.5，下午 4 点 pH 为 5.5，昼夜周期变化。

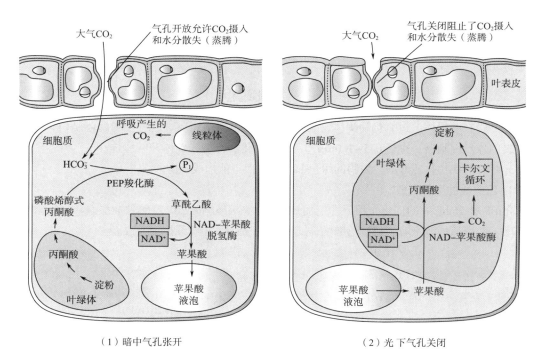

（1）暗中气孔张开　　　　　　　　（2）光下气孔关闭

图 3-29　景天酸代谢途径（CAM）（Taiz 等，2015）

CAM 途径与 C₄ 途径很相似，只不过 C₄ 途径是从空间上将 CO₂ 固定和还原分开；而 CAM 途

径则是从时间上将 CO_2 固定和还原分开。这与植物适应干旱条件有关：这类植物多原产于热带或沙漠，白昼高温，气孔关闭，避免水分散失，利用前一晚固定的 CO_2 进行光合。1977 年已经鉴定出有 18 科 109 属 300 种以上的植物是 CAM 植物。有些兼性或诱导 CAM 植物，在水分充足时进行 C_3 循环，水分不足时转变为 CAM 型，如冰叶日中花、龙舌兰等。

第四节　光呼吸

一、　概念

光呼吸是指植物的绿色部分在光下吸收 O_2 释放 CO_2 的过程。一般生活细胞的呼吸作用在光照或黑暗中都可以进行，为了加以区别，将之称为暗呼吸。通常所说的呼吸就是指暗呼吸。

二、　RuBP 羧化酶/加氧酶

光呼吸发生的原因是 RuBP 羧化酶也是一种加氧酶，即 RuBP 羧化酶/加氧酶，简称 Rubisco。Rubisco（相对分子质量为 560k）由 8 个大亚基（由叶绿体基因编码）和 8 个小亚基（由核基因编码）组成，是光合作用中决定碳同化速率的关键酶。Rubisco 是双功能酶，既可催化 RuBP 的羧化反应，又可催化 RuBP 的氧化反应。它究竟催化哪个反应，取决于细胞内 CO_2/O_2 浓度比值，比值高时有利于羧化反应，反之则促进加氧反应。正是由于 Rubisco 的加氧酶特性，产生了光呼吸途径。

三、　生化过程

光呼吸在叶绿体、过氧化物酶体、线粒体三个细胞器中完成。过氧化物酶体是由一层单位膜包裹的球形细胞器，直径 $0.5\sim1.0\mu m$，含多种氧化酶，与线粒体和叶绿体相关，产生于内质网。光呼吸的底物是乙醇酸，植物的绿色部位在光照下能形成乙醇酸。

1. 乙醇酸的生物合成

RuBP 在 Rubisco 的催化作用下发生加氧反应，然后分解成 3-磷酸甘油酸（PGA）和磷酸乙醇酸，磷酸乙醇酸水解就得到乙醇酸。此反应吸收 O_2，在叶绿体中完成。

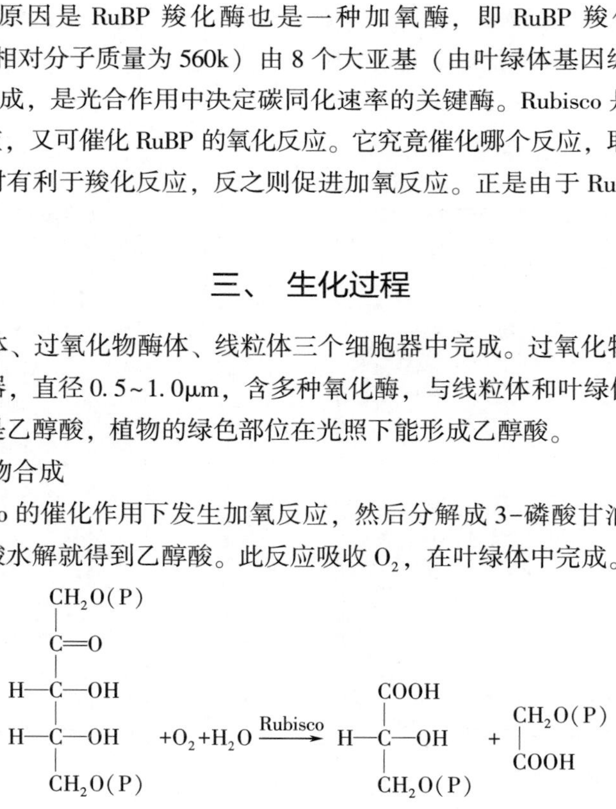

2. 乙醇酸的氧化及 CO_2 的产生

乙醇酸转移到过氧化物酶体中，在乙醇酸氧化酶催化下吸收 O_2，被氧化为乙醛酸和过氧化氢，过氧化氢被过氧化氢酶分解为 H_2O 和 O_2，而乙醛酸通过转氨基作用变成甘氨酸。

　　甘氨酸转移到线粒体中，在甘氨酸脱羧酶复合体和丝氨酸羟甲基转移酶催化下，2 分子甘氨酸脱羧基脱氨基变成丝氨酸并释放 CO_2 和 NH_3。然后丝氨酸运回过氧化物酶体，将氨基交给 α-酮戊二酸，自己变成羟基丙酮酸，然后在甘油酸脱氢酶作用下消耗 NADH 还原为甘油酸，甘油酸再运回叶绿体，在甘油酸激酶催化下消耗 ATP 变回 3-磷酸甘油酸（PGA），回到 C_3 循环（图 3-30）。

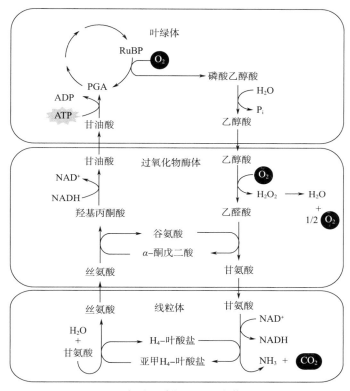

图 3-30　光呼吸过程图（王小菁，2019）

　　光呼吸涉及三个细胞器，O_2 吸收发生在叶绿体和过氧化物酶体，CO_2 的释放发生在线粒体，整个过程需三种细胞器协同作用来完成。光呼吸过程中几种主要物质如乙醇酸，乙醛酸，甘氨酸都是二碳化合物，因此光呼吸也称为 C_2 循环。

四、　光呼吸的生理功能

　　光呼吸将光合作用固定的 CO_2 的 1/4~1/2 又释放掉，同时消耗 ATP，因此光呼吸是一个消耗过程。但目前不少人认为光呼吸可保护光合器官免受过多光能伤害，在光保护机制中发挥重要作用。在干旱和高光强等逆境条件下，反应中心激发的过多电子传递给 O_2 等生成超氧自由基阴离子，对细胞会有伤害。光呼吸可消耗过剩光能，保护光合机构免受伤害，同时也清除乙醇酸的毒害。另一方面，光呼吸是一种代谢"抢救"措施，植物通过光呼吸将乙醇酸中 3/4 的有机碳回收到卡尔文循环中，避免了有机态碳的过多损失。乙醇酸代谢过程中产生了甘氨酸、丝氨酸等，有利于植物的氮代谢。

第五节 光合作用的产物

过去曾认为绿色植物通过光合作用是将 CO_2 同化形成葡萄糖。但从 20 世纪 50 年代起，通过深入研究，已明确光合作用的初级产物是 3-磷酸甘油醛和磷酸二羟丙酮，即磷酸丙糖（TP），二者可从叶绿体中运出到细胞质合成蔗糖等，也可在叶绿体中合成淀粉，因此光合作用的经典方程式可修正为：$3CO_2+2H_2O \rightarrow TP+3O_2$。淀粉和蔗糖是叶片中两种最重要的光合产物。除此以外，蛋白质、脂肪、有机酸都是光合作用的直接产物。

淀粉在叶绿体中合成，蔗糖在细胞质中合成。在叶绿体被膜上存在磷酸转运器或称为丙糖磷酸转运体（P_i transporter），是磷酸丙糖与无机磷酸的反向转运体。当白天光合作用活跃时，大量合成磷酸丙糖，经过丙糖磷酸转运体运输至细胞质，同时将无机磷酸转运到叶绿体内，细胞质中的磷酸丙糖用于蔗糖的合成。当细胞质中无机磷酸降低至一定水平时，磷酸丙糖的运输效率降低，被滞留于叶绿体内，叶绿体内的磷酸丙糖主要用于淀粉的合成，因此在照光一定时间后，可在叶绿体内观察到淀粉粒（图 3-31）。在夜间，光合产物减少，叶绿体中的淀粉水解，产生葡萄糖和麦芽糖，运出叶绿体，细胞质中己糖的积累促进蔗糖的合成，合成的蔗糖暂时储存在液泡或运输到其他细胞或者器官中。因此夜晚或暗处理一段时间后，叶绿体内的淀粉粒消失。细胞通过无机磷对多种酶进行精细调控，控制碳在蔗糖与淀粉之间的优化配置。

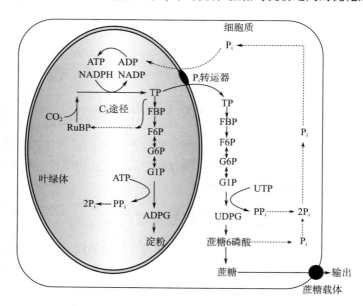

图 3-31 植物叶片淀粉和蔗糖的形成

RuBP—1,5-二磷酸核酮糖 TP—磷酸丙糖 FBP—1,6-二磷酸果糖 F6P—6-P-果糖 G6P—6-P-葡萄糖

G1P—1-P-葡萄糖 ADPG—腺苷二磷酸葡萄糖 UDPG—尿苷二磷酸葡萄糖 PP_i—焦磷酸 NADP—烟酰胺腺

嘌呤二核苷酸磷酸，即辅酶Ⅱ NADPH—还原型辅酶Ⅱ UTP—尿苷三磷酸 ATP—腺苷三磷酸 P_i—无机磷酸

不同植物叶片在光合作用中形成的主要产物不同。如果光合作用同化 CO_2 形成的产物主要趋向合成淀粉，叶片中淀粉含量较高，称为淀粉叶。例如，测定叶片光合后淀粉含量，棉花为 25.8%，大豆为 36.0%。如果光合碳同化产物主要趋向于合成蔗糖，叶片中蔗糖含量较高，蔗糖一边合成一边输出，这类叶片称为糖叶。例如，小麦叶片光合后蔗糖为 7.0%，淀粉为 0.2%；水稻叶片蔗糖含量可达 10.0%，淀粉 0.1%。若光合后淀粉和蔗糖都有相当量的合成，这种植物叶片称为中间型叶，如玉米、高粱。

第六节　影响光合作用的因素

一、光合作用的度量

衡量光合作用的指标有光合速率和光合生产率。光合速率（photosynthetic rate）也称为光合强度，它是指单位时间单位叶面积所吸收 CO_2 量或释放 O_2 的量，通常用 $mg\ CO_2/(dm^2 \cdot h)$ 表示，采用国际制计量单位则是 $\mu mol CO_2/(m^2 \cdot s)$。光合生产率又称为净同化率（net assimilation rate），表示较长一段时间（如一天或几天）单位叶面积所积累的干物质的量。在表示田间群体或整株植物的光合生产率时常用净同化率表示，单位为 $g/(m^2 \cdot d)$。

二、光合速率的测定方法

光合速率的测定方法主要有两类：一类是改良半叶法，它通过测定叶片的干重增加量来计算一段时间内平均光合速率，此方法简单易行，可以在大田应用。

另一类测定光合速率的方法是气流法，主要有两种：一种是红外线 CO_2 分析仪，通过测定光合室内 CO_2 的变化量进而推算出单位时间、单位叶面积的 CO_2 吸收量；另一种是氧电极法，可测定光合室内 O_2 浓度的变化进而推算出单位时间、单位叶面积的 O_2 释放量。其中红外线 CO_2 分析仪已研制出便携式光合测定系统，可用于田间光合速率的测定。

叶片进行光合作用的同时也会进行呼吸作用，两者均会引起 O_2 和 CO_2 的变化，所以通过检测 CO_2 和 O_2 的浓度变化测得的结果，实际上是光合作用减去呼吸作用的差值，称为表观光合速率或净光合速率（net photosynthetic rate）。如果同时测定叶子的呼吸速率，把两者相加即得真正的光合速率，即表观光合速率＝真正的光合速率－呼吸速率。

植物的种类、生育期、叶片年龄、结构、叶绿素含量等内部因素都会影响光合作用。另外，外界环境因素对光合作用的影响也很大。

三、影响光合速率的外界因素

（一）光照

光是光合作用的能量来源，光也影响气孔开闭、叶绿素形成以及光调节的酶活性，因此光照对光合作用至关重要。光对光合作用的影响有三个方面：光照时间长短、光强度和光波长。

1. 光强度对光合作用的影响

过去常用照度计测定光照度来说明光强度，因此用照度的单位勒克斯（lx）表示光强。现在用光量子通量密度（photo flux density，PFD）表示光强，即单位时间、单位面积入射的光量子数；因为对光合有效的是400~700nm的可见光，因此用光合光通量密度（photosynthetic photo flux density，PPFD）表示单位时间、单位面积所入射的400~700nm波长范围内的光量子数，单位为 $\mu mol/(m^2 \cdot s)$。也可用辐射能表示光强，单位为 W/m^2，时间单位包含在瓦特单位内：$1W=1J/s$。夏季晴天中午辐照度为400~500 W/m^2，PPFD达2000~2300 $\mu mol/(m^2 \cdot s)$。

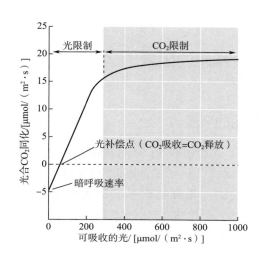

图3-32　植物光合速率与光照强度的
关系曲线（宋纯鹏等，2015）

通过在不同光强度下测定光合速率，可作出光强度–光合速率曲线图（图3-32）。在黑暗中植物不进行光合作用，只有呼吸作用，可以检测到 CO_2 浓度增加，因此同化 CO_2 量为负值；随着光强的增加，光合速率上升。光补偿点（light compensation point）是指当光合速率与呼吸速率相等，净光合为零时外界的光强度。植物要正常生长要求光照强度必须高于光补偿点；如光照强度低于光补偿点，植物消耗养分过多不能累积干物质，长此以往植株会死亡。一般 C_3 植物光补偿点低，C_4 植物光补偿点高，这是因为相对于 C_3 途径，C_4 途径同化一分子的 CO_2，要多消耗2分子ATP，需要的光强度高一些。

在光补偿点以上的一定光强范围内，随着光强度的增加，光合速率成正比迅速上升，在此范围内，光照是光合作用的主要限制因子。以后再增加光照强度光合速率增加缓慢，此时 CO_2 是光合作用的主要限制因子。当光强度超过一定范围后，光合速率不再增加的现象称为光饱和现象。达到最大光合速率时外界光强度称为光饱和点（light saturation point）。各种作物的光饱和点不同，多数植物的光饱和点为500~1000 $\mu mol/(m^2 \cdot s)$。一般情况下，C_3 植物的光饱和点较低，C_4 植物的光饱和点较高。因为 C_4 途径同化 CO_2 需消耗更多的ATP，需要较高的光强度。因此在高温、高光强下，C_3 植物常出现光饱和现象，而 C_4 植物仍能保持较高的光合速率。上述光饱和点是指单个叶片而言，对群体则不适用。大田作物群体枝叶茂盛，外部光照很强，达到单叶光饱和点以上时，由于相互遮阳群体内部的光照强度仍在光饱和点以下。因此考虑群体对光能的充分利用时，光饱和点就会上升或消失。

植物的光补偿点和光饱和点会随着其他环境条件的变化而变化。如当 CO_2 浓度增加时，光补偿点降低而光饱和点升高。温度升高，光补偿点也升高。植物的光饱和点和光补偿点显示了植物对强光和弱光的利用能力，代表了植物的需光特性，阴生植物光补偿点和光饱和点均较低，而阳生植物的光补偿点和光饱和点均较高（图3-33）。掌握光饱和点及光补偿点的特性，在实践中有重要意义：间作套种时物种搭配，以及间苗、修剪、采伐都与光补偿点有关。另外如果栽培作物过密或肥水过旺，枝叶徒长，中下层叶子的光照往往在光补偿点以下，此时这些叶子不但不能制造养分，反而消耗养分，因此生产上要注意合理密植保证透光。温室管理上，避免

高温则可以降低光补偿点，并减少夜间呼吸
消耗。

　　当光合机构接受的光能超过它所能利用
的量时，会引起光合速率的降低，这个现象
就是光合作用的光抑制（photoinhibition）。
光抑制最显著的特征是PSII光化学效率降低
和光合碳同化的量子效率降低，主要是D1
蛋白损伤。根据光抑制后恢复的快慢，可将
光抑制分为两种：动态快恢复光抑制是指中
等过量的光照引起碳同化的量子效率降低，
但最大光合速率不变，吸收的光以热能的形
式散失，这种降低通常是暂时的，当光照强
度下降即可恢复；持续慢恢复光抑制是指过
度强光破坏了PSII反应中心，降低了量子效
率和最大光合速率，可持续数周、数月等，
恢复得慢。

　　光抑制现象在自然条件下经常发生，如
晴天中午，小麦、大豆等许多C_3植物均会出现光抑制。在长期进化过程中植物也发展了一些减
少光抑制的保护机制，如叶绿体运动、叶片
运动、植物体表附着蜡质或表皮毛、加强依
赖于叶黄素循环的热耗散、增强活性氧清除
系统、加强修复循环等多层次的光保护和修
复机制（图3-34）。

　　2. 光质对光合作用的影响

　　在太阳辐射中，对光合作用有效的是可
见光，不同波长的光也影响光合速率。一般
来说，在红光、橙光下光合速率最快，蓝紫
光次之，绿光最差，这和光合色素对光的吸
收相一致。

（二）CO_2

　　CO_2是光合作用的原料。大气中的CO_2
经叶片表面的气孔进入细胞间隙，再进入叶
肉细胞的叶绿体。在CO_2扩散的途径中最大
的阻力是气孔，气孔的开度直接影响CO_2的
进入量。

　　1. CO_2补偿点

　　CO_2浓度降低，光合速率会降低；当大
气中的CO_2浓度低到一定值时，植物光合作
用吸收的CO_2量等于呼吸放出的CO_2量，此

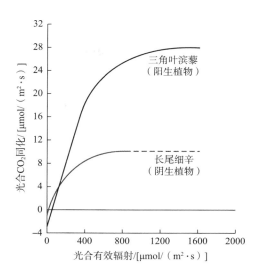

图3-33　阳生植物与阴生植物的光响应
曲线（宋纯鹏等，2015）

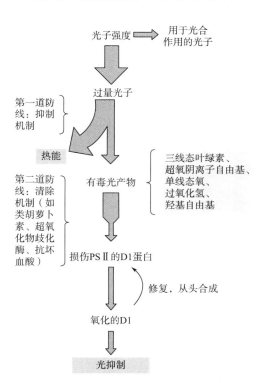

图3-34　光合作用的多层次保护和
修复机制（Taiz等，2010）

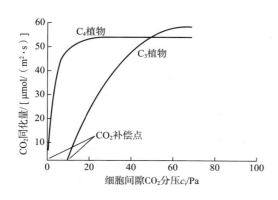

图 3-35 C_3 植物与 C_4 植物的光合速率与大气中 CO_2 浓度的关系曲线 (宋纯鹏等，2015)

时外界的 CO_2 浓度称为 CO_2 补偿点。在 CO_2 补偿点时植物净光合速率为零，不积累干物质。植物必须在高于 CO_2 补偿点的条件下才有同化物累积，才能生长。一般 C_3 植物 CO_2 补偿点高（50μL/L 左右），C_4 植物的 CO_2 补偿点低（0~10μL/L），也就是说 C_4 植物可以利用低浓度的 CO_2 进行光合作用（图 3-35），因为 C_4 植物具有 CO_2 泵的作用，能更充分地利用外界 CO_2。CO_2 补偿点也会随条件而变：光照弱时，光合速率下降比呼吸显著，因此要维持较高 CO_2 水平才能维持光合速率与呼吸相等，CO_2 补偿点高；光照强时 CO_2 补偿点低。在田间种植作物，要合理密植通风透光，补充 CO_2 是其中一个原因。

2. CO_2 饱和点

空气中 CO_2 浓度约为 0.039%（390μL/L），远低于光合作用的需要。如果增加 CO_2 浓度，光合速率会提高，但当 CO_2 浓度增至一定值时光合速率不再升高，这时外界的 CO_2 浓度称为 CO_2 饱和点。一般植物 CO_2 饱和点是 0.1% 左右，超过饱和点时再增加 CO_2 浓度光合作用便受抑制，当 CO_2 浓度达 1% 时会引起植物中毒。CO_2 饱和点也是随外界条件而改变的，如果小麦在 11000lx 光照时，CO_2 饱和点是 1200μL/L；若在 22000lx，CO_2 饱和点可再升高。一般情况下，C_3 植物的 CO_2 饱和点远高于 C_4 植物。

（三）温度

光合过程中的碳同化是由酶催化的化学反应，因此也受温度的影响。在大气 CO_2 浓度下，Rubisco 活性是光合作用的主要限制因子。温度对光合作用的影响也有三基点现象，一般植物光合所需最低温度为 -5~5℃，最适温度为 20~30℃，最高温度为 40~50℃。高温不利于光合，除了高温使酶钝化外，主要原因是与电子传递有关的膜系统在高温时稳定性下降，还原力供应不足。不同的植物，光合作用的温度三基点不同，C_3 植物的光合最适温度是 20~30℃，C_4 植物光合最适温度是 35~45℃，因为 PEP 羧化酶的最适温度高于 Rubisco 的最适温度。

（四）水分

水分是光合作用的原料，没有水就不能进行光合作用。但是与 CO_2 相比，用于光合作用的水仅为植物从土壤吸收或蒸腾失水的 1% 以下，一般而言，不会因为作为原料的水供应不足而影响光合作用。

植物组织含水量接近饱和时，光合作用最强；水分过多时气孔被动关闭，光合会受影响；水分亏缺时光合作用明显下降。水分亏缺主要通过以下因素影响光合作用：①缺水使气孔关闭，阻碍 CO_2 吸收；②缺水使淀粉水解加强，糖类累积，既反馈抑制光合又促进呼吸，净光合速率下降；③严重水分亏缺时叶绿体光合膜系统受损害；④缺水影响叶片的生长，光合面积减少，总光合产量下降。

根据水分亏缺程度可将水分亏缺对光合作用的影响大致分为两个阶段。例如，水稻叶片相对含水量从 92% 降到 79% 时，气孔关闭，胞间 CO_2 浓度降低，光呼吸增强，导致光合作用降低。该阶段可随着复水，光合作用快速恢复。当水稻叶片相对含水量降至约 79% 以下时，Rubisco 酶羧化效率、RuBP 再生能力的降低导致光合作用降低，随着干旱程度的不断加剧水稻叶片卷曲，叶绿素 a、叶绿素 b 和类胡萝卜素含量降低，该阶段即使恢复水分供应，光合作用也不能得到有效恢复。

缺水时叶片气孔开度减小，影响 CO_2 进入，而使胞间 CO_2 浓度降低，光合速率降低；从这一点上讲，C_4 植物在低 CO_2 浓度下，还能有效进行光合作用，因此相对于 C_3 植物，C_4 植物更抗旱。

（五）矿质元素

矿质元素对光合作用的影响主要体现为：参与光合色素和光合蛋白复合体的构成，作为光合作用关键酶或辅酶的成分以及参与光合产物的运输。如 Mn、Ca、Cl 影响水的光解；质体蓝素含 Cu、细胞色素含 Fe，辅酶 II 含有 P，因此 Fe、Cu、P 对光合电子传递有影响；N、Mg 是叶绿素的组成元素，Fe、Mn 在叶绿素形成过程中有直接作用，因此对光合作用有直接影响；而 K、P、B 对光合产物的运输起促进作用，从而对光合作用产生间接影响；同时 P 参与光合产物的转变和能量传递，对光合影响很大。在肥料三要素中以氮肥对光合作用效果最明显。

（六）O_2

早在 1920 年瓦布格（Warburg）已发现 O_2 对藻类光合作用产生抑制，称为瓦布格效应（Warburg effect）。研究表明大气中 21% 的 O_2 含量对 C_3 植物光合作用的抑制达 1/2 ~ 1/3，而对 C_4 植物基本没有影响（图 3-36），主要原因是 O_2 提高 Rubisco 加氧酶活性，抑制羧化酶活性。

（七）光合速率的日变化

影响光合作用的光、温、水等环境因素在一天中不断地变化，从而引起光合速率的日变化。在晴朗温暖的天气，光合作用的日变化一般与光强度变化相一致，早晨、傍晚低，中午最高，呈单峰曲线。但在夏季炎热的天气，中午光照强、温度高，叶片蒸腾强烈大量失水，引起气孔关闭，CO_2 供应不足，使中午的光合速率下降，称为午休现象。此时光合作用的最高峰不在中午，而在上午 10 时左右和下午 2 时左右，光合作用的日变化呈双峰曲线，小麦、茶树等都有此现象。

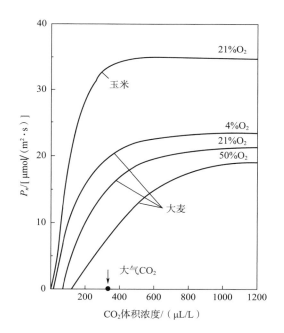

图 3-36　玉米和大麦在不同 O_2 浓度下净光合速率与 CO_2 浓度的关系（张继澍，2006）

第七节 C₃植物、C₄植物和 CAM 植物的光合特性比较

一般来说 C₄植物的光合效率最高，其次是 C₃植物，CAM 植物的光合效率最低，其原因可从结构和生理特性两方面分析。

一、 叶片解剖结构

结构与功能是有密切关系的，C₄植物维管束周围有比较大的维管束鞘细胞，外围的叶肉细胞也紧密环状排列，鞘细胞和叶肉细胞以同心圆排列成 kranz（德语意思为花环）结构，也称为双环结构（图 3-37）。C₄植物有两种光合细胞：鞘细胞内有大的叶绿体，虽然基粒发育不全，但含有 C₃循环的全部酶系；鞘细胞与叶肉细胞间有发达的胞间连丝，叶肉细胞内叶绿体多，且基粒良好，含 PEP 羧化酶（图 3-38）。C₃植物维管束鞘不发达，叶肉细胞排列松散，无花环结构；其鞘细胞不含叶绿体，只有叶肉细胞有叶绿体，因此只有一种光合细胞。C₄植物进行光合时，鞘细胞中形成淀粉，叶肉细胞中无淀粉；而 C₃植物光合时淀粉累积在叶肉细胞中。CAM 植物也只有一种光合细胞，叶肉细胞的液泡较大。

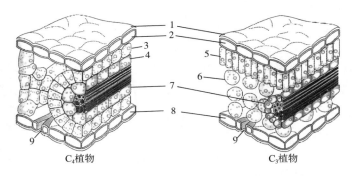

图 3-37 C₄植物与 C₃植物叶片的解剖结构（王小青，2019）

1—角质层 2—上表皮 3—叶肉细胞 4—叶绿体 5—栅栏细胞
6—海绵细胞 7—维管束鞘细胞 8—下表皮 9—气孔

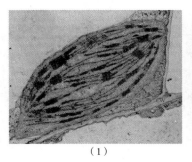
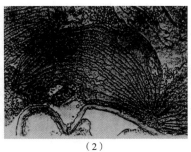

（1）　　　　　　　　　　　　　（2）

图 3-38 C₄植物叶肉细胞叶绿体（1）和维管束鞘细胞叶绿体（2）

二、　生理特性

C_4 植物比 C_3 植物光合作用强，在生理方面与以下因素有关。

（一）羧化酶的种类和特性

C_4 植物既有 C_4 又有 C_3 途径，并且有 PEP 羧化酶和 Rubisco 两种羧化酶；C_3 植物只用 C_3 途径进行 CO_2 同化，只有 Rubisco 一种羧化酶。PEP 羧化酶和 Rubisco 都可以使 CO_2 固定，但对 CO_2 的亲和力却有很大差异：PEP 羧化酶与 CO_2 亲和力比 Rubisco 强约 60 倍，活性强约 40 倍。因此 C_4 植物光合速率比 C_3 快许多，在 CO_2 浓度低的环境下相差更多。所以 C_4 植物的 CO_2 补偿点低（0~10μL/L），称为低补偿点植物，利用 CO_2 能力强；而 C_3 植物 CO_2 补偿点较高（30~70μL/L），称为高补偿点植物。

当外界干旱导致植物气孔开度下降时，C_4 植物能利用细胞间隙低浓度的 CO_2 进行光合，继续生长，C_3 植物却不能，所以干旱条件下 C_4 植物生长比 C_3 植物好。

CAM 植物在叶肉细胞中晚上由 PEP 羧化酶进行 C_4 途径，苹果酸贮存在液泡中；白天由 Rubisco 进行 C_3 途径。液泡的储存能力有限，因此 CAM 的光合速率也较低。

（二）光呼吸

C_4 植物叶肉细胞中 PEP 羧化酶活性强，对 CO_2 亲和力高，低浓度 CO_2 也可固定形成 C_4-二羧酸，由叶肉细胞运入维管束鞘细胞，起了 CO_2 泵的作用，把外界的 CO_2 压入维管束鞘细胞中，增加了鞘细胞中 CO_2/O_2 的比率，改变了 Rubisco 的作用方向，使之向羧化方向反应，不利于加氧反应，因此 C_4 植物光呼吸非常低，几乎测不出来。另外，C_4 植物光呼吸的酶系统集中在维管束鞘中，即使光呼吸放出 CO_2，也会很快被叶肉细胞中对 CO_2 亲和力强的 PEP 羧化酶再次吸收利用，不易"漏出"。

而 C_3 植物的光呼吸很明显，故又称为高光呼吸植物。如水稻、小麦等 C_3 植物的光呼吸显著，通过光呼吸耗损光合形成的有机物约 1/3。C_4 植物光呼吸很低，故亦称低光呼吸植物或非光呼吸植物。

（三）光饱和点和光补偿点

由于 C_4 途径比 C_3 途径多消耗 ATP，因此一般情况下，C_4 植物的光补偿点和光饱和点都高于 C_3 植物。C_4 植物的光饱和点高，高粱在光强达 500W/m^2（全日照）时，仍未达到光饱和；而 C_3 植物光饱和点低，如水稻、小麦、棉花、烟草、向日葵，光饱和点约为全日照的 1/3。

（四）光合最适温度

C_4 植物光合最适温度为 30~47℃，C_3 植物光合最适温度为 20~30℃。所以 C_4 植物在温度较高、光照强的条件下，光合速度可达 25~40μmol CO_2/（m^2·s）；而 C_3 植物则只有 6~25μmol CO_2/（m^2·s）左右，C_4 比 C_3 植物光合同化力强 2~3 倍。但在光较弱，温度较低的条件下，C_4 植物的光合效率并不比 C_3 强。

20 世纪 70 年代，人们用"同室筛选法"，将 C_3 植物与 C_4 植物共同种植在密闭而透明的室内，随着内部 CO_2 浓度下降，C_3 植物相继死亡，最后生存下来的就是低补偿点的 C_4 植物。用这种方法人们发现烟草变种中，有些 C_3 植物具 C_4 特征的植株，后来发现自然界存在 C_3-C_4 中间类型植物。另外有些植物的光合碳同化途径还可能随发育或条件而变化。如甘蔗是典型的 C_4 植物，但茎秆叶绿体只有 C_3 途径；高粱也是典型的 C_4 植物，但开花后转变为 C_3 途径；水分不足或盐胁迫时冰菜会诱导出 CAM 途径。

C_3、C_4 和 CAM 植物的某些光合特征比较见表 3-1。

表 3-1　　　　　　　　　　　C_3、C_4 和 CAM 植物的某些光合特征比较

特征	C_3 植物	C_4 植物	CAM 植物
叶结构	无双环式结构，只有一种叶绿体	有双环式结构，有两种叶绿体	无双环式结构，只有一种叶绿体
固定 CO_2 的酶	Rubisco	PEP 羧化酶，Rubisco	PEP 羧化酶，Rubisco
CO_2 固定的部位及途径	叶肉细胞，C_3 循环	叶肉细胞 C_4 途径固定，鞘细胞中 C_3 循环同化	叶肉细胞，不同时间进行 CAM 和 C_3 途径
CO_2 受体	RuBP	PEP	PEP
CO_2 固定初产物	PGA	OAA	OAA
PEP 羧化酶活性	很低	高	高
净光合速率/$[mgCO_2/(m^2 \cdot s)]$	低（15~25）	高（25~50）	低（1~4）
CO_2 补偿点	高	低	低
光饱和点	低（1/4~1/2 全日照）	高（无）	高（无）
最适温度/℃	15~25	30~47	≈35
光呼吸	高	很低	很低
蒸腾系数	高	低	低
气孔张开	白天	白天	晚上
干物质生产/$[g 干重/(dm^2 \cdot d)]$	0.5~2	4~5	0.015~0.018
耐旱性	弱	强	极强
植物类型	典型温带植物	典型热带或亚热带植物	典型干旱地区植物

第八节　光合作用与作物产量

一、　光合性能与作物产量

光合作用是高等植物一切有机物质的最初来源，其制造的有机物占植物总干物质质量的90%左右。农业生产的产品都是光合作用直接或间接的产物。因此，将植物一生中合成并累积下来的全部有机物质，称为生物学产量。生物学产量是作物一生中的全部光合产量扣除消耗的同化物；而光合产量由光合面积、光合速率、光合时间这三个因素组成。因此：

生物学产量=光合速率×光合面积×光合时间-消耗（呼吸、脱落、病虫害）

植物通过光合作用制造的全部有机物中，仅有一部分具有较高的经济价值。因此将生物学产量中经济价值较高的部分称为经济产量，如小麦、油菜的种子、菠菜的叶片等。经济产量与生物学产量之比称为经济系数或迁移系数。

经济产量=生物学产量×经济系数

经济系数是由光合产物分配到各器官的比例决定的。光合速率、光合面积、光合时间、消耗和光合产物分配这五个方面称为光合性能。光合性能是产量形成的关键，农业生产的一切技术措施，主要是通过改善这几个方面来提高产量和品质。

二、　植物对光能的利用率

（一）光能利用率的概念

单位土地面积上植物光合作用所制造的有机物中贮存的化学能占照射到该地面的太阳总辐射能或占光合有效辐射能的百分数被称为光能利用率。

光能利用率=（单位面积作物干物质折算含热量/同面积入射总辐射能）×100%

太阳光波波长范围300~2600nm，其中300~400nm紫外线，400~760nm可见光，760~2600nm红外线。植物只能利用400~760nm的可见光，其能量占总太阳能的40%~50%，我们称这部分为光合有效辐射（photosynthetically active radiation，PAR）。并不是所有可见光的能量都被用于植物光合作用，只有极少部分能量才被用于光合作用。假设一个理想的作物群体，也至少有以下几方面的光能损失：漏光损失占有效辐射的2%，反射损失占有效辐射的8%，非绿色部分吸收光能占有效辐射10%。因此实际上即使理想的作物群体叶绿体色素吸收光能仅占PAR的80%。

叶绿体就像一个"能量转换器"，通过光合作用将吸收的光能转换为稳定的化学能贮存在光合产物中，因此也有能量转换率。光合作用每同化一个CO_2分子需要8~12个光量子，以可见光平均能量计算，其能量值约为50kcal/mol。每1mol碳水化合物贮存的能量为112kcal。假设同化1mol CO_2需要10mol光量子，则能量转换率=［112/（10×50）］×100%=22.4%，所以真正用于光合的PAR仅为80%×22.4%=18%。然而，呼吸还要消耗掉光合贮能的1/3，所以若以有机物保存在作物体内的化学能计算，光能利用率仅占PAR的18%×2/3=12%；若以总辐射计算，光能利用率仅占总辐射的 6%。以上是以生物学产量计算的，若以收获器官产量（经济产量）计算，还要乘以迁移系数。这些数值都是假设在最适条件下估算出来的，所以是光能利用率的理论值。事实上，田间作物光能利用率远远低于此值，约 1%；单产较高的作物，如日本的水稻、丹麦的小麦光能利用率也只有 2%~2.5%。我们根据光能利用率的理论值可以计算理论的产量。

例如：某作物生长期 100 天，光合有效辐射 1.48 亿千卡/亩，光能利用率 12%，迁移系数 0.4，每克碳水化合物含热量 4 千卡，问理论亩产是多少？（注：1 卡 = 4.18 焦耳、1 亩 = 1/15 公顷）

解：1.48 亿千卡×0.12×0.4/（4 千卡×1000）= 1776（千克/亩）= 3552（斤/亩）

由此可以看出，亩产的理论值很高，但实际产量远低于此，因此光能利用率也远低于理论值。现在世界上大部分地区作物光能利用率一般为 1%，很少超过 3%，这说明目前农业生产水平还不高，还有很大增产潜力。一般认为，光能利用率达到 4%，是比较现实的指标。

（二）田间作物光能利用率低的原因

农业生产实际光能利用率低的可能原因如下：①太阳总辐射中大约有一半是作为无效光的红外线和紫外线；②漏光、反射、透射损失，理想作物群体约占 10%，实际田间作物群体漏光远比理论值高。特别是在作物生长初期，生长缓慢、叶面积小，太阳光大部分漏射而损失达50% 以上；③非绿色部分吸收光能，照在叶片上的光，作物叶绿体只能吸收 80% 的光合有效辐射；④能量转换率平均值 22.4%，该值是根据最适条件下测得的最低量子需要量平均值推算的。实际田间作物最低量子需要量远高于此值，所以实际能量转换率远低于此；⑤夏季中午光饱和点的存在，限制对光能的利用，甚至高光强还会引起光抑制；⑥不良的生理状况和不利的环境条件，如 CO_2 不足、水分胁迫、营养缺乏、病虫危害等都影响光能利用率，使光合潜力得不到充分发挥。

（三）如何提高光能利用率

1. 增加光合面积

光合面积是指植物体绿色部分的面积，主要是叶面积。它是影响产量的最大因素，同时又是最容易控制的一个方面。可通过合理密植、改变株型等措施来增加光合面积。

合理密植是构建理想作物群体的主要措施之一，因为它能使群体得到最好的发展，充分利用地力和阳光。生产上通常采用叶面积系数来衡量密植是否合理，叶面积系数（leaf area index，LAI）指作物总的绿色面积与所占土地面积的比值。叶面积系数太小表明漏光多，对反射光和透射光的利用也差，因此在一定范围内提高叶面积系数是达到高产的重要手段。但如果叶面积系数过大，中下层叶片照光不足，不仅影响光合作用，而且叶片早衰，还容易发生病害，因此叶面积系数也不宜过高。不同植物和不同生育期适宜的叶面积系数是不同的。以水稻一般品种为例，生育前期最适叶面积系数是 2.5~3.5、中期 4~6、孕穗至抽穗期间是 6~8、抽穗以后稳定在 4~5。叶面积系数除了通过播种密度调节外，也可以通过肥水管理加以调节控制。因此在实践中，人们应用叶面积系数去衡量群体结构是否合理，并以肥水调控群体发展，最后获得高产。

理想株型品种的选育有利于改善植株叶片的受光姿态，构建合理的群体，提高单位土地面积上有效光合面积。直立型叶片由于叶面反射出来的光多次折向群体内部，提高光能利用率，也改善中下层叶片的光照条件，还可密植提高叶面积系数。水平叶型接受垂直入射光较多，但反射光折向群体外面而损失，且不宜密植。目前多培育矮秆、叶直而厚、株型紧凑的类型，可通过适当增加种植密度来提高叶面积系数，从而增大光合面积。

2. 延长光合时间

延长光合时间的措施有人工补充光照延长光合时间，提高复种指数及延长生育期来延长光合时间等。

在小面积的温室或塑料棚栽培中，当阳光不足或日照时间过短时，可以采用人工光照灯补充光照，延长光合时间。

复种指数是全年农作物的收获面积与耕地面积之比。提高复种指数就是增加收获面积，延长单位土地面积上作物的光合时间，减少漏光损失。如将一年一熟制改为一年两熟制，两熟制改为三熟制，复种指数不断提高。有时后茬的生育期不能满足，可进行育苗移栽。还可以通过轮作、间作套种等从时间和空间上更好地利用土地和阳光。在同一块田地上有顺序地在季节间或年度间轮换种植不同作物的方法称为轮作。在同一块土地上按照一定的行、株距和占地的宽窄比例种植几种作物称为间作套种，一般把几种作物同期播种的称为间作，不同时期播种的称为套种。间作主要从空间上充分利用阳光，套种主要从时间上充分利用阳光。间作套种的方法在我国应用非常普遍、广泛。如麦、蒜间作，麦、棉间作，玉米、大豆套种，玉米与红薯套种，麦田套种柿树等，都是广大农民从长期生产实践中总结出来的间作套种方式。间作套种能够合理配置作物群体，使作物高矮成层，相间成行，有利于改善通风透光条件，充分发挥边行优势的增产效果，提高光能利用率。

加强水肥管理，防止叶片早衰，延长作物有效生育期，从而延长光合时间，提高光能利用率。

3. 提高光合速率

光合速率受作物本身遗传特性和外界光、温、水、肥、气等因素的影响。可以用现代生物技术优化光合系统，如改变 Rubisco 酶的性质，提高碳同化效率等。也可以从减少呼吸消耗和免除环境胁迫两方面来提高光合速率。如通过改善田间通风透光、增施有机肥、施用 CO_2 肥等方法增加田间 CO_2 浓度，也可适当施用光呼吸抑制剂，如乙醇酸氧化酶抑制剂（$NaHSO_3$，2,3-环氧丙酸，α-羟基磺酸类化合物）等降低呼吸消耗。合理灌溉、施肥、防治病虫害等，创造适宜作物生长的环境以提高光合速率。增强光保护措施，减少光抑制等带来的光合速率降低。

4. 提高经济系数，增加产量

经济系数是由光合产物分配到不同器官的比例决定的。不同作物经济系数不同，它是作物品种的一个比较稳定的性状。如禾谷类作物为 0.3~0.5，棉花为 0.35~0.5，甜菜为 0.6，薯类为 0.7~0.85，叶菜类接近 1.0。掌握有机物质运输分配规律，通过调节光合产物的运输分配比例，加速有机物向经济器官运输，如环割，棉花、瓜果的整枝打顶，甘薯提蔓，马铃薯摘花，向穗或果实喷施磷、硼或生长调节剂如缩节胺、矮壮素等，都可以促进同化物向经济器官运输分配，提高经济系数，提高产量。另外，通过遗传改良，选育矮化品种、协调源库关系，促使更多同化物运往经济器官，也能提高经济系数。

内容小结

叶绿体是进行光合作用的细胞器。类囊体膜（光合膜）是光反应的主要场所，叶绿体基质是碳同化的场所。叶绿素、类胡萝卜素是光合作用的主要色素。

根据能量转换的方式，光合作用可以分为三大步骤：原初反应、电子传递和光合磷酸化、碳同化。

　　原初反应是聚光色素吸收光能后，通过诱导共振方式传递到反应中心，反应中心的特殊叶绿素 a 吸收光能后引起电荷分离，光能转换为电能。然后通过类囊体膜上电子传递体的传递，电子传到 NADP$^+$，使其还原为 NADPH。

　　光合电子传递有三条途径：非循环电子传递、循环电子传递、假循环电子传递。电子传递的同时产生跨类囊体膜质子电化学势梯度，由此推动 ATP 合酶的运转，将 ADP 和无机磷酸合成 ATP，该过程即称为光合磷酸化。此过程将电能转化为活跃的化学能。

　　碳同化在叶绿体基质中进行，有多种酶参与反应。高等植物的 CO_2 同化的生化途径有三条，即卡尔文循环、C_4 途径和景天酸代谢途径。其中以卡尔文循环最基本最普遍，其他两条途径所固定的 CO_2 最终都必须通过卡尔文循环才能还原成糖。此过程将活跃的化学能转换为稳定的化学能。

　　碳同化中最重要的酶是 RuBP 羧化酶/加氧酶，简称 Rubisco。它既可催化 RuBP 的羧化反应，又可催化 RuBP 的氧化反应。正是由于 Rubisco 的加氧酶特性，产生了光呼吸途径。光呼吸在叶绿体、过氧化物酶体、线粒体三个细胞器中完成。

　　光合作用的主要产物是蔗糖和淀粉。光照、CO_2、温度和水分是影响光合作用的主要外界条件，它们对光合作用的影响是相互联系、相互作用的。C_4 植物光合效率高与其结构和生理特性有关。植物的光能利用率较低，提高光能利用率主要通过延长光合时间、增加光合面积和提高光合速率等途径实现。

课程思政案例

　　1. 植物生理学家殷宏章是中国光合作用研究的先驱。他 1929 年毕业于南开大学并留校任教，1935 年赴美国加州理工学院留学，师从温特（Went）教授，研究生长素的转移与叶片运动的机理，1938 年获得博士学位。在完成博士学业后，加州理工学院邀请他留下工作，但国内抗日战争已开始，北京大学、清华大学、南开大学内迁，在昆明成立国立西南联合大学，他无心留在美国，1938 年赶回昆明，受聘出任国立西南联合大学教授，讲授植物生理学课程。1959 年他创建了我国第一个光合作用实验室，致力于光合作用磷酸化的机理、物质转化、群体生理等方面的研究，为中国植物生理学的发展做出了重要贡献。他在抗战年代，时刻梦牵祖国，随时响应国家号召，其爱国精神感染了无数科研工作人员。

　　2. 中国科学院植物研究所匡廷云院士团队和中国科学院生物物理研究所常文瑞院士团队合作，经过了十多年的研究，解析了高等植物 LHCII 的三维结构，论文发表在 2004 年英国《自然》杂志（Nature）上，结构图的模型也被选为该期杂志的封面图片；2015 年沈建仁和匡廷云等进一步解析了 LHCI 晶体结构，论文发表在美国《科学》杂志（Science）上。该研究的成功使我国结构生物学研究和光合机理研究都进入国际先进行列。

　　3. 传统的淀粉合成都是在植物细胞内进行的。2021 年 9 月中国科学院天津工业生物技术研究所与大连化学物理研究所等联合攻关，经过 5 年努力，创制了一条利用 CO_2 和电能合成淀粉的人工路线，论文发表于美国《科学》杂志。该成果可能对未来的农业生产具有革命性的影响，对全球生物制造产业的发展具有里程碑式的意义。

　　4. 2022 年 7 月，美国《科学》杂志在线发表了中国农业科学院作物科学研究所周文彬团队在水稻中发现的高产基因（*OsRDEBIC*），能够同时提高光合作用效率和氮素利用效率，可将作物产量提高 30% 以上。在不施用氮肥条件下，该基因过表达的植株产量已达到甚至超过对照组在施氮肥时的产量水平。这个基因的发现具有重要的科学价值和应用前景，其应用将实现对水稻和其他作物的改良，并为保障国家粮食安全、生态安全作出更大贡献。

第四章

植物的呼吸作用

植物在自然界中以新陈代谢（metabolism）的方式与外界环境进行物质、能量交换。光合作用产生的有机物为植物生长提供了物质基础，而呼吸作用将有机物氧化降解为简单物质，释放能量用于生命活动，同时也为细胞生物合成提供含碳前体物质。植物的呼吸作用贯穿了植物的一生，是植物代谢的中心。因此研究和了解呼吸作用对调控植物生长发育具有重要的意义。

第一节　呼吸作用的概念和意义

一、 呼吸作用的概念

呼吸作用是一切生活细胞所共有的生命活动，呼吸停止就意味着生命结束，生物体死亡。呼吸作用是指生活细胞内的有机物，在一系列酶的参与下，逐步氧化分解成简单物质，并释放能量的过程。根据呼吸过程中是否有氧参与，呼吸作用可分为有氧呼吸和无氧呼吸两大类型。

（一）有氧呼吸

有氧呼吸（respiration）是指生活细胞在 O_2 的参与下把某些有机物彻底氧化分解，放出 CO_2 和 H_2O，同时释放能量的过程。动物细胞呼吸作用的底物主要是葡萄糖；对植物细胞而言，呼吸作用的底物主要是光合作用产生的蔗糖、磷酸丙糖、淀粉和其他糖类，以及脂类（三酰甘油为主）和有机酸转化而来的同类物质，在有些情况下蛋白质也可以转化为呼吸作用的底物。一般来说，葡萄糖是细胞呼吸最常利用的底物，若以葡萄糖作为呼吸底物，则呼吸作用的总方程式为：

$$C_6H_{12}O_6 + 6O_2 \longrightarrow 6CO_2 + 6H_2O$$
$$\Delta G^{o'} = -2870 \text{kJ/mol}$$

$\Delta G^{o'}$ 表示在 pH 7 时标准自由能的变化。呼吸作用释放的能量，一部分以 ATP、NADH 和 NADPH 形式贮藏起来，另一部分以热能放出。有氧呼吸是高等植物进行呼吸作用的主要形式。

（二）无氧呼吸

无氧呼吸（anaerobic respiration）是指生活细胞在缺氧或无氧条件下，把淀粉、葡萄糖等有机物分解成为不彻底的氧化产物，同时释放少量能量的过程。在微生物中这个过程称为发酵。高等植物的无氧呼吸常常产生乙醇，总反应式为：

$$C_6H_{12}C_6 \longrightarrow 2C_2H_5OH + 2CO_2$$

$$\Delta G^{o'} = -226kJ/mol$$

除乙醇外，高等植物无氧呼吸也可产生乳酸。如马铃薯块茎、甜菜块根、胡萝卜、玉米胚和青贮饲料在进行无氧呼吸时产生乳酸，总反应式为：

$$C_6H_{12}O_6 \longrightarrow 2CH_3CH(OH)COOH$$

$$\Delta G^{o'} = -197kJ/mol$$

无氧呼吸中，底物氧化降解不彻底，在乙醇、乳酸等发酵产物中仍含有比较丰富的能量，因而释放能量比有氧呼吸少。高等植物目前还保留无氧呼吸的能力是植物适应生态环境多样性的表现。有氧呼吸是高等植物进行呼吸的主要形式，而无氧呼吸只是少数的、暂时的。因此，通常所说的呼吸就是指有氧呼吸。

二、　呼吸作用的生理意义

（一）　呼吸作用提供植物生命活动所需的大部分能量

呼吸作用释放能量的速度较慢，且逐步释放，适合于细胞利用。呼吸释放的能量一部分转化为热能散失，可提高植物体温度，有利于植物幼苗生长、发育及开花授粉等。另一部分能量以 ATP 的形式贮存在植物体内，用于所有的代谢和运动，如植物对矿质的吸收和运输、有机物合成和运输、细胞分裂和伸长、植株的生长发育等都需要 ATP。

（二）　呼吸作用为其他化合物合成提供原料

植物体内呼吸作用会产生一系列的中间产物，如丙酮酸、乙酰 CoA、3-磷酸甘油醛、α-酮戊二酸等，这些中间产物成为进一步合成糖类、脂类、氨基酸、核苷酸、色素、激素等各种化合物的原料，把糖、脂肪、蛋白质、核酸代谢联系在一起，在植物体内有机物转变方面起着枢纽作用。

（三）　呼吸作用在植物抗病免疫方面也有重要意义

植物靠呼吸作用氧化分解病原菌分泌的毒素。当植物组织受伤时，呼吸作用增强，称为伤呼吸。伤呼吸可使伤口木质化，利于伤口愈合，防止感染。呼吸作用的加强还可以促进具有杀菌作用的绿原酸、咖啡酸等的合成。

三、　呼吸作用的指标及测定

（一）　呼吸作用的指标

呼吸作用是植物新陈代谢的一部分，对呼吸作用进行测定，可以反映植物的生理状态、呼吸的强弱和呼吸底物的性质。常用的指标有呼吸速率和呼吸商。

1. 呼吸速率

单位时间、单位质量的植物材料（鲜物质或干物质）吸收氧的量或放出 CO_2 的量称为呼吸速率，又称呼吸强度。常用单位有 $\mu mol/(g \cdot h)$、$\mu mol/(mg \cdot h)$ 或 $\mu L/(g \cdot h)$ 等。植物的呼吸速率常常随植物的种类、器官、组织不同有很大差别，一般幼嫩组织比衰老组织呼吸强。

2. 呼吸商

植物组织在一定时间内，呼吸作用放出二氧化碳的量与吸收氧气的量（体积或物质的量）之比，称为呼吸商（respiratory quotient，RQ），又称呼吸系数（respiratory coefficient）。

$$呼吸商 = 释放 CO_2 的量/吸收 O_2 的量$$

呼吸商是表示呼吸底物的性质和氧气供应状态的一种指标。由于呼吸底物不同，在呼吸过程中释放出的 CO_2 量和吸收 O_2 量的比值就有差异。

（1）当呼吸底物是碳水化合物（如糖），又完全氧化时，呼吸商为 1。

$$C_6H_{12}O_6 + 6O_2 \longrightarrow 6CO_2 + 6H_2O$$
$$RQ = 6/6 = 1.0$$

（2）当呼吸底物是富含氢的物质，如脂肪或蛋白质，吸收的氧量多，呼吸商<1。

$$C_{16}H_{32}O_2（棕榈酸）+ 23O_2 \longrightarrow 16CO_2 + 16H_2O$$
$$RQ = 16/23 = 0.7$$

（3）当呼吸底物是一些比碳水化合物含氧高的物质，如有机酸，则呼吸商>1。

$$C_4H_6O_5（苹果酸）+ 3O_2 \longrightarrow 4CO_2 + 3H_2O$$
$$RQ = 4/3 = 1.33$$

由以上呼吸商的变化可以看出，呼吸作用底物的性质与呼吸商有密切关系，因此可以根据呼吸商的大小来推测呼吸作用的底物及其种类的变化。一般来说，植物呼吸通常先利用糖类，然后再利用其他物质。除此之外，供氧状况对呼吸商影响也很大。如缺氧情况下，虽以糖为底物，但如果形成酒精，呼吸商>1；如果形成乳酸呼吸商<1。

（二）测定方法

呼吸速率是最常用、最重要的指标，测定的方法很多。基本原理是测定 O_2 的吸收量、CO_2 的释放量或有机物的消耗。常用的方法有以下几种：

1. 微量检压法（瓦氏呼吸计法）

此方法适用于量小的植物材料，其基本原理是在密闭的定温定体积系统中测定样品的气体变化。当气体被吸收时，气体分子减少，压力降低；相反，当产生气体时压力上升。此压力变化可在测压计上表现出来，由此可计算产生的气体或吸收气体的数量。在呼吸过程中，会吸收 O_2 和产生 CO_2，若在反应瓶中加入碱液（KOH）吸收 CO_2，植物对 O_2 的吸收量可由压力的变化计算出；如果需要测定组织放出的 CO_2 时，则用水代替 KOH，测得结果与用 KOH 测定时的结果相减，可计算出组织放出的 CO_2 的量。测定绿色组织呼吸速率时，必须在黑暗中进行。

2. 氧电极法

氧电极法能够测定氧浓度变化，灵敏度很高，适用于少量植物材料的呼吸测定。氧电极是用银丝或银片为参比电极（阳极），用铂丝或铂片为阴极，外表用一层能透氧的薄膜覆盖，溶液中的氧可透过薄膜进入电极在铂阴极上还原，同时在两极间产生扩散电流，此电流强弱与溶解氧浓度成正比。用氧电极仪测植物呼吸强度时，是将植物组织置于反应杯的溶液中用氧电极测其耗氧速率。

3. 红外线 CO_2 分析仪

该方法可对大量的材料进行测定，其原理是不同气体分子都有吸收红外线辐射能的作用，其吸收强度与气体的浓度有关。测定植物呼吸时，在无光条件下红外线通过测定室，其辐射能被 CO_2 吸收而降低，在一定时间内能量损失量与呼吸放出的 CO_2 浓度有关，能量变化可由探测器定量测定，由仪表显示出来。

4. 根据呼吸作用中释放 CO_2 的量测定呼吸强度

例如，用小筐法测种子呼吸强度，干燥器法测定果实呼吸速率。其基本原理：将测试样品置于有一定量碱液的密闭容器中，呼吸释放出 CO_2 被容器中碱液吸收，然后用草酸滴定剩余的碱液，从空白和样品二者消耗草酸溶液之差，可计算出呼吸释放的 CO_2 量。

第二节　植物呼吸作用的代谢途径

高等植物的呼吸作用主要在线粒体和细胞质中进行。

一、 植物线粒体

线粒体（mitochondria）是细胞中进行呼吸作用的重要细胞器。线粒体由内、外两层膜包被（图 4-1），多呈棒状或椭球体，一般宽 $0.5 \sim 1.0 \mu m$、长 $1.5 \sim 3 \mu m$。线粒体外膜平滑、透性高，相对分子质量小于 10k 的分子和离子都可以通过，蛋白质等大分子不能通过；内膜透性差，向内褶皱突起成为嵴（cristae），增加内膜表面积。构成内外膜的主要是磷脂，其中磷脂酰胆碱和磷脂酰乙醇胺占 80%，只有内膜含 15% 的心磷脂。内膜富含蛋白质，功能比外膜复杂，呼吸作用的电子传递体就定位于内膜上。通过电子显微镜可以看到内膜内侧表面分布有许多带柄的球状小体，这便是 F_0-F_1 偶联因子，即 ATP 合酶。该酶的功能是利用电子传递形成的跨膜质子电化学势梯度合成 ATP。细胞中线粒体的数量与细胞种类及生理状况有关，通常代谢旺盛的细胞线粒体数目多，嵴的数目也多，典型的植物细胞有 500~2000 个线粒体。

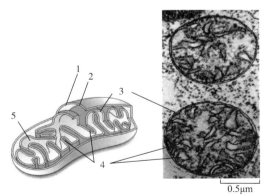

0.5μm

线粒体三维结构　　　　蚕豆叶肉细胞线粒体的电镜图片

图 4-1　线粒体结构（Gunning and steer，1996）

1—膜内空间　2—外膜　3—内膜　4—嵴　5—基质

线粒体两层膜之间的空腔称为膜间空间，其中含有腺苷酸激酶、二磷酸核苷激酶及辅助因子。内膜所包围的中心腔内充满了透明的胶体状衬质或基质（matrix），其中有可溶性蛋白，主要是有三羧酸循环的酶系等。基质中还含有环状 DNA 和核糖体，其 DNA 可以编码三种 rRNA 和 16 种或更多的 tRNA 及 20~30 个线粒体蛋白质，自身具有完整的蛋白质合成系统，合成的蛋白质约占线粒体蛋白质的 10%，所以线粒体是一个半自主性的细胞器。

线粒体内可以进行三羧酸循环、电子传递和氧化磷酸化。三羧酸循环是在线粒体衬质中进行，电子传递和氧化磷酸化的酶定位于内膜上，而且彼此非常严格有序地排列着，所以能有条不紊地进行连锁反应。

呼吸代谢主要包括底物的降解和能量产生两大阶段。呼吸底物的氧化降解是经过一系列的酶促反应，逐步、有控制地将糖分解为 CO_2 的过程；能量的产生是通过呼吸电子传递链与氧化磷酸化，使底物脱下的氢与氧结合形成水，同时生成 ATP。

二、 呼吸代谢底物降解的途径

呼吸代谢底物降解的途径主要有糖酵解和三羧酸循环，还有磷酸戊糖途径。另外植物呼吸代谢途径还有乙醛酸循环、二羧酸循环和乙醇酸途径等。

(一) 糖酵解 (glycolysis)

淀粉、葡萄糖和其他六碳糖经过一系列生化反应产生丙酮酸，并释放能量的过程，称为糖酵解。该过程不需要氧参与，是有氧呼吸和无氧呼吸必须经历的共同途径。为纪念在研究这一途径中有突出贡献的三位德国生物化学家埃姆登 (G. Embden)，迈耶霍夫 (O. Meyerhof) 和帕那斯 (J. K. Parnas)，以他们的名字命名为埃姆登-迈耶霍夫-帕那斯途径 (Embden-Meyerhof-Parnas Pathwory，简称 EMP 途径)。

蔗糖是植物韧皮部运输糖的主要形式，蔗糖可以通过蔗糖合成酶或转化酶分解为葡萄糖和果糖，然后进入糖酵解途径。

$$蔗糖+UDP （尿苷二磷酸） \xrightleftharpoons{蔗糖合成酶} UDPG （尿苷二磷酸葡萄糖） +果糖$$

$$蔗糖+H_2O \xrightarrow{转化酶} 葡萄糖+果糖$$

1. 糖酵解的反应过程

糖酵解在细胞质中进行，整个反应过程可以划分为三个阶段：己糖的磷酸化、磷酸己糖的裂解、ATP 和丙酮酸的产生 (图 4-2)。

第一阶段：己糖消耗 2 分子的 ATP 逐步转化为果糖-1,6-二磷酸，为进一步降解奠定基础。

第二阶段：果糖-1,6-二磷酸在醛缩酶的催化下，裂解为 2 分子磷酸丙糖，即甘油醛-3-磷酸和磷酸二羟丙酮，二者在磷酸丙糖异构酶的催化下，可互变异构，相互转化。

第三阶段：甘油醛-3-磷酸在磷酸甘油醛脱氢酶的催化下和无机磷酸反应，形成甘油酸-1,3-二磷酸，同时发生底物的最初脱氢氧化，使 NAD^+ 还原为 NADH，随后经甘油酸-3-磷酸、磷酸烯醇式丙酮酸等生成 2 分子 ATP，最终生成丙酮酸。

糖酵解中有三步反应不可逆：磷酸果糖激酶催化的由果糖-6-磷酸形成果糖-1,6-二磷酸的反应，磷酸甘油酸激酶催化的由甘油酸-1,3-二磷酸生成 3-磷酸甘油酸的反应和最后一步由丙酮酸激酶催化的磷酸烯醇式丙酮酸形成丙酮酸。其余反应均可逆。

总的来说，在糖酵解的前几步反应中，糖类转化为磷酸己糖，然后裂解成 2 分子的磷酸丙糖；在随后的贮能反应中每个磷酸丙糖经脱氢氧化和分子内重排等反应，最终形成丙酮酸，作

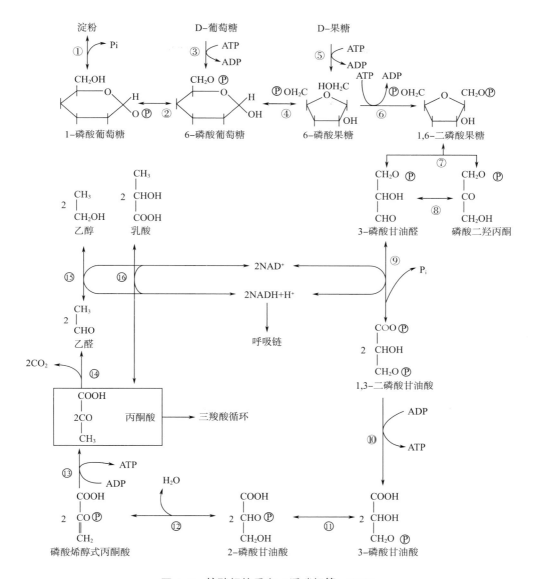

图 4-2 **糖酵解的反应**（潘瑞炽等，2012）

①—淀粉磷酸化酶 ②—磷酸葡萄糖变位酶 ③—己糖激酶 ④—磷酸葡萄糖异构酶 ⑤—果糖激酶
⑥—磷酸果糖激酶 ⑦—醛缩酶 ⑧—磷酸丙糖异构酶 ⑨—磷酸甘油醛脱氢酶 ⑩—磷酸甘油酸激酶
⑪—磷酸甘油酸变位酶 ⑫—烯醇化酶 ⑬—丙酮酸激酶 ⑭—丙酮酸脱羧酶 ⑮—乙醇脱氢酶 ⑯—乳酸脱氢酶

为三羧酸循环的底物；其分子中所贮存的化学能小部分被转化为 ATP 和 NADH 的形式，大部分还贮存在丙酮酸里。在糖酵解的全过程中，1 分子葡萄糖经磷酸化裂解为 2 分子丙糖，经氧化可形成 2 分子 NADH，并产生 4 个 ATP，但在最初磷酸化过程中消耗 2 个 ATP，故净得 2 个 ATP。因此糖酵解总反应式如下：

$$C_6H_{12}O_6 + 2NAD^+ + 2ADP + 2P_i \longrightarrow 2CH_3COCOOH + 2NADH + 2H^+ + 2ATP$$

在糖酵解中由于底物分子的磷酸直接转给 ADP 而形成 ATP，称为底物水平磷酸化。糖酵解各反应的酶都在细胞质中，所以 EMP 途径在细胞质中进行。

2. 糖酵解的生理意义

糖酵解的产物丙酮酸在生物化学上十分活跃，可通过不同途径进行不同的生化反应。有氧条件下丙酮酸进入三羧酸循环进行有氧呼吸，无氧条件下则进行无氧呼吸，即进行酒精发酵或乳酸发酵，因此糖酵解是有氧呼吸和无氧呼吸的共同途径。丙酮酸也可通过转氨基作用生成丙氨酸。

糖酵解除了有三步反应不可逆外，其余反应是可逆的，这使得糖的异生作用成为可能。油料种子中贮藏大量三酰甘油，种子萌发时通过糖异生转化为蔗糖，用于幼苗的生长。糖酵解的一些中间产物，如 3-磷酸甘油醛等，是合成其他有机物质的重要原料。PEP 除生成丙酮酸外，还可以经 PEP 羧化酶催化生成草酰乙酸，进一步由苹果酸脱氢酶催化消耗 NADH 转变为苹果酸，贮藏在液泡或线粒体中，如保卫细胞或 CAM 植物中。在线粒体中苹果酸也可以进入三羧酸循环进行代谢。

糖酵解中生成的 ATP 和 NADH，可使生物体获得生命活动所需的部分能量和还原力。1 分子蔗糖经过糖酵解途径可产生 4 分子的 ATP。特别是缺氧时，如在淹水的土壤中，植物的根处于缺氧条件，糖酵解可能是植物细胞获取能量的主要途径。

3. 发酵

糖经由糖酵解氧化降解时，没有二氧化碳的释放，也没有氧气的吸收，所需氧是来自组织内的含氧物质（水分子和被氧化的糖分子），因此糖酵解途径也称为分子内呼吸（intramolecular respiration）。如果是无氧条件下，丙酮酸在乳酸脱氢酶催化下，消耗 NADH 生成乳酸；或者在丙酮酸脱羧酶催化下先形成乙醛再由乙醇脱氢酶催化消耗 NADH 生成乙醇（图 4-2）。这样可以再生糖酵解需要的 NAD^+。以乙醇或乳酸为终产物时，能量转化效率大约在 4%。乙醇发酵在植物中很常见，但更广为人知的是啤酒酵母。乳酸发酵在哺乳动物的肌肉中常见，但植物中也有。玉米根缺氧，初期形成乳酸，随后形成乙醇，因为乙醇可以扩散出细胞因而毒性小一些，而乳酸累积会导致细胞质酸化。

（二）三羧酸循环（或柠檬酸循环）

葡萄糖经过糖酵解转化为丙酮酸，在有氧条件下，丙酮酸通过位于线粒体内膜的丙酮酸转运器运进线粒体基质，经过一个包括三羧酸和二羧酸的循环逐步氧化分解直到彻底生成二氧化碳为止，能量主要贮藏在 NADH 中，整个反应都在线粒体的基质中进行。这个过程称为三羧酸循环（tricarboxylic acid cycle，简称 TCA）。这一循环由出生于德国的英国生物化学家克雷布斯（H. Krebs）于 1937 年发现，所以又称为 Krebs 循环（Krebs cycle），他也因此获得 1953 年诺贝尔生理学或医学奖。因为柠檬酸是这一循环的重要中间产物，也把此循环称为柠檬酸循环（citric acid cycle）。

1. 三羧酸循环的反应过程

三羧酸循环分为两个阶段：丙酮酸氧化脱羧形成乙酰 CoA；乙酰 CoA 的乙酰基进入三羧酸循环氧化成 CO_2（图 4-3）。

第一阶段是在丙酮酸脱氢酶复合体的催化下，氧化脱羧脱氢生成乙酰 CoA 和 NADH，释放 1 分子 CO_2。丙酮酸脱氢酶复合体由丙酮酸脱羧酶、二氢硫辛酸脱氢酶和硫辛酸乙酰转移酶组成，此外还包括 6 种辅助因子：焦磷酸硫胺素（TPP）、CoA、NAD^+、FAD、硫辛酸和 Mg^{2+}。第二阶段是从乙酰 CoA 与草酰乙酸缩合成柠檬酸开始，然后经过一系列氧化脱羧反应，生成 CO_2、NADH、$FADH_2$、ATP，最后再生草酰乙酸的全过程。

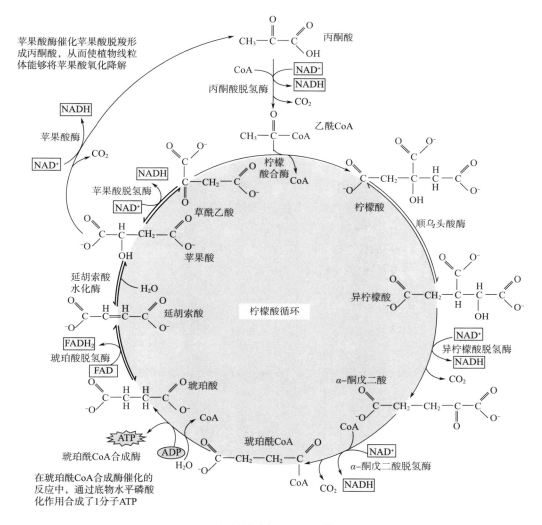

图 4-3 植物柠檬酸循环（Taiz 等，2015）

三羧酸循环总反应式为：

$$CH_3COCOOH+4NAD^++FAD+ADP+P_i+3H_2O \longrightarrow 3CO_2+4NADH+4H^++FADH_2+ATP$$

三羧酸循环总共有四步反应不可逆：第一阶段的丙酮酸脱氢酶复合体催化的反应不可逆；第二阶段有三步反应不可逆：柠檬酸合成酶催化的反应，α-酮戊二酸脱氢酶复合体催化的反应，琥珀酸硫激酶（也称为琥珀酰 CoA 合成酶）催化的反应。这四步反应都不可逆，因此 TCA 循环是不可逆的。丙酮酸经三羧酸循环被彻底氧化，生成 3 分子 CO_2，放出 5 对氢，4 对形成 NADH，1 对形成 $FADH_2$。5 对氢都进入呼吸链，最后被 O_2 氧化成水，释放能量。

植物中三羧酸循环有时还有一旁路，即苹果酸可以在苹果酸酶的作用下脱羧脱氢生成丙酮酸（图 4-3），通过此途径可以把三羧酸循环的中间物苹果酸或柠檬酸彻底氧化降解。许多植物组织（不仅是 CAM 植物）的液泡贮藏着大量的苹果酸、柠檬酸等，通过此途径来调节有机酸水平是重要的，如在果实成熟时。

三羧酸循环有以下几方面值得注意：①三羧酸循环中一系列脱羧反应是呼吸作用释放出 CO_2 的来源，一分子丙酮酸可产生 3 分子 CO_2，而糖酵解过程不产生 CO_2；而且此 CO_2 不是大气中的 O_2 直接把碳氧化而来，而是依靠底物中的碳和水中的氧结合实现的；②三羧酸循环中有 5 次脱氢过程，能量大多储藏在 NADH 和 $FADH_2$ 里，经呼吸电子传递链传递，最后与氧结合形成水，所释放的能量储存于 ATP 内。

2. 三羧酸循环的生理意义

动物、植物、微生物都存在三羧酸循环途径，所以三羧酸循环具有普遍的生物学意义：三羧酸循环是生物体获得能量的最有效方式，在糖代谢中，糖经过此途径氧化产生的能量远远超过糖酵解；三羧酸循环是物质代谢与转化的枢纽，一方面循环的中间产物，如草酰乙酸、α-酮戊二酸、丙酮酸、乙酰 CoA 是合成糖、氨基酸、脂肪等的原料，另一方面，该循环是糖、脂肪、蛋白质和核酸及其他物质彻底氧化分解的共同代谢途径。

糖酵解-三羧酸循环（EMP-TCA）途径是所有生物有氧呼吸的一个重要途径，而且脂肪、蛋白质、核酸以及其他物质的代谢，都可以通过 EMP-TCA 代谢过程发生联系，所以 EMP-TCA 途径成了生物体内各种物质转变的枢纽（图 4-4）。

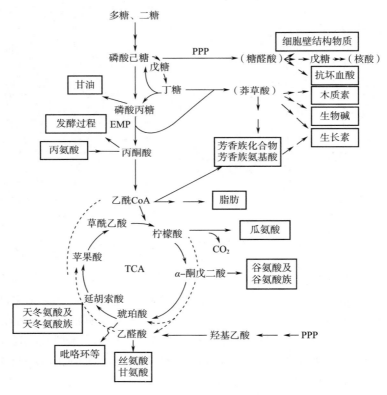

图 4-4　EMP-TCA 途径是物质转变枢纽

（三）戊糖磷酸途径

在植物细胞中，EMP-TCA 并不是氧化降解糖类物质的唯一途径，在细胞质和质体中存在另一个酶促反应体系，同样能够将葡萄糖氧化降解，由于这个代谢途径的主要中间产物是含磷酸的五碳糖，因此称为戊糖磷酸途径或磷酸戊糖途径（pentose phosphate pathway，PPP），又由于此反应是由 6-磷酸葡萄糖（G6P）开始，所以也称为己糖磷酸途径（hexose monophosphate pathway，HMP）。

1. 磷酸戊糖途径的反应过程

磷酸戊糖途径分为两个阶段：第一个阶段是葡萄糖氧化阶段，第二阶段是糖的非氧化重组（图 4-5）。

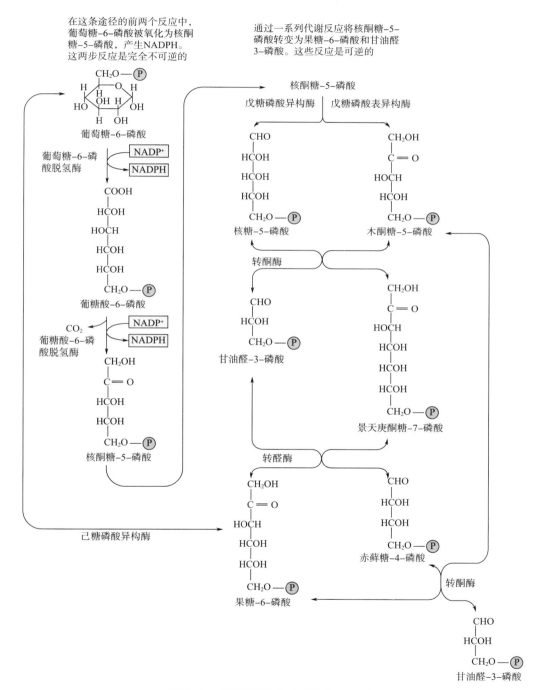

图 4-5　戊糖磷酸途径（武维华，2018）

第一阶段的氧化降解有 2 个步骤，是 6 个碳原子的 6-磷酸葡萄糖发生两次脱氢氧化，以二氧化碳的形式脱去一个碳原子，转化为 5 个碳原子的核酮糖-5-磷酸，产生 2 分子 NADPH（不是 NADH）。反应方程式为：

$$6G\text{-}6\text{-}P+12NADP^+ + 6H_2O \longrightarrow 6CO_2+12NADPH+12H^++6Ru5P$$

第二阶段的反应是磷酸戊糖分子重排：核酮糖-5-磷酸再经过一系列的中间代谢，产生中间产物有三碳糖、四碳糖、五碳糖、七碳糖，最后重新形成葡萄糖-6-磷酸，6 分子五碳糖形成 5 分子六碳糖，再进行氧化，不断循环，直至糖完全氧化为止。其中甘油醛-3-磷酸和果糖-6-磷酸也是糖酵解的中间产物，也可以进入糖酵解进行代谢，形成丙酮酸。其中转醛酶催化三碳基团转移，不需要 TPP；转酮酶催化二碳基团转移，辅酶 TPP。

以上两个阶段的反应表明，经过 6 次的循环反应之后，1mol 的 6-磷酸葡萄糖被分解而生成 6molCO₂，其总反应式如下：

$$G\text{-}6\text{-}P+12NADP^+ +7H_2O \longrightarrow 6CO_2+12NADPH+12H^++P_i$$

2. 磷酸戊糖途径的特点

磷酸戊糖氧化释放能量在第一阶段即已完成。磷酸戊糖途径中脱下的氢主要形成 NADPH，而 EMP-TCA 途径脱下的氢主要形成 NADH 和 FADH₂。通过测试，发现这两种途径在细胞中是同时存在的。通过 ^{14}C 示踪实验证明，在正常条件下，糖的降解以 EMP-TCA 途径为主，通过磷酸戊糖途径降解的糖占 10%~25%；有的器官可达 25%~50%。但是 EMP-TCA 途径和磷酸戊糖途径的比例，随植物种类、器官、年龄和环境而改变，也受细胞中的 NAD⁺ 和 NADP⁺ 量的影响。例如蓖麻的磷酸戊糖途径比例大于玉米；植物茎的磷酸戊糖途径比例大于叶子，叶子又大于根。磷酸戊糖途径在幼年组织中比例较小；衰老组织中比例较大；在脂肪形成时，磷酸戊糖途径增强；植物受伤或受旱时磷酸戊糖途径比例增大。

3. 磷酸戊糖途径具有重要的生理意义

磷酸戊糖途径在细胞质中产生的 NADPH 可以用于清除活性氧的反应，也可被线粒体内膜外侧的 NADPH 脱氢酶氧化，其电子可以进入呼吸链最后形成 ATP，对细胞能量代谢有贡献。由于催化 EMP-TCA 途径和磷酸戊糖途径的酶系统完全不同，因此在逆境条件下，当 EMP-TCA 途径受到抑制时，磷酸戊糖途径的酶被诱导，可有效地提供生命活动所需的能量。

磷酸戊糖途径产生的中间产物非常活跃，可沟通各个代谢反应。一般来说，磷酸戊糖途径在质体中比在细胞质中更活跃，其中间产物 C3、C4、C5、C6、C7 糖与卡尔文循环的中间产物相同，因此把光合作用和呼吸作用联系起来；但光下叶绿体的磷酸戊糖途径很少。在非绿色质体中和黑暗下的叶绿体中，磷酸戊糖途径是 NADPH 的主要来源，可用于固醇、脂肪的合成和氮素的同化；在造粉体中 NADPH 的形成可作为糖状态的信号调控淀粉的合成。磷酸戊糖途径的五碳糖是形成核酸的原料；而 4-磷酸赤藓糖和磷酸烯醇式丙酮酸（PEP）可合成莽草酸，用于生成酚类物质，包括芳香族氨基酸和黄酮、木质素、花青素、植保素的前体等。

磷酸戊糖途径在抗病菌感染中有着特殊的作用，因为莽草酸可以进一步转化为具有抗病作用的多种酚类化合物，如绿原酸、咖啡酸、木质素、植保素等。一般植物感病组织磷酸戊糖途径增强。

除了上述途径以外，植物呼吸代谢途径还有乙醛酸循环、二羧酸循环和乙醇酸途径等。乙醛酸循环主要在微生物乙醛酸循环体中将 2 分子乙酰 CoA 形成 1 分子草酰乙酸，在油料种子萌发时此循环参与脂肪酸转化为糖。乙醇酸循环主要发生在水稻根系中，部分乙酰 CoA 不进入三羧酸循环而是形成乙酸，然后依次氧化形成乙醇酸、乙醛酸、草酸、甲酸及 CO_2，并且不断生成 H_2O_2。H_2O_2 分解产生 O_2 释放于根周围，使水稻适应水中生长。乙醇酸氧化酶是此途径的关键酶。二羧酸途径是由 2 分子乙酸合成琥珀酸、延胡索酸和苹果酸，起着补充 TCA 循环的作用，水稻幼苗中有此循环。

三、呼吸电子传递链和氧化磷酸化

在细胞中，各种生理活动所使用的基本能量形式，最主要的是 ATP。在三羧酸循环中，氧化过程所获得的能量是以 NADH 和 $FADH_2$ 形式贮藏的，因此它们必须转化为 ATP 的形式才能用于细胞的生理活动，这个转化过程在线粒体内膜上，通过一系列电子传递和氧化磷酸化过程来实现。由于电子的最终受体是氧，因此这一电子传递过程是依赖于 O_2 的。电子的传递是以分步骤的、能量逐步降低的形式进行的，电子传递过程中会形成跨线粒体内膜的质子电化学势梯度。

（一）呼吸电子传递链

呼吸电子传递链简称呼吸链，是指呼吸代谢中间产物脱下来的氢（$H^+ + e^-$）或电子，沿一系列氧化还原电位由低到高排列的电子传递体组成的电子传递途径，传递到分子氧的总轨道。

1. 呼吸电子传递链的组分

组成呼吸链的电子传递体可分为氢传递体和电子传递体两类。氢传递体包括一些脱氢酶的辅助因子，主要有 NAD^+、$NADP^+$、FMN、FAD、泛醌（ubiquinone，UQ）等。它们既传递电子，也传递质子。泛醌是脂溶性的，存在于线粒体内膜中，可自由移动，以与叶绿体中的质体醌类似的方式进行质子和电子的传递。电子传递体包括细胞色素系统和某些黄素蛋白、铁硫蛋白（Fe–S），如细胞色素 b、细胞色素 c、细胞色素 a、细胞色素 a_3 等。以上传递体中除了泛醌外，其余组分均与蛋白质结合以复合体形式嵌入线粒体内膜。线粒体内膜上有 4 种相互独立、跨膜的蛋白复合体（分别用罗马数字Ⅰ、Ⅱ、Ⅲ和Ⅳ表示），催化电子从 NADH 到 O_2 的传递（图 4-6），其中三个复合体还有转运质子的功能，另外线粒体内膜上还有 ATP 合酶催化 ATP 的形成。

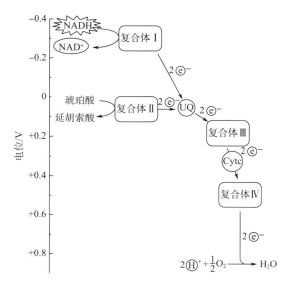

图 4-6　线粒体内膜上的电子传递链及蛋白复合体（Buchanan，2000）

（1）复合体Ⅰ　复合体Ⅰ又称为 NADH 脱氢酶，由 FMN 和几个铁硫中心组成。其作用是催化位于线粒体基质中的 NADH 氧化为 NAD^+，同时将线粒体基质中的 4 个 H^+，通过内膜转移到膜间隙，并将电子传递给泛醌。复合体Ⅰ受鱼藤酮、安米妥、杀粉蝶菌素等的抑制。

（2）复合体Ⅱ　复合体Ⅱ又称为琥珀酸脱氢酶，由 FAD 和 3 个铁硫中心组成。复合体Ⅱ的作用是催化琥珀酸氧化成延胡索酸和 $FADH_2$，并将电子传递给泛醌，但它并不能转移线粒体基质中的 H^+ 到膜间隙。复合体Ⅱ受到 2-噻吩甲酰三氟丙酮（TTFA）的抑制。

（3）复合体Ⅲ　复合体Ⅲ又称为细胞色素 bc_1 复合体，一般都含有两个 Cytb（b_{565} 和 b_{560}）、一个铁硫中心和一个 $Cytc_1$。复合体Ⅲ负责还原型泛醌（UQH_2）的氧化，并传递电子给 Cytc，同时将线粒体基质中的 4 个 H^+ 通过内膜转移到膜间隙。在结构和功能上，泛醌和细胞色素 bc_1 复合体分别类似于光合电子传递链中质体醌和细胞色素 b_6f 复合体。抗霉素 A 抑制从 UQH_2 到复合体Ⅲ的电子传递。

细胞色素 c 是一个松散附着于线粒体内膜外表面的小分子蛋白质，它作为一种可移动的传递体能在复合体Ⅲ与复合体Ⅳ之间传递电子。

（4）复合体Ⅳ　复合体Ⅳ又称为细胞色素氧化酶。主要组分是 Cyta 和 $Cyta_3$ 及两个铜（称为 Cu_A 和 Cu_B）。它们组成两个氧化还原中心，即 Cyta/Cu_A 和 $Cyta_3$/Cu_B，第一个中心接受来自 Cytc 的电子，第二个中心是氧还原的位置。它们通过 Cu^+ 与 Cu^{2+} 的相互变化在 Cyta 和 Cyt a_3 之间传递电子。同时基质侧的 2 个 H^+ 可通过复合体Ⅳ转运到膜间隙。复合体Ⅳ最终将 $Cyta_3$ 中的电子传递给分子氧，使其激活为氧离子再与基质中的 H^+ 结合生成 H_2O。一氧化碳（CO）、氰化物（cyanide，CN^-）、叠氮化物（azide，$-N_3$）等可抑制从 $Cyta_3$ 到 O_2 的电子传递。

细胞色素系统靠其分子中铁卟啉中的铁原子传递电子：

$$Fe^{3+}（氧化型）\underset{-e^-}{\overset{+e^-}{\rightleftharpoons}} Fe^{2+}（还原型）$$

复合体Ⅰ、Ⅱ、Ⅲ、Ⅳ在线粒体内膜上的空间分布是很特殊的。NADH 和琥珀酸的氧化是在膜的基质一侧，氧的还原也是在同一侧。细胞色素 c 松弛地结合于线粒体内膜外侧，即膜间隙一侧。在复合体Ⅲ中，铁硫中心、细胞色素 c_1 和细胞色素 b_{565} 靠近线粒体内膜的外侧，而细胞色素 b_{560} 则靠近基质一侧。这样的排列使电子在传递体间进行传递的同时也进行质子跨膜转运，这对于跨膜质子电化学势梯度的形成是非常重要的。

实际上，植物线粒体电子传递链的组成和功能可能比上面描述的更为复杂，这些复合体中还包括多种功能未知的植物特异的亚单位。某些复合体含有特殊的亚基，除参与电子传递外，还可能具有其他功能，如将胞质蛋白质转运到线粒体基质。另外一些复合体好像以超复合体的形式存在，而不是以个体的形式存在于膜双分子层里，而这些超复合体的功能目前还不清楚。

2. 呼吸电子传递主路

三羧酸循环过程中脱下的氢原子被 NAD^+ 接受形成 NADH，其中的电子从复合体Ⅰ处进入呼吸链，质子解离下来。电子分别经过复合体Ⅰ、泛醌、复合体Ⅲ、细胞色素 c 和复合体Ⅳ，最后传递给 O_2。同时在复合体Ⅰ、复合体Ⅲ、复合体Ⅳ三处将 H^+ 从线粒体基质中转移到膜间隙。

琥珀酸在复合体Ⅱ的作用下脱下的氢原子被 FAD 接受形成 $FADH_2$，然后进入呼吸链，因此其电子分别经过复合体Ⅱ、泛醌、复合体Ⅲ、细胞色素 c 和复合体Ⅳ，最后传递给 O_2。同时复合体Ⅲ和复合体Ⅳ两处将 H^+ 从线粒体基质中转移到膜间隙。

电子在呼吸链上传递是自发进行的，其动力是电势梯度；每个电子传递体都有其标准氧化

还原电位 E_0'，电子只能从低电位传递到高电位（图4-7）。

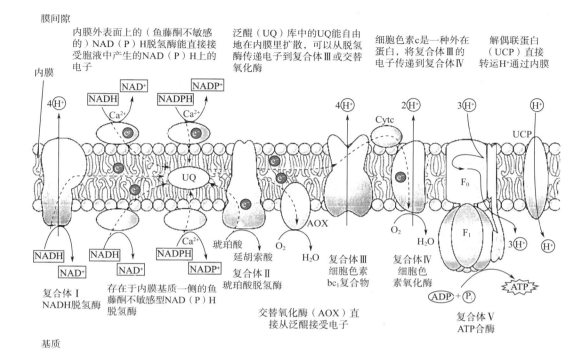

图4-7 植物线粒体内膜上的电子传递链和ATP合酶（Taiz 和 Zeiger，2010）

上述呼吸电子传递途径是植物、动物、微生物共有的电子传递途径。在这条途径中，电子最终经细胞色素氧化酶传递给氧，使之激活成氧离子，再与氢离子结合形成水，因此这条途径也称为细胞色素呼吸链。细胞色素呼吸链可在多处被多种抑制剂阻断，这些抑制剂称为电子传递抑制剂，如鱼藤酮、安米妥等可阻断复合体I的电子传递；抗霉素 A 可阻断复合体Ⅲ的电子传递，氰化物、叠氮化物和一氧化碳可阻断复合体Ⅳ的电子传递。

除了这条主路外，植物线粒体中还有不同的电子传递支路。

3. 呼吸电子传递支路

在植物线粒体内膜上还存在一些特有的电子传递体，这些电子传递体转移质子减少或只能传递电子而不能转移质子，形成了植物呼吸链电子传递的支路（图4-7）。

（1）线粒体内对鱼藤酮不敏感的 NAD（P）H 脱氢酶 在呼吸电子传递链的主路中，线粒体内的 NADH 电子传递途径通过了复合体I、Ⅲ、Ⅳ，复合体I受鱼藤酮的抑制。此外植物线粒体内膜内侧还存在对鱼藤酮不敏感的 NAD（P）H 脱氢酶，可以氧化线粒体基质中的 NAD（P）H，将电子交给泛醌，但不转移质子。鱼藤酮不敏感的 NADH 脱氢酶对 NADH 的亲和力远小于复合体I，所以只有在基质中 NADH 浓度很高时，这条支路才起作用。目前认为这条途径的作用是当复合体 I 负荷过度时，将电子传给泛醌起分流作用，如在光呼吸的情况下。线粒体内膜内表面还有 NADPH 脱氢酶，此酶依赖于 Ca^{2+}，对其功能了解较少。

（2）线粒体外对鱼藤酮不敏感的 NAD（P）H 脱氢酶 此支路中的 NAD（P）H 脱氢酶位于线粒体内膜外侧，为植物细胞线粒体所特有，不受鱼藤酮抑制，活性依赖 Ca^{2+}，无泵 H^+ 跨膜的功能，催化胞质来源 NAD（P）H 的氧化。例如，糖酵解过程脱氢形成的 NADH 以及磷酸戊糖途径脱氢形成的 NADPH 可以先通过线粒体外膜进入膜间隙，然后被线粒体内膜外侧对鱼藤酮不敏感的 NADH 脱氢酶或 NADPH 脱氢酶催化，电子由泛醌处进入电子传递链，经泛醌、复合体Ⅲ、细胞色素 c 和复合体Ⅳ，最后传递给 O_2。

（3）交替途径（抗氰途径）　细胞色素氧化酶受氰化物强烈抑制，因此氰化物会抑制呼吸作用。但人们研究天南星科植物白星海芋的佛焰花序时发现，早春植物开花时，环境温度较低，而花序温度比环境温度高 10~25℃，测定其呼吸速率发现它比一般植物的呼吸速率快 100 倍；用抑制剂检测发现，这些植物的呼吸不受氰化物（CN^-）抑制。对这些植物的线粒体进行分离研究，发现其中含有一种交替氧化酶（alternative oxidase，AOX），对氰化物不敏感，因此也称抗氰氧化酶，它可以从泛醌将电子直接传递给 O_2。因此把这条电子传递途径称为交替途径（alternative pathway，AP），也称为抗氰途径。所以除细胞色素电子传递途径外，有些植物细胞线粒体中还存在一条对氰化物不敏感的呼吸电子传递途径，故名抗氰呼吸。交替氧化酶定位于线粒体内膜，是一种含铁的酶，活性受水杨羟肟酸（SHAM）的抑制。NADH 通过交替途径进行电子传递，只经过复合体Ⅰ，产生 ATP 少，其余能量以热能形式散失，因此又称放热呼吸。

研究表明有 200 多种植物都存在抗氰呼吸，如天南星科、睡莲科植物的花器官，玉米、豌豆和绿豆的种子，马铃薯的块茎和胡萝卜的块根等。此外一些微生物，如黑粉菌、红酵母和桦树的菌根等都具有抗氰呼吸。抗氰呼吸如此广泛的存在，有何生理意义呢？目前认为可能有以下几方面：抗氰呼吸只形成少量 ATP，把大量能量变成热能，有利于许多低温沼泽地区植株开花，促使胺、吲哚、萜类物质挥发，引诱昆虫传粉，有利于受精。并且，抗氰氧化酶对氧的亲和力较高，又可以放热，能促进种子的萌发。其次，当细胞内还原力水平过高（NADH 或 ATP 过多），抗氰呼吸可起分流电子的作用，将过剩的电子和还原力消耗，防止细胞色素呼吸链过度还原和由此导致的超氧自由基阴离子等活性氧（ROS）的产生，保护植物免受伤害。例如，光合速率高时，交替途径使大部分能量以热的形式散失。另外，研究发现交替途径在植物适应多种逆境（如缺磷、冷害、干旱、渗透调节等）中有重要作用。因为胁迫时正常呼吸作用受抑制，电子传递链会在复合体Ⅰ、泛醌、复合体Ⅲ等处发生电子泄漏，使 O_2 发生单电子还原产生 $O_2^- \cdot$ 等 ROS，作为信号诱导交替氧化酶基因转录，交替途径活性提高，从泛醌处分流电子，避免其过度还原，减少 ROS 累积；如果泛醌库过度还原态不消除，会产生大量 ROS，伤害细胞。因此交替途径可减少胁迫对植物的不利影响。

（二）氧化磷酸化

在线粒体中，底物氧化分解脱下的氢形成 NADH，电子经电子传递链传递到氧生成水时，伴随一系列氧化还原反应，结果是 NADH 被氧化为 NAD^+，释放的能量推动 ADP 磷酸化，合成 ATP，此过程中氧化作用和磷酸化作用偶联在一起，因此称为氧化磷酸化。氧化磷酸化所产生的 ATP 的数量和电子进入电子传递链的部位，或者说电子传递经过的电子传递体有关。

1. 氧化磷酸化的机理

在电子传递过程中所释放出的自由能是怎样转入 ATP 分子中的，这就是氧化磷酸化作用的机制问题，目前比较认可的是英国生物化学家米切尔（P. Mitchell）提出的化学渗透假说。该学说认为，呼吸电子传递体在线粒体内膜上有着特定的不对称分布，彼此相间排列，当电子在膜中定向传递时，可将 H^+ 从线粒体内膜的内侧泵到膜间空间。被泵至外侧的 H^+，不能自由通过线粒体内膜而返回内侧，因此建立起跨膜的质子浓度梯度（ΔpH）和跨膜电势差（ΔE），二者合称为质子电化学势梯度（$\Delta\mu H^+$），也称质子驱动力（ΔP）。在25℃时：

$$\Delta\mu H^+ = 5.7\Delta pH + 96.5\Delta E$$

$$\Delta P = \Delta E - 59\Delta pH(25℃)$$

跨膜质子浓度梯度越大，则质子电化学势梯度就越大，可供利用的自由能也就越高。线粒体内膜上有 ATP 合酶，也称为 F_0-F_1，有时也称为呼吸链复合体 V，其组成及催化方式与叶绿体的 ATP 合酶类似：包括 F_0 和 F_1 两部分，F_0 镶嵌在内膜中，内有质子通道；F_1 是催化 ADP 和 P_i 合成 ATP 的部位，伸入基质中（图4-7）。强大的质子电化学势梯度使 H^+ 沿着 ATP 合酶上 F_0 的 H^+ 通道进入线粒体基质，释放的自由能引起 F_1 变构推动 ADP 和 P_i 合成 ATP。目前认为一对电子从 NADH 传递到 O_2 时，复合体 I 泵出 4 个质子，复合体 III 泵出 4 个质子，复合体 IV 泵出 2 个质子，共泵出 10 个 H^+。从琥珀酸脱下的氢形成 $FADH_2$ 开始，一对电子传递到 O_2 时，共泵出 6 个 H^+。ATP 合酶消耗 3 个 H^+ 可生成 1 个 ATP。

氧化磷酸化的大小常用 P/O 值表示。P/O 是指每消耗一个氧原子（或每对电子通过呼吸链传递至氧）所产生的 ATP 分子数。在标准的呼吸链中，从 NADH 开始到氧化成水，能合成 3 个 ATP，即 P/O＝3。琥珀酸脱下的 H^+ 交给 FAD，从 $FADH_2$ 开始到氧化成水，可合成 2 个 ATP，即 P/O＝2。抗氰呼吸的电子从 NADH 经过复合物 I、泛醌后直接交给 O_2，没有经过复合物 III 和复合物 IV，只转运 4 个 H^+，因此 P/O＝1。细胞质的 NADH 通过线粒体外侧的 NADH 脱氢酶进行氧化，电子传给泛醌再传给复合物 III 和复合物 IV 交给氧，没有经过复合物 I，只转运 6 个 H^+，因此 P/O＝2。

另外，线粒体内膜上的腺苷酸传递体（承担 ATP 的运出和 ADP 的运入）、磷酸传递体（承担 P_i 的运入和 OH^- 运出线粒体）、丙酮酸传递体（承担丙酮酸的输入）和二羧酸传递体（承担苹果酸的线粒体输入）等都是利用跨膜的质子电化学势梯度作为推动力（图4-8）。例如，ATP 在线粒体内合成，但使用 ATP 是在线粒体外，因此 ATP 必须运出；而 ADP 则需要运进线粒体用于 ATP 合成所需。ATP/ADP 转运器消耗 ΔE，磷酸转运器和丙酮酸转运器以 ΔpH 为驱动力，吸收 1 分子 P_i 和 1 分子 ADP 并输出 1 分子 ATP 需要消耗的总能量相当于 1 个 H^+，因此也有些资料认为每形成 1 个 ATP 需消耗 4 个 H^+，所以从 NADH 开始的标准呼吸链的 P/O＝2.5，从 $FADH_2$ 开始的呼吸电子传递 P/O＝1.5。

2. 氧化磷酸化的抑制

氧化磷酸化是氧化（电子传递）和磷酸化（形成 ATP）的偶联反应，其抑制分为以下三种情况。

（1）解偶联　一些化合物能够增加膜对质子的通透性，导致质子渗漏，消除跨膜的质子梯度和电位梯度，使 ATP 不能形成，从而解除电子传递与磷酸化的偶联作用，称为解偶联作用。具有解偶联作用的化合物称为解偶联剂，如 2,4-二硝基苯酚（2,4-DNP）、碳酰氰-4-三氟甲氧基苯腙（FCCP）。但 2,4-DNP 并不抑制呼吸链的电子传递，能量以热的形式散失掉，形成"徒劳"呼吸（即不形成 ATP 的呼吸）。解偶联蛋白（UCP）是天然的解偶联剂，最早在动物体中发现，后来发现植物也有（图4-7），这种蛋白是由胁迫诱导和活性氧刺激的。

（2）抑制电子传递　电子传递抑制剂能阻止呼吸链中某一部位的电子传递，从而破坏氧化磷酸化，抑制 ATP 的合成，如鱼藤酮、抗霉素 A、氰化物、CO 和叠氮化物等。

（3）抑制 ATP 合酶　另外还有一类化合物，既不抑制电子传递，也不同于解偶联剂，它直接作用于 ATP 合酶复合体而抑制 ATP 合成，并能间接抑制 O_2 的消耗，如寡霉素（oligomycin），

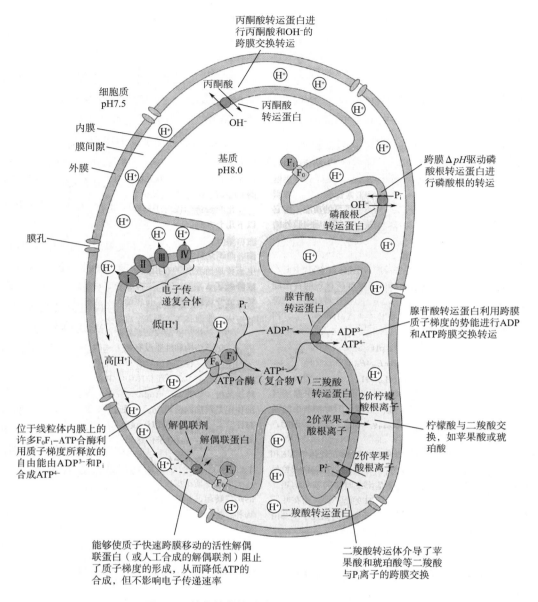

图 4-8　植物线粒体的跨膜转运（Douce，1995）

称为氧化磷酸化抑制剂。

3.1 分子葡萄糖经有氧呼吸可产生约 36 分子 ATP

在糖酵解途径中，1 分子葡萄糖转化为 2 分子丙酮酸，产生 2 分子 ATP 和 2 分子 NADH，细胞质的 1 个 NADH 可产生 2 分子 ATP。

1 分子丙酮酸进入线粒体三羧酸循环，产生 4 分子 NADH、1 分子 $FADH_2$ 和 1 分子 ATP；线粒体的 1 个 NADH 产生 3 分子 ATP，1 个 $FADH_2$ 产生 2 分子 ATP。因此 1 个葡萄糖分子彻底氧化可以产生 ATP 的数目为：

$$2+2\times2+2（4\times3+1\times2+1）=36$$

1mol 葡萄糖彻底氧化分解释放能量 2870kJ，而 1mol ATP 水解释放的自由能 31.8kJ，因此能量转化效率：

$$\frac{31.8 \times 36}{2870} \times 100\% = 40.3\%$$

不过植物有几种蛋白能降低 ATP 的产量：交替氧化酶、解偶联蛋白、鱼藤酮不敏感的 NADH 脱氢酶。这使得植物的呼吸更灵活，因为有光能，植物较少受能量供应的限制。

四、末端氧化酶

末端氧化酶（terminal oxidase）是指位于呼吸链的末端，能将底物的电子直接传到分子 O_2，可激活分子 O_2 与氢形成 H_2O 或 H_2O_2 的氧化酶。动物只有一种末端氧化酶，即细胞色素氧化酶；而植物却有多种末端氧化酶，这些酶有的存在于线粒体内，本身就是电子传递链的成员，如细胞色素氧化酶和交替氧化酶，有的存在于细胞质或其他细胞器中，如抗坏血酸氧化酶、多酚氧化酶等。过氧化物酶和过氧化氢酶是否归属于末端氧化酶系统还存在分歧意见，此处未列出。

1. 细胞色素氧化酶

细胞色素氧化酶是植物体内最主要的末端氧化酶，是含铁卟啉（血红素 Fe）的蛋白质，实际是 Cyta 和 Cyta$_3$ 组成的复合物，可被 KCN、CO、NaN_3 等抑制，与 O_2 亲和力很强，存在于线粒体中，在植物组织中普遍存在，在幼嫩组织中比较活跃。动物中 O_2 的消耗完全由它完成，植物体中 O_2 的消耗 80% 由它完成。

2. 交替氧化酶

交替氧化酶为交替途径的末端氧化酶，它是一种含铁的酶，以二聚体形式存在；二聚体有二硫键共价联结的低活性氧化型（-S-S-）和非共价结合（-SH HS-）的高活性还原型两种形态。交替氧化酶的功能是将 UQH_2 的电子传递给 O_2 产生 H_2O，该酶对氧的亲和力较高，但比细胞色素氧化酶与 O_2 亲和力低，受水杨基羟肟酸抑制，对氰化物不敏感，所以又称抗氰氧化酶。

3. 酚氧化酶

酚氧化酶主要有单酚氧化酶（也称酪氨酸酶）和多酚氧化酶（也称儿茶酚氧化酶），都含铜。酚氧化酶对氧的亲和力中等，易受氰化物和 CO 的抑制。

在正常情况下，酚氧化酶和它的底物是分开的，酚氧化酶存在于细胞质、质体、微体等，底物（酚）存在于液泡中。当细胞被破坏或组织衰亡，细胞结构解体时，酚氧化酶就和它的底物（酚）接触，发生反应，将酚氧化成棕褐色的醌，以防止植物受感染，因为醌对微生物是有毒的。酚氧化酶在植物体内普遍存在，马铃薯块茎、苹果果实以及茶叶中多酚氧化酶都比较丰富。日常生活中我们经常可以观察到苹果、梨、马铃薯削皮或受伤以后，切口处会变成褐色，这就是多酚氧化酶作用的结果。

另外，在制茶工艺中可以利用酚氧化酶的性质，按照需要来控制工艺过程：茶叶的多酚氧化酶活力很高，制红茶时先将茶叶晾干脱去 20%～30% 的水分，使之萎蔫，然后揉捻，将细胞揉破，通过多酚氧化酶的作用，将茶叶中的儿茶酚和单宁氧化聚合成红褐色的色素，从而制得红茶；制作绿茶时，则把采下的鲜叶立即焙火杀青，高温破坏多酚氧化酶，这样才能保持茶叶的绿色。

4. 抗坏血酸氧化酶

抗坏血酸氧化酶含有铜元素，存在于细胞质中。它可以催化抗坏血酸（维生素 C）氧化并生成 H_2O，对氧亲和力低，受氰化物抑制，对 CO 不敏感。抗坏血酸氧化酶在植物组织中广泛存在，其中以蔬菜和果实（特别是葫芦科果实）中较多。这种酶与植物的受精过程有密切关系，并且有利于胚珠的发育。

5. 乙醇酸氧化酶

乙醇酸氧化酶是存在于植物细胞过氧化物酶体中的一种黄素蛋白（含 FMN），不含金属，该酶与氧的亲和力极低，不受氰化物和 CO 抑制。在植物光呼吸中催化乙醇酸氧化为乙醛酸，并产生 H_2O_2，与甘氨酸生成有关。在水稻根部活性很强，催化乙酸氧化最终产生 H_2O_2，H_2O_2 能分解放出 O_2，使水稻适应水中生长。

6. 质体末端氧化酶

近年来发现叶绿体中有质体末端氧化酶（PTOX），与线粒体的交替氧化酶具有同源性，存在于间质类囊体膜上，与 NDH 复合体一起可进行叶绿体呼吸作用：将 NADPH 的电子经 NDH 复合体的部分亚基、质体醌和 PTOX 传递给 O_2。在强光下光合电子传递链过度还原时，这种酶可能为过量的电子提供一个安全阀。在尚未成熟或非光合的质体中，NDH 复合体与 PTOX 含量较丰富，可能在抗光氧化和能量转化中起重要作用。

线粒体外末端氧化酶的特点是催化某些特殊底物的氧化还原反应，一般不产生可利用的能量。植物细胞含有多种末端氧化酶，能使植物在一定范围内适应各种外界环境。

五、 呼吸代谢多样性

联系底物和电子传递链及末端氧化酶的多样性，我国著名植物生理学家汤佩松提出了植物呼吸代谢多样性的观点。

（一） 植物呼吸代谢多样性的表现

植物呼吸代谢多样性表现在三个方面（图 4-9）：第一是底物降解途径的多样性，包括 EMP 途径、TCA 循环及旁路、PPP 途径、乙醛酸循环、二羧酸循环和光呼吸等。其次是电子传递链的多样性，有电子传递主路及旁路、抗氰途径、线粒体外对鱼藤酮不敏感的 NAD（P）H 脱氢酶、线粒体内对鱼藤酮不敏感 NAD（P）H 脱氢酶等。第三是末端氧化酶的多样性，动物的末端氧化酶只有一种细胞色素氧化酶，植物的末端氧化酶却有多种，除线粒体内有细胞色素氧化酶和交替氧化酶外，细胞质和细胞器中还有酚氧化酶、抗坏血酸氧化酶、乙醇酸氧化酶、质体末端氧化酶等，其氧化的底物也更具有多样性。

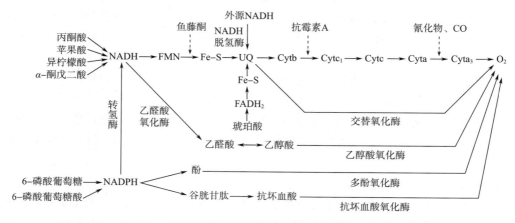

图 4-9 呼吸代谢多样性的概括图解（薛应龙，1987）

（二）呼吸代谢多样性的意义

呼吸代谢的多样性是植物在长期进化过程中对环境适应的表现。呼吸代谢底物降解多条途径并列，其速度和强度随着植物个体发育和外界环境而转变，以不同的方式，不断地为植物的生命活动提供能量和中间产物，促进生命活动正常进行。呼吸代谢的多条电子传递途径及末端氧化酶系，在植物体内同时存在和运行，功能各异相互交替、相互调节和制约，促进呼吸代谢水平，保持相关的生理生化代谢协调进行。

以呼吸代谢对温度的要求和对氧气的反应为例，呼吸代谢中的末端氧化酶的生物学特性不同，所以能使植物在一定范围内适应各种外界条件。以对温度来说，黄素氧化酶对温度变化反应不敏感，低温下生长的植物及其器官以这种酶为主；而细胞色素氧化酶对温度变化最敏感。例如，柑橘的果实有细胞色素氧化酶、多酚氧化酶和黄素氧化酶，在果实未成熟时气温尚高，以细胞色素氧化酶为主；到果实成熟时气温降低，则以黄素氧化酶为主，这就保证了成熟后期呼吸活动的水平，同时也反映植物对低温的适应。以对 O_2 浓度的要求来说，细胞色素氧化酶对 O_2 的亲和力最强，在低 O_2 浓度下仍能发挥良好的作用；而酚氧化酶和黄素氧化酶对 O_2 的亲和力弱，只有较高 O_2 浓度下才能顺利地发挥作用。苹果果肉内层以细胞色素氧化酶为主，表层以黄素氧化酶和酚氧化酶为主，这种分布与酶对 O_2 供应的适应有关。水稻能适应淹水的条件，因为在这种低氧条件下它的细胞色素氧化酶活性加强，而黄素氧化酶活性降低使水稻能够正常呼吸代谢。且根系的乙醇酸氧化酶活性很强，产生的 H_2O_2 能分解放出 O_2 使水稻能够正常生长。

第三节　植物呼吸作用的调节

呼吸代谢是植物体一项重要的生命活动，没有呼吸，生命就会停止；但是如果呼吸过高就会消耗过多的有机物质，植物体储存的物质就会减少。因此植物需要一套措施对呼吸进行有效的调节，使之既供应足够的能量，又不要作用太强。

一、巴斯德效应和糖酵解的调节

1861 年，法国微生物学家路易斯·巴斯德（B. L. Pasteur）观察到在有氧条件下酒精发酵会受到抑制，即氧降低糖类的分解代谢和减少糖酵解产物的累积，这种现象被称为巴斯德效应（Pasteur effect）。对此现象的解释，既可以从 NADH 和 ATP 水平方面解释，也可以从酶的调节方面解释。

糖酵解途径净得 2 个 ATP 和 2 个 NADH；丙酮酸生成酒精或乳酸是一个还原过程，需要 NADH。如果在有氧条件下，NADH 进入电子传递链被氧化，这样就阻止了丙酮酸还原为酒精，使发酵受抑制；丙酮酸只能进入三羧酸循环。若是无氧条件下，NADH 可直接用于丙酮酸还原再转变为乙醇。所以，从这个角度看，有氧会抑制发酵。在有氧条件下，呼吸链电子传递和氧化磷酸化偶联合成 ATP，因此 ATP 累积、ADP 和 P_i 减少，故糖酵解作用缓慢，发酵过程受抑制。

糖酵解途径有两个主要的调节酶，即磷酸果糖激酶和丙酮酸激酶（图 4-10），有氧条件下

EMP 速度降低与其有关。果糖磷酸激酶是变构酶,其活性受 P_i、Mg^{2+}、K^+ 等激活,受 6-磷酸-葡萄糖酸、ATP、PEP、柠檬酸等抑制。丙酮酸激酶也是变构酶,它受 ADP、Mg^{2+}、K^+ 等激活,受 ATP、柠檬酸、Ca^{2+} 抑制。

在有氧条件下,植物三羧酸循环、电子传递和磷酸化顺利进行,ADP 和 P_i 浓度较低,而 ATP、柠檬酸浓度高,因此这两种酶的活性都受抑制,糖酵解的速度就变慢了。如果将植物从有氧条件下转入无氧条件下,调控作用刚好相反,电子传递和磷酸化受抑制,柠檬酸和 ATP 合成都减少,而 ADP 和 P_i 较多,两种酶活性增强,糖酵解速度加快。

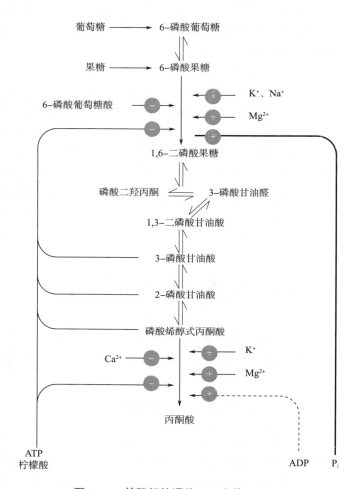

图 4-10 糖酵解的调节 (王小菁,2019)

二、 磷酸戊糖途径的调节

磷酸戊糖途径的调控主要在氧化脱羧阶段,6-磷酸葡萄糖脱氢酶是磷酸戊糖途径的限速酶。如 $NADPH/NADP^+$ 比率过高,抑制 6-磷酸葡萄糖脱氢酶的活性,减少 6-磷酸葡萄糖形成 6-磷酸葡萄糖酸,所以 NADPH 多,对磷酸戊糖途径起抑制作用。当 NADPH 在脂肪生物合成中被消耗时就能解除抑制,再通过 6-磷酸葡萄糖脱氢酶产生 NADPH。

三、　三羧酸循环的调节

三羧酸循环中除了丙酮酸脱氢酶复合体外还有 3 个限速酶：柠檬酸合成酶、异柠檬酸脱氢酶和 α-酮戊二酸脱氢酶复合体，它们催化的是三羧酸循环中的不可逆反应，是三羧酸循环的限速步骤和调控部位。丙酮酸脱氢酶复合体的活性受 ATP、NADH 和乙酰 CoA 抑制；而受 AMP、ADP、NAD$^+$、CoA、丙酮酸促进。柠檬酸合成酶是变构酶，其变构抑制剂有 ATP、NADH、柠檬酸和 α-酮戊二酸等，ADP 是激活剂。异柠檬酸脱氢酶也是变构酶，ATP、NADH 是其变构抑制剂，ADP、NAD$^+$ 和 Ca^{2+} 是其变构激活剂。α-酮戊二酸脱氢酶复合体受 ATP、NADH 和琥珀酰 CoA 抑制，受 ADP、AMP 和 Ca^{2+} 激活。三羧酸循环中脱下的氢大多以 NADH 形成进入呼吸链，所以 NADH 过多会抑制丙酮酸脱氢酶复合体、柠檬酸合成酶、异柠檬酸脱氢酶、α-酮戊二酸脱氢酶复合体、苹果酸脱氢酶和苹果酸酶等的活性，从而抑制三羧酸循环。ATP 过多也会抑制丙酮酸脱氢酶复合体、柠檬酸合成酶、异柠檬酸脱氢酶、α-酮戊二酸脱氢酶复合体、苹果酸脱氢酶等的活性，从而抑制三羧酸循环；当能量较少时，AMP 较多会促进柠檬酸合成酶活性，或 ADP 较多对 α-酮戊二酸脱氢酶活性有促进作用，从而激活三羧酸循环。CoA 对苹果酸酶活性也有促进作用。概括来说，三羧酸循环是生物体产能的主要方式，因此细胞内的能量状态是三羧酸循环的主要调节因素，即 ATP/ADP 或 ATP/AMP、NADH/NAD$^+$ 是主要的调节物。另外这些酶的活性也可以通过产物的反馈抑制来实现调节。

总体而言，植物经糖酵解→三羧酸循环→电子传递的呼吸途径，通过氧化磷酸化生成 ATP，此过程是由终产物 ATP 及其底物 ADP 和 P$_i$，通过关键性代谢物由下向上调控的。如图 4-11 所示，氧化磷酸化形成的 ATP 抑制电子传递，导致 NADH 累积；NADH 抑制三羧酸循环中的酶，如异柠檬酸脱氢酶、α-酮戊二酸脱氢酶复合体和苹果酸脱氢酶等。于是三羧酸循环中间产物（如柠檬酸）累积，抑制细胞质中丙酮酸激酶等活性，导致 PEP 累积又抑制磷酸果糖激酶活性，6-磷酸果糖不能转变为 1,6-二磷酸果糖，糖酵解途径不能进行。而 ADP 和 P$_i$ 促进氧化磷酸化和电子传递，又通过激活上游的某些酶活性，促进三羧酸循环和糖酵解，促进呼吸作用。植物通过这种"自下而上"的调节既保证细胞对能量的需求，又为生物合成提供碳骨架，使呼吸作用与细胞不同的生命活动

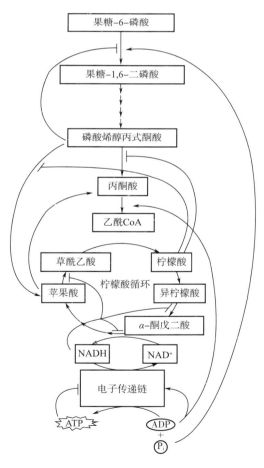

图 4-11　植物呼吸代谢的调控模式
（Taiz 等，2015）

需求相适应。

四、"能荷" 的调节

(一)"能荷"的概念

由上述呼吸代谢的调节可知，细胞中腺嘌呤核苷酸对呼吸的影响是多方面的。细胞内存在三种腺苷酸，AMP、ADP、ATP，称为腺苷酸库。这三种腺苷酸所含的能量是不同的，三者在某一时间的相对数量控制着细胞的代谢活动。若全部腺苷酸都呈 ATP 状态，则细胞充满能量；如果全部 ATP 和 ADP 水解为 AMP，则细胞的能量完全被放出。这种"充能"和"放能"的情况，就和蓄电池的充电和放电类似。有人提出"能荷"(energy charge，EC) 这个名词，来说明腺苷酸系统的能量状态。

$$能荷 = \frac{ATP + 1/2ADP}{ATP + ADP + AMP}$$

由此式可以看出，能荷是指细胞内腺苷酸库中充满高能磷酸根的程度（全部腺苷酸中有多少是相当于 ATP 的）。如果细胞中的腺苷酸全部为 ATP，则能荷为 1.0；如果全部为 ADP，则能荷为 0.5；如果全部都是 AMP，则能荷为 0。

(二)"能荷"对代谢的调节

细胞内 ATP 的生成和利用可以自我调节和控制，所以细胞内的能荷水平可以调节呼吸代谢的全过程。植物糖酵解、三羧酸循环和磷酸戊糖途径中有许多酶受到 AMP、ADP 或 ATP 的变构调节。当能荷小时，植物呼吸代谢受到促进，有机物降解加快，ATP 合成反应加快；而当能荷高时，能反馈抑制 ATP 的合成，促进 ATP 的消耗利用，植物呼吸代谢就会受到抑制，有机物分解减慢，促进合成代谢。通过反馈抑制，正常情况下细胞的能荷一般稳定在 0.75~0.95。

第四节　影响植物呼吸作用的因素

一、 影响植物呼吸作用的内部因素

通常植物的呼吸速率会随植物的种类、年龄、器官和组织的生理状况不同而异。不同种类的植物呼吸速率差异很大，一般来说生长快的植物呼吸速率快，生长慢的植物呼吸速率慢，例如小麦的呼吸速率比仙人掌快得多。

同一植物的不同组织或器官具有不同的呼吸速率。一般生长旺盛的幼嫩组织或器官呼吸速率快于成熟或衰老组织或器官的呼吸速率。例如，正在发育的芽通常有很高的呼吸速率，在营养器官中呼吸速率从生长区域到分化区域是逐渐降低的。生殖器官的呼吸速率比营养器官高，如花的呼吸速率比叶片快 3~4 倍。在花中，雌雄蕊的呼吸比花瓣、萼片强；而雌蕊的呼吸又比雄蕊呼吸强。同一器官的不同组织呼吸速率也有差异，比如在成熟的营养组织中，茎的呼吸速率最低；但茎中形成层的呼吸速率最快，韧皮部次之，木质部最慢。

同一器官在不同的发育阶段，呼吸速率变化也较大。例如，正在发育的种子呼吸很强，种子成熟时呼吸减弱，休眠种子的呼吸极微弱，萌发时呼吸又大大增强。

一般当植物的组织成熟后，其呼吸速率基本保持稳定，随组织年龄的增长和衰老呼吸速率缓慢降低。有些植物果实成熟时，呼吸会突然增加，然后又迅速下降，这个过程称为呼吸跃变，如苹果、香蕉的果实。在离体叶片或花的衰老过程中也有类似的现象。在这类果实成熟时，淀粉（香蕉）或有机酸（苹果）大量转化为糖，并伴随着激素（乙烯）水平升高和交替途径活性升高。

二、 影响植物呼吸作用的外部因素

外部因素对植物的呼吸作用也会产生较大影响，其中主要有温度、水分、氧气、二氧化碳、机械伤害等。

（一）温度

温度对呼吸作用的影响也有三基点现象，即最高温度、最适温度和最低温度。大多数温带植物呼吸作用的最低温度为-10℃，最适温度25~35℃，最高温度在35~45℃。通常植物叶片呼吸作用的最适温度总是比光合作用最适温度高。需注意的是，呼吸的最适温度一般是指使植物正常呼吸强烈进行的温度，也就是要能较长时间维持最快的呼吸速率；假如使呼吸速率短时期升高以后又急剧下降的温度，不能称为最适温度。

例如，将豌豆幼苗放在25℃，其呼吸比较稳定。3h后，将其转入温度较低的环境，如0、10、20℃，呼吸速率稳定在较低水平。而在25~35℃，呼吸速率稳定维持在较高水平；转入更高的温度40~45℃环境时，呼吸迅速升高，但随后很快下降；而在更高的温度，50~55℃，呼吸速率明显降低；所以豌豆幼苗呼吸的最适温度一般在25~35℃（图4-12）。

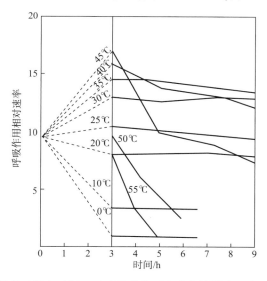

图4-12 温度（结合时间）对豌豆幼苗呼吸速率的影响（张继澍，2006）
预先将豌豆幼苗放在25℃下培养4d，其相对呼吸速率为10，再放到不同温度下培养3h，测定相对速率的变化。

在最低和最适点之间，呼吸速率随温度的升高而加快；超过最适点，呼吸速率则随温度升高而下降，这主要是由于细胞质和酶都不耐高温的缘故。

有人试图用温度系数来表示呼吸速率与温度的关系。温度系数是指温度每上升10℃导致反应加速的倍数，通常用Q_{10}表示。

$$Q_{10} = \frac{(t + 10)℃\text{ 时的反应速度}}{t℃\text{ 时的反应速度}}$$

植物种类不同，或同一植物同一器官在不同生育时期，其Q_{10}的变化很大，见表4-1。如青柠檬的Q_{10}比成熟柠檬的Q_{10}高。

表4-1　　　　　　　　　　不同植物器官在不同生育期呼吸Q_{10}的变化

植物种类及器官	日期	5~15℃	10~20℃	20~25℃	30~40℃
冬小麦叶子	5月25日	—	2.72	—	1.18
	6月9日	—	1.91	—	1.81
	6月30日	—	1.68	—	2.18
	7月30日	—	1.48	—	2.03
柠檬青色未熟果实		—	13.4	—	2.3	—
柠檬成熟果实		—	2.8	—	1.6	—
橘青色未熟果实		—	19.8	—	3.4	—
橘成熟果实		—	1.5	—	1.7	—

另外，变温对呼吸强度也有明显的影响。温度可影响植物体内淀粉与糖的平衡，而呼吸又与植物体内可溶性糖含量有很大关系。如马铃薯块茎在温度从20℃降至0℃时，为抵抗寒冷，淀粉水解，可溶性糖的浓度增加，而呼吸速率下降不大；当温度重新升高到20℃时，由于呼吸底物糖的累积，呼吸强度便迅速升高到一个高峰。根据温度对呼吸的影响，贮存农产品时降低温度，尽量避免温度波动，可减少呼吸消耗；但温度不能低到使组织受冻的程度，否则组织被冻伤，抵抗力降低，容易腐烂。

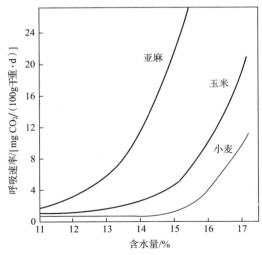

图4-13　作物种子含水量与呼吸强度的关系
(张继澍，2006)

（二）水分

植物组织含水量与呼吸作用有密切关系。在一定限度内，呼吸速率随含水量的增加而升高。风干种子含水量低，为7%~12%，呼吸作用极弱；当种子吸水萌发时，呼吸速率大大提高（图4-13）。但正在生长的器官，当水分亏缺以致发生萎蔫的时候，水解酶的活性增强，淀粉水解为糖，由于呼吸底物增加，呼吸速率会提高。

（三）O_2/CO_2

由于植物在呼吸作用中不断消耗O_2和释放CO_2，因此环境中O_2和CO_2浓度会影响呼吸作用。氧气不足直接影响呼吸作用，如果O_2浓度下降，有氧呼吸降低，无氧呼吸增高；如果长期缺氧，植物会受伤害，原因有三：①无氧呼吸产生酒精使细胞质的蛋白质变性；②无氧呼吸产生的能量很少，只相当于有氧呼吸的百分之几，那么植物要维持正常生理需要就会消耗更多的有机物，这样植物体内养料损耗过多；③无氧条件下，不能进行三羧酸循环，三羧酸循环的中间产物就无法合成，许多以这些中间产物为基础的物质也就不能继续合成。土壤中 O_2 含量低于 5% 时，根系正常呼吸受到影响。

图 4-14 是一种苹果在不同氧分压环境下 CO_2 释放量和 O_2 消耗量。当氧分压在 10% 以下时，释放的 CO_2 量大于 O_2 的消耗量，RQ>1，有氧呼吸和无氧呼吸并存；当氧分压≥10% 时，RQ=1，只有有氧呼吸，所以适当浓度的氧气能抑制无氧呼吸的进行。使无氧呼吸停止进行的最低氧含量，称为无氧呼吸消失点，一般认为在 9% 左右。在消失点以前，供给氧可以避免出现无氧呼吸，这对果蔬贮存有重要意义。

CO_2 是呼吸作用的最终产物，所以环境中 CO_2 浓度增加，呼吸速率降低。大气中 CO_2 浓度一般稳定在 $360 \sim 390 \mu L/L$，如果 CO_2 浓度增加到 $1\% \sim 10\%$ 时，呼吸会被明显抑制。土壤中由于根的呼吸作用，特别是土壤微生物的呼吸活动，会产生大量的 CO_2，造成深层土壤通气不良，积累 CO_2 可达 $4\% \sim 10\%$，影响根的正常生命活动。因此，在生产中注意要适时中耕，破除表土板结，促进土壤和大气的气体交换。高浓度 CO_2 可抑制呼吸的原理，可用于果实、蔬菜的贮存中。

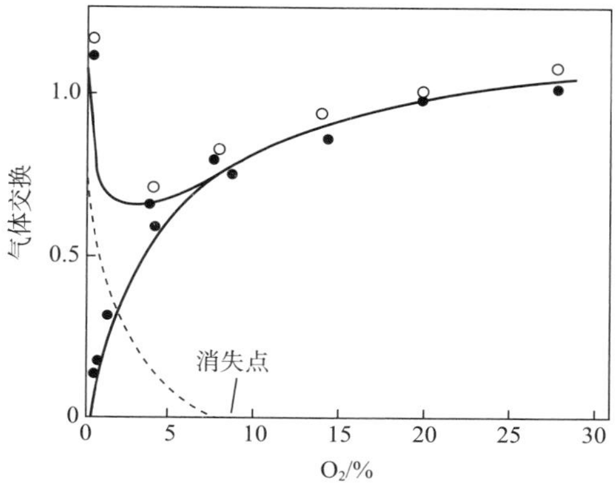

图 4-14　一种苹果在不同氧分压下的气体交换
（张继澍，2006）

实点（●）为耗氧量；圆圈（○）为 CO_2 释放量；虚线为无氧条件下 CO_2 的释放，消失点表示无氧呼吸停止。

（四）机械损伤

机械损伤会显著提高组织的呼吸速率，可能有两方面的理由：呼吸作用的氧化酶原来与它们的底物在结构上是隔开的，损伤使它们相互接触，因此生物氧化过程加强；伤口附近的某些细胞，转变为分生组织状态，以形成愈伤组织去修补伤处，这些愈伤组织的呼吸速率比原有细胞呼吸速率高。因此，在采收、包装、运输和贮存果实和蔬菜时，应尽可能地防止机械损伤。

其他胁迫或伤害也会改变植物的呼吸速率。例如，土壤营养亏缺促使根呼吸速率增强，因为根系主动吸收离子及根寻找营养物质进行生长的过程，需要更高的呼吸作用所产生的 ATP。

第五节　呼吸作用与农业生产

呼吸作用是植物代谢的中心，正常的呼吸作用不仅可以为植物生命活动提供能量，还能够促进有机物质转化。但呼吸作用同时要消耗有机物质，因此在农业生产中既要保证植物正常的呼吸作用，又要适当调控呼吸，促进农业生产。

一、 呼吸作用与作物栽培

呼吸作用与作物对养分的吸收、运输、转化及生长发育各个过程密切相关，因此在农业生产中，许多措施都是为了保证植物的呼吸作用正常进行，促进植物的生长发育，使作物健壮生长。

例如，为了促进种子萌发，常用温水浸种催芽，催芽过程中既供给水分还要求保温，又要不时翻种、通气，使呼吸作用正常进行。水稻田要及时中耕、晒田，增加土壤氧气。低洼地要开沟、排水，黏土要掺沙，都是为了增加土壤的氧气。旱地栽培中，中耕松土能够有效防止土壤板结，提高作物根系周围土壤中氧气含量，降低二氧化碳浓度，保证根系的正常呼吸作用。涝害淹死植物，是由于土壤中缺氧，根系无氧呼吸过久产生大量乙醇，使植物细胞原生质中毒。对水稻苗期秧田实行湿润管理，寒潮时灌水护秧（减轻低温危害），寒潮过后适时排水，通过对秧田中的温度及氧气的调节进而调控秧苗的有氧呼吸，促进秧苗生长。

在保护地栽培过程中，容易出现温室、塑料大棚或地膜内温度高、光照不足的情况，使得呼吸作用大于光合作用，有机物消耗高于积累，作物生长变弱，最终可能导致减产。另外，如果温室内通风不良造成氧气浓度低而二氧化碳浓度高，会影响正常的呼吸代谢。因此，温室内要注意通风、透光及散热。

当然呼吸作用不是越高越好。据测算，作物生长过程中约一半的光合产物被呼吸作用消耗。因此适当地降低呼吸作用，减少作物有机物质消耗是提高产量的一条途径。

不同植物正常生长发育需氧量不同。一般地上部不易发生缺氧，所以以根系来看，番茄需氧量比黄瓜、茄子要高；果树中，桃树需氧量最高，其次是苹果、梨。但氧气对植物的影响具有双重性，当植株、器官或细胞在高于空气氧浓度（21%）下培养时，会发生以下几个方面的伤害：一为高氧气浓度培养的胚芽，其线粒体肿胀，嵴不全，衬质收缩，外膜受伤，三羧酸循环和氧化磷酸化受影响。二为高氧浓度使膜脂过氧化，质膜透性增加，影响离子吸收。三为高浓度的氧可诱发细胞中产生 $O_2^- \cdot$ 或 $\cdot OH$，损伤 DNA，使蛋白合成受阻，细胞分裂受抑制。

二、 呼吸作用与农产品贮藏

农产品在贮藏过程中，由于不断地进行呼吸作用引起大量有机物被消耗。同时呼吸作用释放出水分与热量，会使贮藏物发热霉变，也容易产生病害虫害，影响农产品的品质；温度高湿度大又会反过来促进呼吸作用，因此在贮存过程中要降低呼吸速率。

(一) 种子和粮食的贮藏

种子含水量与其呼吸作用密切相关。如果种子内自由水含量高，酶活性高，呼吸作用强。处于风干状态的种子（油料种子含水量为 8%~9%，淀粉种子含水量为 12%~14%），细胞中水分含量低，几乎都是束缚水，酶活性降低，呼吸作用极其微弱，可以入库贮藏。因此对于贮藏的种子，控制含水量是控制呼吸的重要因素。一般把种子可以入库贮藏的最高含水量称为安全含水量。种子和粮食的贮存首先要晒干，控制种子含水量使之不超过安全贮存的含水量标准。经过分析发现，种子本身呼吸增加缓慢，主要是种子表面附有微生物，它们在 75% 相对湿度下可迅速繁殖，在这个湿度下测量禾谷类种子含水量是 14.5%，因此要求种子的含水量要低于此值。微生物越多，呼吸越强，如果用药物杀菌，种子的呼吸就不会那么强了。另外，除了控制含水量以外，贮存种子还要保持通风散热，降低温度和湿度，减少呼吸；还可以采用脱氧充氮法抑制呼吸。

（二）果蔬的贮藏

与粮食的贮藏有所不同，水果、蔬菜含水量较高，一般为 70%～80%，贮存时不能干燥，因为干燥会造成皱缩，失去其色香味和新鲜状态。因此目前大多采用两种方法进行水果、蔬菜的贮藏保鲜：低温贮藏法与气调贮藏法。

果蔬的贮藏要求湿润的环境，主要采用低温贮藏法。对大多数的果蔬，贮存低温 1～5℃ 较合适，若温度过低易受冻伤变质。但荔枝不耐贮存，在 0～1℃ 只能存 10～20d，中国科学院华南植物园经过研究改用低温速冻法，使荔枝在几分钟内结冻，即可保存 6～8 个月。各种果蔬具体适宜的贮存温度可能有些差异，如柑橘为 2～3℃、柠檬为 6～7℃、香蕉为 12～15℃、苹果为 1℃，在实际中要注意调节。

气调贮藏法是指通过调控环境中气体种类或浓度贮藏农产品的方法。常用的气调贮藏法是提二氧化碳浓度，降低氧气浓度。降低氧浓度也可用脱氧充氮法。

最简便的气调法是自体保鲜法。由于水果、蔬菜本身不断呼吸放出二氧化碳吸收氧气，在密闭的环境中二氧化碳浓度增高、氧气减少，抑制呼吸，可以稍微延长贮存时间。当然，容器中的二氧化碳浓度不能超过 10%，否则果实会中毒变质。如果能密闭加低温（1～5℃）储存时间会更长些。这种方法现已广泛应用，如四川广柑贮藏在密闭的土窖中，时间长达 4～5 个月；哈尔滨等地利用大窖套小窖的办法，可使黄瓜贮存 3 个月。

有些果实成熟到一定程度会发生呼吸速率急速上升的现象，称为呼吸跃变，如苹果、香蕉、芒果、番茄、梨等。呼吸跃变是果实开始衰老的标志。进入跃变期的果实不能再贮藏，因此控制呼吸跃变是延长贮藏期的关键。另外，因为果蔬多汁鲜嫩，容易腐烂，在收获、运输及贮藏过程中应避免损伤降低呼吸，减少腐烂变质。

（三）块根、块茎的贮存

块根、块茎含水量也较高，一般含水量为 70%，含糖量达 5%～10%。因此块根、块茎与果实的贮藏原理相似，主要是控制温度和气体成分。贮存过程需降低温度，避免机械损伤，控制通气状况，但湿度不能太低。甘薯贮存时温度宜 12～13℃，不能低于 9～10℃，以防受冻，但不能高于 15℃。而马铃薯贮存最适温度 2～3℃，1℃ 以下易受害变质，4℃ 以上容易发芽。另外，马铃薯贮藏时要避光，避免发生绿变；因为薯块含有毒物质龙葵素，马铃薯中龙葵素的安全含量标准是 20mg/100g，正常成熟的马铃薯每 100g 含龙葵素 5～10mg，但表皮发绿以及发芽的马铃薯龙葵素含量高，不能食用。

三、　呼吸作用与植物的抗病性

植物感染病害以后，可引起代谢过程发生一系列的生理生化变化：水分平衡失调、光合作用降低、呼吸作用增强、生长变态等，最后会导致出现病状。

植物对病原菌侵染的抵抗力称为植物的抗病性。研究结果表明寄主的呼吸代谢在抵抗病菌感染的保护反应中起着极其重要的作用。

作物染病后呼吸作用明显增高，其原因有两方面：一方面，病菌本身具有强烈的呼吸作用；另一方面寄主植物呼吸加快。寄主植物呼吸加快主要是由于氧化酶活性提高。大量研究表明，过氧化物酶和多酚氧化酶活性强的植物，对病害的抗病力增强。例如，凡是过氧化物酶、抗坏血酸氧化酶活性高的甘蓝品种，对真菌病害的抵抗力较高；多酚氧化酶活性强的马铃薯品种对晚疫病的抗性较强。

呼吸作用增强能减轻病害提高抗病力，主要体现在以下几方面。

（1）病菌侵入植物后，会产生毒素（如黄萎病产生多酚类物质，枯萎病菌产生镰刀菌酸），使细胞受毒害。旺盛的呼吸作用能将这些毒素氧化分解为二氧化碳和水，或者转化为无毒物质。例如，酚氧化酶将酚氧化成醌，醌对病菌有毒，所以多酚氧化酶活性高的植物抗病力较强。

（2）病菌侵入植物体后，有时会在植物体表形成伤口。呼吸增强可促进伤口附近的木栓层形成，使伤口愈合，把健康组织和受害组织分隔开，防止其扩展。

（3）病原菌通过自身的水解酶把寄主植物的有机物分解，供它自身生活需要。寄主植物呼吸旺盛，能抑制病原菌水解酶活性，防止寄主有机物分解，使病原菌得不到充足的营养，病害的扩展就受到限制。

病菌感染不仅影响呼吸强度也调节呼吸途径。植物感病后磷酸戊糖途径加强，它的中间产物 4-磷酸赤藓糖等进一步通过莽草酸途径，形成多种抵抗病菌的物质，如咖啡酸、绿原酸、香豆酸、木质素、类黄酮等，这些物质有抗病能力，可减轻病害。

内容小结

植物中的呼吸代谢分为底物降解和电子传递及氧化磷酸化。底物降解途径主要有糖酵解、三羧酸循环、磷酸戊糖途径。糖酵解途径在细胞质中进行，将糖类降解为丙酮酸，此过程不需要氧，也没有二氧化碳的释放。三羧酸循环及电子传递和氧化磷酸化途径在线粒体中进行。通过三羧酸循环，丙酮酸被彻底氧化为二氧化碳。在呼吸代谢途径中，除少数底物水平的磷酸化外，呼吸底物逐步氧化降解所释放的自由能首先被贮存在 NADH 和 $FADH_2$ 中，其电子通过电子传递链传给氧气生成水，同时形成跨线粒体内膜的质子电化学势梯度，并利用它合成 ATP。另外，植物的细胞质和质体还有磷酸戊糖途径可降解糖类。植物的呼吸代谢途径表现出多样性的特点，以适应环境的变化。植物呼吸代谢途径中都有关键的调节部位，以控制和协调整体呼吸代谢的进行。植物呼吸作用受内外因素的影响，也与农林生产关系密切，在农业生产中既应保证作物的呼吸正常进行，又要适当控制呼吸以提高产量和品质。

课程思政案例

1. 汤佩松是中国植物生理学奠基人之一，国际著名的植物生理学家，主要进行植物呼吸作用和光合作用的研究，他首次发现植物细胞也有细胞色素氧化酶，提出了植物呼吸代谢的多样性等。另外，第一章的细胞水势这一概念一直以来被认为是由西方在 20 世纪 60 年代基于热力学观点提出的。但其实汤佩松在 1941 年就在《物理化学学报》发表了类似的观点，可当时未被注意到，直到 1985 年人们才发现其实汤佩松很早就进行了相关研究。

2. 2019 年清华大学杨茂君团队发现哺乳动物线粒体 ATP 合酶以四聚体形式存在，形成超级复合体，并阐明了其作用机制。该结果修正了以往认为 ATP 合酶以二聚体形式存在的认识。

3. 请从电子传递方向、能量得失、是否自发进行、形成 ATP 的机理等方面对呼吸电子传递和光合电子传递及氧化磷酸化和光合磷酸化进行比较分析，找出异同点。练习分析类比的学习方法，提高学习效率。

CHAPTER

5

第五章

植物体内有机物的运输与分配

高等植物是由多种器官组成的，各器官既有明确分工又相互依存。叶片是进行光合作用合成有机物质的主要部位，其他器官或组织（比如根系、果实或种子）所需要的有机物都主要由叶片供给。有机物从制造场所到消耗或贮藏场所之间必然有一个运输过程。有机物的运输对植物来说，正如血液循环对动物那样重要。有时植物体内会同时存在多个需要有机物的器官，有机物向各个器官运输的先后和运输量的多少可能不同，因此形成了有机物在各器官间分配的差异。

从农业生产实践来说，有机物运输分配是决定产量高低和品质好坏的一个重要生理因素。因为即使光合作用形成大量的有机物（生物学产量），但对人类经济价值较高的部分（如小麦、水稻、花生的种子，马铃薯的块茎，甘蔗的茎等）产量（经济产量）不高，仍不能达到高产的目的。从较高的生物学产量转变为较高的经济产量，其中就存在有机物的运输分配问题。

近年来在研究有机物的运输、分配和积累的关系中，提出了源库理论。源是指制造和输出有机物的部位或器官，如成熟的叶片；库则是指消耗或贮藏有机物的部位或器官，如根系、果实或种子等。光合同化物由源到库的运输过程称为流。源库理论实质上就是用有效的人工干预，促使光合产物向经济器官运输分配，使作物获得较高的经济产量。

第一节　植物体内有机物运输的概况

一、　有机物运输的途径

高等植物体内的运输十分复杂，有短距离运输和长距离运输之分。短距离运输是指细胞内以及细胞间的运输，距离在微米与毫米之间；长距离运输是指植物体各器官之间或植物整体与外界环境之间的运输，距离从几厘米到上百米。这两种不同的运输系统，不仅在植物体内同时起作用，而且彼此紧密联系，构成一个统一整体。

（一）短距离运输——胞内与胞间运输

1. 胞内运输

胞内运输指细胞内、细胞间的物质交换，有分子扩散、微丝推动的原生质环流、细胞器膜内外的物质交换以及囊泡的形成与囊泡内含物的释放等。如叶绿体中的丙糖磷酸经 P_i 转运器从叶绿体转移至细胞质，在细胞质中合成蔗糖进入液泡贮藏；内质网和高尔基体合成的成壁物质由高尔基体分泌小泡收集、包装和运输至质膜，小泡内含物释放至细胞壁中；胞饮作用中质膜内陷形成的囊泡再向胞内移动，并将内含物释放至细胞质或液泡等过程均属胞内物质运输。

2. 胞间运输

胞间运输包括细胞之间短距离的质外体、共质体以及质外体与共质体间的运输。

（1）质外体运输（apoplastic transport） 细胞间的质外体主要是指细胞壁、细胞间隙。有机物在质外体的运输基本上靠溶质扩散进行，所以是物理学过程，该过程阻力小，物质运输快。

（2）共质体运输（symplastic transport） 共质体运输主要是通过胞间连丝实现的。胞间连丝是植物细胞之间物质、能量和信息交流的直接通道。在植物组织内，凡是有机物质运输频繁的部位，胞间连丝都显得粗而多。共质体运输受胞间连丝状态的控制。一般认为，胞间连丝有以下三种状态。

①正常态：质膜（连丝）的通道中有内质网，属可控态，能容许相对分子质量小于1000的小分子物质通过；

②开放态：连丝内部结构解体，扩大为开放的通道，能让原生质和细胞核穿壁运动；

③封闭态：连丝通道被黏液体等临时封闭或永久堵塞，控制细胞内物质外运，并造成细胞间的生理隔离。

胞间连丝的三种状态可随细胞发育时期而变化，如衰老的薄壁细胞胞间连丝主要是开放态，有利于衰老细胞内物质外运至其他细胞。物质在共质体的运输由于原生质的黏度大，因而运输的阻力大。

（3）共质体与质外体间的运输即为物质进出质膜的运输 物质进出质膜的方式有三种：第一种为顺浓度梯度的被动转运，小分子物质如 O_2、CO_2 或 K^+ 等主要以这种方式进出质膜；第二种为逆浓度梯度的主动转运，多数物质如蔗糖、葡萄糖、氨基酸等以这种方式进出质膜；第三种为以小囊泡方式进出质膜，包括内吞、外排等。

植物体内物质的运输常不局限于某一途径。如共质体内运输的物质可在适当部位有选择地穿过质膜而进入质外体运输；质外体运输的物质在适当的场所也可通过质膜重新进入共质体运输。这种物质在共质体与质外体之间交替进行的运输称为共质体–质外体交替运输。

近年来发现，在交替运输过程中常涉及一种特化的细胞，起转运过渡作用，这种细胞称为转移细胞（transfer cell），也称为传递细胞。转移细胞具有显著的结构特征：与周围细胞的胞间连丝很少，一般只与相邻的筛管分子有胞间连丝，背向筛管分子的一侧细胞壁内突生长，形成许多皱褶（图5-1），使质膜的表面积大大增加。据测定植物转移细胞质膜表面积可比一般的薄壁细胞大 10~20 倍，这就增加了共质体与质外体之间的接触表面，有效地提高了溶质跨膜转运的效率，有利于两种运输方式的转换。另外，转移细胞质膜含丰富的 ATP 酶，富含原生质和线粒体，为跨膜运输提供足够的能量；质膜折叠能有效地促进囊泡的吞并，加速囊泡的运动。转移细胞可进行囊泡

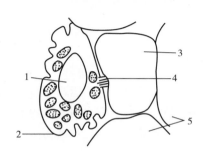

图 5-1 转移细胞壁的向内生长
1—转移细胞 2—细胞壁 3—筛管
4—胞间连丝 5—薄壁细胞

运动，挤压胞内物质向外分泌到输导系统，即所谓的出胞现象。转移细胞不仅存在于茎叶的维管组织（木质部、韧皮部都有），还在生殖器官（如果实）和一些特化的器官（如排水孔、根瘤、蜜腺、盐腺等）处存在。

（二）长距离运输——输导组织运输

长距离运输主要是发生于器官间的运输，其距离从几厘米到几百厘米不等。植物体内承担物质长距离运输的是贯穿植物全身的维管束系统。维管束主要由木质部和韧皮部组成。韧皮部一般存在于维管束的外侧。实验证明，有机物运输的途径是韧皮部。

1. 研究有机物运输途径的方法

为研究植物有机物的运输途径，意大利的马尔皮志（M. Malphighi, 1686）曾用树木枝条做了环剥（girdling）实验。将柳树枝环割一圈，把树皮（韧皮部）剥去，几周后发现位于环割区上方的树皮逐渐膨大，形成树瘤（图5-2）。这表明叶子同化的物质是经韧皮部运输。当韧皮部通路被环剥切断时，叶子的同化物向下运输受阻，停滞在环剥切口上端，引起树皮膨大。环剥未破坏木质部的连续性，因而根系吸收的水和矿物质可通过木质部向上运输到环割枝条

（1）刚环剥的枝条　（2）环剥一段时间的枝条

图5-2　树枝环剥

的上端而维持生长。如果环剥不宽，切口能重新愈合，恢复有机物向下运输能力，植株可以继续长期生长。如果环剥较宽，环剥下方又没有枝条，下面的树皮和根系长时间得不到叶子同化物的滋养，就会死亡。"树怕剥皮"就是这个道理。

证明有机物运输途径更准确的方法是放射性同位素示踪法。用$^{14}CO_2$饲喂叶片进行光合作用之后，在叶柄或茎的韧皮部检测到含^{14}C的光合产物。因此，可确认有机物的运输途径是韧皮部。

2. 韧皮部的组成

韧皮部主要由筛分子、伴胞和薄壁细胞三类细胞组成，有些情况下，还有纤维、石细胞和乳汁管等。筛分子（sieve element）泛指被子植物中典型的高度分化的筛管分子（sieve tube element）及裸子植物中相对未特化的筛胞（sieve cell）。筛管（sieve tube）是由筛管分子首尾串联相接在一起形成的一个"管道"，它是有机物运输的主要通道。成熟的筛管分子是细长的筒状细胞，许多细胞器已解体，无细胞核、高尔基体、液泡、核糖体、微丝、维管等，但还有一些线粒体及修饰了的质体和滑面内质网。筛管分子是活细胞，具有质膜，质膜上有许多载体进行着活跃的物质运输。筛管分子的两端有筛板，筛板上有筛孔，筛孔的孔径可达 0.5μm 或更宽，其面积约占筛板总面积的50%。筛管分子的这种"中空"的结构对于它的运输功能是十分重要的。筛分子（筛管分子和筛胞）侧面有筛域，筛域上的孔将输导组织相互连接起来。筛管分子的细胞质中含有多种酶，如糖酵解有关的酶、胼胝质合成酶，还含有 P-蛋白（又称韧皮蛋白）和胼胝质。P-蛋白是被子植物筛管分子所特有，有管状、纤丝状和环状，其功能与物质运输有关。通过 P-蛋白分子间二硫键交联形成的凝胶可封堵伤口。胼胝质（callose）是一种以β-1,3-糖苷键结合的葡聚糖，与纤维素很相似（图5-3）。正常条件下，只有少量的胼胝质沉积在筛板的表面或筛孔的四周。但在韧皮部受伤或受到其他胁迫（如机械刺激、高温等）或多

年生植物越冬休眠时，筛管分子内会迅速合成胼胝质，堵塞筛孔，控制通过韧皮部的长距离运输，也可沉积到胞间连丝中控制细胞与细胞之间的短距离运输。

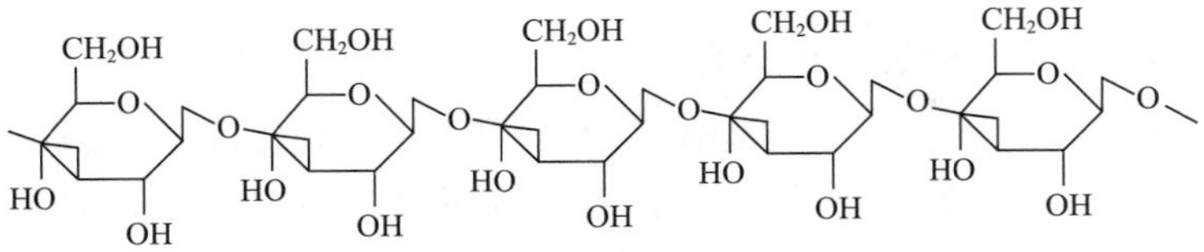

图 5-3　胼胝质的结构

每个筛管分子通常与一个或数个伴胞相连。伴胞（companion cell）有核，原生质体稠密，细胞器发达，与筛分子间有许多胞间连丝相连，特别是有一些分叉的胞间连丝存在，同化物可以相互转运。伴胞还可以合成蛋白质和 RNA，供筛管所需。另外，伴胞内含大量线粒体，可为筛管提供能量 ATP。筛分子通常与伴胞配对组成筛分子-伴胞（sieve element-companion cell complex，SE-CC）复合体，常将其作为一个功能单元。

在源端或库端筛管周围不仅有伴胞，而且增加了许多薄壁细胞，细胞壁较薄，液泡很大，原生质稀薄。这些薄壁细胞可贮存或释放溶质以维持筛管两端的浓度差。

二、 有机物运输的方向

叶片光合作用制造的糖类，在茎内韧皮部既可向上运输到幼嫩部位，如幼茎顶端、幼叶或果实；又可向下运输到根部和地下贮藏器官；而且可以同时双向运输。

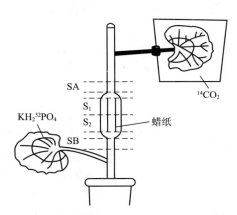

图 5-4　天竺葵茎中标记的 $^{14}CO_2$ 与 $KH_2{}^{32}PO_4$ 在韧皮部中沿两个方向同时运输

可以用放射性同位素示踪来证明：将天竺葵茎中部的一段韧皮部与木质部分开，并用蜡纸隔开（图 5-4），用 $^{14}CO_2$ 施于上部叶片，将 $KH_2{}^{32}PO_4$ 施于天竺葵茎的下部叶片，经过 12~19h 光合作用后测定茎各段的 ^{14}C 和 ^{32}P 放射性，结果发现分离部位韧皮部中均含有相当数量的 ^{14}C 和 ^{32}P，而木质部中几乎没有。由此可见韧皮部中有机物可同时双向运输。但分离部位的上端或下部，除韧皮部外，木质部也有少量放射性 ^{14}C 和 ^{32}P，说明韧皮部内同化物除纵向运输外，还可以横向运输到木质部，但是正常情况下其量甚微；当纵向运输受阻时，横向运输才加强。

三、 有机物运输的形式

研究有机物质运输形式的理想方法是将一个纤细的注射针头刺入单个的筛管分子中来收集韧皮部汁液。大自然提供了这样的探针——蚜虫吻针。筛管直径很小，只有 20~30μm，但蚜虫可将它的刺吸式口器——吻针刺入叶或茎的单个筛管分子来获取营养。待蚜虫将吻针刺入筛管后，用 CO_2 将蚜虫麻醉，再用激光把蚜虫的吻针连同下唇一起切下，从留存的吻针处不断流出筛管汁液，可持续数小时（图 5-5）。

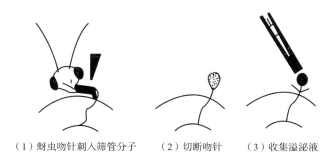

（1）蚜虫吻针刺入筛管分子　　（2）切断吻针　　（3）收集溢泌液

图 5-5　用蚜虫吻针收集筛管汁液的示意图

收集筛管汁液分析其组分，结果显示尽管不同植物筛管汁液的成分有差异，但筛管汁液中主要是水，占 75%～90%，干物质占 10%～25%。筛管中最主要的溶质是糖类（占 90% 以上），其成分见表 5-1。在被运输的糖类中以蔗糖最为普遍，浓度可达 0.3～9 mol/L。因此，蔗糖是糖类运输的主要形式。其他被运输的糖类如棉子糖、水苏糖和毛蕊花糖等寡聚糖都是由 1 个蔗糖分子与若干个半乳糖分子结合形成的（图 5-6）。被筛管运输的糖类都是非还原性的，较不活泼，因此在运输过程中不易发生反应。还有一些糖醇包括甘露醇和山梨醇等也可被韧皮部运输。例如，葫芦、南瓜运输水苏糖，苹果运输山梨醇，芹菜运输甘露醇。

表 5-1　　　　　　　　　　　蓖麻韧皮部汁液的成分（Taiz 等，2015）

成分	浓度/（mg/mL）	成分	浓度/（mg/mL）
糖类	80.0～106.0	钾	2.3～4.4
氨基酸	5.2	氯	0.355～0.550
有机酸	2.0～3.2	磷	0.350～0.550
蛋白质	1.45～2.20	镁	0.109～0.122

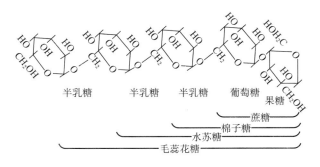

图 5-6　韧皮部中运输的几种糖的结构

除糖类以外，韧皮部汁液中还有少量其他有机物质。有机含氮化合物主要是氨基酸和酰胺，特别是谷氨酸、谷氨酰胺和天冬氨酸、天冬酰胺；含磷化合物如核苷酸、糖磷脂等；有机酸如柠檬酸、酒石酸、苹果酸等；内源激素如生长素、细胞分裂素、赤霉素、脱落酸等以及维生素、脂类。韧皮部也运输一些大分子物质如多肽、蛋白质、RNA、酶类等，其中有些蛋白质或 RNA 是信号分子，如多种小 RNA 和成花素 FT 蛋白（相对分子质量为 20k）；韧皮部汁液中发现的 P-蛋白、ATP 及 ATP 酶并非单纯的运输物质，很可能成为有机物质运输的中间动力。

除有机物外，韧皮部还运输无机离子，如钾、磷、氯、镁、钠等，其中钾离子最多。相反，硝酸盐、钙、硫和铁在韧皮部中相对含量极少。此外筛管内的质子浓度很低（pH7.5~8.8），而叶肉细胞质内 pH6~7，细胞壁空间 pH5~6。这种 H^+ 梯度在蔗糖和氨基酸的装载和卸出中起着重要作用。

四、 有机物运输的速度和速率

有机物运输的速度是指单位时间内被运输的物质移动的距离。利用放射性同位素示踪证明，有机物在韧皮部内运输的速度是很快的，一般为 30~150cm/h，平均为 100cm/h（比扩散的速度快得多，扩散一般为 32 年 1m）。不同植物或同一植物在不同生育时期，有机物运输速度虽有不同，但大致都在这个范围之内（表 5-2）。不同生长势的植物个体有机物的运输速度也不一样，生长势强的个体运输速度快。

表 5-2 韧皮部中物质的运输速度

植 物	运输速度/（cm/h）	植 物	运输速度/（cm/h）
马铃薯	50	甜菜	70~80
大豆	63	洋梨	10
陆地棉	40	南瓜（幼龄）	72
向日葵	30~100	南瓜（老龄）	30~50
小麦	39~87	水杉	48~60
甘蔗	42~102	菜豆	60~80
黄瓜	24	蓖麻	84~150
葡萄	60	柳树	100

有机物运输速率是指单位时间内所运输物质的总质量。因为是韧皮部中筛管分子运输有机物质，所以根据横截面来计算比较好，称为比集转运速率（specific mass transfer rate，SMTR）或质量转运速率（mass transfer rate，MTR），即单位时间、单位韧皮部或筛管横截面积运输的干物质的质量，可按下式计算：

$$\text{SMTR} \left[g/(cm^2 \cdot h) \right] = \frac{\text{转移的干物质的质量}}{\text{韧皮部（筛管）的横截面积} \times \text{时间}}$$

以马铃薯为例：块茎在 100d 内通过地下蔓的韧皮部（横截面积为 0.0042cm²）输送同化物，增重 210g，其中 24% 是有机物，其 SMTR 为：

$$\text{SMTR} = (210 \times 24\%) / (0.0042 \times 24 \times 100) = 4.9g/(cm^2 \cdot h)$$

一般筛管的横截面积只占韧皮部总横截面积的 1/5，因此，经过筛管横截面的运输量应该是上面数值的 5 倍，即约为 20g/（cm² · h）。

大多数植物韧皮部的 SMTR 为 1~15g/（cm² · h），最高可达 200g/（cm² · h）。测定果树结果期和具有贮藏器官的作物，在贮藏器官形成时期，其 SMTR 值为 2~5g/（cm² · h），双子叶植物茎的 SMTR 值在 3~5g/（cm² · h）（表 5-3）。

表 5-3　　　　　　　　　　　　　韧皮部中同化物的比集转运速率

植　物	韧皮部 SMTR/ [g/（cm² · h）]	植　物	韧皮部 SMTR/ [g/（cm² · h）]
茄属块茎	2.1~4.5	南瓜属果柄	3.3~4.8
薯蓣属块茎	4.4	菜豆属叶柄	0.56~0.7
非洲腊肠树属果柄	2.6	金莲花属叶柄	0.7

第二节　有机物运输的机理

有机物运输主要通过韧皮部进行，这是一个高度完整的体系，至少包括三个步骤：一是源端叶肉细胞合成的有机物装载进入韧皮部筛管；二是有机物在筛管中长距离运输；三是有机物从韧皮部筛管卸出到消耗或贮存的库细胞。源端装载和库端卸出过程为长距离运输提供驱动力。

一、韧皮部装载

韧皮部装载（phloem loading）是指光合同化物从源端叶肉细胞运出到最终进入筛分子-伴胞复合体的整个过程。

韧皮部装载的部位是叶片中的小叶脉，以后逐级汇入主叶脉。在叶的维管束组织中，维管束鞘从头到尾包围着小叶脉，把叶脉与叶的细胞间隙分隔开来；小叶脉只有一或两个筛管。

韧皮部装载包括以下几个步骤：第一步，白天叶肉细胞通过光合作用形成的磷酸丙糖，从叶绿体运到细胞质合成蔗糖，晚上叶绿体内的淀粉水解运到细胞质然后转化为蔗糖；第二步，蔗糖从叶肉细胞移向邻近小叶脉的筛分子-伴胞复合体附近，一般只有几个细胞直径那么远，是短距离运输；第三步，糖进入筛分子-伴胞复合体，即筛分子装载（sieve element loading）。

有人建议将韧皮部装载和筛分子装载区分开来。当 SE-CC 复合体和相邻的薄壁细胞存在共质体连续性时，筛分子装载被认为是共质的装载；当溶质是跨过质膜进入 SE-CC 复合体时，筛分子装载则被认为是质外的装载。当同化物从叶肉细胞到 SE-CC 复合体的整个装载通道都是共质的称为共质体途径的韧皮部装载；如果此通道的某些位置上缺乏胞间连丝，不论共质体的非连续性在何处，则称为质外体途径的韧皮部装载（图 5-7）。所以韧皮部装载有两条途径：质外体途径和共质体途径。共质体途径又分为聚合物陷阱的共质体装载和被动扩散的共质体装载两种类型。

（一）装载区域的结构

韧皮部装载的模式与装载区域的结构密切相关，如小叶脉伴胞的类型、与周围细胞的胞间连丝的频率等。Gamalei 对大量木本和草本植物叶脉末端 SE-CC 复合体与相邻细胞之间的胞间连丝频率和伴胞的超微结构进行了深入研究，并根据胞间连丝频率将植物的叶脉分成四种类型：

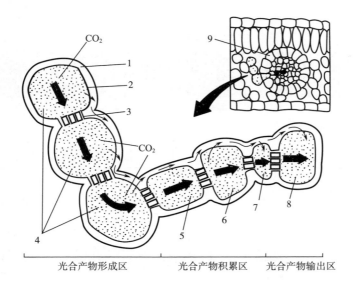

图 5-7 源叶中韧皮部装载途径的示意图（Taiz &Zeiger 2002）
1—细胞壁 2—质膜 3—胞间连丝 4—叶肉细胞 5—维管束鞘细胞
6—韧皮部薄壁细胞 7—伴胞 8—筛管分子 9—最小的叶脉
注：粗箭头示共质体途径，细箭头示质外体途径。

类型 1 具有大量的胞间连丝，类型 1~2a 有相当量的胞间连丝，类型 2a 只有零星分布的胞间连丝，类型 2b 实质上没有胞间连丝，不同类型之间胞间连丝频率依次相差约 10 倍。

每个筛管分子都与一个或多个伴胞相联系。在源端成熟叶片的小叶脉中，至少有三种类型的伴胞：普通伴胞、转移细胞和中间细胞。所有这三种类型的伴胞共同的特点是都有大量的线粒体和稠密的原生质。

普通伴胞（ordinary companion cell）有叶绿体，类囊体发育良好，细胞壁内表面光滑。与周围细胞的胞间连丝数目不定。

转移细胞（transfer cell）在背离筛管的一侧细胞壁内突生长，质膜形成皱褶表面积增大，其他特征与普通伴胞相似。除了与自身的筛管分子有胞间连丝外，与周围其他细胞的胞间连丝很少（图 5-1）。

中间细胞（intermediary cell）有大量胞间连丝与周围细胞（特别是与维管束鞘细胞）相连，有许多小液泡和缺乏淀粉粒的叶绿体，类囊体发育不良。也有的将其称为居间细胞。

类型 1 的叶脉中伴胞通常是中间细胞；类型 2b 的叶脉中，伴胞通常是转移细胞。其他类型的叶脉中可能有多种伴胞。总的来看，转移细胞适合于将糖从质外体转运进筛管–伴胞复合体；而中间细胞适合于通过胞间连丝将糖运至筛管。普通伴胞则在源叶短距离的共质体或质外体运输中行使功能。

（二）质外体途径

质外体装载（apoplastic loading）是指叶肉细胞中的蔗糖在某处先运出到质外体空间，再跨越质膜进入筛分子–伴胞复合体的过程。早期认为蔗糖释放到质外体可以在任何部位进行，但目前的研究表明蔗糖从叶肉细胞运到小叶脉附近的短距离运输通常是通过胞间连丝进行的共质体运输，在维管束鞘或者薄壁细胞处蔗糖释放到质外体，然后通过筛分子-伴胞复合体质膜上的载体被吸收进入筛管分子。所以质外体装载并不意味着全过程都在质外体进行。

　　研究表明进行质外体装载途径的植物，其叶片小叶脉的伴胞一般是普通伴胞或转移细胞，蔗糖是主要的运输糖。测定结果表明筛管-伴胞复合体中蔗糖的浓度高于周围的细胞，因此，蔗糖是逆着浓度梯度主动运进筛管-伴胞复合体的；一般认为蔗糖-H^+共运输体介导了此过程。其作用机理：叶肉细胞中的蔗糖运出到质外体后，不能直接跨膜运进筛分子-伴胞复合体；而筛分子或伴胞的质膜上有 H^+-ATP 酶，它利用水解 ATP 产生的能量，推动 H^+跨膜分泌到细胞膜外，建立质子电化学势梯度。筛分子或伴胞质膜上的蔗糖-H^+共运输体利用上述质子电化学势梯度，将蔗糖和 H^+一起运进筛管-伴胞复合体，实现了蔗糖的

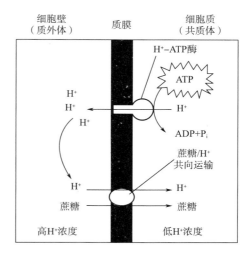

图 5-8　蔗糖装载到筛管分子伴胞的协同运输

逆浓度梯度跨膜转运（图 5-8）。质外体装载途径是最普遍的装载机理，在草本植物（例如作物）中广泛存在。

　　跨膜运输的抑制剂对氯高汞苯磺酸可以抑制豆科、菊科、十字花科、禾本科等植物的韧皮部装载，说明其装载涉及了跨膜运输。将 ^{14}C-蔗糖引入甜菜叶片的质外体，在韧皮部检测到大量的 ^{14}C-蔗糖，说明质外体参与了韧皮部装载。这些早期的实验证明了质外体装载模式的存在，而分子生物学的研究结果进一步证实了这一假说。用免疫学定位技术已证明，普通伴胞和转移细胞质膜上有 H^+-ATP 酶。在拟南芥中已克隆得到 9 种蔗糖-质子共运输体（SUC 或 SUT），其中 SUC2 在伴胞中的定位与 H^+-ATP 酶的分布有关，是韧皮部装载必需的。在烟草、马铃薯和番茄中发现 SUT1 定位于筛分子质膜上。有时 H^+-ATP 酶和蔗糖-H^+共运输体共同存在于筛管质膜上。最近从拟南芥和水稻中鉴定出一类称为 SWEET 的跨膜转运蔗糖的蛋白，拟南芥中 SWEET11 和 SWEET12 定位于韧皮部薄壁细胞，可以释放蔗糖到质外体。

（三）共质体途径

　　共质体装载（symplastic loading）是指蔗糖从叶肉细胞一直通过胞间连丝进入伴胞或中间细胞，最后进入筛管的过程。

　　进行共质体装载的植物，其叶片小叶脉的伴胞是普通伴胞和中间细胞，与周围细胞有丰富的胞间连丝。前者筛管中运输糖的主要形式是蔗糖和糖醇，后者筛管中运输的糖有寡聚糖（棉子糖、水苏糖、毛蕊花糖等）和蔗糖。

　　R. Turgeon 提出聚合物陷阱模型（polymer-trapping model）来解释中间细胞中的共质体装载（图 5-9）：叶肉细胞光合作用合成的蔗糖和肌醇半乳糖苷通过胞间连丝顺着浓度梯度从维管束鞘细胞扩散进入中间细胞，在那里蔗糖和半乳糖合成棉子糖或水苏糖或毛蕊花糖。蔗糖被消耗掉，就维持了蔗糖的顺浓度梯度的运输。由于棉子糖、毛蕊花糖等聚合物分子较大超过了维管束鞘细胞和中间细胞胞间连丝横截面的直径，使它们不能返回维管束鞘细胞；而中间细胞与筛

分子间分支状的胞间连丝的直径较大能够让这些寡聚糖扩散进入筛管。许多研究为这个模型提供了支持，如南瓜、甜瓜、西葫芦等都进行这种方式的装载，其运输的糖主要是水苏糖，给叶片饲喂$^{14}CO_2$后，在伴胞和叶脉中都检测到水苏糖的存在，但质外体没有。生物化学和免疫学实验证明水苏糖合成酶定位在中间细胞。测定表明以这种方式进行韧皮部装载的植物筛分子-伴胞复合体中总糖浓度通常较高，而叶肉细胞的总糖浓度较低，筛分子-伴胞复合体是逆浓度梯度进行糖累积，因此是主动的共质体装载。

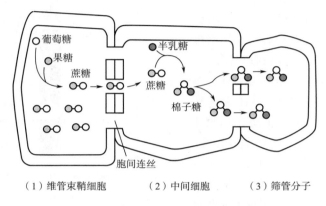

图5-9　韧皮部装载的聚合物陷阱模型（Taiz和Zeiger，2002）

除了上述聚合物陷阱机制外，最近在一些树木中发现了被动扩散的共质体装载途径。这些树木的筛分子-伴胞复合体与周围细胞有大量的胞间连丝，但没有中间细胞，也不运输棉子糖和水苏糖等寡聚糖，而运输蔗糖或糖醇。杨柳和苹果树就是这种类型，其源叶中绝对糖浓度非常高，以维持扩散所需的浓度梯度。

（四）韧皮部装载的形式与植物种类、发育阶段和气候有关

一般来说，乔木、灌木或攀缘植物等，它们的韧皮部与周围细胞间有丰富的胞间连丝，可以进行共质体装载。很多典型的草本植物在此界面很少有胞间连丝，进行的是质外体装载，如豆科、菊科、十字花科、紫草科、禾本科等。

前文是将三种装载模式分别讨论的，但实际上很多植物的有机物韧皮部装载可以是多途径的。例如，西葫芦叶片支脉的伴胞既有中间细胞也有普通伴胞，推测前者通过共质体途径装载，后者通过质外体装载。虾膜花（Acanthus mollis）是进行聚合物陷阱共质体装载的植物，但其小叶脉中既有中间细胞也有转移细胞，因此也可以进行质外体装载。另一种聚合物陷阱共质体装载的植物心叶假面花（Alonsoa meridionalis），在中间细胞中表达水苏糖合成酶基因，而在普通伴胞中表达蔗糖载体的基因，说明前者进行聚合物陷阱共质体装载，而后者进行质外体装载。而白蜡树（Fraxinus chinensis）可能三种装载策略都使用了。另一方面有些植物只用一种装载模式，如烟草（Nicotiana tabacum）只用质外体装载、毛蕊花（Verbascum thapsus）只用共质体装载。

从全球植物分布来看，韧皮部和周围细胞间有丰富胞间连丝的植物大多生长在热带和亚热带地区，而胞间连丝极少的植物大多生长在温带和气候干旱的地区。当然，也有中间类型和例外的情况。以质外体途径进行韧皮部装载的植物有相对更高的生长速率和对环境胁迫更好的适应能力，而以共质体途径进行韧皮部装载的植物，生长速率相对较低。

目前，人们认为被动扩散的共质体途径是一种古老的模式，质外体途径和聚合物陷阱的共质体途径是派生的模式，而多途径装载的能力可能是最后进化来的。有人认为质外体装载是植物对低温和干旱的适应性表现。多途径装载机制能允许植物快速适应非生物逆境，如低温；装载机理的转变也可能反应生物胁迫，如病毒侵染。总之，装载途径的相对比例因植物种类而异，也会随叶片的发育阶段、昼夜和季节的变化以及生态条件的变化而变化。植物中不同装载类型的进化和它们对环境的适应是将来重要的研究领域。

二、 有机物在筛管中长距离运输的动力

一般认为有机物在筛管中长距离运输的动力有两种：一是源库之间存在着压力势差，促使有机物运输；二是在筛管中存在某种生化机制，促使有机物定向运输。现介绍几种有机物运输机理的主要学说。

（一）压力流动学说（pressure flow theory）

1. 基本论点

1930 年德国明希（E. Münch）提出了压力流动学说。其基本论点是有机物在筛管中随着液体的流动而移动；而液体流动的动力是由于输导系统两端的压力势差引起的，所以称为压力流动学说，又称集体流动学说。压力势差的建立是源端韧皮部装载和库端韧皮部卸出的结果。

现在用一个物理模型来说明压力流动学说的基本原理。图 5-10 中（1）、（2）两个水槽通过（4）管连通，水槽中各有一个由半透膜组成的渗透计，通过（3）管相连，水分可以通过半透膜自由出入而溶质则不能通过。水槽中只有清水，如果渗透计（1）中溶质浓度高而渗透计（2）中溶质浓度低或只有清水，则渗透计（1）的水势低，水槽（1）中的水分就会因渗透作用而大量进入渗透计（1），液体体积增大，静水压力增高，迫使渗透计（1）中的水分与溶质一起经（3）管流入渗透计（2），这就是所谓的压力流动。而后渗透计（2）中溶液体积增加静水压力升高，水分便从渗透计（2）外渗出去而溶质不能出去，（2）水槽中的水可以通过（4）管流回（1）水槽。这样水分是循环的，而溶质从渗透计（1）被运输到了渗透计（2）。当（1）渗透计和（2）渗透计中溶质浓度相等时，这种流动即停止。如果能不断向渗透计（1）加入溶质或将溶质从渗透计（2）中移去，渗透计（1）的水势总是比（2）低，吸水多，因此其压力势总是比（2）高，则水分和溶质就会不断地通过（3）管向（2）端流动，（2）端水分可源源不断地通过（4）管流回（1）端，从（1）到（2）形成一个连续的运输系统，此系统中无需另外施加能量。

上述模式原理应用于植物体内有机物的运输（图 5-11），渗透计（1）相当于成熟叶片，叶肉细胞光合作用形成大量溶质（糖类）装载进入 SE-CC 使其保持较低的渗透势，根据渗透原理，它向木质部导管吸收水分，使压力势升高，驱动汁液经筛管［相当于（3）管］流到根部；与此同时，根部不断将糖分卸出用于合成新细胞或转化为其他贮藏物质，韧皮部筛管中可溶性溶质减少，好像渗透计（2），水势较高，水分外排至木质部导管，因此压力势较小。而根的木质部导管［相当于（4）管］中的水分在蒸腾拉力的作用下又不断从根系向枝叶运输。在这里，叶片是制造和输出同化物的部位，称为"源"；而利用或贮存同化物的部位，则称为"库"，如根系、果实、种子等。叶片不断地合成有机物，接受器官不断地消耗，韧皮部筛管是连接两端的通道，由于两端存在压力势差，叶片的有机物便可源源不断地同水分一起沿着筛管运输到根系或贮藏器官。

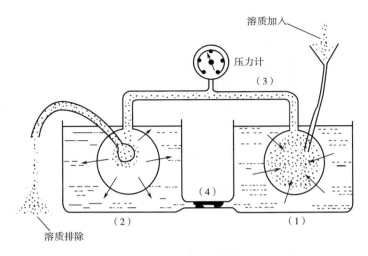

图 5-10 压力流动的模型（Bidwell，1974）

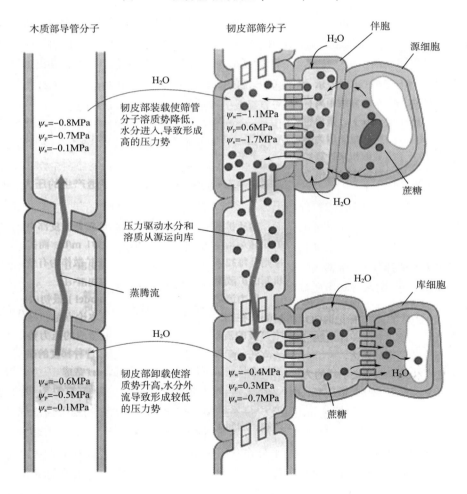

图 5-11 压力流动学说的图解（Taiz 等，2010）

图中水势及其组分单位为 MPa。

因此新的压力流动学说（图 5-11）认为：①同化物在韧皮部筛管内运输是由源、库两端 SE-CC 复合体内渗透作用所形成的压力梯度所驱动的；②压力梯度的形成是由于源端光合同化物不断向 SE-CC 复合体进行装载，库端同化物不断从 SE-CC 复合体卸出，以及韧皮部和木质部之间水分不断再循环所致；③只要源端光合同化物的韧皮部装载和库端光合同化物的卸出过程不断进行，源、库间就能维持一定的压力梯度，在此梯度下光合同化物可源源不断地由源端向库端运输。

2. 压力流动学说的实验证据

压力流动学说提出后，得到了许多实验支持。

近年来用快速冷冻和固定技术，通过电镜观察，发现筛板上的筛孔是开放的，P-蛋白质沿长轴分布在筛管分子外围，位于筛孔的 P-蛋白沿孔道或以疏松的网状分布。最近利用激光共聚焦显微技术对蚕豆活体状态下荧光分子的运输过程进行了观察，结果表明筛管孔道在活体中是开放的。

当把植物韧皮部刺伤或用蚜虫吻刺法做实验，有相当数量的汁液从筛管中持续地溢泌出来，这说明筛管内存在着很大的正压力，测定液流速度约为 100cm/h，这和已知的韧皮部有机物运输速度相似。根据计算，维持其集流所需的压力差是 0.12~0.46MPa，而实际观测到源与库之间的压力差为 0.41MPa，因此源库间存在的压力差足以推动筛管集流的运行。在大豆中，即使考虑到筛板孔的阻力、路径长度和转运速度，源库间的压力差也足够推动溶质集流。

测定欧洲白蜡树茎不同高度的韧皮部汁液浓度，发现正常情况下高处的筛管汁液浓度较高，低处（距根近）浓度低（图 5-12），说明筛管接近源、库的两端存在着浓度梯度差，符合压力流动学说。当秋天叶子脱落后不同高度茎的筛管汁液浓度相等，因为没有叶片制造有机物，压力差消失，运输停止。

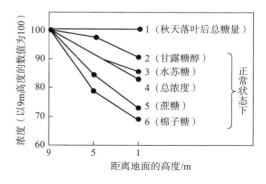

图 5-12 白蜡树树干不同高度的含糖浓度

根据压力流动学说，装载与卸出过程需要能量，而在运输途中不需要消耗大量的能量。试验证明，源端装载和库端卸出能够被呼吸抑制剂抑制，与代谢有关；而长距离运输受呼吸抑制剂的影响不大，说明与代谢无关，需要能量少。另外，通过解剖观察，源端和库端的伴胞细胞质浓度高，细胞体积比筛管分子大；而茎或叶柄中的伴胞原生质浓度稀，细胞体积较小，就此也可推测装载与卸出过程需要能量，而长距离运输的途中只需要少量能量。

上述的实验证据都支持压力流动学说，但它无法解释有机物在筛管中同时存在双向运输的现象。以 $^{11}CO_2$ 或 $^{14}CO_2$ 作脉冲标记的试验表明，在单一筛管分子中，同化物运输是单向的，这一点与压力流动学说相符；双向运输可以在不同的筛管分子中检测到。另外压力流动学说不适合裸子植物，因为裸子植物韧皮部的结构与被子植物有很大差异。因此人们认为有机物运输还有其他动力。

（二）收缩蛋白学说（contractile protein theory）

20 世纪 60 年代阎隆飞等在南瓜、烟草等高等植物韧皮组织中发现能够收缩的蛋白质，即所谓 P-蛋白，其微纤丝在形态上和某些生化特性上与肌动蛋白和肌球蛋白相似，直径为 6 ~ 28μm，可由一个筛管经过筛孔达到另一个筛管。70 年代前后，芬索姆（D. S. Fensom）提出筛管内的 P-蛋白纤丝可能成为一个有收缩活性的体系，推动筛管液流的运行，即收缩蛋白学说。P-蛋白纤丝能借水解 ATP 得到的能量进行收缩伸张（据测定筛管汁液中 ATP 含量较高，约为 1μg/μL），推动有机物在筛管中运输。同时，P-蛋白纤丝的收缩伸张可以是双向的，因此可以在一定程度上解释筛管中的双向运输现象以及同一筛管中不同物质移动的速度不同。收缩蛋白学说为压力流动学说作出有力的补充。但目前对此学说的评价和认识尚不一致，一些实验对 P-蛋白有收缩性表示怀疑，学说本身在很多方面尚有待完善和充实。

（三）细胞质泵动学说（cytoplasmic pumping theory）

早在 1885 年德维利斯（H. Devries）提出原生质环流可能是有机物质运输的动力，并可解释双向运输，即筛管内的原生质不断地进行环流，随之把有机物质从一个细胞运到另一个细胞。不过，这种解释有一定的局限性，因为当筛管细胞成熟时原生质环流减弱甚至完全停止。1960 年，塞恩（Thaine）等人支持并发展了这一观点。他们认为，筛管分子内腔的细胞质呈几条长丝，形成胞纵连束，纵跨筛管细胞，其直径为 1 微米或数微米。束内呈环状的蛋白质丝能反复地有节奏地收缩与舒张，形成一种蠕动，把细胞质长距离泵走，糖分亦随之流动。同一筛管中有多条胞纵连束，在同一时间可以向不同方向蠕动，因而可以解释筛管中的双向运输现象。但有学者怀疑筛管里是否存在胞纵连束，认为胞纵连束是一种赝象，是光反射所致等。

另外还有电渗学说等，在此不再赘述。总的来说，同化物在韧皮部运输的动力可能不止一种而是几种，以上所讲机制可能都对有机物运输起着共同的作用。

三、韧皮部卸出

糖类通过韧皮部长距离运输到库器官时，可从韧皮部卸出进入库细胞。所谓韧皮部卸出（phloem unloading）是指光合同化物从韧皮部的筛管-伴胞复合体进入库细胞的过程。

糖进入库细胞包括以下几个过程：①糖离开库组织的筛分子-伴胞复合体，即筛分子卸出（sieve element unloading）；②糖通过短距离运输到达库中的细胞，该过程又称为筛分子后运输（post-sieve element transport）；③糖在库细胞中被代谢或贮藏。筛分子卸出可以有共质体和质外体这两种途径；而筛分子后运输可以是共质体途径、质外体途径或者共质体与质外体交替的三种途径。库包括的范围非常广泛，生长中的营养器官（如幼叶和根尖）、贮藏根或茎和生殖器官（种子和果实）都可以作为库。卸出可以发生在成熟韧皮部的任何部位，而且由于库在组织和功能上差异很大，所以卸出比装载复杂得多。与源端装载相似，从韧皮部卸出的全过程来看，可将之分为两条途径：当糖类从筛分子-伴胞复合体到库细胞的整个卸出通道都是共质的称为共质体卸出；如果此通道的某些位置上缺乏胞间连丝不论共质体的非连续性在何处，则称为质外体卸出（图 5-13）。

（一）共质体卸出

共质体卸出是指同化物通过胞间连丝沿浓度梯度从筛分子-伴胞复合体释放到库细胞的代谢部位，如图 5-13（1）所示。一般来说，正在生长发育的幼根、幼叶，同化物是经共质体途径卸出的。

支持共质体卸出的证据包括：①蔗糖跨膜运输的抑制剂对氯高汞苯磺酸（PCMBS），对双子叶植物如甜菜和烟草幼叶的蔗糖卸出无抑制作用；②初生根尖的分生区和伸长区存在大量胞

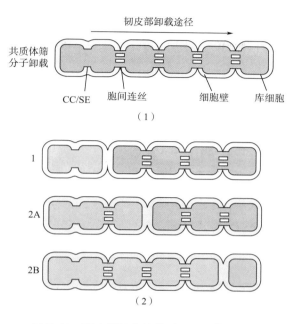

图 5-13　韧皮部卸出的类型（Taiz 等 2015）

（1）共质体的韧皮部卸出途径；（2）质外体的韧皮部卸出途径（同化物卸出到质外体可以发生在筛分子-伴胞复合体处，也可以在筛分子后运输中的其他部位）

间连丝，可以进行共质体卸出；③用膜不透过染料羧基荧光素（CF）观察拟南芥根尖韧皮部卸出，证明 CF 可以通过胞间连丝运输。

共质体卸出可通过扩散作用和集流方式进行。

（二）质外体卸出

质外体卸出是指筛分子-伴胞复合体与库细胞之间在某些位置不存在胞间连丝，同化物从筛分子-伴胞复合体通过扩散被动地或在运输载体的帮助下主动地运出至质外体，再由质外体运入库细胞，如图 5-13（2）所示。

1. 同化物卸出到质外体的部位

果实、种子及贮藏器官的韧皮部卸出会涉及质外体步骤。从质外体步骤发生的位点可将质外体卸出分为两种类型：类型 1 的筛分子卸出是质外的，筛分子后运输是共质的 ［图 5-13（2），类型 1］；类型 2 的筛分子卸出是共质的，筛分子后运输是质外的 ［图 5-13（2），类型 2A 和 2B］。其中类型 2 最为常见，最典型的是发育的种子。发育中的种子韧皮部卸出需要一个质外体步骤，因为母体组织和胚胎组织之间缺少共质体连接。但其糖从筛分子-伴胞复合体运出却是共质体途径的，糖进入质外体发生在筛分子后运输的某些部位 ［图 5-13（2）类型 2］。

2. 蔗糖在质外体的命运

另外，根据蔗糖进入质外体后的命运，又可将质外体卸出分为两条子途径。

子途径Ⅰ是蔗糖在质外体被细胞壁转化酶分解为葡萄糖和果糖，然后己糖再被运入库组织。甘蔗茎和玉米、高粱粒籽中蔗糖的卸出机理属这种类型（图 5-14）。在缺乏细胞壁转化酶的玉米突变体种子中，质外体蔗糖不能被水解，因此蔗糖在筛分子-伴胞复合体累积而不能卸出到库组织，导致种子淀粉含量下降。子途径Ⅱ是蔗糖在质外体中不分解，直接运进库细胞。甜菜块根、豆科种子、小麦籽粒中同化物以这种方式卸出（图 5-14）。

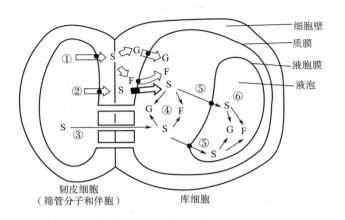

图 5-14　蔗糖卸出到库组织的可能途径〔Giaguinta 等，1983〕

　　蔗糖（S）从质外体进入细胞①②，或从胞间连丝③进入细胞。蔗糖进入细胞前分解为葡萄糖 G 和果糖 F①，也可以不变化②，有些蔗糖是在细胞溶质中水解为果糖和葡萄糖④，有些蔗糖则进入液泡后⑤才分解⑥。进入液泡的葡萄糖和果糖又可再合成蔗糖，贮存在液泡中。● 蔗糖跨膜时载体参与调节的部位。

　　两条子途径的质外体卸出与细胞壁转化酶存在与否有关。一般热带禾本科植物保留了胞外转化酶活性，而温带禾本科植物却失去了此酶活性。在质外体卸出中，己糖或蔗糖从质外体进入库细胞都是由载体介导并需要消耗能量的糖-H+共运输机制进行的。

（三）卸出途径可以相互补充协调

　　共质体卸出和质外体卸出并非互相排斥，有时可相互补充协调。例如在豆类的茎秆中同化物从输导组织到邻近贮藏细胞通过质外体途径卸出；一旦跨膜运输饱和了，在自由空间里导致较高的蔗糖浓度时，共质体卸出就会成为卸出的主要途径。在番茄果实发育早期同化物的筛分子后运输是以共质体途径为主；而在后期则形成共质体隔离，改为质外体途径运输。马铃薯在块茎膨大早期，同化物以共质体卸出为主；块茎形成之后，则改为质外体途径。甚至不同类型或不同子途径的质外体卸出有时也可以相互转化。比如，在豆科籽粒发育的贮存前期，胞外转化酶维持了跨膜浓度梯度，推动蔗糖进入质外体，是子途径Ⅰ的质外体卸出；但在贮存期开始时胞外转化酶活性消失，转变为子途径Ⅱ的质外体卸出。总的来看，卸出的途径和机理因植物和库器官而有所不同，也会随发育阶段和生理状态变化。

（四）同化物从韧皮部输入库组织是需要能量的

　　虽然共质体卸出是顺着浓度梯度通过胞间连丝靠扩散作用进行的，本身不需要能量，但为了维持筛管与库细胞间的糖浓度梯度，库细胞需要将糖用于生长或转化为多聚物贮藏起来，这些过程需要能量。糖的质外体卸出需要跨膜进行运输，无论跨越质膜还是液泡膜，都需要载体并消耗能量才能进行运输。所以，光合同化物从韧皮部进入库组织是耗能的过程。

四、　新技术在有机物运输研究中的应用

　　除了传统的荧光染料和 ^{14}C 或 ^{32}P 放射性同位素示踪技术外，近年来也开发了一些新技术，

包括分子生物学技术广泛地被应用到韧皮部运输的研究中。

①用共聚焦激光扫描显微镜（confocal laser scanning microscope，CLSM）能对完整植株体内韧皮部同化物运输（包括韧皮部装卸）基本情况进行直接影像观察。用荧光染料研究植物体内物质运输已有 80 多年的历史，目前荧光染料多以游离的、酯化的或葡聚糖荧光探针形式存在，结合共聚焦激光扫描显微技术广泛应用于医学、微生物学、植物学的研究中，大大促进了同化物的韧皮部运输以及物质在细胞间运输的研究。

②空种皮技术（empty-ovule technique），此法适用于豆科植物（图 5-15）。实验证明，在短时间内空种皮杯内韧皮部汁液的收集量与种子实际生长量相仿，用以研究同化物韧皮部卸出机理和调节。

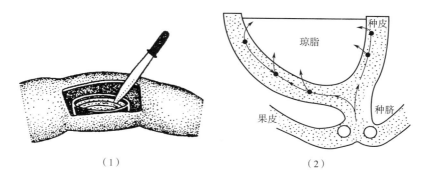

图 5-15　空种皮技术研究同化物韧皮部卸出示意图（HopKins，1995）

（1）用解剖刀将一部分豆荚壳切除，开一"窗口"，切除正在生长种子的一半（远种脐端），将另一半种子内的胚性组织去除，仅留下种皮组织和母体相连，制成空种皮杯。在空种皮杯放入 4% 琼脂或含有 EGTA 溶液的棉球，收集空种皮中的分泌物；（2）同化物在空种皮杯中卸出的途径。

③微注射法（microinjection technique），用微量进样器将少量激素等化学物质注入正在生长的种子，观察与测定激素等化学物质对种子同化物卸出的影响。

④应用分子生物学技术将编码绿色荧光蛋白（green fluorescent protein，GFP）的基因导入病毒基因组内，这样可直接观察病毒蛋白在韧皮部中的运输。

第三节　有机物的配置与分配

植物体内有机物主要由叶片通过光合作用制造，而绝大多数的光合产物是糖类。光合作用形成的糖类有多少可以用来转运取决于光合产物的配置。有机物运输总的趋势是由制造器官向消耗或贮藏器官运输，但有时在植物体内同时存在多个消耗或贮藏有机物的器官。究竟有机物运向哪些器官、运输量如何，这就形成了光合产物在各器官间分配的差异。这些问题与作物的生长和产量密切相关，也是近年来作物高产生理研究的中心问题。

一、源、库、流的概念

1928 年，梅森（Mason）和马斯克尔（Maskell）通过对碳水化合物在棉株内分配方式的研究，提出了作物源库学说。"源"和"库"的概念，原意是指制造光合同化物和接纳光合同化物的组织与器官。后来这一概念被 Evans 等所发展，用于作物产量形成的分析。但大量的关于作物源库对籽粒产量作用的研究成果是 20 世纪 60 年代以后不断涌现出来的。

如前所述，源（source）是指制造和输出同化物的部位或器官，又称为代谢源，主要是指具有糖类净输出能力的成熟叶片；库（sink）则是指消耗或贮藏同化物的部位或器官，又称为代谢库，主要是指消耗或积累糖类的果实、种子、块根、块茎等。

在某一时期，一株植物可能存在多个源或多个库。而在植物的不同生育时期，同一器官可以发生源库的相互转化。例如，小麦叶片的发育及其源库地位均是动态变化的（表 5-4），叶片幼小时是库，长大成熟时是源。双子叶植物的叶子最初是库，当叶片伸展到大约 25% 时，开始从库到源转变；伸展到 40%～50% 时，通常转变已完成。首先是从叶尖开始糖的输出，然后逐渐向基部蔓延，直至整片叶子最终都成为糖的输出器。在转变过程中，叶尖输出糖分子，而叶基部则从其他源叶中输入糖。输入的停止和输出的起始是相互独立的两个事件，这与叶脉的发育、胞间连丝的结构、糖转运体的表达有关。有些器官同时兼有源与库的双重作用，如绿色幼穗、茎、叶鞘、果实等，它们本身既可制造有机养料，同时又需要从其他器官获取养料。在植物生长发育过程中源与库是相对的，不能截然划分。从植物整体看，在某一个生育时期内总有一些器官以制造并输出养料为主，而另一些器官则以接纳养料为主，前者具有源的作用，后者具有库的特征。

同化物的物质流，简称流（flow），是指光合产物从源至库的运输过程。流包括连接源、库两端的输导组织的结构及其性能，如维管束的数目、大小、连接方式、发育状况和流转能力等。流的状况影响着光合产物从源端向库端的输送状况。

表 5-4　　　　　　　　　　　小麦叶片的发育与其源库关系

叶片发育进程	同化物进出方向	源库划分
出生叶	只输入，不输出	库
1/4 成长叶	只输入，不输出	库
1/3 成长叶	叶尖输出，叶基输入	源库双重器官
1/2 成长叶	叶尖输出，叶基开始输出	源
成长叶	只输出，不输入	源
衰老	输入	库
死亡前	不输入，不输出	非源非库
死亡	叶尖→叶基贮藏物撤离	源

二、光合产物的配置

植物将光合作用固定的碳调配到不同代谢途径的过程称为配置（allocation）。

（一）源叶中的配置

源细胞中光合作用固定的碳可能有三种配置：一是合成贮存化合物，大多数植物光合固定的碳可以在叶绿体中合成淀粉贮存。二是代谢利用，光合固定的碳可以用于光合细胞自身所需的能量或者合成光合细胞的结构物质。三是合成被转运的糖，光合固定的碳可以合成蔗糖或寡聚糖然后被运到各种库组织中。一部分转运的糖也可暂时贮藏在液泡中。

（二）库组织中的配置

库组织中配置也是一个关键的过程。一旦运输的糖被卸出并进入库细胞，他们可能保持不变或转化为其他物质。库可分为生长库、贮藏库和分泌库。代谢活跃，正在迅速生长的器官和组织如分生组织、新根、幼叶、幼茎、花蕾等器官是生长库（也称为使用库），同化物进入该库后，一部分通过呼吸降解为细胞生长提供能量，一部分将变为原生质体和细胞壁的组分。块茎、块根、种子等贮藏性器官或组织是贮藏库，同化物进入贮藏库后转化成淀粉、蛋白质和脂肪等贮藏性的物质，也有的贮藏库以蔗糖或己糖形式累积于液泡中。少数植物有蜜腺或盐腺，收集糖或盐类用于向外分泌，称为分泌库。最常见的是生长库和贮藏库，其配置主要受关键酶活性的调节，如与淀粉合成或利用、蔗糖合成或分解相关的酶。

三、　有机物的分配

分配（partitioning）是指光合产物在植物体不同库器官间输送的先后及量的差异。

同化物分配是源、流、库相互协调的结果，因此，在源、流、库体系中任何一个因子的变化都会影响同化物的分配。

（一）源、流、库对有机物分配的影响及相互调节

有机物在植物各器官的分配受源的供应能力、输导系统的运输能力和库的竞争能力三者的影响，但主要决定于库本身的特性。而且源、库、流的形成及其功能的发挥不是孤立的，而是相互联系、相互影响的；同时配置和分配也是相互影响、相互调节的。研究有机物分配的方法有剪叶、遮光、去穗、摘去部分果实和同位素示踪等。

1. 库的影响

当植物体存在多个库时，库组织之间会竞争转运来的同化物。通常认为植物体内同化物的分配由库强度（sink strength）决定，库强度是指一个库器官吸引同化物的竞争能力。库强度也可被更精确地描述为同化物运入库区韧皮部并运进库细胞的潜在能力，可以用库的潜在生长速度来度量，即同化物供应不受限制时的生长速度。

$$库强度 = 库容量 \times 库活力$$

库容量（sink size）是指能积累同化物的最大空间，反映同化物输入库器官的物理限制，受库器官细胞数目和细胞体积影响，也可以简单地用库组织的体积来表征。库活力（sink activity）指库的代谢活性，包括很多方面，如筛分子卸出、细胞壁内的代谢、从质外体的吸收，以及生长或贮藏库中同化物的代谢过程。库活性可以简单地用单位库吸收同化物的速率来表征。近年研究表明催化库中蔗糖和淀粉代谢的酶活性与库器官同化物积累速度密切相关，可以用酶活性的高低来度量库活力或库强度，如转化酶、蔗糖合成酶、ADPG 焦磷酸化酶、淀粉合成酶、分支酶等。改变库容量或库活力都会改变库强度，从而改变有机物的分配模式。

库有强弱之分，如水稻、小麦穗子的颖花分为强势花和弱势花，强势花不管同化物供应是否充足，一般都能结实；而弱势花，只有在同化物供应充足时才能结实，否则不能结实或长成瘪粒。

库依赖于源而生存，库接纳同化物的多少，直接受源的同化效率及输出数量决定，两者是

供求关系。同时库不单纯是贮藏和消耗养料的器官，库的接纳能力也会对源的光合活性具有明显的反馈作用。据刘承柳（1985）在水稻抽穗期进行的去穗试验表明，去穗后第 6 天测定，去穗稻株叶片的光合速率只有 8.56mg CO$_2$/(dm^2·h)，比对照的光合速率降低 52.3%，6d 内单茎累积的干物质只为对照的 55.51%（表 5-5）。因为库小了，接纳的同化物减少，叶片光合产物过剩，造成叶绿体内积累淀粉，反馈抑制光合作用。当然库也有一定的自我调节能力，如去掉部分穗子，其余穗子的生长会加强、籽粒较大；但是这种调节作用是有一定限度的，不是无限的。

表 5-5　　　　抽穗期去穗对广陆矮 4 号水稻光合速率和干物质积累的影响

处理	去穗当天测定				去穗后第 6 天测定		
	叶面积/ (cm^2/茎)	茎鞘叶干重/ (g/茎)	穗干重/ (g/茎)	总干重/ (g/茎)	叶面积/ (cm^2/茎)	光合速率/ [mg CO$_2$/(dm^2·h)]	总干重/ (g/茎)
去穗	69.24	1.118	0	1.118	67.34	8.56	1.224
对照	67.34	1.120	0.798	1.918	65.66	17.89	2.205

注：盆栽试验，每盆 4 株；光合速率为三次重复平均值；其他项目测定均为 12 株平均值。

2. 源的影响

叶片制造的同化物超过本身需要的多余部分即为供应能力。幼嫩叶片合成的同化物较少，同时本身生长又需要，因此同化物不但不输出，反而要输入；当叶片成熟后同化物形成较多而超过自身需要时，便有可能外运；光合作用形成同化物越多，输出的潜力越大。通常功能叶的光合速率与光合产物的输出速率之间存在着显著的正相关。要想获得较大的库器官，如果实、块根、块茎等，就应强化源的供应能力，源强度与叶面积、光合速率和光合时间三个方面有关。

源是库光合产物的供应者，在许多作物上进行的剪叶、遮光等实验证明，人为地减少叶面积或降低叶片的光合速率，造成源的亏缺，会导致库器官的减少（如花器官退化、不育或脱落等），或是库器官生长发育不良（如秕粒增多、粒重下降等）。

另外源自身也有一定的调节能力：比如摘除部分叶片或只给一片叶子照光给其余叶片遮阴，这种处理短期内（8h）对源活性没影响，但长期处理（如 8d）可降低保留叶片的淀粉浓度、提高光合速率、蔗糖含量和 Rubisco 活性以补偿源的不足。当然这种补偿是有一定限度的。这种处理也相当于提高了保留叶片的库需求，因此在高产栽培中，适当增大库源比，对增强源的活性和促进干物质的积累均具有重要的作用。总之，源库比例的改变会引起源代谢的变化。

3. 流的影响

运输能力是指源库之间输导系统的结构、畅通程度和距离远近。一般来说，输导系统联系直接的、输导系统通畅程度高的地方有机物分配数量多。输导系统的距离远近会影响有机物分配的方向和数量，距离近、分配多。然而，在多数情况下植物韧皮部组织的运输能力足够，对同化物的分配无显著的影响。只有当顶端分生组织的维管束尚未完全分化时，韧皮部的运输能力才对同化物的分配产生影响。例如，有研究表明玉米果穗顶部穗轴维管束横截面积及导管的大小远比中部低，认为这可能是导致顶部籽粒生长势减弱而引发败育的原因。另外，库、源的大小及其活性对流的方向、速率、数量都有明显的影响，起着"拉力"和"推力"的作用。在甜菜和豆类中，剪叶或遮阴使得光合产物向根系分配减少，而向幼叶的分配相对增加。据凌启鸿等（1982）研究，采用剪叶、去穗等处理所造成的不同粒叶比，对水稻植株光合产物（$^{14}CO_2$）分配状况有明显影响（表 5-6）。粒叶比越高（如处理 2），叶片光合产物（$^{14}CO_2$）运向穗部的越多，而滞留在叶片和茎鞘中的较少；当粒叶比减小（如处理 5），光合产物（$^{14}CO_2$）分配到穗部相对减少，滞留在叶片和茎鞘中的增多。另据 Wardlaw（1965）试验，当摘除了小麦穗子的 2/3 籽粒时，标记的同化产物在旗叶的输出速度和运输量都不变，但当同化产物到达茎以后，在茎中向上运输到穗的速度至少比完整穗存在时减慢 1/3，同时发现标记的同化产物在根中积累增加。这些都说明源、库的大小对流量、流速及流向都有明显的影响。

表 5-6　　　　水稻不同"粒叶比"植株^{14}C-光合产物的分配情况

代号	处理	每平方厘米叶片的籽粒数/个	^{14}C-光合产物分配比例%		
			叶	叶鞘+茎	穗
1	对照	0.53	28.08	34.42[b]	66.58[b]
2	去 1/2 叶	1.05	19.95	23.39[c]	76.61[a]
3	去 1/2 叶，去 1/2 颖花	0.53	22.81	30.27[b]	69.93[b]
4	去 1/2 茎蘖	0.53	26.54	34.57[b]	65.43[b]
5	去 1/2 颖花	0.27	35.43	48.48[a]	51.52[c]

注：表中 a、b、c 表示在 5% 水平进行多重比较，字母不同表示差异显著。

（二）有机物分配的基本规律

植物体内有机物分配总的方向是由源到库。由于植物体在同一时间内可能存在多个源与多个库，而且随着植物的生长，源和库还会变化，因此分配的基本规律可归纳为优先分配给生长中心、就近供应和同侧运输。

1. 优先分配给生长中心

生长中心是指在一定时期正在生长的主要器官或部位，是最强的库，它的特点是年龄幼小，呼吸速度较快，合成核酸、蛋白质的能力强，生长素、细胞分裂素与赤霉素等内源激素水平较高，因此代谢旺盛，生长迅速，对养分的竞争能力强，既是矿质元素的输入中心，又是光合产物的分配中心。

各种作物的生长中心会随生育时期而转移，如稻、麦分蘖期的生长中心是新叶、分蘖和根系，孕穗期至抽穗期生长中心是穗子、茎秆与叶鞘，灌浆期的生长中心为籽粒。

2. 就近供应

有机物的分配存在空间和时间上的调节与分工。就近供应是指源叶的光合产物主要运至邻近的库，同化物的分配随着源库之间距离的加大而减少。一般来说植株上部的成熟叶制造的有机物供应茎尖和幼叶；下部叶制造的有机物供应根系；中部的叶则可向上、向下输出有机物。如禾谷类作物籽粒积累的同化物主要由旗叶、倒二叶及穗本身提供，棉花、豆类等作物的铃、荚、种子积累的同化物主要由与铃、荚同节的叶片供应。因此，不同叶片对果实的影响不同。生产上特别要注意保护花、果附近的叶片，并使其有较充足的光照条件以便能提供较多的有机物。

3. 同侧运输

同侧运输是指源叶的同化物一般只供应同一侧的相邻果实或幼叶，很少横向供应到对侧的果实和幼叶。用$^{14}CO_2$饲喂甜菜下部第 14 片成熟叶以研究甜菜同化物的运输，发现^{14}C 出现在同侧的 1、3、4、6 等各幼叶之中，而很少运入另一侧的 2、5、7 等幼叶，如图 5-16（1）所示。但修剪或整枝会改变有机物的分配模式，例如，将甜菜植株一侧已长成的叶片如 6、8、11、9 叶都剪去，仅保留未长成的嫩叶，然后将$^{14}CO_2$喂给未去叶一侧的已经长成的第 10 片叶，如图 5-16（2）所示，那么^{14}C 不仅出现在同侧的幼嫩叶片，而且对面一侧的嫩叶中也出现放射性同化物。这种同侧运输是由于内部维管束的结构所决定的，因为同一侧的源和库之间维管束是直接联系的。只有当另一侧缺乏养分时，才能引起同化物通过分叉的维管束横向转移到另一侧。

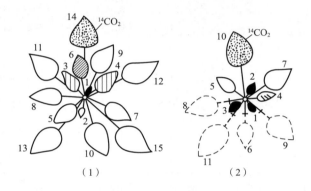

图 5-16　同化物在韧皮部中的同侧运输和横向运输（Taiz 等 2006）

叶片从顶端向下数，数字越大表示叶龄越大。明暗度示放射性强度。

（1）在甜菜植株第 14 叶喂饲$^{14}CO_2$，4h 后显示^{14}C 在叶中的分布。

（2）除去一侧成熟叶片，仅保留未成熟幼叶，然后将$^{14}CO_2$喂饲第 10 叶，结果在两侧幼叶均有^{14}C 分布。

（三）有机物的再分配

一般来说，转运到某"库"中的有机物，在用于该器官建造的同时，一部分还可再运出分配至其他器官。植物体内参与代谢被同化的物质，除了已构成细胞壁骨架外，细胞质、细胞器甚至细胞核都可以分解、转移到其他组织或器官加以再利用。在植物生长发育过程中，同化物再分配主要表现在以下两个方面。

1. 生殖器官对营养体有机物的调集

一般情况下植物体内有机物质的流向是从高浓度区域向低浓度区域流动；但在某些情况下，有机物可从浓度较低的器官运往浓度较高的器官，这种逆浓度梯度发生的物质运输，被称为"调集""动员""征调"或"调运"等。如灌浆期的小麦籽粒中可溶性糖含量比叶片高，但有机物仍然能逆浓度梯度运向籽粒。植物的生殖器官不仅能吸引叶片有机物向之运输，而且能征调其他器官贮存的有机物；在生育后期生殖器官所需有机物多是来自贮藏器官或衰老器官。如水稻、小麦抽穗拔节时，同化物向茎和叶鞘运输分配；当进入灌浆期，茎和叶鞘中贮藏的有机物向籽粒动员再分配。所以茎和叶鞘也称为缓冲库。茎鞘贮存碳水化合物的形式有葡萄糖、果糖、蔗糖、果聚糖和淀粉等，但以果聚糖为主。^{14}C 同位素示踪试验证明，抽穗前小麦同化物主要储存在茎上部两个节间，抽穗后再转运分配到穗中，转运量相当于穗最终干重的 5%～

10%。多数植物的花瓣在受精前可较长时间保持新鲜，而受精后一两天甚至几小时内花瓣就会迅速萎缩与凋谢，因为花瓣中的有机物解体，大量的氨基酸、糖、矿质元素等物质转移到受精后的子房，使花瓣很快凋谢；花丝、花萼等花器官的有机物也逐渐被调集、撤离。

2. 衰老叶片中有机物的撤退

器官衰老时都会发生有机物撤退，其中以叶片研究得较清楚。当叶片衰老时，各种细胞器解体，细胞核分解，大量的糖及氮、磷、钾等重新分配到新生的器官。试验证明，小麦叶片衰老过程中，大量的糖类撤离，原有氮的 85% 和磷的 90% 也从叶片输出运给穗部。

小麦叶片衰老走向枯黄，细胞内有机物质撤退的顺序是：先从叶尖端向外围撤退，通过细叶脉逐步向主脉集中，并从中向下转移，等到上部细胞有机物和可移动的无机物几乎撤退完毕，仅留下不溶解的钙盐结晶，叶片下部才开始解体与撤退。

根据同化物再分配这一特点，生产上可以加以利用。例如，北方农民常在早霜来临之前，连秆带穗收获玉米，竖立成垛，称"蹲棵"，此时茎叶中的有机物继续向籽粒转移，可增产 5% 左右。

关于有机物质再分配的途径，娄成后的研究证明，除了通过输导系统运输外，细胞内含物如细胞质、细胞核等既可以解体后再撤离，也可不经解体直接通过胞间连丝转运到别的细胞，这种细胞内含物转移方式也称为穿壁运动，可能是植物在某些特定时期内有机物在胞间运输的主要方式之一，这一研究结果受到国内外植物生理学界的重视。

植物体内有机物的再分配、再利用的方式、方法多样，植物自身能动员其一切营养物质供给新生器官（尤其是结实和繁殖器官）（图 5-17）。

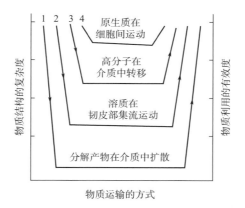

图 5-17　高等植物体内同化物运输与利用的几种方式（娄成后，1981）

1—分解产物在介质中的扩散。源：腐烂组织中内含物的高度降解；库：生活组织对溶质的吸收与利用。

2—溶质在韧皮部集流运输。源：叶片的光合产物（或器官的水解产物）的输出；库：生长锥对溶质的装入与再利用。

3—高分子在介质中转移。源：给体细胞对高分子的囊泡分泌；库：受体细胞对高分子的接纳（入胞作用）与再利用。

4—原生质在细胞间运动。源：衰老（或过渡）组织中细胞结构的解除集结与原生质的撤离；库：胚胎生长部位对原生质的接纳与重新集结。

四、源库理论与作物产量

在近代作物栽培生理研究中，常用源、库、流的理论来阐明作物产量形成的规律。从产量形成角度看，源主要指群体叶面积的大小及其光合能力，库则指产品器官的容积及其接纳养料的能力，流则指作物体内输导系统的发育状况及其运转速率。作物产量高低取决于源、库、流三因素的发展水平及其功能强弱。

$$作物产量 = 生物学产量 × 经济系数$$
$$= （光合面积 × 光合速率 × 光合时间 - 呼吸消耗）× 经济系数$$

从库的角度看，水稻、小麦、玉米等作物的产量 = 每亩穗数 × 每穗粒数 × 粒重

经济系数决定于光合产物向经济器官运输与分配的数量。开源（提高光合生产）、节流（减少光合产物的消耗）和提高经济系数（调控光合产物的运输分配）是提高作物产量的根本途径，按照源库理论，其实就是改变源-库关系。

要提高作物产量，必须在栽培和育种上从源库两方面着手。从源方面，要合理地增加叶片数目和叶面积，提高开花以后的叶面积指数，同时还要提高成熟期叶片净同化率，防止叶片早衰，延长源对库的供应时间；应抑制营养体生长速度，使同化物优先向籽粒分配。在库方面主要是保持单位面积有足够的穗数及粒数（如颖花数量），提高库容量，提高籽粒充实程度。还应使茎秆粗壮，运输流畅，采取各种措施促进有机物运输分配。

以矮化育种栽培为主要内容的"绿色革命"，在培育较高经济系数、合理源-库关系的作物品种方面，已取得了极大的成功。如小麦、水稻、玉米，古老的高秆品种经济系数约30%，而现代的矮化品种，经济系数提高到50%左右，使其经济产量提高了30%以上。矮化品种同化物向经济器官中分配与运输数量多的原因，除了株型矮化降低了源器官对营养物质的消耗外，在解剖上还发现穗轴横截面上韧皮部所占面积扩大，增加了维管束运输同化物的能力。

按源库特征与产量的关系，可将作物品种分为三种类型：一为源限制型，这类品种的特点是源小库大，源的供应能力满足不了库的需求，易引起库的空秕和叶片早衰，增源便可增产；二为库限制型，这类品种的特点是源大库小，会限制光合产物的运输分配、降低源的光合效率，增加籽粒数目等增库措施可增产；三为库源互作型，这类品种的特点是源库关系较为协调，源库自身的调节能力强，可塑性大，源库共同制约其产量形成，增源或增库均可增产。

第四节　有机物运输与分配的调控

有机物的运输与分配主要受内部信号的调控，同时环境因素对有机物的运输和分配也有重要影响。

一、 调控有机物运输和分配的内部信号

(一) 膨压

膨压的变化可以作为信号迅速地通过韧皮部在源和库间传递，从而调节源和库的活性。例如，当库组织利用糖较快时，韧皮部的卸出也加快，库端筛分子的膨压会降低，这个膨压的变化会迅速传递到源，使源的装载增加；相反当库中卸出变慢时源端装载也减少。装载过程中，筛分子的膨压降低到某一阈值以下时就会导致装载补偿性的提高。用 0.35mol/L 甘露醇处理豌

豆幼苗根尖，使库细胞膨压降低而扩大了胞间连丝的瓶颈区横截面，短时间内使 ^{14}C 标记的蔗糖的卸出增加 300%。另外细胞膨压还可以改变质膜 H^+-ATP 酶活性，从而改变转运速率。

（二）植物激素

植物地上部产生的生长素可以通过韧皮部运到根系，根产生的细胞分裂素通过木质部运输到枝条。赤霉素和脱落酸也通过维管束运输。植物激素几乎参与了同化物运输和分配中每一个过程的调节。

植物激素对运输的影响主要是参与了维管束的分化发育。不同的植物处于不同的发育阶段和生长环境中时，激素对其筛管的总横截面积、筛孔或胞间连丝的半径等都有调控作用。从叶片输出生长素的量与筛管总横截面积间存在正相关。生长素和赤霉酸抑制胼胝质的合成，乙烯可促进胼胝质的合成和沉积，这与筛孔的大小直接相关。

对质外体装载和卸出来说，同化物需要经过跨膜运输，激素通过影响 ATPase 的活性可以对同化物的跨膜运输产生很大影响；激素也可以通过影响由第二信使调节的 K^+ 和 Ca^{2+} 离子通道活性而改变膜电势，从而影响同化物的跨膜运输。例如，在有些源组织，蔗糖的装载被外源生长素促进而受脱落酸抑制；而在有些库（如甜菜根和大豆种子）中蔗糖的吸收被外源脱落酸促进而被生长素抑制。除此以外，激素还可以调节卸出过程中的其他位点，如蔗糖代谢的酶活性、壁的伸展性、胞间连丝的通透性等。

植物激素可通过调节库强度来影响同化物的分配，生产上常用植物激素或生长调节剂 2,4-D、α-萘乙酸（NAA）处理葡萄、番茄生殖器官达到高产的目的。有研究表明，生长素和 6-BA 注射入马铃薯块茎，可使同化物更容易运入块茎。而在小麦、水稻中的研究表明，脱落酸与种子发育过程中同化物累积有关，在灌浆期施用脱落酸可促进光合同化物向籽粒的运输分配。

（三）糖浓度

近年的研究表明，在高等植物中，糖不仅是能量来源和结构物质，而且在信号传导中具有类似激素的初级信使作用，是能被植物细胞感知，进而调控基因表达和影响代谢的强有力的信号分子，在植物的生长、发育、成熟和衰老等许多过程中具调控作用。

糖水平的高低对催化碳水化合物代谢的酶活性具有重要调节作用，进而对光合作用、同化物运输分配发挥调节作用，这种调节不仅是通过影响酶活性而起作用，而且对编码这些酶蛋白的基因的表达也有影响。例如，给甜菜叶片木质部施加外源蔗糖，蔗糖-H^+ 同向运输体的mRNA 会减少。同化物供应不足（去叶或遮阳）会使胞间连丝由开放态转变为封闭态，传导力下降，这可能是因为蔗糖供应反馈调控了某些调节胞间连丝传导力的蛋白的基因表达。最近鉴定了一个受源/库调节的糖诱导的 K^+ 通道，它影响筛管质膜的膜电势，进而控制糖的跨膜主动转运。糖也可以作为信号影响源和库的活性进而影响同化物的分配。源中高水平的糖会使光合作用许多酶的转录速度和基因表达降低，如 Rubisco、PEP 羧化酶、TP 转运蛋白、蔗糖磷酸合成酶等，从而使光合速率降低。而糖的富足则促进了与贮藏、利用碳水化合物有关的基因表达，如 ADPG 焦磷酸化酶、淀粉合成酶、分支酶、转化酶、蔗糖合成酶、硝酸还原酶等。有研究已证实，糖和激素信号互作，调节源-库系统中的一些基因。科克（Koch）将受高糖水平促进的基因称为"享受基因"（feast genes），而将受高糖水平抑制（即低糖水平促进）的基因称为"饥饿基因"（famine genes）。

韧皮部中的蛋白质和 RNAs 可作为信号分子调节植物的生长和发育。

二、 影响有机物运输与分配的环境因素

(一) 温度

温度对同化物运输的影响也包括了纯物理的方面，如韧皮部汁液的黏滞性等随温度升高而显著下降，因而在同样的压力梯度下同化物有较高的流速。低温也会降低胞间连丝的传导力，还通过降低呼吸减少 ATP 供应而抑制质外体的装载和卸出。一般最适于有机物运输的温度在 $20 \sim 30 ℃$，高于或低于这个温度范围，都会降低有机物的运输速度。如棉株在 $40 ℃$ 条件下仅 15min，筛管分子内便形成胼胝质，堵塞筛孔，降低运输速度。另外，温度过高呼吸消耗物质过多，或酶钝化或破坏，也可能使运输速率降低。

温度除影响运输速度外，还影响运输方向。当土温大于气温时，光合产物运向根部的数量增加；当气温高于土温时，则有利于光合产物向顶端运输。简而言之，有机物向温度较高的方向运输多一些。

温度对同化物分配的影响主要通过影响源或库器官代谢活性而实现。例如，当大麦根系周围的温度缓慢降至 $3 ℃$ 时，代谢活性降低，根系生长和呼吸减慢、同化物向根分配减少。另外，高温阻碍禾谷类植物籽粒中蔗糖向淀粉的转化，主要是使某些酶活性降低，库活性下降，导致同化物向籽粒分配减少，进而影响籽粒产量。

昼夜温差对有机物分配也有显著影响：夜温较高，昼夜温差小，有机物向籽粒、果实分配明显降低；昼夜温差大，有利于果实、种子有机物的累积。小麦在昼夜温度为 $25 ℃ / 10 ℃$ 时，灌浆期明显长于 $25 ℃ / 20 ℃$ 的，前者的单穗重 (1.070g) 可比后者 (0.751g) 增加 42.5%。我国北方地区小麦产量高于南方地区，其主要原因是由于北方昼夜温差大，植株衰老推迟，灌浆期有所延长。

(二) 水分

水分供应减少，叶片水势随之降低，光合速率降低，因此从源叶输出到韧皮部的同化物减少。水分胁迫也使胞间连丝传导力降低，但是筛管内集流的纵向运输速度不受影响，除非很严重的干旱导致输导组织受损。

干旱也会影响有机物的分配。例如，植物一般在营养生长期受旱时，有限的同化物向根分配相对增加，根冠比增加。在生殖生长期，干旱导致植物花和未成熟的籽粒或果实脱落，并使其充实期缩短。水稻、小麦扬花授粉后，首先进行细胞分裂是籽粒形成期，然后是营养物质累积的灌浆期。近年的研究表明，灌浆中后期轻度至中度水分亏缺，可使茎鞘贮存的糖类动员输送向籽粒的比例提高、产量提高，因为籽粒库中催化蔗糖降解、淀粉合成的酶活性提高，库强度增加，同化物向种子分配较多；但如果在籽粒形成期水分亏缺会阻碍细胞分裂，导致库容量降低，籽粒产量降低。

(三) 光照

光与有机物的运输和分配有密切关系，光的作用不能简单地归为提高了叶片中光合产物的水平，光对有机物转运还有直接作用。

首先表现在昼夜周期对叶片有机物输出的影响：有一类型植物如马铃薯、番茄和部分短日照植物如大豆、谷子、紫苏和罂粟等，在连续光照下，同化物输出受阻，只有在黑暗中才能正常向外运输；另一类型植物则不同，如向日葵、玉米、甘蔗、豌豆、棉花、蚕豆、油菜等，光

照对其有机物外运有积极作用。光对有机物运输的影响可能通过光敏色素起作用，或影响水解酶的活性。

光对有机物的分配也有影响。研究表明，在营养生长期光照提高了 ^{14}C 同化物向下部器官（如老叶、分蘖和根部）的分配（如高粱、黑麦草）。大麦在灌浆期光照不足，使光合产物向籽粒分配减少。大田棉花植株密度过大，下部通风透光不良，导致同化物分配不均，常造成上部花果脱落。

除光强外，光波长对同化物分配也有影响。对小萝卜来说，红光使同化物更多分配向茎和叶柄，而蓝光刺激同化物更多地运向下胚轴。

（四）矿质元素

矿质元素可参与到重要化合物的结构中（N、S、P、Mg），或者作为氧化-还原反应中的电子传递体（Fe、Cu、Mn、Co），或者维持膜两侧的电位差（K、Na），因此对植物体内同化物的运输和分配将产生显著的影响。影响同化物运输分配的矿质元素主要有 N、P、K、B 等。

植株缺氮会显著减少 ^{14}C 同化产物向茎和叶方向的分配，向根部的运输则增强，使根冠比增大。而在充分供应氮时，枝条和根的生长都加强，但生殖器官得不到足够的糖类供应。在生育后期如果施用氮肥过多，同化物向枝叶和根分配多，营养体生长过旺，容易贪青晚熟；由于植株体内总氮和蛋白氮增多，糖含量减少，不利于有机物在茎鞘中积累，影响以后灌浆期动员贮藏物质向籽粒再分配，增加空瘪粒。

磷对有机物的运输影响很大，它能促进植物的光合作用，形成较多的有机物供运输。此外，有机物运输所需的能量是由 ATP 供给的，这与磷有直接关系。一般来说，磷促进同化物由叶片运出。因此，籽粒、果实成熟期喷施磷肥可以提高产量、改善品质。棉花、果树开花期喷施磷肥，可减少幼龄、幼果脱落，都与磷加强了同化物向需求部位的运输有关。

利用马铃薯、甜菜、玉米、菜豆等多种作物的研究发现，钾对有机物质运输与分配的影响表现在两个方面：一是促进碳水化合物的运输，钾的作用首先在于维持膜电势差，这可能对薄壁细胞间同化物横向运输特别重要；二是促进运入库中的蔗糖转化为淀粉，有利于维持韧皮部两端的压力势差，也有利于有机物向形成淀粉的器官运输与分配。另外，缺钾时向日葵维管束的横截面积明显缩小，筛管长度减小。

一般认为，硼可促进植物体内碳水化合物的运输。一方面因为硼能促进蔗糖的合成，提高可运态蔗糖所占比例；另一方面，硼能以硼酸的形式与游离态的糖结合，形成糖-硼复合物容易透过质膜。例如，将蚕豆的离体叶片或番茄植株浸在 ^{14}C-蔗糖溶液中，当加入硼后，可加强其对蔗糖的吸收与运输。因此，在作物灌浆期叶面喷施硼肥有利于光合产物输入籽粒，具有增产效果。棉花花铃期喷施硼酸溶液（0.01% ~ 0.05%），能减少花和幼龄脱落，其原因之一即在于硼促进大量有机物运向幼龄。

另外，锰、铜、镁有利于棉花、茄子、马铃薯等的同化物从叶向外运。缺镁的植物叶片，蔗糖累积较多，说明蔗糖的韧皮部装载受抑制，可能是筛管质膜 H^+-ATP 酶活力降低的结果。

（五）CO_2

光期 CO_2 浓度较高时，不仅光合作用增强，而且同化物从叶子的运出也增加，两者增加幅度相当。另外，CO_2 浓度高时同化物向根的分配比向枝条分配的更多，根冠比增加。

内容小结

对高度分工的高等植物来说，有机物运输是植物体成为统一整体不可缺少的环节。有机物的短距离运输是在胞内和胞间进行的。其中，胞内运输通过扩散、原生质环流、囊泡的形成与分泌等方式完成；胞间运输主要通过质外体、共质体及其交替方式完成。胞间连丝和转移细胞在物质运输方面起重要作用。有机物的长距离运输是在韧皮部中进行的，并可双向运输，运输的速度因植物的种类而异，一般为 30~150cm/h；被运输的主要有机物是糖类，其中又以蔗糖为主。在源端光合细胞把制造的同化物装载入筛管分子，经过长距离运输，筛管分子又在库端将同化物卸出给库（贮藏或消耗器官）细胞。蔗糖的装载、卸出是通过质外体与共质体途径这两种方式完成，蔗糖的跨膜运输是耗能的主动过程。有关韧皮部有机物长距离运输的机制，压力流动学说是目前广为接受的学说。

植物体内有机物分配的总方向是由源到库，并表现出优先向生长中心运输、就近供应、同侧运输的分配特征。有机物在植物体内的运输和分配，受源的供应能力、库的竞争能力和源库间的运输能力三者综合影响，其中库的竞争能力即库强度通常起着最重要的作用。有机物的输配方向、速度和数量除受膨压、植物激素和糖等内在信号调控外，还受光、温、水、肥等环境因素的影响。有机物的运输分配与作物产量的形成关系十分密切。运用"源库理论"，调整好源、库、流的关系，是调控有机物分配以提高作物产量和质量的理论基础之一。

课程思政案例

1. 以前人们曾认为水稻、小麦灌浆期需要充足的水分，这样有利于有机物质的运输。但是 21 世纪初，扬州大学杨建昌、香港浸会大学张建华在水稻方面进行了较多的研究，西北农林科技大学吕金印、龚月桦在小麦方面也进行过一些研究，结果发现灌浆期轻度、中度的干旱可以提高籽粒中与蔗糖降解、淀粉合成相关的酶的活性，库活力增强有利于调运茎叶滞留的有机物以增加产量，所以在生产中可以适当减少这个阶段的灌水，这也是作物生育后期节水灌溉的原理之一。因此在本书第一章水分代谢中关于小麦的第二个水分临界期，也做了相应调整。所以，我们要勇于探索、不断认识了解自然，服务于生产。

2. 阎隆飞，生物化学家，1945 年毕业于西北大学生物系，1949 年毕业于清华大学研究生院，曾任中国农业大学教授。1963 年首次发现高等植物中存在收缩蛋白（肌动蛋白）；20 世纪 80 年代后，证明植物的花粉、卷须中普遍存在肌动蛋白和肌球蛋白。1991 年当选为中国科学院院士。

3. 2022 年 9 月中国农业大学赖锦盛、王毅和李学贤课题组在玉米籽粒中发现一个新的糖转运体 ZmSUGCAR1（Sucrose and Glucose Carrier 1），可以转运钾离子，还能转运蔗糖和葡萄糖，是 H^+/糖同向转运体，它可以直接介导蔗糖运入胚乳，从而调控籽粒灌浆，论文发表在 *The Plant Cell*。该研究明确了玉米籽粒中蔗糖不经水解直接运入胚乳的分子机制，也为未来遗传改良玉米和其他谷类作物的产量性状开辟了潜在途径。

第六章

植物的细胞信号转导

　　植物的新陈代谢和生长发育受遗传信息及环境的调控。植物生活在复杂多变的环境中，构成植物的生活细胞需不断地感受、接收各种外界环境信号以及来自相邻细胞的各种化学和物理信号，并做出适当的生理反应，以维持其生命活动的进行。

　　植物如何感受环境刺激，环境刺激又如何调控和决定植物生理活动、生长发育、基因表达，这些过程都通过植物细胞的信号转导完成。细胞信号转导（signal transduction）是指细胞偶联各种内外刺激信号与其引起的特定生理效应之间的一系列分子反应机制。细胞信号转导基本过程为：当植物体受到环境刺激时，产生胞间信号传递到细胞表面，由细胞表面（或细胞内）的受体来感受胞外刺激，并通过信号转换形成胞内信号，然后将信息放大、传导到细胞内的特定效应部位，通过蛋白质的可逆磷酸化调节生理和生化反应，触发细胞反应，调节植物的生长发育。

第一节　信号与受体

一、信号

　　对植物体而言，在生长发育过程中所感受到的各种内外刺激，就是信号（signal）。例如，外界环境中的磁场、辐射、温度、风、光、二氧化碳、氧气、土壤性质、重力、机械刺激、病原因子、水分、营养元素等和植物体自身产生的激素、糖类、多肽、电波等都是植物细胞感受到的信号。

　　根据信号的性质，信号可分为物理信号（physical signals）和化学信号（chemical signals）。光、电、温度、触摸等刺激属于物理信号；激素、营养元素、病原因子等，属于化学信号。

　　根据信号的来源，可将植物细胞感受到的胞外信号（extracellular signal）分为胞外的环境信号（extracellular environmental signal）和胞间信号（intercellular signal）。这些胞间信号及环境刺激信号就是细胞信号转导过程中的初级信使（primary messenger），又称第一信使（first messenger）。

（一）胞外环境信号

植物生活在多变的环境中，会受到各种环境刺激因子的影响，这些因子包括光照、温度、水分、重力、伤害、病原菌、毒物、矿物质及气体等。在众多环境刺激因子中，影响最大、研究得最深入的是光信号。光可作为一个刺激信号去激发受体，从而引起细胞内一系列生理反应，最终表现为形态结构功能的变化，目前已发现和确认了多个光受体，相关信号转导途径的研究已深入到分子水平。

（二）胞间信号

植物受到环境刺激时，就会产生多种信号传递信息。当环境刺激的作用位点与效应位点处在植物体不同部位时，就必然有胞间信号产生，并被输送到效应位点的细胞膜，传递信息。胞间信号是指植物体自身合成的、能从产生之处运到别处，并作为其他细胞刺激信号的细胞间通信因子，通常包括植物激素、一氧化氮、过氧化氢、多肽、糖类、甾体、电波、细胞壁片段等。

1. 胞间化学信号

胞间化学信号是指细胞感受环境刺激后形成，并能传递信息引发细胞反应的化学物质，如植物激素（脱落酸、赤霉素、生长素等）、植物生长活性物质（寡聚半乳糖、茉莉酸、水杨酸、多胺类化合物及壳梭孢菌素等）、活性氧（包括超氧阴离子自由基、羟自由基、一氧化氮等）、多肽、糖类和 H^+ 等。葡萄糖和蔗糖是有效的信号分子，植物通过感知细胞中糖的状态进而调整自身的生长和发育。

植物激素是重要的胞间化学信号分子，它在特定发育阶段、特定的部位在一定外界环境信号刺激下产生，运输到另一部位起作用。如胚芽鞘向光弯曲，就是由于接受光信号刺激，鞘尖端产生 IAA 向下运至伸长区起作用。玉米、向日葵等根尖遭受干旱后迅速合成脱落酸，然后通过导管向地上部运输（此时木质部伤流液脱落酸可增加 25 至 30 倍），最后到达叶片使保卫细胞外向 K^+ 通道打开，令 K^+ 外流和苹果酸含量下降，水势升高，保卫细胞失水，引起气孔关闭。干旱使根尖脱落酸合成增加，这是正效应；干旱也可以使根尖细胞分裂素合成减少，是负效应。

激素信号由细胞膜或其他部位的专一性受体感受，除了通过信号转导直接调控某些生理活动外，也可直接或间接地影响基因表达。例如，番茄植株一个叶片遭受虫咬伤后，会诱导咬伤的叶片及其相邻叶片脱落酸大量增加。*PIN* 基因活化，产生蛋白酶抑制物等，以阻碍病原菌或害虫进一步侵害。其他植物如烟草转基因植株中发现，乙烯及细胞分裂素（正效应剂）和生长素（IAA，负效应剂）也影响 *PIN* 基因启动子的活性。

2. 胞间物理信号

胞间物理信号指细胞感受环境刺激后产生的具有传递信息功能的物理因子，如电波、水力学信号等。植物为应对环境变化，需要快速的电波传递，植物的电波也是质膜极化及透性变化的结果，并且伴随着化学信号的产生，如乙酰胆碱，各种电波传递都可以产生细胞反应。

电信号是生物体内最重要的物理信号，它主要指细胞膜静息电位改变所引起动作电位的定向传播，是植物体内长距离传递信息的一种重要方式。当用一个微电极插入一个未受刺激的细胞时，可以记录到细胞内外有一电位差，称为静息电位。一般细胞中这种电位差为内负外正，因为细胞膜上有 H^+-ATP 酶将 H^+ 泵到外面，即正常细胞一般都处于极化状态。当给予一个刺激时，细胞会去极化（内正外负），这时的电位差称为动作电位。

例如，当割伤番茄幼苗的子叶时，导致动作电位从子叶缓慢发出并且进入第一片真叶，在此与诱导蛋白酶抑制物（PI）的所有反应相联系。含羞草叶片的运动也有电信号传递。我国著名电生理学家娄成后院士指出，电波的信号传递在高等植物中是普遍存在的。电波可以通过维管束、共质体、质外体快速传递信息。

植物对水力学信号（水压的变化）也很敏感。玉米叶片木质部压力的微小变化，就能迅速影响叶片气孔开度。

二、 受体

（一）受体的概念

受体（receptor）是指存在于细胞表面或细胞内，可特异性地识别并结合信号，最终导致特定细胞反应的物质。至今发现的受体大多为特殊的蛋白质，个别为糖脂。例如，化学信号的受体一般是蛋白质或酶系；而物理信号的受体可以是蛋白质，也可以是色素等其他生物分子。能与受体特异结合的信号分子称为配体（ligand）。细胞受体具有特异性、高亲和力和可逆性等特征。目前研究较多的是光受体（如光敏色素等）和激素受体（如乙烯受体、脱落酸受体等），以及可能起受体作用的激发子结合蛋白。

（二）受体的分类

根据感受的信号不同可以将受体分为光受体、激素受体等。红光受体有光敏色素，蓝光受体有隐花色素、玉米黄素、向光素等，紫外光受体有 UVR8 等，其中玉米黄素是色素，其余是含生色团的蛋白。激素受体包括生长素、细胞分裂素、赤霉素、脱落酸、乙烯、油菜素甾醇等的受体。

植物细胞可在多种位点感受外部信号。例如，光信号可在质膜、细胞质和细胞核被不同的光受体感受，植物激素可在质膜、内质网、细胞核等部位被感受。根据受体存在部位不同将其分为细胞内受体与细胞表面受体。

1. 细胞内受体

细胞内受体是指存在于细胞质中或位于亚细胞组分（如细胞核、液泡膜等）的受体。一些疏水性小分子的信号，可以直接扩散进入细胞，并与细胞内受体结合，信号在细胞内被进一步传递和放大。如乙烯受体位于内质网，细胞质基质和细胞核都有光敏色素受体的分布，隐花色素受体定位于细胞核。

然而，在很多情况下，信号分子不能透过细胞膜，它们必须与细胞表面受体结合，经过跨膜信号转换，产生胞内信号，并进一步通过信号转导网络来传递和放大信号。

2. 细胞表面受体

细胞表面受体是指位于细胞质膜上的受体，也称为膜受体。这类受体一般是跨膜的蛋白质，常由胞外结构域、跨膜结构域和胞内结构域三部分组成，分别承担着与配体结合、将受体固定在细胞膜上和把信号传递给下游组分的作用。油菜素甾醇的受体和多种光受体就是细胞表面受体，例如，向光素在质膜接受蓝光信号并介导植物的向光性、叶绿体运动和气孔开闭反应。多数激素如生长素、赤霉素、细胞分裂素、脱落酸等既有细胞表面受体也有细胞内受体。

根据作用机理膜受体主要有三种类型：

（1）G-蛋白偶联受体（G protein coupled receptor，GPCR） G 蛋白偶联受体是动物中一种经典而普遍的受体类型，它属于整合膜蛋白超家族。由一条单肽链组成，具有七个 α-螺旋的跨膜区。其氨基末端位于细胞外侧，通常糖基化；胞外环和跨膜区参与配体的识别和结合；羧基端位于细胞内基质，与第三个胞内环一起参与 G 蛋白的偶联作用。受体活化后直接将 G 蛋白激活，进行跨膜信号转换。

（2）酶偶联受体（enzyme linked receptor）　酶偶联受体本身是一种酶蛋白，当细胞外区域与配体结合时，可以激活酶，通过细胞内侧酶的反应传递信号。研究较多的是类受体蛋白激酶和双组分的组氨酸激酶受体。

（3）离子通道偶联受体（ion-channel linked receptor）　离子通道偶联受体除了含有与配体结合的部位外，受体本身就是离子通道，受体接收信号后可立即引起离子的跨膜流动。

第二节　信号跨膜转导

只有少部分信号可以直接跨膜进入细胞内部与胞内的受体结合。大多数信号分子不能直接通过膜，信号分子需要与细胞表面受体结合，将胞外信号转换为胞内信号，此过程称为信号跨膜转导（signal transmembrane transduction）。细胞通常采用以下三种方式将胞外信号转换为胞内信号。

一、　通过离子通道偶联受体跨膜转换信号

离子通道偶联受体除了具备转运离子的功能外，同时还能与配体特异地结合和识别，具备受体的功能。这类受体本身就是离子通道蛋白，没有接收信号时，通道关闭；当这类受体和配体结合接收信号后，蛋白质变构，通道打开，可以引起跨膜的离子流动使细胞内离子浓度改变，把胞外的信息通过转换为细胞内某一离子浓度改变的信息（图6-1）。在拟南芥、烟草和豌豆中发现有离子通道型谷氨酸受体，可能参与植物的光信号转导过程。

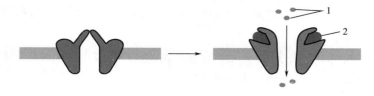

图6-1　离子通道偶联受体（潘瑞炽，2004）

1—离子　2—配体

二、　通过酶偶联受体跨膜转换信号

酶偶联受体除了具有受体的功能外，本身还是一种酶蛋白。例如，具有受体功能的激酶称为受体激酶（receptor kinase，RK），也称为类受体蛋白激酶（receptor-like protein kinase，RLK），可将靶蛋白磷酸化。根据受体激酶的类型，靶蛋白磷酸化的残基可以是丝氨酸、苏氨酸、酪氨酸或组氨酸。受体激酶在各种动物细胞信号传递中起作用，在植物中虽然很有限却也重要。植物中的类受体蛋白激酶属于丝氨酸/苏氨酸激酶类型，也有的磷酸化酪氨酸。许多类受体蛋白激酶作为跨膜蛋白定位于质膜，当细胞外的受体区域和胞外信号（配体）结合后，蛋白

构象改变，会激活胞内具有蛋白激酶活性的结构域，从而使细胞某些蛋白质磷酸化，通过这种方式将信号传递到胞内，完成信号跨膜转导（图 6-2）。类受体蛋白激酶介导油菜素甾醇和某些生长素信号通路。

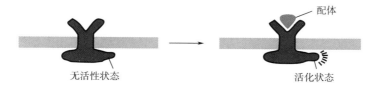

配体

无活性状态   活化状态

图 6-2　酶偶联受体（潘瑞积，2004）

还有更复杂的酶偶联受体跨膜信号转导机制：双组分调节系统首先在细菌中发现，其受体由组氨酸激酶（histidine protein kinase，HK）的感应蛋白（sensor protein）和效应调控蛋白（response regulator，RR）构成。组氨酸激酶位于质膜，有两个结构域：感受胞外刺激的信号输入区和具有激酶性质的转运区域。当输入区域接收信号后，转运区域激酶的组氨酸残基磷酸化，并将磷酸基团传递给下游的效应调控蛋白。效应调控蛋白也有两个结构域：接收区域，由天冬氨酸接受磷酸基团；另一部分为信号输出区域，将信号输出给下游的组分，通常是转录因子，以此调节基因的表达。植物的细胞分裂素受体和乙烯受体的作用机制是与细菌的双组分调节系统类似的更复杂的双元系统，从组氨酸激酶到效应调控蛋白之间增加多个传递磷酸基团的组分：组氨酸激酶转运区下游增加了一个接收区域来传递磷酸基团，因此称为杂合的感应蛋白；效应调控蛋白上游增加了一个组氨酸磷酸转移蛋白（Hpt），它接收组氨酸激酶传递来的磷酸基团后进一步传递给下游的效应调控蛋白（图 6-3）。

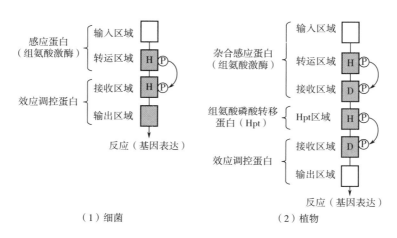

感应蛋白（组氨酸激酶）
输入区域
转运区域
效应调控蛋白
接收区域
输出区域
反应（基因表达）

杂合感应蛋白（组氨酸激酶）
输入区域
转运区域
接收区域
组氨酸磷酸转移蛋白（Hpt）
Hpt区域
效应调控蛋白
接收区域
输出区域
反应（基因表达）

（1）细菌　　　　　　　　　　　　　（2）植物

图 6-3　双组分调节系统受体介导的跨膜信号转换示意图（王小菁，2019）

三、　通过 G 蛋白偶联受体跨膜转换信号

G 蛋白即 GTP 结合调节蛋白（GTP-bingding regularory protein，简称 G 蛋白），当结合 GTP 时 G 蛋白呈活化状态，当 GTP 水解为 GDP 时 G 蛋白为非活化状态。G 蛋白普遍存在于真核生物细胞中，是偶联细胞膜受体与其所调节的相应生理过程之间的主要信号传递者。根据其亚基

组成及相对分子质量大小，可将参与细胞信号转导的 G 蛋白分为异三聚体 GTP 蛋白（heterotrimeric G protein，又称大 G 蛋白）、和小 G 蛋白（small G protein）。

小 G 蛋白是只含一个亚基的单体 G 蛋白，参与细胞生长与分化、细胞骨架、蛋白质运输的调节等过程。在细胞跨膜信号转导中起主要作用的是异三聚体 G 蛋白，由三种不同的亚基组成，分别命名为 α（G_α）、β（G_β）、γ（G_γ）亚基。G_α 亚基上有 GTP 结合位点并具有 GTP 酶的活性，β 和 γ 亚基通常以稳定的复合状态存在。异三聚体 G 蛋白位于质膜内侧，并与质膜紧密结合。

当无外界刺激时，G 蛋白以三聚体形式存在，与 GDP 结合，处于钝化状态；受体、G 蛋白和效应器（靶酶或离子通道）三者分离。当信号分子与膜上的 G 蛋白偶联受体结合，引起受体构象改变，形成激活型受体，它可与 G 蛋白结合使之构型变化，G 蛋白排斥 GDP，结合 GTP 而活化，α 与 β、γ 解离后与靶酶结合，靶酶活化引起相应反应，把胞外信号转换为胞内信号。当 G 蛋白完成信号转导功能后，GTP 被水解为 GDP，G 蛋白就会回到最初的构象，α 亚基重新与 β、γ 亚基复合体结合，G 蛋白又处于非活化状态，与效应器分离，从而完成一次信号的跨膜转导（图 6-4）。

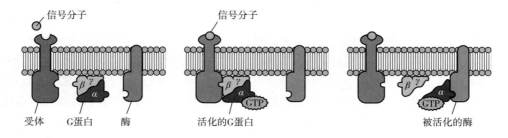

图 6-4　G 蛋白偶联受体参与的跨膜信号转换（苍晶和李唯，2017）

动物中有许多 G 蛋白偶联受体，可传递激素、光、气味等多种信号。已经发现高等植物中存在少量的异三聚体 G 蛋白，但目前还没有鉴定得到植物中存在 G 蛋白偶联受体。已证实 G 蛋白参与了植物中光、激素等信号的跨膜转导。

第三节　胞内信号系统

胞外环境刺激和胞间信号经过跨膜信号转导，将其携带的信息传递给了胞内的信号分子，再通过信号转导网络继续传递和放大信号。通常将由胞外刺激信号激活或抑制的、具有生理调节活性的细胞内因子称为细胞信号转导过程中的次级信号或第二信使（second messenger），如图 6-5 所示。胞内第二信使主要有钙信号系统、肌醇磷脂信号系统以及 cAMP 信号系统。此外，还有些化学物质，如 NO、H^+、H_2O_2、抗坏血酸、谷胱甘肽、多胺类、乙烯等，也可能是细胞中的胞内信使。

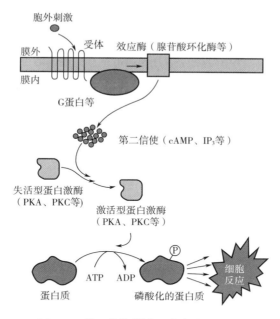

图 6-5　第二信使学说（李合生，2012）

一、 植物钙信号系统

20 世纪 60 年代末，美籍华人张槐耀（1967）在动物细胞中发现钙离子的多功能受体蛋白——钙调蛋白（Calmodulin，简称 CaM，又称钙调素）后，人们提出钙离子也可作为细胞信使起作用。这种观点自 20 世纪 80 年代以来，在植物方面也取得了大量证据，因此钙离子是植物和其他真核生物中最普遍的第二信使。目前已经发现多种刺激因素，作用于不同的植物细胞，最初反应几乎都是首先引起胞内钙离子浓度的变化，如机械刺激（触动和风）、低温、红光、植物激素、真菌激发子、缺氧、水分胁迫等，细胞内钙离子作为第二信使来介导生物学反应，包括植物生长、发育、抗逆等。

（一）衡量钙信使的标准

钙不仅是植物体必需的大量营养元素之一，起营养的作用。而且它还是植物细胞信号转导过程中重要的第二信使。那么，我们如何衡量它不是起营养作用，而是起着第二信使的作用呢？一般认为，确认钙作为信号因子起作用必须具备以下四个条件：①细胞质的钙水平，必须能对来自环境与邻近细胞的刺激有所反应，而且钙离子水平的变化要早于该生理反应；②在缺乏正常的外界刺激时，通过诱导细胞质钙离子浓度的变化能引起该生理反应；③细胞必须具有感受细胞质钙离子浓度变化，并将这种变化转变为某种生理反应的机制；④阻拦第二信使感知系统的运行，必定会阻拦对外界刺激的生理反应。现在已经证明，胞内游离钙离子符合上述标准，是第二信使。

（二）植物细胞钙离子动态及其调控机制

1. 植物细胞钙离子分布

高度区域化的植物细胞，钙离子分布是不平衡不均匀的。在静息状态钙离子在细胞质中浓

度为 $10^{-7} \sim 10^{-6}$ mol/L，细胞壁中钙离子浓度很高，达 $10^{-4} \sim 10^{-3}$ mol/L，是细胞外最大的钙库。细胞内的细胞器，如线粒体、叶绿体、内质网等的钙离子浓度是胞液钙离子浓度的 100~1000 倍；液泡是植物细胞内贮量最大的钙离子库，其游离钙离子水平估计在 10^{-3} mol/L 左右（图 6-6）。受刺激时胞内或胞外钙库中的钙离子通过钙通道释放到细胞质中，提高钙离子浓度达到一定阈值（10^{-6} mol/L 以上）后，产生钙信号，作用于下游元件，起传递信号的作用。但是钙离子是毒害剂，胞内钙离子浓度过高，会同磷酸反应形成沉淀而扰乱以磷酸为基础的能量代谢。因此，当钙离子完成其信号传递作用后，胞液中钙离子浓度降低回复到静息态水平。

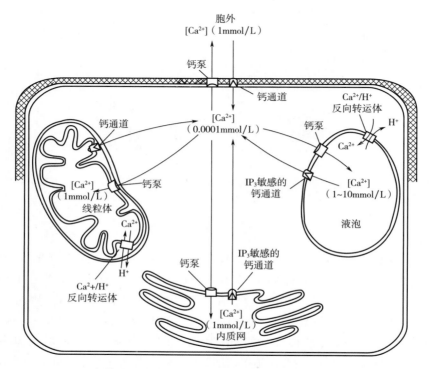

图 6-6　高等植物细胞中 Ca^{2+} 转运多条途径（Buchanan 等，2000）

2. 细胞内游离钙离子浓度的调控机制

钙离子进入细胞质的主要路径是质膜和内膜系统中的钙离子通道（图 6-6）。质膜和细胞器膜上都有专一的钙离子通道，外界信号如光、激素等，能使这些通道打开，而使细胞内钙离子浓度迅速上升。钙离子通道可依据其定位而分类：位于细胞质膜上的为内流通道，位于细胞器膜上的为释放通道。细胞质钙离子浓度降低主要由质膜或细胞器膜上的 Ca^{2+}-ATP 酶和 Ca^{2+}/nH^+ 反向转运器完成（图 6-6），将钙离子重新装入内质网和液泡中或泵出细胞，作为下一次钙离子受控释放时的钙离子源。

其中 Ca^{2+}-ATP 酶本身就是钙信号的受体之一，高的钙离子浓度使之激活，它可由水解 ATP 提供能量，将细胞液中的钙离子泵到细胞外或泵进细胞器，迅速降低细胞内钙离子水平，以维持静息状态时的钙离子低水平。IP_3、环核苷酸、pH 梯度等可以调控钙通道、钙泵或钙转运载体的活性。

（三）钙信使作用的分子机制

胞内信使系统共同特点之一是胞内信号产生后，要与其靶分子（靶蛋白或靶酶）作用而传递信息，继而产生生理反应。钙离子信使与其他胞内信使不同的是，它的靶分子分布很广，种类很多，因此钙离子信号的传递途径也很复杂。

与动物细胞中一样，植物细胞钙离子信号可以通过钙离子结合蛋白间接调节，也可以直接调节蛋白质磷酸化，从而达到调节生物学功能的目的。钙离子信使的靶分子或受体之一是钙结合蛋白（calcium bingding protein，CaBP），与钙有很高的亲和力和专一性；即使当细胞液中镁离子浓度大于钙离子浓度 1000 倍时，仍优先与钙离子结合。

1. 钙调蛋白

在钙结合蛋白中分布最广了解最多的是钙调蛋白或钙调素。钙调素是植物细胞中胞内钙离子最重要的多功能受体蛋白。钙调素由 19 种氨基酸组成，是耐热、耐酸的小分子可溶性蛋白，等电点 pH3.9~4.3，95℃加热 3min 不变性，十分稳定。它是 148 个氨基酸组成的单链蛋白，相对分子质量为 15k~19k，分子内部有 4 个钙离子结合位点。1985 年 Babu 根据 X 射线晶体衍射方法推测出钙调素的三维结构是哑铃型，两个哑铃球上各有两个钙离子结合位点（图6-7）。

钙离子作为信号是基于其浓度的变化，而钙调素对钙离子亲和能力正是它感受信息的基本特征。正常细胞未受到刺激时，细胞溶质钙离子浓度通常低于 10^{-6}mol/L 以下，钙调素自身并没有

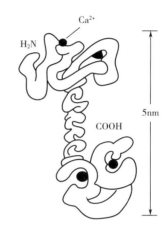

图 6-7　由 X-射线晶体衍射方法推测的钙调素三维结构（张继澍，2006）

酶活性；当受刺激时，胞质内钙离子浓度上升，达到一定阈值（通常为 10^{-6}mol/L）时，钙即与钙调素结合形成复合体，构象改变而活化，这种激活状态的钙调素（CaM*）进而与它调节的靶蛋白中的短肽序列结合，从而诱发其构象变化，使之活化，达到调控植物的细胞分裂、伸长、生长发育、抗逆等目的。当细胞质钙离子浓度降低于一定阈值以下，钙离子与钙调素分离，钙调素便与靶蛋白解离，回复到非活化状态。通过这样的途径，即依赖于细胞内钙离子浓度变化，而把细胞外的信息传递给细胞内各相关过程的功能，即为钙离子的信号功能。

2. 钙依赖型蛋白激酶

钙依赖型蛋白激酶（calcium-dependent protein kinase，CDPK）是钙离子信号重要的初级感受体，是植物中独特的蛋白激酶家族，在动物和酵母中均未发现。采用免疫沉淀和体外磷酸化发现 CDPK 主要位于细胞器膜系统中。CDPK 活性受钙离子调节，不需要钙调素参与。当钙离子信号产生后，钙离子直接与 CDPK 上的类似于钙调素的结构域结合，解除了 CDPK 的自身抑制，从而导致 CDPK 被激活，激活的 CDPK 可以磷酸化其靶酶或靶分子，产生相应的生理反应。

3. 钙离子依赖型磷酸酶

在拟南芥、蚕豆、烟草等植物体内发现钙依赖的磷酸酶，它们与动物体内的钙依赖磷酸酶相似，含有典型的 EF 手型钙离子结合域，具有钙离子结合能力，催化其靶分子的去磷酸化。

(四) 钙信使的特异性

试验证明，几乎所有的胞外刺激信号，如光照、温度、重力、触摸等物理刺激和各种植物激素、病原菌诱导因子等化学物质都可引起胞内游离钙离子浓度的变化。那么细胞如何区分是什么信号呢？目前认为，特定刺激产生钙信号特异性的机理有如下两种模式：

1. 钙信号本身具有特异性

不同的刺激引起胞质钙离子浓度增加持续的时间、幅度、频率、区域化分布不相同，称为钙指纹（Ca^{2+} signature）。特异性的钙离子变化决定了生理反应的特异性，例如赤霉素作用常表现为一种适度而持久的钙离子浓度增加，缓慢回落；生长素的作用常表现为钙离子振荡。

2. 通过下游的不同信号转导因子决定生理反应的特异性

钙信号产生后可以通过下游相应的钙受体蛋白产生不同的生理效应。钙调素参与控制钙离子信号的特异性。钙调素与钙结合后，构型发生变化，成为一些酶的激活物，再与酶结合时，又引起酶的构型变化，由非活性态转为活性态，Ca^{2+}-CaM 成为这些酶作用时必不可缺的成分。另外钙调素与不同的靶蛋白之间的相互作用对钙离子依赖程度有区别，这同样导致对胞质钙离子水平升高所起反应的多样性和复杂性。

二、 环核苷酸信号系统

环核苷酸是细胞内最早被发现的第二信使，包括 cAMP 和 cGMP，分别由 ATP 经腺苷酸环化酶和 GTP 经鸟苷酸环化酶产生。

(一) cAMP 信号转导通路

在动物细胞中，激素、化学物质等第一信使与其相应的膜受体结合后，可以激活 G 蛋白，促使膜内侧的腺苷酸环化酶活化而产生第二信使 cAMP。cAMP 激活下游的 cAMP 依赖性蛋白激酶 A（protein kinase A，PKA）使其催化亚基和调节亚基分离，其中催化亚基可以引起相应的酶或蛋白质磷酸化级联反应，产生相应的细胞反应；或者催化亚基进入细胞核激活核基因序列中的转录调节因子 cAMP 应答元件，导致被诱导基因的表达。

尽管植物细胞 cAMP 信号系统的某些成分在基因水平上尚未得到分离、克隆，但研究表明 cAMP 参与了多种植物生理活动，如调控细胞外向 K^+ 通道活性、花粉管伸长，调节细胞渗透物质的合成，参与抗病反应等。

(二) 植物细胞中的 cGMP 信号系统

与 cAMP 相似，cGMP 由鸟苷酸环化酶以 GTP 为底物催化生成，也同样由相应的磷酸二酯酶（PDE）降解失活。研究表明，cGMP 的信号转导机制可能是通过激活 cGMP 特异性的下游效应因子，诱导随后的蛋白质可逆磷酸化及基因转录水平变化，从而产生进一步的细胞反应。cGMP 的下游效应因子包括 cGMP 依赖性蛋白激酶（cGMP dependent protein kinase，PKG）、环核苷酸门控离子通道（cyclic nucleotidegated ion channels，CNGC）等。

已有研究证实，生长素、脱落酸、赤霉素和茉莉酸等植物激素及气体信号 NO 等都能诱导 cGMP 含量的升高，说明 cGMP 是激素响应的下游因子，能够介导植物激素信号，并实现植物激素与 cGMP 之间的相互调节作用。作为一种第二信使分子，cGMP 主要在低温胁迫、渗透胁迫、盐胁迫等植物逆境信号的传递过程中发挥作用，能增强植物对胁迫的耐受性；此外，cGMP 也能参与调节细胞性别形成、光敏色素控制开花过程、花青素和类黄酮的合成等植物生理过程

（图6-8）。

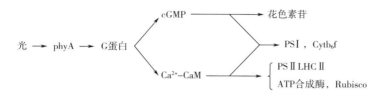

图 6-8　光诱导的花色素苷和叶绿体某些组分的合成

PSI—光系统Ⅰ　PSⅡ—光系统Ⅱ　LHCⅡ—捕光色素蛋白复合体Ⅱ

Cytb$_6$f—细胞色素 b$_6$f 复合体　Rubisco—1,5-二磷酸核酮糖羧化酶/加氧酶

三、　脂类信号系统

1953 年霍金（Hokin）等发现，外界刺激可以加速膜脂的代谢活动。20 世纪 80 年代确认动物中磷酸肌醇代谢产物在细胞中起信使作用，建立了较完整的肌醇磷脂信号系统概念。现在有证据表明脂类也参与了植物细胞的信号转导过程。

甘油磷脂是植物质膜脂类的主要成分，几种磷脂酶水解其特定的键产生脂类信号分子。磷脂酶 C（PLC）水解甘油磷酸酯键，产生二脂酰甘油（DAG 或 DG）和磷酸化头部基团。肌醇磷脂主要分布于质膜内侧，其总量约占膜磷脂总量的 10% 左右。主要有三种：磷脂酰肌醇（PI），磷脂酰肌醇-4-磷酸（PIP）和磷脂酰肌醇-4,5-二磷酸（PIP$_2$）。

胞外信号作用于膜受体，激活 PLC，然后水解膜上 PIP$_2$，产生肌醇三磷酸（IP$_3$）和二脂酰甘油，这两种物质都可作为胞内信号，因此又称为双信号系统。肌醇三磷酸激活钙离子信号途径，二脂酰甘油激活蛋白激酶 C（PKC）信号途径（图6-9）。在这个肌醇磷脂信号系统中，肌醇三磷酸信使的量通过影响胞质钙离子的量，经 Ca^{2+}-CaM 来产生细胞反应；而二脂酰甘油信使的受体蛋白激酶 C 又受钙离子的调节，因此钙信使与肌醇磷脂信号系统有共辖性。

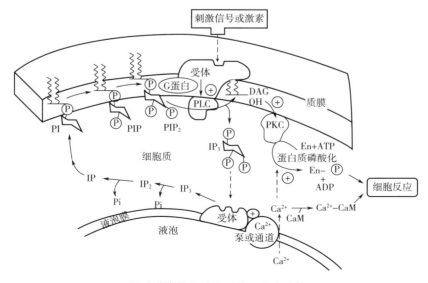

图 6-9　肌醇磷脂信号转导系统（李合生等，2019）

实验证明，肌醇磷脂信号传递系统参与了植物细胞许多方面的生理过程，如 IP_3/Ca^{2+} 系统在干旱、脱落酸引起的气孔关闭信号转导中起重要调节作用；但是由于植物细胞中至今未证实存在有 PKC，因此有关二酰甘油的信号传导过程仍不清楚。

磷脂酶 D（PLD）释放磷脂的头部基团，产生磷脂酸（PA），它也是一个脂类信号分子，在响应环境胁迫时迅速增加。在保卫细胞中，磷脂酸与脱落酸信号互作促进气孔关闭。磷脂酸似乎也调节微管和肌动蛋白细胞骨架的形成。

四、 pH 和活性氧

近年研究表明 pH 和活性氧也能作为第二信使在细胞信号转导中起重要作用。

静息态时细胞质 pH 在 7.0~7.5，而细胞壁质外体的 pH 为 5.5 或更低，木质部汁液 pH 为 6.3。胞外或木质部汁液 pH 能响应不同的内源或环境信号而迅速发生变化。例如干旱时木质部汁液 pH 为 7.2，它也是根系产生的长距离信号，促进脱落酸向保卫细胞分布，促使气孔关闭。而生长素通过磷酸化 H-ATP 酶的 C-端使其活化，导致细胞壁酸化而促进细胞扩展生长。

活性氧（reactive oxygen species，ROS）是指性质活泼、氧化能力很强的含氧物质的总称，如超氧阴离子自由基（$O_2^- \cdot$）、羟自由基（$\cdot OH$）、单线态氧（$^1O_2$）、过氧化氢、一氧化氮及脂质过氧化物自由基（$RO \cdot$、$ROO \cdot$）等。线粒体、叶绿体、过氧化物酶体和细胞壁中都能形成活性氧，不仅是呼吸作用和光合作用的副产物，还可以作为第二信使调控植物对环境和内源信号的反应。

第四节　蛋白质可逆磷酸化

在信号转导过程中，胞内第二信使下游的靶分子多是细胞内的蛋白激酶（protein kinase，PK）和蛋白磷酸酶（protein phosphatase，PP），催化相应的蛋白质磷酸化或去磷酸化，从而调控细胞内酶、离子通道或转录因子等的活性。蛋白质的可逆磷酸化是生物体内一种普遍的翻译后修饰方式，也是细胞信号转导过程中几乎所有信号传递途径的共同环节，也是中心环节。

一、 蛋白激酶

蛋白激酶是一个大家族，植物中有 3%~4% 的基因编码蛋白激酶。根据磷酸化的氨基酸种类，蛋白激酶可分为丝氨酸/苏氨酸激酶、酪氨酸激酶和组氨酸激酶等三类，它们分别将底物蛋白质的丝氨酸/苏氨酸、酪氨酸和组氨酸残基磷酸化。有的蛋白激酶具有双重底物特异性，既可使丝氨酸或苏氨酸残基磷酸化，又可使酪氨酸残基磷酸化。根据调节方式可分为钙和钙调素依赖的蛋白激酶、类受体蛋白激酶和有丝分裂原活化的蛋白激酶等。

（一）钙和钙调素依赖的蛋白激酶

在植物中，目前已知的蛋白激酶至少有 30 多种，其中最为重要的一类蛋白激酶是钙依赖型蛋白激酶。

钙依赖性蛋白激酶属于丝氨酸/苏氨酸激酶，是植物细胞中特有的蛋白激酶家族，大豆、玉米、胡萝卜、拟南芥等植物中都存在这类蛋白激酶。*CDPK* 基因在拟南芥中有 34 个，水稻中 31 个，小麦中至少有 20 个；机械刺激、激素、生物和非生物胁迫都可引起 *CDPK* 基因表达。其氨基端有一个激酶催化区域，其羧基端有一个类似钙调素的结构域，在这两者之间还有一个自抑制区。类似钙调素结构域的钙离子结合位点与钙离子结合后，自抑制作用被解除，酶就被活化。CDPK 的结构决定了它既可作为钙离子感应蛋白，又可作为效应蛋白，酶活化后迅速与下游靶蛋白结合而发挥作用。现已发现被 CDPK 磷酸化的靶蛋白有质膜 ATP 酶、离子通道、水孔蛋白、代谢酶以及细胞骨架成分等。除 CDPK 类蛋白激酶外，植物体内还有同时受钙离子和钙调素调节的蛋白激酶。

（二）类受体蛋白激酶

类受体蛋白激酶（receptor like protein kinases，RLK）由胞外配体结合区、跨膜区和胞质激酶区 3 个结构域组成。作用方式参见前文酶偶联受体。一些类受体蛋白激酶的配体已经被确定，包括生物相互作用产生的化学信号以及植物内源激素如油菜素甾醇、生长素和多肽激素。根据胞外结构区的不同，可将 RLK 分为三类：一是含 S 结构域的 RLK，在胞外有一段与调节油菜自交不亲和的 S-糖蛋白同源的氨基酸序列；二是富含亮氨酸重复序列（leucine-rich repeat sequence，LRR）的 RLK，该序列与感受发育和环境胁迫信号有关，例如从拟南芥植株分离到一种类受体的蛋白激酶基因 *RLK*1，RLK1 激酶的胞外部分含有富亮氨酸重复序列，干旱、高盐、低温及脱落酸处理都能快速诱导该基因的表达；三是类表皮生长因子的 RLK，胞外结构域具有类似动物细胞表皮生长因子的结构。

（三）有丝分裂原活化的蛋白激酶

有丝分裂原活化的蛋白激酶（mitogen-activated protein kinase，MAPK）是一类丝氨酸/苏氨酸蛋白激酶，参与的信号转导级联反应（signaling cascades）途径，在动植物细胞中都存在，是由 MAPKKK、MAPKK 和 MAPK 三个激酶组成，依次激活，产生一系列蛋白质磷酸化反应，每次反应就产生一次放大作用，调控细胞的生长、分化和对环境的应激反应等。在植物细胞中，MAPK 级联途径可参与生物胁迫（如病原菌侵染）、非生物胁迫（冷害、干旱、盐、机械刺激等）、植物激素和细胞周期调控等信号的传递，被认为是一种普遍的信号转导机制。

二、　蛋白磷酸酶

蛋白磷酸酶催化相应蛋白质的去磷酸化，其分类与蛋白激酶相对应。胞内信号依赖蛋白质磷酸化中介、放大，最后完成信号转导过程；而蛋白磷酸酶逆转磷酸化作用，是终止信号或一种逆向调节，与蛋白激酶理论上有同等重要意义。

按照底物的特异性可将蛋白磷酸酶分为丝氨酸/苏氨酸蛋白磷酸酶和酪氨酸蛋白磷酸酶两大类。近年来，在植物中已经获得了两类丝氨酸/苏氨酸蛋白磷酸酶 PP1 和 PP2，它们参与植物对逆境胁迫的反应。按照亚基的结构、活力及是否对二价阳离子存在依赖，将 PP2 进一步分为 PP2A、PP2B 和 PP2C 三个亚类，其中 PP2C 的活力依赖于 Mg^{2+} 和 Mn^{2+}，参与脱落酸信号途径、钾通道蛋白的调控和植物抗病信号途径。

三、　蛋白质降解是植物信号转导途径的普遍方式

泛素-蛋白酶体途径（ubiquitin-proteasome pathway）是真核细胞内降解蛋白质的重要途径。泛素依赖的蛋白质降解几乎在所有的植物激素信号转导途径中都存在，如生长素、赤霉素和茉

莉酸。通过泛素激活酶（E1）、泛素结合酶（E2）和泛素连接酶（E3）使泛素与靶蛋白结合（图6-10），后续泛素以类似方式连接成串（至少4个），完成对底物蛋白的多泛素化标记，形成多泛素化蛋白。而26S蛋白酶体识别多泛素化标记的蛋白后，将其降解为小片段多肽。例如，当生长素存在时，生长素与受体结合，引起AUX/IAA阻遏蛋白被多个泛素标记并降解，从而使生长素响应的转录因子被激活并诱导基因表达。

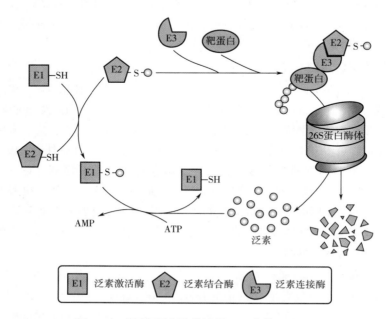

图6-10　泛素-蛋白酶体途径（王小菁，2019）

四、　细胞反应

细胞反应是细胞信号转导的最后一步，所有的外界刺激都能引起相应的细胞反应，如离子跨膜流动、基因表达、酶活性变化、细胞骨架的变化等。整合所有细胞的生理反应最终表现为植物体的生理反应。同时植物具有终止信号转导的机制，如蛋白质脱磷酸化或蛋白质降解，以保证植物对刺激反应的时间长短以及与植物其他生理活动的协调。

从刺激到反应之间的信号转导途径所耗费的时间有长有短。刺激在组织、器官以及细胞中的传递途径也有长有短。根据植物从感受刺激到表现出相应生理反应的时间，植物的生理反应可分为长期效应和短期效应。如气孔的开闭、含羞草的感震反应、叶绿体运动等这些通常属于短期生理反应。光对种子萌发的调控、低温和光周期对开花的调控等属于长期生理效应。

不同的刺激所引发的信号途径之间还存在着复杂的相互关系，信号系统实际是一个信号网络，多种信号分子相互联系，立体交叉，协同作用，实现生物体中的信号转导过程。

植物细胞具有与动物细胞相似的受体、信号转导途径和信号组分，如受体激酶、MAPK级联途径、泛素化降解蛋白途径以及双元系统等。但它们的细胞信号转导也有不同之处，最明显的差异在于：动物细胞多使用正调节的信号途径，刺激基因表达；而植物细胞常常利用负调节、失活抑制因子的信号途径来起作用，即阻遏蛋白失活，解除对转录因子的抑制，从而诱导基因表达。

内容小结

信号转导主要研究偶联各种刺激信号与其引起的特定生理效应之间的一系列分子反应机制。能与信号特异结合并传递、放大信号的物质称为受体，按照其所处位置可以分为细胞内受体和细胞表面受体。一些脂溶性小分子的信号，可以直接跨膜扩散进入细胞，并与细胞内受体结合；但多数信号不能够直接跨膜进入胞内，被细胞膜上的信号受体感受接收后，通过（离子通道偶联受体、酶连受体或G蛋白偶联受体）进行跨膜信号转换，转化为胞内信号（钙信号，脂类信号、环核苷酸信号或活性氧等），最后传递到胞内特定效应部位，通过由蛋白激酶和蛋白磷酸酶催化的蛋白质的可逆磷酸化，引起生理生化反应，从而调节植物的生长发育过程。泛素-蛋白酶体途径在植物的多种激素信号转导中也起重要作用。

课程思政案例

娄成后，我国著名植物生理学家、农业科学家、教育家，曾任教于国立西南联合大学、中国农业大学等。除了在植物电波传递方面进行了大量研究外，还在有机物运输方面进行深入研究，提出胞间连丝存在三种状态，衰老组织物质再分配时胞间连丝内部结构解体，大分子物质甚至细胞质可以穿壁运动。从20世纪40年代开始研究2,4-D的生理作用，开创了国内生长调节剂对植物生长发育调控及化学除草的新领域。从20世纪60—70年代开始积极推广覆盖免耕技术及育苗移栽技术，促进中国农业现代化。

第七章

植物的生长物质

前几章介绍了水分代谢、矿质营养、光合作用、呼吸作用以及植物体内有机物质的运输分配，植物就是在这些基本代谢的基础上发芽、生根、长叶，植株不断长大并开花结果。植物生长发育过程中，除了需要水分、矿质元素和有机物外，还需要另一类对生长有特殊作用的生理活性物质，这些物质就是植物生长物质（plant growth substances）。

植物生长物质是指具有调节植物生长发育作用的一些小分子化合物，它们在极低的浓度下便有显著的作用。根据来源不同可将其分为植物激素（plant hormones 或 phytohormones）和植物生长调节剂（plant growth regulators）两类。植物激素是植物体内合成，并从产生之处运到别处，对植物生长发育产生显著作用的一些微量有机物。植物激素的特征有三个：内生的；可移动；低浓度有调节功能。它们在植物体内含量极微，如 1t 花椰菜的叶子只能提取 1mg 生长素，因此直接从植物体内提取植物激素用于生产比较困难，于是一些具有类似植物激素生理活性的人工合成物质应运而生，称作植物生长调节剂，国内外已使用和正在研究的有百余种，在农业和园艺生产中被广泛使用。

植物激素的研究从 20 世纪 30 年代生长素的研究开始；50 年代确定了赤霉素和细胞分裂素；60 年代以后，脱落酸和乙烯又被列入植物激素的名单中；70—90 年代发现了油菜素甾醇。目前公认的植物激素有六类，即生长素类、赤霉素类、细胞分裂素类、乙烯、脱落酸和油菜素甾醇。除此之外，近二三十年还从植物体内发现了多胺类、茉莉酸类、水杨酸类、多肽类和独脚金内酯类等天然活性物质，对植物生长发育具有多方面的调节和控制作用，也逐步被归入植物激素类。

第一节　生长素类

一、　生长素的发现

生长素是最早被发现的植物激素，是植物存活所必需的物质。导致生长素发现的研究有几个著名的实验（图 7-1）。1880 年英国博物学家达尔文（C. Darwin）和他儿子（F. Darwin）在研究金丝雀虉草（*Phalaris canariensis* L.）和燕麦胚芽鞘的向光性时发现：当光线（蓝光）从一侧照射在暗中生长的胚芽鞘时，胚芽鞘 1h 内向光弯曲生长；如果切去胚芽鞘的尖端或用不透光的锡箔纸包住胚芽鞘尖端，它就不再向光源弯曲；如果只照射胚芽鞘顶端而不照射胚芽鞘下部，胚芽鞘仍会向光弯曲。他们将实验结果写在《植物的运动本领》（*The Power of Movement in Plants*）一书中，并推断胚芽鞘产生向光性是由于尖端在单侧光照射下产生某种信号，并将该信号从上部运到下部伸长区，引起背光侧生长速度比向光侧快。

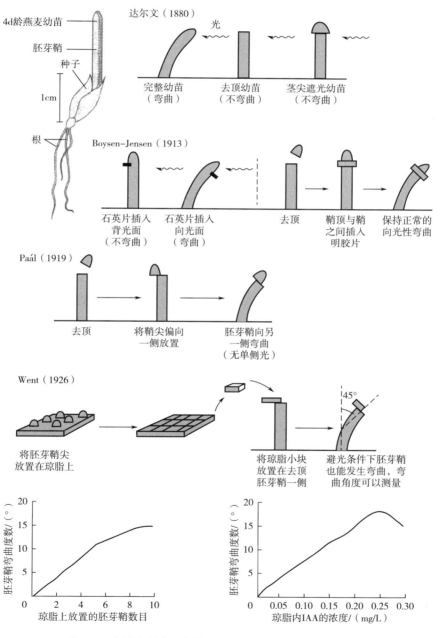

图 7-1　有关生长素研究的几个经典实验（武维华，2018）

丹麦的波森·詹森（Boysen-Jensen）在 1913 年的实验进一步发现：在胚芽鞘背光侧插入云母片，胚芽鞘不会向单侧光弯曲；在向光侧插入云母片，会向单侧光弯曲；如果把胚芽鞘的尖端切去，在切面放一片明胶薄片，再将尖端放在明胶的上面，用单方向光线照射，结果胚芽鞘仍能发生向光弯曲的反应。这说明因光刺激而产生的促进生长的信号可透过明胶但不能透过不溶于水的障碍物云母，因此此信号是一种化学物质；而且单侧光刺激产生的信号是从背光侧向下运输。1919 年，帕尔（Paál）将胚芽鞘顶端切掉，然后把顶端放在去顶的胚芽鞘一侧，在没有单侧光刺激时也表现弯曲生长，证明胚芽鞘顶端自身就可以产生促进生长的信号。

1926 年，荷兰科学家温特（F. W. Went）把一些切下的燕麦胚芽鞘的尖端放在一块 3% 琼脂凝胶薄片上约 1h 后，移去胚芽鞘尖端，将琼胶切成小块，把这些琼胶小块放在去掉顶端的胚芽鞘一侧，结果去掉顶端的胚芽鞘在黑暗条件下即可发生弯曲，说明促进生长的物质可以扩散到琼脂凝胶中。温特首次将这种在胚芽鞘尖端产生的与生长有关的物质称为生长素（auxin，意思是"增加"或"生长"）；而且凝胶上放置的胚芽鞘尖端数目越多，去掉顶端的胚芽鞘的弯曲度就越大。根据这个原理，他创立了著名的测定生长素的"燕麦弯曲试验法（avena test）"，即用生长素引起燕麦芽鞘一侧加快生长，而向另一侧弯曲，其弯曲度与所用的生长素浓度在一定范围内成正比，由此测定生长素含量，成为测定生长素的最古典的方法。

1934 年荷兰的郭葛（F. Kögl）等从玉米油、麦芽、根霉等分离纯化出了这种刺激植物生长的物质，经鉴定是吲哚-3-乙酸（indole-3-acetic acid，简称 IAA），分子结构见图 7-2。此后陆续有实验证明 IAA 广泛存在，是植物体内的主要生长素。除了 IAA 以外，植物体内还含有三种生长素类物质：4-氯吲哚-3-乙酸（4-chloroindole-3-acetic acid，简称 4-Cl-IAA），1963 年在豆科植物幼嫩种子中发现；苯乙酸（phenylacetic acid，简称 PAA），广泛存在于各种植物中，活性不如 IAA 强，但含量比 IAA 高；吲哚-3-丁酸（indole-3-butyric acid，IBA）存在于玉米叶子和各种双子叶植物中。4-Cl-IAA、PAA、IBA 的结构和活性均类似于 IAA，因此也归为天然的生长素类。

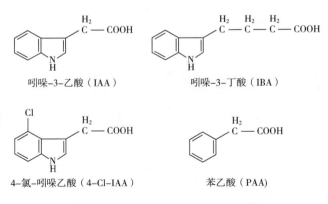

图 7-2　几种天然生长素的分子结构

二、 生长素在植物体内的分布和运输

（一）生长素的存在状态

生长素在植物组织内呈不同的化学状态。人们把易于提取的、没有与其他分子以共价键结

合的生长素称为自由生长素或游离态生长素（free IAA）；而与细胞内的糖、氨基酸等共价结合的那部分生长素，需要通过酶解、水解或自溶作用从组织里释放出来，称为束缚生长素或结合态生长素（conjugated IAA）。自由生长素具有生理活性，而束缚生长素无生理活性。两种状态的生长素可相互转变，束缚型生长素是调控生长素生理功能的重要手段。

束缚生长素在植物体内的作用主要有以下五点：①吲哚-3-乙酸与葡萄糖结合形成吲哚乙酰葡萄糖，是生长素的贮藏形式，当种子发芽时释放出吲哚-3-乙酸供发芽用；②吲哚-3-乙酸与肌醇结合形成吲哚乙酰肌醇，贮藏在种子中，发芽时作为运输形式，它比吲哚-3-乙酸易于运输到地上部；③吲哚-3-乙酸与天冬氨酸结合形成吲哚乙酰天冬氨酸，是生长素永久性失活的一种方式，通常在吲哚-3-乙酸积累过多时形成，解除吲哚-3-乙酸过多对植物产生的毒害；④防止生长素被氧化，自由生长素易被氧化，而束缚生长素稳定、不易氧化；⑤调节自由生长素含量，种子和营养器官中束缚生长素含量高达吲哚乙酸总量的 50% ~ 90%，根据植物的需要，束缚生长素可与自由生长素相互转变，维持自由生长素正常水平，发挥生理作用。

（二）生长素在植物体内的分布

生长素在高等植物中分布很广，根、茎、叶、花、果实、种子及胚芽鞘中都有，但主要分布在生长旺盛的幼嫩部位，并大量集中在分生生长区域，如根尖、茎尖、胚芽鞘、受精后的子房、幼嫩的种子等，而趋向衰老的组织和器官中则很少。维管植物产生生长素的地方通常是分生组织，茎尖是产生生长素的中心，此外形成层、根尖、胚珠、嫩叶等也能合成生长素。生长素在植物体内含量甚微，一般每克鲜重植物材料含生长素为 10 ~ 100ng，有人估计 7000 ~ 10000 棵玉米幼苗的茎顶端只含有 $1\mu g$ 生长素。

生长素在植物细胞内主要存在于细胞质和叶绿体中。瑞典桑德伯格（Sandberg）等研究 IAA 在野生型和转基因烟草细胞中的分布，发现野生型烟草细胞内自由 IAA 有 2/3 存在于细胞质，1/3 存在于叶绿体，束缚 IAA 只存在细胞质。在导入根癌农杆菌 IAA 合成酶基因的转基因烟草细胞中，合成生长素的中间产物仅在细胞质中发现。因此推测，IAA 合成在细胞质中发生。

（三）生长素的运输

高等植物中生长素的运输有两种方式：极性运输和非极性运输。

1. 生长素的极性运输

极性运输是生长素的一个重要特征。在胚芽鞘中生长素只能从植物体的形态学上端向下端运输，而不能颠倒，这种单方向的运输称为极性运输（polar transport）。

把含有生长素的琼脂小块放在一段切头去尾的燕麦胚芽鞘的形态学上端，把另一块不含生长素的琼脂小块接在下端；过些时间，下端的琼脂块中即含有生长素（图7-3）。但是假如把这一段胚芽鞘颠倒过来，把形态学的下端向上，做同样的实验，生长素就不能向下运输。这种极性运输存在于胚芽鞘、茎等地上部分，从顶端向基部运输，称为向基性运输（basipetal transport）。在植物根中，地上部的生长素通过根茎节点后运向根尖中柱细胞（向顶性运输，acropetal transport），到达根尖静止中心以后与根尖分生区产生的生长素汇合，然后通过根表层和皮层组织向上运输到伸长区（向基性运输）。这种极性运输对根的向重力性具有重要意义。茎尖、根尖和胚芽鞘的薄壁细胞之间短距离的极性运输是最明显的，而茎部等较老组织中则不明显。

生长素的极性运输可以逆浓度梯度进行，这在以上实验的前一种情况下可以看到，即使下端琼脂小块的生长素浓度比上端高时，生长素向形态学下端的运输仍然进行。极性运输的移动

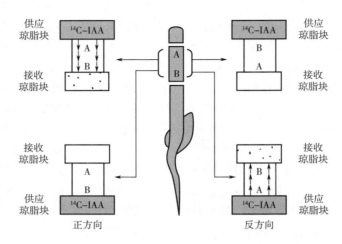

图 7-3 燕麦胚芽鞘切段内 IAA 的极性运输（据李合生等 2019 修改）

速度为 2~20mm/h，比物理扩散快 10 倍，但比韧皮部集流运输慢。生长素的逆浓度梯度极性运输是一种主动运输过程，需消耗能量和氧气。极性运输主要在薄壁组织中进行。生长素是目前已知的唯一具有极性运输现象的植物激素，这一特性使生长素沿着植株茎干和根系形成特定的生长素浓度梯度，影响植物诸多生理过程。

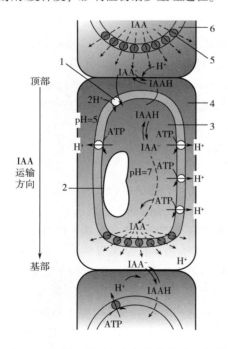

图 7-4　生长素的极性运输的化学渗透假说
（王小菁，2019）

1—生长素输入载体（IAA⁻-H⁺同向转运体）
2—液泡　3—细胞质基质　4—细胞壁
5—生长素输出载体　6—质膜

化学渗透假说是当前被普遍接受的生长素极性运输模型（图 7-4）。极性运输是以"细胞-细胞壁-细胞"的方式进行的，即从一个细胞通过质膜流出到细胞壁空间，然后跨越质膜流入下一个细胞中。细胞膜上有 H^+-ATP 酶，细胞下部质膜上有专一的生长素输出载体。H^+-ATP 酶将 H^+ 泵出，维持细胞内 pH7~7.5 细胞外 pH5~5.5 的环境。生长素的 pK_a 是 4.75，在细胞外的酸性环境中不易解离，所以部分 IAA 是非离子化的 IAAH 形式，它可以通过细胞膜被动扩散进入细胞内，此方式占生长素内流的 15%~25%；另外，研究发现质膜上有生长素输入载体，其多肽链的氨基酸序列与氨基酸透性酶相似，实质是同向传递体，可将解离的 IAA⁻ 和 2 个 H^+ 协同运输主动吸收进入细胞。在细胞中较高的 pH 条件下，IAAH 解离为 IAA⁻，这样细胞内 IAA⁻ 的浓度高于细胞外，它不能穿过细胞膜，只能通过存在于细胞下端的生长素输出载体运到细胞外。在外部 pH 下，IAA⁻ 又转变为 IAAH，并扩散到下一细胞内；当内部的 IAAH

因解离而浓度降低时，IAAH 继续扩散进入细胞。

随着分子遗传学的快速发展，对于生长素运输的研究不断向分子层面开展，目前已知生长素的极性运输是由生长素输入载体 AUX/LAX 和生长素输出载体 PIN 蛋白完成的。PIN 蛋白以拟南芥 *pin* 突变体所形成的针形花序命名。拟南芥 PIN 蛋白家族中有 8 个成员，在不同组织中特异表达，行使特殊的功能。例如，PIN1 在生长素由茎尖向根尖的极性运输中发挥作用，PIN3 调控生长素的侧向运输。另外还发现了 ABCB/PGP 蛋白、MDR 蛋白等参与生长素的极性运输。ABCB 蛋白均匀地分布在细胞质膜上，通过消耗 ATP 将 IAA⁻ 泵出细胞。拟南芥中发现有 21 个 ABCB 蛋白，水稻中有 17 个。PIN 蛋白也外运 IAA⁻，但不同的是，PIN 蛋白极性定位于细胞某一端的质膜，使生长素只向某方向运输。只有和 PIN 蛋白协作的时候，ABCB 蛋白才对生长素的运输表现出一定的方向性。目前还有更多的生长素运输蛋白在不断地被发现。

2. 生长素的非极性运输

生长素的运输方式不止极性运输一种。成熟叶片合成的生长素，通过韧皮部运输，和韧皮部汁液中的其他成分一起运输，不表现极性。韧皮部可能在生长素的长距离运输中起重要作用。大部分束缚型 IAA 的运输也通过韧皮部进行。极性运输和韧皮部运输并不是相互独立的，用放射性标记的吲哚-3-乙酸进行研究表明，在豌豆中生长素的运输可以从韧皮部的非极性运输变为极性运输，这种转变主要发生在茎尖不成熟的组织中。

三、 生长素的生物合成和代谢

（一） 生长素的合成

生长素主要在快速分裂生长的组织内合成，如茎尖分生组织、叶原基、嫩叶和发育中的种子，成熟叶片和根尖有极微量的合成。

1. 依赖于色氨酸的合成途径

IAA 的化学结构与色氨酸类似，遗传学和生物化学研究结果表明色氨酸是 IAA 合成的主要前体化合物。植物可以通过若干条途径将色氨酸转变为 IAA，通常利用其中的关键中间产物命名，合成途径主要有四条（图 7-5）。

（1）吲哚丙酮酸（IPA）途径　这是 IAA 合成过程中色氨酸依赖型途径的主要类型，色氨酸通过转氨基作用形成吲哚丙酮酸，再经脱羧形成吲哚乙醛，最后醛基脱氢氧化形成吲哚乙酸，这是生长素合成的主要途径，在所有植物中吲哚乙酸都可由此途径产生，对一些植物来说这是唯一的生长素合成途径。

（2）色胺（TAM）途径　色氨酸首先脱羧形成色胺，然后氧化脱氨形成吲哚乙醛，最后氧化生成 IAA。本途径在植物中占少数。大麦、燕麦、烟草、番茄枝条中同时进行以上两条途径。吲哚丙酮酸和吲哚乙醛都具有吲哚乙酸的生理活性，而色氨酸和其他中间产物无吲哚乙酸的生理活性。

（3）吲哚乙腈途径（IAN）　在十字花科、禾本科和芭蕉科植物中，在细胞色素 P450 酶类（在拟南芥中由 *CYP79B2* 基因家族编码）作用下，色氨酸先被氧化为吲哚-3-乙醛肟再转化为吲哚-3-乙腈，然后在腈水解酶作用下，生成 IAA。也称为吲哚乙醛肟（IAOx）途径。

（4）吲哚乙酰胺途径（IAM）　在各种病原菌中，在单加氧酶作用下色氨酸转化为吲哚-3-乙酰胺，然后在水解酶作用下生成 IAA。

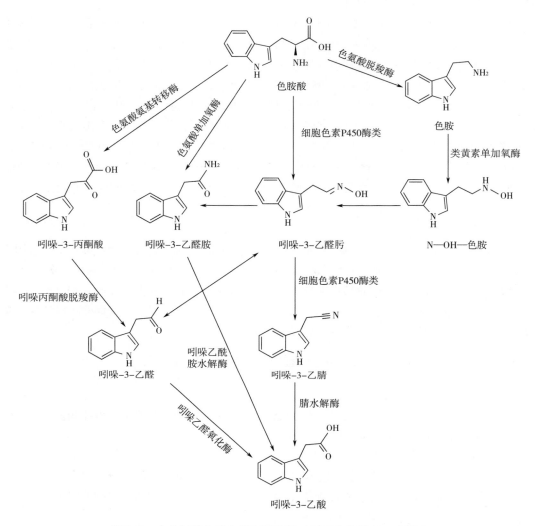

图 7-5 由色氨酸合成生长素的途径（据李合生等 2019 修改）

2. 非色氨酸依赖型合成途径

除了色氨酸依赖型途径外，玉米和拟南芥色氨酸营养缺陷型突变体的研究结果表明还存在着非色氨酸依赖型途径合成 IAA。该途径以吲哚或吲哚-3-甘油磷酸作为前体化合物，但具体途径及参与的酶还不清楚。

（二）生长素的降解

植物体内生长素在不断合成，高浓度的生长素对植物具有毒害作用，所以需要不断地降解，维持生长素浓度的稳态。生长素的降解也是多途径的，主要有酶促降解和光氧化两种方式。

1. 酶促降解

IAA 的酶促降解可分为脱羧降解和非脱羧降解。

脱羧降解是在吲哚乙酸氧化酶催化下发生氧化脱羧，侧链释放出 CO_2，并形成多种不活跃的物质，如吲哚醛、3-羟甲基氧吲哚、3-亚甲基氧吲哚和 3-甲基氧吲哚。吲哚乙酸氧化酶由汤玉玮和勃纳（J. Bonner）（1947）发现，它广泛分布于高等植物中，是含铁的血红蛋白，需要二价锰离子和一元酚（如香豆酸、阿魏酸）作为辅助因子。IAA 氧化酶有多种同工酶，如在山毛榉和辣根中发现了 20 种。

IAA 氧化酶的分布，一般与生长速度有关：根尖和茎尖含此酶较少；距尖端越远，此酶活性越高。在矮生植物里，IAA 氧化酶活性强，因而限制了植物的生长，表现出矮生的性状。

非脱羧降解是在双加氧酶作用下，将 IAA 氧化为氧化吲哚-3-乙酸（oxIAA）。oxIAA 可以进一步与葡萄糖结合。另外，IAA-天冬氨酸也可被氧化为 oxIAA-天冬氨酸。此途径的特点是保留了侧链的两个碳原子。

2. 光氧化

体外（尤其是水溶液中）的 IAA 可被非酶促光氧化降解（特别是强光和紫外光），产物是吲哚醛和亚甲基羟吲哚，且植物细胞色素（如核黄素）可促进体外光氧化。后来研究发现，生长素光氧化不仅在体外发生，在体内也存在，然而其机理还不清楚。

在农业生产实践中，如果在田间直接施用 IAA，两种降解反应都会发生；而人工合成的生长素类物质，如萘乙酸、2,4-D 则不会被降解，有较大稳定性。

植物体内自由生长素的水平是随着生长发育而变化的。它可以通过生物合成、生物降解、结合、运输和利用等途径，调节体内生长素水平，以适应生长发育的需要。

四、　生长素的生理作用

生长素影响植物从萌发到衰老的整个生命过程，生长素具有多种生理作用，对植物的生长是必需的。

（一）促进细胞伸长

生长素最主要的作用是促进未完成生长的细胞进行延伸生长。生长素促进延伸生长效果与剂量有关，一般只在较低浓度下才促进生长，高浓度时则抑制生长。不同器官对生长素的敏感程度不同：根对生长素最敏感，其次是芽，茎的敏感程度最低。对离体根、芽、茎研究结果显示，外加 10^{-10} mol/L 的 IAA 可以促进根的伸长，但对芽和茎的伸长仅有很小的反应；逐渐提高 IAA 浓度，10^{-8} mol/L 的 IAA 可以抑制根的伸长，却强烈促进芽的生长；促进茎伸长的最适 IAA 浓度则是 10^{-5} mol/L，而在这样的浓度下，芽和根的伸长都被抑制。如果再提高 IAA 的浓度，茎、芽和根的生长都将被抑制，甚至导致植株死亡。生长素的作用强弱和植物细胞的年龄也有很大的关系，幼嫩的正在生长的细胞对生长素反应最灵敏，高度木质化的细胞和成熟的细胞对生长素的反应不灵敏。所以，在农业生产实践中使用生长素时，要特别考虑使用的浓度。

（二）促进细胞分裂和分化，促进插条生根

在组织培养中，要让愈伤组织分化，需要调节培养基中各种激素的比例，当生长素/细胞分裂素的比值大时，分化生根；若比值小，分化出芽；当比值处于中间，愈伤组织只分裂不分化。只有二者按一定比值，才能成功地诱导出植株。生长素和细胞分裂素共同作用促进细胞的分裂。应用生长素处理插条基部，那里的薄壁细胞首先脱分化，即细胞恢复分裂的机能，产生愈伤组织，然后再分化长出大量的不定根。这种方法在园艺和果树栽培中早已广泛应用，尤其对一些不易扦插生根的树木，如松、柏、茶树和观赏树种，应用生长素处理插条后，生根的效果明显。对于刺激茎切段生根，α-萘乙酸比 IAA 效果好，因为它不被氧化。目前市售生根粉主

要是 α-萘乙酸和吲哚-3-丁酸（IBA）的混合物。

（三）诱导维管束分化

正在快速生长的幼嫩叶片内产生的生长素，可以诱导茎内的维管束分化与之贯通。在幼芽或幼叶下面的维管束分化是从上往下进行的，逐步向根部移行。

（四）抑制侧芽生长形成顶端优势

许多植物具有顶端优势，即顶芽对侧芽生长有抑制作用，如柏树、杨树。这和生长素有关，可能因为顶芽中合成的生长素向下运输，抑制了侧芽的生长。去掉顶端后侧芽可长大，若在去掉顶端后的切割处涂抹含 IAA 的羊毛脂也能抑制侧芽生长。

（五）促进开花，诱导瓜类雌花分化

菠萝花期不一致，对生产不利，IAA、α-萘乙酸及 2,4-D 都可以促进菠萝开花，使成熟期一致。瓜类植物虽是雌雄异花，但其花原基在开始分化的初期却是雌雄不分的，以后根据雄蕊或雌蕊的发育程度，才导致成为雄花或雌花。利用生长素能促进黄瓜雌花的分化，提高结实座果率，提高经济产量。

（六）形成无籽果实，促进坐果和果实发育

一般果实的生长是授粉受精之后，子房内生长素含量急剧增加，促使营养物质往果实中运输，使子房和周围组织膨大，因而果实长大。若在授粉之前，用低浓度生长素或 2,4-D 等喷洒或涂在雌蕊柱头上，可不经受精而使子房膨大，形成无籽果实。生长素也能促进番茄、茄子、辣椒等坐果，提高座果率、增加产量。

（七）防止器官脱落

脱落与叶柄基部离层的细胞有关，许多因素都影响器官的脱落。正常叶片中的生长素含量较高，抑制脱落；如果将植物叶片去掉，叶柄易脱落；如果在叶柄切割处涂抹含 IAA 的羊毛脂可以抑制脱落。衰老叶片中生长素水平降低，因而叶柄脱落。

另一方面，施用生长素浓度过高又可刺激乙烯的产生而促进脱落。因此施用低浓度的生长素可保花保果防止脱落；若施用浓度高，起疏花疏果的作用。自然状态下的脱落，是受内源多种激素的微妙平衡所控制的。

五、 生长素的作用机理

生长素促进植物生长主要是由于它促进了植物细胞的伸长，目前通常用酸生长学说来解释生长素促进细胞生长的机理。

（一）细胞壁酸化作用（酸生长学说）

在含有 10^{-5} mol/L 生长素的溶液中，燕麦胚芽鞘切段 10min 后就迅速伸长；若用 pH 3 的酸性溶液浸泡胚芽鞘切段，也使之迅速伸长。这两种溶液对细胞伸长的促进有相似的速率、相似的温度系数。所以，人们推测生长素诱导的生长和酸诱导的生长机理可能是相同的。

20 世纪 70 年代，雷利和克莱兰（Rayle 和 Cleland）提出了酸生长学说（acid-growth theory），认为生长素促进生长是通过向细胞外分泌 H^+ 而实现的。细胞质膜上存在着 H^+-ATP 酶，它利用水解 ATP 产生的能量将细胞内的 H^+ 泵出细胞外。生长素可激活 H^+-ATP 酶，促进 H^+ 分泌到细胞外，使细胞外介质 pH 下降，从而使细胞壁酸化松弛。细胞的生长是依赖于膨压的过程：$GR = m(\psi_p - Y)$，其中 GR 指生长速率，m 指细胞壁伸展性，ψ_p 是膨压，Y 是屈服阈值

（yield threshold）。细胞壁偏酸性时 m 值通常最大，生长快。

20 世纪 90 年代末，人们在细胞壁中发现了扩张蛋白或扩展素（expansin），酸性条件下活化的扩张蛋白可以打断纤维素–半纤维素间的氢键，使细胞壁松弛；进而导致细胞的水势降低，细胞吸水，体积增大。现在已知扩张蛋白分为两个家族，α-扩张蛋白和 β-扩张蛋白，在细胞壁的不同多聚体中起作用，并且在细胞生长、果实成熟和其他一些壁松弛的情况下协同作用。

质膜 H^+-ATP 酶的活性受多种信号通路的调控，蛋白质翻译后修饰（包括磷酸化）起着十分重要的作用。2021 年研究表明，质膜上有生长素的类受体激酶（trans–membrane kinase，TMK）可能直接磷酸化质膜 H^+-ATP 酶 C 端自抑制区域倒数第二个 Thr 残基，同时结合 14-3-3 蛋白，激活 H^+ 泵。

通过吸水使细胞扩大是有限的，当细胞内水势与外界环境水势相同时，细胞便不再吸水；而且还可能因为外界水势的变化使细胞失水。因此，若要保持细胞不可逆的生长，生长素还必须要有其他的作用。现在已证实，生长素除了使细胞壁松弛外，还激活基因表达，促进 RNA 和蛋白质的合成，为原生质和细胞壁的合成提供原料，不断填充到变稀了的细胞质和变薄了的细胞壁中，使其恢复到正常状态。在这两方面作用的协调下，细胞保持不可逆的生长。

（二）生长素促进基因表达的信号转导途径

被生长素诱导表达的基因很多，分为早期基因（early gene）和晚期基因（late gene）。早期基因又称为初级反应基因，表达所需时间在几分钟到几小时内完成，主要包括 *AUX/IAA* 基因家族、*Small auxin–up RNA*（*SAUR*）基因家族和 *GH3* 基因家族，这些基因多数与生长发育相关。晚期基因又称为次级反应基因，在生长素诱导反应的后期起作用，如 *GST* 基因家族及 ACC 合成酶基因家族，主要参与植物对逆境的反应。有些晚期基因是早期基因所编码的。

生长素要在细胞中发挥作用，首先要与细胞中的生长素受体结合，经过一系列信号转导过程，最终产生细胞反应表现出细胞生长。目前已知的生长素受体有以下几类：分别是位于质膜上的生长素结合蛋白（auxin–binding protein 1，ABP1）、跨膜的类受体激酶（trans–membrane kinase，TMK）以及位于细胞核内的运输抑制剂响应 1/生长素信号 F-盒结合蛋白（Transport inhibitor response1/Auxin signaling F–box binding protein，简称 TIR1/AFB）。曾经在很多年里生长素结合蛋白都被认为是生长素受体，负责细胞表面的快速信号传递，不过仍有待进一步研究确证。生长素结合蛋白是一种糖蛋白，大量位于细胞膜少量位于内质网，目前认为生长素结合蛋白参与了细胞骨架的重排、胞吞作用以及调控 PIN 蛋白在质膜上的极性定位。但是好像细胞扩展并不需要生长素结合蛋白。

绝大多数生长素介导的生长发育变化可以由 TIR1/AFB 生长素受体及其同源的 AUX/IAA 共同受体解释。TIR1/AFB 家族除 TIR1 外还有 5 个成员，被命名为 AFB1～AFB5，位于细胞核内。TIR1 是一个负责蛋白质降解的 SCF（SKIP1/Cullin/F-box）蛋白复合体的组分，AUX/IAA 是转录阻遏蛋白。参与 TIR1 生长素信号转导途径的转录调节因子有生长素反应因子（auxin response factor，ARF），ARF 可特异地与生长素早期反应基因启动子上的生长素反应元件（auxin response element，AuxRE）结合。没有生长素或生长素浓度低时，AUX/IAA 蛋白与 ARF 结合，使 ARF 无法与下游的生长素诱导基因结合，抑制基因的转录表达。当生长素浓度高时，生长素与受体 TIR1 结合，TIR1 构象变化，与 AUX/IAA 蛋白紧密结合形成异源二聚体，泛素分子连接到 AUX/IAA 蛋白上，促使 AUX/IAA 蛋白被 26S 蛋白酶体降解，从而解除抑制释放 ARF，ARF

形成同源二聚体与 AuxRE 结合，促进受生长素诱导的基因的表达（图 7-6），最后引起一系列的生理生化反应。拟南芥有 23 种不同的 ARF 蛋白和 29 种 AUX/IAA 蛋白。

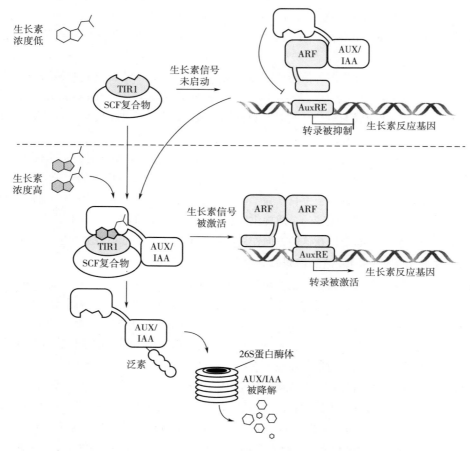

图 7-6　TIR1 介导的生长素信号转导途径（王小菁，2019）

最近有研究发现，生长素也可通过 TIR1/AFB 途径上调生长素快速响应的 *SAUR* 基因的表达量，抑制蛋白磷酸酶 2C（protein phosphatase 2C，PP2C）的活性，阻止 H^+-ATP 酶的去磷酸化，使其保持在磷酸化激活状态。这些发现在遗传学和生物化学上为酸生长学说提供了强有力的证据。因此生长素通过细胞内和细胞表面信号系统协同作用调节生长和发育。

六、 人工合成的类生长素及其在农业生产上的应用

（一）人工合成的类生长素

常用的人工合成的具有生长素活性的化合物，按其化学结构，可分为三大类（图 7-7）。

1. 吲哚类

吲哚类主要包括吲哚丙酸（IPA）、吲哚丁酸（IBA）等。生产中应用较多的是 IBA。吲哚丁酸虽是天然的，但也可以人工合成。

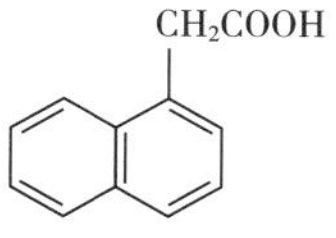

萘乙酸（NAA）

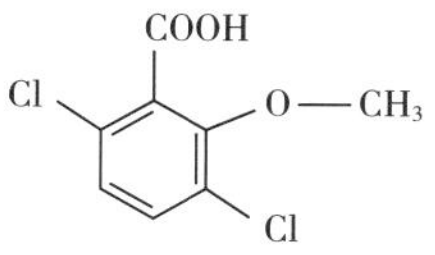

2-甲基氧-3,6-二氯苯甲酸

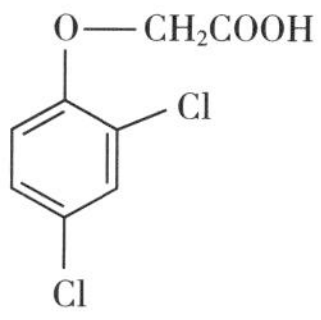

2,4-二氯苯氧乙酸（2,4-D）

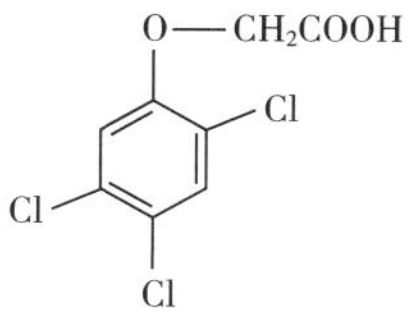

2,4,5-三氯苯氧乙酸（2,4,5-T）

图 7-7　人工合成的类生长素化合物

2. 萘羧酸类

萘羧酸类是没有吲哚环而具有萘环的化合物，如 α-萘乙酸，生产容易，价格低，活性强，是使用最广的植物生长调节剂。此外还有萘氧乙酸（NOA）。

3. 苯氧羧酸类

苯氧羧酸类是无吲哚环而有苯环的化合物，主要有 2,4-二氯苯氧乙酸（2,4-D）、2,4,5-三氯苯氧乙酸（2,4,5-T）、4-碘苯氧乙酸（商品名增产灵）、4-氯苯氧乙酸（CPA）等。

（二）类生长素的应用

类生长素物质在生产中的应用非常广泛，如促进杨树、红薯插枝生根，α-萘乙酸比 IAA 效果好。2,4-D 和 2,4,5-T 常用在禾本科作物田间作除草剂，杀死双子叶杂草。类生长素物质可以促进结实，促进菠萝开花，防止脱落以及疏花疏果等。例如，2,4,5-T 是和 2,4-D 类似的具有生长素活性的化合物，可用作脱叶剂。

第二节　赤霉素类

一、 赤霉素的发现

日本的稻农很早就发现患恶苗病会导致水稻生长过高而产量降低。1926 年，日本学者黑泽英一（Kurosawa）在水稻恶苗病的研究中发现徒长是由病原真菌（赤霉菌）分泌出来的物质引起的。1938 年日本的薮田贞次郎（Yabuta）从赤霉菌培养液中分离得到能促进生长的非结晶固体，将其命名为赤霉素 A（gibberellin A，GA），但是当时由于战争没有引起人们的重视。第二次世界大战后，日本的赤霉素研究被介绍到国外，立即引起了各国的重视。20 世纪 50 年代，英国和美国的科学家对其进行研究，确定了它的化学结构，将其命名为赤霉酸（gibberellin acid）。同时日本科学家从最初的赤霉素 A 中分离鉴定了三种赤霉素，分别命名为 GA_1、GA_2、GA_3。随后发现 GA_3 和英美科学家发现的赤霉酸相同，因此 GA_3 就是指赤霉酸，而赤霉素是这类物质的总称。1958 年人们首次从植物红花菜豆的未成熟种子中提纯鉴定了赤霉素，说明赤霉素是高等植物中含有的天然物质。后来人们在赤霉菌和不同的植物中发现了越来越多的赤霉素。

二、赤霉素的结构、分布、存在形式及运输

（一）结构

目前鉴定的赤霉素已至少有 136 种，高等植物中有 80 余种，按其发现的先后顺序分别命名为 GA_1、GA_2、GA_3······，其中赤霉酸（GA_3，分子式 $C_{19}H_{22}O_6$）是研究最多的一种。

赤霉素类是在化学结构上非常相似的一类化合物（图 7-8）。它们有一个共同的基本结构——赤霉烷，是由 4 个异戊二烯单位组成的双萜。由于赤霉烷双键和羟基的数目、位置不同形成了各种赤霉素。一部分赤霉素具有赤霉烷全部的 20 个碳原子，称为 C_{20}-GA；另一部分赤霉素 19 位碳原子上的羧基与 10 位碳形成一个内酯桥，形成 19 个碳原子的骨架，称为 C_{19}-GA。一般来说，C_{19}-GA 的活性比 C_{20}-GA 的活性高，并且种类也更多。其中赤霉酸可以从赤霉菌发酵液中大量提取，是目前主要的商品化赤霉素。

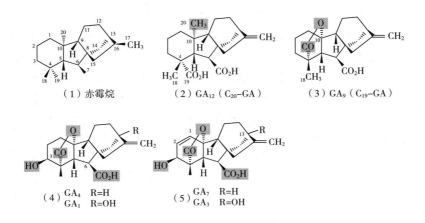

图 7-8　赤霉素的化学结构（Taiz 和 Zeiger，2010）

（二）分布

赤霉素从高等植物到真菌中都有发现。赤霉素在植物界普遍存在，但含量甚微。高等植物中赤霉素含量一般是 $1\sim1000ng/g$ 鲜重，几乎所有的组织和器官都含有赤霉素，但含量最高的部位跟生长素类似仍是植株生长最旺盛的地方，如茎顶端、嫩叶、根尖、果实和未成熟及萌发的种子等。

高等植物中赤霉素合成的场所主要有三个：①未成熟的种子；②根尖；③茎顶端、幼芽、嫩叶等幼嫩组织。

（三）运输

赤霉素在植物体内运输没有极性，根尖形成的赤霉素沿木质部导管向上运输，而嫩叶产生的赤霉素则沿韧皮部筛管向下运输。体外施用赤霉素也可看到同样的情况。赤霉素的运输速度与光合产物相同，为 $50\sim100cm/h$；不同植物间运输速度的差异很大，如豌豆茎赤霉素运输速度为 $2.5mm/h$，向日葵为 $5cm/h$，马铃薯为 $0.42mm/h$。

（四）存在形式

植物体内的赤霉素也有两种存在形式：自由型和束缚型。自由型赤霉素具有生理活性，当

它与其他物质（如糖、蛋白质）结合，就转变为束缚型赤霉素，无生理活性，是一种贮藏或运输形式。种子形成时产生大量赤霉素，但在成熟种子中，几乎没有自由型赤霉素，而在发芽的种子里自由型赤霉素含量却很多，因为束缚型赤霉素水解转变为自由型的缘故。

三、 赤霉素的生物合成

放射性同位素实验表明，赤霉素的生物合成途径是由乙酸盐开始的，乙酸形成乙酰辅酶 A 再生成甲羟戊酸（又称为甲瓦龙酸，MVA），一般认为甲羟戊酸是赤霉素生物合成的前体。然后甲羟戊酸生成异戊烯焦磷酸（IPP），作为萜类生物合成的底物。赤霉素的生物合成可以分为三个阶段，每一阶段在细胞中的定位不同（图 7-9）：

第一阶段，4 个异戊烯焦磷酸（IPP，5 碳）聚合形成牻牛儿基牻牛儿基焦磷酸（GGPP，20 碳），然后环化形成二环化合物古巴基焦磷酸（CPP），再进一步环化生成 4 环的贝壳杉烯，该过程在质体中进行。

第二阶段，贝壳杉烯羟化形成贝壳杉烯醇，经氧化产生贝壳杉烯酸，再经氧化、B 环收缩形成 GA_{12}-7-醛，然后氧化形成 GA_{12}，此阶段在内质网上进行。植物体内形成的第一个赤霉素是 GA_{12}，它也是植物体内所有赤霉素的共同前体。

第三阶段，在细胞基质中，GA_{12} 氧化衍生形成各种类型的赤霉素。先形成 C_{20}-GA，有的 C-20 以 CO_2 的形式被除去转变为 C_{19}-GA，从而生成各种赤霉素，所以大部分植物体内都含有多种赤霉素。

人工合成的几种生长延缓剂从不同阶段抑制赤霉素的生物合成，如 AMO-1618、矮壮素（CCC）和福斯方-D 抑制第一阶段的反应，多效唑抑制第二阶段的反应，调环酸钙（BX-112）抑制第三阶段的反应。如菠菜在长日照条件下会长高，而用 AMO-1618 处理后，不长高；如果有 AMO-1618 的同时，外加赤霉酸处理，菠菜仍会长高。这说明菠菜在长日照下自身可以合成赤霉素，促使其长高；外加 AMO-1618，抑制了内源赤霉素产生，所以长得矮。内源赤霉素合成被抑制后，用外源赤霉素处理仍可使其长高。其中矮壮素和多效唑现已广泛应用于农业生产。

四、 赤霉素的生理作用

（一） 促进茎的生长

赤霉素促进植物茎生长的效应非常显著。外源赤霉素处理后，细胞长度和细胞数量都增加了，说明赤霉素促进植物生长表现在促进细胞伸长和促进细胞分裂两个方面。

1. 赤霉素促进细胞伸长

水稻恶苗病就是由于赤霉素促进茎秆伸长所致。赤霉素最显著的效应是它在很低的浓度下就可以促进整个植株茎叶的生长；特别是对于矮生植物，施加赤霉素能克服遗传型矮生性状，使其恢复长高。例如，经赤霉素处理后的矮生豌豆茎秆节间伸长 4~5 倍，且由丛生矮化习性改变成高而具有攀援习性的植物。甘蓝遗传是矮生的，赤霉酸可诱导其茎伸长。赤霉素通过促进细胞伸长使节间伸长，而不是促进节数增加。与生长素具有最适浓度不同，赤霉素在浓度很高的情况下也能表现出最大的促进效应。

赤霉素对根的生长也有同样的作用。在赤霉素合成受阻的植物突变体中，其根较短，用赤霉素处理地上部分可以促进地上部分和根的生长（拟南芥、矮生豌豆等）。

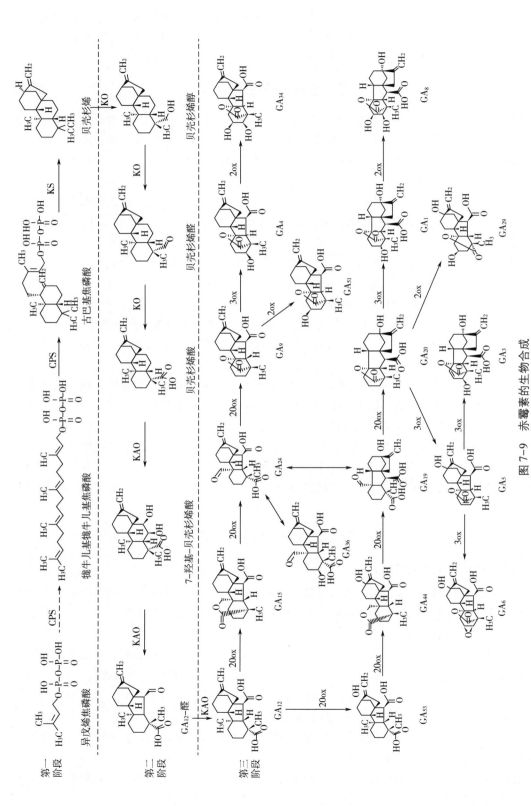

图 7-9　赤霉素的生物合成

CPS—*ent*-古巴基焦磷酸合成酶　KS—*ent*-贝壳杉烯合成酶　KO—*ent*-贝壳杉烯氧化酶　KAO—*ent*-贝壳杉烯酸氧化酶　20ox—GA$_{20}$氧化酶　3ox—GA$_3$氧化酶　2ox—GA$_2$氧化酶

2. 促进细胞分裂和分化

赤霉素处理天仙子后，茎顶端分生组织进行有丝分裂的细胞数目比对照增加很多，这是由于诱导了一些细胞周期蛋白依赖性蛋白激酶（CDK）基因的表达而促进细胞分裂。树木形成层细胞分裂分化形成木质部与韧皮部受生长素与赤霉素比例的影响，生长素与赤霉素的比值高，促进木质部的分化；比值低促进韧皮部的分化。

（二）破除休眠促进萌发

赤霉素可以代替低温、长日照或者红光打破休眠种子和芽的休眠，促进发芽。比如用0.1mg/L 的赤霉素溶液浸泡休眠的马铃薯块茎 10min，可破除休眠播种发芽。一些需光照才能发芽的种子（如莴苣、烟草），赤霉素可以代替红光的作用，在黑暗中喷施适当浓度的赤霉素，发芽率可达 100%。一些果树，例如桃树种子发芽时，需要经过低温层积处理；如果用 100~200mg/L 的赤霉素浸种，不需要层积处理就能发芽，表明赤霉素可代替低温，打破桃树种子休眠。而在赤霉素缺失或失活的突变体中，种子的败育率就会大大增加。赤霉素能够促进种子萌发，是因为赤霉素可以诱导 α-淀粉酶等的合成，降解种子内的贮藏物质，促进胚的生长，使胚根突破种皮。

（三）影响植物的生殖生长

赤霉素对植物的生殖生长有多方面的影响。

1. 影响植物从营养生长到生殖生长的转变

很多多年生木本植物需要经历一定时期才能开花，赤霉素能缩短植物开花前营养生长的时间。如用 GA_4+GA_7 处理松科植物，年幼的植株就可以开花结果，否则其幼年期甚至可持续 20年。不同赤霉素对不同植物的作用效果会有所不同，这方面还需要继续研究。

2. 促进抽薹开花

赤霉素可代替春性长日照植物开花所需的长日照，也能代替冬性作物或两年生植物开花所需的低温（春化作用），促进植物抽薹开花。某些二年生植物（如胡萝卜、芹菜等），抽薹开花要求低温，若用高浓度的赤霉素处理（100~200μg/株），可以代替低温。许多长日照植物（如天仙子、金光菊等），经赤霉素处理后可在短日照下开花；但对短日照植物（如大豆、烟草等）赤霉素处理对开花没有作用。

3. 促进花粉发育和花粉管的生长

赤霉素参与花粉的发育和花粉管的形成。赤霉素合成受阻的拟南芥突变体中，花粉囊的发育不良，花粉的形成也受到阻碍。外用赤霉素可以减轻雄性不育的现象。而过表达使赤霉素失活的酶也能严重抑制花粉管的生长。

4. 控制花的性别

赤霉素对黄瓜花的雌雄分化也有影响，但它的作用与 IAA 不同，IAA 促进雌花分化，而赤霉素一般促进雄花分化。但是在玉米中，赤霉素能够抑制雄蕊的发育，导致植株开雌花。所以在不同植物中，赤霉素对性别分化的作用效果不同。

5. 促进果实形成和诱导单性结实

在不授粉的条件下，赤霉素可诱导梨、葡萄、杏、草莓等单性结实形成无籽果实。用 200~500mg/L 赤霉素处理葡萄（开花后一周）可形成无核葡萄；200mg/L 赤霉素处理果穗，可使无核果实显著增大。赤霉素还可诱导无籽棉铃、防止花果脱落、提高座果率等。

五、 赤霉素的作用机理

(一) 赤霉素促进细胞伸长的机理

赤霉素可以通过增加细胞壁的伸展性来促进细胞伸长，但却没有细胞壁酸化的现象，而且赤霉素促进细胞伸长的迟滞期较长。例如，GA 促进豌豆茎伸长需要 2~3h，而生长素只需要10~15min，说明赤霉素与 IAA 的作用有所不同。目前有证据表明赤霉素可以诱导木葡聚糖内糖基转移酶（XET）活性增加，XET 具有重组细胞壁组分的能力，它可能促进扩张蛋白（expansin）渗透进入细胞壁，因而赤霉素可以促进细胞壁扩展。因此赤霉素和 IAA 在促进细胞伸长生长中有协同作用。

(二) 赤霉素诱导 α-淀粉酶的形成

赤霉素促进种子萌发时可诱导 α-淀粉酶、β-淀粉酶、转化酶、蛋白酶、核糖核酸酶及酯酶等水解酶的形成，促进淀粉、果聚糖、蔗糖等的水解，促进呼吸为生长提供更多的能量，同时降低细胞的渗透势，细胞吸水，引起细胞生长。已经证明赤霉素对这些酶的作用是促进其合成，其中研究最清楚的是诱导 α-淀粉酶的合成。

可以用 "半粒法"（half-seed test）实验证明赤霉素诱导 α-淀粉酶的合成。大麦种子内的贮藏物质主要是淀粉，发芽时淀粉在淀粉酶作用下水解为可溶性糖供幼苗生长需要。①将大麦种子横切成两半，一半带胚，另一半不带胚，分别放在两个培养皿中，加入适量的水，在适宜温度下放在温箱中培养一段时间。结果只有带胚的一半种子所在的培养皿中检测到了可溶性糖；无胚的半粒种子所在的培养皿中没有可溶性糖产生。淀粉要水解，首先需要 α-淀粉酶。说明有胚的种子中产生了 α-淀粉酶使淀粉水解成了可溶性糖；②如果供给无胚的半粒种子赤霉素，则这半粒种子中的淀粉也可水解。该实验说明，外源赤霉素可代替胚的作用，诱导无胚种子产生 α-淀粉酶；正常种子中胚是赤霉素产生的场所；③稻、麦的糊粉层与外皮难以分离，在碾、磨过程中通常与外壳粘连在一起去除，成为麸皮的一部分。如果将种子既去皮又去胚，则糊粉层也去掉了，即使用赤霉素处理，淀粉仍不能水解，这证明糊粉层细胞是赤霉素作用的靶细胞。赤霉素是在糊粉层中产生 α-淀粉酶，从而使淀粉水解成可溶性糖。

进一步研究表明赤霉素诱导 α-淀粉酶的合成是因为赤霉素促进了基因的转录和翻译。

由此可知，正常大麦籽粒在萌发时，贮藏在胚中的束缚型赤霉素水解释放出游离的赤霉素，扩散到糊粉层并诱导糊粉层细胞合成 α-淀粉酶，酶扩散到胚乳中催化淀粉水解成可溶性糖，运回胚供幼苗生长需要。赤霉素能诱导 α-淀粉酶等的形成，使淀粉水解为可溶性糖，这个极其专一的反应被用来作为赤霉素的生物鉴定法。在一定范围内，由去胚大麦粒产生的可溶性糖量与赤霉素的浓度成直线关系。

(三) 赤霉素的信号转导途径

目前认为赤霉素的受体是 GID1（GA-insensitive dwarf 1）蛋白，它是从水稻矮化突变体中获得的第一个赤霉素受体，定位于细胞核。GID1 是一个变构蛋白，而赤霉素是变构激活剂。DELLA 蛋白是赤霉素信号途径的核心负调控因子，抑制植物的生长发育。这些蛋白的 N 端有一个天冬氨酸（D）、谷氨酸（E）、亮氨酸（L）、亮氨酸（L）和丙氨酸（A）构成的 "DELLA 域"，因此称 DELLA 蛋白，是一种生长抑制蛋白。拟南芥有 5 个 DELLA 蛋白。

赤霉素信号转导途径是通过去除 DELLA 对植物生长的抑制作用来促进植物生长。当赤霉素与 GID1 结合后能诱导 GID1 构象变化，促进其与 DELLA 结合，形成 GID1-GA-DELLA 复合体，这会诱导 DELLA 蛋白的 N 端 DELLA 域的构象变化，使其 C 端被 SCF$^{GID2/SLY1}$ 复合体识别并泛素化，进一步被 26S 蛋白酶体降解（图 7-10）。DELLA 蛋白的降解促进了赤霉素的生理作用。例如在大麦种子中，DELLA 蛋白的降解可激活一些早期基因的表达，如 *GAMYB*；新合成的转录因子 GAMYB 进入核内与 α-淀粉酶和其他水解酶的基因启动子结合，激活上述酶的基因转录，合成 α-淀粉酶和其他水解酶。

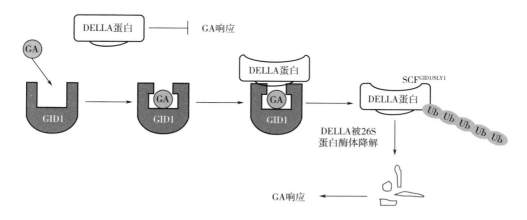

图 7-10　赤霉素与受体结合诱导 DELLA 蛋白降解的模式图（李合生等，2019）

六、　赤霉素的应用

赤霉素在生产中应用非常广泛，主要包括以下几个方面。

（1）提高以营养器官为栽培目的的作物的产量，如甘蔗、芹菜。以 50～100mg/L 赤霉素处理芹菜，产量可提高 50%；当然用赤霉素处理时需要加强肥、水供应。

（2）破除休眠、促进萌发。

（3）促进抽薹开花，例如杂交水稻制种时，1/3 穗子不能从剑叶中抽出，赤霉素处理后全抽出。

（4）促进果实发育，诱导单性结实。例如，用赤霉素处理葡萄，果粒、果穗都变大。

（5）赤霉素诱导 α-淀粉酶的形成这一发现，已被应用到啤酒生产中。过去啤酒生产都以大麦芽为原料，借用大麦发芽后产生的水解酶使淀粉糖化和蛋白质分解。现在只要加上赤霉素就可以完成糖化过程，不需要种子发芽。这样可以节约粮食、降低成本、缩短生产时间，而啤酒品质不变。

（6）使用赤霉素合成的抑制剂，如 CCC、多效唑等，防止徒长倒伏。

第三节 细胞分裂素类

一、 细胞分裂素的发现及结构

20 世纪 40 年代，Von Overbeek 等（1941）在培养离体胚时发现，椰子乳能够强烈地促进细胞的分裂。1955 年，斯库格（F. Skoog）等培养烟草髓部组织时，发现在培养基中加入酵母提取液可促进烟草髓部组织细胞的分裂能力，这是由于酵母提取液中含有 DNA 的降解物。米勒（Miller）等（1955）偶然发现高压灭菌过的鲱鱼精子 DNA 样品同样能促进细胞分裂，从中分离得到纯的结晶物质，经鉴定为 N^6-呋喃甲基腺嘌呤，这种物质能促进细胞分裂，因此被命名为激动素（kinetin，KT）。在激动素被发现后，又发现了许多天然的和人工合成的具有激动素生理活性的化合物，统称为细胞分裂素（cytokinin，CTK）。

激动素是最早从 DNA 降解物中分离出的细胞分裂素，但它并不是植物体内的天然产物。从植物中分离的第一个天然细胞分裂素，是 1964 年从未成熟（受精后 11~16d）的玉米种子中发现的一种类似激动素特性的嘌呤，6-(4-羟基-3-甲基-反式-2-丁烯基氨基) 嘌呤，即玉米素（zeatin，ZT）。此后从甜玉米的 tRNA 中分离出一种玉米素的核糖衍生物玉米素核苷，也能有效地促进细胞分裂。1974 年证明椰子乳中具有细胞分裂活性的物质也是玉米素。接着科学家们从黄羽扇豆中分离出了二氢玉米素，从菠菜和豌豆中分离出了异戊烯基腺苷（简称 iPA）。目前科研人员从高等植物中已经鉴定出了 30 多种细胞分裂素。

根据激动素的结构，人们合成了许多有促进细胞分裂活性的激动素的类似物。在人工合成的细胞分裂素类物质中，除激动素外，还有 6-苄基腺嘌呤（简称 BA 或 BAP），噻苯隆等。

细胞分裂素都是腺嘌呤的衍生物（图 7-11）。在腺嘌呤上任何原子被替代或在 N^6-位置上的 N 被替代，将丧失细胞分裂素的生理活性。腺嘌呤环对细胞分裂素的活性是基本的，不变动基本结构而仅更换其他基团可获得较天然细胞分裂素生理活性更强的合成化合物。细胞分裂素的发现极大促进了植物组织培养的发展。

二、 细胞分裂素的分布及运输

（一）分布

细胞分裂素在细菌、真菌、藻类和高等植物中普遍存在。在植物的根、茎、叶、果实、种子、伤流液或木质部汁液中都能检测出细胞分裂素，但细胞分裂素主要存在于正在进行细胞分裂的组织和器官，如根尖、茎尖、未成熟的种子或幼果、萌发的种子等。一般来说，在植物中细胞分裂素含量为 $1~1000ng/g$ 干重，存在于高等植物中的有 30 多种，其中最常见的是玉米素和玉米素核苷。

根中含有较丰富的细胞分裂素，一般认为细胞分裂素主要是在根尖合成的，可以从下列事实得到证明：一是许多植物如葡萄、向日葵、水稻、棉花、番茄等的伤流液中有细胞分裂素，而且在切去地上部 4 天后，伤流液中细胞分裂素浓度不下降，说明根中合成细胞分裂素通过木

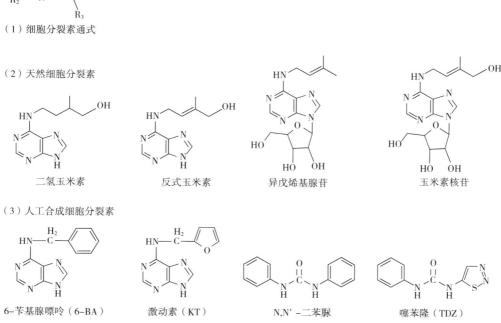

（1）细胞分裂素通式

（2）天然细胞分裂素

二氢玉米素　　　　反式玉米素　　　　异戊烯基腺苷　　　　玉米素核苷

（3）人工合成细胞分裂素

6-苄基腺嘌呤（6-BA）　　激动素（KT）　　N,N′-二苯脲　　噻苯隆（TDZ）

图 7-11　细胞分裂素通式及几种天然和人工合成的细胞分裂素的结构（王小菁，2019）

质部向上运输；二是测定豌豆根各切段的细胞分裂素含量，在根尖 0～1mm 切段细胞分裂素含量比 1～5mm 的根段高 40 倍，而距根尖 5mm 以外的根段中，没有细胞分裂素的活性；三是培养水稻根尖，根可向培养基中分泌细胞分裂素。

也有实验证明茎尖端和叶片也能合成细胞分裂素：培养石刁柏茎顶端时，培养基及茎中的细胞分裂素总含量有所增加；豌豆的茎和叶可以把放射性标记的腺嘌呤合成细胞分裂素。

正在发育中的果实，如苹果、番茄、梨、桃等，授粉后到果实旺盛生长期，细胞分裂素含量很高，随着果实长大其含量降低。种子在形成时细胞分裂素含量高，种子成熟时细胞分裂素含量下降，萌发时细胞分裂素又重新增加。对于果实种子中细胞分裂素的来源仍有争论，有人认为是从根运输来的，也有人证明幼嫩果实与未成熟种子本身可以合成细胞分裂素。

此外，某些植物病原细菌、真菌、线虫、昆虫等也能产生和分泌大量的细胞分裂素，有些还可以诱导植物细胞产生细胞分裂素。比如土壤中存在一种细菌——发根农杆菌，侵染植物伤口，能导致细胞分裂素的大量合成，使植物细胞无限分裂，形成类似肿瘤的病害，称为冠瘿病。丛枝病也是由于病原菌和植物相互作用导致细胞分裂素合成增加，造成顶端分生组织增殖或侧芽生长，形成植物簇生形态。某些昆虫分泌的细胞分裂素可以导致植物被啃食的部位形成虫瘿。

（二）运输

细胞分裂素在植物体内运输无极性，主要以被动运输的方式在木质部或韧皮部中运输。根尖合成的细胞分裂素以细胞分裂素核苷形式经木质部运输到地上部；而地上部合成的细胞分裂素很少向外运输，幼叶、果实、种子中的细胞分裂素向外运输很慢。

施用激动素或6-BA于植物叶片局部时，不能从施用部位转移到其他部位。但若从烟草叶片主脉中部注射^{14}C-激动素，则有少量的^{14}C运到叶子的前半部，证明激动素可以在维管组织中运输。

三、 细胞分裂素的代谢

(一) 细胞分裂素的合成

植物体内细胞分裂素有两条合成途径：从头合成途径和tRNA降解途径。大部分细胞分裂素是从头合成的。

细胞分裂素从头合成途径中重要的限速酶是异戊烯基转移酶（IPT）。由于所有的细胞分裂素分子，都含有腺嘌呤和一个异戊烯基侧链，因此认为嘌呤核通常是通过嘌呤合成途径合成，而侧链的合成通过甲羟戊酸途径。然后在IPT的作用下，将二甲烯丙基二磷酸（DMAPP）或称异戊烯基焦磷酸（IPP）的异戊烯基转移到AMP、ADP或ATP的腺嘌呤氨基上，形成异戊烯基腺苷-5′-磷酸（iPMP），异戊烯基腺苷-5′-二磷酸（iPDP）或异戊烯基腺苷-5′-三磷酸（iPTP），然后在磷酸核糖水解酶（LOG）的作用下将5-P-核糖去掉，形成异戊烯基腺嘌呤（iP）；iPMP也可以在细胞色素P450单加氧酶（CYP735A）的催化下发生侧链氧化，形成反式玉米素核苷酸，磷酸核糖水解酶再将5-P-核糖去掉生成反式玉米素（tZT）（图7-12）。植物IPT的底物以ATP/ADP为主。

另一条合成途径是tRNA降解产生细胞分裂素。第一步反应由tRNA-异戊烯基转移酶（tRNA-IPT）催化，将DMAPP的异戊烯基转移到tRNA 3′-核酸的腺嘌呤N^6上，这一途径是合成顺式玉米素（cZT）的主要途径。反式玉米素的生物活性比顺式玉米素活性强。

(二) 细胞分裂素的降解

内源细胞分裂素含有不饱和侧链，降解是在细胞分裂素氧化酶（cytokinin oxidase，CKX）作用下，将之转变为腺嘌呤及其衍生物（图7-13）。这可以对细胞分裂素起钝化作用，防止细胞分裂素积累过多，对植物产生毒害。

(三) 细胞分裂素的存在形式

细胞分裂素以游离态（自由型）和结合态（束缚型）两种形式存在。一般认为游离态的细胞分裂素具有生物学功能，如玉米素、二氢玉米素和异戊烯基腺嘌呤。游离细胞分裂素可与核苷、核苷酸、糖基、氨基酸、乙酰基等结合形成结合态细胞分裂素。细胞分裂素的结合态较为稳定，适于贮藏或运输。如细胞分裂素葡萄糖苷在植物中普遍存在，无活性，有贮存作用；细胞分裂素与丙氨酸的结合物也无生物活性。但细胞分裂素和核苷或核苷酸的结合形式可能有生物活性。

四、 细胞分裂素的生理作用

(一) 促进细胞分裂和扩大

促进细胞分裂是细胞分裂素主要的作用之一。把胡萝卜根的韧皮部薄壁细胞，放在含有全部营养元素、维生素以及其他植物生长物质而没有细胞分裂素的培养基中，细胞很少分裂，生

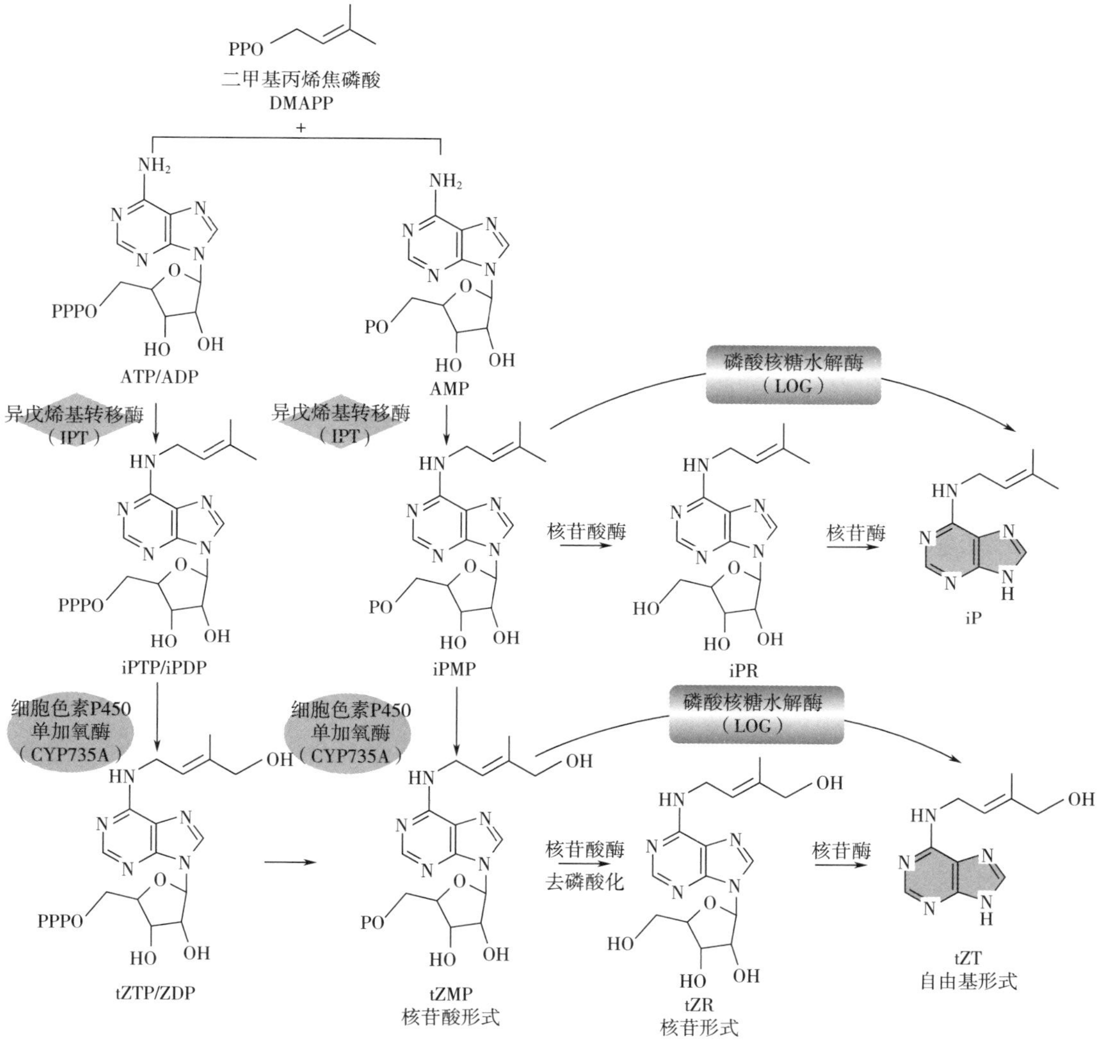

图 7-12　细胞分裂素的生物合成途径（王小菁，2019）

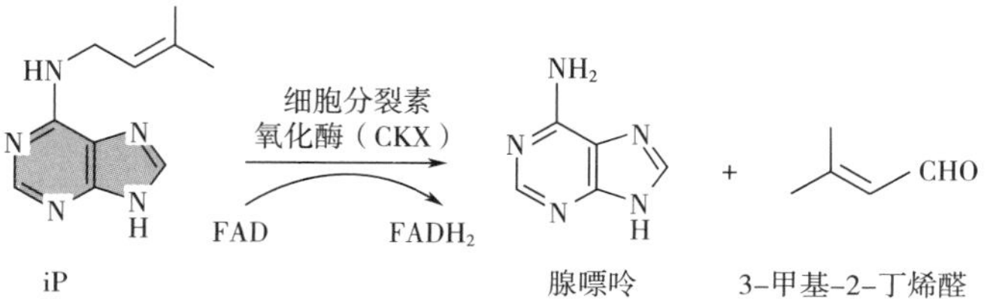

图 7-13　细胞分裂素氧化酶催化异戊烯基腺嘌呤（iP）氧化降解（王小菁，2019）

长极少，但是当在培养基中加入细胞分裂素后，细胞就进行分裂，组织增大，产生愈伤组织。而在培养烟草茎髓愈伤组织时发现，若只有细胞分裂素没有生长素，外植体不会形成愈伤组织；因此细胞分裂素和生长素同时存在才能促进细胞分裂。细胞分裂素和生长素在细胞分裂中协同作用，通过调控周期素（cyclin）依赖的蛋白激酶（CDK）活性参与植物细胞的周期调控，都是细胞分裂所必须的。细胞分裂素在顶端分生组织的细胞增殖中起正调控的作用；最新研究表明 CTK 直接促进转录因子 MYB3R4 从细胞质运向细胞核，并在其中激活关键细胞周期基因的表达。过表达细胞分裂素氧化酶的基因 *ckx* 或突变细胞分裂素合成的关键基因 *ipt*（异戊烯基转移酶基因）会导致细胞分裂素水平降低，使顶端分生组织减小，导致地上部发育缺陷。

细胞分裂素也可以使细胞体积扩大，和生长素不同的是，它的作用主要使细胞横向扩大而不是纵向伸长。在四季豆黄化叶片的离体培养中，发现细胞分裂素显著地引起细胞扩大，叶片变得宽而厚。用 6-BA（100mg/L）处理萝卜幼苗子叶，能观察到子叶面积明显增大。由于生长素和赤霉素对子叶的扩大都没有显著效应，所以细胞分裂素对子叶扩大的作用可作为细胞分裂素的生物测定方法。

（二）诱导芽的分化

斯库格和米勒（1957）在研究烟草茎髓愈伤组织的组织培养时发现，愈伤组织分化成根或芽取决于培养基中生长素和激动素浓度的比值。当激动素/生长素的比值低时刺激生根；比值处于中间水平时，愈伤组织只生长而不分化；比值高时，则诱导芽的形成。因此在芽的分化中，细胞分裂素起着重要作用。但具体使用哪一种细胞分裂素效果好，则因植物材料不同而不同，如对于蓝莓，6-BA 不如玉米素效果好。

（三）抑制根系发育

外施细胞分裂素，或者过量表达细胞分裂素合成的关键基因 *ipt* 都可以显著抑制主根、侧根的生长发育；而过量表达细胞分裂素氧化酶的基因 *ckx* 则促进根系生长。这些都说明细胞分裂素对根系生长有明显的抑制作用。研究表明细胞分裂素使根尖维管束细胞分化加快，减少根顶端分生组织区域细胞数目，从而负调控根顶端分生组织的大小。这和生长素的作用相反，生长素正调控根顶端分生组织细胞分裂，因为在根尖生长素促进细胞分裂而细胞分裂素促进细胞分化。

（四）解除顶端优势，促进侧芽生长

前面已经讲过，生长素抑制腋芽的生长，维持顶端优势；细胞分裂素的作用是和生长素的作用相拮抗的。生长素从顶端向下运输积累在侧芽处抑制侧芽生长；向侧芽施用细胞分裂素会促进侧芽生长，打破顶端优势。在豌豆中的研究证明生长素也会抑制细胞分裂素合成关键基因 *ipt* 的表达，促进细胞分裂素降解基因 *ckx* 的表达，使得细胞分裂素在芽中的水平比较低。去除茎尖导致生长素运输量减少，使 *ipt* 基因表达上调，*ckx* 基因表达下降，侧芽就可以长出来。研究还表明促进侧芽生长的细胞分裂素是由侧芽自身合成的，而不是从根部运输来的。

柳树的"丛枝病"是由于真菌（缠绕红球菌）侵入柳树中，产生了具有细胞分裂素活性的物质，解除了顶端对以下几个节间腋芽的抑制作用，腋芽生长形成"丛枝病"。

（五）延迟衰老

抑制衰老是细胞分裂素特有的作用。将离体烟草叶片一半涂水作为对照，另一半涂激动素溶液放在黑暗中；经过几天后，涂水的一半叶片变黄衰老，而涂激动素的一半仍保持绿色，说明细胞分裂素可抑制衰老。

植株的幼叶可以产生细胞分裂素，成熟叶片则不能。但根系合成的细胞分裂素可以通过木质部随蒸腾流运输到成熟叶片，在此起延缓衰老作用的主要是玉米素核苷和二氢玉米素核苷。成熟植株开始衰老时，根系输出的细胞分裂素水平会急剧下降。

将根癌农杆菌中的 *ipt* 基因与受衰老特异诱导的启动子连接，把该嵌合基因转入烟草中。在同样条件下培养转基因植株和野生型植株，其发育时期相同，当野生型植株叶片开始衰老时，转基因植株中的 *ipt* 基因表达，叶片中细胞分裂素水平高，显著抑制其叶片衰老。此结果从分子水平证明了细胞分裂素对叶片衰老的调控作用。

细胞分裂素抑制衰老至少有三个方面的原因：一是细胞分裂素能阻止 $O_2^-·$ 和 $·OH$ 等 ROS 的产生，加快它们的淬灭，防止膜脂过氧化，保护膜的完整性；二是细胞分裂素负调控和叶绿素分解相关的酶的基因表达，能阻止叶绿素酶、核酸酶、蛋白酶、果胶酶、纤维素酶等一些水解酶的产生，减少对叶绿素、核酸和蛋白等的破坏，这是细胞分裂素抑制衰老的主要原因；三是细胞分裂素促使营养物质向细胞分裂素所在部位运输，促进了局部的物质积累，削弱或减缓衰老。

用细胞分裂素处理叶片后，向叶片或一片叶子的某位点施加 ^{14}C 标记的营养物，然后将植株进行放射自显影来观察标记的营养物质的运输和积累模式，可以对第三点原因进行验证。如对 3 株黄瓜幼苗右侧子叶滴加 ^{14}C-氨基异丁酸，然后分别进行喷水或激动素的试验：苗 A 左侧子叶喷清水作为对照，结果放射性主要出现在右侧子叶，左侧子叶只有少量放射性；苗 B 的左侧子叶用 50mmol/L 的激动素溶液喷施，结果左侧子叶有大量的放射性；苗 C 右侧子叶喷施激动素溶液，结果所有的放射性都留在右侧子叶，而左侧子叶没有。说明营养物质优先运输或累积于细胞分裂素所在的部位（图 7-14）。

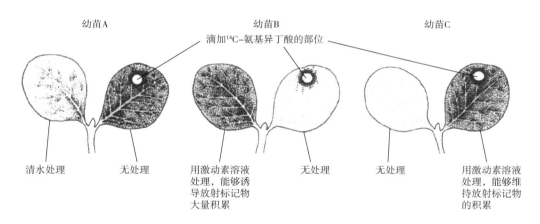

图 7-14 利用黄瓜幼苗子叶进行的细胞分裂素诱导氨基酸转移的试验（宋纯鹏等，2015）

（六）促进叶绿体发育和叶绿素的形成

暗中培养的植物因为叶绿素合成不足而呈黄色，称为黄化苗；照光可以使黄化苗去黄化，合成叶绿素，黄化质体变为叶绿体。黄化苗在照光前用细胞分裂素处理，将形成具有更多基粒的叶绿体，在光下叶绿素和光合作用相关酶的合成也会更快。说明外源细胞分裂素处理增强去黄化能力，促进叶绿体的发育和叶绿素的合成。

另外细胞分裂素也和赤霉素一样可以破除休眠。细胞分裂素还参与维管束发育和配子体的发育，促进花器官分生细胞分裂和细胞分化，增加生殖器官数目，提高水稻产量。细胞分裂素也促进豆科植物根瘤形成，有利于植物固氮等。

五、 细胞分裂素的信号转导途径

细胞分裂素在靶细胞中首先与受体蛋白结合，然后导致一系列的生理生化变化。关于细胞分裂素受体的定位，有多种报道。以小麦胚的核糖体为材料，发现其中含有一种高度专一性和高亲和力的细胞分裂素结合蛋白，相对分子质量为183k，含有四个亚基。也有报道认为绿豆线粒体含有细胞分裂素受体，还有研究发现小麦叶绿体中也存在细胞分裂素受体。目前在拟南芥发现的细胞分裂素受体是拟南芥组氨酸激酶家族（*Arabidopsis* histidine kinase，AHKs），包括AHK2、AHK3和AHK4（又称为CRE1），主要定位于内质网膜。当然不排除质膜上也有细胞分裂素受体。不同的受体对不同种类的细胞分裂素的结合有特异性，如AHK4主要与 *t*ZT 结合。AHKs由跨膜区、细胞分裂素结合位点、激酶区和信号接收区等组成，是双组分调节系统。当细胞分裂素与受体二聚体的胞外区域结合后，受体的激酶活性被活化，使受体激酶区的组氨酸残基（H）磷酸化；随后磷酸基团被转移到信号接收区的天冬氨酸残基（D）上，再转移到拟南芥组氨酸磷酸转移蛋白（AHPs）的组氨酸残基（H）上。磷酸化的AHP进入细胞核将磷酸基团转给细胞核内的拟南芥反应调节蛋白（ARR）的天冬氨酸残基（D）上。ARR有A型和B型两种，其中B型ARR是一类转录因子，磷酸化的B型ARR直接激活下游靶基因（包括A型ARR）的表达，引起相应细胞分裂素诱导的反应。另一方面，A型ARR也可能直接被AHP磷酸化，介导下游的信号反应，包括反馈调节细胞分裂素信号（图7-15）。

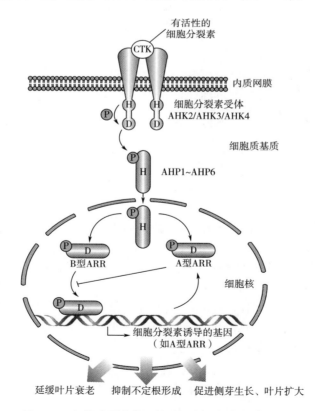

图 7-15　细胞分裂素信号转导模式图（王小菁，2019）

六、 细胞分裂素的应用

农业生产中用细胞分裂素可以延长蔬菜（如芹菜、甘蓝）的储藏时间。也可以用细胞分裂素防止果树的生理落果，如用 400mg/L 的 6-BA 处理柑橘幼果，能显著防止第一次生理落果；对照的座果率为 21%，而处理的可达 91%。处理的果实果梗加粗，果色浓绿，果实比对照也显著加大。

第四节　脱落酸

一、 脱落酸的发现

1961 年，Liu W. C. 等从成熟的干棉壳中分离出一种促进脱落的物质，认为它是一种"脱落素"，但未鉴定结构；后来阿狄柯特（F. T. Addicott）将其命名为脱落素Ⅰ（abscisin Ⅰ）。1963 年，阿狄柯特等从未成熟将要脱落的棉铃中，也提取出一种促进棉铃脱落的物质，命名为脱落素Ⅱ（abscisin Ⅱ）。同年，英国的韦尔林（P. F. Wareing）等从秋天将进入冬眠的槭树和桦树叶片中分离出一种可以使芽休眠的物质，称为休眠素（dormin）。后来证明，脱落素Ⅱ和休眠素是同一物质，1967 年统称为脱落酸（abscisic acid），简称 ABA。

二、 脱落酸的结构、 分布和运输

（一） 结构

脱落酸是以异戊二烯为基本结构单位组成的含有 15 个碳原子的酸性倍半萜化合物（图 7-16）。化学名称为 3-甲基-5(1′-羟基-4′-氧-2′,6′,6′-三甲基-2′-环己烯-1′基)-2,4-戊二烯酸，分子式 $C_{15}H_{20}O_4$。脱落酸有双键，因此有顺式和反式异构体，顺式才有活性，自然界存在的脱落酸几乎都是顺式构象。六元环中 1′位置有 1 个不对称碳原子，所以有 S 和 R 两种对映异构体。S 异构体是自然界存在的，人工合成的脱落酸是 R 型和 S 型的等量混合物。在种子成熟等长期反应中，两种对映异构体都有活性；但快速反应中，如气孔关闭，只有 S 型有活性。

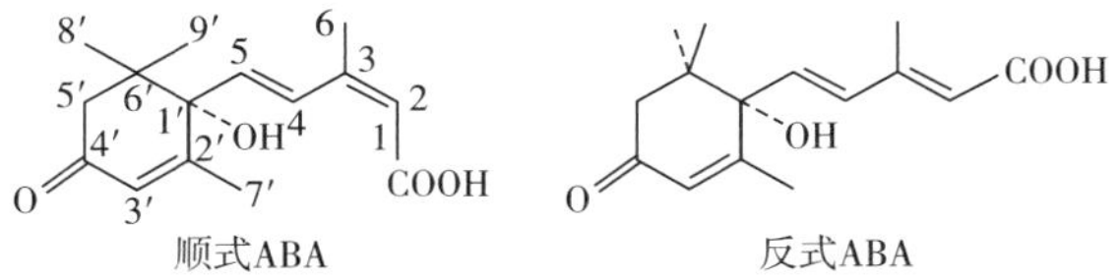

图 7-16　顺式 ABA 和反式 ABA 的结构

（二） 分布

脱落酸在维管植物中分布广泛，被子植物、裸子植物、低等蕨类植物中都存在，但苔藓类没有。高等植物各器官和组织中都有脱落酸，如叶子、芽、果实、种子、块茎等，但含量极微，

一般是 $10\sim50$ng/g 鲜重。通常幼嫩组织中脱落酸较少，而衰老、休眠或将要脱落的器官和组织中脱落酸含量多，可达 $500\sim10000$ng/g 鲜重。植物在干旱、渗透胁迫等逆境下脱落酸含量会迅速增加。例如，干旱脱水时，植物叶片中脱落酸可以在 $4\sim8$h 内上升 50 倍。脱落酸的浓度调节是脱落酸在植物组织和器官中重新合成、运输、结合、水解等的综合结果。

（三）运输

脱落酸的运输无极性，木质部、韧皮部都可以运输，通常在韧皮部汁液中含量较为丰富。使用同位素示踪标记的脱落酸处理植物叶片后，发现脱落酸可以沿着茎向上或向下运输，没有极性；但在菜豆叶柄切段中，向基部运输的速率是向顶部运输的 $2\sim3$ 倍，而后逐渐在根部积累；将茎部韧皮部环剥能够阻止这一进程，说明韧皮部在脱落酸的运输中起到了关键的作用。干旱胁迫的逆境下，根系内合成的脱落酸也可以依赖木质部运输到枝条和叶片中。脱落酸主要以游离形式运输，部分以结合态的形式运输。

三、 脱落酸合成及代谢

脱落酸能够在含有叶绿体或造粉体的几乎所有细胞中合成。植物的根、茎、叶、果实、种子中都能合成脱落酸，但幼嫩部位合成少，成熟、衰老的器官合成多，主要在老叶和根尖部位合成。逆境下根和叶片可以大量合成脱落酸。合成部位是质体和细胞质。

（一）脱落酸的生物合成途径有两条

1. C15 直接途径——类帖途径

在某些真菌中可由甲羟戊酸（MVA）经中间产物法尼基焦磷酸（FPP）环化而形成脱落酸，此途径中许多步骤还不清楚。由于化学合成脱落酸价格极其昂贵，通常人们探索用适宜的真菌发酵生产脱落酸。

2. C40 的间接途径——类胡萝卜素途径

此途径主要存在于高等植物中。脱落酸的碳骨架与一些类胡萝卜素的末端部分很相似，如紫黄质、新黄质、叶黄素等，推测脱落酸可能来自类胡萝卜素的裂解，到 1984 年得到实验证实。其合成大致过程：在质体中 3 个异戊烯基焦磷酸（IPP）聚合成法尼基焦磷酸（C_{15}），经八氢番茄红素和 β-胡萝卜素形成叶黄素循环库中的一种玉米黄素（C_{40}），然后在玉米黄质环氧酶（ZEP）的 2 步催化下转变为紫黄素，随后转变为 9-顺式-新黄素和 9-顺式-紫黄素，在 9-顺式环氧类胡萝卜素双加氧酶（NCED）作用下形成黄氧素（C_{15}），然后从质体运出，在短链类脱氢酶/还原酶（SDR）（在拟南芥中由 ABA2 基因编码）作用下转变为脱落酸醛，进一步在脱落酸醛氧化酶（AAO）作用下氧化为脱落酸。许多植物，秋天叶子中富含类胡萝卜素，可能通过这条途径形成脱落酸（图 7-17）。

（二）脱落酸的代谢

脱落酸的代谢主要有氧化降解和结合失活两种方式（图 7-18）。

1. 氧化降解

脱落酸可以在 C-7、C-8 和 C-9 位进行羟基化修饰而失活，其中以 C-8 位羟基化最普遍。在细胞色素 P450 单加氧酶（在拟南芥中由 CYP707A 基因家族编码）的作用下 ABA 会羟化生成 8-羟基脱落酸，然后迅速异构化为活性较低的红花菜豆酸（PA），还可以进一步还原为无活性的二氢红花菜豆酸（DPA）。

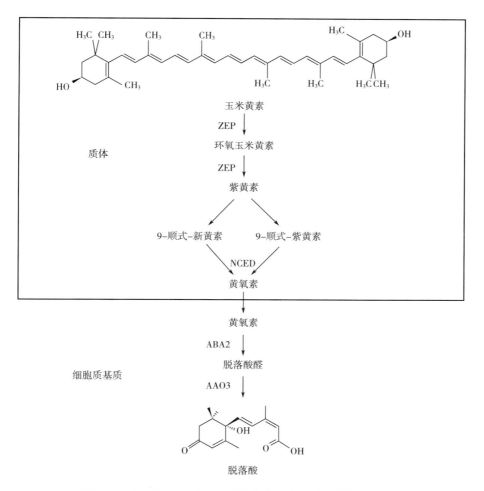

图 7-17　高等植物中脱落酸的生物合成途径（武维华，2018）

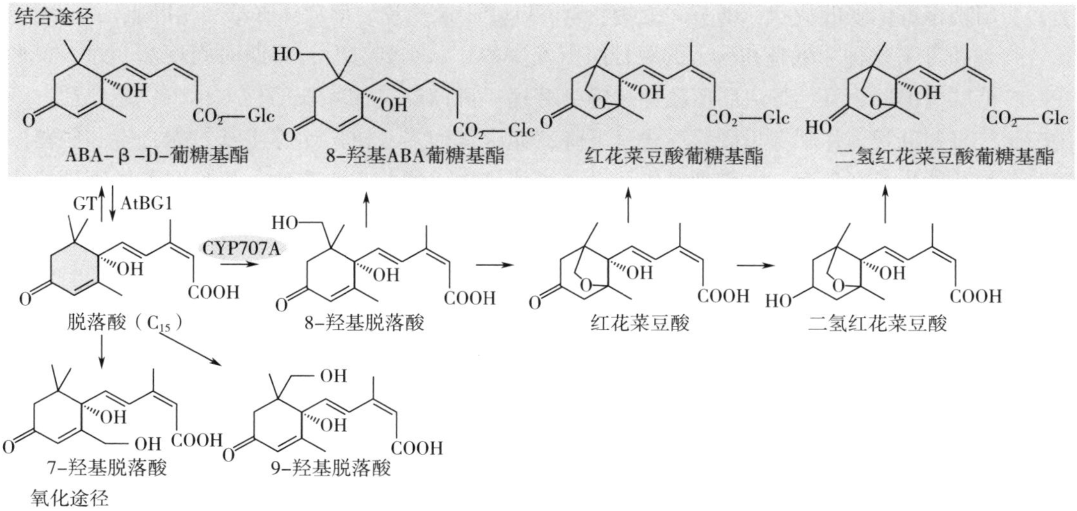

图 7-18　脱落酸代谢途径（王小菁，2019）

2. 结合失活

脱落酸也可以通过与其他分子结合而失活。最常见的是在糖基转移酶的作用下与糖结合，形成束缚态，没有活性，但是极性较大，是脱落酸的运输或贮存形式，可以在筛管和导管中运输，还可以贮存在液泡中；在适宜情况下又水解转变为游离态的脱落酸。如脱落酸与葡萄糖结合可以形成糖酯或糖苷，主要是糖酯。红花菜豆酸和二氢红花菜豆酸也可以形成结合态。

四、 脱落酸的生理作用

（一）促进衰老、脱落

脱落酸最初引起人们注意是因其促进棉铃脱落。在生产中，常见到棉花蕾铃脱落的现象，研究表明棉花在开花初期，受精的胚囊中已有一定量的脱落酸，受精第 2 天以后其量激增，到第 5~10 天幼果中含量达到一个高峰（此时部分幼铃脱落），以后含量很快降低，到第 20~30 天含量达最低水平，第 40~50 天时成熟的棉铃中脱落酸含量又大大增加（此时果皮衰老，开始裂开）。脱落的幼铃比未脱落的幼铃内脱落酸含量高 2~4 倍。在番茄果实成熟过程中也有同样的现象。

用脱落酸处理无叶无根茎尖体的棉花枝条的叶柄，能促进叶柄的脱落；而没有涂脱落酸的叶柄则不易脱落，说明脱落酸对脱落确有促进作用。但是在完整植株的试验中，喷施脱落酸却不能促进叶子脱落，这是因为在完整植株中，生长素及细胞分裂素都可以对抗脱落酸的作用。

目前脱落酸是否对脱落起作用仍存在争议，有研究认为脱落酸可以促进乙烯产生，乙烯促进脱落，脱落酸对脱落的作用是间接的。在很多植物中脱落酸促进的是衰老而不是脱落本身。对离体燕麦叶片衰老的研究发现，脱落酸作用于衰老早期，是启动和诱导作用；乙烯作用于衰老晚期。

（二）促进休眠

脱落酸能促进多种木本植物休眠。将脱落酸涂到红醋栗或其他木本植物生长旺盛的小枝上，会出现接近休眠的症状，即节间缩短、营养叶变小像鳞片、形成休眠芽、老叶脱落等。

自然条件下这种休眠是在秋天的短日照下发生的。秋季到来时，日照时间逐渐变短，气候变冷，落叶树的叶中开始形成脱落酸并运输到芽里，可抑制芽的生长而转入休眠；越冬后，气候渐暖，日照渐长，休眠芽里脱落酸含量下降，赤霉素增多，树木萌芽生长。赤霉素和脱落酸调节着植物的生长和休眠。它们都是由异戊二烯单位构成的萜类化合物，长日照条件下形成赤霉素，短日照条件形成脱落酸，光敏色素感受日照时间的长短。

脱落酸不仅能使芽休眠，对种子的萌发也起控制作用，使种子处于休眠状态。桃、梨、杏、红松等种子含有脱落酸，只有经低温层积处理 1~3 个月后，再播种才会发芽，因为冷湿贮藏条件下，脱落酸含量下降，赤霉素含量上升，种子解除休眠而萌发。另外，马铃薯块茎休眠芽中含有脱落酸，在贮藏过程中脱落酸转化消失，而赤霉素在萌发前第 12 天增加 30 倍，于是块茎从休眠转入萌发阶段。

（三）促进气孔关闭

试验证明脱落酸能明显促进气孔的关闭。给植物叶片外施脱落酸可在 3~9min 内使气孔关闭；去掉脱落酸后 5min，气孔又张开。

当给玉米停止浇水后，土壤干旱，叶片水势下降，同时脱落酸含量上升，气孔开度减小；而重新浇水上述反应会逆转。干旱胁迫下叶片脱落酸含量增加是几个方面综合作用的结果：①脱落酸在叶片合成增加；②脱落酸从根部运到叶片；③脱落酸在叶肉细胞中重新分布。

第一章讲过土壤干旱时根系合成的脱落酸通过木质部运到叶片的保卫细胞，引起气孔关闭，所以脱落酸是根源信号。在供水情况下，木质部汁液 pH 为 6.3 时，脱落酸呈未解离的 ABAH 状态，容易通过质膜被叶肉细胞吸收；缺水时，木质部汁液 pH7.2，弱碱性，ABA 呈解离态 ABA^-，不容易通过质膜，因此在质外体扩散到达保卫细胞，引起气孔关闭。研究表明，根系受到干旱后产生的信号也有多肽样激素，它运到叶片后可促进脱落酸合成。

缺水萎蔫的叶片中脱落酸含量比对照（不萎蔫）叶片脱落酸含量高 10 倍。四季豆、玉米、玫瑰等当叶片内脱落酸达到正常量 2 倍时，气孔即开始关闭。由于气孔的关闭，蒸腾速率会下降，这对植物缺水有保护作用，所以脱落酸是调节蒸腾的一种激素。

（四）提高抗逆性

脱落酸能诱导根的生长并刺激侧根的发生，抑制地上部的生长，因而增大根冠比，这和促进气孔关闭一起，有助于植物抵抗干旱。例如，生长在蛭石中的玉米野生型和脱落酸缺失突变体，在水分供应充足（高水势）时和缺水（低水势）时，测定其枝条生长和根系生长发现干旱胁迫对枝条和根的生长都有抑制。但计算根冠比显示在干旱胁迫时，野生型玉米（有脱落酸）根冠比增大，而突变体没有脱落酸，其根冠比很低。因此说明在干旱胁迫时有脱落酸可以促进根的生长。

一般来说，植物在逆境条件下，如低温、高温、水涝、盐渍等，脱落酸会迅速形成，所以脱落酸又称为"应激激素"或"胁迫激素"。目前已证明脱落酸能提高植物对逆境的适应能力，外施脱落酸可提高植物的抗逆性。

（五）促进种子成熟

种子发育分为三个阶段：第一个阶段，细胞分裂和组织分化，受精卵进行胚形成和胚乳细胞增殖；第二个阶段，细胞分裂停止并积累贮藏物质；第三个阶段，正常种子的胚对脱水产生耐性，种子脱去 90% 的水分，代谢停止，进入静止期。后两个时期产生了有活性的种子。

脱落酸在种子发育中的作用有三个：①在种子发育的中后期，内源脱落酸开始累积并在不久达到峰值，这与胚在发育期间蛋白质的积累一致，因而认为脱落酸对种子胚的发育及蛋白质的合成具有重要的调节作用，脱落酸促进种子的成熟和休眠；②脱落酸可提高种子对脱水的耐性；③脱落酸还能抑制胚在成熟前的早萌即穗上发芽。

另外，脱落酸可以抑制整个植株或离体器官的生长，如脱落酸能抵消生长素诱导的燕麦胚芽鞘弯曲或胚芽鞘切段伸长的作用。赤霉素诱导 α-淀粉酶和其他水解酶（如蛋白酶、核糖核酸酶等）在大麦糊粉层细胞中的合成，也可被脱落酸所抑制。在组织培养中脱落酸抑制细胞分裂等。

五、脱落酸的作用机理

脱落酸在植物的短期生理过程（如气孔关闭）和长期生理过程（如种子发育）中都有作用。短期反应常常与离子跨膜流动的变化有关，也可能涉及基因表达的调节；长期反应必然涉及基因表达的改变。

（一）脱落酸受体蛋白及信号转导

人们用各种方法鉴定发现植物的脱落酸受体存在于细胞表面和细胞内两个部位。目前拟南芥中鉴定出的脱落酸受体有三类：①PYR/PYL/PCAR 家族，定位于细胞质内；②CHLH，定位于叶绿体内，参与叶绿体合成和信号转导，协调核基因和质体基因表达；③GTG1和GTG2，是一对质膜蛋白，具有内在 G 蛋白活性，与 GTP 蛋白偶联受体同源。PYR/PYL/PCAR 是主要的脱落酸受体。

脱落酸的信号系统包括蛋白磷酸酶和蛋白激酶，已经鉴定了多种参与脱落酸反应的蛋白激酶，如蔗糖非发酵相关激酶 2 （Sucrose non-Fermenting Related Kinase2，SnRK2）、CDPK 和 MAPK 等。脱落酸的信号通路有多条，下面仅介绍 PYR/PYL/PCAR-PP2C-SnRK2 信号通路：当无脱落酸时，以二聚体形式存在的受体蛋白不能与 2C 型蛋白磷酸酶（PP2C）相互作用，作为信号通路负调控因子的 PP2C 去磷酸化 SnRK2，使其失活，关闭信号；当有脱落酸时，它与受体 PYR/PYL/PCAR 结合并改变其构象，使其与 PP2C 结合，阻止其对 SnRK2 的去磷酸化，磷酸化的 SnRK2（活化态）一方面可以进入细胞核磷酸化修饰转录因子 ABI3、ABI4、ABI5、AREB、ABF 等，由此激活相应的基因表达，引起脱落酸诱导的生理反应。另一方面活化的 SnRK2 可以激活质膜上的外向钾离子通道 KAT1 和外向阴离子通道 SLAC1，最终诱导气孔关闭（图 7-19）。脱落酸还可通过激活其他蛋白激酶及信号通路促进气孔关闭。

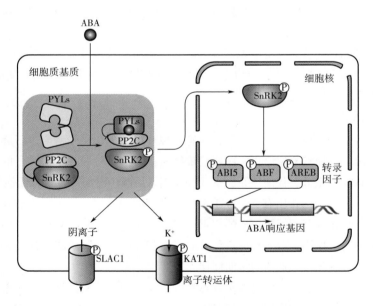

图 7-19 脱落酸信号转导（王小菁，2019）

（二）脱落酸对基因表达的调控

对拟南芥和水稻的研究表明，基因组中 5%~10% 的基因受脱落酸和各种胁迫（如干旱、盐和冷）调节。许多逆境如干旱、高渗、低温等可以诱导植物组织内脱落酸水平的升高，同时诱导与逆境相关的特异蛋白质的积累。例如 NCED 的合成受干旱胁迫快速诱导，表明它催化的反应是脱落酸合成中的关键调节步骤。植物在正常的生长条件下，用外源脱落酸处理，也能诱导产生逆境蛋白 mRNA 的累积。目前已知 150 余种植物基因可受外源脱落酸的诱导，其中大部分在种子发育晚期或受环境胁迫的营养组织中表达。例如，在种子发育的中期到晚期，随着内源脱落酸水平的上升，某些 mRNA 大量积累。以棉花、油菜、水稻和小麦为材料的研究表明，在胚发育早期将其剥离，用外源脱落酸处理，一些在胚发育中晚期积累的 mRNA 则提前出现，这些 mRNA 的翻译产物包括植物凝集素、酶抑制剂、脂质体蛋白质和贮藏蛋白等。脱落酸也抑制大麦 α-淀粉酶基因的表达。

第五节 乙烯

一、 乙烯的发现

乙烯是合成塑料、橡胶、纤维的基本化工原料，是石油化工产业的核心，在液化气中也少量含有。后来发现乙烯是煤、石油等化合物不完全燃烧时所形成的挥发性气体之一，具有很强的生理活性。

19 世纪，德国人发现煤气管道漏气能使附近的树木落叶。1901 年，俄国植物生理学家奈留波夫（Neljubow）研究证实是泄漏煤气中的乙烯在起作用，他还发现了乙烯对黄化豌豆幼苗的"三重反应"：抑制茎伸长、促进茎横向增粗和水平生长（图 7-20）。1934 年，英国的甘恩（Gane）证实了植物器官本身能产生乙烯，克拉克（Clark）等提出了乙烯是成熟激素的概念。1959 年，由于气相色谱技术的发展，能检测出极微量的乙烯，灵敏度达到了 10^{-12} mol/L，促进了乙烯研究的飞跃发展。实验证明，乙烯具有植物激素应有的一切特性，因此 20 世纪 60 年代乙烯被公认为是一种植物激素。乙烯在常温常压下为气体，结构简式 $CH_2\!=\!CH_2$，是最简单的烯烃，轻于空气。我国劳动人民很早就知道采下的果实放在燃香的房子里可以促进果实成熟，现代科学研究已证明这是由于乙烯的作用。

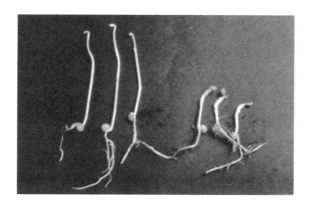

图 7-20 黄化豌豆幼苗的三重反应（Taiz 等，2010）
左边为对照，右边为用 10mg/L 乙烯处理 6d。

二、 乙烯的分布与运输

(一) 分布

高等植物的各组织器官都能释放乙烯，浓度低达 1pL/L 的乙烯就具有生物活性。但植物组织类型不同、发育阶段不同，乙烯合成速率也不同：幼嫩组织含量极少，但叶片脱落、花器官衰老、果实成熟时产生的乙烯量明显增多。成熟组织一般为 0.01~10nL/g（鲜重），成熟苹果内的乙烯浓度可达 2.5nL/L。植物受伤以及逆境胁迫也能快速诱导植物体内大量合成乙烯，这种由逆境引发的乙烯被称为"逆境乙烯"。

不仅高等植物，裸子植物及蕨类、苔藓等低等植物也能产生乙烯。甚至真菌和细菌也会产生，使得土壤中也会存在乙烯。目前没有证据证明健康的哺乳动物组织能够产生乙烯，乙烯也不是无脊椎动物的代谢产物，但海绵和哺乳动物培养细胞能够对乙烯产生反应，因此推测这种气体分子在动物细胞内也可能作为信号分子起作用。

(二) 运输

乙烯是气体，很容易从植物组织中释放，所以在植物体内的运输性极差。乙烯可以通过细胞间隙进行扩散，从而进行短距离运输，但距离非常有限。乙烯的运输主要依赖于其合成的前体物质 1-氨基环丙烷-1-羧酸（ACC）可溶于水的特性，通过维管束运输 ACC，达到长距离运输的目的。

三、 乙烯生物合成及代谢

(一) 乙烯生物合成途径

乙烯的生物合成是由甲硫氨酸开始的。甲硫氨酸存在于每个细胞中，当植物衰老成熟时，蛋白质解体，甲硫氨酸含量增加。用 ^{14}C-标记的甲硫氨酸饲喂植物组织并观察各个碳原子的去向，发现 C-1 转变为 CO_2，C-2 转变为甲酸；C-3 和 C-4 转变为乙烯；CH_3-S-基保留在植物组织内，通过杨氏循环再转变为甲硫氨酸（图 7-21）。一般认为 ACC 是乙烯合成的直接前体，甲硫氨酸是原料，反应通过中间产物 S-腺苷甲硫氨酸（SAM）等形成一个循环。首先甲硫氨酸在甲硫氨酸腺苷合成酶的作用下消耗 ATP，将甲硫氨酸转移到 AMP 的第 5 位碳上，形成 S-腺苷甲硫氨酸（SAM），然后在 ACC 合成酶催化下，SAM 从甲硫基处断键裂解为 1-氨基环丙烷-1-羧酸（ACC）和 5′-甲硫基腺苷（MTA）。5′-甲硫基腺苷（MTA）通过水解脱去腺嘌呤生成 5′-甲硫基核糖（MTR），然后在激酶的催化下消耗 ATP 磷酸化形成 5′-甲硫基核糖磷酸，随后氧化断链开环形成 α-酮基-γ-甲硫基丁酸，最后重新生成甲硫氨酸。而 ACC 在有氧条件下被 ACC 氧化酶（过去曾称为乙烯形成酶）氧化为乙烯，同时消耗 O_2 还生成 CO_2 和 HCN。另外 ACC 也可以在 ACC 丙二酰转移酶催化下形成 N-丙二酰基 ACC（MACC）。

(二) 乙烯合成的关键酶

甲硫氨酸腺苷合成酶（SAMS）、ACC 合成酶（ACS）和 ACC 氧化酶（ACO）三个关键酶参与了乙烯的生物合成。SAMS 在不同组织和不同环境下表达量差异很大。ACS 为多基因家族蛋白，存在于细胞质，需要磷酸吡哆醛（维生素 B_6）为辅基，在番茄中至少有九种 ACS 基因，不同基因的诱导因素不同。ACO 是乙烯生物合成的限速酶，需要 Fe^{2+} 和抗坏血酸为辅基。ACO 也是多基因家族编码的蛋白，其转录受多种因素的调节，钴离子（Co^{2+}）是此酶的抑制剂。

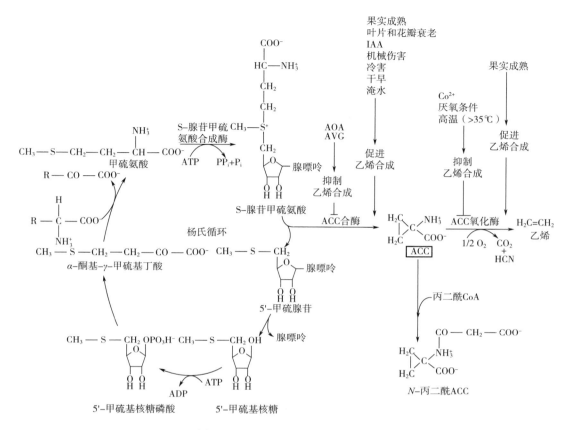

图 7-21　乙烯的生物合成途径及杨氏循环（武维华，2018）

乙烯与受体结合需要 Cu^+，Ag^+ 可以代替 Cu^+，所以 Ag^+ 能抑制乙烯发挥作用。CO_2、反式环辛烯、1-甲基环丙烯（MCP）可与乙烯竞争同一作用部位与受体结合，所以也能抑制乙烯的生理功能。但反式环辛烯气味难闻，因此多使用无味的 MCP 来抑制乙烯的生理功能（图 7-22）。

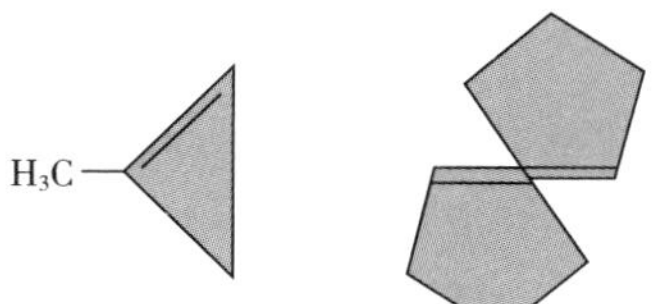

（三）植物体内乙烯水平的调节

许多因素都影响乙烯的合成和代谢，因而影响植物体内的乙烯水平（图 7-21）。

1-甲基环丙烯（MCP）　　　反式环辛烯

图 7-22　阻断乙烯与受体结合的 2 种抑制剂（Taiz 等，2010）

1. 促进 SAM 生成 ACC 的因素

SAM 生成 ACC 的反应由 ACC 合酶催化，促进此酶活性的因素有：果实成熟、叶片和花瓣衰老时 ACC 合酶活性增强；物理伤害（切割、扭曲）和逆境（冷害、干旱、水涝、病虫等）都使 ACC 合酶 mRNA 转录水平增加；过量的生长素可在转录水平诱导 ACC 合酶的形成；另外呼吸跃变型果实（如苹果）乙烯有自我催化的作用，也可以刺激 ACC 合酶的合成，这些都能促进乙烯的形成。

2. 抑制 SAM 合成 ACC 的因素

ACC 合酶需要磷酸吡哆醛为辅基。抑制此酶活性的因素有两个：AVG（氨基乙氧基乙烯基甘氨酸）和 AOA（氨基氧乙酸）是以磷酸吡哆醛为辅基的酶类的特异抑制剂，所以可抑制 ACC 合成；非跃变型果实和营养组织中乙烯可自我抑制，原因是抑制 ACC 合酶的合成或活性。

3. 促进 ACC 合成乙烯的因素

此反应由 ACC 氧化酶催化，促进此酶活性的因素有：果实成熟时 ACC 氧化酶 mRNA 转录水平增加，酶的活性也增强；乙烯（自我催化）诱导 ACC 氧化酶基因表达，刺激乙烯的产生。

4. 抑制 ACC 合成乙烯的因素

ACC 氧化酶发挥功能需要抗坏血酸、Fe^{2+} 的作用，且需要充足的 O_2。在 5～30℃，乙烯合成随温度升高而增强。此酶活性极不稳定，依赖于膜的完整性；膜结构受破坏，乙烯产生便停止。缺 O_2、解偶联剂、Co^{2+}、低温和高于 35℃ 的高温等，这些都抑制 ACC 氧化酶的活性，抑制乙烯的形成。解偶联剂的作用与 ACC 氧化酶依赖于膜的完整性有关，ACC 的氧化本身包括连续的电子转移，ACC 氧化酶可能与膜结合的电子传递系统共同发挥作用。

5. 结合

ACC 可在丙二酰基转移酶的作用下，生成 N-丙二酰 ACC（MACC），这是不可逆反应，因此 MACC 是失活的终产物，它有调节乙烯合成的作用。乙烯的自我抑制除了乙烯可抑制 ACC 合成酶外，还因为它可促进丙二酰转移酶的活性。另外，ACC 还可以和谷氨酸结合，形成 GACC。

6. 乙烯代谢

乙烯可氧化成二氧化碳及其他氧化物如环氧乙烷、乙二醇，也可以与葡萄糖结合，这些都能起到调节生物体内乙烯水平的作用。

四、 乙烯的生理作用及应用

乙烯是气体，在生产上应用不方便。1968 年发现一种称作"乙烯利"的化合物，化学名为 2-氯乙基磷酸，当它进入植物体内后，因细胞内 pH>4.1，可分解释放出乙烯。后来又发现其他乙烯释放剂、乙烯作用拮抗剂等，使得乙烯在应用上得到了推广。

（一）促进果实成熟

幼嫩果实中乙烯含量极少，随着果实的长大，乙烯合成加速。由于乙烯增加细胞膜的透性使呼吸作用加速，引起果肉内有机物质强烈转化，最后达到可食程度，也即成熟。外源施加乙烯给某些未成熟的果实，可引起果实内部乙烯的自身催化作用，产生更多乙烯，促进果实成熟；例如番茄、香蕉、柿子、苹果、葡萄、柑橘、棉花等在生产上常用乙烯利催熟。乙烯的产生需要氧气和适宜温度，低温和缺氧都可抑制乙烯的产生。因此，在贮藏蔬菜水果时，常用降低温度和氧气含量、提高二氧化碳量来控制呼吸和乙烯产生，从而延长果蔬的贮藏寿命，在实践中解决了果实、蔬菜贮存中的腐烂问题。还可以用高锰酸钾做乙烯的吸收剂，可将乙烯浓度从 $250\mu L/L$ 降到 $10\mu L/L$，也能延长果蔬保鲜时间。

（二）促进衰老和脱落

衰老是受组织内乙烯与细胞分裂素的平衡控制的；另外脱落酸也具有调节作用。研究表明乙烯产生量的增加与叶绿素丧失及褪色有关。外施乙烯或 ACC 加速叶片的衰老；而外施细胞分裂素延迟衰老。乙烯合成的抑制剂（如 Co^{2+}）和乙烯作用的抑制剂（如 Ag^+ 或 CO_2）可以延迟衰老。

乙烯最早被人注意的一个作用，是空气中乙烯浓度还相当低时，植物叶片和果实即可脱落。实际上，在自然的脱落过程中也有乙烯参与。实验表明，乙烯可促进菜豆、棉花、葡萄等多种植物落叶落果。脱落发生在器官基部的一些特殊的细胞层，称为离层。在叶片脱落过程中，乙烯能促进离层中纤维素酶和果胶酶的合成并由原生质体释放到细胞壁中，这些水解酶引起细胞壁分解，离层细胞分离，叶柄便脱落。乙烯促进器官脱落的作用比脱落酸更显著，极低浓度的乙烯即引起器官的大量脱落。

生产上可喷施 1000mg/L 乙烯利于葡萄植株上，很快引起落叶而果实不掉，可提高收获时的工作效率。在盛花期和末花期用 240~480mg/L 乙烯利喷施梨可达到疏花疏果的效果。用乙烯利处理棉花叶片有加速衰老和脱叶的作用；如果浓度合适，其作用不影响功能叶片及嫩叶的生长，而只加速老叶衰老脱落，可以改善棉田的通风透光条件。

除了脱落酸和乙烯，生长素对植物器官的脱落也有明显作用。许多研究表明，生长素能够抑制脱落，因为生长素可以降低离层细胞对乙烯的敏感性。但是高浓度生长素也可以提高 ACC 合酶的活性，促进乙烯的合成，反而加速脱落。

（三）促进次生物质的排出

乙烯可以促进有些植物的次生物质排出体外。研究表明，橡胶树乳胶的排泌会受乙烯的影响，无论是用乙烯利的水剂或油剂处理，都能使乳胶的产量第 2 天即上升，总干胶产量可增加20% 以上。此外，乙烯利使漆树、松树、吐鲁香和印度紫檀等的次生物质产量也得到提高。用乙烯利进行刺激安息香产脂的试验，处理后的产脂量可增大 7~9 倍，有的可增大 10 倍以上。乙烯的这种作用主要是使次生物质排出渠道畅通，并非促进合成。

（四）诱导不定根和根毛发生

乙烯可以诱导茎段、叶片、花茎和根上的不定根发生，还能促进根毛大量发生。用 $10\mu L/L$ 的乙烯处理 2 日龄的莴苣幼苗 24h，比对照有更多的根毛产生，但抑制根的伸长生长。我们在蓝莓、番茄扦插中也发现低浓度的乙烯利促进不定根的发生，但抑制根伸长。

（五）乙烯对地上部生长的影响

乙烯对植物地上部生长的影响有两个方面：三重反应和偏上性生长。

植物生长对乙烯的典型反应是黄化豌豆苗的"三重反应"（图7-20）。说明乙烯抑制细胞伸长促进细胞横向扩展。三重反应主要发生在豌豆幼苗的活跃生长区"亚弯钩区"（指幼苗顶端弯钩下的部位），这个部位对乙烯特别敏感。乙烯诱导的三重反应可作为乙烯的一种生物鉴定法。乙烯对伸长生长的抑制作用在光下比在黑暗中差，所以三重反应多以黄化的豌豆苗为材料。较高浓度的乙烯抑制伸长生长，而低浓度的乙烯是植物生长发育必需的。

偏上性生长是指叶柄上面长得快下面长得慢，叶片下垂弯曲。淹水的植物因为根部缺 O_2，根中 ACC 累积通过木质部运到地上部，导致地上部产生大量乙烯，造成老叶变黄，叶片偏上性生长，向下弯曲，茎生长受到抑制。

（六）乙烯对生殖生长的影响

乙烯对许多植物的成花并没有作用，但可促进菠萝等凤梨科植物开花；对性别分化也有调控作用，用 100~250mg/L 乙烯利处理黄瓜幼苗，可使早期雌花产生数成倍增加。前面讲到的生长素促进菠萝开花和增加黄瓜雌花，都是通过乙烯实现的。乙烯还能导致小麦等植物的雄性不育。乙烯也能促进许多花的衰老，有些花如康乃馨和牵牛花授粉后会产生乙烯，施用乙烯利或 ACC 可以加速花的凋谢，而用乙烯抑制剂会延缓衰老。但乙烯对有些花的凋谢影响不明显，称为乙烯不敏感花卉，代表性的是菊花等，机制还尚待研究。

乙烯也可以通过负调控脱落酸的作用参与种子萌发的调节。

五、 乙烯的作用机理及信号转导

乙烯对植物的作用有短期快速效应和长期效应之分。一般认为短期效应是因为乙烯对膜透性的影响，而长期效应是通过改变基因表达模式，对植物的核酸、蛋白质代谢进行调节，提高某些酶的含量和活性而发挥作用。

逆境乙烯引发的反应是加快衰老、促进受害器官脱落和诱导产生特异的防卫蛋白等。乙烯在生物学系统中充当了一个信号分子的角色，它与受体结合，激活一个或多个信号转导途径，使细胞做出反应。

目前从拟南芥中鉴定出的乙烯受体有 ETR1、ETR2、ERS1、ERS2、EIN4 共 5 个，定位于内质网膜，不同植物中受体定位也可能不同。这 5 个受体都与乙烯信号相关，但其功能存在冗余。CTR1 是乙烯信号途径下游的一个负调控因子，是一种丝氨酸/苏氨酸蛋白激酶。EIN2 是乙烯信号途径更下游的正调控组分，整合在内质网膜中，它是一个双功能信号组分，其 N 端和 C 端都有信号功能。当没有乙烯时，乙烯受体 ETR1 等与 CTR1 形成 ETR1/CTR1 复合体激活 CTR1，激活的 CTR1 使 EIN2 的 C 端磷酸化，抑制其蛋白质的剪切，使 C 端信号不能传递进入细胞核；细胞核内的转录因子 EIN3 就被泛素化，进而被 26S 蛋白酶体降解，信号关闭。当有乙烯时，乙烯是疏水性的，可以自由扩散通过质膜；乙烯与受体 ETR1 结合，使 ETR1/CTR1 复合物变构 CTR1 失活，EIN2 不能被磷酸化，其 C 端被剪切下来进入细胞核；在核中 EIN2 的 C 端可以抑制 EIN3 泛素化，因而抑制其被 26S 蛋白酶体降解，因此 EIN3 能够结合到乙烯响应基因（或乙烯反应因子 ERF1）上诱导基因的转录表达，产生乙烯反应（图 7-23）。

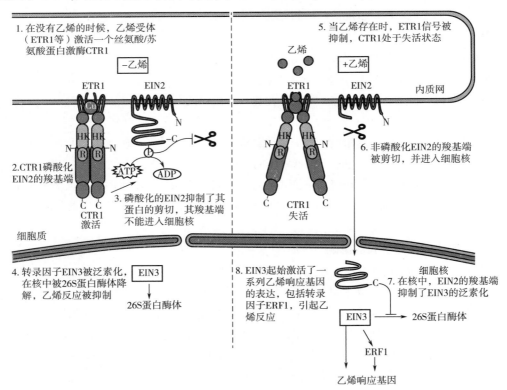

图 7-23 拟南芥乙烯信号转导模型（Taiz 等，2015）

第六节　油菜素甾醇

一、　油菜素甾醇的发现

1970 年，美国的米切尔（J. W. Mitchell）研究小组在油菜花粉中发现一种提取物，对菜豆幼苗具有强烈促进生长的作用，他们将之称为油菜素（brassin）。1979 年 Grove 利用蜜蜂收获 40kg 的油菜花粉，得到该物质 4mg 的纯化结晶，对其进行结构鉴定，是一种类似于动物甾醇激素的甾醇类内酯，命名为油菜素内酯（brassinolide，简称 BL 或 BR_1）。1982 年日本东京大学 Yokota 等从板栗虫瘿中分离出与 BL 类似的油菜素甾酮（又称栗甾酮，castasterone，简称 CS 或 BR_2）。之后陆续从各种植物中鉴定出大约 60 种结构与油菜素内酯类似的植物甾醇，统称为油菜素甾醇（brassinosteroid，BR），根据其发现的先后顺序编号为 BR_1、BR_2、BR_3 等。近年来对 BR 合成、运输、信号转导等的研究，为确定油菜素甾醇是植物激素提供了确凿的证据，证明 BR 是植物正常发育所必需的，1998 年在第十六届国际植物生长物质会议上最终被认为是第六种植物激素。

二、　油菜素甾醇的结构

油菜素甾醇的结构与动物体内的许多甾类激素非常相似，由含 4 个环的类固醇骨架和烷烃侧链构成（图 7-24）。油菜素甾醇代表的是一大类以甾体化合物为骨架的有生理活性的天然物质，包括油菜素内酯、扁豆甾内酯、栗甾酮等，它们的结构变化主要取决于 A、B 环及侧链取代基的不同。A 环上的 2 个羟基和侧链 C-22 和 C-23 上的羟基及 B 环 7 位的内酯和 6 位酮基是活性必需的。在不同植物中，栗甾酮分布最广泛，然后是油菜素内酯、BR_7（香蒲甾醇，typhasterol，TY）、BR_8（茶甾酮，teasterone，TS）等；但生物活性最强的是油菜素内酯。根据油菜素甾醇的特征，人工合成了许多类似物，如表油菜素内酯（24-epiBL）、高油菜素内酯（28-homoBL）等。

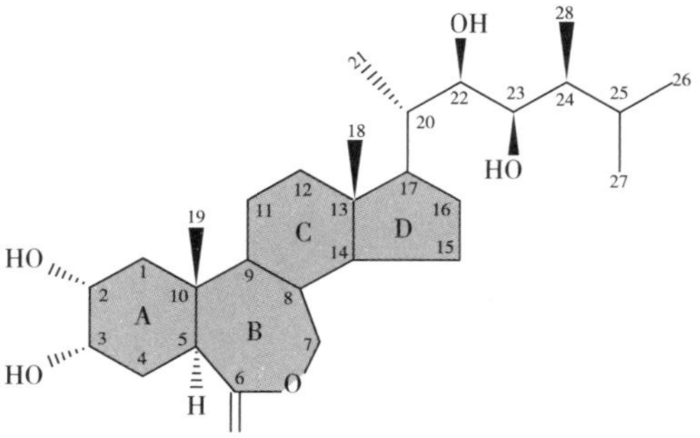

（1）油菜素内酯 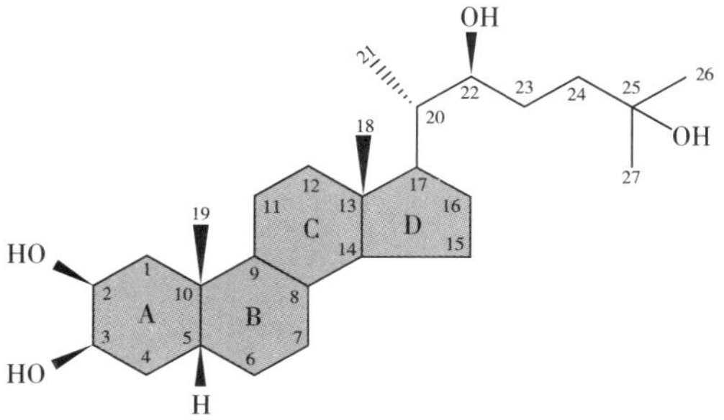　　　　　　　　　　（2）昆虫蜕皮激素

图 7-24　油菜素内酯和昆虫蜕皮激素的结构（王小菁，2019）

三、 分布与运输

油菜素甾醇普遍存在于各种植物中，被子植物、裸子植物、苔藓、藻类及蕨类等都有。在高等植物的根、茎、枝、叶、花各器官中都存在油菜素甾醇，尤其是花粉中含量最多，未成熟种子中也不少。一般花和种子中 BR 含量为 1～1000ng/kg，枝条 1～100ng/kg，果实和叶片 1～10ng/kg。

施于根部的外源油菜素内酯可以通过木质部向上运输，但施用于叶片的运输较少。内源 BR 在其合成部位或附近发挥功能，每个器官合成和感受自己的活性油菜素甾醇。

四、 生物合成与代谢

油菜素甾醇与脱落酸和赤霉素都是属于萜类化合物，它们的早期合成途径有相似之处。BR 合成是由甲羟戊酸形成异戊烯基焦磷酸作为底物，生成法尼基焦磷酸（15C），然后两个法尼基焦磷酸再聚合成三萜化合物角鲨烯（30C），角鲨烯经过一系列环闭合反应形成五元环的环状类固醇（环阿屯醇）。植物体内的所有固醇如谷甾醇、油菜甾醇（campesterol，CR）都是由环阿屯醇经过氧化或修饰形成的，它们都可以形成油菜素甾醇。

这里将从油菜素甾醇的最早前体油菜甾醇开始简述油菜素甾醇合成途径。油菜甾醇经过多步反应还原形成油菜甾烷醇（campestanol，CN）后，在甾醇体和侧链上发生羟化和氧化反应，同时伴随着 C-6 位置的酮基化，从而形成各种 BR。C-6 位的酮基化有两条途径：早期 C6 氧化途径是先发生 C-6 位氧化再发生 C-2、C-3、C-22、C-23 的修饰；后期 C6 氧化途径是先进行其他位置修饰后发生 C-6 位氧化（图 7-25）。经过两条途径的任一条，油菜甾烷醇都可以形成

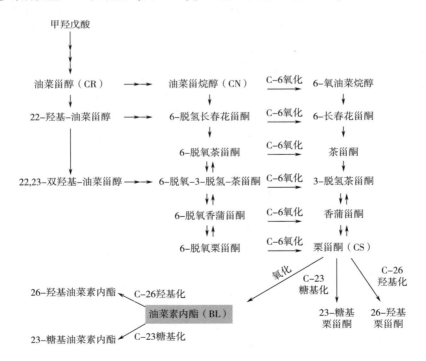

图 7-25　油菜素甾醇的生物合成和代谢（王小菁，2019）

栗甾酮，栗甾酮继而氧化为油菜素内酯（BL）。早期 C6 氧化途径和后期 C6 氧化途径在许多位置有交叉。早期 C6 氧化途径广泛存在于植物中，但番茄和烟草中后期 C6 氧化途径为主要途径，而在拟南芥、豌豆和水稻中这两条途径共同存在。近年又发现油菜甾醇也可以不形成油菜甾烷醇，而直接在 C-22 和 C-23 羟基化，再经过多步反应，如脱氢、氧化等形成栗甾酮然后转化为油菜素内酯，称为早期 C-22 和 C-23 羟基途径，也称为不依赖于油菜甾烷醇的途径。因此油菜甾醇的生物合成途径是复杂的，这可能对植物适应不同环境有利。有研究表明早期 C6 氧化途径可能主要是在黑暗中启动，而后期途径主要在光下起作用。

油菜甾醇的代谢主要有两条途径：在 C-26 位羟基化或 C-23 位糖基化，都能使油菜甾醇失活。植物可以通过反馈调控油菜甾醇的合成速率，也可以通过代谢使油菜甾醇失活，从而调节油菜甾醇的含量达到调控生长发育和适应环境的需要。

五、 油菜素甾醇的生理作用

（一） 促进细胞伸长和分裂

油菜素甾醇可以促进植物细胞的伸长和分裂。油菜素甾醇缺失突变体的叶片细胞比野生型小且少，而过表达油菜素甾醇合成相关基因、提高油菜甾醇水平能够明显促进植株伸长。外用 10ng 的油菜素内酯处理菜豆幼苗的第二节间，就可以引起该节间显著伸长弯曲、节间膨大等作用。油菜素甾醇促进细胞延伸生长比生长素的作用慢，油菜素甾醇处理滞后时间为 45min，而生长素处理的滞后时间为 15min。事实上油菜素甾醇和生长素以相互依赖的方式协同促进生长。适宜浓度的油菜素甾醇可以活化 H^+-ATP 酶，使细胞壁酸化。油菜素甾醇也可以诱导木葡聚糖内糖基转移酶的表达，这一点与赤霉素相似。细胞伸长的每一步可能都受油菜素甾醇的调控：细胞壁松弛、渗透吸水、壁物质的合成、保持壁的厚度、促进微管形成等。

另外油菜素甾醇也促进细胞分裂，24-表油菜素内酯可以增加细胞周期蛋白 CYCD3 的表达，也可以在拟南芥组织培养时替代玉米素。油菜素甾醇可能以细胞分裂素相似的方式调节细胞周期。

（二） 促进或抑制根的生长

油菜素甾醇低浓度时（≤0.1nmol/L）促进根生长，高浓度抑制根生长，可能由于刺激乙烯的生成。油菜素甾醇对根伸长的作用与生长素和赤霉素无关。但低浓度油菜素甾醇也能诱导侧根的形成，此时与生长素有协同作用。而且油菜素甾醇还促进向地性反应，这与生长素外运蛋白 PIN2 在根伸长区表达有关。生产中可用低浓度油菜素甾醇促进挪威云杉和苹果树扦插生根。

（三） 促进木质部分化和导管发育

油菜素甾醇调控维管束分化的作用是抑制韧皮部分化和促进木质部分化进而在导管发育中起着重要作用。过量表达油菜素甾醇受体蛋白的拟南芥比野生型有更多的木质部。油菜素唑是油菜素内酯生物合成抑制剂，它能阻止百日草培养细胞木质部导管分化，此现象可被外加油菜素内酯恢复。油菜素甾醇的作用是在木质部形成的后期促进木质化和细胞程序性死亡。

（四） 油菜素甾醇是花粉管生长所必需的

花粉中富含油菜素甾醇，因此容易理解油菜素甾醇对生殖生长的重要性。1nmol/L 的油菜素甾醇可促进欧洲甜樱桃、山茶和烟草花粉管的生长。在拟南芥油菜素甾醇缺失突变体 *cpd* 中，花粉萌发后花粉管不能伸长而导致雄性不育，如果添加外源油菜素甾醇可以恢复花粉管伸长完成受精。另外玉米缺失油菜素甾醇的突变体雄花会雌性化，是油菜素甾醇参与生殖发育的另一个案例。

（五）促进种子萌发

已知赤霉素和脱落酸对种子萌发起正调控和负调控的作用。油菜素甾醇通过与其他激素相互作用而促进种子萌发，其作用不依赖于赤霉素。实验证明油菜素甾醇能促进烟草、沙棘、紫穗槐、三叶草等种子的萌发。用油菜素内酯浸泡水稻种子可以提高种子活力、促进早出苗、促进有效分蘖。

（六）调控植物的光形态建成

缺乏油菜素甾醇的突变体，比如 *det*2 和 *cpd*，在光下表现出生长和发育的异常，包括矮化、顶端优势减弱。油菜素甾醇缺失的拟南芥突变体 *det*2 在黑暗中表现出去黄化的生长。所以油菜素甾醇参与了光形态建成的调控。

（七）提高胁迫条件下作物的产量

油菜素甾醇可提高植物对多种逆境胁迫（如干旱、冷害、热害、盐胁迫、病菌等）的抗性，提高胁迫条件下作物的产量。例如，油菜素内酯能够促进马铃薯块茎的生长，提高马铃薯对传染病的抗性。BL 浸泡水稻种子或幼苗期喷施都可以提高水稻抗寒性和产量。

六、 油菜素甾醇的作用机理及信号转导

油菜素甾醇可以改变大约 200 种基因的表达。油菜素甾醇在转录水平调控许多酶和蛋白质的表达，涉及到细胞壁松弛、细胞分裂、糖类代谢、乙烯合成等。油菜素甾醇也能提高转录后 mRNA 的稳定性，还能调控蛋白质翻译后的修饰，例如，增加 ACC 合成酶的稳定性等。

油菜素甾醇的受体有两个，BRI1 和 BAK1，都是位于细胞膜的类受体蛋白激酶（图 7-26）。油菜素甾醇信号转导途径下游有负调控因子 BIN2，是一种丝氨酸/苏氨酸激酶。

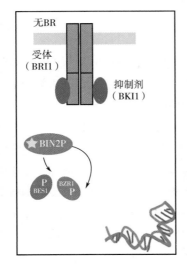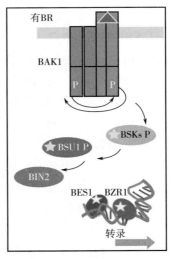

图 7-26　BR 信号转导简图

P 表示蛋白质磷酸化状态，五角星表示活化状态。

在无油菜素甾醇时，受体 BRI1 的同源二聚体与抑制蛋白 BKI1 结合，处于失活状态；BIN2 使下游的转录因子 BES1 和 BZR1 磷酸化失活，磷酸化的 BES1 和 BZR1 与 14-3-3 蛋白结合留在细胞质中，被蛋白酶体降解，因而不能与 DNA 结合调控基因表达。有油菜素甾醇时，油菜素甾醇与受体 BRI1 结合并诱导其磷酸化，促进 2 个受体形成 BRI1-BAK1 异源二聚体，它们相互磷酸化并激活，抑制剂 BKI1 解离，激活的受体复合体使激酶 BSK 磷酸化而激活，进而磷酸化细胞质中的磷酸酶 BSU1 使其激活，然后 BSU1 使激酶 BIN2 去磷酸化失活而被蛋白酶体降解，因此下游转录因子 BES1 和 BZR1 脱磷酸化而活化，与细胞核中 DNA 结合调控基因表达，发挥油菜素甾醇的生理反应。

第七节　其他生长物质和生长抑制剂

一、　其他天然生长物质

除了上述六种植物激素以外，植物体内还含有其他天然生长物质，对植物生长发育起调节作用，主要包括多胺类、茉莉酸类、水杨酸类、多肽类和独脚金内酯等。

（一）多胺类

多胺（polyamine，PA）是一类有生理活性的脂肪族含氮碱，含多个胺基（图 7-27）。高等植物中多胺主要有 5 种：腐胺（putrescine，Put）、尸胺（cadaverine，Cad）、精胺（spermine，Spm）、亚精胺（spermidine，Spd）和鲱精胺（agmatine，Agm）。多胺广泛分布在高等植物中。不同器官多胺的含量也不同，一般来说，细胞分裂旺盛的地方，多胺含量较多。

$$H_2N \longrightarrow (CH_2)_4N \longrightarrow NH_2$$
腐胺

$$H_2N \longrightarrow (CH_2)_3 \longrightarrow NH \longrightarrow (CH_2)_4 \longrightarrow NH_2$$
亚精胺

$$H_2N \longrightarrow (CH_2)_3 \longrightarrow NH \longrightarrow (CH_2)_4 \longrightarrow NH \longrightarrow (CH_2)_3 \longrightarrow NH_2$$
精胺

图 7-27　三种主要多胺的结构示意图（武维华，2018）

鲱精胺和腐胺由精氨酸合成，尸胺由赖氨酸合成。S-腺苷甲硫氨酸（SAM）脱羧后将丙氨基转移给腐胺可以进一步形成亚精胺和精胺。而 SAM 也是乙烯合成的中间物质，因此多胺和乙烯的生物合成会相互竞争 SAM。

多胺的生理功能是多方面的，主要如下。

（1）多胺能够加快 DNA 转录和蛋白质合成，因此可以促进生长，例如在休眠的菊芋培养基中加入 10~100μmol 的多胺，休眠的块茎细胞就开始分裂生长。

（2）影响与光敏色素有关的生长和形态建成：光照影响光敏色素，然后光敏色素影响精氨酸脱羧酶活性及多胺的生物合成，最后影响生长和形态建成，如红光可使黄化豌豆幼苗芽的精胺、鲱精胺水平提高，芽张开。

(3) 许多实验证明多胺可延迟黑暗中的燕麦、豌豆等叶片和花的衰老，因为它能阻止叶绿素破坏，保护叶绿体类囊体膜的完整性，衰老延迟；精胺和亚精胺与乙烯有共同前体 SAM，它们之间相互竞争，所以多胺可以抑制乙烯生成、延缓衰老。

(4) 植物在干旱、渗透胁迫、缺钾、缺镁时，都积累腐胺，可能与细胞对逆境的反应或适应有关。此外，施用生长素、赤霉素和细胞分裂素可促进多胺合成。多胺在农业中应用可促进苹果花芽分化、受精、增加座果率。

（二）茉莉酸及其衍生物

茉莉酸类（jasmonate，JAs）是广泛存在于植物体内的一类化合物，已经发现有 30 多种，茉莉酸（jasmonic acid，JA）和茉莉酸甲酯（methyl jasmonate，MeJA）是代表性化合物（图 7-28）。JA 的化学名称是 3-氧-2-(2′-戊烯基)-环戊烯乙酸。植物体内茉莉酸类由 α-亚麻酸合成而来。茉莉酸类分布在植物体各部位，通常在植物的茎顶端、嫩叶、未成熟果实、根尖等处含量较高，生殖器官比营养器官含量高。常见在植物的韧皮部中运输，也可以在木质部和细胞间隙运输。

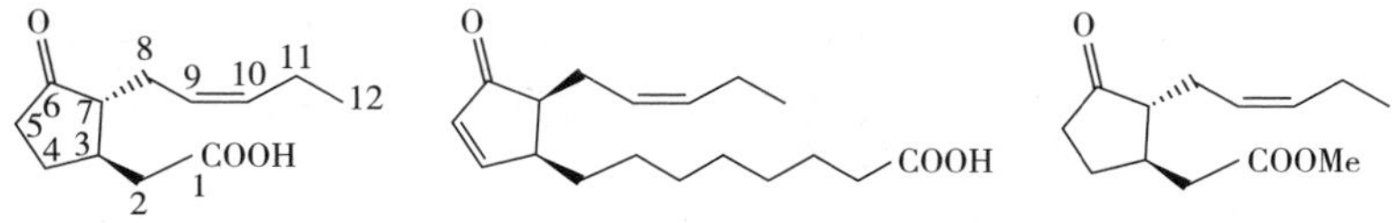

茉莉酸　　12-氧-植物二烯酸　　茉莉酸甲酯

图 7-28　茉莉酸及其类似物的分子结构

茉莉酸类作为一种植物生长抑制剂，具有多种生理活性，如促进叶片衰老、脱落，促进气孔关闭，促进乙烯合成等；抑制种子萌发、营养生长、叶绿素形成及光合作用等；茉莉酸类也可以提高植物抗逆性，增强对病虫害及机械损伤的防卫能力，可能是通过提高植物次生代谢产物的含量而发挥生理作用的。

（三）水杨酸

乙酰水杨酸（阿司匹林）对人具有药理活性，在生物体内快速转化为水杨酸（salicylic acid，SA）。20 世纪 60 年代后，人们逐渐发现水杨酸对于植物来说具有重要的生理作用。水杨酸是一类简单的酚类化合物，化学名称为邻羟基苯甲酸（图 7-29）。

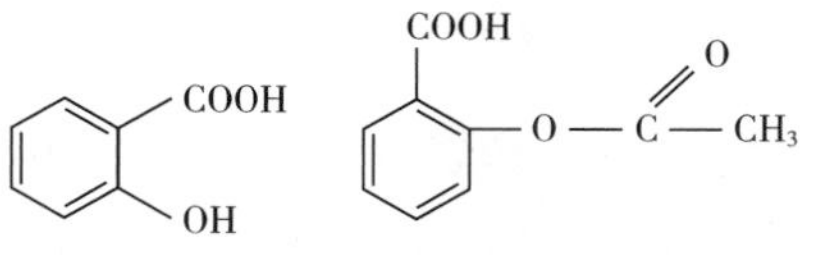

水杨酸（邻羟基苯甲酸）　　乙酰水杨酸

图 7-29　水杨酸和乙酰水杨酸的分子结构

植物体中有两条水杨酸合成途径：异分支酸合成酶途径（Isochorismate Synthase，ICS）和苯丙氨酸解氨酶途径（Phenylalanine Ammonia-Lyase，PAL）。拟南芥中，病原菌诱导的水杨酸生物合成大约 10% 是通过苯丙氨酸解氨酶途径合成的，而 90% 是通过异分支酸合成酶途径合成的。通常认为在质体中 4-磷酸赤藓糖和磷酸烯醇式丙酮酸通过莽草酸途径合成莽草酸后，可以形成分支酸（CA）和苯丙氨酸。在异分支酸合成酶途径中，异分支酸合酶（ICS1）催化分支酸生成异分支酸（isochorismate，ISC），然后 EDS5 蛋白把异分支酸从质体转运到细胞质，在一种氨基转移酶 PBS3 催化下，异分支酸和谷氨酸生成异分支酸-谷氨酸加合物（ICS-9-Glu），它很不稳定，可自发分解生成水杨酸。PBS3 是植物水杨酸生物合成途径中的关键酶。而在苯丙氨酸解氨酶途径中，苯丙氨酸经苯丙氨酸解氨酶催化脱去氨基形成反式肉桂酸，经 β 氧化产生苯甲酸，进一步邻羟基化形成水杨酸。水杨酸在植物体内可以游离形式和糖基化、甲基化等结合形式存在，结合形式大多没有生物活性。

水杨酸具有多种生理作用，主要如下。

（1）水杨酸在植物抗病过程中发挥重要作用，一些抗病植物受病原菌侵染后，会诱发水杨酸的形成，进一步诱导病程相关蛋白合成，抵抗病原菌，提高抗病能力，外施水杨酸给烟草，可以增强烟草对花叶病毒的抗性。

（2）在佛焰花序开始产热之前，内源水杨酸浓度大幅度增加，诱导抗氰呼吸，导致剧烈放热。

（3）用阿司匹林处理切花，能够延缓花瓣的衰老，因为阿司匹林可以转化形成水杨酸，水杨酸抑制 ACC 形成乙烯。

（4）水杨酸在植物抗旱、耐盐、种子萌发等生理反应中作为重要信号分子发挥作用。

（四）植物多肽激素

近年发现多肽类物质作为植物体内的信号分子，在调节植物生长、发育、生殖、逆境响应等过程中扮演着重要的作用，称为植物多肽激素（plant polypeptide hormone）已发现有 1200 多种。目前认可的植物多肽激素包括系统素（systemin，SYS）、植物硫肽激素（Phytosulfokine，PSK）、SCR/SP11 和 CLV3。

1991 年人们首次从遭受昆虫攻击的番茄叶片中发现第一个植物多肽类活性物质，由 18 个氨基酸组成，作为系统性防御反应的信号分子，使遭到攻击的叶片及附近产生蛋白酶抑制剂，能够提高植物抗虫性，起天然防虫的作用，命名为系统素。植硫肽是从石刁柏细胞培养液中分离出的由 5 个氨基酸组成的含硫小肽，能促进细胞分裂和增殖。SCR/SP11 是油菜绒毡层产生的富含半胱氨酸的胞外多肽，分泌到花粉粒周围，含 74~77 个氨基酸。由它引发油菜的自交不亲和反应。CLV3 是在拟南芥突变体中发现的 12~14 个氨基酸的多肽，在维持茎分生组织干细胞分裂与分化平衡中发挥着作用。植物多肽类激素可以激活通路下游基因或启动相关信号转导的过程，从而对植物发挥作用。

（五）独脚金内酯

独脚金内酯（strigolactone，SL）是一类小分子倍半萜类化合物，分子骨架含 4 个环，由一个三环的内酯与一个环甲基丁烯羟酸内酯通过烯醇醚键连接而成（图 7-30），其中 C、D 环保守性强，是独脚金内酯活性的重要组成部分；A、B 环饱和程度或侧链会因独脚金内酯的不同而变化。

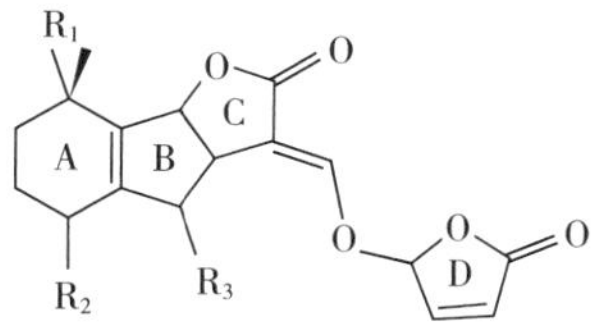

最早发现的独脚金内酯类化合物是从棉花根分泌物中分离到的独脚金醇，后来发现独脚金内酯广

图 7-30 独脚金内酯的结构示意图
（武维华，2018）

泛存在于植物中，包括被子植物、裸子植物、蕨类及苔藓，2008 年被鉴定为一种可移动的新型植物激素。独脚金内酯主要在植物的根部产生，类胡萝卜素是其生物合成前体：在质体中反式-β-胡萝卜素受异构酶 D27 催化形成 9-顺式-β-胡萝卜素，经类胡萝卜素裂解双加氧酶 CCD7 和 CCD8 催化裂解为己内酯；然后转运到细胞质经细胞色素 P450 单加氧酶氧化为 5-脱氧独脚金醇，它可以转化为其他不同种类的独脚金内酯（图 7-31）。

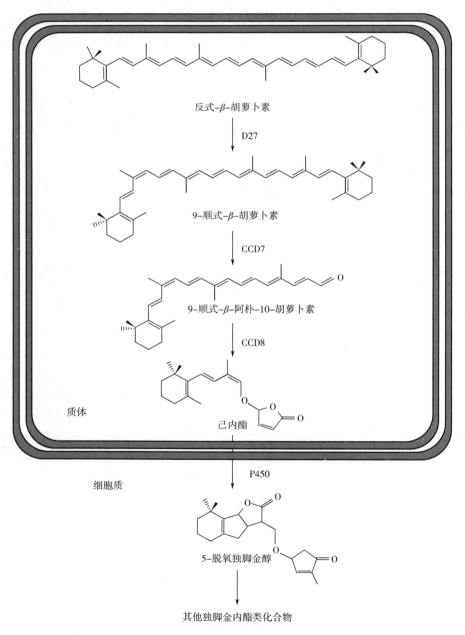

图 7-31　独脚金内酯合成途径示意图（Taiz 等，2015）

独脚金内酯可诱导寄生植物种子萌发，抑制植物分枝生长、刺激形成层的活性和次生生长，抑制侧根生成、促进根毛生长等作用。独脚金内酯可以与生长素、细胞分裂素等相互协调控制植物分枝和株形；也可以单独施用，用来抑制粮食作物的无效分枝。

（六）玉米赤霉烯酮

玉米赤霉烯酮（zearalenone，ZL）是由多种镰刀菌产生的广泛存在于玉米、小麦等多种谷物中的真菌毒素，具有类雌激素作用，是一种二羟基苯甲酸内酯类化合物，我国科学家李季伦、孟繁静首先确定它在高等植物中普遍存在，通常生殖器官含量较高。玉米赤霉烯酮在植物开花的时候含量达到峰值，可以促进植株抽穗和花芽的发育等；并且用玉米赤霉烯酮浸种可以提高玉米幼苗的抗旱和抗寒能力。但是它的类雌激素作用对动物有影响，当大量摄入时会引起急慢性毒性，因此应避免将花期前后的植物直接大量饲喂动物。

二、 人工合成的生长抑制剂

生长抑制物质是指对植物营养生长有抑制作用的化合物。生长抑制物质可分为天然生长抑制剂和人工合成的生长抑制剂两大类。天然生长抑制剂有脱落酸、肉桂酸、香豆素、水杨酸、绿豆酸、咖啡酸、茉莉酸等。人工合成的生长抑制剂有三碘苯甲酸（TIBA）、马来酰肼（也称青鲜素、MH）、整形素等。其中三碘苯甲酸和整形素都是抗生长素的抑制剂，常用于促进植株矮化增加分枝。而马来酰肼被认为可致癌和使动物染色体畸变，不宜多用。

人工合成的生长延缓剂能抑制赤霉素的生物合成，所以是抗赤霉素的化合物；外施赤霉素可以逆转（解除）抑制效应。例如，矮壮素（CCC）、福斯方－D、AMO－1618、多效唑（PP_{333}）、烯效唑又称优康唑或高效唑（S-3307）、缩节胺又称助壮素（Pix）、比久（B_9）等（图7-32），生产中常用来抑制细胞伸长、缩短节间、防止徒长等。

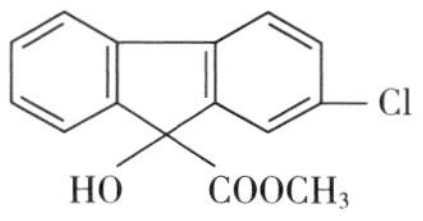

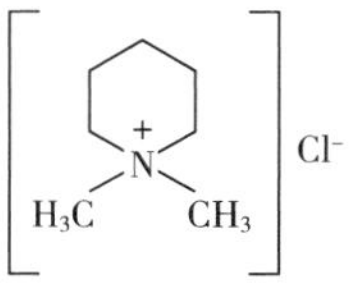

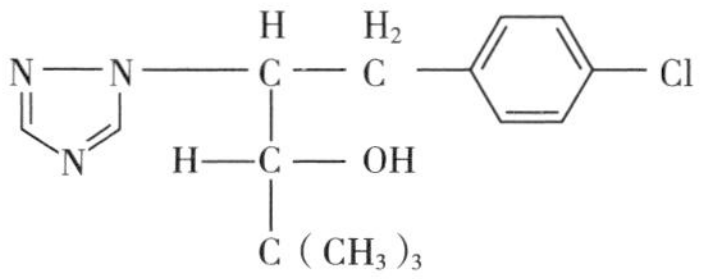

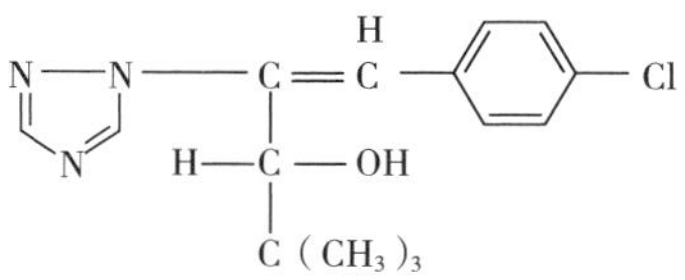

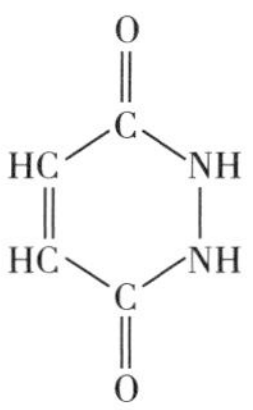

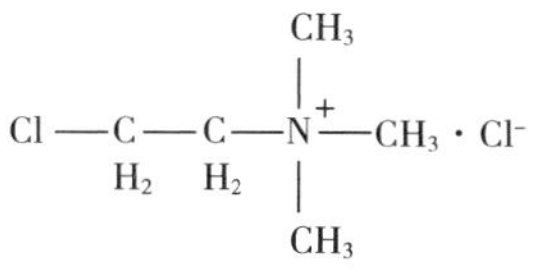

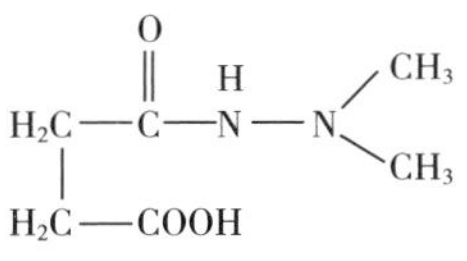

图 7-32 植物生长抑制剂和生长延缓剂的化学结构

三、　植物激素间的相互关系

植物的生长发育受多种生长物质的调节，其效果往往不是单一物质而是几种物质相互作用的结果。植物激素之间既有相互促进或增效的作用，也有相互拮抗或抵消的作用。所以了解激素间的相互关系对于合理使用生长调节剂是很重要的。

植物激素间存在各种相互作用。

（1）相互增效　如油菜素甾醇或赤霉酸与 IAA 对节间伸长的促进；油菜素甾醇或赤霉素促进种子萌发都是相互增效的作用。

（2）促进作用　高浓度 IAA 促进乙烯的生物合成。

（3）配合作用　植物细胞和组织培养时，培养基中必须有适当比例的生长素和细胞分裂素配合使用才能既长根又长芽，成为完整植株。

（4）拮抗作用　IAA 抑制侧芽生长，保持顶端优势；细胞分裂素促进侧芽生长，破坏顶端优势。赤霉素打破休眠，促进萌发；脱落酸促进休眠，抑制萌发等。

目前，人们更加重视各激素之间的比例，认为各种激素间的比例变化和平衡调节着植物的全部生长发育过程。

所以，虽然我们用一种激素处理植物可以诱导某种生理现象的产生，但是除非我们能完全抑制植物体内既存的该激素以及其他激素的合成，或完全阻断其他激素的作用，否则我们很难判断该激素与发生的生理效应之间就一定存在着直接的和必然的联系。

内容小结

植物生长物质分为植物激素和植物生长调节剂。植物激素共有6类：生长素类、赤霉素类、细胞分裂素类、乙烯、脱落酸和油菜素甾醇。

生长素类中的 IAA 是发现最早的植物激素，分布广泛。IAA 的运输有极性运输和非极性运输两种方式，其合成分为色氨酸依赖型途径和非色氨酸依赖型途径。IAA 的生理作用主要是促进细胞伸长和分裂、促进插条生根、维持顶端优势、影响器官脱落和花的性别分化等。应用生长素类物质要注意植物种类、器官、年龄及浓度等。赤霉素类是萜类化合物，生物合成分三阶段在质体、内质网和细胞质完成，可以形成很多种赤霉素。其主要功能是促进细胞伸长、诱导种子萌发时水解酶的形成、打破休眠等。细胞分裂素类是腺嘌呤的衍生物，主要生理功能是促进细胞分裂和细胞横向扩大、诱导芽分化、抑制衰老、拮抗顶端优势。植物体内脱落酸由甲瓦龙酸经类胡萝卜素途径合成，主要生理功能是促进休眠和衰老、促进气孔关闭、提高抗逆性，促进种子成熟。乙烯是成熟激素和应急激素，也促进衰老和脱落，引起偏上性生长，促进次生物质排出和调节花器官性别分化。植物体内乙烯通过甲硫氨酸循环合成，通过其直接前体 ACC 进行运输。油菜素甾醇类可以促进细胞分裂和伸长、促进木质部导管分化及影响花粉发育。

此外，植物体内还有其他天然生长物质，如多胺、茉莉酸、水杨酸、独脚金内酯、多肽等。人工合成的植物生长调节剂已在农业生产中广泛应用。

植物体内的激素主要通过合成、运输、结合、降解、区域化实现其含量的调节，各激素间的平衡和相互作用，共同调控植物体的生长发育。

课程思政案例

1. 达尔文为什么会进行植物向光性的研究？请查阅资料了解相关历史，借此理解科学发现来源于生活实践的道理。

2. 曾有美国的某公司试图开发扩展蛋白用于将作物秸秆降解以制造生物燃料乙醇。请分析其原理是否可行及可能遇到的困难。

3. 2021 年四川农业大学水稻研究所李仕贵课题组与中国科技大学向成斌课题组合作研究表明，水稻颖果中多数脱落酸来源于叶片，MATE 转运蛋白 DG1 蛋白调控脱落酸长距离运输进而调节颖果中一系列淀粉合成关键基因表达量。dg1 突变体在高温下具有更强的灌浆结实表现，表明脱落酸长距离运输响应温度，从而为分子设计育种解决高温下水稻灌浆充实保障稻米产量和品质提供了新思路。

4. 2022 年 8 月浙江大学和中国科学技术大学分别在 *Nature* 发表论文，阐明了生长素转运蛋白 PIN 介导生长素极性运输的分子机制：PIN 蛋白以二聚体形式存在，当 PIN 处于内向开放状态时，细胞内的 IAA 结合在内向开放口袋中，引起 PIN 二聚体由内向开放态转换为外向开放态，IAA 被释放到胞外。除草剂 NPA 作为竞争性抑制剂，直接占据了 PIN 中生长素的结合位点，阻碍了 IAA 的结合，同时抑制 PIN 的构象变化，起到抑制生长素极性运输的作用。这项工作不仅阐明了人们长久以来期待的 PIN 介导生长素转运的分子机制，而且有助于进行作物改良，指导新型 PIN 抑制剂的开发。这些抑制剂既可作为生长素极性运输机理研究的工具，也可作为农业除草剂，具有广泛的应用前景。

第八章

植物的生长生理

植物的生长是植物体内各生理代谢活动协调进行的综合表现。植物的生长直接关系着作物的产量和品质，因此了解植物的生长规律及其与外界条件的关系，从而调节和控制植物的生长过程，在农林生产上有重要的意义。

第一节 生长、分化和发育的概念

每个生物体都要经历从发生到死亡的过程，即一个生命周期（life cycle）。种子植物的生命周期要经历胚胎形成、种子萌发、幼苗生长、营养器官形成、生殖器官形成、开花结实、衰老和死亡等阶段。习惯上把生命周期中个体和器官的形态结构形成过程称为形态建成（morphogenesis）。植物的形态建成是植物生长、分化和发育的结果。

一、生长、分化和发育的概念及关系

生长（growth）是指细胞、组织、器官或植物体在发育过程中由于细胞分裂和细胞扩大所引起的体积和质量的不可逆增加，主要是量的变化。分化（differentiation）是指来自同一合子或遗传上同质的细胞转变为形态、机能和化学结构异质的细胞，是质变的过程。分化可以在细胞水平、组织水平和器官水平上表现出来：如叶片的表皮细胞转变为气孔保卫细胞是细胞分化；从形成层转变为输导组织、机械组织等是组织分化；从生长点转变为花原基和叶原基进而转变为花和叶是器官分化。正是这些不同水平上的分化，使植物的各个部分具有不同的形态结构与生理功能。植物的发育（development）包括生长和分化两个方面，是指植物体在形态、结构和功能上由简单到复杂的有序质变过程。如从叶原基的分化到长成一片成熟叶片的过程是叶的发育。

纵观生长、分化、发育三者的关系，生长是量变，是基础；分化是质变；发育则是有序的量变与质变的融合。植物的生长和分化是同时进行的，生长、分化和发育之间关系密切，有时交叉或重叠在一起。如在茎的分生组织转变为花原基的发育过程中，既有细胞的分化，也有细胞的生长。因此在植物的生活周期中，生长和发育紧密联系，共处于一个植物体中相伴发生，

在生长的量变过程中伴随着质变，在发育的质变过程中也需要生长的量变作为基础。

从分子生物学的观点来看，植物的生长、分化和发育的本质是基因按照特定的程序表达引起植物生理生化活动和形态结构的变化，在时间和空间上都有严格的调控。

以上是关于植物生长和发育的广义定义。而狭义的生长是指营养生长，即植物营养体增大的过程；发育则是指生殖生长（reproductive growth），即花器官的形成以及种子的发育成熟等。

本章主要介绍营养生长（vegetative growth），包括根、茎、叶等营养器官的生长，这与农林生产息息相关。以营养器官为收获物时，营养器官的生长直接影响产量；若以生殖器官为收获物，生殖器官的形成和发育所需要的养料，绝大部分由营养器官供应，因而营养器官的大小直接关系到生殖器官的大小，从而影响其产量和品质。故研究和了解植物的营养生长有着十分重要的意义。

二、 植物生长的特点

种子是由植物受精卵经过胚胎阶段发育形成的新个体，是种子植物的繁殖器官。一粒种子在适宜的温度、水分、空气条件下，开始萌发，长出根、茎、叶等器官，称为生长，其体积、质量都不可逆的增加。

植物的生长和动物的生长有本质的区别，在种子植物和脊椎动物间这种差别很明显。脊椎动物在出生后已具备了成年动物的一切主要器官，生长只不过是各部分体积的同时增大；而种子植物在萌发以后，除了通过细胞分裂增加细胞数目、细胞伸长增加细胞体积等量的增加外，生长过程中形态上也会发生有规律的变化，因为细胞分化不断有新器官的产生。对于植物来说，生长和分化是辩证统一、相辅相成的关系。植物的生长分化完全依赖于植物体内各种分生组织的活动构建而成，这也是植物生长分化区别于动物生长发育的一个显著特点。动物的生长迟早会达到一定的限度；而植物由于茎尖和根尖的分生组织始终保持分裂能力，茎和根中又有形成层，所以可不断地生长（加长和加粗），百年或千年老树上，还长出仅数月或数天的幼嫩枝叶。

高等植物有单次结实和多次结实之分。单次结实性植物只开花一次，随后衰老死亡，比如小麦是一年生单次结实，竹子是多年生单次结实。多次结实性植物开花结实后再进入营养生长，然后再开花结实，这样循环重复多次后衰老死亡，如多年生木本植物。

三、 植物生长的度量

植物生长是一种不可逆的过程，表现为植物的体积、质量、细胞数目的增加，因此可以用体积、鲜重、干重或细胞数目来度量植物的生长。

生长量指植物生长随时间延长累积的数量，可用株高、面积、直径、质量、数目（如叶片数）等来表示。

生长速率表示植物生长的快慢，一般有两种表示方法。绝对生长速率（AGR）是指单位时间内植物生长的绝对增加量。如果以 t_1、t_2 分别表示最初和最终两次测定时间，以 m_1、m_2 分别表示最初和最终两次测得的质量，则 AGR $= (m_2-m_1)/(t_2-t_1)$。

相对生长速率（RGR）是指单位时间内植物生长增加量占原来生长量的相对比例（通常以百分率表示），则 RGR $=(m_2-m_1)/m_1$。

以植物生长量为纵坐标，以时间为横坐标作图得到的曲线称为生长曲线。以玉米为例，若以玉米的株高对时间作图得到的玉米生长曲线呈 S 形，这表示的就是生长量的变化。若以生长速率对时间作图得到的生长速率曲线是抛物线形（图8-1）。由两幅图都可以看出玉米生长在中期最快。

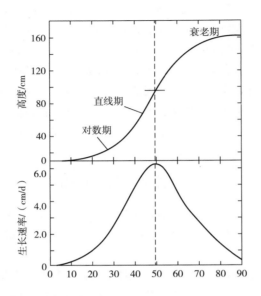

图 8-1　玉米的生长曲线及生长速率曲线（文涛，2018）

第二节　细胞的生长分化

　　细胞是植物体结构和功能的基本单位，植物的生长是以细胞的生长为基础，要形成各种器官，则需依赖于细胞的分化，最后才能发育成植株。细胞的生长包括细胞分裂（cell division）增加细胞数目和细胞扩展（cell expansion）增大细胞体积两个方面；当细胞停止扩大体积时，细胞壁和细胞质随即发生显著变化，分化（differentiation）出一定组织所特有的结构特征。因此，一般把细胞的生长分化分为三个时期：细胞分裂期、细胞扩展期、细胞分化期。细胞发育的三个时期是连续的过程，不能截然分开。

一、　细胞分裂期

　　细胞生成后还能进行分裂的，一般只限于高等植物分生组织中的细胞，如顶端分生组织（根尖，茎尖）、居间分生组织（位于单子叶植物节间的基部）、侧面分生组织（位于茎周围的形成层）。这些细胞的形态特点是体积小，近于圆形，细胞壁很薄，细胞质浓，质体小，细胞核大，没有液泡。

（一）细胞周期

　　分生组织中一个细胞分裂成两个子细胞的时间，称为细胞周期（cell cycle）或细胞分裂周期。细胞周期包括分裂间期（interphase）和分裂期（mitotic stage，简称 M 期）。分裂间期又可

进一步分为 G_1 期、S 期和 G_2 期。因此可将细胞周期划分为四个时期：G_1 期即 DNA 合成前期，主要是合成 RNA 和蛋白质及糖类、脂质等，为 S 期做准备，细胞体积显著扩大；S 期即 DNA 和组蛋白等合成时期，进行 DNA 复制使其含量增加一倍；G_2 期即 DNA 合成后期，继续进行 RNA 和蛋白质合成，为 M 期做好准备；M 期是细胞进行有丝分裂的过程，根据形态指标又可分为前期、中期、后期、末期等；随后还有细胞质分裂。

在胞质分裂过程中，如果两个子细胞得到均等的细胞质成分，从而具有相同的命运，称为增殖分裂（proliferation division）。反之，如果两个子细胞没有得到均等的细胞质成分，这种细胞分裂称为不对称分裂（asymmertric division），两个子细胞具有不同的发育命运。

在分生组织中，细胞分裂可以持续进行，也可以停止分裂，进行细胞的扩大生长和细胞分化。植物细胞在有丝分裂完成后脱离细胞周期进入生长分化，其核内的染色质为二倍体；但有时细胞在有丝分裂进行前、S 期完成后脱离细胞周期进入生长分化，则核内的染色质为四倍体或更多，即所谓的多倍体。这就是内复制（endoreduplication）现象，即 DNA 复制后不进行有丝分裂，这样就容易形成多倍体细胞，植物细胞会有此现象，动物细胞没有这种现象。因为哺乳动物细胞中 DNA 复制和有丝分裂是相互关联的——细胞分裂周期一旦开始，就不会中断，直到有丝分裂所有的时期都完成。

已经分化的细胞在特定情况下可以恢复分裂的能力，重新进行细胞分裂，即脱分化（dedifferentiation）。动物细胞很少发生脱分化，而植物细胞常具有脱分化的能力。

（二）细胞分裂的代谢特点

从生理生化特点看，处于分裂期的细胞呼吸作用和合成代谢旺盛，特别是合成蛋白质的能力很强（这样的细胞称为胚胎状细胞或分生细胞）。分阶段来看的话，分裂间期的代谢比分裂期更为活跃。在分裂间期，物质合成作用旺盛，蛋白质、RNA、DNA 都在此期间合成，原生质的各种成分成倍地增多，细胞的体积相应地加大，细胞核的体积也不断增大。DNA 是染色体的主要成分，因此 DNA 含量的变化尤其值得注意。洋葱根尖分生组织中的 DNA，在分裂间期的初期，每个细胞核的 DNA 含量还较少；只有当达到分裂间期的中期（S 期），也就是当细胞核体积增大到最大体积的一半时，DNA 的含量才急剧增加，并维持在最高水平，然后才开始进行有丝分裂；到细胞分裂的中期以后，因为细胞核分裂为两个子细胞核，所以每个细胞核的 DNA 含量大大下降，一直到末期。以菊芋愈伤组织为材料的试验证明，RNA 和蛋白质的含量，在 G_1 期就开始增多，S 期显著上升，G_2 期后期再次增多。也就是说，在整个分裂间期，都有蛋白质、RNA 的合成。

各种物质合成需要能量的供应，而能量供应主要靠呼吸作用，因此根尖分生组织比成熟组织有较高的呼吸速率。呼吸速率在细胞周期中，亦会发生变化：分裂期对 O_2 的需求很低，而 G_1 期和 G_2 期后期 O_2 吸收量都很高。

（三）影响细胞分裂的因素

细胞周期过程主要由细胞周期蛋白（cyclin，也称为周期素，简称 CYC）和周期蛋白依赖性蛋白激酶（cyclin-dependent kinase，CDK）形成的复合物 CDK-cyclin 驱动。细胞周期蛋白的合成与降解、CDK 的磷酸化和去磷酸化及 CDK 的抑制蛋白（inhibitor of CDK，简称 ICK）都能调节细胞周期。CYC 和 CDK 都是大家族，有多种类型；根据基因信息，在模式植物拟南芥中有近 50 个 CYC（分为 A、B、C、D、H 等 10 个组）和 29 个 CDK（分为 A~F 等 8 个组）。根据它们在细胞周期中的表达时间和功能又分为 G_1 期周期素、G_1/S 期周期素、S 期周期素及 M 期周期素。周期素 D 和 A 型 CDK 参与 G_1 期到 S 期的转变；周期素 A 和 A 型 CDK 参与 S 期到 G_2 期的转变；周期素 B 和 D 与 B 型 CDK 参与 G_2 期到 M 期的转变。通常 G_1/S 转换点和 G_2/M 转换点是关键调控位点。CYC 含量增加可以使细胞周期缩短，单位时间内分裂的次数增多，产生的细胞数目增加；其中 D 型 CYC 受到多种植物激素的共同调控，如生长素、细胞分裂素和油菜素内酯。

植物激素与细胞分裂有密切关系。在六大类激素中，生长素、赤霉素、细胞分裂素、油菜素甾醇都可以促进细胞分裂。细胞分裂素主要通过增强 D_3 型周期素的功能促进细胞分裂，调控 G_1/S 期和 G_2/M 期的转换，也调节 S 期的进行，是有丝分裂必须的，它还调节细胞质分裂。植物内源性细胞分裂素水平在细胞周期中波动，并在 G_2/M 期达到峰值。生长素可直接或间接地上调周期素 A 和 D 的表达量，也会对 CDK 活性产生影响，促进 G_1/S 和 G_2/M 转换。所以生长素和细胞分裂素共同调控 G_1/S 期和 G_2/M 期过程而参与细胞周期。赤霉素通过调节 G_2/M 期一些 *CDK* 基因的表达促进细胞分裂。油菜素甾醇诱导周期素 *D* 基因的表达，促进细胞分裂。而脱落酸通过诱导 *ICK* 基因的表达，导致 A 类 CDK 激酶活性下降，进而抑制细胞分裂。如根尖的分生组织细胞分裂旺盛；然而靠近根冠的静止中心细胞分裂率很低，很可能受根冠产生的脱落酸的影响。乙烯处理可以导致处于 G_2/M 期转换过程中的悬浮细胞死亡。

其他有机物质对细胞分裂也有影响，例如多胺促进 G_1 期后期 DNA 合成和细胞分裂。维生素对细胞分裂也有影响：例如，植物的叶子可以制造维生素 B_1（硫胺素），但根不能合成维生素 B_1；当用离体的番茄根进行组织培养时，若培养基中缺少维生素 B_1，虽然其他养分都不缺，但根尖细胞分裂仍受抑制，这说明维生素 B_1 和细胞分裂有关。现已证明维生素 B_6（吡哆醇）和烟酸也有同样作用。蔗糖可诱导周期素 B 和 D 以及 B 型 CDK 的表达，促进 G_2/M 转换，调控细胞分裂。NO 促进周期素 D_3 的表达并抑制 ICK_2 基因表达而参与侧根发生过程中细胞周期的调控。

细胞周期是一个与代谢有关的过程，所以温度高低影响细胞周期各个时期和整体变化所需的时间。温度越高，所需时间越短，即细胞分裂越快。

二、 细胞扩展期

在根和茎顶端的分生组织中，由生长点分裂出来的细胞，只有它顶端的少数一些细胞永远保持强烈的细胞分裂的机能，而它形态学下端的大部分细胞会停止分裂，逐渐过渡到细胞扩展（或扩张）阶段，细胞体积扩大。植物细胞的体积扩大主要依赖于细胞的延长，因此也称为细胞伸长或延伸（cell elongation）期。当细胞长大到一定程度后，体积增加逐渐缓慢，最终停止。植物根和茎的伸长主要靠细胞的延伸生长。

（一） 细胞扩展生长的方式

细胞扩展生长的方式有两种：扩散生长和顶端生长（图 8-2）。扩散生长（diffuse growth）是指细胞表面各部分都伸长；顶端生长（tip growth）是指细胞伸长被限定在细胞一端的半圆顶上。最典型的顶端生长是根毛和花粉管，植物体内其他细胞大多是扩散生长。

（二） 细胞壁与细胞伸长

植物细胞的质膜外有一层坚韧的细胞壁，这是植物细胞与动物细胞的主要区别之一。细胞壁是限制细胞扩展的主要机械束缚，它具有保护细胞、决定细胞形状和体积，以及调控细胞生长、传递信号等作用。细胞壁是多种多聚糖通过共价键和非共价键形成的网状结构，如纤维素、

图 8-2　细胞扩展生长的方式（宋纯鹏等，2015）

（1）顶端生长：如果给细胞表面做上标记，细胞生长时越靠近细胞顶端的标记点拉得越远；

（2）扩散生长：如果给细胞表面做上标记，细胞生长时所有标记点之间的距离都增加。

半纤维素、果胶，另外还有木质素、蛋白质、酶、酚类、钙等。在成熟植物细胞中由质膜向外依次为次生壁、初生壁和中胶层三层结构。初生壁（primary wall）薄而简单，主要含纤维素、半纤维素和果胶及少量结构蛋白，在细胞质分裂及细胞扩展过程中形成；半纤维素将不同的纤维素微纤丝交联起来，形成相互粘连的网状结构，亲水性的果胶填充于网状结构中。中胶层（middle lamella）很薄，在初生壁外面，富含果胶，还有些结构蛋白和钙，在细胞分裂过程中细胞板形成时就开始形成，对细胞起黏连作用。次生壁（secondary wall）是当细胞停止生长后形成的，在质膜和初生壁之间。细胞分化阶段次生壁的结构和组成高度特化，如支持和输导组织细胞中的厚壁细胞、纤维细胞、导管等。次生壁纤维素含量非常高，常含有木质素，果胶非常少；木质素使得次生壁更坚固并具有排水作用。幼嫩的细胞只有初生壁。

活的植物组织中，初生壁含有大量水分。作为水化的聚合物，细胞壁的物理性质介于固体和液体之间，既有坚固性也有弹性。正在生长的细胞，细胞壁的硬度通常比成熟细胞小，在适当条件下可以长期不可逆地拉伸。细胞生长的动力源于细胞具有的膨压。典型的正在生长的细胞膨压为 0.3～1.0MPa，膨压挤压细胞壁，并在细胞壁中产生一个抗衡的物理张力，压强为 10～100MPa，为应对这种压力，植物细胞选择性地松弛壁多聚物之间的连接，这既增加了细胞壁的表面积又减少了壁的物理压力。这个过程称为细胞壁的应力松弛（stress relaxation），它减小了细胞膨压和水势，使细胞吸水膨胀。扩张蛋白在细胞壁的松弛扩展中起重要作用。细胞伸展过程中，原来的细胞壁松弛扩展，同时新的壁物质不断合成并分泌，填充、沉积、组装到正在伸展的细胞壁中，保持细胞壁的厚度。细胞壁物质分泌到细胞外之后，自发地按照一定的规律排列和相互连接，形成有序结构，这个过程称为自装配（self-assembly）；另外，木葡聚糖内糖基转移酶也参与细胞壁的组装。纤维素微纤丝沉积、排列的方向决定了细胞伸展的方向：随机排列的纤维素微纤丝使得细胞扩展为圆球体，而横向排列的纤维素微纤丝使得细胞扩展为长方体（图 8-3）。植物细胞的形状是长方体。

（三）伸长期的特点

植物细胞扩展期的最大特点是细胞延长，体积大大增加，形成中央大液泡。细胞开始扩大时，原生质中出现许多小液泡，当这些分离的液泡吸水扩展时，逐渐融合成一个大的、位于细胞中央的大液泡，原生质位于液泡的外围成为一薄层，紧贴着细胞壁的内侧。伸长期细胞体积可增大 10～1000 倍。极端案例中，与最初的分生组织相比，细胞可扩大超过 10000 倍，例如木质部导管细胞。

研究发现，处于伸长期的细胞内，生长素含量增加，壁酸化，活化扩张蛋白使细胞壁松弛变软；细胞壁软化导致压力势下降所以水势下降，细胞便吸水膨胀、细胞伸长；同时，随着细

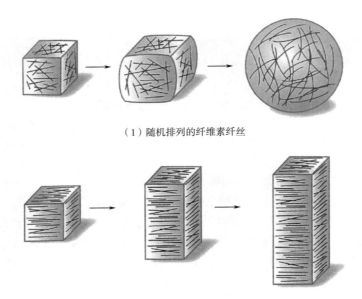

（1）随机排列的纤维素纤丝

（2）横向排列的纤维素纤丝

图 8-3　新聚积的纤维素微纤丝的方向决定细胞扩展的方向（宋纯鹏等，2015）

胞的伸长，细胞壁的各种成分，如果胶质、纤维素和半纤维素等的含量会剧烈增加，这就给细胞壁的生长提供了大量的填充物质。

在细胞吸水体积增大的同时，细胞的呼吸速率增加 2~6 倍，蛋白质合成最高增加 6 倍，另外细胞内的溶质如糖、矿质元素、有机酸等的绝对量也随着细胞体积扩大而增加，细胞的渗透势变化不大。所以细胞的伸长是以深刻的代谢变化为基础的，与细胞质和细胞壁增多有关。

（四）影响细胞伸长的因素

许多因素会影响细胞的扩展，细胞类型和年龄是重要的发育因子，生长素和赤霉素等激素也是如此。研究表明，除细胞分裂素外，其他五类植物激素都能影响细胞的延伸。生长素、赤霉素和油菜素甾醇可促进细胞伸长；乙烯和脱落酸则抑制细胞的伸长。

环境条件如光照和水分也能调节细胞的扩展。当植物细胞进行扩展生长时，体积扩大主要是由水分吸收引起的，因此细胞伸长期的主要条件是水分充足；水分不足会导致细胞伸长减慢。另外需要注意，细胞壁微纤丝间的交链断裂、细胞壁松弛，以及新蛋白和壁物质的合成都需要能量。因此，缺氧或呼吸抑制剂都可抑制细胞伸长。

三、　细胞分化期

在细胞伸长后期，细胞壁中的纤维素结构牢固地结合起来，细胞停止扩张进入分化期。分化（differentiation）是指相似的细胞呈现出不同形态结构和不同生理功能的过程。分化期的细胞在形态、结构与生理功能等方面发生明显变化，因而形成了执行不同功能的各种组织。如机械组织的细胞壁加厚；导管细胞壁沉积纤维素，原生质完全解体；表皮组织的细胞角质化或栓质化等。植物大约有 40 种不同的细胞类型。植物细胞通过生长和分化最终形成一定形态的过程，称为细胞形态建成（morphogenesis）。

（一）细胞分化的过程及代谢特点

一般情况下，细胞分化要经过四个过程：①诱导细胞分化的信号产生和感受；②分化细胞特征基因表达；③分化细胞结构和功能基因表达；④上述基因表达的产物导致分化细胞结构和功能的特化。如生长素是导管细胞分化的诱导信号。

细胞在分化期，体积不再增大，呼吸强度下降，合成作用减弱，代谢强度降低，原生质含量一般不再增加，但会产生次生细胞壁因而每个细胞干重继续增加。

关于细胞分化的机制，目前还不完全清楚。自然界的任何一株植物都是由一个受精卵（合子）发育而来的，因而所有细胞具有相同的基因组成。但是，这些细胞在基因表达的数量和种类上并非都相同，即某一植物在某一发育时期某些部位的细胞所包含的基因一部分表达，另一部分处于关闭状态；而在另一发育时期，可能原来关闭的基因得到表达，同时又有其他一些基因关闭，最终造成了细胞的异质化。所以，细胞分化是 DNA 链上基因在一定的时间和一定的空间选择性表达的结果。

（二）细胞分化与极性

大量研究表明细胞分化与极性有关。极性（polarity）是指植物细胞、组织或器官在形态学的两端存在着某种形态结构和生理生化上的差异。

极性是植物比较普遍的一种生物学特性。极性会造成细胞内物质分布不均匀，出现两极分化，使细胞发生不均等分裂现象（指细胞质的构造和物质）。例如，植物每个细胞都来自受精卵（合子），合子的第一次分裂是不均等分裂，形成茎细胞和顶端细胞就是极性现象。顶端细胞小而分裂能力强，将来形成胚；茎细胞大，分裂几次以后即停止，形成胚柄，最后解体。在形成胚的一团细胞中，也具有极性，在靠近胚柄的一端形成胚根，另一端形成子叶。这种极性，当胚长成植物体时，仍然保留着。极性可表现在植株整体、器官、组织、细胞等各个水平上。禾本科植物叶子表皮细胞不均等分裂为一大一小两个细胞，大的成为正常表皮细胞，而小的就是气孔母细胞，然后均等分裂成两个保卫细胞，形成气孔，这是细胞水平的极性。形成层向外分化为韧皮部，向内分化为木质部，这是组织水平的极性表现。植株整体表现为地上部分和地下部分不同的形态特征，这是植株个体水平的极性表现。极性一旦建立以后很难逆转。

极性的存在导致了植物器官的再生。植物的再生作用是指植物体分离了的部分具有恢复植物其余部分的能力。例如，柳树枝条的切段挂在潮湿的空气中，总是形态学上端长芽，下端长根；即使把柳枝倒挂，原来的极性依旧（图 8-4）。如果将蒲公英根的切段放置在不同方向，也总是靠近茎的一端长芽，靠近根的一端长根（图 8-5）。这是器官水平的极性表现。

再生作用的机制是由于受伤的组织产生了创伤激素 2-十二碳烯二酸，促进了伤口周围细胞脱分化进行细胞分裂和生长，形成愈伤组织。愈伤组织凭借内部的激素和营养在一定的环境条件下，再形成新的器官。人们根据再生作用可以进行扦插，无性繁殖植株。

器官水平极性产生的原因主要是生长素在茎中的极性运输使生长素集中在形态学下端，诱导生根，而生长素含量少的形态学上端则长芽。但无论何种水平的极性，其根源都在于构成它们的细胞的极性。有研究表明，各种物理和化学信号，如重力、压力、光照、激素等对细胞的不对称作用，引起细胞内信号分子（如 Ca^{2+} 浓度梯度、pH 梯度等）的极性分布，然后通过细胞骨架和囊泡运输来建立和维持细胞极性。细胞极性表现为原生质超微结构、核和细胞器分布不均匀，它是细胞不均等分裂的基础，而不均等分裂是分化的基础。所以不均等分裂又称为分化分裂，而均等分裂通过提供新的细胞负责维持植物体的生长，不会形成新的细胞类型及新的

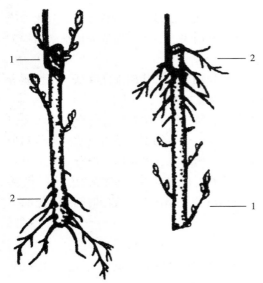

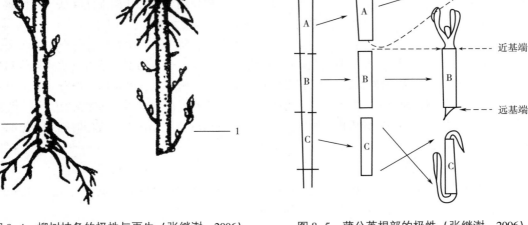

图 8-4 柳树枝条的极性与再生（张继澍，2006）
1—形态学上端 2—形态学下端

图 8-5 蒲公英根部的极性（张继澍，2006）

组织和器官，称为增殖分裂。植物细胞必须建立起极性，其分裂、伸长、分化，才能有序地进行。如果用化学物质或辐射消除细胞的极性以后，已经分化的组织就会重新出现无序生长状态，形成愈伤组织。当然，最终来说极性的表现还是与基因表达有关。高等生物的细胞在某一特定时间，其 DNA 只有 5%～10% 被利用。因此，分化是由特异的基因活动所引起的，是在特定的时间和特定的空间，通过基因的选择性转录而引起特异性蛋白质的合成，导致了不同的性状形成和形态建成。

极性在指导生产实践上有重要意义：进行扦插繁殖时，应注意将形态学下端插入土壤中，不能颠倒；在嫁接时，一般砧木和接穗要在同一个方向上相接才能成活。

（三）影响细胞分化的因素

细胞分化受许多环境条件的影响，光照、温度、营养、激素以及地球引力都会影响细胞分化。

木质部和韧皮部的分化与糖浓度有关。将丁香茎髓的愈伤组织进行组织培养，培养基中糖（蔗糖或葡萄糖）的浓度低时，形成木质部；而糖的浓度高时，形成韧皮部；糖的浓度在中等水平（2.5%～3.5%）时，木质部和韧皮部都形成，而且中间有形成层。

激素对细胞分化也有影响。生长素可诱导愈伤组织细胞分化出木质部。在组织培养条件下，在丁香髓愈伤组织中插入一小块丁香的茎尖，在接触点之下的愈伤组织里就分化出分散成行的木质部管胞；如果不插入茎尖，而加入生长素和椰子乳提取液的混合物，也同样可以得到一些木质部分化；而赤霉素促进韧皮部分化。愈伤组织根和芽的分化与生长素和细胞分裂素浓度的比值有关。如细胞分裂素与生长素比值高时，促进芽的分化；若比值低，促进根的分化；若比例处于中间水平，只分裂不分化。油菜素甾醇促进木质部分化进而在导管发育中起重要作用。

光可以促进植物地上部细胞的分化，无光时细胞只分裂和伸长但组织分化不良。另外，光也会改变细胞极性，影响分裂和分化方向。例如，用墨角藻的卵细胞进行实验，受精卵受到单侧光照射，被极化；照光一侧 Ca^{2+} 流出，而背光一侧 Ca^{2+} 流入，同时肌动蛋白微纤丝、线粒体、高尔基体、核糖体、细胞核向背光侧移动，使极性固定。引起细胞不均等分裂，假根细胞在背光面分化出来（图 8-6）。

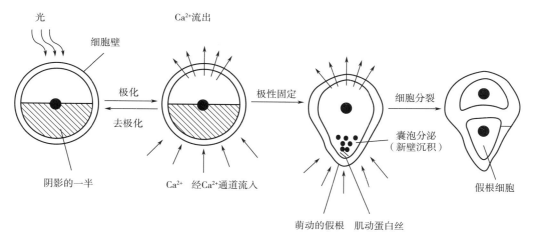

图 8-6　墨角藻的受精卵被单侧光极化（张继澍，2006）

四、 细胞全能性与植物组织培养

（一）组织培养的概念及意义

组织培养（tissue culture）是指在无菌条件，在含有营养物质及植物生长物质的培养基中，培养离体植物组织、器官或细胞的技术，又称为离体培养（in vitro）。

组织培养研究被培养部分（这部分称为外植体）在不受植物体其他部分干扰下的生长和分化的规律，并且可以利用各种培养条件影响它们的生长和分化，以解决理论和生产中的问题。在理论上，应用组织培养可以进行细胞的生长、分化、器官的形成与代谢调节的研究，以及基因转移、基因工程等方面的研究，推动了植物生理学、生物化学、遗传学、分子生物学等学科的发展和相互渗透。在实践方面，利用组织培养技术进行单倍体育种，例如利用花药培养育成了烟草"单育一号"、小麦"花培一号"和水稻"单3""单4"等优良品种。利用组织培养技术对经济价值较高的植物进行快速繁殖，如兰花、甘蔗、香蕉、草莓、菊花、西瓜、优良的苹果苗等，发展工业化生产，提高效率，取得了很大的经济效益。无病毒植株的生产，如利用茎尖培养获得了马铃薯无病毒植株，解决了马铃薯的退化问题。对经济价值较高的药用植物，可利用细胞悬浮培养，获得有重要价值的药物。如从药用植物三分三（Anisodus acutangulus）茎诱导愈伤组织中，提取药用成分莨菪碱；人参、薯蓣等也都已培养成功，为工业化生产提供了条件。

（二）组织培养的理论依据

1. 细胞的全能性（totipotency）

细胞全能性的概念最早由德国植物学家哈勃兰特（Haberlandt）于 1902 年提出来；1958 年

美国学者斯图尔特（Steward）用单个胡萝卜体细胞培养成一个完整的植株，并能开花结实，用实验方法证明了体细胞具有全能性。

因此，细胞全能性是指植物的每个生活细胞都具有该植物的全部遗传信息，在一定条件下都能发育成一个完整的植株体。

2. 细胞的脱分化和再分化

组织培养中，从植物体分离下来将要被培养的部分称为外植体。培养过程中，外植体周围已分化的细胞，失去原有的形态和机能，恢复分裂能力而产生一团没有分化能力的愈伤组织，这个过程称为脱分化。愈伤组织经过继代培养后，又可产生分化现象。这种愈伤组织经过进一步培养而分化形成不同的组织、器官的过程，称为再分化。

植物组织培养的基本过程是：从植物体上分离出外植体，置于含一定激素的培养基中进行培养，使其脱分化形成愈伤组织；然后更换培养基，继续培养愈伤组织，使其再分化形成胚状体，继续培养分化出幼根、幼芽，然后长成植株。

第三节　种子的萌发

高等植物的生活史是从种子萌发开始到种子成熟为止的循环过程。一般来说，种子植物的生长是从种子萌发开始的，农业生产也是从播种开始的。为了给种子创造一个最适宜的外界条件，争取早苗、全苗、壮苗，需要了解种子萌发的生理及影响因素。

一、　影响种子萌发的外界条件

完成休眠的种子，还必须在适宜的条件下才能萌发。种子萌发必须要有适当的水分、温度和充足的氧气，三者同样重要，缺一不可。

（一）水分

种子在开始萌发时，必须先吸收大量的水分，水分是控制种子萌发最重要的因素。种子究竟需要多少水分才能萌发呢？不同作物种子需要的水分不同，一般含淀粉多的种子萌发需要的水分较少，如小麦吸水达干重的 60%，水稻吸水达 30%~36% 就可萌芽；而含蛋白质多的种子萌发所需的水量较大，如大豆要 120%，因为蛋白质含有许多极性基，亲水性大。

种子萌发时为什么一定要吸收这么多水分呢？首先因为水可使种皮膨胀软化，增加其透过性，使内部积累的二氧化碳透出，外界氧气容易透入，增加胚的呼吸，而且种皮软化后幼根幼芽易于突破种皮；种子吸收水后使原生质由凝胶态变为溶胶状态，恢复旺盛的生命活动，代谢加强，酶的活性增大，使胚乳中的贮藏物质转变为可溶性物质，供幼苗生长之用；水分促进可溶性物质运输到正在生长的幼芽、幼根。

种子的吸水速率与温度有关。温度低，吸水慢；温度高，吸水快。例如，籼稻种子吸收占干重 30% 的水分，在 30℃ 时只要 30h，而 15℃ 时则需要 140h 以上。

（二）氧气

种子在休眠状态时就进行着微弱的呼吸，当种子萌发时呼吸作用大增。因为此时旺盛的物质代谢和活跃的物质运输等需要强烈的有氧呼吸来保证，因此氧气对种子萌发极其重要。此时若土壤通气不良，如土壤积水、雨后表土板结、播种过深等，都可能使种子得不到充分氧气，影响种子萌发。

但不同种类的种子萌发时需氧程度不同。花生、大豆、棉花等种子含油较多，萌发时比其他种子要求更多的氧气；如果土壤透气不好，呼吸受阻，容易造成烂种缺苗。水稻种子正常萌发也需要充分的氧气，但在缺氧气条件下，水稻种子具有一定限度的忍受缺氧的能力，可以进行无氧呼吸。但若无氧呼吸时间过长，则会消耗较多有机物，释放较少的能量；还积累较多的酒精使种子中毒；而且胚芽鞘迅速生长，而根和真叶不长或生长微弱，不利于秧苗扎根长大，有时还会发生烂秧现象。所以在秧苗期要注意排水通气，保证氧气的供给，才能培育壮苗。

（三）温度

种子除了需要吸收足够的水分和获得充足氧气之外，还需要适当的温度才能发芽。因为种子萌发是一个生理生化过程，是在一系列酶的参与下进行的，而酶的催化作用与温度有密切关系。

温度对种子萌发的影响有三基点现象，即最低温度、最适温度和最高温度。最低温度和最高温度是种子萌发的极限温度，低于最低温度或高于最高温度，种子就不能萌发。最适温度是在短时间内使种子萌发达到最高百分率的温度，不同的种子萌芽时对温度要求不同（表8-1）。

表8-1　　　　　　　　　　几种作物种子萌发的温度三基点

植物种类	最低温度/℃	最适温度/℃	最高温度/℃
玉米	8~10	32~35	40~44
水稻	10~13	30~37	40~42
小麦	3~5	20~28	30~40
燕麦	3~5	19~27	30~40
大麦	3~5	20~28	30~40
荞麦	3~5	25~31	35~45
棉花	12~15	25~30	40
茄子	15~18	25~30	35~40

多数种子萌发的最适温度在20~35℃。不同种子萌发时所需温度的高低，与它们的原产地有密切的关系。一般原产北方的作物（如小麦）需要温度较低，原产南方的作物（如水稻、玉米）需要温度较高。另外变温比恒温更有利于种子萌发。

了解种子萌发对温度的要求，在生产中注意选择播种时期，给种子萌发提供有利条件。

（四）光

大多数植物种子萌发对光不敏感，有光无光都可以。但也有些植物的种子萌发是需要光的，这些种子称作需光种子，如莴苣、胡萝卜、烟草、紫苏、拟南芥、黄榕等植物的种子。还有一些种子萌发受光抑制，在黑暗下易萌发，称作需暗种子或嫌光种子，如西瓜、番茄、茄子、洋葱、韭菜、苋菜、曼陀罗等植物种子。

需光种子需要光的程度会因植物种类而异，且与环境条件的变化及种子内部的生理状态有关。在需光种子中，研究最多的是莴苣。1952 年，Borthwick 和 Hendricks 等用莴苣种子进行萌发实验：如果使莴苣种子吸足水分，并放置黑暗处，萌发率非常低；如果把吸足水分的种子短时间暴露在波长约为 660nm 的红光下，然后放回暗处，种子萌发率可达 70% 以上。但是，红光照射后若用 730nm 远红光照射种子，红光照射的作用被抵消，种子萌发率又变得非常低。红光和远红光对莴苣种子萌发的逆转作用可以反复进行（表 8-2）。如果最后一次是暴露在红光下，莴苣种子萌发百分率就高；如果最后一次是暴露在远红光下，种子萌发率就很低。

表 8-2   光照对莴苣种子萌发的影响

照光处理	种子萌发率/%	照光处理	种子萌发率/%
黑暗	14	R+FR+R+FR	6
R	70	R+FR+R+FR+R	76
R+FR	6	R+FR+R+FR+R+FR	7
R+FR+R	74	R+FR+R+FR+R+FR+R	81

注：在 26℃ 下连续以 1min 红光和 4min 的远红光曝光；R：红光；FR：远红光。

Borthwick 从上述实验结果推断，植物体内存在一种可以相互转变形式的色素，与需光种子的萌发有关。1959 年，巴特勒（Butler）从黄化玉米幼苗中提取获得了一种能吸收红光和远红光并可以相互转变的色素，命名为光敏色素（phytochrome）。后来研究表明需光种子在照射红光后体内形成有活性的光敏色素，在它的作用下促进与赤霉素合成相关的酶的基因表达，提高体内活性态赤霉素的水平而促进萌发。

日光中包含有红光和远红光，由于在日光中这两种光的能量数值不同，以及它们相对活动性不同，在日光下植物组织内有生理活性的光敏色素所占比例大，所以需光种子在见到日光后就能萌发。

二、 种子萌发的过程

种子萌发的过程可分为五个阶段：①吸胀吸水期，此期依赖于原生质亲水胶体的吸胀作用；②细胞恢复活跃的生理活动，此期原生质由凝胶态变为溶胶态，呼吸增强，子叶或胚乳中的营养物质分解；③胚细胞恢复分裂和延长，此期 IAA、GA 等激素恢复生理活性，刺激胚细胞分裂和伸长；④胚根和胚芽伸出种皮；⑤幼苗形成，根据子叶是否出土，可将幼苗形成分为两种类型，子叶出土型为下胚轴伸长，将上胚轴和胚芽一起推出土面，如棉花、菜豆，不宜深播；子叶留土型为上胚轴伸长，下胚轴不伸长，子叶留在土里，如小麦、玉米等，可以深播。

三、 种子萌发的生理生化变化

（一） 种子的吸水

种子的萌发首先从种子吸水开始。如果以鲜重作为吸收水分的指标，种子吸水可分为三个阶段：开始的急剧吸水期，鲜重增加；随后吸水的停滞期，鲜重不增加，曲线呈平顶；胚根长出后又重新迅速吸水，鲜重再次增加，如图 8-7（1）所示。而休眠的种子不会出现第三阶段。

第一阶段的吸水是由亲水胶体的吸胀作用引起的，与种子的代谢无关。测定发现干种子水势很低，吸水能力很强；随着种子吸水，细胞水势会急剧上升。如油菜、小麦、玉米等植物的干种子初始水势低至-100MPa，而当吸水至萌动时水势已上升到-1MPa。测定第一阶段吸水过程中的温度系数（Q_{10}）相当低，仅为1.5~1.8，这也说明吸水第一阶段是物理过程而不是代谢过程，受温度影响较小。吸水的速率和吸水量往往因种子的化学成分、种皮性质、种子大小而异，如豆类种子吸水量>淀粉种子>油料种子。

第二阶段虽然种子不再吸水，但种子内部一些酶开始形成或活化，并进行着剧烈的物质转化，为萌发作准备。

第三阶段胚根突破种皮（俗称露白）后的重新大量吸水，是由于胚的迅速长大和细胞体积的加大，贮存物质大量降解为小分子，此时的吸水是与代谢作用紧密相连的渗透性吸水。

后两个阶段的吸水都与代谢作用有关，受温度的影响很大，可以通过提高浸种水温来缩短进程。

（二）呼吸作用的变化

种子萌发过程中呼吸作用的变化规律与吸水过程相似，也可分为三个阶段，如图8-7（2）所示：干种子的呼吸作用极低，几乎测不出CO_2的释放和O_2的吸收，随着种子吸水膨胀，呼吸代谢提高，气体交换会加速进行；在吸水的停滞期，呼吸作用也停滞在一定水平；胚根长出后，重新吸水期，呼吸作用又迅速增加。

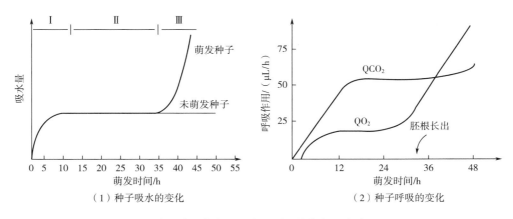

图8-7 豌豆种子萌发时吸水和呼吸的变化（文涛，2018）

在种子吸水的第一和第二阶段，呼吸放出的CO_2量大大超过O_2的吸收量，RQ（呼吸商=CO_2/O_2）>1；当胚根长出，鲜重又增加时，O_2的吸收就迅速升高，大于CO_2的释放，RQ下降。这说明前期的呼吸主要是无氧呼吸，而后期是有氧呼吸。因为胚根突破种皮后，氧气供应得到改善。

（三）酶的形成

种子萌发时，酶的来源有两种：一是从贮藏在种子中已存在的蛋白质或束缚态酶释放或活化而来，二是种子吸水后重新合成的酶。如β-淀粉酶，存在于干燥种子胚乳中，可能以二硫键的形式与其他蛋白质连接在一起而钝化，因水合作用而活化；还有支链淀粉葡萄糖苷酶（又称R-酶或脱支酶），磷酸酯酶等，都是在种子吸胀后便活化，因此出现得早。种子萌发所需的酶大多是种子吸水后重新合成的，如 α-淀粉酶、脂肪酶、硝酸还原酶等，出现得较晚。新合成的酶中，有的酶是用预先在种子中贮藏的 mRNA 翻译而成，因而吸水几小时后就有活性；有的酶是在种子吸水后通过 DNA 转录出新的 mRNA 再翻译形成，其活性出现较晚，如赤霉素诱导大麦种子合成水解酶就是如此。

用蛋白酶、RNA 或蛋白质合成的抑制剂（如放线菌素 D 或氯霉素）处理，观察这两种酶的形成发现：支链淀粉葡萄糖苷酶活性可因蛋白酶处理增强，同时还不被放线菌素 D 抑制，说明此酶是从已存在的蛋白质释放出来的；而 α-淀粉酶的形成不因蛋白酶的处理而加强，同时能被放线菌素 D 或氯霉素抑制，说明此类酶是通过核酸转录或翻译合成蛋白质而新形成的。

（四）核酸的变化

不休眠的种子在吸水的第二阶段，虽然鲜重暂停增加，但 RNA 和蛋白质合成开始增加；而休眠种子却停留在第二阶段的状态，没有 RNA 和蛋白质的合成。

负责种子萌发早期蛋白质合成的 mRNA 是种子形成过程中就已经产生，并贮藏在干种子中，这部分 mRNA 被称为长命 mRNA。萌发过程中有的酶是在种子吸水后通过 DNA 转录出新的 mRNA 再翻译形成，新的 mRNA 一般在种子吸水 6~12h 后合成。萌发过程的新 DNA 合成则更晚一些，如小麦吸水 15h 发生 DNA 复制。

（五）有机物的转变

种子中贮存着大量的淀粉、脂肪和蛋白质，不同植物的种子，这三类有机物含量有很大的差异。依据种子中各成分含量的多少，可将种子区分为淀粉种子（含淀粉多的禾谷类）、蛋白质种子（含蛋白质较多的豆类）和油料种子（含脂肪多）。淀粉储存在细胞的淀粉体中形成淀粉粒，淀粉体是质体的一种。脂肪储存在油体中，油体（也称为圆球体）是来源于内质网的磷脂"单层膜"细胞器，磷脂的极性头部朝向细胞质，内侧的脂肪酸链尾巴溶解于贮藏在其中的油类物质中。贮存蛋白质的液泡称为蛋白体，在种子中大量存在。当种子萌发时，种子中储存的物质在酶的作用下被水解为简单的化合物，并运送到正在生长的幼苗中，作为幼苗生长的营养物质的来源。

1. 淀粉的转变

在种子萌发时，淀粉水解主要是在淀粉酶的催化下进行的。种子在发芽前只有 β-淀粉酶，它一经水解便活化；发芽后才形成 α-淀粉酶。萌发后 10d 的玉米幼苗的淀粉酶活性最高，其中 α-淀粉酶活性占总活性的 90%，β-淀粉酶占 10%。直链淀粉只需要 α-淀粉酶和 β-淀粉酶的共同作用；而支链淀粉除了 α-淀粉酶和 β-淀粉酶的共同作用外，还需要有 R-酶。在这些酶的作用下，淀粉分子逐渐被水解为较小的分子，顺序地产生分子量由大到小的各种糊精，最后形成麦芽糖。麦芽糖在麦芽糖酶的作用下水解为葡萄糖。淀粉和各种糊精与碘反应呈现不同的颜色（蓝色糊精→红色糊精→无色糊精），可用于检查淀粉的水解程度。

有些种子淀粉水解不靠淀粉酶而主要靠淀粉磷酸化酶，如豌豆、蚕豆、菜豆、马铃薯等。淀粉酶和淀粉磷酸化酶都可以降解淀粉，但要求的最适温度不同：淀粉酶要求温度高，淀粉磷酸化酶要求温度较低。

淀粉降解的产物主要以蔗糖的形式运输到胚芽和胚根，在转化酶的作用下水解为葡萄糖和果糖，作为呼吸原料为幼苗生长提供能量，或再转变为幼苗生长过程中新细胞必需的蛋白质、纤维素、脂肪、淀粉等。

淀粉粒原来是完整的，种子萌发后，由于淀粉水解形成的可溶性糖类能溶解于水，所以在淀粉粒上可以看见一些小缺痕。然后，随着被消化部分的增大，缺痕逐渐深入扩大，并在淀粉粒内部沟通起来，裂为碎屑，最后淀粉粒消失。

2. 脂肪的转变

油料种子含脂肪多，萌发时贮藏在圆球体中的三酰甘油在脂肪酶的作用下水解为甘油和脂肪酸。甘油经磷酸化变成磷酸甘油，磷酸甘油变构成磷酸二羟丙酮后可以进入糖酵解，再经三羧酸循环氧化分解为 CO_2；或者逆行糖酵解途径转变为葡萄糖或蔗糖。油料种子萌发时会形成一种新的细胞器——乙醛酸循环体，这是一层单位膜包裹的球形细胞器。脂肪酸进入乙醛酸循环体先经 β-氧化生成乙酰 CoA、然后经乙醛酸循环生成琥珀酸或苹果酸等，琥珀酸进入线粒体经过三羧酸循环形成苹果酸，乙醛酸循环体或线粒体形成的苹果酸都可以运到细胞质经糖异生途径转变为葡萄糖，再合成蔗糖转运到胚芽和胚根中供生长之用（图 8-8），或以淀粉形式暂时贮存。因此，脂肪种子在萌发过程中，脂肪含量逐渐降低，糖含量逐渐升高。动物细胞脂肪酸 β-氧化在线粒体进行，不能生成糖。

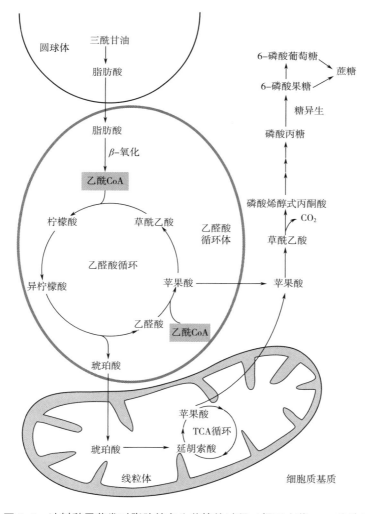

图 8-8 油料种子萌发时脂肪转变为蔗糖的过程（据王小菁 2019 修改）

3. 蛋白质的转变

在种子萌发过程中，胚乳或子叶内的贮存蛋白质在多种蛋白酶和肽酶的作用下，水解成氨基酸。另外，种子萌发时转氨酶的活性也有所增高，因此可以形成许多新的氨基酸，有利于新器官中蛋白质的合成。少部分氨基酸会脱氨基形成有机酸和氨，有机酸可进入三羧酸循环彻底氧化分解或转化为糖，也可作为形成氨基酸的碳骨架。氨以酰胺的形式贮存，可以消除氨在植物体内大量积累的毒害；在需要时酰胺又可将氨释放出来，用于重新合成蛋白质。种子中的含氮化合物主要是以酰胺（谷氨酰胺和天冬酰胺）形式运输到新形成的器官中，重新合成蛋白质，供幼苗生长需要。

总之，种子在萌发过程中，总氮量没有多大变化，但氮的形态却发生了很大变化，蛋白态氮迅速减少，而氨基酸和酰胺则显著增加。

种子萌发时淀粉、脂肪、蛋白质的转化可以用图 8-9 总结。

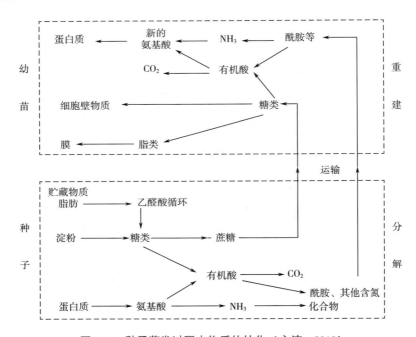

图 8-9　种子萌发过程中物质的转化（文涛，2018）

（六）植酸的变化

植酸即肌醇六磷酸（图 8-10），是成熟种子中磷元素的主要储存形式。植酸常和钙、镁、钾等元素结合形成复合盐——植酸钙镁（又称为非丁，phytin），因而也是其他矿质元素的贮藏形式。种子萌发时，在植酸酶的催化下，植酸钙镁水解，产生肌醇，同时释放磷和钙、镁等。

（七）植物激素的变化

种子萌发时，内源激素也在变化，生长素、赤霉素、细胞分裂素增加，而脱落酸及其他抑制物下降，它们调节着幼苗的代谢进程和生长。赤霉素、细胞分裂素、生长素等在种子吸水后从束缚态变为自由态，所以含量增加，促进种子萌发和幼苗生长。另外，乙烯是种子萌发过程所必需的，在种子萌发过程中伴随有乙烯的产生。油菜素甾醇也促进种子萌发，与脱落酸有拮抗作用，与赤霉素和乙烯有协同促进作用。所有激素中调控萌发最重要的是脱落酸和赤霉素。

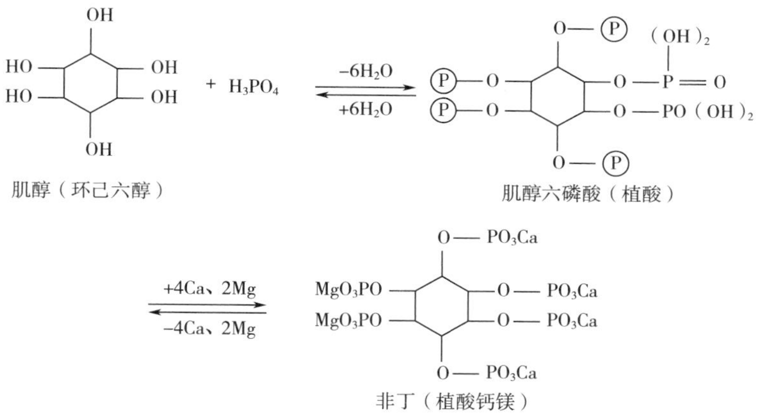

图 8-10　肌醇六磷酸及非丁

第四节　环境条件对植物生长的影响

种子萌发后，经过顶端（根尖、茎尖）及侧面（形成层）分生组织细胞的分裂、伸长和分化，表现出根、茎、叶等器官的生长。茎尖分生组织（SAM）和根尖分生组织（RAM）是地上部和地下部生长发育的源头。植物的生长是体内各生理代谢活动协调进行的综合表现，当环境条件改变时，便影响到各代谢活动的协调性，最终表现在生长上。影响植物生长的主要环境条件有光照、温度、水分、矿质营养等。

一、　光照

光对植物生长的作用是多方面的，既有直接影响也有间接影响。

（一）光是植物生长的物质和能量来源——间接影响

光对植物生长的间接影响，主要是影响绿色植物的光合作用；光合作用产生的有机物和贮存的能量是植物生长的物质和能量来源。光的影响表现在以下几个方面：光是光合作用的主要条件，是光合作用的能量来源；光是叶绿素形成的条件；光可调控气孔开闭。另外光还影响大气温度、湿度，这不仅影响光合作用，还影响矿质元素供应；日光可加速植株的蒸腾作用，促进根系吸水，有利于物质的运输。但在土壤水分不足的情况下，光照会引起植株水分不足，影响生长。

（二）光抑制植物细胞的扩展生长和促进细胞的分化成熟——直接影响

光照可以氧化降解吲哚乙酸，从而抑制植物扩展生长。有测定结果显示，光照下生长的玉米幼苗比黑暗处理的玉米幼苗生长速率低 30% 左右，自由生长素的含量降低 40% 左右。

不同波长的光对扩张生长的影响不同。红光抑制茎的过度生长，促进叶子展开，解除黄化；短波光如蓝光、紫光特别是紫外光明显抑制生长。所以在高山、高原等地区，紫外线强烈、温度低、土壤贫瘠，植物生长得矮小。另外，光可以抑制根的生长。

但是光可以促进细胞分化和成熟。例如，在光下和黑暗中培养的马铃薯幼苗，两者形态差别很大。在黑暗中生长的幼苗，茎细长而脆弱，节间很长，茎尖端呈钩状弯曲，组织分化不完全，所以枝叶发育不良，叶片不展开、很小，薄壁组织多，输导和机械组织不发达，柔嫩多汁，缺乏叶绿素而呈黄白色，这种幼苗称作黄化苗，这种现象就是黄化现象。而光下生长的植株矮而粗壮，叶片展开、大而绿，输导组织和机械组织发达。

(三) 光是高等植物形态建成不可缺乏的条件

实验证明高等植物只要有足够的营养，可以在黑暗中生长，但形态不正常。但是对这些黄化幼苗，每天只要给予5~10min光照，即使光源很弱，也可使茎叶逐渐变为绿色，叶片展开，形态和色泽都趋于正常；当然，植株的生长会减慢。因此光是绿色植物形态建成必不可少的条件。在此过程中，光作为一个信号去激发光受体，推动细胞内一系列反应，最终表现为形态结构的变化。下一节将对此进行详细阐述。

了解光对植物生长的影响，可以为农业生产服务。如利用黄化植株组织分化不良、薄壁组织多、输导和机械组织不发达、柔嫩多汁的特点，在蔬菜栽培上常用覆盖遮光和培土的方法，培育韭黄、大葱、豆芽等，提高蔬菜品质。另外，在大田生产中，若种植作物过密，植株间相互遮光，影响组织分化，植株茎秆细长柔弱，易发生倒伏；因此要注意合理密植，使株间通风透光，既可以增加光合作用，又促进组织分化，使茎秆粗壮不易倒伏。

二、 温度

(一) 温度的三基点现象

植物的生长是以一系列的生理生化活动为基础的，而这些生理生化活动会受温度的影响，因此植物只有在一定的温度下，才能够正常生长。一般情况下，低于0℃时，高等植物不能生长；高于0℃时，生长开始缓慢地进行，随着温度的增高，生长逐渐加快，直到20~30℃，生长最强烈；更高的温度反而会使生长减慢；如果温度再高，生长将会停止。因此温度对植物生长的影响也具有最低温度、最适温度和最高温度三个基点。

所谓最适温度，是指生长最快的温度；但这个温度对于植物健壮生长来说，往往是不利的，因为生长最快时，物质较多用于呼吸消耗，反而使植株长得细长柔弱。在生产实践中培育健壮的植株，常常要求比生长的最适温度（生理最适温度）略低的温度，即所谓协调最适温度下进行。因此植物生长最快时的温度，又称为生理最适温度；植物健壮生长时的温度称为协调最适温度。

植物生长的温度三基点与原产地有关（表8-3）。原产于热带地区的植物，三基点较高，分别为10~15℃、30~40℃、45℃，如玉米、番茄；原产于温带地区的植物，温度三基点低一些，分别为5℃、20~30℃、30~40℃，如小麦、甘蓝。

表8-3   几种作物生长的温度三基点

植物	最低温度/℃	最适温度/℃	最高温度/℃
大麦、小麦	0~5	25~31	31~37
水稻	10~12	20~30	40~44
玉米	5~10	27~33	44~50
棉花	15~18	25~30	30~38

不同器官生长的温度三基点也不同，根系生长的温度，一般低于地上部。如小麦茎叶在5℃以上才开始生长，而根系在2℃条件下也可生长；茎叶生长的最适温度也比根系高。

（二）昼夜温差对生长的影响

上面所讲的温度对生长的影响是指平均温度；除此以外，昼夜温差对植物生长也有深刻影响。研究发现，日温较高夜温较低时对生长有利；而植物在恒定温度下生长的速率比低夜温条件下的慢。比如番茄在昼夜温度恒定在25℃的情况下，生长较快；但在日温为25℃，夜温为20℃时，生长更快（图8-11）。

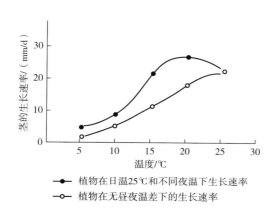

图8-11　温度对番茄植株生长速率的影响
（张继澍，2006）

在自然条件下，也具有日温较高和夜温较低的周期性变化。植物对昼夜温度周期性变化的反应，称为温周期现象。引起这种现象的原因可能有两个，一是日温较高有利于光合作用积累营养物质，夜温较低可减少呼吸对糖的消耗，这样可为生长提供较多的有机物质，所以较大的昼夜温差对作物健壮生长和获得高产是有利的。二是较低的夜温有利于根系合成细胞分裂素。试验证明，生长在11℃和20℃的葡萄根伤流液中均含有细胞分裂素；而生长在30℃的葡萄根伤流液中却没有细胞分裂素活性。农业生产中，人们早就知道低夜温可以提高马铃薯、红薯的产量和葡萄、苹果、甜菜等的含糖量。在温室和大棚栽培时，要注意调节昼夜温度以提高农产品的产量和品质。

三、水分

植物在水分充足的条件下生长较快。首先是因为细胞分裂和伸长都必须在水分充足的情况下才能进行，尤其水分是延伸生长的动力。植物细胞在延伸过程中需要充足的水分使细胞产生膨胀压力，如果水分不足，扩展生长受阻，植物矮小。而且植物体内水分亏缺时，水分是从器官长成部位流向分生组织细胞，因此细胞的伸长生长比细胞分裂更易受水分亏缺的影响。其次，水分是各生理代谢（光合、呼吸、有机物的运输、合成、分解、矿质的吸收运输同化）的必需条件。而各代谢的协调进行是生长的物质和能量基础。只有细胞中水分充足时，才能正常地进行生长。

玉米、小麦、高粱等禾谷类作物在拔节与抽穗期，主要靠各节间细胞的伸长来增加植株高度，因此需要水较多。如果严重缺水就会影响生长，穗子可能抽不出来或不能全部抽出，包藏在叶鞘内的谷粒结实不良，产量降低。但若水分供应充足，植物生长很快，茎叶柔嫩，机械组织和保护组织不发达，易倒伏，抗逆能力差，易受病虫、低温等危害。因此，在作物的非水分临界期要适当控制水分。

四、 矿质元素

植物正常生长不仅需要水分还需要多种矿质元素。每种矿质元素都有其独特的生理功能，如氮和磷是蛋白质、核酸、磷脂等的重要组成成分，因此是构成细胞的重要元素。叶绿素、生长素、细胞分裂素和许多维生素中也都含有氮；钙和镁是构成细胞壁中胶层的成分；而锌、铁、锰和叶绿素的合成有关，缺锌时不仅光合降低，而且生长受阻；铁、铜、钼、钾等是不同酶的成分或活化剂，缺少了它们，植物体内的代谢就会遭到破坏。因此，缺乏矿质元素，作物就不能正常生长。当然，对植物生长影响最大的是氮、磷、钾和锌。氮在植物生命活动中占有首要地位，故又称为生命元素；氮肥供应充足时，植株高大枝叶繁茂，叶片功能期延长。充足的磷、钾营养是保证光合产物合成、运输、转化所必需的。锌能促进生长素的合成，故可促进生长。

五、 机械刺激

植物在生长发育过程中，会受到各种各样的机械刺激，如降水、风吹、冰雹、动物和人对茎叶的冲击和摩擦，土壤颗粒对根挤压以及摇晃、震动等。这些机械刺激也会调节或影响植物的生长发育。例如，人为碰撞摩擦甜瓜幼苗和果实，会使株高降低，叶子和果实早熟变小；摇动番茄幼苗，可使高度降低，节间变短，根冠比增大；拔节期小麦受到机械刺激，茎秆矮壮，抗倒伏能力增强。其原因可能是机械刺激增加了乙烯的含量，减少了生长素的含量，影响了植物的激素平衡，对生长发育造成影响。

六、 植物间的相互作用

当植物共同生长在一定区域或一定时间，也会互相影响。这些影响可以分为两个方面：一方面是对环境因素如光、肥、水的竞争；另一方面是通过向环境释放化学物质，以此影响周围其他植物的生长，这种影响既可能是相互促进生长，也可能相互阻碍生长，即"相生相克"，也可称为他感作用或化感作用。例如，桉树叶中含有各种酚类物质，这些化合物阻碍周围杂草的生根、生长和发育，使这一区域无其他植物而保持其本身的群落优势。番茄植株会释放鞣酸、香子三酸、水杨酸等物质，严重抑制莴苣、茄子种子萌发和幼苗生长，对玉米、黄瓜、马铃薯等作物的生长也有抑制作用，因此在生产中要注意番茄不要和上述植物种在一起。

某种植物释放的化学物质直接或间接地阻碍别的植物生长发育的现象称为相克现象。而植物之间相互利用、相互促进生长发育的情况，称为相生现象。例如，豆科与禾本科植物配置混种，豆科植物根瘤菌固定的氮素供禾本科植物利用；禾本科植物根分泌的麦根酸能络合土壤中的铁，供豆科植物形成钼铁蛋白用于根瘤菌固氮。苜蓿产生的三十烷醇可刺激莴苣、黄瓜的生长。另外，洋葱与甜菜、马铃薯与菜豆种在一起，都有相互促进作用。引起相生相克作用的化学物质称为他感化合物，它们几乎都是一些分子质量较小、结构简单的植物次生物质。如生物碱、醛、酮、脂肪酸、直连醇等，最常见的是酚类和萜类化合物。

研究和了解植物间生长的相互关系，在农林生产的实践中具有重要意义；此外在防止植物病害和控制杂草方面也有一定的应用潜力。如今，研究植物相生相克现象已发展成为一门新兴的边缘学科，称为化学生态学。随着科学的发展，化学生态学不仅研究植物与植物间的关系，还研究植物与昆虫（动物）的关系，动物与动物之间的关系，涉及植物学、植物生理学、化学、昆虫学等多门学科，是多学科交叉的新兴学科，将来可能会有飞跃的发展。

第五节　光形态建成

影响植物生长发育的环境因素中，光的影响最为显著，因为光不但为光合作用提供能量，而且还是植物生长、分化、发育的调节信号。光是绿色植物形态建成必不可少的条件。

一、　光形态建成的概念

植物在暗中生长表现出各种黄化特征，如茎细长，顶端呈钩状弯曲和叶片小而黄白色，这种现象称为暗形态建成（skotomorphogenesis）。而光下生长的植物会进行光形态建成，如子叶展开、茎短缩粗壮、叶绿素合成等。通常将依赖光调节和控制植物生长分化和发育的过程称为植物的光形态建成（photomorphogenesis）。

光形态建成是低能反应，光只是作为信号去激发光受体，推动细胞内一系列反应，促进细胞的分裂、生长与分化，最终表现为形态结构的变化。光形态建成所需红光的能量较一般光合作用光补偿点总能量低 10 个数量级。光对光合作用和光形态建成影响比较见表 8-4。

表 8-4　　　　　　　　　　　光对光合作用和光形态建成影响的比较

	光合作用	光形态建成
光的作用	光能转化为化学能贮藏在有机物里	光作为信号激发光受体推动系列反应引起形态变化
光的影响	光对代谢过程有影响	光对形态变化有影响
对光能的要求	较高	较低
光的受体	叶绿素	光敏色素、隐花色素、向光素、紫外光受体等

植物在长期进化过程中，形成了完善的光受体系统，来感受不同波长、光强和方向的光，对植物生长发育进行调控，以便更好地适应环境。目前已知高等植物中至少有三类光受体参与了光调节的反应：①光敏色素，主要感受 650~680nm 红光及 710~730nm 远红光；②蓝光受体，又称为蓝光/近紫外光受体，主要包括隐花色素、向光素和 ZTL（ZEITLUPE）家族蛋白三种，其作用光谱在近紫外光 350~380nm 处，在蓝光部分是 420nm、450nm 和 480nm 处；③紫外光 B 受体，现鉴定出来的有 UVR8，吸收光谱在 280~320nm 的紫外光短波区。

目前研究得较多的植物对光信号的反应主要有两种：光敏色素反应和蓝光反应。

二、　光敏色素反应

（一）光敏色素的发现和分布

由于莴苣种子的萌发试验，最终导致了光敏色素（phytochrome）的发现（见本章第三节）。

研究表明光敏色素广泛存在于藻类、苔藓、地衣、蕨类、裸子植物和被子植物中。高等植物的各器官均含有光敏色素。黄化幼苗中光敏色素含量通常比绿色组织高 20~100 倍，且弯钩处含量最高。在细胞中光敏色素与亚细胞膜如质膜、核膜、线粒体膜等结合。

（二）光敏色素的结构和理化性质

光敏色素是一种极易溶于水的色素蛋白，由两个亚基组成二聚体，每个亚基由生色团和脱辅基蛋白共价结合而成。生色团是由四个开链的吡咯环连接而成的直链结构，具有独特的吸光特性。脱辅基蛋白由核基因编码，在细胞质中合成，单体的相对分子质量约为 125k；生色团在质体中由血红素通过叶绿素合成的分支途径合成，然后转运到细胞质，通过硫醚键与脱辅基蛋白的半胱氨酸残基相连形成光敏色素全蛋白。这个组装过程是一个自我催化的过程，即在不需要添加其他辅助因子的情况下，把纯化的生色团和蛋白质多肽链在试管中混合，二者即可结合。从不同植物中提取的光敏色素，其蛋白质氨基酸组成会有变化。

光敏色素有两种可以相互转换构象的形式，一种是红光吸收型（Pr），蓝色，其最大吸收波长在 660~670nm；另一种是远红光吸收型（Pfr），蓝绿色，最大吸收波长在 725~730nm，是有生理活性的形式。两种形式的光敏色素在蓝光区均有一个小的吸收峰，几乎不吸收绿光（图 8-12）。

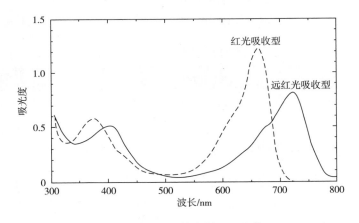

图 8-12　光敏色素的吸收光谱（王小菁，2019）

两种形式的光敏色素可相互转换：照射红光后，Pr 型转变为 Pfr 型；照射远红光使 Pfr 型转变为 Pr 型，这称为光转换，是光敏色素最显著的特征。除了远红光可使 Pfr 转变为 Pr 外，黑暗条件下 Pfr 会自发逐步逆转为 Pr。发生光转换时，其生色团的吡咯环 D 的 C_{15} 和 C_{16} 之间的双键旋转，进行顺反异构，带动脱辅基蛋白也发生构象的相应变化；Pr 是顺式异构体，Pfr 是反式异构体（图 8-13）。

由于 Pfr 和 Pr 型的吸收光谱有重叠（图 8-12），因此并不是所有光敏色素受到红光或远红光照射后都全部转化为 Pfr 型或 Pr 型。实际上饱和红光照射后，Pfr 型在光敏色素中约占 88%，Pr 占 12%；远红光照射后，Pr 占 98%，Pfr 占 2%，这个平衡被称为光稳态。另外由于白光是各种波长的光的混合，但红光的光量较高，所以日光照射下植物组织内 Pfr 所占比例较大。而树冠下和土壤里，红光量减少，水中远红光大量减少，所以在不同的环境下植物组织内的 Pr/Pfr 比值是不同的（表 8-5）。Pfr 是光敏色素有生理活性的形式，但光敏色素的反应不是与 Pfr 的

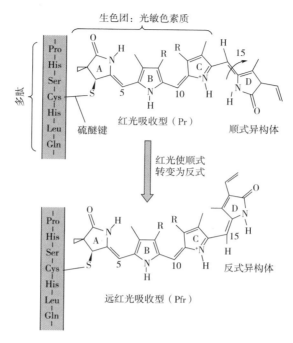

图 8-13　Pfr 和 Pr 生色团与肽链的连接以及生色团的顺反异构化（宋纯鹏等，2015）

绝对量直接有关，而是由 Pfr/Pr 或 Pfr/P_{total} = ϕ 决定。在自然条件下，ϕ 值为 0.01~0.05 时就能引起显著的光形态建成反应。

表 8-5　　　　几种自然环境下光子的总光密度和 R∶FR 值（Taiz 等，2002）

自然环境	总光密度/[μmol/(m² · s)]	R∶FR
白天日光	1900	1.19
夕阳	26.5	0.96
月光	0.005	0.94
橡树冠层	17.7	0.13
土中 5mm 处	8.6	0.88

注：R：红光；FR：远红光。

（三）光敏色素的基因

光敏色素脱辅基蛋白是由一个具有不同生化特性的多基因家族编码，被命名为 *PHY*。脱辅基蛋白被表示为 PHY，全蛋白被表示为 phy。拟南芥中该家族有 5 个结构相关的成员，分别为 *PHYA*、*PHYB*、*PHYC*、*PHYD* 和 *PHYE*，他们编码的产物分别与生色团结合形成 5 种光敏色素，称为 phyA、phyB、phyC、phyD 及 phyE。单子叶植物水稻只有前 3 种基因，杨树只有 2 种。不同基因编码的产物功能不同，如 phyA 可介导连续远红光诱导的反应，主要在远红光去黄化反应中起作用，也可能同时介导红光和远红光的生理反应，在植物整个生命周期中起作用；phyB 介导持续红光或白光所诱导的反应，在去黄化和调控光可逆的种子萌发中起作用；phyC 在调节植物生长和开花时间方面起作用；phyD 和 phyE 调节叶柄和节间延长及开花时间控制。多种光敏色素可能单独或相互作用共同参与反应，以适应环境。每一种光敏色素都有其 Pr 和 Pfr 型。

目前研究证实植物中光敏色素的光稳定性有差异，因此将其分为两种类型：光不稳定的光敏色素（类型I），黄化幼苗和绿色苗都有，见光易分解，由 *PHYA* 编码，因此也将其称为 phyA；光稳定的光敏色素（类型II），主要存在于绿色幼苗，含量低但光下稳定，由其他 4 种基因编码。暗中生长的黄化幼苗 90% 是类型I光敏色素，10% 是类型II光敏色素；光下生长的绿色苗，类型I和类型II光敏色素各占 50%。黄化幼苗的 phyA 含量很高，见光后含量下降 100 倍。拟南芥中II型光敏色素主要是 phyB。

（四）光敏色素的生理作用

光敏色素的生理作用非常广泛，目前已知有 200 多种。植物个体发育的整个过程都离不开光敏色素的作用，包括种子萌发、幼苗生长、地上部发育、根的生长、花芽分化、器官休眠和衰老等。另外，光敏色素也参与调节植物的生态适应性，如叶片运动、避阴反应等。

光敏色素控制的某些生理作用如下：种子萌发、去黄化、向光敏感性、性别表现、光周期、节间延长、质体发育、单子叶植物叶片展开、花诱导、子叶展开、花青素形成、苯丙氨酸裂解酶、昼夜节律、弯钩张开、块茎形成、Rubisco 基因表达、叶感夜运动、膜透性改变、根原基分化、叶分化与生长、叶脱落、气孔分化、小叶运动、乙烯合成等。

根据反应速度可将光敏色素参与的生理过程分为快反应和慢反应。快反应的速度以分或秒计算，如转板藻叶绿体的趋光运动；慢反应以小时或天计算，如种子萌发、植物开花等。

也可以根据反应所需光量的不同进行分类。光量指光通量（fluence），其定义为单位面积接受光子的数量，标准单位是 $\mu mol/m^2$。总的光通量由辐照度（irradiance）和光照时间两个因素决定，辐照度又称为光通量率（fluence rate）或光量子通量密度（photo flux density，PFD），粗略地说就是光的亮度，其单位是 W/m^2 或 $\mu mol/(m^2 \cdot s)$。

根据所需光量可以将光敏色素参与的反应分为以下三类：

1. 极低光量反应（very low-fluenceresponses，VLFR）

极低光量反应可被 $0.0001 \sim 0.05 \mu mol/m^2$ 光量诱导。如 0.001（一只萤火虫一次闪光所发出的光亮）$\sim 0.1 \mu mol/m^2$ 红光能诱导拟南芥种子的萌发，此反应不能被远红光逆转，其光受体是 phyA。因为诱导 VLFR 反应需要的微弱红光可使低于 0.02% 的 phyA 转变为 Pfr；而远红光只能使 98% 的 Pfr 转变为 Pr，仍保留 2% 的 Pfr，远超过诱导 VLFR 反应所需要的 0.02% Pfr，所以不能抑制 VLFR。

2. 低光量反应（low-fluence responses，LFR）

低光量反应可被 $1 \sim 1000 \mu mol/m^2$ 的光量诱导，这是典型的红光/远红光诱导的可逆反应；一般需光种子的萌发、幼苗的正常形态建成都是典型的 LFR，其光受体是 phyB。

3. 高辐照度反应（high-irradiance responses，HIR）

高辐照度反应需要长时间或持续的高光照，其饱和光比 LFR 强 100 倍以上。在反应饱和之前，光照越强反应程度越大，反应饱和后增加光强不起作用。此反应不能发生 R/FR 逆转；幼苗弯钩伸展、下胚轴伸长的抑制、花色苷合成等都属于 HIR。这类反应除红光和远红光外，蓝光和紫外光也可以引发，因此既有光敏色素参与也有蓝光受体参与。黄化幼苗远红光 HIR 反应由 phyA 介导，阳生植物的红光 HIR 反应由 phyB 介导。

VLFR 和 LFR 都遵从反比定律，即反应强度与光的辐照度和光照时间的乘积成正比。比如一个短暂的闪光可诱导某反应，只需此处理的光足够亮就可以；如果光照时间够长，极弱的光也能起到相同作用。HIR 与光的辐照度成正比，不遵守反比定律，持续弱光或瞬时强光都不能诱导 HIR 发生。幼苗的去黄化反应，既可以是 LFR 反应也可以是 HIR 反应，如白色芥菜的花色素苷合成。同一种作用到底由 LFR 还是 HIR 完成主要依赖于光照情况。

（五）光敏色素的作用机理

高等植物的光敏色素是光调控可自我磷酸化的丝氨酸/苏氨酸激酶，其脱辅基蛋白 N 端是与生色团连接的区域，与光敏色素的光化学特性有关；C 端与信号转导有关。光敏色素接受红光信号刺激后，Pr 转变为 Pfr，N 端的丝氨酸残基发生磷酸化而被激活，接着将信号传递给下游的 X 组分，经过一系列信号放大过程，最终引发特定的生理反应。X 组分可能是细胞膜上的 G 蛋白、细胞质中的钙调素和 cGMP 等，也可能是细胞核中的转录因子。光敏色素完成信号转导后会失活或降解，如 phyB 在被光活化后迅速降解。研究发现有多个蛋白磷酸酶可以使光敏色素去磷酸化而失活，从而调控光敏色素的信号转导。因此磷酸化和去磷酸化在光敏色素信号转导中起重要的调控作用。

光敏色素可以进入细胞核调节基因表达，这是长期的慢反应；也可以在细胞质内通过调节膜电势和离子流，从而对红光和远红光作出快速的反应。关于光敏色素的作用机理，目前有膜假说和基因调节假说。

1. 膜假说

该假说认为光敏色素位于膜系统上，当发生光转换时，光敏色素会改变膜电势和离子流动启动第二信使，由此引发各种生理反应，最终表现出形态建成的改变。如转板藻照光 60s 就可观察到光诱导的叶绿体运动。同时转板藻细胞经红光照射 30s 后可检测到在 3min 内 Ca^{2+} 积累速度增加 2~10 倍；若照射红光后立即照射远红光 30s，这一效应全部被抵消。

在拟南芥等物种中叶绿体运动是蓝光通过向光素介导的。在藻类中叶绿体运动的光感受器是一个融合的蓝光和红光受体。因此有人提出了一个解释光敏色素调节转板藻叶绿体运动的信号转导途径：光敏色素吸收红光后→Pfr 增加→膜上钙离子通道打开→跨膜 Ca^{2+} 流动→胞质 Ca^{2+} 浓度增加→钙调素活化→肌动蛋白轻链激酶活化→肌动蛋白收缩运动→叶绿体运动。这是光敏色素、钙、钙调素参与的通过调节细胞膜透性而调控的生理过程，红光照射引起含羞草叶子的运动也与此有关。

2. 基因调节假说

该学说认为光敏色素对植物生长发育的长期调节是通过影响基因表达实现的。在细胞质中，光敏色素全蛋白以非活性 Pr 的二聚体状态存在。当生色团吸收红光后，发生顺反异构化，Pr 转化为 Pfr，N 端的丝氨酸残基发生磷酸化而被激活，光敏色素全蛋白基序也进行着构象变化，促使其 C 端的核定位序列（NLS）暴露出来，导致光敏色素分子由细胞质移向细胞核内。细胞核中的光敏色素相互作用因子（phytochrome interacting factors，PIFs）是转录因子，可与 DNA 结合，抑制光诱导基因，促进暗诱导基因，是光敏色素反应的负调控因子。光敏色素进入细胞核后，使 PIFs 磷酸化而启动其降解，解除它的抑制，光形态建成基因表达。因此光敏色素诱导的光形态建成是负调控，涉及蛋白质降解。光敏色素的一个重要功能是作为光激活的开关，引起基因转录的整体变化。现已知有 60 多种酶受光敏色素调控，涉及叶绿素形成、光合作用、呼吸作用、糖类代谢、脂质代谢、氨基酸与蛋白质代谢、核酸代谢、次生代谢、激素代谢等。目前对光调节基因表达的研究集中在编码叶绿体蛋白的核基因上，如 Rubisco 小亚基和 PSII 的捕光色素复合体等。鲍勒（Bowler，1994）将这方面的综合研究成果用图 6-8 表示出来。

PIF 蛋白除了与光敏色素相互作用外，也受 DELLA 蛋白的负调控，而 DELLA 蛋白是赤霉素信号途径的抑制因子。因此赤霉素的信号通路通过调控 PIFs 与光敏色素通路相互作用。COP1（constitutive photomorphogenesis 1）是光形态建成的另一个负调控因子，是 E3 泛素连接酶复合体的组分，它降解光形态建成促进的蛋白，如 phyA、phyB 和一些转录因子。黑暗时 COP1 定位在细胞核里，许多调节光形态建成的转录因子通过 COP1 介导的泛素化和 26S 蛋白酶体被降解；有光时 COP1 活性受抑制并被缓慢运出核到细胞质，与光形态建成有关的转录因子不被降解，转录因子能与光形态建成基因的启动子结合，允许光形态建成进行。COP1 也负责降解开花调节因子 CONSTANS（CO）蛋白和 GIGANTEA（GI）蛋白。

三、 蓝光反应及蓝光受体

高等植物、藻类、蕨类、真菌和原核生物都有蓝光反应。蓝光反应有很多种：向光性、气孔运动、高等植物叶绿体运动、下胚轴伸长的抑制、促进叶绿素和类胡萝卜素合成，基因表达激活、单细胞生物的趋光性、藻类的离子吸收等。

（一）作用光谱

蓝光反应的光谱学比较复杂。因为叶绿素和光敏色素也可以吸收 400~500nm 的蓝光，其他一些生色团和某些氨基酸比如色氨酸也吸收 250~400nm 的紫外线。那么如何区分特异的蓝光反应呢？一个重要的区分标准是在特异的蓝光反应中，蓝光不能被红光处理代替，也没有红光/远红光的可逆性。而光合作用或光敏色素涉及的反应红光或远红光有效。

另一个重要的区别是高等植物的许多蓝光反应，如向光性、气孔运动、抑制下胚轴伸长等，在 400~500nm 区间有特征的三指状作用光谱（图 8-14）。而在光合作用、光敏色素或其他光受体介导的光反应中没有这样的光谱特征。

蓝光反应的有效波长是蓝光和近紫外光，所以蓝光受体也称为蓝光/近紫外光受体。蓝光受体有隐花色素、向光素、玉米黄素和 ZTL（ZEITLUPE）家族蛋白。

（二）向光素

向着光的方向生长称为向光性（phototropism）。向光性是一种光形态建成反应，在真菌、蕨类和高等植物中都存在。用不同波长的光照射燕麦胚芽鞘测定其弯曲角度获得的作用光谱（图 8-14）显示，在 370nm 处有一峰值，在 400~500nm 处有"三指"模型。向光性的光受体是向光素（phototropin），是相对分子质量大约为 120k 的色素蛋白，由脱辅基蛋白和生色团构成。生色团是黄素单核苷酸（FMN），脱辅基蛋白的 C 端含有一个丝氨酸/苏氨酸的蛋白激酶区域，N 端含有两个相似的 LOV（light，oxygen，voltage）区域，能够与黄素单核苷酸结合并发生依赖于蓝光的自我磷酸化作用。黑暗中，每个 LOV 区域与一个黄素单核苷酸非共价地结合；蓝光照射后，黄素单核苷酸共价结合在 LOV 区域的半胱氨酸残基上，导致构象改变，向光素作为蛋白激酶使自身 C 端磷酸化，引发信号转导。目前发现有两种向光素（Phot1 和 Phot2），除了调节植物的向光弯曲外，还调节叶绿体运动、叶片运动、快速抑制黄化苗的生长和促进叶片的伸展。向光素也可以参与蓝光诱导的气孔开放。

（三）隐花色素

暗处生长的幼苗茎伸长很快，当幼苗破土而出时，光抑制茎伸长，这是一个重要的光形态

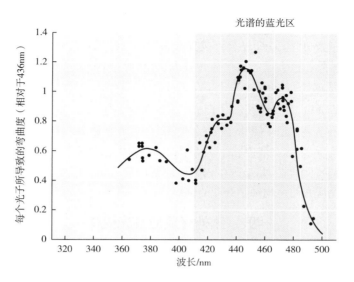

光谱的蓝光区

图 8-14　蓝光引起的燕麦胚芽鞘向光性的作用光谱（宋纯鹏等，2015）

建成反应。日光是多种光混合的，哪些波长的光有作用呢？用黄化莴苣幼苗进行试验，发现远红光能抑制其下胚轴生长，在 8~90min 可检测到生长速率的变化；另外蓝光也有很强的抑制生长的活性，反应很迅速，在 15~30s 可检测到。远红光的作用是由光敏色素介导的，而蓝光抑制茎伸长的光受体是隐花色素（cryptochrome），其作用光谱是 350~380nm、420nm、450nm 和 480nm，与向光性反应的作用光谱很相似，因此是特异的蓝光反应。藻类、菌类、蕨类、高等植物以及果蝇、老鼠和人体都有隐花色素。

隐花色素与光敏色素、向光素一样，都是色素蛋白复合体，由脱辅基蛋白和生色团组成，相对分子质量为 70k~80k。其生色团由一个黄素腺嘌呤二核苷酸（FAD）和一个蝶呤构成。可能蝶呤是吸收光的物质，然后激发能转移给黄素腺嘌呤二核苷酸，但还缺乏明确的证据。不过很显然黄素腺嘌呤二核苷酸是调节隐花色素活性的主要生色团。脱辅基蛋白 N 端结构域约有 500 个氨基酸残基，与生色团结合，是感受光信号的区域。吸收蓝光会改变结合的黄素腺嘌呤二核苷酸生色团的氧化还原状态，因此改变 N 端构象进而改变蛋白质 C 端构象，输出信号。

隐花色素参与多种蓝光应答反应调节植物的发育，如抑制茎伸长、促进子叶伸展、花色苷的合成、细胞膜去极化以及开花的光周期诱导和生物钟的调控等。隐花色素类似物可调节果蝇、老鼠和人类的生物钟。

从拟南芥中分离得到了两种隐花色素 cry1 和 cry2，二者也广泛地存在于植物界，他们的重要区别是 cry2 在光下快速分解，而 cry1 在阳生植物中能保持稳定。cry1 参与调节茎生长，花色苷合成，还参与启动生物钟；cry2 参与子叶扩展反应，调控开花时间，不参与抑制茎伸长。cry1 和 cry2 在诱导开花中都有作用。番茄和大麦中至少含有三种隐花色素，cry1、cry2 定位细胞核，cry3 定位于叶绿体和线粒体。

隐花色素的活性受其磷酸化状态的影响。在黑暗中，隐花色素以无活性的单体形式存在；蓝光照射下，生色团吸收蓝光发生构象变化，导致蛋白质 N 端变构形成二聚体，蛋白质 C 端磷酸化，进而激活下游信号转导途径，引发生理反应调节植物生长发育。隐花色素抑制蛋白

（BIC）通过抑制 cry2 双体的形成来影响其生物活性。在体内，cry1 和 cry2 可与光敏色素 A 相互作用。研究表明，磷酸化和蛋白质降解在隐花色素介导的蓝光信号转导过程中均起重要作用。

细胞核的隐花色素可与 COP1 结合形成复合物并抑制其诱导的蛋白降解，使光形态建成的转录因子发挥作用。隐花色素也能直接与转录因子结合，如 cry2 可与转录因子 CIB1 结合，后者结合到成花素基因 *FT* 的启动子上，调节花诱导。

（四）ZTL（ZEITLUPE）家族蛋白

ZTL（ZEITLUPE）家族蛋白也是蓝光受体，其命名源于德语"慢动作"。该家族蛋白 N 端含有单个 LOV 结构域和 F-box 结构域，LOV 结构域可与生色团黄素单核苷酸结合，F-box 是泛素蛋白 E3 连接酶复合体元件，是 26S 蛋白酶体降解的靶蛋白。因此 ZTL 家族蛋白作为蓝光受体通过蛋白质降解反应参与生物钟和开花的调控。

四、紫外光反应及光受体

紫外光按波长可分为 UV-C（200~280nm）、UV-B（280~320nm）和 UV-A（320~400nm）。近紫外光通常指长于 300nm 的紫外光。UV-C 波长短，能量高，被臭氧层吸收，到达地面的太阳辐射中不存在。UV-B 的一部分和 UV-A 可穿过大气层到达地面。UV-A 的反应合并在上一部分蓝光反应中，这里主要讨论 UV-B 的反应。

UV-B 对植物的生长发育和代谢都有影响，目前以拟南芥为材料，已鉴定其受体 UVR8，是 440 个氨基酸组成的蛋白质，有 7 个 β 折叠结构域，无辅基，其中 14 个高度保守的色氨酸起生色团的作用。无 UV-B 时该受体以二聚体形式存在，UV-B 照射后色氨酸发生电子传递，蛋白质构象变化，二聚体分解为单体，激活信号转导通路，调控下游基因表达，引起光形态建成反应。

UV-B 主要抑制茎伸长，使气孔关闭、叶绿素含量降低，还引起类黄酮和花色素苷等合成增加以抵抗紫外线对植物的伤害。一些作物如小麦、大豆、玉米等在 UV-B 照射下，植株矮化，叶面积减小，干物质累积下降。UV-B 使大豆某些品种光合作用下降，主要是引起气孔关闭、叶绿体破坏、叶绿素和类胡萝卜素含量下降、Hill 反应下降、光系统Ⅱ电子传递受影响等。

五、光受体间相互作用调控生长发育

在调节植物光形态建成的反应中，光受体之间有时会相互作用：如蓝光抑制下胚轴伸长由隐花色素和向光素启动；光敏色素、隐花色素和 ZTL 蛋白家族共同调节生物钟和开花的光周期反应；藻类的叶绿体运动受向光素和光敏色素共同调节等。下面仅以幼苗去黄化、阳生植物的避阴反应和气孔运动为例来说明。

（一）去黄化反应

种子萌发后在黑暗中生长，进行暗形态建成，长成黄化苗；见光后去黄化进行光形态建成。去黄化反应包括茎或下胚轴伸长受抑制、弯钩打开、子叶伸展、叶绿体发育和叶绿素合成等，光敏色素和隐花色素都参与其中。

黑暗中 GA 和 BR 促进下胚轴伸长，红光照射后 Pfr 增加，抑制下胚轴对 GA 的敏感性使生长减慢，这两种激素的信号通路通过调控 PIF 与光敏色素信号通路相互作用。除此以外蓝光也抑制茎伸长。在幼苗的去黄化过程中，phyA 在早期阶段起作用，蓝光对茎伸长的抑制首先由 phot1 启动，而 cry1 和一定量的 cry2 则在 30min 后调节反应。黑暗中弯钩的形成和维持是乙烯诱导的偏上性生长的结果：乙烯依赖的 IAA 侧向再分布使弯钩外侧生长快内侧生长慢。红光抑制乙烯形成促进内侧生长所以弯钩展开，远红光逆转此反应。叶绿素的合成和叶绿体的发育不仅与光敏色素（图 6-8）和隐花色素都有关，CTK 也参与其中。

总之，光形态建成是负调控：黑暗中许多调节光形态建成的转录因子在细胞核中通过 COP1 介导的泛素化和 26S 蛋白体被降解；在光下此过程被阻止，允许光形态建成进行。植物激素在整个植物体中协调这些变化。

（二）避阴反应

自然生长的植物常受周围植物的遮挡，光敏色素的一个重要功能是使植物能感知其他植物的遮阳并作出反应。由于树冠的绿色叶片含有大量的叶绿素吸收了红光和蓝光，而远红光相对可透过叶片，因此树冠下有较多的远红光，R：FR 比值变小，Pfr/P$_{total}$ 比值下降，同时蓝光和 UV-B 也减少。Pfr：P$_{total}$ 比值越小，阳生植物茎的伸长速度越快（图 8-15），有利于超过其他树冠，以便获取足够的光照，这就是避阴反应。避阴运动中，植株趋向于节间伸长，叶面积变小，分支减少。但对阴生植物来说，这种关联性就不那么强。光敏色素在许多植物的避阴反应中起重要作用，但隐花色素和 UVR8 也有作用。

（三）气孔开放

在第一章里讨论过，光可以调节叶片气孔的运动，一般光照增强时气孔开放，光照减弱时气孔开度降低，黑暗时气孔关闭。有关气孔对光反应的详细研究表明，光可以激活保卫细胞中的两种不同反应：保卫细胞叶绿体中的光合作用和特异的蓝光反应。

蓝光促进气孔开放虽然不属于光形态建成的内容，但也是特异的蓝光反应，其作用光谱是相似的。蓝光激活保卫细胞质膜上的质子泵，H$^+$-ATP 酶产生的跨膜质子电化学势梯度可驱动保卫细胞吸收离子（K$^+$ 和 Cl$^-$）。那么蓝光是如何激活质膜 H$^+$-ATP 酶的呢？

缺失玉米黄质的拟南芥突变体缺少特异的蓝光反应，证明玉米黄质是保卫

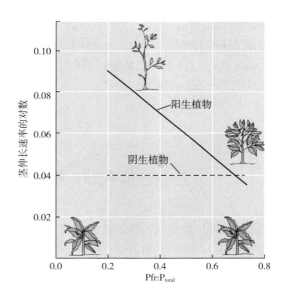

图 8-15　阳生植物（实线）和阴生植物（虚线）光敏色素在遮阳感受中的作用（宋纯鹏等，2015）

细胞中的蓝光受体，它的吸收光谱与蓝光诱导气孔开放的作用光谱非常相似。研究发现 500～600nm 绿光可以逆转蓝光刺激的气孔开放，这与绿光对玉米黄质的异构化有关。而且蓝/绿光闪光能可逆调节气孔开放，这与光敏色素红光/远红光的可逆反应类似。叶绿体中的色素是与蛋白质结合嵌在类囊体膜上的。可能与蛋白质结合的玉米黄质吸收蓝光后转变为有生理活性的绿光吸收型，该绿光吸收型玉米黄质吸收绿光后又会重新转变为非活性的蓝光吸收型。玉米黄质的异构化会改变膜中分子的定位（定向），这种转变是非常有效的信号转导过程。叶绿体的光合作用使类囊体腔 pH 下降为 5.2 左右，使酶激活促进叶黄素循环库中的紫黄质转变为玉米黄质，玉米黄质接受蓝光进行信号传递使质膜 H$^+$-ATP 酶的 C 端磷酸化，然后与分子伴侣 14-3-3

结合，进而使质膜 H⁺-ATP 酶活化。

　　另外，有研究表明向光素可以调节玉米黄质活化 H⁺-ATP 酶的信号传递过程：①向光素吸收蓝光后自我磷酸化；②活化的向光素磷酸化保卫细胞特有的膜蛋白激酶 BLUS1（BLUE LIGHT SINGALING1）；③从 BLUS1 来的信号汇聚到蛋白磷脂酶 1（PP1），PP1 是一个丝氨酸/苏氨酸蛋白磷酸酶，由一个催化亚基 PP1c 和一个调节亚基 PRSL1 组成；④PP1 进而调节一个未知的蛋白激酶活性；⑤未知蛋白激酶促进 14-3-3 蛋白与 H⁺-ATP 酶结合，使其稳定在活性状态。14-3-3 蛋白是真核生物中普遍存在的调控蛋白，它可与保卫细胞中磷酸化的质膜 H⁺-ATP 酶结合，而与去磷酸化的 H⁺-ATP 酶分离。两种向光素都缺失的拟南芥突变体，在蓝光刺激下的气孔开度明显比野生型的小。

　　近年研究发现，在拟南芥玉米黄质缺失突变体 npq1 中，蓝光刺激的气孔开放不能被绿光逆转，但能被远红光逆转，表明此过程中参与的光受体是光敏色素。因此，保卫细胞对蓝光的反应可以通过三种不同的信号转导通路，即叶绿体的光合作用、特异的蓝光反应以及光敏色素介导的信号转导途径。而玉米黄质、向光素都是其蓝光受体，隐花色素可能也有参与。

　　日光是多种波长的光混合而成，因此光对植物形态建成的影响是复杂的，光质、光强和光的方向都会产生影响。有时候多种光有相似的效果：如远红光、蓝光和紫外光都抑制茎的伸长。有些光会相互抵消作用效果，如红光/远红光，蓝光/绿光。植物通过光受体感受环境的光信号差异，光受体间会有相互作用，光受体和激素之间也存在相互作用，比如向光素引起的向光反应与生长素有关，GA 信号通路通过 PIF 与光敏色素信号通路相互作用，从而组成复杂的信号网络来完成植物的光形态建成。

第六节　植物生长的相关性

　　植物是一个完整的统一体，植物各部分间的生长有密切关系，既有相互促进，又有相互制约。植物各器官在生长上相互促进和相互制约的现象，称为生长的相关性。

一、　地下部和地上部的相关性

　　植物的地下部分主要指根系，有时也包括块茎、块根；植物的地上部分又称为苗系，包括茎、叶、花、果等，简称冠。因此地下部和地上部的相关性有时也称为根系与苗系的相关性。

（一）根系和苗系在营养和信息上的相互依赖

　　在营养方面，根系可以吸收水分、矿质元素，合成氨基酸、酰胺、细胞分裂素、脱落酸、烟碱等供给苗系；另外根系能固定植株。而苗系可以进行光合作用为根系提供有机物和能量，维生素 B₁、生长素也在地上部合成，运到根中促进细胞分裂、生长。

　　在信息方面，干旱时根系首先感受干旱合成脱落酸，然后通过木质部运到地上部叶片的保卫细胞，使气孔开度降低，蒸腾减弱，缓解植物受旱的程度。同时，叶片的水力学信号如细胞膨压、水势等传送到根系，也会调节地下部分的生长和生理活力。

　　所以，地上部分与地下部分有着"生死存亡"的相互依赖关系，俗话说"树大根深""根深叶茂"就是这个道理。但是，有时候地上部分和地下部分的生长又相互矛盾和制约。能够较好地体现地上部分和地下部分相互关系的指标是根苗比。根苗比也称作根冠比（Root/Top ratio，R/T），是指根系和苗系干重或鲜重的比值。它能够反映地上部分和地下部分相对生长情况以及环境条件对它们生长的影响。

（二）影响根苗比的环境因素

1. 水分

如果土壤水分不足，根系吸收水分除供本身需要外，向上运输的水少，加上叶片蒸腾失水，所以叶片易发生水分亏缺。因此当土壤水分不足时地上部分生长比根系受影响大，根的相对重量增加，而地上部分的相对重量减少，根苗比增加。

相反，如果土壤水分充足，地上部分能获得充足的水分，生长旺盛；而土壤水分多时往往通气不良，影响根系生理活动，对根的生长不利，使根冠比下降。人们常说"旱长根，水长苗"就是这个道理。

2. 矿质营养

植物通过根系吸收矿质营养。这里主要看肥料三要素对根苗比的影响。当氮素缺乏时，根系吸收氮首先满足自身需要，向地上部运输减少，叶片氮含量低，合成蛋白质少，使叶片中糖分积累，因而向根运输的糖分增加，从而促进根系生长，使根冠比增加。相反，当氮素供应充足时，地上部分生长旺盛，根苗比下降。

磷和钾在碳水化合物的转化和运输中起着重要作用，可促进叶片光合产物向根系运输，有利于根系生长，根苗比增大。

3. 光照

照光会促进光合作用，光合产物增多，对地上部和地下部生长都有利。可是，照光会使大气相对湿度下降，地上部蒸腾作用加强，往往地上部分易发生水分缺失，使地上部分生长受到影响，根冠比增大。所以，光照强度由弱到强，光照时间由短到长，根苗比由小变大。

4. 温度

通常根系生长和生理活动的最适温度比地上部分低些，所以当秋冬或早春，气温低，植物地上部分因低温而生长缓慢甚至停止时，根系仍有不同程度的生长，根苗比增大；当气温升高时，地上部分生长加快，根苗比下降。

5. 氧气

改善土壤通气状况，增加土壤氧气，会使根系呼吸旺盛、生命活动增强，根苗比增大。

6. 修剪和中耕

修剪果树也能使植株根系和苗系产生相互影响。因为修剪会减少光合叶面积，使地上部对根系供应的糖分减少。同时因枝叶的减少，地上部分从根系得到水分和矿质的供应相对增加，生长加快。所以修剪有抑制根的生长而促进地上部生长的作用，使根苗比下降。

中耕可能引起植物部分断根，减少根系吸收水分和矿质营养的表面积，因此减少对地上部分的水分和矿质营养的供应，限制了地上部分的生长；另外中耕使土壤疏松通气，为根系生长创造了良好条件，所以根冠比增大。

农业生产中可以采用适当的措施调节作物地上部分和地下部分的生长，以达到增产增收的目的。如种植叶菜类蔬菜可以多施肥多供水，种植甘薯、马铃薯和甜菜时后期可以适当控水，增施磷、钾肥有利于高产。对生长旺盛的棉花，常采用中耕断根的办法，制约地上部生长，促进根系生长，促进开花结实，达到丰产的目的。

二、 顶芽和侧芽、主根和侧根的相关性

（一） 顶端优势

植物的顶端部位抑制旁侧部位，致使顶端在生长中占优势的现象，称为顶端优势（apical dominance）。

主茎的顶芽抑制侧芽的生长，主根控制侧根的生长，这些都是顶端优势现象。在树木中特别是针叶树，如桧柏、杉树、松树等，顶端优势明显，而且距茎尖越近抑制作用越强，使侧枝从上到下的生长速率不同，整个植株呈宝塔形。有主根的植物，其根系的生长规律与此类似，离根尖越近，侧根长得越短，整个根系呈倒三角形。而向日葵、麻类、玉米、高粱、甘蔗等，顶端优势很强，没有或很少有分支。也有些植物无论茎还是根系其顶端优势都不明显，如小麦、水稻、芹菜等，产生大量分蘖和须根。

（二） 产生顶端优势的原因

关于产生顶端优势的原因，目前有两种学说。

1. 激素调控学说

主茎的顶端优势，一般认为与内源激素的调控有关：生长素在顶芽合成后，极性运输到侧芽，而芽对生长素比茎敏感得多，所以侧芽生长受到抑制。如果去掉茎的顶芽，侧芽便可伸长；若在顶芽去掉后的切口涂上含生长素的羊毛脂，那么像完整植株一样，侧芽的生长就依然被抑制。这就证明茎顶端的生长素对侧芽有抑制作用。后来的研究表明除生长素以外，其他植物激素也与顶端优势有关。有人认为细胞分裂素对生长素引起的顶端优势有拮抗作用。对豌豆腋芽直接施用 0.1mg/L、1.0mg/L、10mg/L 的细胞分裂素时，所有的侧芽都长出来了，而且长出的侧芽长度相同，所以认为细胞分裂素对侧芽的生长起促进作用。在通常情况下，生长素与细胞分裂素竞争，在茎中生长素起主导作用。

新的研究表明，独脚金内酯可以抑制侧芽的生长，它在顶端优势中与生长素合作，而细胞分裂素对抗独脚金内酯的效果。因此侧芽的休眠可能同时受到生长素、细胞分裂素和独脚金内酯三种激素共同调控。

2. 营养假说

该假说认为顶芽是一个营养库，发育早，输导组织发达，能优先获得营养而生长，侧芽则由于养分缺乏而被抑制。近年研究表明，蔗糖既作为营养也作为信号调控侧芽的发育，侧芽生长的最初信号可能是蔗糖可利用性的增加。

（三） 顶端优势的应用

顶端优势在生产上应用很广，如对用材林，采取密植、去掉侧芽来加强顶端优势，以利于主干长得直而高，提高用材比例和木材质量；对茶树、桑树、香椿等需要破坏顶端优势，促进侧枝、侧芽和叶生长，增加产量。三碘苯甲酸能消除大豆顶端优势，增加分枝，提高结荚率，促进丰收。栽培菊花时破坏顶端优势，促使其多分枝可增加花朵数量。

三、 营养生长和生殖生长的相关性

营养生长与生殖生长是植物生长发育过程中两个不同的阶段，以花芽分化为生殖生长开始

的标志。二者既相互依赖又相互制约，这种矛盾对立又协调统一的过程，推动着植物的生长发育。

（一）相互依赖的关系

一粒种子萌发后，首先进行营养生长，然后在营养生长的基础上逐渐分化出生殖器官。生殖器官所需要的营养，大部分由营养器官供应。因此只有营养器官生长健壮，生殖器官的分化与生长才会好；如果营养器官生长不好，生殖器官的生长自然也不会好，瘦小的植株不可能结出丰硕的果实。另外生殖器官的存在可以促进叶片光合产物外运，避免产物积累而抑制光合作用。这是营养生长和生殖生长相互依赖相互统一的一面。

（二）相互制约的关系

营养生长和生殖生长也是有矛盾的，表现在营养器官生长对生殖生长的抑制和生殖器官的生长对营养生长的抑制两方面。当营养生长过旺（徒长），就会消耗过多的有机物，削弱或延缓生殖器官的分化与生长，甚至会导致落花落果。例如，棉花徒长时，不仅很少产生新的花蕾，反而会使已有的蕾铃脱落。小麦、水稻前期若肥水过多，造成茎叶徒长，就会延缓幼穗分化过程，增加空秕粒；后期肥水过多，造成贪青晚熟，会影响粒重。生殖生长对营养生长的影响也是十分明显的。从花芽分化开始，生殖器官就消耗着营养体的营养物质；同时，生殖器官生长时，根部得到的糖分减少，生长弱，也会影响根对矿质营养的吸收。如果生殖器官的生长处于旺盛时期，所需要的营养物质更多，因而营养器官得到的养分少，所以枝叶生长缓慢，趋于停止、衰退。

试验证明，在番茄、大豆开花结实时，如果自然成熟，营养器官生长就日渐减弱，最后衰老死亡；但是如果把花果不断摘除，营养器官继续繁茂生长。多年生竹子在大旱之年，大量开花结实，耗尽了体内的营养，便衰老死亡。果树生产中的大小年问题也是因为营养生长与生殖生长不协调造成的：在果实丰收的大年，大量的种子和果实消耗了营养体过多的养分，导致下一年生殖器官分化发育不良，形成小年；小年较少的种子和果实消耗养分少，使营养体贮存较多的养分为下一年花芽分化奠定基础，又形成一个大年。

在生产中要注意调节营养生长和生殖生长的关系以达到增产的目的。以营养器官为收获物的作物（烟草、蔬菜、麻类、用材林等），通常可加强水肥管理，促进营养生长；也可采取摘除花序等措施，抑制生殖生长，以获得高产。而以果实和种子为收获物的作物，则需要适当控制营养生长避免过旺，如棉花适时打顶、抹掉腋芽，果树要整形修剪、疏花疏果。

第七节　植物生长的周期性

植物的整体、器官或组织在生长过程中并不是连续不断、均匀地进行生长，而是按一定节奏有规律地变化，这种现象就是植物生长的周期性。

一、生长大周期

在植株或器官的整个生长过程中，生长速率都表现出"慢-快-慢"的基本规律，即开始时生长缓慢，以后逐渐加快，达到最高点，然后生长速率又减慢以至停止。我们把生长的这三个阶段总合起来称为生长大周期（grand period of growth）。

以植物的生长状况对时间绘制的曲线叫生长曲线（growth curve）。如果以植物总高度或总质量对时间（萌发后天数）作图得到一条 S 形生长曲线（图 8-1）。而且不管用什么参数表示，如生长高度、质量、表面积、细胞数量以及蛋白质含量等，其增长曲线都是 S 形。这个 S 形曲线是单个细胞、组织、器官、植株，包括植物群体或动物群体甚至人类的典型生长曲线。若用生长速度来看，是抛物线形，前期生长速度缓慢，中期快，后期又慢。

就单个细胞而言，处于分裂期的细胞，由于细胞分裂是以原生质量的增多为基础，原生质合成过程较慢，体积增大较慢，细胞的生长亦缓慢；但当细胞转入伸长期，由于水分迅速进入，细胞的体积迅速增大，同时合成大量蛋白质、纤维素、半纤维素等，质量也迅速增加，细胞的伸长达到最高速度后就逐渐减缓；以后细胞进入分化期，体积和重量大多不再增加。一个由许多细胞构成的组织和器官的生长，同样具有生长大周期的特性。就植株整体来说，初期植株幼小，叶面积小、根系不发达，合成干物质少，因而生长缓慢；以后植株长大产生大量绿叶进行光合作用，同时根系发达吸收能力强，因此合成累积大量干物质，生长加快；后期因为植株衰老，根系吸收能力减弱，叶片光合作用减弱，干重的增加减少，同时还有呼吸的消耗，所以生长较慢。

了解植株或器官的生长大周期有重要的意义。在明确植株或器官生长周期的基础上，根据生产的需要，可以在生长最快的时期到来以前，及时地利用农业措施加以促进或抑制，以调控植株或器官的大小。如果生长大周期已结束，再补救收效甚微。例如，为防止水稻倒伏，常在基部一节、二节间伸长之前进行排水搁田，如果迟了，不仅达不到控制节间伸长的目的，还会影响幼穗分化，降低产量。

二、 生长的昼夜周期性

所有活跃生长着的植物器官在生长速率上都呈现昼夜周期性的变化，这种生长速度在昼夜间所发生的规律性变化称为生长的昼夜周期性（daily periodicity）。

生长的昼夜周期性与温度、光照和水分的昼夜变化有关。一般白天生长慢夜间生长快，因为白天光照强、温度高、相对湿度低，植物蒸腾作用强烈，往往引起水分亏缺，生长速度减慢；同时白天光照也抑制植物生长。晚上温度低，相对湿度增加，蒸腾作用弱，组织内水分较多，细胞分裂和延伸生长顺利进行；同时呼吸作用降低，物质消耗少，所以夜间生长快。有人观测到阔叶树的长高白天占 33%，夜间占 67%；紫竹夜间长高比白天快 6 倍。

但是此规律有一定的季节和地域限制，在高纬度地区或早春温度较低的地区，若夜间低温的抑制作用超过了黑暗的有利条件，就会表现出白天生长快夜间生长慢的现象。

三、 生长的季节周期

温带木本植物在一年中的生长随季节的变换有一定的周期性，称为生长的季节周期（seasonal periodicity）。

植物生长的季节周期总是和它原产地的季节变换相符合。温带地区一般春季日照变长，温度回升，植物合成赤霉素等激素促进芽萌发，恢复生长，但进行得迟缓；夏季温度进一步提高，雨水增多，生长最快；秋季日照缩短，气温下降，赤霉素和生长素等合成减少，而脱落酸、乙烯增加，生长减慢，叶子脱落；到晚秋及初冬便停止生长，进入休眠。这主要是受四季的温度、水分、日照等条件通过植物的内因（遗传）来控制。

这种季节周期性在多年生木本植物的年轮上表现得最明显。春夏季节适宜树木生长，生长速度快，茎形成层分化形成的次生木质部细胞大，细胞壁薄，因而木材疏松颜色浅，被称作早材；秋季生长速度慢，所形成的次生木质部细胞小，细胞壁薄，因此木质密，颜色深，被称作晚材。第二年又形成一圈颜色浅的早材和颜色深的晚材。这样早材和晚材就构成一个年轮。年轮的形成是植物生长的季节周期性的具体表现。通过年轮的变化可推测历史上的气候情况，特别是降雨量。

四、 生物钟

（一）概念

前面讲到植物随着昼夜或季节变换，其生长也发生昼夜周期和季节周期性变化，这些周期性变化主要取决于环境条件的变化。可是有一些植物发生的昼夜周期性变化却不决定于环境条件的变化。如菜豆叶子在白天是水平的，夜间则下垂，这种昼夜节奏运动具有周期性，而且即使在不变的环境条件下（如连续黑暗或连续光照和恒温下），在一定时间内仍然保持着这种周期性的、有节奏的变化（图 8-16），所以认为它是一种内生节奏。通过测定，发现其周期长度不是准确的 24h，而是 22~28h，因此，这样的周期称为近似昼夜节奏（circadian rhythm）也称生物钟或生理钟（physiological clock）。生物钟的现象在生物界中广泛存在，从单细胞到多细胞生物，包括动物、植物、微生物和人类都有。高等植物的气孔开闭、蒸腾作用、胚芽鞘的生长速度、伤流液流量、花朵香气的释放、细胞分裂等都有近似昼夜节奏的变化。

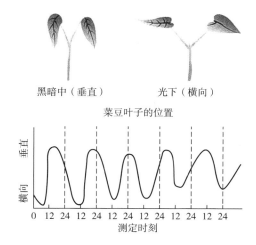

图 8-16 菜豆叶子在不变条件下（微弱光及 20℃）的运动

（二）特点

菜豆叶子的这种升起和下降的运动，说明了生物钟的几个特点：①近似昼夜节奏的引起必须有一个信号，而一旦节奏开始，在稳恒条件下仍然继续维持一定的天数。如果菜豆幼苗一直在稳恒的白光下生长，叶子就不显示升起和下降的运动。如果先使植株处于黑暗 8~10h，然后再用稳恒的白光照射，那么叶子将显示出升起和下降的运动，每一周期接近 27h，这种周期性维持一定的天数，但是在这种稳恒条件下，叶子的这种运动会逐渐减弱，最后消失。在菜豆叶子的运动中，这个信号就是暗期跟随着一个光期；②一旦节奏开始，就以大约 24h 的周期自动运行，不同植物的周期长度稍有不同，如燕麦胚芽鞘生长速率的周期为 23.3h；③若原来的内生节奏消失后，可被环境刺激重拨；④周期长度基本不受温度影响。

（三）生物钟运行的机制

近似昼夜节律的内源本质说明它受一个内在的近似昼夜节拍器控制，这种机制称为振荡器。内源振荡器与各种生理过程相伴。振荡器的一个重要特点是不受温度影响，它作为生物钟，在不同季节和各种天气条件下，能正常地发挥功能。

为了正常发挥其功能，振荡器必须由外界环境每天的光/暗循环来驱动。这个过程的光受体是光敏色素和隐花色素。拟南芥中光敏色素有 5 种，除 phyC 外都与生物钟的运行有关。每种光敏色素都是一种特定的红光、远红光或蓝光的光受体。隐花色素参与蓝光介导的生物钟运动。另外 ZTL 蛋白水平在黄昏时分达到高峰，拂晓时分最低，它也是蓝光受体，为振荡器的调控提供新的机制。

生物钟包括 3 个组分：输入途径、中央振荡器和输出途径。输入途径起源于外界信号，光的变化为媒介，将信号导入到中央振荡器。中央振荡器是由一系列生物钟基因组成不同的转录/翻译反馈环，通过节奏性控制某些关键因子构建不同的输出途径，从而实现对生理反应和形态变化的调控。目前已发现拟南芥中有几十个生物钟基因，它们的表达受转录、翻译及翻译后修饰的调节，也受表观遗传学调控，非常复杂。

生物钟实质是一个蛋白质水平的振荡系统，由转录因子控制。一般情况下，白天的时候转录因子打开某些生物钟基因，这些基因反过来引起其他基因转录去合成某些蛋白质；在夜间基因关闭，蛋白质生产停止。

在植物中，受生物钟调节的基因大约占基因组的 6%；在拟南芥中约有 1000 多个基因。例如，昼夜节律和光敏色素可调节编码 PSII 叶绿素 a/b 结合蛋白（LHCII）的基因家族的表达。在豌豆和小麦中，发现 LHCII 的 mRNA 水平随每天光/暗循环发生震荡变化，早晨升高，夜晚下降，但光敏色素可干扰这种表达的模式。

相关研究表明，生物钟调节的不同生理和形态反应，其输出途径的关键基因不相同。例如，在光调节下胚轴伸长反应中，输出途径的主要组分为 PIF4/5；而在光周期调节开花中，CO 蛋白作为输出途径的主要因子（参见第九章）。

（四）生物钟与植物适应环境的关系

生物钟将生理过程与环境因子的日、月和季节的循环变化，以及发育和衰老的阶段联系起来。生物钟的存在允许生物进行测时和预测环境的变化，并作出相应的准备来适应环境。

人们很早就知道昼夜节律在植物开花的光周期中起着重要作用，近年人们才得到它在最优化营养生长中的实验证据。过长或过短周期生物钟的拟南芥突变体生长在模拟白天/夜晚循环下，这些人工的白天/黑夜循环有的与植物的生物钟周期一致，有的不一致。生物钟与环境中的光/暗循环一致的植物比脱离环境节律的植物含有更多叶绿素和生物量。当它们共同生长在竞争的条件下，与脱离环境节律的植物相比，生物钟与环境节律一致的植物有更强的竞争力，并最终在竞争中胜出。因此，昼夜节律同步促进植物在最适时间内进行营养生长（光合作用和生物量）和生殖发育，以增强植物的适应性。

第八节　植物的运动

高等植物不能像动物一样自由地移动整体的位置，但植物的器官在空间可以产生位置移动，这就是植物的运动。高等植物的运动可分为向性运动和感性运动。

一、　向性运动

向性运动（tropic movement）是指植物对外界因素的单方向刺激所引起的定向生长运动，依据外界因素的不同，向性运动又可分为向光性、向地性、向化性、向水性等。

（一）向光性

植物随光的方向而弯曲的生长运动，称为向光性（phototropism）。例如，在室内窗台生长的花向窗外伸去，楼房周围的树木向着光的一侧长势好。植物地上器官如芽鞘、茎、叶子等都具有向光性。向光性有三种：正向光性是指向着光的方向生长，如茎尖；负向光性是指背离光的方向生长，如根；横向光性是指器官生长方向与光线垂直，如叶片多水平方向生长，便于更多地吸收光能。某些植物生长旺盛的叶子对阳光方向改变的反应很快，它们能随着太阳的运动而转动，例如向日葵和棉花等，呈所谓的太阳追踪（solar tracking）。

植物感受光的部位有茎尖、根尖、芽鞘尖端、某些叶片、生长中的茎。对向光性起作用的是短波光，作用光谱在蓝光区 420~480nm 和近紫外光区 340~380nm。现在认为向光素是向光性的光受体。植物产生向光性的原因是单向光照射引起器官内生长素不均匀分布的结果。

向光素是可以自我磷酸化的蛋白激酶，它的活性受蓝光诱导。在胚芽鞘中，照光后磷酸化激活的 phot1 使生长素的运输体 ABCB19 磷酸化，抑制其活性阻止生长素纵向运输。生长素累积在子叶节上，下部伸长区生长素减少生长停止。伸长暂停后，PIN3 介导的生长素侧向运输优先在幼苗背光侧恢复，使生长素累积在顶端的背光侧；然后再恢复极性运输即向基运输到伸长区，在伸长区刺激细胞伸长。背光侧的加速生长和向光侧的慢速生长导致向光弯曲。用琼脂块/胚芽鞘弯曲生物测定法进行测定的结果支持此模型，当芽鞘尖端受单侧光照时，它下面两侧的生长素含量不同，生长素集中在背光的一面（图 8-17）。

（二）向重力性

植物的不同器官会表现出以重力为标准向一定方向生长的特性，这种特性称为向重力性（gravitropism），过去称为向地性。向重力性也可以分为三种：根顺着重力方向向下生长，称为正向重力性；茎背离重力方向生长，称为负向重力性；地下茎水平方向生长，称为横向重力性。

产生向重力性的原因也和生长素有关。实验指出，接受重力刺激的部位可以是根、茎和胚芽鞘的尖端。当器官横放时，尖端组织中的生长素在向形态学的下端运输时，由于受重力影响而集中在下侧。由于茎、根、芽对生长素的敏感程度不同，根最敏感，其次是芽，最后是茎。所以对茎细胞来说，下侧生长素多生长快，就表现出向上弯曲生长的负向重力性；而根细胞对生长素更敏感，下侧生长素多抑制生长，下侧长得慢上侧长得快，所以根向下弯曲，就表现出向下生长的向重力性。

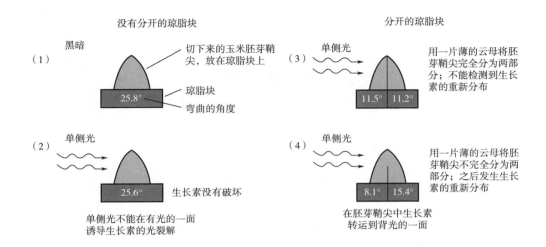

图 8-17　玉米胚芽鞘中单侧光可以刺激生长素侧向分布的证据（宋纯鹏等，2015）
琼脂中生长素含量用琼脂块诱导胚芽鞘弯曲的角度表示。

如果将暗处生长的燕麦幼苗水平放置，几小时后可以看到胚芽鞘向上弯曲而根向下弯曲。如果在无重力作用的太空，将植物横放，茎和根仍水平生长，不会弯曲。

那么，植物是如何感受重力的呢？现在认为感受重力的细胞器是平衡石，平衡石原指甲壳类动物器官中一种管理平衡的砂粒，起着平衡石的作用。植物的平衡石是指淀粉体，含平衡石的细胞称为平衡细胞，它在根里分布在根冠中，茎里分布在维管束周围的 1~2 层细胞（也称淀粉鞘），也有的分布在内皮层。每个平衡细胞含 4~12 个淀粉体，每个淀粉体都是由膜包着 1~8 个淀粉粒构成。这些淀粉体在器官位置改变时就移动到与重力方向垂直的一边（图 8-18），对内质网产生压力，这种压力作为刺激被细胞感受。近年来实验证明，pH 和 Ca^{2+} 可能作为第二信使参与重力感受，pH 的改变是由于 H^+-ATP 酶的作用。

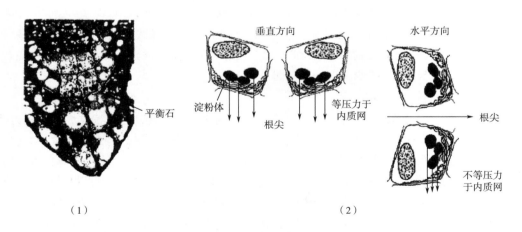

图 8-18　植物根冠中的平衡细胞对重力的感受（Taiz 等，2002）
（1）初生根根冠柱细胞中的平衡石-淀粉体；（2）细胞方位转换时淀粉体沉降并靠近内质网
（根垂直时，淀粉体对内质网产生的压力均匀；当根水平放置时，内质网受到的压力不均）。

和前面类似，生长素的侧向再分布由 ABCB19 和 PIN3 蛋白负责。结合平衡石、生长素、H^+-ATP 酶、Ca^{2+}、钙调素对向重力性的影响，有人提出向重力性的综合机理：当根直立时，根冠细胞中的淀粉体均匀分布在细胞底部（图 8-18），地上部合成的生长素经维管系统运向根尖，并均匀分布在根尖细胞中；根横放时，淀粉体下沉到细胞下侧内质网上，产生压力，诱发 Ca^{2+} 从内质网释放到细胞质，Ca^{2+} 与钙调素结合，激活质膜 H^+ 泵产生 pH 梯度改变，引起生长素外流的 PIN3 蛋白重新定位分布于下侧质膜，于是生长素向下侧运输，细胞下侧积累过多生长素造成下侧生长慢，上侧生长快，产生正向重力性。

植物具有向重力性有重要的生物学意义。种子播到土中，不管胚的方向如何，总是根向下生长，茎向上生长，方位合理有利于植物的生长发育。

（三）向化性与向水性

由于某些化学物质在植物周围分布不均匀而引起的定向生长，称为向化性（chemotropism）。植物根系在土壤中向肥料较多的地方生长；生产中深耕施肥就是利用向化性促进根系深扎。高等植物花粉管的生长总是朝着胚珠的方向进行，也表现明显的向化性，是向着钙浓度高的地方生长。

向水性（hydrotropism）是指当土壤水分分布不均匀时，根趋向较湿润的地方生长。当土壤表层干旱时，根系会向着深层有水的地方生长；生产上"蹲苗"就是利用这个原理，苗期适当控水，促进根系长度增加。

二、 感性运动

感性运动（nastic movement）是指无一定方向的外界因素均匀作用于植株或某些器官所引起的运动。按照刺激的性质可分为感夜性（nyctinasty）、感震性（seismonasty）和感热性（thermonasty）。

（一）感夜性

许多植物的叶片或花的开合受昼夜变化的影响，这种昼夜光暗变化引起的运动，称为感夜运动。如酢浆草、睡莲、三叶草和蒲公英的花昼开夜闭，而紫茉莉、烟草、花生、甘薯、月见草等的花是夜开昼闭。大豆、花生、合欢、四季豆、含羞草、酢浆草等的叶片白天水平展开，夜晚合拢或下垂。

感夜运动可能是被环境信号和植物内源的生物钟相互作用所调控。比如合欢叶片感夜运动有近似 24h 的周期，并且持续黑暗时叶片的节律性运动在有限时间内仍能以较小的振幅进行，所以推测感夜运动也有生物钟控制。感夜运动在一些植物中也可能由于光强度的变换而引起，如酢浆草白天花朵开放，晚上花朵闭合。但是白天遮阴光线弱的情况下花朵也会闭合。光敏色素和蓝光受体通过调节两侧细胞膜透性和 K^+ 通道活性，引起细胞水分变化，膨压改变来参与此过程的调节。

（二）感震性

由于机械刺激而引起植物运动称为感震运动。其中含羞草的运动是最引人注意的：它不仅在夜晚将小叶合拢，叶柄下垂；即使在白天，当部分小叶遭受震动时，小叶也会成对的合拢，如刺激较强，这种刺激可以很快地依次传递到邻近的小叶，甚至可以传递到整个复叶，使复叶叶柄下垂而小叶合拢。但过一段时间后，整个植物又可以恢复原状。

含羞草叶子下垂的机理是复叶叶柄基部的叶枕中细胞紧张度的变化引起的。从解剖学来看，叶枕的上半部及下半部组织中细胞的构造不同，上部细胞壁较厚，间隙较小；而下部组织的细胞壁较薄，细胞间隙也大。感受刺激的细胞产生动作电位，以2cm/s的速度经维管束传到叶枕，叶枕下部细胞原生质的通透性很快增加，水分和溶质由液泡中透出，排入细胞间隙，因此下部的细胞ψ_p下降、紧张度下降、组织疲软；而上半部的细胞此时仍保持紧张状态，复叶叶柄便由叶枕处弯曲，因而产生下垂运动。小叶运动的机理与此相同，只是小叶叶枕的上半部和下半部组织中细胞的结构正好与复叶叶柄基部叶枕的相反，所以当紧张度改变部分组织疲软时，小叶即成对的合拢起来。最新研究发现含羞草 $[Ca^{2+}]_{cyt}$ 是介导叶片快速运动的长距离快速信号，并与电信号在时空上耦合。由于含羞草的这种运动可由震动引起，所以一般也称作感震运动。

（三）感热性

由温度变化而引起的植物生长运动称为感热性。如番红花或郁金香花的开闭。将花从冷处移入温暖的室内，3~5min花就会开放。这是因为花瓣内侧和外侧生长速度不同所致。花的感热性运动可使植物在适宜的温度下进行授粉，保护花的内部免受不良条件的影响。

内容小结

植物生长表现为体积和质量的不可逆增加；分化是同质细胞转变为异质细胞的过程；发育是生长和分化的综合。发育的本质是基因在一定时间和空间表达引起的植物生理活动和形态结构的变化。植物整体生长以细胞的生长和分化为基础，即通过细胞分裂增加细胞数目，通过细胞伸长增大细胞体积，通过细胞分化形成各类细胞、组织和器官。细胞全能性是组织培养的理论基础。

种子萌发需要适宜的水分、温度和充足的氧气，有些种子的萌发还需要光照。萌发时种子中贮藏的淀粉、脂类、蛋白质等在酶的作用下水解为简单有机物，运送到幼苗供生长和呼吸之用。

植物生长主要受光照、温度、水分、矿质、激素等影响。光照不仅通过光合作用间接影响生长，而且直接影响植物的形态建成。光作为信号调节细胞生理反应、调控植物生长发育的过程称为光形态建成。参与光形态建成的光受体至少有光敏色素、蓝光受体（包括隐花色素、向光素等）和紫外光-B受体这三类。

植物各部分的生长存在相互依赖、相互制约的相关性，表现在根系和苗系、主茎与侧枝、营养生长与生殖生长的相关性等。掌握和利用植物生长的相关性可以更好地为生产服务。植物的生长具有周期性，表现为生长大周期、昼夜周期和季节周期，还存在近似昼夜节律。

植物的运动分为向性运动和感性运动。向性运动又分为向光性、向重力性和向化性、向水性等，感性运动又分为感夜性、感震性、感热性等。

课程思政案例

1. 观察不同环境下植物的形态特点或行为特点，运用所学知识进行分析，并在小组或班级进行分享，培养仔细观察、勤于思考的习惯和对大自然的热爱之情。

2. 如果要种植叶菜类有色蔬菜，如种植富含花青素的紫色小白菜时，光照强度高一些好还是适当遮阳好？应该从哪些方面思考此问题？请查阅资料讨论并设计初步试验方案，培养学生探索创新、理论联系实际的能力。

第九章

植物的生殖生理

当营养生长到一定程度时，植物就形成花芽、开花、结果，这些过程称为生殖生长。从营养生长到生殖生长的转变是非常复杂的过程，不仅是形态上的巨大变化，而且发生一系列复杂的生理生化变化。植物的开花过程是自身基因在不同阶段特异表达并与环境因子相互作用的结果，到目前为止，还未完全弄清楚。对农业生产而言，开花结实是获得农产品的重要过程，因此有关植物生殖生理及其调控机理的研究，有重要的理论和实践意义。

第一节　植物发育的三个时期

所有的多细胞生物体都要经过一系列的生长发育阶段，每个阶段都有其明显的特征。对人类而言，幼儿期、童年期、青春期以及成年期代表了普遍的发育时期。高等植物也经历着一系列的发育时期，但只发生在特定的区域，即茎顶端分生组织；而在动物中，这一系列的变化遍及整个有机体。植物的生活周期通常分为营养生长和生殖生长两个阶段，但现代植物发育生理学认为植物发育包括胚发育和胚后发育。在胚后发育时期，顶端分生组织依次经过下列三个发育阶段：幼年期（juvenility phase）、成年营养期（adult vegetative phase）、成年生殖期（adult reproductive phase）。从一个时期过渡到另一个时期，称为时期变化（phase change）。动物的大多数发育在胚胎期已完成，但高等植物在胚胎发育时期并没有花的雏形，花是植物从幼年生长到成熟后由分生组织分化发育产生的。

一、　植物从幼年期到成年期的转变

幼年期和成年期的主要区别是在幼年期任何处理均不能诱导开花；而成年期能够形成生殖结构：被子植物可以形成花，而裸子植物可以形成球果。

从幼年期向成年期的过渡，往往还伴随着一系列其他形态特征的变化，如叶形态、叶序、生根能力，棘刺的出现，以及在落叶植物中叶子的去留等。如常春藤，幼年期生根能力强、叶片掌状浅裂，成年期生根能力弱、叶片全缘卵形。与营养生长阶段向生殖生长阶段的骤变不同，植物从幼年期向成年期的过渡是一个渐进的过程，有时候从一片叶子就可以观察出这种转变的发

生。比如阿拉伯胶树（*Acacia heterophylla*）的叶子，幼年期是羽状复叶，有叶轴和小叶，而成年期只有扁平的叶柄（图9-1）。因此一片叶子不同部位的发育进程不同：叶尖幼年期，叶基成年期；但单子叶植物叶片基部保持生长能力，所以与此相反。一个完整植株不同部位的成熟度也不同，树木的基部通常是幼年期，顶部是成年期，中部则是中间型。例如，胡杨基部幼年期叶片全缘细长如柳叶，顶部成年期叶子扁圆形浅裂。但有些植物幼年期到成年期的变化很小，如玉米。

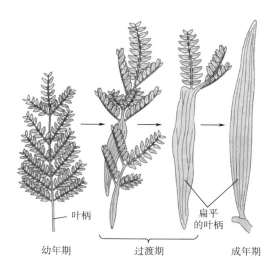

图9-1　阿拉伯胶树的叶子（Taiz 等，2010）

高等植物幼年期的长短因植物种类不同而有很大差异。一般草本植物的幼年期较短，几天或几星期；还有的草本植物根本或几乎没有幼年期。例如，在花生种子的休眠芽中已出现了花序原基，随着植物的生长，花芽也分化完成；油菜、日本矮牵牛、红藜等植物几乎没有幼年期，在适当的环境条件下，刚刚发芽2～3d的植株就可以长出花芽。多数木本植物的幼年期较长，一般从几年到几十年不等，如玫瑰的幼年期只有20～30d，葡萄1年，而橡树需要25～30年。俗话说"桃三杏四梨五年，核桃白果公孙见"，指的就是幼年期的长短。

二、 植物从成年营养期到成年生殖期的转变

成年期分为成年营养期和成年生殖期。成年营养期具有感受环境信号及进行花芽分化的能力，称为成花感受态（competent state）或花熟状态，也即获得了开花能力。此时若给予适当的发育信号后，植物能以所期望的方式作出反应。处于成花感受态的分生组织不能自动分化形成花芽，必须依赖于内在和环境信号的刺激才能启动花芽的分化发育。成年生殖期是指花、果实和种子的形成过程。

成花过程可分为以下三个阶段。

（1）花诱导（floral induction）　即对有感受能力的植物给予适当的环境刺激（如光周期、低温），诱导产生开花信号，细胞内部发生一系列生理生化变化，改变发育进程，由营养生长状态转变为生殖生长状态，即决定态（determined state）。一旦进入成花决定阶段，顶端分生组织就获得了花发育的程序，此时即使把枝条从植株正常部位移除也可以进行相应的发育过程。

（2）成花启动（floral evocation）　是在一定信号比如激素的作用下，基因表达改变，处于成花决定态的顶端分生组织经历形态发生过程，转变为花分生组织，形成了形态上可辨认的花原基，也称为花发端。

（3）花发育（floral development）　从花原基上顺序形成花的各器官，如花萼、花瓣、雄蕊、雌蕊等，又称为花器官的形成（图9-2）。

因此，植物从成年营养期到成年生殖期的转变就是成花诱导的过程。

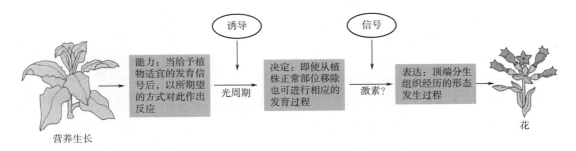

图 9-2 茎顶端分生组织成花启动的简单模式图 （Taiz 等，2006）

三、 影响时期转变的因素

植物的幼年期向成年期的转变受多种内外因素的影响，内因包括植株体积的大小、年龄、叶片数目和营养状况，外因包括植物生长环境中的光照、温度、水分等。如菊花的茎尖分生组织必须达到一定大小才能启动花原基分化；有些品种的烟草必须具有一定数目的叶片才能开花。

植物整合内外因素，产生信号影响茎顶端分生组织由幼年期向成年期的转变。在许多植物中，弱的光照会延长幼年期，或者使植株从成年期重返幼年期。弱光照的一个主要后果是减少供给茎尖的碳水化合物，因此碳水化合物尤其是蔗糖的供应，可能在幼年期和成年期的转换中起重要作用。碳水化合物是主要的能源和原材料，会影响茎尖的大小。在拟南芥中，6-P-海藻糖作为信号分子表征碳水化合物的状态，缺乏 6-P-海藻糖的植株即使处在诱导条件下也会很晚开花。

除了糖类和其他营养外，茎尖还接受植物其余部分产生的激素和其他信号因子。实验证明施用赤霉素能使幼年期的几种松科植物形成生殖结构。加速松类植物球果形成的其他处理（如去根、水分胁迫、氮素饥饿等）经常也导致植株内赤霉素的累积，因此说明内源赤霉素参与了生殖调控。

控制植物时期转变的一类主要保守因子是 microRNA。microRNA 是一种小的非编码 RNA，主要作用于 mRNA 的转录本，调控其功能。在拟南芥和其他许多植物（包括树木）中，microRNA miR156 是调控幼年期到成年期转换的关键因子，它的靶基因能促进植物向生殖期的转变。miR156 的水平随植物生长时间推移而降低，一旦低于一定阈值，靶基因表达，就能发生时期转换。过表达 miR156 会延迟拟南芥和杨树的时期转变。除 miR156 以外，miR172 也参与拟南芥的时期转换，它促进从成年营养期向成年生殖期转变，其目标基因是抑制开花的转录因子的转录本。在植物发育过程中 miR156 的含量逐渐降低而 miR172 水平逐渐增加。miR156 的含量受植物年龄控制而 miR172 的表达受光周期控制。

总之，诱导植物开花的因素有两类，即内因和环境因素。由植物内在发育因子决定开花而不依赖于任何环境因子的途径，称为自主途径。一些植物的开花表现出对特定环境条件的绝对要求，这些植物的开花是专性反应或质量反应。如果特定环境条件促进开花，但缺乏此条件最终也能开花，这种开花反应称为兼性反应或数量反应。兼性开花反应的植物，如拟南芥，依赖于环境条件和自主信号促进其生殖生长。

在自然条件下，花诱导是受外界条件严格影响的，这些外界条件主要是低温和光周期。

第二节 低温和花诱导——春化作用

一、春化作用的概念和反应类型

（一）春化作用

很早以前，我国北方农民采用"闷罐法"，把吸水湿润的冬小麦种子闷在罐里放置于（0~5℃）冷凉处40~50d，用于春季补种，在当年的夏初就可以抽穗、开花、结实，当年可收获。1918年德国的加斯纳（Garssner）用不同温度处理冬黑麦，结果发现只有经1~2℃处理的冬黑麦能开花。1928年苏联的李森科（Lysenko）把低温促使植物开花的作用称为春化作用（vernalization）。生产中人们发现一年生的冬性植物如冬小麦、冬大麦、冬油菜以及二年生的萝卜、白菜、甘蓝、洋葱等植物，必须经过一定天数的低温，才可能拔节、抽穗、开花、结实。在自然条件下，冬小麦等在头一年秋季萌发，以营养体过冬，次年夏初开花结实。对这类作物，秋末冬初的低温就成为花诱导所必需的条件，如果不能满足低温的要求，植株便不能开花。假如将这些植物种在冬天的温室里不能开花，但曝露在室外的枝条可以开花。

未春化的植株和已春化的植株，形态上会有差异：比如，未春化的拟南芥叶片呈莲座状排列，春化后茎伸长、开花。

如果将冬小麦改在春季播种，营养体长得很繁茂，但不能开花结实。这些冬性作物对低温的需要，可以人工施加低温处理来代替，这种处理称为春化处理。

（二）植物开花对低温反应的类型

植物开花对低温的需要程度分为两种类型。

类型I：植物对低温的要求是绝对的、专性的。二年生或多年生草本植物多属于这种类型，它们在第一年秋季进行营养体生长，并以这种状态过冬，经过低温的诱导，于第二年夏季抽薹开花。如果不经过一定天数的低温，就一直保持营养生长而不开花。

类型II：植物对低温的要求是相对的，如冬小麦、冬黑麦等一年生冬性植物，低温处理可促进它们开花，未经低温处理的植株会延迟开花，但最终也能开花或勉强开花。它们对春化作用的反应表现出量上的需要：随着低温处理的时间延长，开花所需要时间缩短；未经低温处理的，达到开花所需的时间最长。如冬黑麦的春化处理天数延长时，从播种到开花时间就缩短；当春化处理时间缩短时，从播种到开花的时间就会延长，它们对低温的要求是相对的（图9-3）。

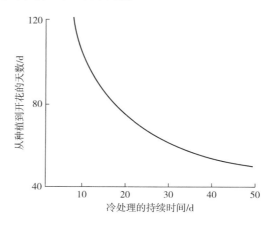

图9-3 冬黑麦种子低温处理时间对开花的影响

　　各植物春化所要求的温度及持续时间不同，这与植物的原产地有关：原产北方的植物春化要求温度较低，原产南方的植物春化要求温度稍高。根据原产地的不同，小麦可分为冬性、半冬性和春性三种类型（表9-1）。一般来说，冬性越强，要求的春化温度越低，春化的天数也越长。

表 9-1　　　　　　　　　　　　　不同类型小麦春化所需温度及天数

类型	春化温度范围/℃	春化时间/d
冬性	0~3	40~45
半冬性	3~6	10~15
春性	8~15	5~8

二、　春化的条件及春化解除

　　温度是春化作用的主要条件，其有效温度在0~10℃，最适温度为1~7℃；春化需要保持一定的代谢活性，低于冰点的温度使代谢活性受抑制，对春化作用是无效的。除了低温，春化还要求适量的水分、氧气和碳水化合物（糖）等。干种子不能对低温处理作出反应，因为春化是一个活的代谢过程；因此春化也需要氧气。将冬黑麦种子胚切下来进行组织培养，在低温下进行春化处理。培养基中含有各种无机营养和有机营养，但不含碳水化合物，结果胚可以生长，但无春化效果；如果培养基中加入蔗糖，则可以实现春化。由此证明，在春化过程中不能缺少碳水化合物。

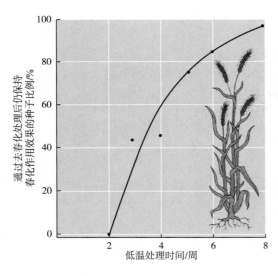

图9-4　低温处理时间越长，春化作用
越稳定（宋纯鹏等，2015）

　　一些长日照植物，如冬小麦、豌豆、胡萝卜、甜菜等的春化作用可被高温（30~40℃）取消，这种高温消除春化的现象，称为去春化作用（devernalization）。另外去春化作用只能在低温处理初期才有效，春化时间越长，就越不容易解除；春化作用一旦完成，高温处理就不起作用。例如黑麦种子用水浸泡后，用不同天数的低温进行处理，然后迅速给予3d的35℃去春化处理后进行栽培，结果表明低温处理时间越长，春化作用越稳定（图9-4），能保持春化作用效果而开花的植株越多。

　　解除春化的植物，再给予低温处理，可以重新进行春化，称为再春化（revernalization）。

三、　春化作用的感受和传递

（一）感受春化作用的时期和部位

植物感受春化的时期是不同的，冬小麦、冬黑麦等从种子萌发直到长成植株都可接受春化处理，但以三叶期为最好。少数植物如甘蓝、芹菜、月见草、胡萝卜等，只有在绿色幼苗长到一定大小才能通过春化。如甘蓝的茎直径在 0.6cm 以上、叶宽达 5cm 时，才能进行春化；月见草至少要有 6~7 片叶子，才能通过春化。

以营养体状态进行春化作用的植物，接受低温影响的部位是茎尖端的生长点。温室栽培的芹菜，如果得不到低温，就不能开花。如果用橡皮管缠绕茎顶端，在管内不断通入冷水流，使茎生长点受到局部低温处理，就能通过春化，在长日照下开花结实；反过来，如果把芹菜种植在低温下，而茎生长点处于 25℃，就不能开花结实。

冬小麦等一年生冬性植物，萌动的种子可通过春化，实际是胚在感受低温诱导。此外还发现缎花的叶柄和具有细胞分裂能力的幼叶基部，也可以被春化，而老叶则不能。所以一般认为，只有正在进行细胞分裂的组织才具有春化的能力。

（二）春化效应的传递

春化效应的传递具有多样性。植物通过低温诱导所产生的效应，可以通过细胞分裂自我复制传递给子细胞。如黑麦在种子内进行春化，接受春化诱导的细胞，所衍生的组织都具有春化效应。德国的梅尔切斯（G. Melchers）将低温处理的二年生植物天仙子的枝条嫁接到未受低温处理的同一品种植株上，可以诱导后者开花。甚至天仙子和烟草嫁接，也能促使烟草开花。

梅尔切斯推测这是因为低温春化的植株内产生了一种刺激开花的物质，经嫁接传递到未春化处理的植株内而导致开花，并将这种物质称为春化素（vernalin），但此物质是什么，至今没有定论。而且后来研究发现也有些植物不能通过嫁接传递春化的效果，如菊花和萝卜。

在研究春化效应传递的过程中，人们发现，某些植物如小麦、油菜、燕麦、早熟萝卜等，经春化处理后，体内赤霉素含量增多。又有试验证明赤霉素可以代替低温诱导某些需冷植物，如白菜、天仙子、甜菜、胡萝卜、芹菜等开花。这表明赤霉素可以某种方式代替春化作用。但赤霉素不能诱导所有的需冷植物开花。而且在对赤霉素有反应的植物中，对赤霉素的反应不同于春化反应：用赤霉素处理甘蓝，茎先伸长并形成营养枝，然后产生花芽；而经低温处理后，花芽和茎的伸长是同时发生的。因此，赤霉素不是春化素。

四、　春化作用的机理

（一）代谢变化

春化处理的小麦种子比未春化处理的种子呼吸速率高。用氧化磷酸化解的偶联剂 2,4-DNP 处理种子，可以抑制春化效果，其中以春化前期处理的抑制作用最强。联系春化需要氧气和糖，可以认为氧化磷酸化对春化作用有重要影响。此外，春化过程中，呼吸酶也发生相应变化，如细胞色素氧化酶逐渐被抗坏血酸氧化酶所代替。在春化过程中核酸，特别是 RNA 在体内含量增加，代谢加速。而且 RNA 性质也有所改变，低温下合成大分子量的 mRNA 较多；低温处理的冬小麦种子中可溶性蛋白和游离氨基酸含量增加，其中脯氨酸增加较多，而且有新的组分出现。除此以外，春化后植物的光合、蒸腾等都明显加强。因此，春化后植株代谢大为提高，抗寒能力显著降低。

谭克辉等（1983）认为春化过程前期是糖类氧化和能量代谢的旺盛时期，中期是核酸代谢的关键时期，中后期是蛋白质起主要作用的时期。实验证明，经春化处理后的冬小麦幼芽中得到的 mRNA，能翻译出相对分子质量为 $1.7×10^4$、$2.2×10^4$、$3.8×10^4$ 和 $5.2×10^4$ 的多肽，而未经春化的冬小麦则不能翻译出上述多肽。因此低温春化首先在转录水平上进行调节，产生一些特异的 mRNA，并在低温下翻译出相应蛋白质，导致代谢方式或生理状态发生重大变化。

（二）春化效应的分子机制

分子遗传学研究表明，春化过程是基因启动、表达与代谢调节的复杂过程，某些特定基因被诱导活化表达，最终导致一系列生理生化变化，促进花芽分化。

春化作用影响开花能力的一个模型是冷处理后，分生组织的基因表达模式发生了稳定的变化，但是这种基因表达的变化不涉及 DNA 序列的变化，而且可通过有丝分裂或减数分裂传递给子代细胞，也称为表观遗传改变（epigenetic change）。基因表达的表观遗传改变在许多生物（从酵母到哺乳动物）中都有发生。表观遗传改变主要涉及 DNA 或组蛋白共价修饰的改变。

用 DNA 去甲基化的试剂 5-氮胞苷处理拟南芥晚花型突变体和冬小麦，总 DNA 甲基化水平降低，植株提早开花。因此认为拟南芥晚花突变型之所以开花迟，是由于其基因被甲基化不能表达，据此提出春化基因去甲基化假说。

真核生物中核 DNA 缠绕在组蛋白上形成核小体，组蛋白有四种：H_2A、H_2B、H_3 和 H_4。组蛋白、DNA 和其他与 DNA 结合的蛋白质共同组成了染色质。染色质分为转录活跃的、结构松散的常染色质和转录不活跃、结构比较紧密的异染色质。异染色质和常染色质的区别在于核小体上特定组蛋白（主要是 H_3 组蛋白）的共价修饰方式不同。基因的表达不仅仅由 DNA 决定，组蛋白的修饰（乙酰化、磷酸化、甲基化）所引起的结构变化同样能影响基因的开关，调控基因的转录、影响基因的表达，这一调节方式被称为组蛋白密码。

拟南芥需要春化作用和长日照才能开花。一个与长日照植物拟南芥春化作用相关的、起表观调节作用的特异靶基因已经鉴定出来：开花抑制基因 FLOWERING LOCUS C（FLC），它编码一个 MADS-box 蛋白，通过直接抑制叶片中的开花信号 FLOWERING LOCUS T（FT）及茎尖分生组织的转录因子 SOC1 和 FLOWERING D（FD）的表达而起作用。FLC 基因在没有经过春化作用的茎顶端区域高度表达因而不开花。春化作用使开花抑制基因 FLC 的染色质失去常染色质的组蛋白修饰功能而获得异染色质的修饰特征（主要是特定赖氨酸残基的甲基化），使 FLC 从常染色质向异染色质转变，这个基因的表达被关闭，从而在长日照下可以开花。然而在下一世代中，FLC 基因的表达又被开启，需要重新进行冷处理。

目前从冬小麦中也克隆得到 VRN1、VRN2、VRN3、VRN4 和 VRN5 等在春化作用中起主要作用的基因，其中包含锌指结构的 VRN2 蛋白是开花抑制因子。冬小麦中春化作用主要是通过促进 VRN1 的表达来抑制 VRN2 的表达进而促进冬小麦开花；春小麦中 VRN2 发生突变不能表达，因此不需要低温春化即可开花。

（三）植物进化出了一系列春化作用机制

在所有开花的植物中，春化作用途径不尽相同。许多需要春化作用的植物在秋季萌发，然后充分地利用凉爽的冬季进行生长，在春季开花。需要春化的植物不但需要感受冷信号，同时需要一套感知冷处理持续时间的机制。一般来说，春化作用只有在足够长时间的冷处理后才会发生，这样持续的时间提示植物完整的冬天已经结束。在拟南芥中，*FLC* 基因是开花的抑制因子，使其需要春化才能开花。禾谷类植物中 VRN2 蛋白是开花抑制因子，使其也需要春化作用才能开花。

然而有很大一部分有花植物在温暖气候条件下起源，因此没有感知冬季持续时间的机制，其春化作用和芽的休眠反应就可能进化出了独立的机制。

在发育过程中，春化作用可使分生组织获得向花器官转变的能力，但是开花能力的获得并不能保证开花一定会发生。对春化处理的需求一般与特殊的光周期关联，最普遍的联系是冷处理后给予长时间光照，使处于高纬度的植物在夏初开花。

第三节 光周期与花诱导

一、 光周期现象的发现

一天中白天和黑夜的相对长度称作光周期。植物要求有一定的白天和黑夜的相对长度，才能开花结实的现象，称为光周期现象（photoperiodism）。关于植物的光周期现象，最早是 1920 年美国两位科学家加纳和阿拉德发现，美洲烟草在美国华盛顿附近的夏季长日照下，营养生长旺盛，株高可达 4~5m，但不开花；而在冬季的温室里则开花。他们试验了一些影响开花的可能因素，如温度、光照、营养条件等，发现关键的因素是日照长度。如果在夏季人为缩短日照长度，这种烟草可在夏季开花。在冬季温室内用人工光照延长日照长度超过 14h，它保持营养状态不开花，说明这种烟草只有在短日照条件下才开花。此后，又观察到不同植物的开花对日照长度有不同的反应。

二、 光周期反应类型

依据植物开花所需日照长度，最初把它们分为三类：长日照植物、短日照植物、日中性植物。过去曾以 12h 为界，区分长日照和短日照植物，后来发现长日照植物与短日照植物之间的区分不在于它们对日长要求的绝对值，而在于它们对日长要求有一个最低或最高极限。对光周期敏感的植物开花需要一定的临界日长（critical day-length），所谓临界日长是指在昼夜周期中诱导长日照植物开花所必需的最短日照长度或诱导短日照植物开花所必需的最长日照长度。大于临界日照时数，短日照植物不能开花；小于此日照时数，长日照植物不能开花。不同植物的临界日长是不同的，甚至同一植物的不同品种，对日照长度的要求也可能不同（表9-2）。后来人们就用临界日长来划分长、短日照植物。

（一） 短日照植物

日照长度短于临界日长度的光周期才能开花，若缩短日照长度开花提前，这类植物称为短日照植物（short-day plant，简称 SDP）。如棉花、美洲烟草、高粱、菊花、玉米、苍耳、腊梅、日本牵牛、大豆、大麻等。

表 9-2　　　　　　　　　　　一些短日照植物和长日照植物的临界日长

短日照植物		长日照植物	
植物名称	24h 周期中的临界日长/h	植物名称	24h 周期中的临界日长/h
菊花	14~15	木槿	12
苍耳	15.5	拟南芥	13
裂叶牵牛	14~15	天仙子	11.5
曼德临（Mandarin）（大豆早熟品种）	17	菠菜	13
		白芥菜	约 14
北京（Peking）（大豆中熟品种）	15	小麦	12 以上
		大麦	10~14
比洛克西（Biloxi）（大豆晚熟品种）	13~14	燕麦	9
		甜菜（一年生）	13~14
美洲烟草	14	意大利黑麦草	11
一品红	12.5	毒麦	11
晚稻	12	红三叶草	12
红叶紫苏	约 14	琉璃繁缕	12~12.5

（二）长日照植物

日照长度超过临界日长度的光周期才能开花，若延长日照长度开花提前，这类植物称为长日照植物（long-day plant，简称 LDP）。如冬小麦、冬大麦、燕麦、菠菜、萝卜、甜菜、天仙子、油菜、甘蓝、杜鹃、桂花、山茶、白菜、芹菜、拟南芥等。

（三）日中性植物

对于日照长短要求不严格，在任何日照条件均可开花的植物称为日中性植物（day-neutral plant，简称 DNP）。如荞麦、花生、番茄、四季豆、黄瓜、月季、菜豆、辣椒、君子兰、向日葵、蒲公英等。

后来，进一步观察到在少数植物中，花诱导和花的形成可区分为两个明显的过程，要求不同的日照长度。例如大叶落地生根、夜香树、芦荟等，它们的花诱导需要长日照，而花器官的形成要求短日照，所以只有预先受到足够日数的夏季长日照后，才在秋季短日照下开花；若一直处在长日照或一直处在短日照，都不开花，这类植物可称为长-短日照植物，简称 L-SDP。与此相反，另一些植物，如风铃草、瓦松、白三叶草、鸭茅等，要在预先受到一定的短日照后，才在长日照下开花，这类植物称为短-长日照植物（S-LDP）。此外，还有一类植物，只在一定的日照长度下开花，延长或缩短日照都抑制开花，这类植物称为中日性植物，如甘蔗，只在12h 左右的日长度下开花，最适日长度为 12.5h。

以上所讲的长日照植物，若日照短于临界日长时不能开花；短日照植物，若日照长于临界日长时也不能开花，这样的植物称为绝对长日照植物或绝对短日照植物。但有少数植物对日照长度要求不那么严格，它们在不适宜的日照长度下，即长日照植物在短日照下，短日照植物在长日照下，最终也能开花；但适宜的日照长度可以促进开花，这样的植物称为相对长日照植物或相对短日照植物。

三、 光周期中暗期和光期的重要性

（一）暗期的重要性

在自然条件下，昼夜总是在 24h 的周期内交替出现的，因此和临界日长相对应还有临界夜长（critical night）或临界暗期（critical dark period）。临界夜长是指在昼夜周期中短日照植物能够开花的最小暗期长度，或长日照植物能够开花的最大暗期长度。那么植物开花究竟取决于日长还是夜长呢？

大豆的临界日长度是 13~14h。1940 年哈姆纳用人工光源控制光期和暗期，对短日照植物大豆进行试验，将光期固定为 16h 或 4h，改变暗期长度。结果不管光期是 16h 还是 4h，只有暗期长度超过 10h 时，大豆才能开花；若暗期长度低于 10h 就不开花。这说明大豆的临界夜长是 10h，对短日照植物而言，只要暗期超过临界夜长，不管光期是 16h 还是 4h 都能开花。因此暗期长度对控制短日照植物开花比光期长度更为重要。

长日照植物天仙子，其临界日长为 11.5h。实验表明在 12h 日长和 12h 夜长时天仙子都不开花，但给予 6h 日长和 6h 夜长处理则开花。说明长日照植物并不是需要一个长光期，可能是需要一个短的暗期。

关于暗期对植物开花的重要性还可以通过暗期中断试验来证明（图 9-5）：①短光期长暗期的处理，短日照植物能开花，长日照植物不开花；②长光期短暗期的处理，短日照植物不开花，长日照植物能开花；③用和试验①类似的短光期长暗期处理，但暗期中间用一个很短时间足够强度的闪光来中断暗期，结果短日照植物开花受阻而长日照植物可以开花；④用和试验②类似的光周期处理，但用短暂黑暗中断光期结果对开花没有影响；⑤短光期短暗期处理，短日照植物不开花，长日照植物能开花；⑥长暗期长光期处理，短日照植物能开花，但长日照植物不开花。

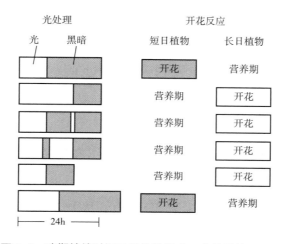

图 9-5　暗期持续时间对开花的影响（宋纯鹏等，2015）

这些结果说明，短日照植物需要一定长度的不间断的连续暗期才能开花，闪光中断暗期则不能诱导开花；长日照植物需要短暗期，长暗期可抑制其开花，用闪光间断长暗期则可以开花；而长日照植物的长光期被中断，并不影响开花。这进一步证明暗期对植物开花更重要，所以应当将短日照植物称为长夜植物，长日照植物称为短夜植物。

（二）光期的重要性

既然短日照植物实际上是长夜植物，那如果在 24h 周期中给它 23h 甚至更长的黑暗，能否开花呢？试验证明：暗期决定能否进行花原基分化，而光期决定花原基的数量，光期的光合作用主要为花发育提供营养物质；光照时间太短或光照太弱都不能开花。

四、 光周期反应与植物的起源与分布的关系

植物开花对日照长短的不同反应决定于其原产地生长季节的光周期变化，所以需要了解不同纬度地球表面一年中光周期的变化情况。我国地处北半球，日照最长是夏至（6 月 22 日左右），日照最短是冬至（12 月 22 日左右），春分（3 月 21 日左右）和秋分（9 月 23 日左右）的日长和夜长各为 12h（图 9-6）；从春分经夏至到秋分这段时间，日照长于 12h，夜晚短于 12h，纬度越高日照时间越长；从秋分经过冬至到来年春分这段时间，日照短于 12h 夜晚长于 12h，而且纬度越高日照越短。所以，高纬度地区一年中既有长日照，也有短日照；夏季长日照冬季短日照。而低纬度地区，即热带和亚热带，终年日照长短都在 12h 左右，没有长日照。

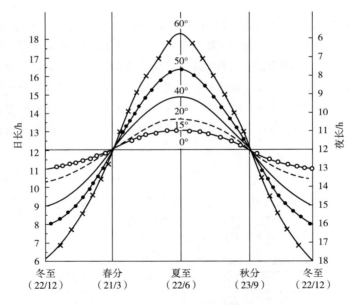

图 9-6 北半球不同维度地区昼夜长度的季节性变化（李合生等，2019）

因此我国南方（如海南）只有短日照植物；在中等纬度地区，气温适宜，长日照和短日照植物都有，长日照植物在春末夏初开花，而短日植物在秋季开花；在高纬度地区（如我国东北），由于短日照时气温已很低，所以只能生存一些要求日照较长的植物。原产热带、亚热带的植物多属短日照植物，原产寒带或寒温带的植物多属长日照植物。当然，栽培植物由于人们的不断驯化，对日照长短的适应范围逐渐增大。例如，番茄原本是短日照植物，经过长期驯化，

其中许多品种对日照的反应不敏感，可以在全国各地种植。

五、 光周期诱导

植物并不是一生都需要适宜的光周期才能开花结实，而是只要在花原基形成以前的一段时间内得到足够日数的适宜光周期，以后可以在任何日照长度下开花。因此，光周期的作用是一个诱导过程，其效应可保持在体内。这种能产生诱导效果的适宜的光周期处理称为光周期诱导。

（一） 光周期诱导的天数

光周期诱导所需天数随植物而异，如短日照植物苍耳和日本牵牛花，只需 1d 适宜的光周期，以后放在不适宜的光周期下，在 2~3d 便可看到花原基开始分化。有些长日照植物也只需一个长日照，如油菜、菠菜和毒麦。多数植物需要几天，如天仙子需 2~3d；有些需要诱导日数较多，如甜菜需 15~20d、矢车菊需 13d。

（二） 感受光周期诱导的年龄

通常植物生长到一定年龄后才有可能接受光周期的诱导。不同植物开始对光周期表现敏感的年龄不同，大豆是在子叶伸展期，水稻在七叶期前后，红麻在六叶期。以后年龄越大，光周期诱导所需的时间也越短。

（三） 感受光周期的部位

植物什么部位感受光周期的变化呢？用短日照植物菊花，将上部幼叶和下部老叶去掉，只留中部成熟叶片和茎尖进行如下试验（图9-7）：（1）整株菊花都生长在长日照条件下，植株没开花；（2）整株菊花都生长在短日照条件下则开花；（3）若将菊花的叶片每天定时用黑罩套起，缩短其日照时数，茎尖即使留在长日照下，植株也可以开花；（4）如给以茎尖适当的短日照而叶子长日照，植物便不开花。该实验证明，只要叶片得到适当的光周期，植物便可开花，不论植物的其余部分处在何种光周期。所以感受光周期的部位是叶片。

叶片对光周期的敏感性与其年龄有关。一般来说，幼叶和老叶的敏感性较弱，成熟的叶片敏感性最强。

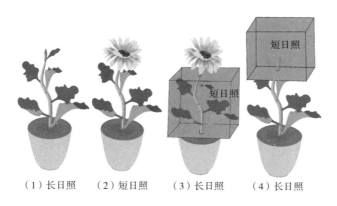

（1）长日照　　（2）短日照　　（3）长日照　　（4）长日照

图9-7　叶在光周期反应中的作用

（四） 开花效应的传导

叶片是感受光周期信号的器官，而诱导开花的部位却在茎顶端的生长点。叶和茎尖之间隔着叶柄和一段茎，因此必然有某种刺激开花的物质从叶运到生长点。关于这一点，可以用嫁接试验证明（图9-8）。1930年苏联的柴拉轩（Mikhail Chailakhyan）将5株苍耳串联式嫁接在一起，只有一株的某个叶片给予适宜的光周期（短日照），其余植株及叶片都处在不适宜的光周期（长日照），结果5株苍耳都可以开花，说明有刺激开花的物质通过嫁接传递，柴拉轩把这种物质称为成花素或开花素（florigen）。

被诱导
的叶片　　　　　　不适宜的光周期

图9-8　苍耳中开花刺激物的传导（王小菁，2019）

种间或属间嫁接证明，无论是同一种日照类型，或不同日照类型嫁接均可发生开花刺激物的运输：如长日照植物天仙子和短日照植物烟草嫁接后，在长日照和短日照下两者都开花。长日照时开花刺激物由天仙子产生传导给烟草，而在短日照时开花刺激物由烟草产生传输给天仙子，这说明两种光周期反应产生的开花刺激物本质上是相同的。日中性植物的叶片同样可以产生可转运的开花刺激物。用环割或麻醉处理叶柄和茎，都可以延迟或抑制开花，证明开花刺激物运输的途径是韧皮部。

（五）与开花有关的信号物质

早期的试验证明，赤霉素可代替长日照，诱导某些植物（天仙子、金光菊）在短日照条件下开花；赤霉素又可代替低温，诱导某些低温长日照植物（胡萝卜、甘蓝）不经春化即可开花。同时，实验表明以上这些植物在经过低温和长日照的诱导后，内源赤霉素含量会增加。因此人们便很容易想到赤霉素和诱导植物开花有关。但是，实验证明赤霉素不是成花素。

很多年来，人们付出了巨大的努力试图分离成花素都失败了。后来知道mRNA和蛋白质大分子可以通过胞间连丝在细胞间运输，也可以在韧皮部进行长距离运输。因此猜测成花素可能是经过了适宜光周期诱导的植物从叶子通过韧皮部向顶端分生组织运输的RNA或蛋白质分子。近年来通过分子遗传学手段研究发现在拟南芥中 *FLOWERING LOCUS T*（*FT*）基因翻译出的FT蛋白可以从叶片向顶端分生组织移动。目前的研究认为：响应多种信号如光周期、光质和温度，*FT* mRNA在叶脉的伴胞中表达，FT蛋白在FTIP1（FT INTERACTING PROTEIN1）帮助下通过胞间连丝和内质网进入筛管，然后通过韧皮部从叶子运输到分生组织，因此FT蛋白就是成花素。水稻中等同于FT的蛋白称为Hd3a。成花素在顶端分生组织与14-3-3蛋白结合，然后转入细胞核与bZIP型转录因子FD蛋白结合，触发其他基因表达，进而诱发开花。

六、 光敏色素在开花中的作用

（一）光周期反应对光量和光质的要求

经试验证明光周期诱导所要求的光照强度，以及打断暗期的闪光的光强度都很微弱，远远低于光合作用所需要的光照强度。一般光周期诱导所需的光强度在50~100lx，但不同植物甚至不同的品种其反应可能不同。水稻对夜间补充光强8~10lx就有反应。

用不同波长的光来中断暗期，研究光质对花原基形成的影响（图9-9），结果表明，在闪光中断暗期的试验中，无论是抑制短日照植物开花，还是诱导长日照植物开花，都是红光最有效。如果在红光照射后立即再给以远红光照射，红光的作用会被远红光抵消，这个反应可以反复逆转多次。说明光敏色素参与了光周期的花诱导过程。

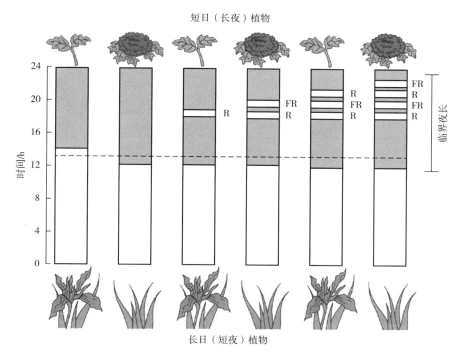

图 9-9 光敏色素通过红光和远红光来控制开花（Taiz 等，2006）

R—红光 FR—远红光

另外，试验还发现持续蓝光或远红光处理可以促进长日照植物拟南芥开花，而红光抑制其开花，所以长日照植物光周期反应的光受体除了光敏色素还有隐花色素。而短日照植物光周期反应的光受体主要是光敏色素。

（二）光敏色素的作用

如第八章所述，光敏色素有多种，生理作用很复杂。phyA 具有光不稳定性，介导了连续远红光促进开花的反应和低光量的广谱光反应；其他几种光敏色素具有光稳定性，介导了红光抑制开花的反应，其中 phyB 作用最大。

根据生物钟假说（clock hypothesis），光周期的守时性主要依赖于生物钟的内源振荡器，该振荡器控制植物对光的敏感期和不敏感期，无论在长暗期还是长光期中，对光的敏感性依然有大约 24h 的振荡。后来生物钟假说进一步演变为协变模型（coincidence model），认为生物钟控制的内在光敏感期与每天的白昼一致时会促进长日照植物开花而抑制短日照植物开花。

拟南芥开花的关键组分为生物钟基因 *CONSTANS*（*CO*）。CO 蛋白是锌指结构蛋白，作为转录调控因子，长日照条件下它在叶片中表达，刺激关键的开花信号 FT 的表达促进开花。在短日照植物水稻中，*Heading-date1*（*Hd1*）和 *Heading-date3a*（*Hd3a*）基因编码与拟南芥 CO 和 FT 同源的蛋白质。*FT* 和 *Hd3a* 都促进开花；但在水稻中 *Hd1* 抑制 *Hd3a* 的表达。*CO* 的表达受生物钟的调控，在黎明后 12h 活性最高（图 9-10）。水稻的 *Hd1* 和拟南芥的 *CO* 表现出类似的昼夜 mRNA 累积模式。另外光照和光受体通过转录后的机理调节 CO 蛋白的丰度：光照增强 CO 蛋白的稳定性，暗中 CO 蛋白降解；上午的 phyB 信号增强 CO 蛋白的降解，但傍晚的 phyA 和隐花色素信号对抗此降解，允许 CO 蛋白累积。

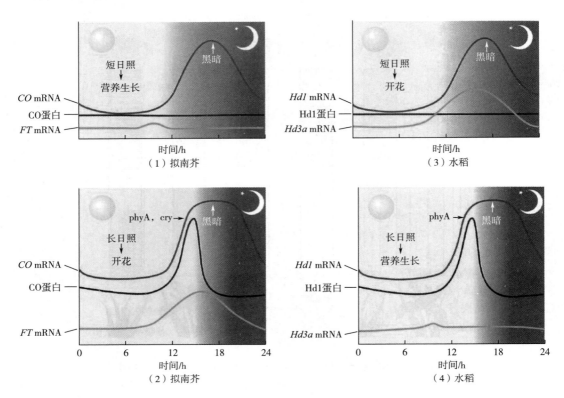

图 9-10　拟南芥（1）（2）和水稻（3）（4）协变模型的分子基础（Taiz 等，2010）

　　长日照植物拟南芥在短日照条件下，生物钟控制的 *CO* mRNA 的高合成期在晚上，与使 CO 蛋白稳定的光照期（白昼）重叠少，CO 蛋白不能累积，*FT* 基因表达少，因此不能开花；在长日照条件下（被光敏色素 A 和隐花色素感知），生物钟控制的 *CO* mRNA 高合成期出现在白昼（黄昏），与能使 CO 蛋白稳定的光照期重叠，CO 蛋白累积，激活下游 *FT* 基因表达促进开花。短日照植物水稻在长日照条件下（被光敏色素 A 感知），*Hd1* mRNA 的高合成期与光照重叠，Hd1 蛋白累积，因此抑制下游 *Hd3a* 基因表达，不能开花；在短日照下 *Hd1* mRNA 表达与白昼之间缺乏一致性，Hd1 蛋白少，下游 *Hd3a* 基因表达，其蛋白运输到顶端分生组织促进开花。

　　所以协变模型的重要特征是 *CO* mRNA 的合成要与白昼重叠（一致），这样光能够允许 CO 蛋白累积到一定水平以促进开花。长日照植物和短日照植物对光周期反应的不同，部分原因是光周期感应系统中 CO/Hd1 的相反效应。当然，光周期反应是非常复杂的，其他影响植物对日照长短作出反应的机制还有待于进一步研究。

七、　开花转变涉及许多因子和途径

　　影响花诱导的因素除了春化作用和光周期外，激素（如赤霉素、乙烯）、植物的发育年龄和糖水平等也会影响开花的时间。这些内外因子都可以影响基因的表达。成花过程中的三个阶段分别由开花时间决定基因、分生组织决定基因和花器官决定基因调控。还有一些其他的基因参与，其中转录因子很重要。通过遗传学和分子生物学研究表明，在拟南芥中存在多条控制花发育的途径，如图 9-11 所示。

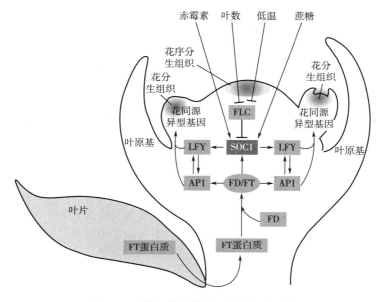

图 9-11　拟南芥中调节开花的众多因子

（一）光周期途径

叶片感受光周期信号，光敏色素和隐花色素是光受体（注意 phyA 和 phyB 的作用不同）。在长日照条件下，光受体和生物钟相互作用使 CO 蛋白累积，激活 *FT* 基因，合成 FT 蛋白并运输到顶端生长点，FT 蛋白质与转录因子 FLOWERING D（FD）形成复合物。FT 和 FD 的复合物触发花序分生组织中的 *SOC1* 和花分生组织中 *APETALA1*（*AP1*）的表达，二者都能激活花分生组织决定基因 *LEAFY*（*LFY*）促进开花。而 *LFY* 又可以直接激活 *AP1* 和 *FD* 的表达，形成了两个正反馈的循环。在拟南芥中这种正反馈循环使花的发端不可逆。然而有些植物缺乏这种正反馈调节机制，在没有持续光周期的情况下，其分生组织逆转为叶而不形成花。

在短日照植物水稻中，*CO* 的同源基因 *Hd1* 是开花的抑制因子，短日照条件下 Hd1 蛋白不能产生，Hd1 的缺失导致叶片中 *Hd3a* 基因的表达，Hd3a 蛋白是 FT 蛋白的家族蛋白，它运到顶端分生组织通过与拟南芥类似的途径促进开花。

（二）自主途径和春化途径

自主途径是植物响应内源信号（如年龄或固定的叶片数）而启动成花诱导。在拟南芥中，与此途径相关的所有基因都在分生组织表达。自主途径通过抑制 *FLC* 基因的表达起作用，*FLC* 是 *SOC1* 的抑制因子。春化途径是植物响应低温而开花，春化作用也抑制 *FLC* 的表达，但也许通过不同的机制（表观遗传改变）起作用。因为 *FLC* 是共同的目标基因，因此把自主途径和春化途径放在一起。

（三）赤霉素途径

前面已经提及赤霉素可以代替低温促进部分需要春化的植物（如胡萝卜、天仙子）开花，赤霉素还可以代替长日照促进拟南芥等在短日照条件下开花，赤霉素也促进某些木本植物开花。赤霉素途径对早花和非诱导短日照条件下的开花是必需的。赤霉素途径涉及 GA-MYB，它作为中间成分，可以提高 *LFY* 的表达；赤霉素也可能通过独立的途径与 *SOC1* 相互作用。

（四）糖类途径

蔗糖可能通过促进 *SOC1* 的表达而促进开花。

上述途径最终都交汇在一起调控 *SOC1*、*LFY* 和 *AP1* 在分生组织的表达量。*SOC1*、*LFY* 和 *AP1* 基因的表达又激活下游花器官发育需要的基因，如 *AP3*、*PI* 和 *AG* 等。多条开花途径的存在使得被子植物的生殖发育具有极大的灵活性和对环境的适应性。

八、 春化作用与光周期理论在生产实践中的应用

（一）引种

一个地区的外界条件，不一定能满足某一植物开花的要求。因此引种工作中，必须考虑当地气候能否满足植物开花的需要。在北半球，越向北，夏季白天越长、冬季白天越短；越向南，夏季白天短，冬季白天稍长。因此，长日照植物，如果向北引种，夏季日照长，生长发育加速，提早开花；若向南引种，因日照短，生殖发育延迟，另外由于温度高，有时不能满足春化对低温的需要，甚至不能开花结实。过去曾有人把河南省的小麦品种引种到广东栽培，结果只长苗不抽穗结实。

短日照植物若向北引种，夏季日照长、营养生长茂盛，但开花延迟，以后容易遇上冬季的寒冷气候，结实减少，产量下降，甚至可能导致未结实已冻死；若将其往南引种，则提前开花，可能植株很小时就开花，会由于枝叶生长不良而导致产量不高。即使同一植物，不同产地的品种对日照要求也不同。例如，大豆是短日照植物，原产于北方的大豆品种一般需要稍长的日照，原产于南方的大豆品种需要稍短的日照。因此南方大豆在北方种植，开花会延迟；北方大豆在南方种植，开花会提前。

所以引种工作中，一定要对光周期和温度情况进行分析，并做鉴定试验。一般引种工作"同纬度东西方引种"比较保险。但以上的引种原则是针对收获生殖器官的植物而言的。收获营养体的植物，若开花延迟，则枝叶繁茂、产量较高，所以引种的方向会有所不同。

（二）育种

育种工作周期很长，人工控制光周期和温度，可以加代繁殖、缩短育种年限。例如，在育种时利用春化处理和人工光源控制光照强度及时间，一年内就可以培育 3~4 代的冬性作物，加速育种进程，缩短育种工作的时间。

通过人为控制光周期，还可解决杂交育种工作中花期不遇的问题。例如，用偃麦草和小麦进行杂交时，偃麦草的花期比小麦晚两个多月；给偃麦草连续光照，使之提前开花，最后实现杂交。中国远缘杂交小麦之父——李振声院士，用此方法选育出了抗病、高产的小偃系列品种，影响深远。红薯原产于热带，是短日照植物，在北方的自然条件下，多数品种都不能自然开花。为了使红薯开花便于杂交育种，采取遮光缩短日照的办法可促使其开花。

（三）控制花期

将需要低温春化的植物种子吸水萌动，经人工施加低温通过春化作用，可以加速花诱导，提早开花、成熟。例如，春小麦经春化处理后，可早熟 5~10d，便可躲开夏初干热风的不良影

响，提高产量。春化处理的方法有闷罐法、"七九"小麦法等。"七九"小麦法即在冬至那天起将种子浸在井水中，次日早晨取出阴干，每9d处理一次，共七次。通过春化处理，可顺利地解决冬小麦春播的问题。园艺生产上用低温处理，促进石竹等花卉开花，或将秋播的一二年生草本花卉改为春播，当年开花。

短日照植物菊花原本在秋季开花，若人为控制光周期，可将花期改变，使其在一年之内任何时候开花，供观赏的需要。例如，用遮光的办法缩短日照，可使它在夏季六七月开花；如果延长光照时间，又可使它开花延迟，再加上其他措施，可使其在春节开花。而对杜鹃、茶花等长日照花卉植物，人工延长光照，可提早开花。

（四）控制营养生长与生殖生长，提高产量和品质

对以营养体为收获物的冬性植物，可用高温解除春化抑制抽薹开花，提高产量和品质，如洋葱、当归。

短日照植物麻类、烟草原产于低纬度的热带、亚热带地区，经济器官是茎、叶。如果将其北移到温带地区栽培，可延迟花期、营养生长期加长、增加植株高度和叶片数目，提高产量。当然，北移后如果不能顺利结实，可以想办法在南方制种。

对中日性植物甘蔗，在夜晚用足够强度的闪光中断暗期，可抑制花芽分化，维持营养生长，增加产量。

第四节　花器官形成及性别分化

植物经过花诱导之后，在适宜条件下启动花芽分化，这时茎顶端分生组织（又称为生长锥）开始变化，由营养生长锥变成生殖生长锥，分化形成花原基，进一步形成花器官原基，继而形成花器官。通过对突变体的研究，目前已鉴定出两种类型的基因调控花的发育，分别是分生组织特性基因和花器官特性基因。

一、花原基的形成

小麦、水稻、玉米、粟和高粱等禾本科植物的穗分化过程，都是从生长锥的伸长开始。棉花、苹果等双子叶植物花芽形成也是从叶腋间的生长锥伸长开始。胡萝卜与前面两种情况不同，花芽分化时，生长锥不伸长而是变扁平，其他伞形科植物也基本如此。但无论哪种情况，生长锥的表面积都变大。

细胞学观察表明，花芽分化时生长锥表面（即形态学上端）的一层或数层细胞分裂加速，细胞小而原生质浓；中部的一些细胞分裂减慢，细胞变大，原生质变薄，并逐渐形成液泡，细胞间出现间隙。由于表层和内部分裂速度不同，生长锥表面出现皱褶，在原来形成叶原基的地方形成花原基，再在花原基上逐步分化出花器官各部分原基，最后形成花器官的各部分，开出花来。图9-12是短日照植物苍耳雌花序的发育过程：接受光周期诱导后，生长锥膨大伸长，从基部周围开始产生球状突起并逐步向上推移，最后形成了头状花序。在发育过程中，花序的总苞逐渐把里边的两朵小花包起来，总苞上长出很多毛刺。

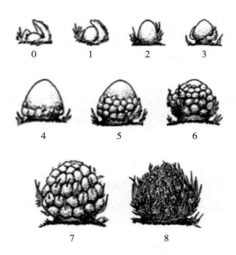

图 9-12　苍耳接受短日照诱导后生长锥的变化（张继澍，2006）

0—未受短日照诱导　1~8—接受短日照诱导后的不同阶段

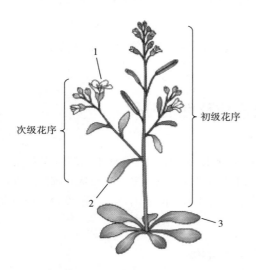

图 9-13　拟南芥茎顶端分生组织在不同发育阶段
产生不同的器官（宋纯鹏等，2015）

1—花　2—茎生叶　3—莲座叶

拟南芥在营养生长阶段，顶端分生组织产生节间很短的莲座叶。但进行生殖生长时，营养分生组织变成初级花序，初级花序分生组织产生伸长的花序轴，花序轴上着生茎生叶。茎生叶的腋芽会发育成次级花序分生组织（图 9-13）。花序分生组织的侧面形成花分生组织，进而形成花原基。花原基的形成是分生组织特性基因（meristem identity gene）表达的结果，如拟南芥中的 *LFY*、*SOC1*、*FD*、*AP1* 和金鱼草中的 *FLORICAULA*（*FLO*）。

二、　花器官的形成

花分生组织从外向内形成四种花器官：萼片、花瓣、雄蕊和心皮，这些花器官形成同心环，称为轮（whorl），围绕在分生组织周围（图 9-14）。最内一轮心皮的出现占用了顶端分生组织的所有细胞。在野生型拟南芥中，各轮排列情况如下：第一轮为四个萼片，成熟时为绿色；第二轮为四个花瓣，成熟时为白色；第三轮为六枚雄蕊，四长二短；第四轮为一个复合器官，雌蕊由子房和两个融合心皮组成，并且每个心皮包含许多胚珠和一个短的花柱和柱头。

（一）　花器官形成的基因调控

通过对模式植物拟南芥、金鱼草等花突变体进行研究，发现一类花器官特性基因（floral identity gene），编码一些决定花器官各部分发育的转录因子，在花发育中起开关作用。

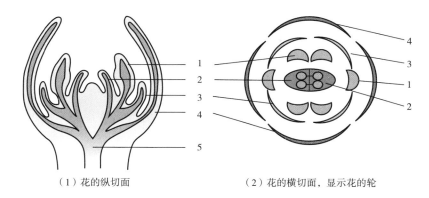

（1）花的纵切面　　　　　　（2）花的横切面，显示花的轮

图 9-14　拟南芥花器官由分生组织按顺序形成（Taiz 等，2002）

1—雄蕊　2—心皮　3—花瓣　4—萼片　5—维管组织

1989 年以后在拟南芥中鉴定出 5 个花器官特性基因：*APETALA1*（*AP1*）、*APETALA2*（*AP2*）、*APETALA3*（*AP3*）、*PISTILATA*（*PI*）和 *AGAMOUS*（*AG*），一般把它们分为 A、B、C 三类，分别代表三种不同的功能：A 类型活力由 *AP1* 和 *AP2* 基因编码，控制第 1 轮和第 2 轮花器官的特性；B 类型活力由 *AP3* 和 *PI* 基因编码，控制第 2 轮和第 3 轮花器官的特性；C 类型活力由 *AG* 基因编码，控制第 3 轮和第 4 轮花器官的特性（图 9-15）。

图 9-15　花器官发育的 ABC 模型（Taiz 等，2002）

1991 年，ABC 模型被提出并用来解释其如何控制花器官的形成：A 类型活力独自决定萼片的特性，A、B 类型活力在花瓣的形成中起作用，B、C 类型活力决定雄蕊的产生，C 类型活力单独决定心皮的特性，该模型进一步认为 A 类型和 C 类型的功能相互拮抗。用 ABC 模型可以推测和解释拟南芥野生型和多种突变体花器官形成的模式：若 A 类型基因突变，花的四轮分别发育为心皮、雄蕊、雄蕊、心皮；若 B 类型基因突变，花的四轮分别发育为萼片、萼片、心皮、心皮；若 C 类基因突变，花的四轮分别发育为萼片、花瓣、花瓣、萼片。这种分生组织系列产物中一类成员转变为该系列中形态和性质不同的另一类成员的现象称为同源异型（homeosis）现象，这类突变体称为同源异型突变体，这些基因称为同源异型基因。

随着研究的深入，ABC 模型不断得到补充和修订，又鉴定出了 D 类型基因 *SHP1*、*SHP2*、*STK* 和 E 类基因 *SEP1*、*SEP2*、*SEP3* 和 *SEP4*，形成了 ABCDE 模型（图 9-16）。此模型认为被子植物花从外到内共5轮：萼片、花瓣、雄蕊、心皮、胚珠。A类型基因控制1、2轮的发育；B类型基因控制2、3轮的发育；C类型基因控制3、4、5轮的发育；D类型基因控制第5轮的发育；E类型基因控制所有5轮花器官的发育。D类型基因突变缺乏胚珠，E类型基因突变全部花器官形成叶片结构。

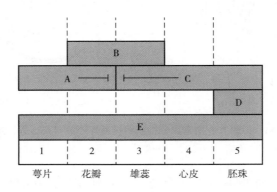

图 9-16　花器官发育的 ABCDE 模型（Krizek 和 Fletcher，2005）

（二）影响花器官形成的条件

1. 营养条件

20世纪初德国的克里勃斯（G. Klebs）曾观察到香连钱草在散射光下栽培几年仍不开花。但如果让它充分地暴露在明亮的阳光下，短期内植株就会开花。这说明植物开花必须要有丰富的营养物质，特别是糖类。以后他用控制不同光强调节植物体的含糖量，施用不同量的氮肥以调节体内含氮化合物的含量进行研究，发现除了糖类，植物体内含氮化合物的含量亦可影响开花。因此克里勃斯提出了开花的 C/N 学说：决定开花的因素并不是糖类和含氮物质的绝对数量，而是其比例。当植物体内 C/N 比值高时，有利于生殖体的形成，促进开花；反之，C/N 比较小时，则有利于营养体的生长，延迟开花。克里勃斯的理论和农业生产实践的许多观察相符合，因而得到许多人的拥护。例如，光照强、光照时间长，光合产生糖类多，C/N 比高，促进开花。田间种植作物密度过大，退化的花就多，因为缺乏光照、合成的糖分少，降低了 C/N 比。在果树栽培上，利用刀砍伤树皮，会使枝条中累积光合产物，提高 C/N 比，促进开花结实。克里勃斯的理论影响很大，但对短日照植物并不适合，如菊花、大豆等，长日照虽然增加 C/N 比，但抑制它们开花。人们注意到克里勃斯进行研究所用的植物，都是长日照植物或者是日中性植物，而没有短日照植物。

实际上，开花过程的实现，不仅需要在花诱导条件下进行一系列生理变化，也需要在另一些条件下产生花器官形成时需要的一些营养物质，如糖类。因此，C/N 理论不是诱导植物开花的理论，但 C/N 对控制花器官的形成有作用，因而这个理论在整个成花过程中仍具有重要的理论和实践的意义。另外，糖类也影响植物从幼年期到成年期的转变。

矿质营养对花的形成也有重要作用，尤其是氮肥。氮肥不足，缺乏花芽分化需要的蛋白质，花芽分化延迟且花少；氮肥过多易贪青晚熟，C/N 低使花芽分化受阻。在适量氮肥供应的情况下，再配合磷肥和钾肥，微量元素锰、钼等，可使花芽分化加快且增加花数。

2. 植物激素

研究表明多种植物激素都对花的形成有调控作用，如赤霉素、乙烯、生长素、油菜素内酯等，参见第七章。

3. 环境条件

光对花的形成影响很大。在完成光周期诱导后，花开始分化，光照时间越长、光照强度越大，对花形成越有利，这主要是增加了糖类的供应。光除了影响花器官的形成，对育性也有一定影响。小麦花药发育处于花粉母细胞四分体形成前夕，遮光处理 72h 花粉全部败育。湖北光敏核不育水稻在短日照下可育，在长日照下不育。

温度对花器官的形成影响也很大。相对较高的温度有利于花器官发育的顺利进行，而过高或过低的温度都不利于花器官的形成。高温使桃树花粉发育受阻，甚至完全败育。低温会使水稻穗分化延缓甚至中途停止。在南方每年"寒露"节气前后冷空气入侵引起明显降温，当地俗称"寒露风"，也称"社风"。华南各省晚稻遇"寒露风"减产就是因为减数分裂时期受低温危害，影响花器官的发育，从而形成空粒、瘪粒。近年发现水稻也有对温度敏感不育的品种。

水分对花的形成是十分重要的，雌雄蕊分化期和花粉母细胞及胚囊母细胞减数分裂期是水分临界期，如果缺水会使幼穗形成延迟、颖花退化。

三、 植物性别的分化

植物在花芽分化的过程中，也进行着性别的分化。

大多数高等植物的花内既有雌蕊也有雄蕊，称为雌雄同花，这种花又称作两性花。也有些植物是雌雄异株异花，这些植物一株上的花只形成雌蕊或雄蕊，如银杏、杨、柳、大麻、千年桐、菠菜等。还有一些植物在同一株上有两种花，一种是雄花，另一种是雌花，称为雌雄同株异花，如玉米、南瓜、黄瓜等。

植物花器官的性别分化不仅是理论的问题，还有实践的意义。比如在许多雌雄异株的植物中，雌株和雄株的经济价值是不同的。以果实、种子为栽培目的的作物，如番木瓜、银杏、千年桐，留种用的麻类、菠菜等，需要大量的雌株；以纤维为收获物的麻类，其雄株纤维拉力好，因此雄株较多为好。而雌雄同株异花的植物，如瓜类，如果增加雌花数目，可以形成更多的果实提高产量。因此了解植物的性别分化很重要。

（一） 雌雄花出现的规律

在雌雄同株异花植物中，一般总是雄花先开，然后出现的既有两性花也有雄花，最后才是单纯的雌花。例如，玉米植株顶部的雄花先抽出，然后在茎秆一定节位才出现雌花。

黄瓜的主枝和侧枝上雄花和雌花的比例（♂：♀）如下：主枝为 32：1，一级分枝为 15：1，二级分枝为 7：1，可见在侧枝上的雌花数比主枝上的多。这种现象似乎也说明雌花是在植株开花阶段较晚时才出现的。

（二） 雌雄个体的代谢差异

在雌雄异株植物中，雌雄个体间的代谢是有差异的，如雌株处于较还原状态，雄株处于相对氧化状态。番木瓜、大麻、桑等的雄株呼吸速率高于雌株，其过氧化氢酶活性也比雌株高 $50\% \sim 70\%$。玉米雌花中生长素较多，雄花中赤霉素含量高。此外，多数植物雌株中 RNA、叶绿素、胡萝卜素和碳水化合物的含量都高于雄株。

这些差异可用于早期鉴定植物的性别，对以果实和种子为栽培目的的植物，除掉一部分雄株，尽量保留雌株，以便多结果实和种子。

（三） 外界条件对植物性别分化的影响

1. 环境因子

适宜的光周期促进植物多开雌花；不适宜的光周期，促进开雄花。低温，特别是夜间低温有利于雌花发育，高温有利于雄花发育。水分充足，促进雌花发育；氮肥充足，促进雌花发育。

2. 植物激素

植物激素对花的性别分化也有影响：生长素和 α-萘乙酸可以促进黄瓜雌花分化，用黄瓜茎尖组织培养研究证明，TIBA（抗生长素）和 MH（生长抑制剂）抑制雌花出现。乙烯能促进黄瓜雌花的分化，实际上生长素是通过促进乙烯的合成而促进雌花分化。赤霉素促进黄瓜、丝瓜雄花分化，矮壮素 CCC（抗赤霉素）可抑制雄花的分化。细胞分裂素有利于雌花的分化，例如，它可使葡萄雄株上的雄花产生雌蕊。注意同一种激素在不同植物中的作用不一定相同，甚至可能相反，使用时需查阅资料或提前试验。

烟熏增加雌花的数目，因为烟熏中有乙烯。机械损伤可以使雄株变为雌株，如番木瓜伤根后新长出的全部是雌株。黄瓜茎折断后，新长出的枝条全部开雌花，这可能是由于损伤引起乙烯产生。

为什么植物的性别可以转化？研究表明，有花植物开始进入生殖阶段时，已分化出雌蕊与雄蕊的原基，只是由于某种原因使一方得到继续发育，另一方受抑制而退化，于是出现单性花。但在某些因素影响下，这种抑制作用被部分或全部解除，于是就产生了性别转化。这与动物不同，动物的性别一般在受精的刹那就被决定，不易逆转。但要注意植物的性别转化只是一种表型性状，并不改变植物的基因型。

第五节　授粉受精生理

植物开花以后还有一系列的生理过程，如授粉、受精，然后种子和果实发育、成熟等，包含着强烈的代谢变化。

授粉是指雄蕊的成熟花粉落到雌蕊柱头上，然后萌发、花粉管伸长的过程。受精是指花粉中的雄配子和胚囊中的雌配子融合等一系列过程。

了解这些生理规律在理论和实践中都有重要意义。如水稻的空粒，玉米的"秃顶"，大豆和果树的落花，棉花落蕾等，就是由于未受精引起的，直接影响作物的产量。因此需要了解植物授粉受精的生理规律，以便采取有效措施，保证受精顺利进行，获得高产稳产。

一、 花粉

花粉是花粉粒的总称。花粉粒是由花粉母细胞经减数分裂而形成的植物雄配子体。它在生殖生理上起着两个重要的作用：一个是它的精子与胚囊的卵细胞和极核融合，进行双受精形成胚和胚乳；另一个是花粉和花粉管对子房产生刺激作用，子房壁和胚珠膨大生长，形成果皮和种子。

（一）花粉的化学成分

花粉粒体积微小，但含有丰富的物质，如各种碳水化合物、脂类、氨基酸、蛋白质、核酸、酶、色素、激素和维生素，还有各种无机盐等。

被子植物的花粉粒外有花粉壁，占花粉总物质的 65%，花粉壁有内外两层，外壁上有萌发孔。外壁主要由纤维素、角质、花粉素组成；内壁主要由果胶质、纤维素和胼胝质组成。花粉素是花粉所特有的，既对花粉有保护作用，又有很强的吸水性利于花粉粒吸水萌发。花粉壁透水性强，易吸水膨胀破裂。现在认为，花粉内壁和外壁上含有一定数量的蛋白质。在花粉萌发时外壁蛋白质作为授粉受精的识别蛋白，而内壁蛋白作为花粉萌发及穿入柱头所需的有关酶类。

花粉中的含氮化合物多为酶和可溶性氮，其中氨基酸含量比其他组织都高，而且脯氨酸含量特别高。脯氨酸与花粉的育性有关，不育的花粉不含脯氨酸，而天冬酰胺含量却较高；可育花粉脯氨酸含量很高，天冬酰胺含量较低。花粉中组成核酸的碱基常以游离状态存在，正常花粉的核酸含量高于不正常花粉。

据测定，在各类植物的花粉中有上百种酶，其中大量的是水解酶类，包括淀粉酶、转化酶、果胶酶、脂肪酶、蛋白酶等。水解酶类在花粉中并不活跃，因为它们的最适 pH 都偏酸性，而花粉中的 pH 一般为中性或微碱性；当授粉时花粉落到酸性柱头上，酶的活性会显著提高。

花粉中贮存的主要物质为淀粉和脂肪。一般来说，淀粉含量多的花粉，属淀粉型花粉，大多为风媒花；脂肪含量较多的花粉，属脂肪型花粉，大多为虫媒花。不同植物的花粉中，糖的含量和组成是不同的，如松科花粉中游离糖的 93% 以上是蔗糖，而被子植物花粉中蔗糖占游离糖的 20%～25%。另外，淀粉的多少或糖的成分和含量与花粉的育性有关。例如，正常的小麦花粉，含有蔗糖、葡萄糖和果糖，而不育花粉中却没有蔗糖只有葡萄糖和果糖。

花粉中含有较多的生长素、赤霉素、细胞分裂素等植物激素。从油菜花粉中还分离出一种具甾体结构的激素，称油菜素内酯。另外，花粉中还含有大量的维生素，如维生素 B_1、维生素 B_2、维生素 C、维生素 E 等。

一般风媒花的花粉含色素很少，而虫媒花的花粉含大量的色素，包括类胡萝卜素和类黄酮等，所以花粉一般呈黄色。

（二）花粉的活力和贮藏

花粉成熟离开花药以后，其生活力还会保持一段时期。但是不同种类植物的花粉生活力有很大差异：一般禾谷类作物的花粉寿命较短，水稻仅几分钟，小麦约几小时，玉米为 1～2d，荞麦为 7～10d；果树的花粉寿命较长，一般可维持几周到几个月，梨、苹果可维持 70～210d。

在杂交育种中，常常要采集花粉，如果亲本花期不遇，就必须将花粉收集起来备用。因此如何贮存花粉，延长花粉的寿命是生产上的一个重要问题。高温、极端干旱或特别潮湿的情况下，花粉容易失去活力。花粉在贮藏期间不断地进行呼吸，使贮藏物质消耗过多、酶的活性下降，导致花粉生活力降低。因此凡是降低呼吸作用的因素都有利于花粉的贮存。一般适宜花粉贮存的条件为相对湿度 25%～50%，温度为 1～5℃，氧气分压低，黑暗中贮藏，但禾本科花粉要求 40% 以上的相对湿度。

二、 柱头的生活能力

雌蕊最上端是柱头，下面是花柱，花柱下端连接子房，子房内长有胚珠，胚珠内有胚囊，胚囊内有 1 个卵细胞、2 个极核和 2 个助细胞等。柱头是雌蕊接受花粉的地方。雌蕊柱头的表皮细胞常常隆起成为乳突状或羽毛状，柱头表面能分泌油脂状分泌物，称为柱头液。根据柱头成熟时分泌物的多少，将柱头分为湿柱头和干柱头两类。湿柱头分泌物多，干柱头分泌物少。油脂状分泌物中含十五烷酸、12-羟基硬脂酸和亚麻酸等脂肪酸，还有葡萄糖、蔗糖、果糖以及硼酸等。这些分泌物有黏着花粉和为花粉管生长提供营养的作用。

柱头的表皮覆盖着一层亲水的蛋白质薄膜，膜下为不连续的角质层。柱头的亲水蛋白质薄膜不仅能吸水维持柱头的湿润和黏性，更重要的是它与花粉的识别蛋白要进行相互识别，若亲和，则花粉萌发；如不亲和，花粉不萌发。若用蛋白酶水解以除去这层蛋白质薄膜，即使亲和的花粉也不能萌发。

柱头承受花粉的能力及持续时间的长短，主要与柱头的生活力有关。柱头的生活力在自然条件下保持的时间比花粉长，但不同作物仍有差异。比如玉米，雌蕊基部的花柱长度为当时穗长的一半时，柱头就开始有承受花粉的能力，花柱抽齐后 1~5d 柱头承受花粉能力最强，6~7d 开始下降，到第 9 天后急剧下降。水稻柱头的生活力可以维持 6~7d，但如果进行杂交还是以开花当日授粉最好。小麦柱头在穗子从叶鞘抽出 2/3 时就有承受花粉的能力，麦穗完全抽出后第 3 天受精结实率最高，到第 6 天下降，但可持续到第 9 天。

三、 花粉的萌发和花粉管生长的条件

（一） 花粉的萌发和花粉管的生长

花粉落到雌蕊柱头上，如果二者亲和，在适宜条件下即可吸水萌发。花粉萌发通常是以花粉吸水（水合）膨胀内壁和细胞质通过外壁上的萌发孔向外突出伸长形成花粉管的乳状顶端为标志。花粉管尖端产生角质酶溶解柱头薄膜下面的角质层，使花粉管穿过柱头细胞间隙进入花柱引导组织，其胞外基质（ECM）提供信号和营养使花粉管在花柱中一直朝向子房内胚珠的珠孔方向定向生长直至胚囊。

花粉管的顶端生长速度很快，在某些植物中可以超过 5μm/s，而根毛的顶端生长速度只有 10~40nm/s。花粉管的长度随雌蕊花柱而异，玉米中花粉管每小时长 1cm 能长到约 40cm。多数花粉粒是一个营养细胞内包着两个精细胞。在花粉管伸长过程中，营养细胞的细胞质、细胞核和两个精细胞也随花粉管伸长向前移动（图 9-17）。

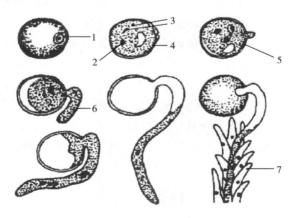

图 9-17 水稻花粉粒的萌发和花粉管的形成（张继澍，2006）

1—萌发孔 2—营养细胞核 3—两个精子 4—外壁 5—内壁 6—花粉管 7—柱头表皮毛

花粉管的生长方式是顶端生长，这与 Ca^{2+} 梯度和 pH 建立起的极性有关：花粉管内部，Ca^{2+} 浓度顶端高（3~10μmol/L）基部低（0.2~0.3μmol/L），pH 顶端低（6.8）基部高（7.5），控制高尔基体定向分泌小泡，携带一些合成花粉管壁和质膜的物质向顶端移动，利于顶端不断生长。小 G 蛋白的信号途径调控细胞骨架的动态，维持细胞的极性生长。而花粉管向胚珠的定向生长（也称引导生长）也是由 Ca^{2+} 浓度梯度决定的：雌蕊中从柱头到子房内胚珠的珠孔 Ca^{2+} 浓度逐渐从低到高，花粉管向着 Ca^{2+} 浓度高的方向生长，最后在胚囊中助细胞产生的引诱剂（如富含半胱氨酸的多肽 LUREs）的引导下穿过珠孔进入胚囊。此外，遗传研究表明 γ-氨基丁酸在花粉管的导向中也有重要作用，拟南芥中从柱头到胚珠 γ-氨基丁酸形成逐渐增加的浓度梯度。另外，还有一些分泌蛋白如柱头/花柱富含半胱氨酸的黏附素（SCA）和一种蓝色含铜的蛋白 chemocyanin 也在花粉管的导向中起作用。

（二）花粉萌发和花粉管生长所需的条件

1. 营养条件

在正常情况下，植物授粉时由雌蕊柱头分泌出具有一定浓度的黏液，其中含有糖，供给花粉的需要。糖的作用有两个：一个是作为营养物质和能量的来源；另一个是维持渗透平衡。花粉中营养物质很丰富，渗透势低，易从外界吸水而胀破；柱头分泌黏液中的糖可维持渗透平衡，避免花粉粒吸水太多。

硼对花粉的萌发和花粉管的生长是必要的。对植物组织进行分析发现，花粉比任何组织含硼量都高。硼对花粉萌发有两个作用：一个是和糖形成糖硼复合物，促进糖分的吸收和代谢；另一个是参与果胶物质的合成，有利于花粉管壁的建造。在生产中，盛花期以前喷施硼酸溶液，可促进授粉受精。

微量生理活性物质，如维生素 B_1、维生素 B_2、维生素 C、胡萝卜素、赤霉素和油菜素内酯，对花粉萌发和花粉管的生长都有利。

2. 环境条件

影响花粉萌发和花粉管生长的外界条件主要是温度、pH 和湿度。

一般而言，花粉萌发和花粉管生长最适温度 20~30℃，高于或低于此温度花粉管生长缓慢甚至停止。多数植物花粉萌发和花粉管生长要求 pH 范围较广泛，但芸薹属花粉只有在 pH6.5 时才萌发。湿度也影响花粉萌发和花粉管的生长，例如，水稻需要 70%~80% 的湿度，若湿度低于 30% 花粉失活。作物开花期遇连续阴雨天气，雨水影响花粉散布，昆虫活动减少，影响传粉；温度降低不利于花粉萌发和花粉管生长；雨水也淋洗掉柱头上的黏液和营养物，花粉粒吸水过多而胀破，因而授粉受精不良，造成减产，在生产上称为"灌花"。玉米抽穗开花期，常遇以高温、干旱为特征的"伏旱"，花粉很快失水，生活力降低，或者花粉管异常、爆裂，严重影响授粉受精，造成减产，生产上称为"晒花"。

3. 集体效应

花粉的萌发和花粉管的生长，表现出集体效应。集体效应即在一定面积内，花粉数量越多，密度越大，萌发和生长越好。其原因可能是花粉中存在着促进生长的物质，可能是激素和维生素。

四、 受精生理

（一）受精过程

授粉以后，花粉管沿花柱进入胚囊，胚囊中最靠近珠孔的是两个助细胞，紧挨着的是卵细胞，其次是中央细胞。在拟南芥中，受精过程分为三个阶段：①花粉管在进入助细胞后几分钟内其尖端爆裂释放出两个精子，助细胞凋亡；②两个精子在卵细胞和中央细胞之间的边界区域保持静止约 7min；③一个精子与卵细胞融合，形成胚（二倍体）；另一个精子与中央细胞的两个极核融合，形成三倍体的胚乳，完成双受精。

关于双受精还有许多问题没有解决，例如，植物如何调控花粉管爆裂？目前的模型认为助细胞质膜上的类受体激酶被活化，刺激 ROS 产生和 Ca^{2+} 内流。羟自由基和高浓度 Ca^{2+} 的结合可能导致花粉管进入助细胞时爆裂。另一个问题是，从花粉管释放出来以后，是什么决定了精子的行为？精子可能会与雌配子交换额外的信号为融合做准备。在拟南芥中，卵细胞表面会释放出富含半胱氨酸的蛋白，精细胞表面也会分泌一种特异的膜蛋白帮助雌雄配子融合。与这个假说一致的是，缺乏表面蛋白的精细胞突变体无论与卵细胞还是中央细胞都不能受精。

一般来说，花粉管生长速度是比较快的，几小时就可以到达子房。植物种类不同，从授粉到受精所需的时间也不同：水稻受粉受精几乎同时进行，花粉落到柱头上在 3min 以内萌发，30min 进入胚囊，释放精子进行受精；小麦因品种的不同，受粉后 1~24h 内开始受精；玉米花粉落在花丝上后，约经 6h 后才开始萌发，再经 10h 以上才可以进行受精；棉花受粉后要 36h 左右才受精。受粉后受精所需时间的长短决定于花柱的长度和花粉管生长的速度。

（二）花粉和柱头的相互识别

近年来，在植物受精生理研究领域中一个重大突破，就是证明了花粉与雌蕊间的亲和性或不亲和性的基础是花粉与雌蕊双方能否"识别"，能够"识别"，就是亲和的，就能受精；否则就会相互排斥，不能受精。

不亲和有两种：自交不亲和与远缘杂交不亲和。远缘杂交不亲和很普遍，植物因此得以保持物种的稳定性。自交不亲和（self-incompatibility，SI）是指植物的花粉落到同一朵花的雌蕊上不能成功地受精的现象，是防止近亲繁殖的重要方式。自然界中被子植物有一半以上存在自交不亲和，它允许同种植物的其他个体进行授粉，增加遗传多样性以适应不同的环境。除了形态、位置和时间的障碍外，遗传学上自交不亲和性受一系列复等位基因的单一基因座（S locus）控制。亲和与否的分子基础是花粉和柱头的 S 等位基因产生的特异糖蛋白的识别作用。当花粉与雌蕊中表达的 S 等位基因相同时，就发生自交不亲和。

自交不亲和可以分为孢子体型自交不亲和（SSI）与配子体型自交不亲和（GSI）。SSI 指体细胞层面的自交不亲和，其 S 基因在柱头乳突细胞表达糖蛋白，识别一般在柱头表面进行。当花粉落到柱头上，在花粉与柱头接触的几秒钟内，花粉粒外壁上的识别蛋白被释放到柱头乳突细胞表面的蛋白质薄膜上进行识别，如果花粉和柱头是亲和的，相互可识别，花粉粒吸水膨大并正常萌发，花粉管尖端分泌角质酶，溶解柱头乳突细胞壁的角质层，花粉管萌发沿花柱伸长穿过花柱而生长。如果二者不亲和，相互不能识别，互相排斥，花粉的角质酶为柱头所抑制，花粉管不能生长；同时柱头表面与花粉接触处的乳突细胞迅速沉积胼胝质，阻碍花粉管进入花柱，使受精失败。GSI 指性细胞之间不亲和，其 S 基因在花柱中表达糖蛋白，花粉落在柱头上萌发、花粉管生长进入花柱后相互识别，如果不亲和，花粉管的生长会终止。即使花粉管顺利进入胚囊释放出精子，还需要与雌配子进行识别，如果是亲和的才能完成受精，所以识别可以在多个层次上进行。

花粉与柱头的相互识别作用，是植物在长期进化过程中形成的，它保证了物种的稳定、繁衍与进化，但也给远缘杂交育种带来很大困难。因此育种上常用混合花粉授粉法——即在不亲和的花粉中，混入一些杀死的亲和花粉，柱头的识别交流被亲和的信号蒙骗，不亲和的花粉趁机而入，蒙骗柱头实现受精，又称为"蒙导法"。高温、辐射或激素处理也可以部分克服自交不亲和性。

五、 授粉受精后雌蕊组织的生理生化变化

许多研究指出，在授粉受精过程中，雌蕊组织会发生强烈的代谢变化。

（一） 呼吸速率显著增加

与未授粉时相比，授粉受精后雌蕊组织的呼吸速率一般会成倍地增加。如兰科植物在授粉几小时后，合蕊柱的呼吸速率和过氧化氢酶的活性增加 1 倍多，花被组织的呼吸速率也增加 2 倍多；棉花受精后，雌蕊的呼吸速率比开花的当天增加 2 倍。有的植物末端氧化酶会发生改变。

（二） 生长素含量大大增加

授粉受精后花粉的生长素扩散到雌蕊组织中，但更主要的是授粉受精引起花柱和子房中生长素的合成：花粉中含有吲哚乙酸的合成酶体系，分泌到雌蕊组织中，使雌蕊组织中的色氨酸合成生长素，因此子房中生长素含量迅速增加。另外细胞分裂素含量也增加，刺激细胞分裂和生长。

（三） 各种细胞器迅速生成

受精后细胞内各种细胞器迅速生成，如线粒体、内质网、质体及核糖体等。

（四） 有机物转化和运输加快

花粉中含有许多水解酶，如淀粉酶、转化酶等，花粉萌发时这些酶的活性加强，有时甚至比原来高 6 倍多。这些酶除了可在花粉中起作用，还可分泌到花柱，使得雌蕊组织的碳水化合物和蛋白质代谢加强，大分子物质转化为小分子，有利于运输。

由于授粉受精后呼吸加强，物质代谢旺盛，生长素含量高，因此子房成为竞争力很强的库，吸引各种营养物质源源不断地从营养器官（茎、叶、花瓣等）运来，子房不断膨大发育成果实。例如，兰科植物授粉后合蕊柱吸水增加 1/3，氮和磷含量显著增加，但花被的氮和磷浓度却降低。

内容小结

植物幼年期不能开花，到了成年期才能诱导开花。顶端分生组织花形态的建成要经过花诱导、花原基形成、花器官形成三个阶段。低温和光周期是成花诱导的主要外界条件。

低温促进植物开花的作用称为春化作用。接受低温的部位是茎顶端的生长点或其他具有细胞分裂能力的组织。目前已知，低温通过表观遗传调控而抑制 FLC 表达，诱导开花。

光周期对花诱导有极显著的影响。光周期反应类型主要有三种：短日照植物、长日照植物和日中性植物。暗期闪光实验表明，临界夜长比临界日长更为重要。短日照植物花诱导要求长

夜，而长日照植物则要求短夜。叶片是感受光周期的部位，目前初步确定成花素为 FT 蛋白，光周期通过 CO 蛋白诱导叶片产生 FT 蛋白，FT 继而通过韧皮部运输到茎尖分生组织，与 FD 结合后调节一系列基因表达而促进向生殖生长转换。

植物的成花诱导受到光周期、自主/春化、糖类、赤霉素、年龄等多条信号转导途径控制，这些途径汇聚到重要蛋白 FT 和 SOC1 后，引发生长点一系列基因如 *LEAFY*、*AP1* 等表达，顶端生长点进而开始花器官原基的形成。目前已知，花器官形成受一组同源异型基因的控制，ABC 模型解释了这组基因在四轮花器官形成中的调控作用。

植物的性别分化是植物的本性，但也受光周期、营养条件及植物生长调节剂的影响。

授粉是结实的先决条件，受多种因素影响。各种植物的花粉寿命和柱头生活力不同。花粉与雌蕊有识别和拒绝反应，即亲和与不亲和。授粉受精后雌蕊组织发生强烈的代谢变化，呼吸速率增大，物质转化转运加剧，生长素含量大增，吸引大量营养物质，子房膨大形成果实。

课程思政案例

李振声——中国远缘杂交小麦之父，1951 年毕业于山东农学院（现山东农业大学），1956 年赴陕西省杨陵镇（现为西安市杨凌区——中国农业硅谷），在中国科学院西北植物研究所（现并入西北农林科技大学）工作 31 年。李振声团队系统研究小麦与偃麦草远缘杂交，并选育了"小偃"系列（小偃 4 号、5 号、6 号、22 号等）高产抗病优质小麦品种，衍生品种 50 多个，在黄淮海冬麦区广泛推广 20 多年。1991 年入选中国科学院院士，2006 年获国家最高科学技术奖。

第十章

植物的成熟和衰老

　　植物受精后，受精卵发育成胚，胚珠发育成种子，子房及周围的组织膨大发育形成果实。种子和果实形成时，不仅形态上发生很大变化，在生理生化上也发生剧烈的变化。同时，植株会衰老，发生器官脱落等现象。多数种子或营养繁殖器官（如马铃薯、洋葱等）成熟后会休眠。果实和种子生长的好坏不仅决定当季作物的产量和品质，也影响下一代的生长发育。了解种子和果实形成中的生理生化变化，研究和调控植物的休眠、衰老、脱落，在理论和实践中都有重要意义。

第一节　种子成熟

　　种子发育分为三个时期：第一阶段细胞分裂和胚、胚乳或子叶分化，是籽粒形成期；第二阶段细胞分裂停止，细胞扩大并累积贮藏物质，也称为种子灌浆（seed filling）；第三阶段种子成熟、脱水。后两个时期产生了有活性的种子。种子的成熟过程，实质上就是胚的生长，以及营养物质在种子中变化和累积的过程。

一、　主要贮藏物质的变化

　　种子成熟过程中的物质变化，是由可溶性的小分子物质聚合为不溶性的大分子物质贮藏起来，有机物主要是糖类、蛋白质、脂肪，无机物主要是形成植酸钙镁。这些物质主要储存在胚乳或子叶中。双子叶植物种子的胚乳通常退化，主要由子叶贮存营养物质（如拟南芥、番茄）。禾谷类植物种胚的盾片主要贮存脂质和蛋白；胚乳很大，并分化出两种不同的细胞类型：外侧是由活细胞构成的糊粉层，很薄；内侧由死细胞构成的淀粉胚乳，占胚乳的大部分。糊粉层主要贮存蛋白质、脂肪、矿物质和维生素；淀粉胚乳主要贮存淀粉和贮藏蛋白质。

（一）糖类的变化

　　小麦、水稻、玉米等种子的主要贮藏物质是淀粉，通常称为淀粉种子。这类种子成熟过程中，可溶性糖的含量逐渐降低，而不溶性的淀粉含量不断增加（图10-1），贮存在胚乳的淀粉体中。种子成熟过程中与淀粉合成相关的酶活性升高，主要是淀粉磷酸化酶、ADPG焦磷酸化

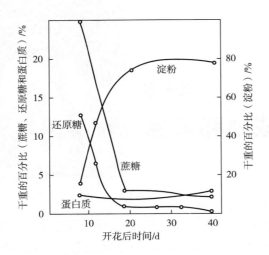

图 10-1　小麦种子成熟过程中胚乳中
主要糖类的变化（张继澍，2006）

酶、淀粉合成酶等，催化可溶性糖合成淀粉。植物种子成熟过程中，可溶性糖在形成淀粉的同时，还形成了植物细胞壁中的不溶性物质，如纤维素和半纤维素等。

（二）蛋白质的变化

小麦籽粒的氮素含量，在种子成熟过程中变化很小（图 10-1）；在油料植物油菜的种子中也可以看到这种变化（图 10-2）。但是，随着成熟度的提高，非蛋白态氮素含量不断下降，蛋白态氮含量不断增加，这些蛋白质是由非蛋白态氮转变而来的。成熟的谷类种子中，总蛋白含量为种子干重的 7%~16%，一部分存在于糊粉层和胚，大部分存在于淀粉胚乳。在豆类种子中，最先累积以蔗糖为主的糖类，然后转变成淀粉和蛋白质；后期淀粉累积减少，而蛋白质持续增加，因此在蛋白质种子中含氮量不断上升（图 10-3）；成熟时其蛋白质含量可达种子干重的 40% 以上，主要存在于子叶的蛋白体中。

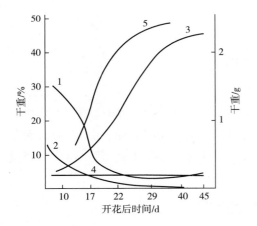

图 10-2　油菜种子成熟过程中各种有机物
变化情况（张继澍，2006）

1—可溶性糖　2—淀粉　3—千粒重
4—含氮物质　5—粗脂肪

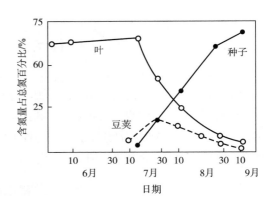

图 10-3　蚕豆中含氮物质由叶运到豆荚，再由
豆荚运到种子的情况（张继澍，2006）

横坐标 10 和 30 分别表示每个月的 10 日和 30 日。

种子中的氮素主要从叶片转运而来。从图 10-3 可以看出，在 6 月份蚕豆叶片中的氮含量高且稳定，7 月份开始迅速下降，与此同时种子中的含氮量持续上升，而豆荚中的含氮量先上升然后下降。这说明豆科种子在成熟过程中，含氮物先从叶片运到豆荚，在豆荚中合成蛋白质（暂时贮存态），而后又降解，以酰胺态运到种子，重新合成蛋白质。

（三）脂肪的变化

油菜、向日葵、花生等种子中脂肪含量很高，称为脂肪种子或油料种子。油料种子成熟过程中，随着种子粒重的增加，可溶性糖和淀粉含量不断下降，脂肪含量不断上升（图 10-2），这说明糖类先累积，然后才累积脂肪，脂肪是由碳水化合物转变而来，贮存在油体中。

种子中脂肪形成有两个特点：一是成熟初期种子首先形成饱和脂肪酸，在成熟过程中饱和脂肪酸逐渐在去饱和酶的作用下转变成不饱和脂肪酸，种子的碘值（100g 油脂所能吸收碘的克数）升高；二是种子成熟初期形成较多游离脂肪酸，随着成熟度增加，游离脂肪酸逐渐与甘油合成复杂的油脂，种子的酸值（中和 1g 油脂中的游离脂肪酸所需的 KOH 的毫克数）降低。未成熟的种子酸值高，这样的种子收获后，不仅油脂含量低，油脂质量也差，油料种子品质低。

（四）非丁的变化

肌醇六磷酸（植酸）是植物种子中磷酸的主要储藏形式，占储藏磷酸总量的 50% 以上。当成熟过程中的种子进行脱水时，肌醇六磷酸常和钙、镁等结合形成肌醇六磷酸钙镁，即非丁（图 8-10）。因此，磷在种子成熟过程中以非丁的形式积累。当种子萌发时，非丁在植酸酶的作用下水解释放出无机磷、钙和镁，以供幼苗生长。

二、 其他生理变化

（一）呼吸速率的变化

幼嫩种子中干物质积累迅速，代谢旺盛，呼吸速率高；随着种子的成熟，干物质积累减慢，呼吸随之降低，种子成熟脱水时，呼吸显著降低（图 10-4）。

（二）内源激素的变化

种子成熟受多种激素的调节控制，种子中内源激素的含量随种子发育进程而发生动态变化。生长素、赤霉素、细胞分裂素的含量在种子发育初期很高，成熟期含量下降，完全成熟时消失（主要是转变为束缚态）。脱落酸含量在种子发育后期明显增加，导致胚胎发育晚期丰富表达蛋白（Late-embryogenesis-abundant protein，LEA 蛋白）的合成，促进种子成熟和获得耐脱水性。在小麦成熟过程中，初期是玉米素增加，玉米素可能参与调节和促进细胞分裂增殖；中期是赤霉素和生长素含量增加，它们可能调节有机物向籽粒的运输和积累，促进细胞长大；后期种子成熟时干重不增加，这三种激素含量都很低（图 10-5）。不同内源激素的交替变

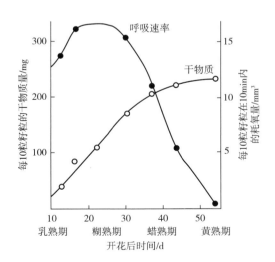

图 10-4 水稻籽粒成熟过程中干物质和呼吸速率的变化

化，调节着种子发育过程中细胞的分裂、生长、扩大，有机物的合成、运输、积累和耐脱水性形成及进入休眠等。

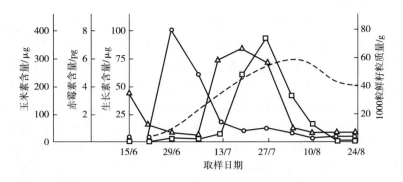

图 10-5 小麦籽粒不同发育期激素含量的变化

玉米素（○）、赤霉素（△）、生长素（□）含量（以 1000 粒籽粒计算）的变化，虚线表示千粒鲜重的变化。

（三）含水量变化

幼嫩种子中细胞含水量高，原生质呈溶胶态，代谢旺盛。随着种子成熟，含水量逐渐降低，完全成熟时，种子脱水（仅含束缚水），原生质变为凝胶态，代谢停止（图 10-6）。

对许多植物而言，种子成熟过程也包括获得耐脱水性，干燥种子处于静止状态，可长时间保持生活力。在种子成熟过程中会累积一些非还原糖（如蔗糖和棉子糖、水苏糖等寡糖）和一些特异的蛋白质，如 LEA 蛋白、小分子热激蛋白、贮藏蛋白等，细胞结构改变，细胞密度增加，这些都与种子获得耐脱水性有关。

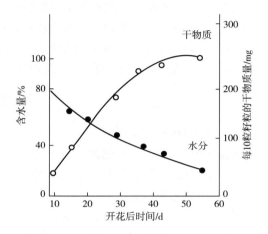

图 10-6 水稻籽粒成熟过程中干物质和含水量的变化

三、种子成熟过程的基因表达

种子发育是一个有序的、有选择的基因表达过程，早期与胚发育相关的基因和与胚乳发育相关的基因表达；在种子成熟过程中，种子发育前期部分活跃表达的基因逐渐关闭，合成的蛋白质种类和数量也发生了改变。

（一）与种子储藏物质有关基因的表达

人们通常将植物在某发育阶段合成并保存到另一个发育阶段才发挥作用的蛋白质称为贮藏蛋白。种子发育的一个重要特点是中后期合成和累积储藏蛋白，所以在种子发育过程中，大部分 mRNA 是种子储藏蛋白的 mRNA，而且直接与储藏物质的加工、包装、运输、储藏有关的基因也表达。例如，玉米种子细胞中编码醇溶蛋白的基因刚开始处于潜伏态不表达，在玉米开花后约 20d 才开始表达，其 mRNA 含量迅速增加，乳熟期达到高峰，完熟期该 mRNA 几乎消失。在已研究的植物中，绝大多数种子储藏蛋白的基因都是由多基因家族组成，如玉米的 α-醇溶蛋白的基因数目高达 75 个，油菜 2S 水溶蛋白的基因数目在 2~5 个。储藏蛋白基因的表达主要受激素和营养水平调控。有研究表明，当脱落酸含量提高时，会增加种子储藏蛋白基因的表达。

（二）与种子成熟相关基因的表达

种子发育的最后阶段是成熟及休眠，是种子从发育到萌发的演变过程，以种子脱水为特征。因此，与种子发育有关的基因进入暂时停顿的状态，而与种子成熟有关的基因开始活跃表达。

LEA 蛋白是一类在种子脱水过程中大量表达的小分子多肽，具有亲水性、热稳定性、氨基酸序列无序性等特点，在胚发育后期含量很高，在种子萌发早期迅速消失。模式植物拟南芥共有 51 个（种）LEA 蛋白成员，根据其结构可分为 9 组，脱水素（dehydrin）是其中的一组。已鉴定出来的 LEA 蛋白基因分为三类：小麦、玉米等的 *Em* 基因；水稻的 *RAB* 基因和大麦的 *Dehydrin* 基因；胡萝卜 *Dc3* 和 *Dc8* 基因、大麦的 *PHVal* 基因及玉米的 *MLG3* 基因。LEA 蛋白质在种子发育的中后期可能有如下作用：①由于这些蛋白富含不带电荷的氨基酸，并且具有高度热稳定性，所以可保护细胞的结构和代谢，参与种子耐脱水过程，使种子在后期脱水时不致被破坏；种子成熟过程中会累积非还原的蔗糖和寡糖，LEA 蛋白可以和糖形成氢键，这也是种子获得脱水耐性需要的；②研究表明某些 LEA 蛋白带有正电荷的保守区域可以和核酸结合，调节基因表达和发育时间。随着对 LEA 蛋白基因表达的研究深入，推测这类蛋白质中有与种子休眠直接相关的蛋白。

四、 环境条件对种子成熟和化学成分的影响

种子中各种化学成分受遗传特性的影响，但环境条件变化对种子成熟过程也会有影响。

（一）干旱缺水

我国西北地区（如宁夏、河西走廊）的小麦在成熟灌浆期常遭受"干热风"而减产。所谓"干热风"是指大气相对湿度降低到 30% 以下，温度升高到 30℃ 以上（陕西约 36℃）的气候现象。这种干燥和高温天气使蒸腾加剧，植株茎叶迅速失水干枯，叶绿素被破坏，光合作用减弱，影响植株干物质的累积。正常情况下种子积累干物质，合成酶占优势；由于干热风使种子含水量迅速下降，水解酶活性增强，妨碍了贮藏物质的合成和积累。干热风使茎叶严重缺水，同化物不能向籽粒持续地运输，灌浆困难，粒重降低。由于水分和营养物质向籽粒运输分配少，使籽粒过早干缩和过早成熟，灌浆过程提前终止，造成严重减产。即使干热风过后恢复正常供水，也无作用。因此生产上应当在干热风来临前灌水以减轻危害。

干旱也可使籽粒的化学成分发生变化。干旱或盐碱地区，由于供水不足，籽粒灌浆困难，合成酶活性降低，可溶性糖形成淀粉受阻，糖和糊精胶结在一起，形成玻璃状的籽粒；而正常情况下籽粒呈粉状。相对而言干旱条件对蛋白质合成的影响比淀粉的小，因此从成分上看，干旱地区种子的蛋白质含量相对高一些。从南到北，我国小麦种子的蛋白质含量经测定存在显著差异。杭州、济南、北京和黑龙江（克山）的小麦种子蛋白质含量（干重%）分别为 11.7%、12.9%、16.1% 和 19.0%。这是因为北方雨量及土壤水分比南方少，所以北方小麦籽粒的蛋白质含量比南方的显著增加。

（二）温度

温度对油料种子的含油量和成分影响很大。油料种子成熟过程中适当低温有利于脂肪的累积。从品质上看，温度低，昼夜温差大有利于不饱和脂肪酸形成，品质好；而温度高昼夜温差小，饱和脂肪酸多，品质差些。所以北方和高山地区种植的油料作物品质好。水稻在高温下成

熟时，米质疏松，腹白大，质量差；相反，温度较低时，有机物积累多，质量好，所以一般晚稻米的质量要比早稻的好。据研究发现，20~22℃对小麦籽粒的形成和灌浆有利；超过 25℃，灌浆加快但成熟提早，干重累积时间缩短，使产量降低；若温度低到 15~17℃，小麦灌浆减慢，成熟期延迟，但产量尚可增加。

昼夜温差对灌浆有显著影响。如小麦开花后，白天在相同日温（25℃），夜间给予不同温度的处理（20℃及 10℃），结果发现低夜温条件下成熟期延迟 10d，绿色叶面积大，下部叶片衰老较慢，夜间呼吸降低，有利于干物质积累，因此叶、穗、籽粒总干重都较高。低夜温处理后同化物累积较多，有利于晚开花的籽粒发育和灌浆：不仅小穗第一、第二粒的粒重增加，第三粒的结实率和粒重也有所提高，因而产量提高。

（三）光照

光照强度直接影响种子内有机物的累积。如小麦、水稻籽粒干物质的 2/3 来源于抽穗后上部叶片的光合产物，所以灌浆期光照充足，光合同化物多，产量高。如果灌浆期阴雨连绵，光照弱，灌浆慢，籽粒重量减小，会减产。

（四）营养条件

矿质营养会影响种子的化学成分。增施氮肥有利于种子蛋白质含量提高，但是生育后期氮肥过多会引起贪青晚熟，籽粒粒重下降而减产，油料种子含油率降低。磷、钾肥可促进糖类的运输和转化，增加淀粉的含量，也有利于脂肪的合成和累积。

五、 谷类作物空瘪粒形成的原因及影响因素

谷类作物种子发育过程中，常常因遇到不利的内部或外部条件而出现空瘪粒，严重影响产量。因此，了解空瘪粒形成的原因以防止空瘪粒的发生，是作物增产的重要环节。

（一）形成空瘪粒的原因

水稻、小麦在幼穗形成过程中有时发生颖花退化，有的颖花虽然外形正常但柱头没有受精能力，花粉落在上面不能萌发。在花粉发育期间，花粉母细胞不能正常分裂，花粉败育，花粉数量减少也会造成空粒。也可能柱头上有抑制物质的存在而使花粉粒不能萌发，造成空粒。受精后子房中途停止发育或灌浆过程中营养物质缺乏则形成瘪粒。

（二）形成空瘪粒的影响因素

1. 光照

小麦在雌雄蕊分化和形成期，水稻在减数分裂期，如果光照强度减弱，会引起小花退花，不孕小花增多，致使空粒增加。开花后光照不足，营养物质缺乏，影响籽粒灌浆，穗粒重和单粒重减少，形成瘪粒。

2. 水分

开花期和细胞分裂籽粒形成期是谷类作物的水分临界期，若缺水或高温干旱，花粉和花柱寿命缩短，落在柱头上的花粉粒萌发困难，易出现细胞分裂受阻、子房停止发育等问题，引起玉米秃顶、小麦空粒增加。但灌浆中后期轻度至中度缺水，营养体中贮藏养分向穗子运输分配增加，有利于提高籽粒重量，所以可适当控水。

3. 温度

水稻在穗分化发育期间最适温度为 25~35℃，若遇 13~15℃低温，不但性细胞退化，形成

大量空粒，而且抽穗延迟。而抽穗开花期最适温度 30~35℃，13~15℃低温时，籽粒发育不利；在 40~45℃高温，开花后花丝花药干涸，花粉不能散出而影响授粉结实。小麦若在雌雄蕊发育期间遇高温，会引起花粉粒畸形和胚囊发育不完全，从而形成不孕小花，空粒增加。另外，昼夜温差对灌浆也有显著影响。

4. 营养条件

营养条件既影响花器官分化、授粉受精，也影响种子发育及籽粒灌浆。如缺硼使花粉管易破裂影响其生长。缺磷影响细胞分裂，玉米花丝不能伸长，造成"秃顶"。受精后的子房发育时，需要大量营养物质供应，营养不足使一些小花或幼果退化，增加瘪粒。但施肥过多，发生"贪青晚熟"，也会导致空瘪粒增加。

第二节　植物的休眠

植物的休眠（dormancy）是指植物在个体发育过程中生长暂时停顿的现象，是植物抵抗和适应不良环境的一种保护性的生物学特征。

植物的休眠有多种形式，即休眠器官有多种：一二年生植物多以种子休眠；多年生落叶树以休眠芽过冬；多年生草本植物则以鳞茎、球茎、块根等度过不良环境。

一、种子的休眠

大多数种子成熟后遇到适宜的萌发条件就可萌发，但有些种子即使在适宜的条件下也不萌发，必须经过一段时间后才能萌发，这种现象就是种子的休眠。

（一）种子休眠的类型

种子休眠分为强迫休眠和生理休眠两种类型。种子已具有发芽能力，但由于外界条件不适宜，迫使种子暂时处于相对"静止"状态，一旦条件适宜就能萌发，这种休眠称为强迫休眠。由内部生理原因引起的生长暂时停顿的现象，即使在适宜条件下也不能萌发，必须经过一段时间才能萌发，这种休眠是生理休眠，也称为深沉休眠或熟休眠。大多数种子的休眠主要是生理休眠。

（二）种子生理休眠的原因

1. 种皮限制

种皮可以从三方面引起种子休眠影响萌发：不透水、不透气以及机械阻碍作用。豆科（如苜蓿、紫云英等）、锦葵科、藜科、茄科及百合科中一些植物的种子，种皮较厚、结构致密或附有角质和蜡质，致使种皮透水性差，难以萌发，这些种子称为硬实种子。另外一些植物（如椴树、苍耳、车前子）的种子，种皮能透水但不透气，外界氧气不能进入，种子内二氧化碳累积，抑制胚的生长。还有一些种子（如苋菜种子）虽能透水透气，但因种皮太坚硬，胚难以突破种皮，也难以萌发。

2. 胚未完全发育

一般植物种子成熟时，胚已分化发育完全。但有些植物（如欧洲白蜡树、冬青、当归、人参和银杏等）的种子或果实成熟后脱离母体时，外表看似成熟了，但其实胚的发育尚未完成。这类种子因胚未完全发育而处于休眠状态，必须经过一段时间胚吸收胚乳营养继续生长以完成种胚发育，之后种子才可以萌发。

3. 种子未完成生理后熟

一些蔷薇科植物（如苹果、桃、梨、樱桃等）和松柏类的种子，胚在形态上已经发育完全，但生理上未完全成熟，即使在适宜条件下，剥去种皮也不能萌发。这类种子必须经过休眠，在胚内部发生某些生理生化变化，主要是完成内部有机物和激素等的转化，达到真正的成熟才能具有萌发能力，这个过程称为后熟（postripeness）。

种子后熟分为两种情况。一种是常温干藏（低含水量）后完成后熟，如小麦、水稻、棉花种子经晒种干藏后完成后熟，达到最高发芽率；一种是低温处理后完成后熟，如蔷薇科和松柏类种子，采用低温层积法处理 $1 \sim 3$ 个月，使其完成后熟，萌发率可达90%。

4. 抑制物质的存在

果实或种子内存在抑制种子萌发的物质，使得种子处于休眠状态。抑制物的种类较多，如脱落酸、香豆素、氰化物、生物碱、酚类（水杨酸，阿魏酸等）、单宁、醛类等。这些物质或存在于果肉（如梨、苹果、番茄、柑橘、甜瓜），或者存在于种皮（如苍耳、甘蓝），或存在于胚乳（鸢尾）或子叶（菜豆）。洋白蜡树种子休眠是因种子和果皮内都含有脱落酸，当脱落酸含量降低时，休眠解除而种子萌发。脱落酸能抑制番茄种子过早萌发，而番茄脱落酸缺失突变体上则会出现胎萌现象。种胚覆被物中抑制物的存在有重要的生态学意义。许多在沙漠中生长的植物，抑制物的存在使其种子处于休眠状态；一旦降雨充分，淋去抑制物，种子立即萌发，在短暂湿润的环境下迅速完成生长周期。在农业生产上，对于果肉中存在抑制物的植物种子（如西瓜、番茄、茄子等），将种子从果实中取出冲洗后便容易萌发。

（三）种子休眠的破除

种子的休眠给农业生产带来不便，因此可根据种子休眠的原因，采取相应的措施来解除休眠，促进萌发。

1. 机械破损

种皮厚、结构坚硬的种子，在自然情况下，可由细菌和真菌分泌的酶类水解其种皮中的多糖及其他组成成分，使种皮变软，易于水分和气体透过，但需较长时间。生产上一般采用物理方法促使种皮透水透气，如机械切割或碾磨擦破种皮等。紫云英、苜蓿和菜豆等种子常用此法促进其萌发。

2. 低温湿砂层积处理（砂藏法）

层积处理的方法是将种子和湿砂分层铺埋（或相混埋放），置于5℃左右阴湿环境中 $1 \sim 3$ 个月，即可有效解除休眠。如苹果、梨、桃、白桦、山毛榉等植物的种子，都用此法破除休眠，并完成后熟作用。在层积处理期间，种子内的抑制物脱落酸含量下降，赤霉素和细胞分裂素含量增加。

3. 化学方法

用氨水（1:50）处理松树种子，可打破休眠，提高发芽率；用0.1%~0.2%过氧化氢溶液浸泡棉籽24h，能显著提高发芽率（过氧化氢分解释放的氧气可供给种子）；也可用有机溶剂除去蜡质或者类似种皮成分，以打破休眠，如用乙醇处理莲子，可增加种皮的透性。棉花、刺槐、皂角、合欢、漆树、国槐等种子可用硫酸处理（此法必须注意安全），增加种皮透水透气性。

此外，许多作物（如稻、麦、棉花）或经济植物（龙胆、人参、银杏）等的种子也可用赤霉酸（5~50mg/L）处理，打破休眠，促进种子萌发。

4. 清水冲洗

由于抑制物的存在而休眠的种子或器官，如番茄、甜瓜、西瓜等的种子从果实中取出后，需用清水反复冲洗，以去除附着在种子上的抑制物，从而解除休眠、提高发芽率。

5. 日晒或高温处理

小麦、黄瓜和棉花等种子，经日晒或35~40℃温水处理，可打破休眠，促进萌发；油松和沙棘的种子在70℃水中浸种24h，可增加其种皮透性，促进萌发。

6. 光照处理

光照是小种子打破休眠很重要的信号。对需光种子，不同种子对光照的要求不同，有些需光种子一次性感光就能萌发，如泡桐种子；而有些种子则需经7~10d，每天5~10h的光周期诱导才能萌发，如八宝树、榕树、团花等。

二、　芽休眠

芽休眠（bud dormancy）是指植物生活史中芽生长暂时停顿的现象。许多多年生木本植物遇到不良环境时，其节间缩短，芽停止抽出，并在芽的外层出现芽鳞等保护性结构，以度过不良环境。当逆境结束，保护性结构脱落，新芽长出，或新枝抽出，或花芽形成。叶、枝、花等均可以芽的原始体形式度过休眠期（dormancy stage），这是一种良好的生物学特性。

（一）　芽休眠的类型

1. 生态休眠

生态休眠是由于环境因子诱导的生长停止。在环境变得有利时即可解除，所以属于强迫休眠。

2. 内生休眠

内生休眠是受芽自身含有的植物生长调节物质或抑制剂的控制，休眠持续时间长，休眠的解除需要低温条件，属于生理休眠，如树木越冬芽的休眠。

3. 内生互作休眠

内生互作休眠也是生理休眠，是由于芽受到植株其他部位的芽控制而产生的休眠。如在具有顶端优势的植株中，侧芽受顶芽的抑制所处的休眠状态就属于这种类型。

（二）　引起芽休眠的环境因素

1. 光照

光照长度是诱导芽休眠的主要因素，能感受光周期的部位主要是叶片，无叶的植株芽和顶端分生组织也能接受光周期诱导。多数植物的芽休眠是典型的短日照反应，受短日照影响，植株体内合成大量的脱落酸运至芽，使得芽停止生长，进入休眠。长日照可解除休眠。但是某些植物（如梨、苹果、月桂等）对短日照反应比较迟钝；还有些树木（如山毛榉）只有长日照才能引起休眠。而对于夏休眠的常绿植物和那些原产于夏季干旱地区的多年生草本花卉（如水仙、百合、仙客来、郁金香等）则是夏季的长日照促进休眠。

休眠芽的形成也受闪光处理的影响，而且与光的波长有关。短日照条件下，用红光闪光处理中断暗期，抑制休眠；用远红光闪光处理可抵消红光的效果，说明光敏色素参与了芽休眠的光周期调控。

2. 低温

自然条件下，由于秋季短日照和低温相继出现，所以植物芽的休眠程度也与低温密切相关。如果温度不够低时，诱导休眠的时间会延长。

低温不仅能诱导休眠，也是打破休眠的重要因子。芽通过休眠期（即解除休眠）对低温有一定的要求，这与植物的原产地、休眠芽的种类及所在位置有关。适应北方寒冷地区的植物的芽解除休眠的低温需要量较高，而适应南方温暖地区的植物解除休眠的低温需要量较低。如果冬季不能满足解除休眠所要求的低温需要量时，植物便会延长休眠来弥补低温的不足。一般植物对低温的感应在芽中，感应的效应不被传递。如将生长在温室的休眠的紫丁香的一个枝条从窗口伸出，接受外界低温，则这一枝条的休眠可被打破，而生长在温暖室内的其他枝条不能打破休眠。

3. 其他因素

研究表明，植物激素脱落酸、乙烯、酚类、氨等化学物质都能促进芽休眠。短日照能引起植物芽休眠，就是因为短日照促进植物体内脱落酸含量增加。干旱或营养不良也能促进植物休眠，如花卉植物仙客来，在干旱时可进入休眠。

三、 地下储藏器官休眠

许多植物为了度过高温、低温或者干旱的时期，常以块茎、块根、鳞茎或球茎等地下变态器官作为休眠器官。这些器官含有休眠的芽，同时含有大量营养物质。温度和光周期是诱导储藏器官休眠的主要因素，也受其他因素的影响，如植物激素、抑制物等。

马铃薯是由地下匍匐茎膨大形成的储藏器官。通常在短日照和较大的昼夜温差下，信号传至匍匐茎，促使匍匐茎膨大形成块茎。马铃薯在夏季收获后立即做种薯不能萌发，一般需要经 40~60d 的休眠。马铃薯在储藏期间因超过休眠期发芽而失去商品价值，可用低温储藏或药剂（萘乙酸甲酯）处理等方法来延长其休眠期。像郁金香这类花卉以球茎、鳞茎为繁殖器官，控制其休眠期具有重要的经济价值。

第三节　果实成熟

日常生活中，果实成熟指果实达到了可食用的程度。从植物的角度，果实成熟意味着植物种子做好了散播的准备。种子的散播依赖于动物的摄食，此时成熟与可食性成了很好的同义词。仅由子房发育而来的果实称为真果，如小麦、水稻等。由子房和花托、花萼等花的其他部分发育而成的果实称为假果，如苹果、菠萝、草莓等。肉质果实在人们日常生活中占据重要地位，对这类果实研究也最多。因此本节主要介绍肉质果实成熟时的生理生化变化。

一、 果实的生长

（一） 生长曲线

果实的生长同植物其他器官的生长一样，也是细胞分裂和细胞扩大的结果，体积和质量不可逆地增加。以开花后果实质量为纵坐标、以时间为横坐标作图，得到果实的生长曲线。研究发现多数肉质果实，如苹果、番茄、菠萝、草莓、香蕉、柑橘、甜瓜、梨等果实具有生长大周期，呈 S 型生长曲线；而桃、李、杏、樱桃等核果以及葡萄等非核果，呈双 S 形生长曲线，即在生长的中期有一个缓慢期（图 10-7）。

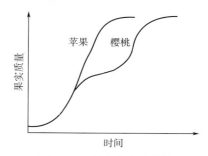

图 10-7　果实的生长曲线

研究核果发现，中期果实缓慢生长期正是珠心和珠被停止生长和幼胚快速生长果核变硬的时期，表明可能是胚的发育和果肉竞争养分影响了果实生长，导致这类果实的生长呈现双 S 形生长曲线。

（二）果实生长与激素的关系

果实的发育过程一般分为细胞分裂、细胞扩大、果实成熟和衰老。现已证明，果实的生长发育受五大类植物激素的调控，开花和幼果生长期，生长素、细胞分裂素和赤霉素的含量增高，促进果实生长；伴随果实成熟，乙烯和脱落酸含量升高。通过这些激素间的相互作用，调节着果实的生长发育过程。

其中与果实生长关系最密切的是生长素。一般而言，植物子房中生长素的含量在受精后增多，子房膨大，形成有种子的果实；如果不受精，子房是不会膨大形成果实的。生长素调节果实发育最典型的例子是尼奇（JP. Nitsch，1950）以草莓为试材的实验，在有瘦果存在时，花托膨大形成果实；去掉瘦果的花托停止生长；将含 100mg/kg 萘氧乙酸（NOA）的羊毛脂涂到完全去掉瘦果的花托上，可使花托膨大正常生长和成熟。对草莓瘦果中内源生长素的含量检测，结果表明生长素在授粉后 3～12d 的时间内增长 20 倍，其含量高峰恰好在次生胚乳细胞分裂的开始时期。这说明种子中的生长素对草莓果实生长的调节非常重要。

二、单性结实

正常情况下植物受精形成种子，种子中生长素含量增多促进子房发育、果实生长。但也有不经受精作用而结实的现象，称为单性结实（parthenocarpy）。单性结实的果实中不含种子，称为无籽果实。根据引起单性结实的原因，可分为以下几类：①天然单性结实，不经授粉受精或其他任何刺激而形成无籽果实的现象。如苹果、香蕉可不经授粉而形成无籽果实，桃、葡萄则可因胚败育而形成无籽果实；②刺激性单性结实（stimulative parthenocarpy），因外界环境条件的刺激而引起的单性结实。如短日照或较低的夜温可引起瓜类作物单性结实。在生产中常用生长调节物质处理获得无籽果实。生长素类（如 IAA、α-萘乙酸、2,4-D）可诱导番茄、茄子、辣椒、无花果及西瓜等单性结实。赤霉素也可诱导单性结实，但与生长素的作用不相同：两者都可诱导番茄、无花果形成无籽果实；但对苹果和桃，只有赤霉素有效而生长素无效。

三、果实成熟

（一）呼吸跃变

果实生长发育过程中，呼吸强度变化具有以下规律：幼果时期主要进行细胞分裂，呼吸强烈；细胞扩张生长时期，果实体积快速增大，呼吸显著下降；生长结束果实成熟期呼吸强度再次增强，达到峰值后下降，此时果实完全成熟。果实成熟前后出现呼吸高峰的现象，称为呼吸跃变（respiratory climacteric），也称呼吸峰。出现呼吸跃变的时期称为跃变期。根据果实成熟过程中是否有呼吸跃变现象，可将果实分为跃变型果实和非跃变型果实。跃变型果实有苹果、梨、香蕉、桃、无花果、芒果、猕猴桃、番茄等果实；非跃变型果实有橙、凤梨、菠萝、西瓜、柑橘、葡萄、草莓、柠檬、樱桃等，这类果实在成熟期间没有明显的呼吸跃变（图10-8）。

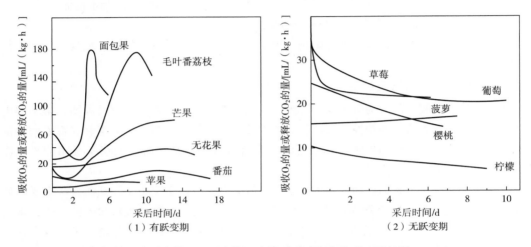

图 10-8　有跃变期和无跃变期果实的呼吸速率和类型（张继澍，2006）

跃变型果实含有复杂的贮藏物质（如淀粉或脂肪），在达到完全可食状态前，贮藏物水解，呼吸加强，而非跃变型果实并不如此。跃变型果实成熟较迅速，非跃变型果实成熟较缓慢。通常把呼吸跃变的出现作为果实成熟的生理指标，它标志着果实成熟达到可食用的最佳状态，同时也标志着果实已开始衰老，不耐储藏。

研究表明果实呼吸峰出现时或出现前，乙烯含量达到高峰（图10-9）。因此人们认为呼吸跃变的产生，最主要的原因是果实中乙烯的含量增加；乙烯可增加果皮细胞的透性，加强细胞内的氧化过程，促进果实的呼吸作用，加速果实成熟。非跃变型果实没有呼吸和乙烯释放的巨大变化。

在跃变型果实中，依赖于发育阶段乙烯产生有两个系统：系统1在果实未成熟阶段发挥作用，乙烯负反馈抑制其生物合成；系统2在果实成熟和花瓣衰老时起作用，乙烯正反馈促进其生物合成，即自我催化。非跃变型果实只有系统1，缺乏系统2，乙烯生产速率低而平稳。外施乙烯处理成熟的呼吸跃变型果

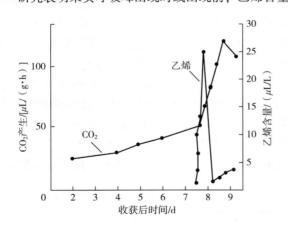

图 10-9　香蕉成熟过程中呼吸高峰出现前
乙烯大量产生（宋纯鹏等，2015）

实可以诱导更多的乙烯产生，导致呼吸跃变启动和果实成熟加快。相比之下，用乙烯处理未成熟的跃变型果实，促进呼吸增强，但不能引发内源乙烯增加和果实成熟。而用乙烯处理非跃变型果实，如柑橘、草莓和葡萄，既不能增强呼吸，也不能促进果实成熟。

尽管跃变型果实和非跃变型果实的区分是一个有用的概括，但有些非跃变型果实也对乙烯有反应，如外源乙烯处理某些柑橘果实可脱绿。实际上跃变型果实和非跃变型果实的分界并没有那么清晰，如甜瓜依赖于品种不同，既可以是跃变型果实也可以是非跃变型果实。

（二）肉质果实成熟过程中色香味的变化

肉质果实成熟不仅是指内部种子成熟，而且果肉也要达到良好的食用品质，具备特有的色香味，这与果实内部的生理生化变化有关。

1. 甜味增加

未成熟果实储存的糖类以淀粉为主因而无甜味；随着果实成熟度的增加，淀粉逐渐转化为蔗糖、葡萄糖、果糖等可溶性糖，积累在果肉细胞的液泡中，使果实甜度增加，如柿子、梨、苹果、香蕉等。果实的甜度与含糖总量有关，也与糖的种类有关，如以蔗糖甜度为1，则果糖为1.03~1.5，葡萄糖为0.49。不同种类的可溶性糖在不同果实中的含量不同，如苹果、梨、柿子以果糖为主，桃、李、杏、柑橘以蔗糖为主，火龙果以葡萄糖为主，葡萄和草莓含葡萄糖和果糖几乎相等，很少蔗糖。

2. 酸味减少

未成熟果实果肉细胞的液泡中存在大量的有机酸，使果实带有酸味。如柑橘、菠萝中主要含柠檬酸，苹果、梨中主要含有苹果酸，葡萄主要含酒石酸。随着果实的成熟，果实中一些有机酸可通过糖异生途径转变成糖；一些有机酸经呼吸作用 TCA 旁路氧化降解成二氧化碳；另一些有机酸则和 Ca^{2+}、K^+ 形成盐，因此有机酸含量下降，酸味减少，甜味增加。

3. 涩味消失

没有成熟的香蕉、柿子、李子等果实的果肉细胞中含有单宁，所以有涩味。随着果实的成熟，单宁被过氧化物酶氧化成无涩味的过氧化物，或者凝结成不溶于水的胶状物，因此涩味消失。

4. 香味增加

果实在成熟过程中产生各种酯类或醛类等芳香物质，使每一种果实都有其特殊的香味。如香蕉产生的主要芳香物质是乙酸戊酯，柑橘主要含柠檬醛，苹果主要含乙酸丁酯、乙酸乙酯等。

5. 果实变软

果实软化是其成熟的重要特征，这与果肉细胞的细胞壁物质降解有关。细胞壁由果胶、纤维素、半纤维素构成。未成熟果实细胞壁中充满不溶于水的果胶质，胞间层由果胶酸钙构成，使细胞紧密结合，果肉组织坚硬。果实成熟的早期，细胞壁中的半纤维素在木葡聚糖内糖基转移酶（XET）和扩张蛋白的作用下降解；果实过熟阶段，细胞壁中不溶于水的果胶物质在果胶甲酯酶（PEM）和果胶酸酶（PG）的作用下变成可溶性的果胶，同时果胶酸钙也水解，果肉细胞相互分离，果肉变软，如番茄、葡萄等。

6. 色泽变艳

果实成熟前，由于存在大量叶绿素，果皮呈现绿色。果实成熟过程中，果皮颜色由绿逐渐转变为黄、红、橙色、蓝色或紫色等。果实的颜色变化是因为果皮中叶绿素酶的含量不断增多，叶绿素降解、绿色消失，而类胡萝卜素较稳定因此显出黄色、橙色，此时叶绿体变为有色体；

有些果实合成积累花青素，花青素在酸性条件下呈红色，碱性条件下呈蓝色，中性条件呈紫色，也会使果实呈现缤纷的色彩。此外，有些果实还有其他色素，如番茄有番茄红素，辣椒有辣椒红素等。

果实内有机物的变化受温度、湿度影响很大。阴凉多雨条件下，果实含酸量大，糖分较少；阳光充足、气温较高、昼夜温差大的条件下，糖多酸少，花青素的合成加强，果实更甜、颜色更加鲜亮。

（三）果实成熟时的激素变化

开花和幼果生长期，生长素、细胞分裂素和赤霉素的含量增高；伴随果实成熟，乙烯和脱落酸含量升高。乙烯是公认的促进果实成熟的激素。许多果实幼小时便能产生乙烯，到果实进入成熟阶段时，乙烯生成量增加。跃变型果实采后有明显的后熟过程，其后熟启动伴随呼吸强度的大幅度上升，其中呼吸峰的出现则是由乙烯刺激产生的。

近年来，人们发现果实在成熟过程中，脱落酸含量不断增加，脱落酸对果实的成熟有十分重要的调控作用。例如，授粉后苹果幼果内源脱落酸逐渐增加，授粉后第 8 天的脱落酸含量可达到授粉前的 24.1 倍。脱落酸含量变化与山梨醇的吸收量呈正相关，山梨醇是苹果树内主要的糖类运输形式，这说明脱落酸可调节同化物的运输和分配。许多跃变型果实在成熟期间，脱落酸水平上升伴随着乙烯的跃升，或在乙烯水平上升之前，脱落酸水平上升。葡萄是典型的非跃变型果实，在成熟启动前，脱落酸快速增加，内源脱落酸浓度增加与糖分积累具有同步效应；外施脱落酸能促进葡萄、柑橘、草莓等非跃变型果实提前成熟。

（四）果实成熟的调控

果实成熟调控机制的研究对于提高果实品质、优化贮藏保鲜技术具有指导意义。近年来，通过获得番茄成熟过程相关的突变体，已经鉴定了多个重要的转录因子如 NOR（Nonripening）、RIN（Ripening inhibitor）和 CNR（Colorless non-ripening）等，它们组成了信号传递链，促进果实成熟相关基因如乙烯合成中 ACC 合成酶基因（ACS）、细胞壁扩张蛋白基因（LOXC）等的表达，以此调节番茄的成熟。在番茄中抑制 RIN 基因的表达后，番茄无法成熟。CNR 基因的表达是受表观遗传调控的，其启动子序列的超甲基化能抑制 CNR 的表达，从而导致果实一直处于未成熟状态。果实成熟时 DNA 甲基化水平可影响果实的风味，例如，番茄若放在冰箱冷藏，DNA 去甲基化酶被抑制，使 DNA 甲基化水平升高，与风味物质合成相关的酶基因表达下降，风味变差。

乙烯是启动和促进果实成熟的主要激素，影响乙烯的合成会明显抑制果实的成熟。可以通过促进或抑制果实内乙烯的合成，相应地促进或延迟呼吸峰出现，从而缩短或延长贮存期。如降低温度和 O_2 浓度，使用乙烯生物合成的抑制剂（如 AVG）或乙烯作用的抑制剂（如 CO_2、MCP 或 Ag^+）能延迟甚至阻止果实成熟，延长贮藏期。提高温度或施用乙烯利，可以加速果实的成熟，如用温水浸泡使柿子脱涩、熏烟促进香蕉成熟等。

ACC 合成酶（ACS）和 ACC 氧化酶（ACO）是乙烯合成的关键酶，用反义 RNA 技术沉默编码这两个酶的基因 ACS 和 ACO 后，转基因番茄体内乙烯生物合成大大降低，果实不能正常成熟，在植株上或常温储存 3~4 个月不红不软无香味；用乙烯利处理则果实成熟。

第四节　植物的衰老

整株植物的衰老是指其细胞、组织、器官或整个植株的生理活动和功能逐渐衰退的过程。植物衰老是受遗传控制的、主动且有序的发育过程，发生在该器官或该植株死亡之前。衰老是在植物自然死亡前的生命周期中最后的发育阶段，也是对环境的一种适应，环境因子可诱导植物启动衰老进程。

一、植物衰老的类型

整株植物的衰老与动物的衰老不同且变化更大，例如单株植物的寿命，有些一年生沙漠植物只有几周，而刺锥松树长达4600年。植物的衰老一般可分为四种类型：①整株衰老型，一年生和二年生的植物，在果实和种子成熟后，整个植株即进入衰老状态，最后死亡，如小麦、玉米和大豆等主要农作物，也称为一次结实性衰老；②地上部分衰老型，多年生草本植物和球茎类植物，每年的一定时期，地上部枝叶衰老死亡，但根系和其他地下器官仍然存活，来年可重新长出茎叶，开始新一轮的生长，如菊花、苜蓿等；③落叶衰老型，多年生落叶植物的叶片每年发生季节性衰老脱落，茎和根存活，也称为叶片同步衰老，如梧桐、悬铃木等；④渐进衰老型，常绿植物和旺盛生长的植株，也不断有老的器官和细胞逐渐衰老死亡，新的器官取而代之（图10-10），如桂花、松树等。

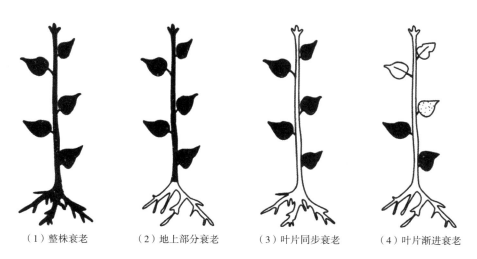

（1）整株衰老　　（2）地上部分衰老　　（3）叶片同步衰老　　（4）叶片渐进衰老

图10-10　植物中的一些衰老类型

黑色区域表示衰老部分；白色部分表示未衰老部分。

事实上，衰老一直伴随着植物的生命历程。在植物生命历程的早期阶段，部分器官衰老，而植物个体正处于强烈的生长阶段；在生命历程的后期阶段，器官的衰老和整个植物体的衰老表现同步。因而衰老可以发生在植物的整株水平上，也可以发生在器官、组织和细胞水平上。

二、 植物衰老过程中的变化

(一) 细胞结构变化

在衰老过程中，细胞的结构以一定顺序逐渐解体。人们对衰老现象研究最多的是叶片，叶片衰老过程中叶绿体破坏最早，类囊体膜蛋白成分和基质酶都降解，膜脂相变，嗜锇颗粒增加，其类囊体囊泡化并解体，基粒减少，叶绿体肿胀，外被膜破坏，叶绿体丧失完整性；随后核糖体和粗面内质网急剧减少，丧失蛋白质合成能力；其次是内质网、高尔基体和线粒体等细胞器功能减退；然后液泡膜溶解，液泡中各种水解酶扩散到整个细胞，细胞质 pH 降低，水解酶在酸性细胞质中活跃并消化所有的细胞器和细胞核，最终导致膜完全被破坏，细胞自溶解体。

(二) 生理生化变化

植株衰老时生活力显著下降，生长速度明显下降。

1. 蛋白质和叶绿素含量显著下降

植物叶片衰老时，最明显的外观表现是失绿变黄，但其实蛋白质含量下降早于叶绿素含量下降。叶片衰老时蛋白质的合成能力减弱而降解加快，总体表现为蛋白质含量显著下降。植物叶片中 70% 的蛋白质存在于叶绿体，叶片衰老时首先发生叶绿体的破坏，其中 75% 以上的蛋白质被降解，主要是 Rubisco 和类囊体膜上的 LHCII蛋白；同时伴随着游离氨基酸的累积。叶绿体蛋白质的分解和再动员提供了库器官氮和氨基酸的主要来源，代表了叶片衰老的最早变化。

在衰老过程中也有蛋白质的合成，主要是一些水解酶，如蛋白酶、酯酶、核糖核酸酶、叶绿素酶等，这些酶类物质的含量和活性增加，致使蛋白质、核酸、脂类和叶绿素等物质分解。正常情况下类囊体膜的叶绿素是与蛋白质结合形成色素蛋白复合体的，衰老时这些色素和蛋白质必须拆开以允许蛋白质回收利用。持绿蛋白（stay-green protein）是一种叶绿体蛋白，衰老过程中，持绿蛋白将叶绿素和蛋白质分开，使 LHCII蛋白和叶绿素可以降解。

2. 核酸含量降低

叶片衰老时，DNA、RNA 总量下降，原因也是合成代谢下降分解代谢增强，但 DNA 下降速度比 RNA 小。叶片衰老时，RNA 含量下降伴随着核糖体的解体，rRNA 减少最明显。mRNA 在衰老阶段也显著下降，但某些酶（如蛋白酶、核酸酶、纤维素酶等）的 mRNA 的合成仍在继续。这些在衰老过程中表达上调的酶基因称为衰老上调基因（senescence up-regulated gene，SUG）或衰老相关基因（senescence-associated gene，SAG）；而另一些编码与光合作用有关蛋白质的基因，在衰老期间表达量急剧下降，这些在衰老过程中表达下降的基因称为衰老下调基因（senescence down-regulated gene，SDG）。

3. 光合速率下降

叶片衰老时叶绿体被破坏，类囊体膨胀、裂解；叶绿素含量迅速下降，但类胡萝卜素相对稳定，降解较晚，所以叶色变黄；光合电子传递和光合磷酸化受阻，蛋白质降解、Rubisco 减少，光合速率下降（图 10-11）。

4. 呼吸速率下降

在叶片衰老过程中，线粒体的结构相对比叶绿体稳定，直到衰老后期线粒体膜才出现损伤，因此呼吸速率下降较光合速率慢。有些植物的呼吸速率在衰老前期维持在一个稳定的水平，到衰老末期，呼吸速率出现高峰，然后迅速下降（图 10-11）；有些植物则表现为呼吸速率缓慢地持续下降。此外，植物在衰老时，呼吸过程的氧化磷酸化逐步解偶联，产生的 ATP 减少，细胞合成代谢所需的能量不足，加速植物衰老的进程。

5. 生物膜的变化

衰老过程中，膜脂的脂肪酸饱和程度逐渐增高，不饱和脂肪酸的含量减少，脂肪链加长，膜由液晶态逐渐转变为凝胶态，磷脂尾部处于冻结状态，膜流动性下降。生物膜收缩出现龟裂或缝隙，膜透性增大，选择透性丧失，胞内物质外渗；自由基、活性氧增加，膜脂过氧化加剧后，也使膜损伤、泄漏和相变，膜结构逐步解体。

6. 有机营养、矿物质转移加强

衰老组织所含的内含物大量且彻底地向幼嫩的部分或子代转移和再分配。物质转移形式多种

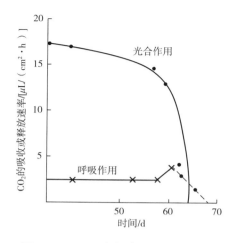

图 10-11　蚕豆衰老叶片中光合作用、
呼吸作用的变化（以 CO_2 计）

多样：大分子降解为小分子进入韧皮部筛管转移，或大分子直接转移，甚至部分细胞质通过胞间连丝转移，可重复利用元素溶解转移等。

三、　叶片衰老的历程

叶片衰老过程可以分为三个不同的阶段：启动阶段，叶片接受发育的和环境的信号，启动光合作用下降及由氮素库转变为氮素源；退化阶段，细胞器和大分子物质自我降解，可溶的矿物质和有机物再动员转运到幼叶、贮藏器官或生殖器官；末期，自我降解完成，细胞完整性丧失，细胞死亡，叶片脱落。

四、　植物衰老的原因

植物或器官衰老的原因错综复杂，相关的假说有多种。

（一）营养亏缺假说

早在 20 世纪 40 年代，人们就认为一年生和二年生植物衰老是有性生殖耗尽植株营养，致使其他器官缺乏营养而死亡。很多试验指出，把植株的花和果实去掉，就可以延迟或阻止叶片衰老，并认为这是减少花和果实对营养物质竞争的结果。例如，大豆原本是长得较矮的植物，通过不断摘花处理，15 个月后可长成 8m 高的植株。但是这个理论难以解释下列两个现象：①即使供给已开花结实的植株充分的养料，也无法使植株免于衰老；②雌雄异株的大麻和菠菜，雄株开花后虽不能结实，但植株仍然死亡。

最近的研究证实，雄花发育比雌花需要更多的营养，特别是在花发育的早期；如果将菠菜的雄花尽早去掉，同样可以延迟植株衰老。许多研究表明在衰老期间叶片碳水化合物含量实际是增加的，与此一致的是外源糖能触发叶片衰老。目前认为花发育引起的源库关系改变可能诱导营养器官激素和营养平衡的整体转变，碳累积的同时氮减少引起碳氮比增加与衰老有关。

（二）激素调控学说

单次结实性植物的衰老由多种激素综合调控。一般而言，细胞分裂素、赤霉素和生长素是

衰老的负调控因子，抑制衰老；而乙烯、脱落酸、茉莉酸、水杨酸是衰老的正调控因子，促进衰老。然而，有时候同一激素在叶片不同年龄作用不同。

茉莉酸和茉莉酸甲酯能加快叶绿素的降解，促进乙烯的生成，提高蛋白酶和核糖核酸酶等水解酶的活性，加速生物大分子的降解。水杨酸可以调节植物生长发育的许多方面，以及各种生物和非生物胁迫反应，它可以启动衰老。另外内源多胺的生物合成与乙烯生物合成共同竞争 SAM，所以多胺的作用与乙烯的作用相反，可以延缓衰老。

（三）自由基衰老假说

自由基（free radical）是具有未配对电子的基团或分子，包括含氧自由基和非含氧自由基。活性氧（reactive oxygen species，ROS）是指性质活泼、氧化能力很强的含氧物质的总称。这两个概念有交叉，有些活性氧是自由基，有些不是，如过氧化氢、单线态氧是非自由基的活性氧。生物体内存在并影响衰老的自由基和活性氧有羟自由基（$\cdot OH$）、烷氧自由基（$RO\cdot$）、超氧自由基阴离子（$O_2^-\cdot$）、过氧化氢（H_2O_2）、单线态氧（$^1O_2$）等，自由基或活性氧极易与周围物质发生反应，对细胞及生物大分子有破坏作用，并引起细胞的代谢失调，对生物系统造成潜在危害。

研究表明，植物细胞中的多种代谢途径可产生各种活性氧、自由基：如叶绿体中假循环电子传递会产生超氧自由基阴离子、过氧化氢，光敏反应可以产生$^1O_2$；光呼吸中过氧化物酶体通过乙醇酸氧化产生过氧化氢；线粒体是活性氧产生的重要部位，在消耗 NADH 的过程中复合体 I、CoQ、复合体II和复合体III都可能发生电子泄漏产生超氧自由基阴离子等；质膜 NADPH 氧化酶、细胞壁过氧化物酶、胺氧化酶等也产生 ROS。但正常情况下植物细胞具有活性氧及自由基的清除机制，包括保护酶系统和非酶保护系统。保护酶系统如超氧化物歧化酶（SOD）、过氧化物酶（POD）、过氧化氢酶（CAT）、抗坏血酸过氧化物酶（APX）、谷胱甘肽还原酶（GR）等，也称为抗氧化酶系统。非酶保护系统如维生素 E、维生素 C、胡萝卜素、甘露醇、巯基乙醇、还原型谷胱甘肽等抗氧化剂。

在正常情况下，细胞内活性氧、自由基的产生与清除处于动态平衡，活性氧自由基的浓度很低，不会引起伤害。但在植物衰老时，或植物处于逆境（如干旱、高盐、SO_2 等）条件下，这种平衡被破坏，活性氧、自由基的浓度升高，导致蛋白质、核酸等大分子被氧化破坏；生物膜中不饱和脂肪酸在自由基活性氧诱发下发生过氧化反应，使不饱和脂肪酸含量降低，膜脂流动性下降，膜相变，膜的完整性被破坏，膜透性增大，离子泄漏；同时膜脂过氧化产生的烷氧自由基（$RO\cdot$）和烷过氧自由基（$ROO\cdot$）会使蛋白发生交联和聚合反应，破坏蛋白质的结构和功能；而且膜脂过氧化的产物丙二醛（MDA）等也对细胞有毒害作用，这些都会伤害植物细胞或导致细胞死亡。

（四）程序性细胞死亡

程序性细胞死亡（programmed cell death，PCD）是胚胎发育、细胞分化及许多病理过程中，细胞遵循自身的程序，由特定基因调控，主动结束其生命的生理性死亡过程。在动物中程序性细胞死亡包括一系列特有的形态学和生物化学的变化，也称细胞凋亡，例如蝌蚪尾巴的消失。根据诱发因素，将 PCD 分为发育性细胞死亡和环境因素诱发的细胞死亡。衰老可以发生在植物整株水平，也可以发生在器官或细胞水平。发育性 PCD 在植物的发育过程中普遍存在，是植物发育的特定时间、特定组织发生的细胞死亡过程，如导管细胞分化后发生细胞死亡，细胞核降解，细胞质消失。植物叶片和花的衰老即是一种特殊形式的 PCD，以完成特定的发育过程。这些在特定时间和区域发生的 PCD 过程，确保整株植物行使正常功能。同时，PCD 也是植物抵抗环境中生物或非生物胁迫的基本机制。例如，当感染病原菌后，感染部位的细胞迅速累积酚类物质而死亡，形成枯斑，隔离感染部位并阻止其扩散到周围正常组织。

五、 植物衰老的调控

衰老是发育过程不可避免的一部分，受遗传基因控制。一套相互重叠的信号网络整合了内部和外部输入的信息，通过基因表达在时间和空间上调控衰老：高度保守的 NAC 和 WRKY 基因家族是最主要的调节衰老的转录因子；植物体内糖除了作为能量和结构物质，还可以作为信号分子调控代谢和发育，糖含量高于一定阈值而氮含量降低导致 C∶N 比值升高时会诱导衰老；活性氧，特别是 H_2O_2，可以作为胞内信号激活相关基因表达导致细胞死亡；植物激素是关键的发育信号，调控着衰老的时间。衰老过程中会有大量基因的表达发生改变，衰老相关基因（SAG）表达增加，衰老下调基因（SDG）表达降低。目前在水稻中克隆的叶片衰老相关基因有40 多个。

第五节　植物器官的脱落

脱落（abscission）是指植物细胞、组织或器官与植物体分离的过程。在植物的生长发育过程中，许多器官如叶、花、果甚至枝条都有脱落现象。脱落可以是因成熟和衰老而引起的自然生理现象，也可能是因外界环境恶化而导致的异常脱落。

根据引起脱落的原因，可将脱落大致分为正常脱落、胁迫脱落和生理脱落三类。由于衰老或成熟引起的脱落，称正常脱落，如叶片衰老后脱落、果实和种子成熟后的脱落；由于逆境条件（如高温、低温、干旱、水涝、盐渍、病虫害等）引起的脱落，称为胁迫脱落；因植物自身的生理活动而引起的脱落，称为生理脱落，如营养生长和生殖生长的竞争、源与库的不协调、光合产物运输受阻或分配失调均能引起生理脱落。胁迫脱落和生理脱落都属于异常脱落。

一、 离层与脱落

叶、花、果的脱落发生在靠近叶柄、花柄、果柄基部的离区（abscission zone），离区中有几层特殊的细胞，排列整齐、体积小、细胞核大，具有很多淀粉粒和浓厚的细胞质（图 10-12），称为离层（separation layer）。离层在器官未长成前就已形成，并在器官长成中进行几次分裂；但形成以后，可以长期潜伏，维持原状不发生变化。在脱落前，离层细胞衰退，变得中空而脆弱，细胞的果胶酶和纤维素酶等活性增强，导致纤维素和果胶质水解。离层的细胞壁和中胶层解体，细胞彼此分离，而器官也沿着这层细胞与茎秆分离开来。在暴露面上形成保护层，木栓化，以避免过度失水及微生物侵害。

阿狄柯特（F. T. Addicott）（1982）将离层细胞溶解方式分为三种类型：①仅胞间层溶解，分离后，初生细胞壁仍然保留；②胞间层和初生壁都溶解；③整个一层细胞的原生质和细胞壁都溶解，这是整个细胞的溶解（图 10-13）。

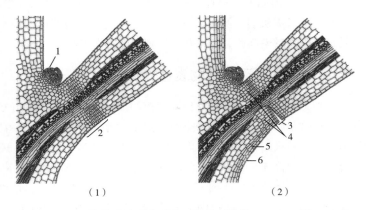

图 10-12 凤仙花叶片脱落时离区细胞的变化 (Sexton 等, 1984)

1—腋芽 2—离区 3—离层 4—保护层 5—周皮 6—表皮

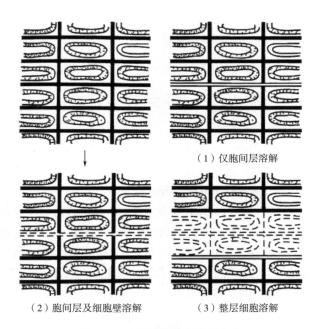

（1）仅胞间层溶解

（2）胞间层及细胞壁溶解 （3）整层细胞溶解

图 10-13 离层细胞的溶解方式

一般情况下，形成离层以后器官才脱落。但也有例外，有的植物（如禾谷类）叶片不形成离层也可脱落，有的植物（如烟草），叶片既不形成离层也不脱落。

二、 植物激素与脱落

（一）生长素

植物器官的脱落受多种植物激素的调节。通常植物幼叶中持续合成生长素，抑制叶片脱落；随着叶龄增加，生长素含量逐渐降低，因此认为生长素和植物器官的脱落有关。

切去植物叶片，残留的叶柄很快形成离层，然后脱落。若在切去叶片的伤口处涂抹含生长素的羊毛脂，叶柄会延迟脱落。但用生长素处理叶柄的不同部位，可得到不同的结果。将生长素施于伤口的近轴端时促进脱落，而施于远轴端时抑制脱落，由此可见，叶片的脱落取决于通过离层的生长素的浓度梯度。阿狄柯特等（1955）提出生长素梯度学说来解释生长素与脱落的关系。该学说认为，决定器官脱落的是离层两边的生长素浓度梯度，而不是生长素的绝对含量。当离层的远轴端生长素浓度比近轴端的浓度高，叶子不脱落；当这个梯度很小或不存在时，叶子就脱落；当离层远轴端生长素浓度较其近轴端的浓度低时，就会加速离层形成而加速脱落（图10-14）。在正常情况下，离层的远轴端生长素源源不断地从叶片产生，大于近轴端的浓度，叶片不脱落。当叶片衰老时，其产生的生长素量减少，近轴端的生长素浓度等于或高于远轴端，这就形成了脱落的条件，叶片脱落。

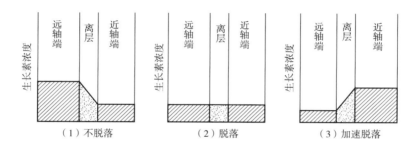

图 10-14 叶片脱落与叶柄离层远轴端生长素和近轴端生长素的相对含量的关系

（二）乙烯

乙烯是调控植物器官脱落的主要激素。研究发现，在植物器官的脱落过程中，调控乙烯生物合成的关键酶（如橄榄和苹果的 ACC 合成酶及 ACC 氧化酶）基因在离层细胞中表达量上调，使乙烯释放量增加，从而诱发纤维素酶、果胶酶等细胞壁降解酶的合成，使离层细胞壁降解，引起器官脱落。

叶片脱落的时间主要受生长素和乙烯的调控。叶片脱落过程可分为三个阶段：①维持生长期，叶片的功能正常，生长素含量高，生长素从叶片顶部向基部的极性运输较强，从叶片到茎秆存在的生长素浓度梯度使离层细胞对乙烯不敏感；②脱落诱导期，叶片衰老或环境信号使叶片中生长素的合成和运输减少，叶片到茎秆的生长素浓度梯度减小或消失，增加了乙烯产量和离层细胞对乙烯的敏感性；③脱落期，离层细胞对低浓度乙烯反应敏感，合成和分泌 β-1,4-葡聚糖酶（即纤维素酶）、多聚半乳糖醛酸酶（果胶酶中的一种）、木葡聚糖内糖基转移酶/水解酶（XET）和扩张蛋白等细胞壁降解酶和细胞壁改造蛋白，在这些酶的作用下，离层细胞的细胞壁水解，导致器官脱落。

总体而言，乙烯是主宰植物器官脱落的主要激素，而生长素则作为乙烯效应的抑制剂起作用。然而超过最适浓度的生长素会刺激乙烯产生，因此人们也将生长素类似物作落叶剂使用。

（三）脱落酸

脱落酸（ABA）因促进棉花的衰老叶片脱落而得名，曾被认为是控制器官脱落的主要因子，但后来的证据表明，脱落酸仅能诱导少数器官脱落，主要功能是促进衰老。脱落酸对脱落的调控作用主要与脱落酸和生长素或乙烯的相互作用有关，脱落酸促进细胞壁降解酶的合成和分泌，与乙烯有协同作用；脱落酸抑制生长素的运输，所以脱落酸对脱落的促进作用并不是脱落酸直接作用的结果。生长旺盛的叶子中脱落酸含量极少，只有在衰老的叶子中才含有大量的脱落酸。它能抑制叶柄内生长素的传导，促进乙烯的产生，降低或抵消生长素、细胞分裂素、赤霉素对衰老的延缓作用。外用脱落酸可促进许多植物外植体的脱落，但大田条件下施用脱落酸效果并不显著。

三、 环境因子对脱落的影响

（一）温度

温度过高或过低都会加速器官的脱落。高温促进脱落有两方面的原因：一是温度升高，生化反应加快；二是高温易引起水分亏缺促使叶片脱落。此外，低温霜冻是秋冬树木落叶的重要原因。

（二）水分

植物在干旱缺水时落叶，以减少水分的蒸腾损失是植物应对胁迫做出的保护性反应。例如沙漠中有些植物的叶片在旱季很快全部脱落，雨季时叶片又很快长出来。主要因为干旱使乙烯含量增多，促进器官脱落。淹水时土壤缺氧根系不能合成乙烯，使得ACC运输到地上部分，然后形成乙烯，因此也会导致叶片或花果的脱落。

（三）光照

光照强度对器官脱落的影响较大：光照充足，器官不易脱落；光照强度减弱时，容易脱落。大田作物种植过密时，植株下部受到的光照较弱，叶片会早落。

日照长度对脱落也有影响：日照缩短是落叶树秋季落叶的信号，长日照可延迟落叶。如路灯下的植物或枝条，在秋天落叶较迟或不落叶。

（四）矿质营养

缺乏氮、磷、钾、硫、钙、镁、锌等矿质营养，都可导致脱落。锌和氮是合成生长素必须的。含氮量高时，生长素含量高，叶片不易脱落；钙是胞间层的组成部分，缺钙易引起脱落，而用氯化钙处理可延缓或抑制脱落。

内容小结

种子成熟过程中，可溶性的小分子化合物逐渐转化为大分子化合物如淀粉、蛋白质、脂肪等储藏起来，钙、镁、磷常以非丁的形式积累。这些变化受一系列基因和多种激素的调控，外界环境条件对种子的成熟及化学成分具有重要影响。

有些果实成熟时会出现呼吸跃变，主要原因是内源乙烯含量增加。肉质果实成熟时发生一系列变化：甜味增加、涩味消失、酸味减少、产生香味、色泽鲜艳、果实软化，这些变化是内部生理生化反应的外在表现。乙烯是启动和促进果实成熟的主要激素。

休眠是植物抵抗或适应不良环境时生长暂时停顿的现象，分强迫休眠和生理休眠两种类型。种子生理休眠的原因有种皮限制、种子未完成后熟、胚未发育完全、抑制物的存在。可根据其休眠原因采取对应方法解除种子的休眠。

植物的衰老是指其细胞、组织、器官或整个植株的生理活动和功能逐渐衰退的过程。植物衰老有四种模式：整株衰老、地上部衰老、落叶衰老、渐进衰老。植物叶片衰老时叶绿素、蛋白质、核酸含量下降，光合、呼吸速率降低，营养物质全面撤退。植物衰老受基因、激素和糖调控，活性氧可作为信号激活相关基因。

脱落是植物器官自然离开母体的现象，器官在脱落之前先形成离层。脱落是以内部生理代谢为基础的。脱落主要受生长素和乙烯调控。

课程思政案例

由美国华盛顿大学医学院、加利福尼亚大学欧文分校、得克萨斯大学组成的研究小组，在2005年5月初出版的美国《科学》杂志网络版上发表论文表示，他们通过转基因方法，在实验鼠体内植入人类的过氧化氢酶基因，分别使细胞内细胞质、细胞核以及线粒体中的过氧化氢酶含量显著提高。结果线粒体内增加过氧化氢酶的实验鼠，平均寿命比对照组的延长了20%，这一成果支持了自由基引起衰老的理论。请查阅资料，讨论化妆品中加入抗氧化酶是否能有效延缓衰老，以培养科学的思维能力。

第十一章
植物的逆境生理

　　植物的生长发育会受各种环境因子的影响，如水分、光照、温度等。植物所处的环境千差万别且千变万化，一年四季各不相同，而植物是不移动的；因此植物不可避免地会遇到不良的环境条件，影响植物的生长发育。面对这些不良环境，有的植物能够适应而生存下去，有的因不适应被淘汰；农业生产中的不良环境会使作物轻则产量降低，重则颗粒无收。研究植物在不良环境下的生命活动规律，探讨其抗逆的机制，在理论和实践中都有重要意义。

第一节　植物逆境生理通论

一、逆境的种类和对植物的伤害

　　植物生活的环境是多种多样的，总体上包括适宜的环境和不适宜的环境。对植物生长发育不利的各种环境因素统称为逆境或胁迫（stress）。绝大多数情况下，胁迫的严重程度关系到植物生存、生长发育、作物产量和品质等。

　　植物遭受的逆境（胁迫）分为生物胁迫（biotic stress）和非生物胁迫（abiotic stress）。前者主要包括病、虫、杂草、鼠害、入侵生物（如飞机草、大米草、福寿螺）等，后者主要包括高温、低温、干旱、淹涝、盐分、酸、养分不足、重金属、紫外线、大气污染、全球性气候变化等。研究植物在不良环境下的生理反应，以及植物对不良环境的忍耐或抵抗机制，称为逆境生理（stress physiology）或抗性生理（resistant physiology）。

　　胁迫因子能以不同的方式对植物产生伤害作用。伤害可分为原初伤害和次生伤害。前者是指胁迫直接作用于细胞和生理功能的伤害，又分原初直接伤害（如水势降低、细胞脱水、质膜受损、膜透性增大的伤害等）和原初间接伤害（质膜受伤害后导致细胞内部代谢失调，影响植物正常生长发育的伤害）。次生伤害不是指胁迫因子本身的作用，而是由它引起的次生胁迫所导致的伤害。如盐胁迫的原初伤害是 Na^+ 和 Cl^- 进入植物细胞引起的离子毒害、失衡，以及高渗使膨压降低或消失，使植物细胞质膜受伤害和代谢失调；而由于土壤 Na^+ 和 Cl^- 过多，导致土壤水势下降，水分和 K^+ 吸收困难，膜功能障碍影响光合作用和其他生化过程，产生活性氧，发生细胞程序性死亡等，这种伤害为次生伤害。次生胁迫伤害需在原初胁迫伤害下经过比较长的时间才发生，这和直接的胁迫伤害有明显的不同。

二、 植物的抗逆性

不同植物或同一植物在不同生育期对逆境的反应不同：有的可能会死亡，有的可能因适应而生存下来。植物的抗逆性（stress resistance）是指植物对各种逆境因子的抵抗、忍受和适应能力，简称抗性。遗传和锻炼是植物抗逆性的基础。单个植物多次遇到逆境，逐步形成抗性的变化过程称为锻炼（hardening）或驯化（acclimation）。驯化是生理或形态非永久性的改变，这种反应有些受表观遗传调控。表观遗传机制能改变基因的表达而不改变遗传密码，因此不遗传。但如果延长驯化反应的时间可能使其可遗传。当整个植物种群的遗传变化在选择性的环境压力下经过许多代被固定下来时，这些变化称为适应（adaptation）。

植物可通过生长发育调节、形态结构改变、代谢活动变化等来适应环境，增强抗逆性。因此，植物抗性分为三种类型：御逆性、避逆性和耐逆性。

1. 避逆性（stress escape）

避逆性指植物通过对生育周期的调整来避开逆境的干扰，在相对适宜的环境中完成其生活史，植物整个生长发育过程都不与逆境相遇。这种方式在植物进化上是十分重要的。例如，夏季生长的短命植物，其渗透势比较低，且能随环境变化而改变自己的生育期；沙漠中生长的滨藜属植物只能在雨季生长，迅速完成生活史，避免干旱的为害。

2. 御逆性（stress avoidance）

御逆性指植物处于逆境时，主要通过形态结构上的变化营造适宜的生活内环境，使其生理过程不受或少受逆境的影响，仍能保持正常的生理活性。这类植物通常具有根系发达，吸水、吸肥能力强，物质运输阻力小；叶片小、角质层较厚，还原性物质含量高，有机物质合成快等特点。如仙人掌不仅肉质茎贮藏大量水分，而且有较厚的角质层和蜡质层，叶退化为细刺减少水分散失；另一方面，仙人掌白天气孔关闭，降低蒸腾，避免干旱对它的影响。

3. 耐逆性（Stress tolerance）

耐逆性是植物在逆境中通过生理生化变化来阻止、降低或修复由逆境造成的伤害，使其仍保持正常生理活动而存活。例如，植物遇到干旱或低温时，细胞内的渗透物质会增加，以提高细胞抗性。针叶树可以忍受$-70 \sim -40℃$的低温；某些温泉细菌能够在$70 \sim 80℃$，甚至沸水中存活。

避逆性和御逆性总称为逆境逃避，由于植物通过各种方式摒拒逆境的影响，不利因素并未进入组织，组织本身通常不会产生相应的反应。耐逆性又称为逆境忍耐，植物虽经受逆境影响，但它通过生理反应而抵抗逆境。在可忍耐的范围内，逆境所造成的损伤是可逆的，即植物可以恢复正常状态；如果超过可忍耐范围，超出植物自身修复能力，损伤将变成不可逆的，植物将受害甚至死亡。

同一种植物，有时可同时表现几种抗性。不同生育期，植物抗性也有差异，通常代谢活动强时，如营养生长期，抗性中等；代谢旺盛时，如开花期，抗性最弱。健壮植株抗性强，弱小植株抗性弱。

三、 逆境胁迫下植物的形态结构与生理响应

在逆境胁迫下，植物通常会在生长发育、生理生化和分子水平发生变化，对逆境做出响应

（response）。响应既包含逆境对植物的伤害，也包含植物对逆境的抗性。

（一）植物生长发育和形态结构的变化

逆境胁迫下植物生长发育方面的改变包括萌发受抑制、生长减慢、提早开花、提早衰老、产量下降等。

逆境胁迫下植物形态结构也可能发生明显变化。例如，生长受抑制，植株矮小瘦弱；枝条和叶片萎蔫下垂甚至衰老脱落，气孔开度降低或关闭；根冠比改变，叶片形态改变；叶片失绿变黄或变褐坏死等。淹水时不仅叶片变黄，根系也褐变甚至腐烂；高温下叶片变褐、出现坏死斑，树皮开裂；大气污染、病原菌侵染使叶片产生坏死斑、病斑。

逆境对植物细胞结构也产生明显影响，通常使生物膜受损，如细胞膜变性、龟裂，膜透性增大；各种细胞器受到破坏，区域化被打破，原生质变性等。叶绿体、线粒体等细胞器的膜系统在逆境下都会膨胀或破损。但一般认为，线粒体表现相对稳定，在质体、高尔基体、内质网及液泡膜都发生严重破坏时，大多数线粒体仍保持正常状态。

（二）植物生理生化代谢的变化

1. 水分亏缺，膜透性增大

多数胁迫作用于植物均能对植物造成水分亏缺，使细胞脱水，生物膜系统受损，膜透性加大。如干旱直接导致水分亏缺；低温和冰冻通过结冰间接引起水分亏缺；高温和辐射使植物与大气水势差增加，蒸腾加强，间接引起水分亏缺；盐胁迫使土壤水势降低，植物难以吸收水分，导致生理干旱等。逆境造成水分亏缺的主要原因是植物吸水能力降低，蒸腾失水大于吸水，导致含水量降低，发生萎蔫。另一方面，含水量的降低使组织中束缚水含量相对增加，从而又使植物抗逆性增强。

2. 光合作用下降

各种逆境胁迫下，植物光合速率都呈现下降的趋势，光合产物减少。主要原因是含水量降低，气孔关闭，CO_2 供应不足；还可能与光合机构受损、光合有关的酶活性降低有关。另外，有些植物在逆境时可以由 C_3 途径转变为 CAM 途径，以适应胁迫。

3. 呼吸作用改变

不同逆境胁迫下，植物呼吸速率变化有三种类型：呼吸强度降低，呼吸强度先升高后降低和呼吸作用明显增强。如冻害、热害、盐和涝害导致植物呼吸速率降低；遭受冷害、旱害时，植物呼吸速率先升高后降低；遭受病、虫害时，植物呼吸速率显著提高。另外呼吸的途径也可能发生改变：在多数逆境胁迫下，植物磷酸戊糖途径增强，如干旱、病害、机械损伤等；干旱和冷胁迫时抗氰呼吸增强。

4. 物质分解大于合成，活性氧增加

合成酶常为多聚酶或多酶复合体，在逆境下容易解离失活；而膜损伤使水解酶从液泡或溶酶体中释放出来。因此在逆境下，水解酶活性高于合成酶活性，植物体内物质分解大于合成，例如，淀粉水解为可溶性糖，蛋白质水解加强，可溶性氮增加。所以代谢失调，导致有毒代谢副产物增加，如自由基、活性氧。同时，胁迫也可能使植物合成新的逆境蛋白，渗透调节物质合成也增加。

5. 内源激素平衡改变

逆境通常会使组织细胞的内源脱落酸和乙烯含量迅速增加，而生长素、赤霉素和细胞分裂素减少。其中脱落酸生物合成是植物对非生物逆境胁迫最快速的反应，在干旱、冷、盐胁迫等

的适应中起重要作用。植物通过激素间的相互作用调节其正常生长发育和对非生物胁迫的响应。

（三）分子水平的变化

逆境胁迫下植物分子水平的变化有基因表达改变、生物大分子断裂降解、关键酶活性降低、膜系统组分及结构改变等。

四、 植物适应逆境的生理及分子机制

植物对逆境的响应，有的属于伤害，有的属于抗性。例如，逆境通常会使生物膜受损、膜透性增大，但植物也可以通过改变膜组分等增强对逆境的抗性。同一反应，从某个角度或某种程度看是增强植物对逆境的抗性，换个角度或程度则属于逆境对植物的为害。例如，逆境条件下植物体内脱落酸和乙烯含量增加，抑制生长，促进叶片脱落促进休眠，植株早衰，从农业生产获得产量的角度而言是不利的，但从植物生存的角度是有利的。叶片萎蔫，暂时萎蔫是植物对逆境的适应，而永久萎蔫是逆境对植物的伤害等。

不同的植物对逆境的抗性机理并不相同，但通常抗性机理主要有：信号转导途径激活、基因表达改变、可溶性物质积累、逆境蛋白合成、抗氧化能力增强、跨膜运输加强、激素平衡调节等。

（一）生物膜与植物抗逆性

生物膜是由脂类、蛋白质以及糖等组成的超分子体系。对于生物膜的结构，目前公认的主要是流动镶嵌模型，该模型主要特点：膜分子结构具有不对称性；膜具有流动性。逆境条件下生物膜结构和组分会发生明显变化。

1. 膜结构的完整性受到破坏

正常情况下膜的脂类分子依靠磷脂极性端同水分子相互连接，保持膜脂的双分子层排列。大部分逆境胁迫都会引起细胞脱水，脱水时细胞收缩而脂类分子间非极性程度高、内聚力小，产生内拉外张的力量，使膜出现孔隙或裂缝；另外脱水导致细胞质壁分离，但细胞壁的厚度和坚固性较大，收缩速度和程度较质膜慢而小，而质膜和细胞壁之间存在黏着位点，牵拉会造成质膜机械性撕裂；若脱水过分严重，膜脂分子排列紊乱无法形成双分子层。细胞再度吸水时，细胞壁吸水和膨胀在先，其张力作用又通过黏着位点使质膜再次受到牵拉撕裂的损伤。这些都破坏质膜结构完整性，膜透性增大。细胞内物质外渗增加，溶质渗漏率提高，跨膜电化学势梯度受到影响，这是逆境伤害最普遍的共同特征。因此常用膜透性的改变来判断植物受害的程度。

2. 发生膜脂相变

膜有三相：较高温度下膜呈液相（溶胶态），低温下即转变为固相（凝胶态），在此转变中间经过液晶态。正常情况下生物膜呈液晶态，保持一定的流动性也有一定的形状，其脂肪酸侧链无序排列，可在一定范围内移动。干旱、盐和冷害等都会导致膜脂相变，从液晶态变成凝胶态。膜脂相变降低了膜流动性，改变膜脂与膜蛋白的构象及相互作用，导致膜功能变化，如ATP酶失活和膜透性增大。ATP酶活性降低或失活，使细胞对物质的主动吸收和运输功能降低，造成细胞与周围环境的物质交换平衡关系被破坏，改变细胞内代谢过程。

3. 改变膜组分

逆境不仅影响膜结构还可能改变膜组分，其影响会因胁迫的种类、程度、持续时长及植物种类、品种、生育期而异。如低温使膜中磷脂酰胆碱（PC）含量增加。冰冻提高磷脂酶D活性，导致PC分解成磷脂酸。铝胁迫处理后，小麦品种Altas66和Scout66根液泡膜的棕榈

酸（16∶0）和油酸（18∶1）含量增加，亚麻酸（18∶3）含量下降，不饱和指数也随之下降，其中铝敏感品种 Scout66 下降更为明显。杨景峰报道抗旱性强的小麦品种在灌浆期如遇干热风，其叶表皮细胞的饱和脂肪酸较多，而不抗旱的小麦品种则较少。宫海军报道土壤缓慢干旱处理小麦，苗期叶片亚麻酸含量下降且不抗旱品种下降更多，豆蔻酸（14∶0）和棕榈酸含量上升。随着处理时间的延长，植株适应干旱，脂肪酸不饱和程度会上升；干旱处理至灌浆期抗旱品种硬脂酸（18∶0）含量下降亚麻酸含量上升，双键指数高于浇水对照组，而不抗旱品种双键指数与浇水对照组接近。

4. 膜脂过氧化

大量研究表明，低温、干旱、盐胁迫等会导致活性氧累积，生物膜中不饱和脂肪酸在自由基诱发下发生过氧化反应，形成脂质过氧化自由基（ROO·），这一方面降低膜中不饱和脂肪酸的含量，膜脂相变，膜流动性下降，膜透性增大；也可导致膜脂分解，产生丙二醛（Malondialdehyde，MDA）。丙二醛可与蛋白质、核酸、氨基酸等物质交联，形成不溶性化合物（脂褐素）沉积，干扰细胞的正常生命活动；丙二醛等也能直接对细胞起毒害作用。测定丙二醛含量成为鉴定逆境对膜伤害的重要指标。

5. 膜蛋白与膜脂的相互作用

有研究认为膜稳定性的关键因素是膜蛋白与膜脂共同的作用。冷藏中的番薯，并没有发现膜脂相变，只是看到磷脂从膜上释放出来，因此认为低温造成膜蛋白结构改变，进而使膜蛋白对磷脂的约束能力降低。

总之，生物膜结构和功能的稳定性与植物抗逆性密切相关。膜磷脂含量高，膜脂中碳链短、不饱和脂肪酸多时，植物抗冷性强。膜脂饱和脂肪酸含量高时，植物抗热性强。膜蛋白稳定性强，植物抗逆性强。

（二）渗透调节与植物抗逆性

多种逆境都会直接或间接地对植物产生渗透胁迫（osmotic stress）。渗透胁迫泛指植物与环境之间由于渗透势的不平衡导致植物受伤害的现象。干旱、盐渍、高温、低温和冷冻在一定意义上同属渗透胁迫。当环境渗透势低于植物细胞渗透势时会导致细胞失水，造成水分亏缺等。在一定胁迫范围内，某些生物可通过渗透调节来抵御外界的渗透胁迫。渗透调节（osmotic adjustment，osmoregulation）是在渗透胁迫时，某些植物可通过主动积累各种物质来提高细胞液浓度，降低渗透势，以达到与外界环境渗透势平衡，提高细胞保水力，避免水分过度散失，从而适应胁迫环境的现象。渗透调节是在细胞水平上通过代谢来维持细胞的正常膨压，从而维持原有的代谢过程，如气孔开放、细胞伸长、植株生长以及其他生理过程。

1. 渗透调节物质

参与渗透调节的物质主要包括两类：无机离子和有机溶质。无机离子主要有 K^+、Na^+、Ca^{2+}、Mg^{2+}、Cl^-、NO_3^-、SO_4^{2-} 等。无机离子的累积量和种类因植物、品种和器官的不同而有差异。与栽培种相比，野生番茄能积累更多的 Na^+、Cl^-；葱不积累 Cl^-，而菜豆和棉花则积累 Cl^-。K^+、Na^+、Ca^{2+}、Mg^{2+}、Cl^-、SO_4^{2-}、NO_3^- 对盐生植物的渗透调节贡献较大。在中度水分亏缺下完全展开的高粱叶片，积累的无机离子主要为 K^+、Mg^{2+}，完全展开的向日葵叶片主要累积 K^+、Mg^{2+}、Ca^{2+}、NO_3^-，部分展开的向日葵叶片在严重水分亏缺下，则主要积累 Cl^- 和 NO_3^-。

有机溶质主要包括氨基酸、多元醇、糖、甲胺等，其中脯氨酸、甜菜碱、甘露醇在植物中普遍存在，偶尔也有胆碱-O-硫酸、D-芒柄醇和海藻糖，四氢嘧啶则仅在细菌中发现。有机渗透调节物质都具有以下共性：分子质量小、易溶解；在生理 pH 范围内不带静电荷；能被细胞膜保留在细胞内；引起酶结构变化作用小；能够稳定酶构象，不至于变性；生成迅速，并积累到足以引起渗透调节的量。

参与渗透调节的氨基酸主要是脯氨酸，所有逆境（尤其是干旱）都引起脯氨酸的积累。除脯氨酸外，其他游离氨基酸和酰胺也可在逆境下积累，起渗透调节作用，如水分亏缺胁迫下小麦叶片中天冬酰胺、谷氨酸等含量增加，但这些氨基酸的积累通常没有脯氨酸显著。目前认为脯氨酸是细胞理想的渗透调节物质，原因一是合成迅速，游离脯氨酸的等电点为 pH6.3，在生理 pH 下为中性，大量积累不会引起酸碱失调；二是毒性最低，试验表明在所有构成蛋白质的氨基酸中，高浓度下脯氨酸对细胞生长的抑制作用最小；三是溶解度大，在 25℃ 下 100g 水中可溶解 162.3g 脯氨酸，是谷氨酸溶解量的 192 倍，是天冬氨酸溶解量的 300 倍。

甜菜碱是一类季铵化合物，化学名称为 N-三甲基甘氨酸，广泛存在于动植物体内，其甲基可以被其他基团取代而形成多种甜菜碱。植物中的甜菜碱主要有 12 种，甘氨酸甜菜碱是最简单、发现最早、研究最多的一种；丙氨酸甜菜碱、脯氨酸甜菜碱也都是比较重要的甜菜碱；还有硫代甜菜碱、胆碱-O-硫酸等。植物在干旱、盐渍条件下会发生甜菜碱的累积，主要分布于细胞质中。甜菜碱也被认为是细胞理想的渗透调节物质，理由为溶解度大、合成较快、pH 中性、无毒、对酶有保护作用、能解除 NH_4^+ 毒害。

可溶性糖包括简单糖类（果糖、葡萄糖、蔗糖等，主要是蔗糖）、糖醇（甘油、山梨糖醇、甘露糖醇、D-芒柄醇、D-松醇）和复杂糖类（海藻糖、棉子糖、果聚糖），这些糖类主要来源于淀粉等碳水化合物的分解以及光合作用的产物等。

2. 渗透调节的生理效应

渗透调节的主要生理功能是保持细胞原生质与环境的渗透平衡，防止细胞过度失水，从而完全或部分维持细胞膨压，有利于依赖膨压的其他生理生化过程的进行。例如，气孔开放、细胞生长、膨压控制的膜运输等。渗透调节可在水分亏缺胁迫下维持气孔开放和类囊体的完整性，有利于气体交换，从而维持光合作用的进行。

当水分缺乏时，渗透调节物质可以代替水与核酸、蛋白质、生物膜结合，维持其稳定性。例如，脯氨酸与蛋白质结合能增强蛋白质水合作用，增加蛋白质的可溶性和减少蛋白质的沉淀，保护生物大分子结构和功能的稳定。甜菜碱和脯氨酸能够保护 Rubisco，维持酶活性；甜菜碱还能够稳定 PSII 的结构和活性。

同时，渗透调节物质具有清除自由基的作用。如积累更多脯氨酸的转基因烟草的自由基水平下降。瓜氨酸和甘露醇对羟自由基的清除能力较脯氨酸更强更快，瓜氨酸能够在羟自由基形成部位迅速将其分解（表 11-1）。

表 11-1　　　羟自由基与各种化合物的二级反应速率常数（Akashi 等，2001）

化合物	速率常数/ [L/(mol·s)]	体内浓度/ (mmol/L)	体内羟自由基的 半衰期/ns
瓜氨酸	3.9×10^9	200~300	0.59~0.89
甘露醇	2.1×10^9	100~320	1.0~3.3
脯氨酸	5.4×10^8	120~428	3.0~11

续表

化合物	速率常数/ [L/(mol·s)]	体内浓度/ (mmol/L)	体内羟自由基的 半衰期/ns
甜菜碱	8.2×10^7	320~1000	8.5~26
抗坏血酸（维生素 C）	7.3×10^9	25~30	1.9~3.8
谷胱甘肽	8.6×10^9	1~4.5	18~80

（三）自由基与植物抗逆性

自由基、活性氧、活性氮都有很强的氧化能力，对生物体内大分子和许多其他功能分子具有破坏性，因此它们的积累必然会导致对细胞的伤害。关于自由基和活性氧第十章已有介绍。

1. 活性氮的概念、种类和作用

活性氮（reactive nitrogen species，RNS）是指性质活泼、氧化能力很强的含氮化合物的总称，包括自由基和非自由基，种类很多（表 11-2），但大部分来源于 NO。自由基、活性氧和活性氮的概念相互有交叉，如 NO 可得到或失去电子，在生理条件下主要以自由基（·NO）、亚硝酰阳离子（NO^+）、亚硝酰阴离子（NO^-）等形式存在，参与植物生理反应（表 11-2）。因此 NO 既是活性氮也是自由基，还是活性氧。NO 可在线粒体、过氧化物酶体、细胞质和细胞壁等处产生，产生途径有多条，主要有酶促系统和非酶促系统。酶促系统主要有 NO 合成酶（NOS）和硝酸还原酶（NR）以及某些植物的特定组织器官或特定环境下存在的一氧化氮氧化还原酶（Ni-NOR）和黄嘌呤氧化还原酶（XOR）。非酶催化合成途径主要是在酸性和还原剂存在条件下将亚硝酸盐还原成 NO，或将亚氮氧化物分解为 NO。如经反硝化作用和氮固定作用将 N_2O 氧化形成 NO；在酸性条件下，由 NO_2^- 还原形成 NO；抗坏血酸或光参与由 NO_2^- 形成 NO 等。外源 NO 的供体硝普钠（SNP）和 S-亚硝基-N-乙酰青霉胺（SNAP）进入植物细胞后也生成 NO。

表 11-2　NO 来源的活性氮（包括自由基和非自由基）（Corpas 等，2010）

自由基	非自由基	自由基	非自由基
·NO	HNO_2		ONOOH
·NO_2	N_2O_3		ROONO
	N_2O_4		NO^-
	NO_2^+		NO^+
	$ONOO^-$		

NO 释放增加是不同逆境胁迫的共同反应，热激、渗透胁迫和盐胁迫使烟草细胞 NO 释放增加，机械损伤加强拟南芥叶片 NO 释放。NO 是生物体内一种重要的氧化还原信号分子和毒性分子，广泛存在于植物组织中，参与种子萌发、呼吸作用、形态建成、细胞运输、衰老、胁迫响应、程序性细胞死亡和抗病防御反应等过程，在植物生长发育和逆境调节方面发挥重要作用。

2. 自由基、活性氧和活性氮的作用

为简便起见，常将自由基、活性氧、活性氮统称为活性氧（ROS），它们具有损伤和保护双重作用，其作用依赖于浓度和环境状态。

（1）损伤作用　ROS 性质活泼、氧化能力很强，可诱发膜脂过氧化，使膜脂由液晶态转变为凝胶态，引起膜流动性下降，质膜透性增加。ROS 能破坏核酸、蛋白质、脂类等生物大分子，如降解 DNA，使蛋白质（酶）分子之间发生交联、聚合，与酶分子中的金属离子、-SH 起反应等导致酶失活、降解。ROS 可损伤细胞结构和功能，如破坏叶绿素，抑制光合作用有关酶，损伤类囊体膜，导致光合机构破坏；可损伤线粒体蛋白质，引起线粒体结构和功能的破坏，线粒体出现肿胀，嵴残缺不全，基质收缩或解体，氧化磷酸化效率降低。ROS 明显抑制植物生长，且根比芽对高氧逆境更敏感。

（2）保护作用　研究表明 NO、H_2O_2 等 ROS 能充当胞间和胞内信号，参与多种逆境胁迫的信号转导，如在干旱、低温、高温、紫外线、臭氧、机械损伤等胁迫下，NO 起介导作用。UV-B 诱导的气孔关闭由 NO 和 H_2O_2 介导。

ROS 作为信号分子能够通过以下方式引起特异性反应：通过修饰蛋白质产生特异反应，如可通过二硫键的形成和裂解而改变蛋白质的结构和功能；通过激活 Ca^{2+} 通道进行信息传递，引起各种生理反应；直接作用于转录因子，如 AP-1、抗氧化剂反应元件结合蛋白（ARE-BP）等；间接作用于转录因子，如通过激活 MAPK 级联反应，再激活转录因子，引起目的基因转录；H_2O_2 可以活化酪氨酸激酶和蛋白质激酶 C，抑制蛋白质酪氨酸磷酸化酶。

非生物胁迫作用于植物的某个部分会产生信号，并将信号传递到植物的其余部分，未受胁迫的部分会启动驯化反应，这个过程称为系统获得性驯化（systemic acquired acclimation，SAA）。已经证明植物对不同非生物逆境（包括热、冷、盐和强光）的快速反应是由 ROS 产生的自动传播波（self-propagating wave）介导的，速度约为 8.4cm/min，依赖于质膜上特异的 NADPH 氧化酶——呼吸爆发氧化酶同系物 D（RBOHD）。

适宜的 ROS 能够提高植物对逆境的抗性，如能够直接杀死病菌，或使细胞壁交联阻止病菌侵入。ROS 还可以诱导基因表达发挥保护作用。外源 H_2O_2 处理使叶片中防御蛋白和胞质抗坏血酸过氧化物酶（APX）增加，O_2^-· 能够诱导烟草细胞伸展蛋白的转录、荷兰芹悬浮细胞抗生素积累。一般在低浓度下，NO 能够激活抗氧化酶活性，降低超氧阴离子自由基 O_2^-· 和脂质自由基以及亚硝酸盐含量。NO 供体硝普钠明显促进渗透胁迫下小麦种子萌发、胚根和胚芽生长，提高淀粉酶和内肽酶的活性，加速贮藏物质降解；缓解 300 mmol/L NaCl 处理拟南芥毒害症状，而 NO 合成酶抑制剂 L-NAA 和 NO 淬灭剂 cPTIO 则加重盐胁迫症状；硝普钠预处理能够减轻铝对决明、小麦、黑麦、花生等根伸长生长的抑制作用，影响 *AhSAG* 基因和 *AhBI-1* 基因的表达，调控程序性细胞死亡。

3. 植物对 ROS 的清除

植物体内有完善的抗氧化系统，或称活性氧清除系统，包括酶促系统和非酶促的抗氧化剂（详见第十章）。其中超氧化物歧化酶广泛分布在动物、植物和微生物中，可将超氧自由基阴离子清除产生 H_2O_2。根据辅基不同，超氧化物歧化酶可分为四种，它们的相对分子质量、分布和对氰化物敏感性不同（表 11-3）。过氧化氢酶（CAT）和过氧化物酶（POD）能使 H_2O_2 转变为 H_2O。抗坏血酸过氧化物酶是植物特有的，在抗坏血酸和脱氢抗坏血酸还原酶、谷胱甘肽还原酶等配合下清除 H_2O_2。植物正常生长发育过程中，ROS 的产生和清除处于动态平衡，使 ROS 维持在一个较低水平。逆境胁迫下，ROS 显著增加，清除能力降低，打破原有平衡，从而造成伤害作用。

表 11-3 　　　　　　　　　　各种超氧化物歧化酶的特性

种类	相对分子质量	分布	对氰化物的敏感性
CuZnSOD	32600	细胞质、叶绿体	酶活性强烈受抑制
MnSOD	40000	线粒体、细菌	不敏感
FeSOD	39000	叶绿体、细菌	不敏感
EC-SOD	135000	细胞外	酶活性受抑制

（四）激素相互作用调节正常的发育和对非生物胁迫的响应

植物激素介导了广泛的适应性反应，是植物适应非生物逆境的基本能力。其中脱落酸生物合成是植物对非生物胁迫最快速的反应，例如，干旱条件下叶片脱落酸浓度能增加 50 倍，是所有激素浓度响应环境信号变化最大的。脱落酸被认为是一种逆境激素或胁迫激素，能够促进气孔关闭、降低蒸腾，还可促进初生根生长、调节根冠比、提高根对水分的吸收和输导，防止水分过度亏缺；还能减少自由基对膜的破坏，提高膜脂不饱和度，稳定生物膜，增加脯氨酸、可溶性糖和可溶性蛋白质等的含量，提高抗逆能力。脱落酸在对干旱、冷胁迫、盐胁迫等的适应中起重要作用。

逆境乙烯的产生可使植物克服或减轻因环境胁迫所带来的伤害，促进器官衰老，引起枝叶脱落，减少蒸腾面积，有利于保持水分平衡；还可提高与酚类代谢有关的酶活性或含量，间接地参与植物对伤害的修复或对逆境的抵抗过程。许多乙烯响应转录因子被非生物胁迫和乙烯诱导。

另一种在适应非生物胁迫中起关键作用的植物激素是细胞分裂素。细胞分裂素和脱落酸在气孔开放、蒸腾和光合作用中有拮抗作用。干旱导致细胞分裂素水平降低，脱落酸水平升高。尽管脱落酸能使气孔关闭阻止水分过度丧失，但干旱环境也抑制光合作用、引起叶片早衰。细胞分裂素能改善干旱的影响：与野生型相比，过表达 *ipt* 的转基因植物，细胞分裂素含量增加，表现出良好的干旱耐性。细胞分裂素能保护与光合作用有关的生化过程，延缓干旱胁迫中的衰老。近年关于细胞分裂素信号的研究证实其参与植物逆境胁迫反应，两个细胞分裂素受体基因 *AHK2* 和 *AHK3* 在植物胁迫响应中起负调控作用。

此外，生长素、赤霉素、水杨酸、茉莉酸和油菜素甾醇也在植物对非生物胁迫的响应中发挥重要作用。不同激素调控基因之间的广泛重叠说明存在复杂的网络，不同激素信号通路之间有显著的交叉。激素间的协同或拮抗作用以及激素生物合成途径的协调和相互调控对植物适应非生物胁迫的能力具有重要意义。

生长素在植物对干旱的驯化中能发挥关键的作用。*TLD1* 基因是编码吲哚-3-乙酸-氨基合成酶的，有研究表明它诱导编码 LEA 蛋白的基因表达，也与水稻耐旱性增强有关。干旱或盐胁迫产生的脱落酸能激活降解 ABCB4 生长素运输体的蛋白酶，此运输体能调节根毛的伸长。几种与生长素合成、生长素运输体（PIN1、PIN2、PIN4、AUX1）和生长素响应的转录因子（ARF2、ARF19）相关的基因表达受乙烯调节。反过来细胞的生长素水平很大地影响乙烯的生物合成，几个编码 ACC 合成酶的基因被生长素调节。在生长素信号途径中，许多 NAC 转录因子对生长素、脱落酸和非生物胁迫均做出响应。AtNAC2 既被盐胁迫诱导，也受生长素、脱落酸和乙烯诱导。

当叶片缺水时，内源赤霉素含量迅速下降，赤霉素含量的降低先于脱落酸含量的上升，这是由于赤霉素和脱落酸的合成前体相同的缘故。研究认为胁迫降低赤霉素水平，导致 DELLA 蛋白积累，从而抑制植物生长。抗冷性强的植物体内赤霉素的含量一般低于抗冷性弱的植物，外施赤霉素能显著降低某些植物的抗冷性。赤霉素和油菜素甾醇是两种促进生长的激素，调节许多相同的生理过程，可以将生长调节与胁迫反应联系起来。而且，缺乏或对这两种激素不敏感都导致相似的表型，如矮化、减少种子萌发和延迟开花。尽管赤霉素和油菜素甾醇通过不同的机制起作用，受这两种激素调控的许多基因已经被鉴定出来，表明它们的信号通路有很多的重叠。

另外还发现赤霉素与水杨酸有相互作用：施用赤霉素给拟南芥植株引起涉及水杨酸合成和作用的相关基因表达增加。细胞分裂素和油菜素甾醇也有相互作用：在干旱特异性启动子控制下表达 ipt 的转基因植物中，干旱诱导细胞分裂素生物合成会导致与油菜素甾醇合成和调控相关的基因上调。

（五）逆境蛋白与植物抗逆性

逆境蛋白（stress protein）是指逆境条件诱导植物产生的蛋白。已发现逆境胁迫会抑制原有正常蛋白合成，诱导逆境蛋白合成。

1. 热激蛋白（heat shock protein，HSP）

热激蛋白是指在高于植物正常生长温度刺激下诱导合成的蛋白。HSP 首先发现于果蝇，是一组糖蛋白，种类多，相对分子质量为 15k ~ 110k 或更高，主要存在于细胞质、线粒体、叶绿体和内质网等部位。真核生物中的热激蛋白根据同源程度和分子质量大小分为 5 个家族：HSP100/ClpB、HSP90、HSP70/DnaK、HSP60/GroE 和小分子 HSP。植物热激蛋白可在种子、幼苗、根、茎、叶等不同器官中产生，也可存在于组织培养条件下的愈伤组织以及单个细胞之间。每一类 HSPs 结构上都有不同程度的保守性。

热激蛋白的功能主要是充当分子伴侣（chaperone），在正常生理条件下，帮助蛋白质正确折叠、装配、转运及降解，维持生物膜和蛋白质结构稳定；在胁迫条件下，它们能够稳定蛋白和膜的结构，防止变性蛋白聚合，以及帮助蛋白质再折叠，恢复其原有的空间构象和生物活性，从而有利其转运过膜，保护胞内蛋白质免受损伤，提高植物耐逆性。HSPs 不仅在植物受热胁迫时合成和对植物耐热性有利，也可在遭遇其他环境胁迫（如干旱、低温、盐渍、脱落酸处理、机械伤害等）时合成，并提高植物的相应耐性，这说明 HSPs 对植物的各种胁迫伤害有交叉保护作用。

2. 低温诱导蛋白

低温诱导蛋白是经低温驯化而出现的新蛋白质，也称为冷响应蛋白，已在云杉、黑麦草、小麦、水稻等 30 多种植物中发现。按性质、结构和功能不同将植物低温诱导蛋白分为 8 种类型，主要包括抗冻蛋白、脱水素和热激蛋白等。

3. 渗调蛋白（osmotin）

渗调蛋白是指植物受到渗透胁迫而合成的一类蛋白，又称为渗调素。例如，盐胁迫下渗调蛋白在植物的各组织器官中大量积累，可达细胞总蛋白量的 12%。脱落酸可诱导渗调蛋白合成或增加渗调蛋白 mRNA 的稳定性。渗调蛋白的作用可能是：①降低细胞渗透势；②吸附水分或改变膜对水的透性，减少细胞失水，维持细胞膨压；③螯合细胞脱水过程中浓缩的离子，减少离子毒害作用；④还可能通过与液泡膜上离子通道的静电相互作用，减少或增加液泡膜对某些离子的吸收，改变该离子在细胞质和液泡的浓度来传递胁迫信号，诱导胁迫相关基因的表达，从而增加植物对胁迫的适应性。

4. 病程相关蛋白（pathogenesis-related proteins，PRP 或 PRs）

病程相关蛋白是指植物在病理或病理相关的环境下诱导产生的一类蛋白。主要表现如下活性：几丁质酶、β-1,3-葡聚糖酶、β-1,3-1,4-葡聚糖酶、脱乙酰壳多糖酶、过氧化物酶、类甜味蛋白、α-淀粉酶、溶菌酶等。植物被病原菌等因子感染或诱导后，产生 PRP 的量与诱导物的剂量呈正相关，并参与植物的局部和系统诱导抗性，能直接攻击病原菌，降解细胞壁大分子释放内源激发子、分解毒素、结合或抑制病毒外壳蛋白等。

5. 胚胎发育晚期丰富蛋白（late embryogenesis abundant protein，LEA）

LEA 蛋白主要在种子成熟脱水时大量合成（参见第十章），脱水素（Dehydrins，DHNs）是其中的一组。大量研究表明干旱、热、盐、低温等胁迫以及脱落酸均可诱导产生 LEA 蛋白。在渗透胁迫期间，营养组织中能够积累大量的 LEA 蛋白，具有极强的亲水性和结合水的能力，在细胞脱水时可保持水分，防止关键蛋白凝聚变性，维持膜稳定性；通过与核酸结合，调节基因表达。

6. 水分胁迫蛋白

水分胁迫蛋白通常指水分亏缺胁迫蛋白，也称旱激蛋白。干旱胁迫诱导产生很多种蛋白，而 LEA 蛋白和脱水素既被干旱诱导也被脱落酸诱导。一部分可能是通过参与生理生化过程，直接与细胞和器官应对水分胁迫有关，包括水通道、离子通道、渗透调节物质合成酶、分子伴侣、活性氧淬灭酶类等；另一部分是信号转导和基因表达调节所必须的。多数功能仍不清楚。

7. 重金属结合蛋白

重金属结合蛋白在多种微生物、动物和植物细胞内普遍存在，是对金属离子具有亲和能力的蛋白质（肽），它们可与环境中的金属离子通过化学结合形成复合物，从而降低、富集或消除金属离子对生物细胞的毒性。根据其性质和合成方式，可分为金属硫蛋白（metallothioneins，MT）和植物螯合肽（phytochelatin，PC）。MTs 是基因编码的产物，有 60~80 个氨基酸，富含半胱氨酸、通过巯基以硫酯键大量结合重金属离子，分子呈哑铃状，可作为金属伴侣将重金属离子转运到其他的蛋白，从而避免重金属的毒害。在体外，与 MTs 结合能力为 Cu>Cd>Pb>Zn。PCs 是非基因编码的产物，由 PC 合成酶以谷胱甘肽为底物合成的衍生肽，一般是（γ-Glu-Cys$)_n$Gly 的形式，富含半胱氨酸，主要作为载体将金属离子从细胞质运至液泡中，并在液泡中发生解离。从水稻、玉米、烟草等分离到镉和铜结合蛋白。

其他还有激酶调节蛋白（kinase-regulated protein）、厌氧蛋白（anaerobic stress protein，ANP）、活性氧和紫外线诱导蛋白、化学试剂诱导蛋白等。

逆境蛋白是在特定的环境条件下产生的，通常使植物增强对相应逆境的适应性。如热预处理后植物的耐热性往往提高；低温诱导蛋白与植物抗寒性提高相联系；病原相关蛋白的合成增加了植物的抗病能力。有些逆境蛋白与酶的抑制蛋白有同源性。有的逆境蛋白与解毒作用有关。然而，有的研究也表明逆境蛋白不一定就与逆境或抗性有直接联系。主要原因有三点：一是有的逆境蛋白（如 HSPs）可在植物正常生长发育的不同阶段出现，似乎与胁迫反应无关；二是有的逆境蛋白出现的量与其抗性无正相关性，如在同一植株不同叶片中病原相关蛋白量可相差达 10 倍，但这些叶片在抗病性上并没有显著差异；三是许多情况下没有发现逆境蛋白的产生，植物对逆境同样具有一定的抗性。

（六）逆境响应基因及其表达调控

1. 逆境响应的基因

逆境响应的基因种类很多，在植物抗逆中发挥重要作用，有上述逆境蛋白的基因，逆境蛋白合成的调节基因（如转录因子），以及信号转导相关基因等。低温诱导基因有拟南芥中的 *cor6*（AFP）、*lti30*（LEA），苜蓿中的 *masCIC*（高脯氨酸）。渗透调节基因很多，有渗透调节物质合成相关的基因，如脯氨酸合成酶基因 *proA*、*proB*、*proC*；类渗调蛋白基因 *OSML13*、*OSML81*、*pA13*；肌醇-1-磷酸合成酶基因 *PINO1*；LEA 蛋白基因 *PMA80*、*PMA1959*、*WCOR15*、*Rab16a*、*OsLEA3-1*、*CAP160* 、*CAP85*、*DHN5* 等；甘露醇转运子 *OeMaT1*（*Olea europaea* mannitol transporter 1）、甘露醇脱氢酶 *OeMTD1* 等。与调节离子平衡有关的基因，如高亲和钾的渗透诱导系统基因 *kdpA*、*kdpB*、*kdpC*、*kdpD*、*kdpE*；耐盐基因 *SOS1*、*SOS2*、*SOS3*、*SOS4*、*SOS5*，其中 *SOS1*、*SOS2*、*SOS3* 三个基因参与了细胞内信号传导途径控制盐胁迫下的离子平衡；从拟南芥中克隆到的 Na^+/H^+ 反向转运体基因 *AtNHX1* 等。耐铝基因 *Alt1* 编码一个铝激活苹果酸转运子。

通过转录组学研究，揭示代谢重新调整是植物逆境响应的重要特点。各种植物逆境响应的大规模转录组比较发现，未知基因占大多数（30%～40%），然后是代谢相关基因（15%），细胞救援和防御基因（10%），蛋白质合成基因（10%），信号转导和细胞通讯基因（8%～10%），而其他功能基因占总转录本的 5%（表 11-4）。

表 11-4　不同植物的各种逆境响应基因的功能分类（Panjabi-Sabharwal 等，2010）　　单位:%

类型	水稻	拟南芥	葡萄		玉米	红树	烟草
	盐胁迫	盐胁迫	盐胁迫	干旱	干旱	盐胁迫	盐胁迫
未分类和未知	31	34.5	36	24	32	30	13
发育	1.3	–	1	1	–	–	–
代谢	14	20.4	20	15	41	17	25
能量	13	–	3	2	–	–	6
转录	4	3.4	8	6	8	10	23
细胞救援和防御	6	9	9	8	–	10	6
细胞通信和信号转导	4	7.9	6	4	3	8	6
细胞运输	5	9	6	4	–	9	6
与环境互作	1	–	5	5	5	–	2
蛋白质命运	7	3.4	7	–	–	5	4
蛋白质合成	8	8.5	2	4	8	5	1
结合蛋白质	2	–	3	2	–	–	6
亚细胞定位	–	–	4	3	–	–	2
细胞组分生物合成	0.2	–	–	–	–	1	–
细胞周期和 DNA 加工	2	–	4	3	3	–	–
转座子	5	–	0.1	0.1	–	0.4	

2. 基因表达的调控

（1）转录调控　转录因子（transcription factor，TF）在植物应答生物和非生物胁迫中起着重要作用，也称为反式作用因子（trans-acting factor），是能够与真核基因启动子区顺式作用因子特异性结合的 DNA 结合蛋白。通过他们之间以及和其他相关蛋白之间的相互作用，激活或抑制转录。转录因子的 DNA 结合区决定了它与顺式作用元件结合的特异性，而转录调控区决定了它对基因表达起激活还是抑制作用。拟南芥基因组编码 1500 多个转录因子。根据与 DNA 结合的区域不同，转录因子分为若干个家族。与植物抗逆性相关的转录因子家族主要有 4 个：bZIP 类、WRKY 类、AP2/EREBP 类和 MYB 类。如 bZIP 类转录因子 AREB/ABF 结合到 ABRE 序列，激活脱落酸响应基因表达；拟南芥 AtMYC2 和/或 AtMYB2 上调脱落酸诱导基因 RD22 的表达。此外，还有 CBF/DREB1 和 DREB2 分别调节冷害和干旱/盐胁迫下的基因表达，冷胁迫诱导的 40 多个基因受 CBF3/DREB1A 调节，CBF3/DREB1A 则受转录因子 ICE1（Inducer of CBF expression 1）调节；而 OsNAC6 受脱落酸和盐胁迫诱导，过量表达能够提高植物对干旱、盐和稻瘟病抗性。

（2）表观遗传机制和小 RNAs 的调节作用　表观遗传机制可以调节基因表达，包括 DNA 甲基化、组蛋白修饰等。近年研究表明，表观遗传改变可能提供对生物胁迫的长期适应，因为有些染色质修饰是有丝分裂和减数分裂可遗传的，胁迫诱导的表观遗传变化甚至可能具有进化意义。例如，某些水稻北移过程中染色质甲基化水平下降，抗寒性提高；长期驯化后便可以遗传。拟南芥开花时间的表观遗传调控作用与已知的涉及非生物胁迫的基因有关。在逆境中，一些参与表观遗传过程的基因突变导致开花时间的变化。例如，对冷冻敏感的突变体 hos15 晚开花是由开花基因 SOC 和 FT 的脱乙酰化作用引起的。

另外，近年来小 RNA 在非生物胁迫反应中的作用也受到了广泛的关注。小 RNA 至少分为两个不同的组：微小 RNA（microRNA，简称 miRNA）和内源短的干扰 RNA（siRNA）。这两种小 RNA 能通过 RNA 诱导的沉默复合体（RISC）介导的细胞质中 mRNA 的降解引起转录后基因沉默。另外 siRNA 能通过 RNA 诱导的转录沉默（RITS）作用在细胞核中改变染色质特性，抑制基因表达。在胁迫过程中，小 RNA 也参与抑制蛋白质翻译。研究表明 miRNA 和 siRNA 都能在不同的非生物胁迫中控制基因表达，包括低温、营养亏缺、脱水、盐胁迫和氧化胁迫。

（七）交叉适应

研究表明植物经历某种逆境后，能够提高植物对其他逆境的耐受和抵抗能力，此现象称为交叉适应（cross adaptation）。如低温、高温、盐等逆境胁迫可提高植物的抗旱性；干旱、盐胁迫可提高水稻幼苗的抗冷性。这是因为许多胁迫都导致累积相同的胁迫反应蛋白和代谢物，如脱落酸、活性氧清除酶、分子伴侣、渗透保护剂等；即使在逆境条件消除后，它们仍会在植物中存在一段时间。因此，对经历过一种胁迫的同一植物施加第二种胁迫会降低其影响，因为植物已经准备好应对新胁迫条件的几个不同方面。已经证实脱落酸是交叉适应的作用物质，它触发 H_2O_2 的产生，激活 ROS 信号途径，而该途径则是各种胁迫连接网络的节点。外施脱落酸能提高植物对多种逆境的抗性。逆境蛋白的产生也是交叉适应的表现，一种逆境可使植物产生多种逆境蛋白，一种逆境蛋白也可以在多种逆境中起作用，例如，渗调蛋白可促进非盐适应细胞对盐的适应能力，也在植物抗旱性中起重要作用。

（八）农业生产中提高作物抗性的途径

农业生产中提高作物抗性的途径主要有：①抗性品种培育，可通过选取抗性亲本进行杂交或者利用转基因技术培育抗性品种；②抗性锻炼，在特定环境条件下，植物抗逆遗传特性逐步表达，抗性提高的过程称为抗性锻炼。如番茄幼苗移出温室之前，用10℃的低温处理1~2d，移栽后可抵抗5℃的低温；③化学调控，多数研究表明一些植物生长调节剂和化学试剂处理可提高植物抗逆能力，如脱落酸、$CaCl_2$；④农业措施，从播种、施肥、灌溉和管理等方面采取有效农业措施，可提高植物抗逆性。

第二节　植物温度胁迫生理

植物生长发育受温度影响，表现出最低温度、最适温度和最高温度三个基点温度指标。低于最低温度，植物会受到寒害；高于最高温度，受到热害。按低温程度和受害的情况，寒害可分为冷害（零上低温）和冻害（零下低温）两种。植物对低温的适应性和抵抗能力称为抗寒性。

一、冷害生理

植物遇到零上低温，生命活动受到损伤或死亡的现象称为冷害。原产于热带或亚热带的喜温植物，在生长过程中遇到零上低温，则发生冷害，损失巨大。

（一）植物对冷害的应答及症状

植物受冷胁迫后细胞内钙离子浓度迅速升高。种康等研究发现水稻中 G 蛋白的调节因子 COLD1 可与 G 蛋白的 α 亚基互作，激活钙离子通道，触发下游低温应答反应。MAPK 蛋白激酶级联反应是植物应答低温的重要组分。

植物受冷害以后，会出现干枯、萎蔫、失绿、变褐，表面凹陷和坏死等症状，但这些症状因植物组织和伤害程度而有差异，而且反应缓慢；或者贮存淀粉水解为可溶性糖转化为花青素，叶片由绿色变为紫红色。冷害首先损伤生物膜，使质膜结构被破坏，膜透性增大。

（二）冷害时植物的生理生化变化

1. 原生质黏性增大，流动减慢或停止

液体的黏性随着温度的下降而增大。试验证明，对冷害敏感的植物（番茄、烟草、西瓜、甜瓜、玉米等）的叶柄表皮毛在10℃条件下1~2min，原生质流动减慢或完全停止；而对冷害不敏感的植物（甘蓝、胡萝卜、甜菜、马铃薯等），在0℃仍有原生质流动。

原生质流动的确切机理还不太清楚，但这个过程需要 ATP 提供能量。植物受冷害，氧化磷酸化解偶联，ATP 含量明显下降，从而影响原生质流动，代谢紊乱。

2. 吸水机能减弱，水分平衡失调

温度降低时植物的吸水能力和蒸腾速率都显著下降。对照植株吸水大于蒸腾，体内水分积存较多，生长正常；而受冷害的植株，根系活力被破坏较大，吸水能力下降，而蒸腾仍保持一定速率，蒸腾显著大于吸水，水分平衡失调，植株表现出水分亏缺的症状。抗寒性强的品种，失水较少；抗寒性弱的品种，失水较多。

3. 叶绿素合成受阻，光合速率降低

低温使叶绿素的生物合成受抑制，叶绿素含量降低，光合作用下降。

试验证明，随着低温天数的增加，水稻秧苗叶绿素含量逐渐降低，参与光合作用的酶活性也降低，光合速率下降。冷害天数越多，光合速率下降得越显著。耐寒品种比不耐寒品种在叶绿素含量、光合速率方面都高一些。

4. 呼吸作用受阻

冷害对喜温作物呼吸的影响表现为以下几个方面：冷害初期，呼吸速率加快；随着低温的加剧或时间延长至病征出现时呼吸更强，然后迅速下降；无氧呼吸增强，代谢紊乱，ATP 供应减少，影响各种代谢活动，同时无氧呼吸积累乙醇、乙醛、酚等有毒物质，引起伤害。

无论抗寒性强或弱，植株的呼吸速率在低温下都有些升高，这可以理解为正常的适应现象，因为呼吸旺盛，释放较多热能，提高植株的温度，以减少冷害程度。但是呼吸速度猛增是一种病理现象。试验证明，低温会破坏线粒体结构，氧化磷酸化解偶联，呼吸释放的能量大多以热能的形式释放，形成 ATP 减少。如受冷害水稻秧苗 ATP 含量比对照减少70%，证明在低温下，能量重新分配，热能增加，内能减少。

总之，健康植株的呼吸平稳，受冻害植株的呼吸大起大落。可以根据呼吸速率的波动幅度和进程去衡量植物的抗寒性强弱。

5. 活性氧积累，膜脂过氧化

低温下冷敏感植物的保护酶超氧化物歧化酶、过氧化物酶、过氧化氢酶等活性降低，活性氧如 H_2O_2、$\cdot OH$、$O_2^- \cdot$ 等累积，引起膜脂过氧化和蛋白质破坏，膜脂过氧化产物丙二醛增加，膜透性增大，使各种代谢失调，对植物造成伤害。

6. 应激乙烯、脱落酸等生成

干旱、低温能提高 ACC 合成酶的活性，加速 SAM 生成 ACC 的反应，促进乙烯合成。一般冷、热、干旱等逆境都可诱导脱落酸合成。脱落酸一方面能诱导一些新蛋白合成，增强抗冷性；另一方面脱落酸可促进气孔关闭，减少水分散失，保持体内水分平衡。

近年还发现低温下多胺含量上升。由于多胺对核蛋白的结构和膜的完整性起一定的稳定作用，因此多胺的增加也可以看作是对低温逆境的保护性反应。

（三）冷害的机理

关于低温对植物组织的伤害，现多用膜脂相变学说（Lyons，1973）来解释。

当温带植物遭受 0℃ 以上低温时，生物膜首先发生相变，由液晶态变为凝胶态，膜脂中的脂肪酸侧链由无序排列变为有序排列，流动性降低，使生物膜外形和厚度都减缩，膜因收缩出现龟裂和孔道，生物膜被破坏。因此膜透性增大，膜内外物质自由扩散，破坏了细胞的离子平衡。蛋白（酶）通过静电或疏水键与膜脂结合，由于膜相变使结合在膜上的酶系统受到破坏，酶活性降低，氧化磷酸化解偶联，ATP 不能产生，原生质的流动停止。如 H^+-ATP 酶、载体、通道蛋白等结构变化，活性改变。代谢失调，在植物组织内积累有毒的中间产物，如乙醛、酚、α-酮酸等，使植物中毒。

如果低温时间短或强度低，膜脂尚未发生降解，膜的相变还可逆转；如果温度过低或时间过长时，膜脂结构发生降解，便成为不可逆的伤害，组织受害死亡。因此，可将膜脂降解作为冷害不可逆的生理指标。

（四）植物的抗冷性与膜脂和脂肪酸组分有关

由于膜发生相变的温度会随膜中脂类和脂肪酸成分的不同而不同，所以植物的抗冷性与膜脂和脂肪酸组分有关，包括磷脂的种类、脂肪酸碳链长度和不饱和程度等，这些因素都影响到膜脂的相变温度。

1. 不饱和脂肪酸含量与植物的抗冷性有密切关系

不饱和脂肪酸含量增加，能降低膜的相变温度，提高抗寒能力。实验证明，在冷敏感的植物中，脂类双分子层含有高比率的饱和脂肪酸，温度接近0℃时，易凝固成半晶体状态。另外，冷敏感的植物叶片如在强光和低温下，将会发生光抑制，严重伤害光合系统。而对冷不敏感的植物，其膜脂不饱和脂肪酸的含量和不饱和程度都比冷敏感植物的高。

小麦线粒体膜的亚麻酸等不饱和脂肪酸含量增加，膜的液化程度也相应增大，膜流动性上升，线粒体膨胀和收缩更容易，在低温条件下发生相变膜收缩时就不容易损害。研究表明，低温锻炼能调节植物体内的代谢作用，去饱和酶活性上升，增加体内不饱和脂肪酸含量，增强抗寒性以适应不良环境。

2. 膜脂种类影响抗冷能力

研究表明，含有相同脂肪酸链的不同磷脂，相变温度的顺序：磷脂酰甘油（PG）>磷脂酰乙醇氨（PE）>磷脂酰胆碱（PC）。杨树树皮的磷脂中磷脂酰胆碱的含量变化和抗冷能力变化基本一致。

二、冻害生理

当温度下降到冰点以下，引起植物组织结冰而造成伤害或死亡，这种现象称为冻害。农业生产上最常遇到的是霜冻。霜冻为害的程度，主要取决于降温幅度、低温持续的时间，以及霜冻和解冻是否突然。一般温度降得越低，降温幅度越大，植物越容易受冻害；霜冻持续的时间越长，为害也就越严重；突然降温或霜冻后温度突然回升，解冻迅速，遭受的伤害越严重。

（一）冻害的类型

冻害对植物的影响，主要是由于组织或细胞结冰引起的原生质损伤。由于受冻情况不同，结冰不一样，伤害也就不同，结冰伤害的类型有两种。

1. 细胞间结冰伤害

当温度逐渐降低到冰点以下，引起细胞间隙水分首先结冰（因为细胞间隙水溶液的浓度比细胞液的浓度低）。细胞间隙中水分结冰后，水势下降，引起细胞内水分外渗，使冰晶体积逐渐加大，细胞失水；失水的细胞水势降低后又从它周围的细胞吸取水分。因此，不仅邻近的细胞失水，离冰晶较远的细胞也失水。

细胞间结冰伤害的主要原因是原生质过度脱水，破坏蛋白质分子空间结构，易使蛋白质凝聚变性。有人测定低温和小麦组织内结冰的关系，发现当温度为-13℃时有62%的水结冰，-14℃时64%，-17℃时67%，-19℃时70%。在一定范围内，温度越低，结冰越多，细胞脱水也就越严重。

细胞间结冰伤害的次要原因有两点：①机械损害，如果胞间的冰晶不断扩大，便对细胞产生一种机械挤压的力量，可能使原生质体受伤害；②融冰伤害，若气温突然回升，冰晶迅速融化，细胞壁易恢复原状，而原生质体却来不及吸水膨胀，这样原生质体有可能被撕破。特别是气温反复变化所引起的多次冻结和融化，对细胞的伤害更大。

然而，胞间结冰并不一定导致植物死亡，大多数经过抗寒锻炼的植物能忍受胞间结冰。

2. 细胞内结冰伤害

当气温突然下降，除了细胞间隙结冰以外，细胞内水分来不及渗透到细胞间隙，就直接在细胞内结冰。一般先在原生质内结冰，后在液泡内结冰，质膜中也出现冰块。细胞内的冰晶数目众多，体积一般比胞间结冰的小。

胞内结冰伤害的主要原因是机械损害：原生质内形成的冰晶体积比蛋白质分子体积大得多，冰晶会破坏生物膜、细胞器和衬质的结构，使细胞正常的亚结构隔离被破坏，酶活动无序、代谢紊乱，细胞死亡。胞内结冰对细胞伤害较严重，大多数时候细胞会受伤或死亡。但这种情况在自然条件下不常发生。

（二）冻害的机理

1. 硫氢基假说

无论是胞间结冰或胞内结冰，都与原生质体过度脱水，损伤蛋白质结构有直接关系，解释原生质脱水损伤蛋白质的假说有多种，这里仅介绍硫氢基假说（图 11-1）。

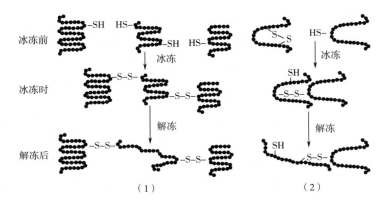

图 11-1 冰冻时由于分子间—S—S—的形成使蛋白质分子伸展假说（文涛，2018）

（1）相邻肽键外部的—SH 基相互靠近，发生氧化形成—S—S—

（2）一个蛋白质分子的—SH 与另一个蛋白质分子内部的—S—S—作用形成分子间的—S—S—

当原生质在冰冻脱水时，随着原生质收缩蛋白质分子相互接近，邻近的蛋白质分子上的硫氢基氧化形成二硫键，蛋白质分子凝聚。解冻时蛋白质重新吸水，肽链松散，氢键处断裂，二硫键保留，它们的牵扯使肽链的空间位置发生改变，蛋白质就失去天然的结构。

蛋白质的生理功能与其空间构型有密切关系，结冰破坏蛋白质分子的空间结构，就会引起伤害。抗冻性强的植物种类有较强的抗硫氢基氧化的能力。

2. 膜伤害学说

结冰伤害固然可以损害细胞的其他成分，但主要伤害的部位是膜。生物膜比其他成分对结冰伤害更为敏感。膜主要由蛋白质和脂类组成，有一定的结构。膜蛋白在结冰脱水时，其分子间很容易形成二硫键，使蛋白质凝聚变性。脂类双分子层非极性程度高，分子间的内聚力小，当胞外结冰细胞脱水收缩时，产生内拉外张的力量。严重时会使脂类层破裂，产生裂缝，膜透性上升，胞内电解质和各种有机物大量外渗，代谢紊乱，使细胞受伤害。

一般认为液泡膜和质膜对结冰最敏感。冰冻蚀刻技术显示冰冻脱水引起马铃薯叶片愈伤组织细胞质膜从液晶流动相转变成固态晶体相，质膜断裂面上会呈现粗糙的皱纹状和破裂状，表明质膜已破裂。用电子自旋共振（electron spin resonance，ESR）技术观测到，黑麦分离原生质体在致死性低温冰冻后，质膜的脂双层产生不可逆的重组结构，转变成一种无序的不定形状态。叶绿体在结冰受伤时，主要也是伤害膜。小麦在结冰伤害时最先是质膜上的 ATP 酶活性下降。如果结冰伤害加剧，则一些与膜结合的酶游离出来，失去活性，原来在膜上进行的各种生理过程，如光合、呼吸电子传递以及矿质吸收等都受到干扰和破坏。

三、　提高植物的抗寒性

（一）抗寒锻炼

抗寒锻炼可以人工或自然进行。在冬季来临之前，随着气温逐渐降低，植物体内发生一系列适应低温的生理生化变化，抗寒力逐渐增强，这种提高抗寒能力的过程叫抗寒锻炼（cold hardening）。由于植物在幼年时期可塑性强，利用低温处理萌动的种子或幼苗，可以提高其抗寒性。

植物在长期进化过程中，对冬季的低温，在生长习性和生理生化方面具有多种特殊的适应方式：一年生植物主要以干燥种子的形式越冬；大多数多年生草本植物越冬时地上部分死亡，而以埋藏在土壤中的延存器官（如鳞茎、块茎等）渡过冬天；大多数的木本植物以落叶后的休眠树干和休眠芽越冬；冬季作物和常绿树木都以绿色营养体越冬。

树木和越冬作物抗寒锻炼要经过两个阶段：第一阶段暴露在秋季短日照和冰点以上低温，脱落酸累积，生长停止，进入休眠；第二阶段直接暴露在冰点，再经历$-3 \sim -5 ℃$低温锻炼，才能获得较强的抗寒性。经过抗寒锻炼的越冬作物（小麦、大麦、燕麦、苜蓿等）可忍耐$-12℃$的低温，桦树、黑松可抵抗$-40℃$的低温。

1. 抗寒锻炼后植物发生的适应性生理生化变化

（1）植株含水量下降　随着温度下降，植株吸水减少，含水量逐渐下降；而且束缚水含量相对增加，而自由水含量相对减少。束缚水不易结冰和蒸腾，有利于维持原生质的稳定性和提高植物抗寒性。

（2）呼吸减弱　植物的呼吸会随着温度下降而逐渐减弱，消耗的呼吸底物减少，糖分积累有利于对不良环境的抵抗。同时，呼吸减弱意味着整个代谢减弱，抗逆性增强。很多植物冬季呼吸速率仅为生长期中正常呼吸的 0.5%。

（3）脱落酸含量增多，生长停止，进入休眠　经抗寒锻炼的植物，天然抑制剂（如脱落酸）含量增多，而生长素和赤霉素含量减少。如多年生树木（桦树等）的叶片，随着秋季日照变短气温降低，逐渐形成较多的脱落酸，并运输到生长点（芽），形成休眠芽，叶片脱落，植株进入休眠，生长停止，以适应不良环境。

以抗寒性弱的春小麦和抗寒性强的冬小麦为例，二者在温暖的天气里，生长速度差不多；但随着温度的下降，冬小麦生长变慢，甚至停止，而春小麦还继续生长，不进入休眠。

（4）保护物质累积　蔗糖、多糖、渗透保护物质、脱水素和其他冷诱导蛋白都有低温保护效应，但作用机理不同。

在低温下，植物体内淀粉水解成蔗糖。已经证明蔗糖是抗寒性的重要保护物质，可以提高细胞液浓度，使冰点降低，缓冲细胞的过度失水，保护细胞质胶体不致遇冷凝固。在某些植物中，棉籽糖、果聚糖、山梨醇或甘露醇也具有同样的功能。冬天的菠菜、下霜后的甘薯，都会更甜一些，与低温时可溶性糖累积有关。除了可溶性糖之外，在抗寒锻炼过程中，氨基酸含量也会增加，如精氨酸、丙氨酸、脯氨酸等，这些物质含量的增加都能增加溶质浓度、增强植物抗寒性。

另外抗寒锻炼过程中脂类含量也增加，如磷脂、不饱和脂肪酸等，这些物质含量的增加都与植物抗寒性增强有关。脂类集中在细胞质表层，水分不易透过；不饱和脂肪酸可增加膜流动性、降低膜脂相变温度。

（5）低温诱导蛋白　植物在低温下能使某些基因活化，表达合成一些新蛋白，目前已发现100多种。抗冻蛋白（antifreeze protein，AFP）是一类冷胁迫诱导表达蛋白，最初是在极地冰覆盖的水下生活的鱼体内发现的。它以不依赖于降低水冰点的机制来限制冰晶生长，能结合在冰晶表面，阻止和减缓冰晶的进一步增大。低温驯化的冬黑麦、雪莲和沙冬青等植物中都有抗冻蛋白的产生，内蒙古沙漠中生长的沙冬青可耐受$-30\sim-20℃$的低温，从其叶片中分离出三种抗冻蛋白；在黑麦的叶片中，抗冻蛋白存在于表皮细胞和环绕在细胞间隙，并抑制胞外冰晶的形成。在单子叶植物中，这些蛋白质具有抗冻和抗病相关的双重功能，以保护植物细胞防御冷胁迫和病原菌侵袭。

另外还发现的一类蛋白与渗透胁迫有关，冷胁迫下这些蛋白质合成出现上调，包括与渗透剂合成有关的蛋白质（酶）、膜稳定蛋白和 LEA 蛋白（包括脱水素）。脱水素和 LEA 蛋白都高度亲水，其作用机理可能是稳定膜系统，抑制大分子团聚，可以作为冷冻保护剂。研究发现低温、干旱或脱落酸都可诱导 LEA 蛋白（包括脱水素），人们认为 LEA 蛋白可能与植物抗寒、抗旱有关。

低温也可诱导一些热激蛋白。部分热激蛋白与脱水素有序列相似性，可减轻冷胁迫对膜的损伤，增强耐寒性。推测低温诱导的热激蛋白可能参与把冷驯化中合成的多肽运输到质膜、核或细胞器中；也可能发挥分子伴侣的作用，帮助胁迫变性蛋白重新折叠恢复活性。

（6）过冷　有一些植物，在快速冷冻过程中，原生质体（含液泡）会过冷（supercool）。过冷是指即使温度低于理论冰点几度，细胞水分仍能保持液态。例如，马铃薯的冰点是$-0.98℃$，而过冷点是$-6.1℃$；甜菜根的冰点是$-1.88 ℃$，而过冷点是$-6.83 ℃$。有人认为，过冷是因为水在活组织中受大分子约束而不能任意移动，因此不易结冰，必须达到某一过冷点时方能结冰。

过冷点的温度常随组织、器官、年龄、物种而不同。过冷是木本植物避免细胞内结冰的一种重要形式。如橡树、榆树、枫树、岑树、玫瑰、苹果、桃树和李子等，当经历深度过冷（deep supercooling）时，细胞原生质体抑制冰晶的形成。冬天许多花芽（如葡萄、蓝莓、杜鹃花等）依靠深度过冷保持生存能力。细胞能耐受的深度过冷温度最低大约是$-40℃$，这时会自发形成冰晶。自发冰晶的形成确定了低温限制点，只有经过深度过冷的高山和亚北极区的植物，在这个限制点才可能存活。这也解释了为什么山脉林木线的高度范围位于$-40℃$最低等温线的附近。

总之，严冬来临之前，日照变短，气温下降，植物在生理上发生各种适应性反应，最终进入休眠状态，生长基本停顿，代谢减弱，体内含水量低，保护物质增多，原生质胶体性质改变，适应低温，安全越冬。春天的植物一旦开始生长，抗寒性便迅速减弱。例如，经历了深度过冷的亚高山带冷杉的茎，在 5 月份$-35℃$仍保持生存能力，而到了 7 月份就失去了抑制冰晶形成的功能，$-10℃$就会导致死亡。

2. 影响植物抗寒性的因素

（1）内部因素　不同作物对冷害的敏感性不同，这与植物原产地有关。棉花、豇豆、花生、玉米、水稻对冷害很敏感，这些作物各生长期如处于 2～4℃ 条件下 12h 就产生伤害；而冬小麦在越冬期间 -20℃ 左右的气温，也不易受冻。原产于北方的桦树、黑松可抵抗 -40～-30℃ 的低温；而原产于热带亚热带的香蕉、柑橘却很容易受到霜冻。

同一作物不同品种或类型其抗寒力不同，如粳稻比籼稻抗寒性强。

同一植物在不同生育期的抗寒性也不同。一般生殖生长时期比营养生长期对低温更敏感，尤其是花粉母细胞减数分裂期前后最敏感；在营养生长中，生长迅速时比生长缓慢时更易受冷害；高温季节成熟的香蕉果实比冷凉时候成熟的对低温更敏感。冬季作物在通过春化以前的幼年阶段抗寒性最强，春化以后抗寒性急剧下降，完成光周期诱导后就更低。木本植物在由生长转入休眠状态时，抗寒性逐渐加强，至完全休眠时抗寒性最强；由休眠状态转入生长状态，抗寒性就显著降低。因此植物生长速度与抗寒性强弱呈负相关。

（2）外界条件　影响休眠和抗寒锻炼的环境条件，对植物抗寒性有影响，主要是光照和温度。

秋季光照长度逐渐缩短，温度逐渐降低，脱落酸合成、植物进入休眠状态，抗寒性逐渐提高；春季日照变长，温度升高，植株从休眠状态转入生长状态，抗寒性逐渐降低。城市的行道树，在秋季短日照影响下落叶进入休眠；而在路灯下的植株，因灯光延长了光照时间，所以秋季仍不落叶，不进入休眠，遇冷很容易冻死。光照强度也与抗寒性有关，秋天天气晴朗，阳光充足，光合强烈，积累较多的糖分，对抗寒有利。因此，秋播越冬作物在晴朗少雨的年份更能得到较好的抗寒锻炼，不易受冻。黄瓜经 10℃ 低温锻炼后，可抵抗 3～5℃ 低温。另外，棉花、香蕉、红薯块茎经过低温锻炼后，同样对冷害有一定的抵抗能力。

另外水分和营养对植物抗寒性也有影响。土壤含水量过多，细胞吸水太多，植物生长快，锻炼不够，抗寒力差。土壤湿度小，细胞吸水少；细胞液浓度增高，生长缓慢促进休眠，有利于抗寒越冬。土壤营养充足，植株生长健壮，有利于安全越冬。增施磷、钾肥有利于抗寒性提高，而氮肥过多会造成植物徒长，抗寒力降低。

（二）化学调控

用生长延缓剂 AMO-1618、比久处理可以消除赤霉素的作用而提高抗寒力，用矮壮素提高小麦抗寒性，用脱落酸提高果树的抗冻性，效果都很明显。

（三）农业措施

适时播种，控肥通气，促进壮苗；低温来临以前，减少灌水（喜温作物生长地区温度一般在 0℃ 以上）；霜冻之前实行冬灌；薰烟抵御寒流的袭击；早春采用薄膜覆盖等。氮肥适量，增施磷、钾肥，也可提高抗寒力。这些农业措施都是农业生产实践中常用的，其中合理灌水、施肥很重要。

四、 热害生理

高温引起植物伤害的现象，统称为热害（heat injury）。但热害的温度很难界定，因为不同种类的植物对高温的忍耐程度有很大差异，仅以高等植物来说，水生和阴生植物（如地衣和苔藓等）的热害界限大约在 35℃ 左右，而一般陆生的高等植物热害界限可大于 35℃，某些极度喜温植物（如蓝绿藻）在 65～100℃ 才受害。所以热害的温度不能绝对划分，而且热害的温度还和作用时间密切相关，暴露时间愈短，植物可忍耐的温度愈高。在农业生产上，热害和旱害常相伴发生，抗热性的机理也可解释抗旱性，抗旱性机理中也包含有抗热性。两者在现象上的差别在于，热害导致叶片出现明显死斑，叶绿素破坏严重，器官脱落，细胞结构破坏变形等，而旱害症状不如前者显著。

我国西北、华北等地区有时出现"干热风"，西北和南方等地区有时遭遇太阳猛烈暴晒，都会使植物发生严重热害。植物受高温伤害后会出现各种症状：树干（特别是向阳部分）干裂；叶色变褐、变黄，叶片出现死斑；鲜果烧伤；花序或子房脱落等。向阳的果树和树干常出现的"日灼病"，就是由于温度快速升高而引起的一种热害现象。植物对热害的适应称为抗热性（heat resistance）。

（一）高温对植物的伤害

高温对植物的伤害可分为直接伤害和间接伤害两个方面。

1. 直接伤害

直接伤害是高温直接影响的结果，伤害发生迅速，一般只需几秒到几十分钟即可出现热害症状，且受害症状可从受热部位向非受热部位传递蔓延。其伤害的原因有：

（1）蛋白质变性　高温能破坏蛋白质的空间结构，打断蛋白质肽链的氢键，使蛋白质分子失去二级和三级结构，从而失去其原有的生物学特性，即变性。一般蛋白质的最初变性都是可逆的，随着高温的继续影响，蛋白质分子内巯基氧化，形成二硫键，就转变为不可逆的凝聚状态。这与冻害有类似之处。

（2）脂类液化　膜脂有三相，高温时呈液态。生物膜主要组分蛋白质和脂类之间是靠静电或疏水键联系的。随着温度升高，膜蛋白变性，脂类分子的活动性增加并超过了它与蛋白质间的静电引力，会从膜结构中游离出来，形成一些液化的小囊泡，从而破坏膜的结构，膜功能受损。

2. 间接伤害

间接伤害是指高温导致植物体代谢异常，逐渐使植物受害。温度越高或持续时间越长，伤害程度也越严重，具体表现如下。

（1）饥饿　植物光合作用的最适温度是 $25\sim30℃$，而呼吸作用的最适温度一般在 $25\sim35℃$，即通常呼吸作用的最适温度要比光合作用最适温度高。如马铃薯的光合适温为 $30℃$，而呼吸适温接近 $50℃$。在生理学上，把呼吸速率与光合速率相等，即净光合为零时的温度称为温度补偿点（temperature compensation point）。因此，当植物处于温度补偿点以上的温度时，呼吸大于光合，光合作用制造的物质抵不上消耗，或者是光合产物运输受阻或接纳能力降低，都可使植物处于饥饿状态，时间过久，就会死亡。

（2）毒性物质积累　一是高温破坏生物膜的结构因而可破坏线粒体有氧呼吸，导致无氧呼吸所产生的有毒物质如乙醇、乙醛等积累。二是高温还抑制氮化物的合成，促进蛋白质降解，使氨积累过多而毒害细胞。

（3）蛋白质降解　原生质蛋白质降解是热害的重要特征。高温下，细胞产生了自溶的水解酶类，或者是溶酶体破裂后释放出水解酶促使蛋白质水解；高温破坏电子传递与氧化磷酸化的偶联，因而丧失了为蛋白质生物合成提供能量的能力；高温还破坏核糖体和核酸的生物活性，从根本上降低了蛋白质的合成能力。

（二）植物的耐热机理

1. 内部因素

植物对高温的适应能力首先决定于生态习性，不同生态环境下生长的植物耐热性不同。一般来说，生长在干燥炎热环境下的植物耐热性高于生长在潮湿冷凉环境下的植物，这与其内部代谢有关。比如有些沙漠中生长的植物去饱和酶活性较低，饱和脂肪酸含量较高，耐热性强。因为膜脂类液化程度取决于膜中脂肪酸的饱和程度和碳链长度，饱和脂肪酸越多、碳链越长，越不易液化，耐热性愈强。如耐热藻类的饱和脂肪酸含量显著比中生藻类的高。还有些生长在沙漠、干热地区的肉质植物（如仙人掌），在高温下有机酸代谢旺盛，有机酸可与氨结合形成氨基酸或酰胺，从而解除氨毒害、增强耐热能力。

起源于热带和亚热带的玉米、高粱、甘蔗等 C_4 植物，其光合最适温度和温度补偿点均较高，可达 40~45℃，而水稻、小麦等 C_3 植物的光合最适温度为 20~25℃，温度补偿点小于30℃。因此，C_4 植物的耐热性明显高于 C_3 植物。

HSPs 是生物体受高温刺激后大量表达的一类蛋白，普遍存在于动物、植物和微生物中。例如，大豆幼苗从25℃转至40℃（仅低于热致死温度）3~5min 时，细胞中一些常见的 mRNA 和蛋白质合成受阻，而其他 30~40 种蛋白质（即 HSPs）的转录和翻译受到促进。热激蛋白主要功能是充当分子伴侣，帮助蛋白质正确折叠、组装，维持生物膜和蛋白质结构稳定。在热胁迫反应中合成了 HSPs 的细胞表现出更好的耐热性，并能够耐受随后可能致命的高温。

耐热植物在代谢上的基本特点是构成原生质的蛋白质或酶对热不敏感，稳定性高，不易因高温而变性或凝聚，因此在高温下仍可维持一定程度的正常代谢。而蛋白质分子内疏水键、二硫键的多少及牢固程度与其热稳定性呈正相关。另外，维持蛋白质合成活性，使变性或凝聚的蛋白质很快得到补偿，也有利于抗热。

植物在不同的生育期和不同的组织器官，其耐热性也有差异。成熟叶片的耐热性大于嫩叶，更大于衰老叶。种子休眠时耐热性最强；随着种子吸水膨胀，耐热性下降；开花期耐热性较差。果实越趋成熟，耐热性越强，如葡萄未成熟时只能忍受43℃，成熟时能忍受62℃。油料种子对高温的抵抗能力大于淀粉种子，含油量越高，耐热性越强。所以一般而言植物细胞、器官的含水量越少，其抗热性就越强；含水量越多，越不耐热。但是肉质植物例外，它的含水量很大，耐热性也很强（如仙人掌可耐65℃的高温），这与其代谢、细胞质黏性大和束缚水比例高有关。

2. 外部因素

温度对植物的耐热性有直接影响。如干旱环境下生长的薄类，在夏天高温时耐热性强，在冬天低温时耐热性差。高温锻炼可提高植物的耐热性：如鸭跖草栽培在28℃下5周后，其叶片耐热性比对照（生长在20℃下5周）提高了4℃（从47℃增加到51℃）。

湿度与植物的耐热性也有关系。通常湿度高时，细胞含水量高，其耐热性降低。栽培作物时控制浇水或充分灌溉，可使细胞含水量不同，耐热性有很大差异。

矿质营养的供应与植物耐热性也有关系。如白花酢浆草等植物在氮素过多时耐热性降低，而营养缺乏时其热致死温度反而提高，其原因可能是氮素充足增加了植物细胞含水量。

（三）提高植物抗热性的途径

在农业生产中，由于高温和干旱常相伴发生，互为因果和不易区分，因而单独防止和减少热害较少，常与抗旱相结合。具体的方法如下。

1. 选育耐热品种

可根据某一地区的温热状况，即该地区的最高、最低温度进行选择。一般原产热带、亚热带的植物耐热性较强，而温带、寒冷地带的植物均不耐热。同一种植物品种间的耐热性也有差异。

2. 高温锻炼

将萌动的种子在适当高温下锻炼一段时间再播种，可以提高幼苗的耐热性。水分亏缺、低温、盐胁迫等也能诱导 HSPs，具有交叉保护作用，因此也能提高耐热性。

3. 加强栽培管理

适当灌溉，促进蒸腾，既可防旱，又可降温；合理密植，保证通风透光，以利于散热；实行间作套种，使高秆和矮秆植物、耐高温和不耐高温植物互相配合，各得其所；人工遮阴，可用于小规模经济作物的集约化栽培；氮肥过多不利于抗热，高温季节作物少施氮肥等。

4. 化学调控

喷施 $CaCl_2$、KH_2PO_4、$ZnSO_4$ 等可增加生物膜的热稳定性；施用生长素、激动素等生理活性物质，能防止高温造成的损伤等。

第三节　植物水分胁迫生理

水分是植物生长发育的重要条件，植物缺水，会产生干旱胁迫，导致旱害；水分过多，陆生植物会因缺氧受害，导致湿害和涝害。

一、 抗旱性

农业上干旱的含义是引起作物水分亏缺的一组复合的气象条件，基本特征是土壤缺水，大气干燥，导致植物耗水大于吸水，体内水分亏缺，这种导致植物体内水分严重亏缺的气候状况称为干旱（drought）。无雨或雨水稀少造成土壤含水量下降，植物因得不到所需水分而受害，称为旱害。植物抵抗或耐受干旱的能力称为抗旱性。

干旱是植物经常遭受的一种逆境，是最大的全球性自然灾害，我国约有 48% 的土地面积处在干旱和半干旱地区，西北地区尤甚。我国干湿气候区域的划分主要是根据降雨量这一决定干旱的主要气候因子，结合植被景观特点而确定的。干旱区年降雨量在 200mm 以下，半干旱区年降雨量在 200~400mm，半湿润区年降雨量在 450~650mm，湿润区年降雨量在 650mm以上。

（一） 干旱的程度及类型

1. 干旱的程度

植物水分亏缺的程度可用水势和相对含水量（RWC）来表示。对一般中生植物，干旱胁迫程度划分等级如下：与正常供水、蒸腾缓和条件下相比，轻度胁迫指水势降低 0.1~0.5MPa，相对含水量降低 8%~10%；中度胁迫时水势下降 0.5~1.5MPa，或相对含水量降低 10%~20%；严重胁迫时水势下降超过 -1.5MPa，或相对含水量降低 20% 以上。

2. 干旱的类型

根据引起水分亏缺的原因，可将干旱分为三种类型。

（1）大气干旱 大气干旱指空气过度干燥，相对湿度降低到20%以下，虽然土壤中有水，但因蒸腾过强，植物体内水分严重亏缺而受害的现象。

（2）土壤干旱 土壤干旱指土壤中缺乏植物可吸收利用的水分，致使植物组织处于缺水状态，生长缓慢或完全停止的现象。

（3）生理干旱 生理干旱指土壤中含有水，但因盐分过多，或土温过低，土壤通气不良等，影响根系正常的生理活动，吸水少而引起植物缺水的现象。

（二）干旱对植物形态结构和生理生化的影响

1. 干旱对植物形态结构的影响

（1）萎蔫 植物受旱首先外观表现出萎蔫症状。萎蔫可分为暂时萎蔫和永久萎蔫（参见第一章）。暂时萎蔫只是叶肉细胞临时水分失调，并未造成原生质严重脱水，对植物不产生破坏性的影响，此时保卫细胞膨压变小，气孔关闭，蒸腾降低，能在一定范围内调节体内水分平衡，减少缺水对植物的伤害，是植物对干旱的一种适应。永久萎蔫使原生质严重脱水，对植物危害极大，只有灌溉或降雨后，经过数天新根长出后，吸水增加，植物才能恢复正常；若水分未能及时补充，时间稍久，就会造成植物死亡。

（2）生长受抑制，植株低矮、叶片较小 当植物体内含水量减少时，细胞收缩，对细胞壁产生的膨压就会降低。膨压降低是水分亏缺胁迫最早出现的生物物理现象，细胞的扩张是依赖于膨压驱动的过程 $GR=m(\psi_p-Y)$，而叶片扩展和植株长高很大程度取决于细胞扩展，因此叶片扩展、植株长高对水分亏缺表现最敏感。水分亏缺时分生组织细胞膨压降低，细胞分裂减慢或停止，细胞扩展受到抑制，植物一般低矮，叶片较小。较小的叶片减少了水分的蒸腾，有效保持了土壤中有限的水分。

干旱还可能改变叶片形状、方位、叶毛多少、角质层和蜡质层厚度、根冠比等，这些统称为表型可塑性。表现可塑性能导致适应性解剖学（结构的）改变使植物避免非生物胁迫的某些有害影响。

（3）水分重新分配，导致落叶落花落果 水分亏缺导致不同器官或组织的水分会按水势大小重新分配，往往是萎蔫叶片从茎和根中夺取水分，幼叶向老叶夺取水分，使老叶脱落和根尖的细胞过早衰老、死亡，根系吸收功能下降。胚胎状的细胞或组织如生长点、花、蕾、幼果等水势较高，很容易被其他水势较低的部位夺取水分，造成生长停止、落叶、落花、落果或枯萎现象。

2. 干旱对植物生理生化的影响

（1）生物膜结构破坏 干旱造成细胞脱水时，膜脂排列紊乱，膜蛋白变性，改变膜脂-蛋白的构象，从而使膜系统受损，膜透性增大，胞内物质外渗；各种细胞器的膜也受到损伤，同时酶的活力受影响，正常代谢受到影响。干旱使膜不饱和脂肪酸含量下降，但干旱锻炼后膜脂的不饱和度上升。

（2）光合作用受抑制 水分亏缺会使光合面积减少和光合速率降低，因此干旱使作物产量下降的主要原因是光合作用下降。

水分亏缺下叶面积减小是导致减产的主要原因之一。叶面积的减小是应答（response）水分亏缺的一个早期反应。即使轻微的水分亏缺，就会使植物生长受抑，叶面积减少，光合能力受到严重损伤，如许多旱区植物的叶片很小。改变叶片形状是植物减少叶面积的另一个办法。在缺水、高温等极端条件下，发育过程中的叶片变窄或发育成更深的裂片。即使所有叶片都成熟后，植物已形成较稳定的叶片面积，若再出现水分亏缺，叶片将会衰老脱落，减少叶面积，增强植物对缺水环境的耐受性。多种干旱落叶的沙漠植物，一旦处于干旱时，就会脱落所有叶片，而雨后又会很快长出新叶；在一个季节里，这种周期性变化发生两次甚至多次。水分亏缺时植物体内乙烯合成增加，是促进叶片大量脱落的一个原因。

干旱引起气孔开度减小，甚至关闭，使 CO_2 吸收减少，导致光合速率下降，这称为 CO_2 同化的气孔性限制。严重干旱还会引起叶绿素含量减少，甚至叶绿体结构被破坏，类囊体层膜系统受损，PSⅡ活性下降，希尔反应减弱，放氧速率降低，光合电子传递和光合磷酸化受抑制，RuBP 羧化酶活力下降等，导致光合速率下降，这称为 CO_2 同化的非气孔性限制。缺水导致作物光合速率下降，当光合速率和呼吸速率相等即净光合速率为零时叶片的水势称为水合补偿点。

如何区分是哪个因素导致的光合速率下降呢？如果植物受旱时光合速率降低，伴随着胞间 CO_2 浓度降低和气孔限制值升高，表明光合速率降低是由于气孔因素的限制。

（3）呼吸速率总体降低　干旱对呼吸作用的影响较复杂，一般呼吸速率随水势下降而缓慢降低。有时水分亏缺会使呼吸速率短时间上升，而后下降。水分严重亏缺时，呼吸速率大大降低。

（4）核酸、蛋白质降解　一般来说，干旱时植物体内蛋白质合成减弱，分解加强，所以细胞内 DNA 和 RNA 及蛋白质含量下降，游离氨基酸含量上升。一个显著变化是脯氨酸大量积累，常可增高 10~100 倍。某些禾本科和藜科植物在经受水分亏缺胁迫时，体内常积累大量的甜菜碱。二者都是细胞内重要的渗透调节物质，并起着稳定生物大分子结构和功能的作用，有利于抵抗不良环境。

此外，干旱胁迫下，原有蛋白质合成受阻的同时，产生某些新的蛋白质和多肽，称为旱激蛋白。已从多种植物中发现了多种旱激蛋白，如离子通道、脱水素和 LEA 蛋白。这些蛋白多数高度亲水，因而它们的出现能增强原生质的水合度，保护生物大分子及膜结构，起到抗脱水作用。渗透物质合成及调节的相关基因也被干旱诱导表达增加。

（5）激素变化　干旱条件下，植物内源激素变化的总趋势是促进生长的激素减少，而延缓或抑制生长的激素增多，主要表现为脱落酸大量增加，细胞分裂素减少，刺激乙烯产生，并通过这些变化来影响其他生理过程，如乙烯增加会引起叶片脱落。而脱落酸是根源信号，可引起地上部做出相应的防御反应，气孔关闭，减少蒸腾失水（图 11-2）；也能促进初生根生长，诱导许多基因表达，提高植物的抗逆性。

（6）干旱对保护酶系统的影响　干旱敏感型植物受旱时，保护酶的活性通常降低，导致活性氧积累，引起相应的伤害。耐旱植物在适度的干旱条件下，超氧化物歧化酶、过氧化氢酶和过氧化物酶等活性通常增高，表明清除活性氧的能力增强，这也意味着植物具有一定的抗旱能力。

（三）严重干旱致死的原因

若干旱延续时间较长就会引起植物的死亡。目前关于干旱引起植物死亡的原因有以下几种看法。

1. 机械损伤学说

该学说认为，严重干旱使植物死亡的原因并不是失水本身，而是由失水与再吸水时所造成

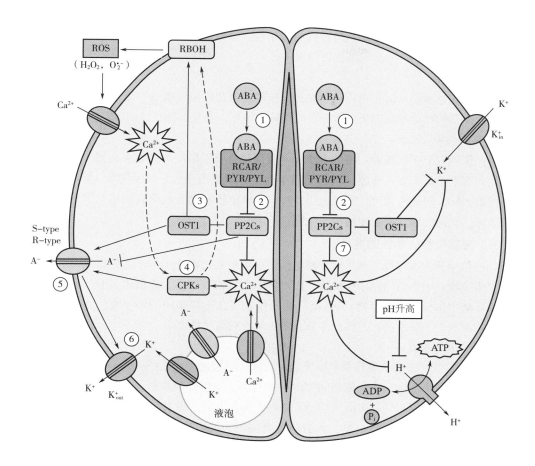

图 11-2 脱落酸诱导气孔关闭的模式图（Taiz 等，2015）

①脱落酸与胞质的受体（PCAR/PYP/PYL）结合；②抑制 2C 型蛋白磷酸酶（PP2C）的活性；③PP2C 是负调控开放气孔的蛋白激酶（OST1）的，PP2C 活性的抑制解除了对 OST1 的抑制，导致质膜上的 NADPH 氧化酶（RBOH）磷酸化激活，催化活性氧（ROS）形成，如 H_2O_2 和 $O_2^-·$，触发质膜 Ca^{2+} 通道打开，Ca^{2+} 内流，胞质 Ca^{2+} 增加；使得液泡中 Ca^{2+} 释放，进一步增加胞质 Ca^{2+} 水平；④胞质钙水平升高激活钙依赖性蛋白激酶（CPKs），又能激活 RBOH，进一步促进钙流入；⑤OST1 和 CPKs 激活慢速（S-type）阴离子通道和快速（R-type）阴离子通道使阴离子（用 A^- 表示）外流，此过程无脱落酸时能被 PP2C 直接抑制；⑥阴离子流出使质膜去极化；质膜去极化导致质膜上的外向 K^+ 通道活化 K^+ 外流，所以细胞质的 K^+ 和 A^- 浓度都下降；植物细胞中大量的 K^+ 和 A^- 是贮藏在液泡中的，通过液泡膜上的 K^+ 通道和阴离子通道释放进入胞质。离子的外流降低了保卫细胞液的浓度，水势升高，保卫细胞失水收缩膨压降低，导致气孔关闭；⑦质膜上的 K^+ 内向通道和 H^+-ATP 酶都是气孔开放期间介导离子累积的；被脱落酸和 PCAR/PYP/PYL 引起的 PP2C 的抑制作用也抑制这二者，否则它们将抵消离子流出促进气孔关闭的作用。

的机械损伤，使植物细胞死亡。活细胞失水时，细胞壁和原生质体都收缩，但细胞壁的弹性有限，收缩的程度比原生质体小，当细胞壁收缩停止，而原生质体仍在收缩时，原生质体就会脱离细胞壁被拉破以致细胞死亡，细胞壁坚硬的表现更明显。如果细胞壁较薄而柔软，它就同原生质体一道被牵引向内收缩，整个细胞皱褶成团，此时还不致伤害；可当细胞再度吸水时，尤其是突然大量吸水，细胞壁吸水膨胀比原生质体速度快，牵扯会把原生质体撕破，细胞再度遭受机械损伤而死亡。

因此具有下列性质的细胞都具有较强的耐旱性：细胞质浓度高，渗透势低；细胞小，体积变化不大；原生质体弹性大，能抵抗机械损伤。

2. 硫氢基假说

干旱使细胞过度脱水时蛋白质相互靠近，硫氢基氧化形成二硫键，蛋白质凝聚变性，正常功能受损。受旱的叶片细胞内蛋白质分子间二硫键增加，并且这种二硫键也发生在膜蛋白中。

3. 膜伤害假说

正常的膜脂双分子层需要一定的含水量才能保持。当干旱使细胞失水达到一定程度时，膜内磷脂排列紊乱出现龟裂、孔隙；原生质脱水收缩时膜蛋白变性，改变膜脂-蛋白的构象；膜的完整性被破坏，膜透性增大，胞内物质外渗；各种细胞器的膜也受到损伤，细胞内酶的空间间隔被破坏，代谢失调，最后使细胞受伤害。

（四）提高植物抗旱性的途径

植物的抗旱分为避旱性、御旱性和耐旱性。根据植物对水分的需求，把植物分为 3 种生态类型：水生植物、中生植物和旱生植物。作物属中生植物（即适合在既不过分湿润也不过分干燥的温和环境中生长的陆生植物），其抗旱性不仅要求在干旱期间能够生存，并且要维持或接近正常的代谢水平，保持高产，因此多数介于御旱性和耐旱性之间。

1. 抗旱作物的特性

（1）形态特征　一般抗旱作物根系发达、较深，根冠比大，能更有效地利用土壤水分，保持水分平衡；叶片小、细胞小、细胞间隙少、液泡小、细胞排列紧密，可以减少细胞收缩产生的机械损伤；单位叶面积气孔多而气孔小，加强蒸腾，有利于吸水；输导组织发达，叶脉较密；绒毛多，角质化程度高或蜡质层厚，水分透过表皮损失的阻力较大。有些植物虽然叶片较大，但可以通过叶片运动来保护植物避免受干旱时高温的影响，如大豆。

（2）生理生化特性　抗旱作物在生理生化方面具有以下某些特征：①原生质的黏性与弹性较大。原生质黏性大时，束缚水含量高，自由水含量少；干旱时失水少，高温时也不易凝聚变性，抗旱性强。原生质弹性大，脱水时细胞壁收缩和吸水时细胞壁膨胀对原生质破坏的可能性小，恢复原状的能力大，抗旱性强；②耐旱性强的作物细胞汁液浓，渗透调节能力强缺水时积累的脯氨酸或甜菜碱较多，细胞液渗透势低，这样可抗过度脱水，稳定原生质胶体；③耐旱的作物在缺水时气孔关闭较晚，光合作用不会立即停止；④分解和合成的比例改变小，物质合成仍占优势，保持体内蛋白氮和非蛋白氮的一定比例，淀粉能正常贮存，而不过多分解为可溶性糖；⑤从代谢类型看，C_4 植物和 CAM 植物比 C_3 植物抗旱性强。某些肉质的植物会表现出兼性的 CAM 的特性，正常情况下进行 C_3 代谢，当水分亏缺或盐胁迫时会转换为 CAM 代谢，如冰菜。

2. 提高作物抗旱性的措施

（1）抗旱锻炼　播种前对萌动种子予以干旱锻炼，可以提高抗旱能力。以小麦为例，把吸水 24h 的种子在 20℃萌动，然后让其风干，再进行吸胀风干，如此反复进行三次，然后播种。经过干旱锻炼的植株，原生质的亲水性、黏性、弹性及凝结温度均有所提高，在干旱时能保持较高合成水平，抗旱性高。

在幼苗期有意识减少水分供应，使之经受适当缺水的锻炼，也可增加对干旱的抵抗能力，这种"蹲苗"措施也属干旱锻炼，我国早就有对小麦、玉米、大麦、棉花、烟草等作物进行

"蹲苗"的经验。经过"蹲苗"的植株，根系比较发达，叶片保水力较强，抗旱力增强。

（2）合理施肥　磷肥和钾肥均能提高作物抗旱性，因为磷能促进蛋白质合成和提高细胞质胶体的水合程度，钾能够改善碳水化合物代谢和增加原生质含水量。氮肥过多，枝叶徒长，蒸腾失水过多，抵抗干旱能力差；氮肥过少，植株生长瘦弱，亦不抗旱。硼在抗旱中的作用与钾相似。铜能改进碳水化合物与蛋白质的代谢，尤其是在缺水环境更为显著，对花粉生活力也有良好的作用。

（3）使用生长延缓剂或抗蒸腾剂　生长延缓剂可使植物的延伸生长减慢，防止徒长，使植株长得健壮，提高其抗旱能力。使用抗蒸腾剂，减少水分因蒸腾散失，保证植物体内能留存较多的水分，防止植物受旱或减少水分亏缺对植物的影响。

二、　抗涝性

水分过多对植物的不利影响称为涝害，但水分过多的数量概念比较含糊。一般有两层含义，一种是土壤水分超过了田间的最大持水量，土壤水分处于饱和状态，植物根系完全生长在沼泽化的泥浆中，这种涝害被称为湿害（waterlogging）。另一种含义是指水分不仅充满了土壤，而且地面积水，淹没了植物的全部或一部分，这才是典型的涝害（flood injury）。湿害不是典型的涝害，但本质上与涝害大体相同，对植物生长或作物生产有很大影响。植物对水分过多的适应能力叫抗涝性（flood resistance）。

在低洼、沼泽地带，或在发生洪水或暴雨之后，常常有涝害发生。涝害会使作物生长不良，轻则减产，重则失收。在我国和世界各地，涝害的发生具有相当大的普遍性，已成为给农业生产带来巨大损失的重要气候因素之一。

（一）涝害对植物的影响

不论是湿害还是涝害，都使植物生长在缺氧的环境中，因缺氧而产生一系列不利的影响。缺氧是导致涝害的主要诱因。

1. 生长受抑

缺氧使植物生长受抑制，形态、结构发生异常。受涝的植株矮小，叶黄化，根尖变黑，叶柄偏上性生长。根细胞在缺氧时，线粒体发育不良。种子在淹水中萌发时，只有芽鞘伸长但不长根，当通气后根才出现。

2. 代谢紊乱

缺氧时有氧呼吸受到抑制，而无氧呼吸加强，导致乙醇、丙酮酸、乳酸等物质的积累，产生毒害。无氧呼吸还使根系缺乏能量，降低了根对矿质离子的正常吸收活性。物质分解大于合成。光合作用降低，甚至完全停止。

3. 营养失调

由于缺氧使得土壤中的好气性细菌（如氨化细菌、硝化细菌等）的正常生长活动受到抑制，影响了矿质营养供应；相反土壤厌气性细菌（如丁酸细菌）活跃，从而增加土壤溶液的酸度，降低其氧化还原势，使土壤内形成大量有害的还原性物质（如 H_2S、Fe^{2+}、Mn^{2+} 等），使必需元素锰、锌、铁等易被还原流失，引起植株营养缺乏。

4. 乙烯增加

在淹水条件下植物体内乙烯含量明显增加。如水涝时美国梧桐体内乙烯含量提高 10 倍左右。高浓度的乙烯可引起叶片卷曲，叶柄偏上性生长，叶片脱落，花瓣褪色等。研究表明，水涝时植物根系大量合成乙烯的前体物质 ACC，它向上运到茎叶后接触空气即转变为乙烯。

（二）植物对涝害的适应机理

植物对涝害的适应能力决定于对缺氧的耐受能力。

1. 具有发达的通气组织（形态适应）

水涝时很多植物可以通过胞间空隙（通气组织）把地上部吸收的 O_2 输入根部和缺氧部位。植物是否能适应淹水胁迫在很大程度上取决于其体内有无通气组织。据推算水生植物的细胞间隙约占植株总体积的 70%，而陆生植物只占 20%。比如水稻、水生植物浮萍都具有发达的通气组织。而玉米、小麦等植株则缺乏通气组织，所以它们对淹水胁迫的适应能力差；不过它们根部经缺 O_2 诱导也可形成通气组织（图 11-3）。淹水缺氧之所以能诱导根部通气组织形成，主要是因为缺氧刺激乙烯的生物合成，乙烯的增加刺激纤维素酶活性加强，把皮层细胞的细胞壁溶解，最后形成通气组织。

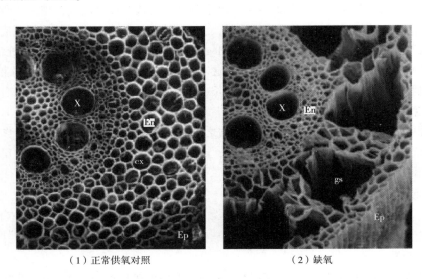

（1）正常供氧对照　　　　　　　　（2）缺氧

图 11-3　不同供氧状态下玉米根横切面的扫描电镜照片（Taiz 和 Zeiger，2006）

cx—cortex（皮层）　En—endodermis（内皮层）　Ep—epidermis（表皮）

gs—gas-filled spaces（通气组织）　X-xylem（木质部）

2. 代谢调节（生理适应）

柳树（耐涝植物）根在无氧条件下可以利用 NO_3^- 的 O_2 以补偿体内氧的不足。有些植物通过代谢上的变化，消除无氧呼吸所积累的有毒物质，如甜茅属植物缺氧虽然短期会刺激糖酵解途径，但不久即以磷酸戊糖途径取代糖酵解过程，从而减少了有毒物质的积累。厌氧蛋白（ANPs）是植物在淹水缺氧条件下新合成的一组新蛋白质或多肽，其中有些 ANPs，如乙醇脱氢酶（ADH）含量和活性的增加，对于提高植物抵抗缺氧能力是有利的。有些耐湿植物可通过提高乙醇脱氢酶活性以减少乙醇的积累。

（三）提高植物抗涝性的途径

1. 抗性锻炼

低氧预处理可提高植物对涝害缺氧的耐受能力，如玉米幼苗移栽前转移到缺氧环境进行低氧处理几小时，可增加根系乳酸释放能力，延长生存时间。

2. 加强栽培管理

通过开沟降低地下水位，避免涝害；采用高垄栽培；涝害后及时排水洗苗；增施肥料等。

第四节　植物盐胁迫生理

一、盐害

土壤中盐分过多，特别是可溶性盐类（如 NaCl、Na_2SO_4 等），对植物造成的危害称为盐害，也称为盐胁迫（salt stress）。植物对盐害的适应能力称为抗盐性（salt resistance）。

在气候干燥和地势低洼、地下水位较高的地区（水分蒸发会把地下盐分带到土壤表面）以及滨海地带，土壤中含有较多盐类。钠盐是形成盐分过多的主要盐类，以 NaCl 和 Na_2SO_4 为主要盐分的土壤称为盐土（saline soil），以 Na_2CO_3 和 $NaHCO_3$ 为主要盐分的土壤称为碱土（alkaline soil）。但两者常同时存在，因此习惯上把盐分过多的土壤统称为盐碱土（saline and alkaline soil）。土壤含盐量可以盐度表示。盐度常以 25℃下土壤溶液的电导率表示，单位为 dS/m 或 mS/cm。在以单价盐 NaCl 为主的土壤中，1dS/m 相当于可溶性盐总量 0.64g/L 或 11mmol/L。一般把土壤电导值为 2~4dS/m 的土壤称为轻盐化土，4~8dS/m 称为中盐化土，8~15dS/m 的称为重盐化土，大于 15dS/m 的称为重盐土。一般盐土含盐量在 2~5g/L 时就已对植物生长不利，而盐土表层含盐量往往可达 6~100g/L。

据估计，全世界约有 10 亿 hm^2（约占陆地面积的 7%）的土地受到盐害。我国盐碱土主要分布在西北、华北、东北和沿海地区，约有 3300 万 hm^2（占耕地面积的 10% 以上），其中盐碱耕地约有 660 万 hm^2。随着工农业的发展，灌溉地（提供世界粮食的 1/3）中有 1/3 遭到盐害（次生盐渍化），加之塑料大棚的大面积推广和应用，海水倒灌形成沿海滩涂，盐碱地还有不断扩大的趋势。可以说，土壤盐渍化对农业的威胁已成为一个全球性的问题。

二、盐胁迫对植物的伤害

正常情况下高等植物细胞质中含有约 100mmol/L 的 K^+ 和小于 10mmol/L 的 Na^+，这种环境下细胞质中的酶有最佳活性。在盐渍条件下，如果细胞质中的 Na^+ 和 Cl^- 浓度提高到 100mmol/L 以上，便成为细胞毒素。

一般将植物的盐害分为原初盐害和次生盐害。原初盐害可理解为盐离子本身产生的毒害作用，即离子胁迫或离子毒害。例如，盐胁迫对质膜的直接影响，使膜结构和功能受到伤害；或者是盐分进入细胞后对各种酶活性产生影响，从而影响相关代谢过程。次生盐害是由于土壤盐分过多使土壤水势过低，从而对植物产生渗透胁迫，植物吸水困难甚至发生脱水现象；或者是由于离子间的竞争而引起某种营养元素的缺乏，进而影响植物的新陈代谢（图 11-4）。

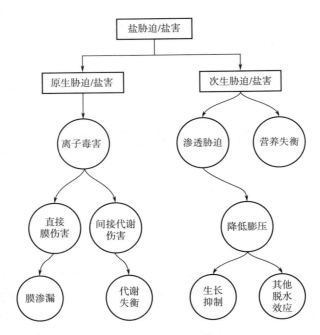

图 11-4　盐胁迫对植物的伤害机制（Levitt，1980）

1. 膜透性改变

高浓度盐通过降低大分子的水合作用导致蛋白质变性及质膜去稳定。此外 Na^+ 取代质膜和内膜上的 Ca^{2+} 结合位点，使膜完整性及膜功能受破坏。因此盐胁迫使细胞膜完整性受损，膜透性增大。另外盐胁迫也使植物细胞内 ROS 含量上升，启动膜脂过氧化作用，也会导致膜的完整性降低，选择透性丧失，细胞内物质外渗加剧。例如，用不同浓度 NaCl 溶液处理玉米幼苗时，根系电解质大量外渗，外渗量（常以电导率表示）随 NaCl 溶液浓度增大和处理时间延长而增加。

2. 生理代谢紊乱

盐分过多可抑制叶绿素合成及各种光合酶活性，使光合速率下降。低盐时植物的呼吸作用一般受到促进，而高盐时则受到抑制，如紫花苜蓿在 5g/L NaCl 处理时，呼吸速率比对照高40%，而在 12g/L NaCl 处理时呼吸速率下降 10%。盐胁迫使蛋白质合成受阻，而分解加剧。另外，盐胁迫下植物体内有毒物质（如游离 NH_4^+）过多积累，对细胞产生毒害作用，例如，在轻度盐土上生长的棉花，其叶片中的氨含量为正常的 2 倍，在重盐渍土上则为 10 倍。

3. 渗透胁迫

土壤中的可溶性盐类过多，会降低土壤溶液的渗透势而使水势下降，植物根系吸水困难，甚至会发生失水现象。因此，盐害导致的渗透胁迫伤害实际上是生理干旱。在大气湿度相对较低的情况下，随着蒸腾的加强，盐害更为严重。

4. 营养失衡与单盐毒害

由于植物在吸收矿质元素的过程中，盐分（如 Na^+、Cl^-、Mg^{2+}、SO_4^{2-}）与各种营养元素互相竞争，从而阻止植物对某些矿质元素（如 K^+、Ca^{2+}、HPO_4^{2-}、NO_3^-）的吸收，造成营养亏缺或平衡失调。例如，Na^+ 浓度高时也和高亲和性的 K^+ 吸收转运蛋白竞争结合位点从而影响钾的吸收；大麦、小麦、水稻等生长在 NaCl 含量高的介质中往往出现 K、P、Ca 的缺乏症。它们都是植物必需的大量元素，缺乏后影响植物的生长发育，若极度缺乏会导致植物死亡。植物对离子的不平衡吸收，不仅使植物发生矿质营养亏缺或失衡，抑制生长，而且还会产生单盐毒害现象。

盐胁迫对植物多方面的伤害最终表现为对植物生长发育过程和生物产量的综合影响。

三、　植物抗盐的方式及其生理机制

根据植物的耐盐能力，可把植物分为盐生植物（halophyte）和甜（淡）土植物（glycophyte）。盐生植物是盐渍生境中的天然植物类群，常生活于渗透势在 -0.33MPa 以下（相当于 70mmol/L 或 4g/L NaCl 以上，高的可达 20g/L 左右）的土壤环境中，如海蓬子、碱蓬等，约有 75 科 220 属 550 种。绝大多数农作物是淡土植物，在非盐土上生长具有竞争优势，其耐盐能力一般在 6g/L 盐浓度以下。作物耐盐性可分为四个等级：敏感（如草莓、四季豆、柑橘等）；中度敏感（如玉米、水稻、番茄等）；中度耐盐（如小麦、大豆等）；耐盐（如大麦、棉花、糖甜菜等）。

植物抗盐的方式主要有拒盐型、排盐或泌盐型、稀盐型和积盐型等四种。盐生植物抗盐方式多为排盐、积盐和稀盐型，而淡土植物多为拒盐型，少数也采用稀盐型。这四种抗盐方式可以进一步归纳为避盐和耐盐两个方面。

（一）避盐

1. 拒盐型（salt exclusion）

这类植物细胞的质膜透性小，在环境盐分浓度较高时，尽量不让外界盐分进入植物体内，或降低植物地上部的盐分浓度，从而避免盐分的胁迫作用。例如，耐盐性不同的大麦品种，生长在同一浓度的 NaCl 溶液中，耐盐性强的品种体内的 Na^+、Cl^- 的浓度较耐盐性弱的品种低得多。另外，拒盐也可发生在植物局部组织，如盐离子进入根系后，只积累在根细胞的液泡内，较少向地上部运输。例如，耐盐性强的大麦品种叶片中 Na^+、Cl^- 含量低的原因主要是根系对 Cl^- 的吸收较低，而所吸收的 Na^+ 留存于根中较多，向地上部运输较少。菜豆、大豆等植物也具有拒盐能力。

2. 排盐或泌盐型（salt excretion）

植物吸收了盐分但并不在细胞内积存，而是主动地通过茎、叶表面的特殊结构如盐腺（salt gland）、腺毛（gland hair）、囊泡等排出体外，通过风吹雨淋而冲洗掉。现在认为，盐腺是一个依赖线粒体提供能量 ATP 驱动的离子泵，这是泌盐盐生植物最通常的抗盐方式。抗盐植物还有一种在细胞水平上的排盐方式，即 Na^+ 外排。质膜上 H^+-ATPase 水解 ATP 把 H^+ 运至胞外，形成跨膜的 pH 和电势梯度，质膜上 Na^+/H^+ 反向传递体将胞外 H^+ 运回胞内的同时把 Na^+ 排出胞外。

泌盐盐生植物一般可分为两类，一类是向外泌盐的盐生植物，这类植物具有盐腺，通过盐腺将吸收到体内的盐分分泌到体外。我国有爵床科的老鼠筋，马鞭草科的海榄雌，旋花科的甘薯，瓣鳞花科的瓣鳞花，紫金牛科的桐花树，白花丹科的二色补血草、黄花补血草等。禾本科中有 8 个属是这种类型的植物，如獐毛属、米草属、隐花草属、鼠尾粟属、蒺藜草属、马唐属、粟草属和雀稗属；报春花科中的海乳草属；玄参科中的火焰草属、柽柳科中柽柳属和红砂属。另一类为向内泌盐植物，它的叶表面具有囊泡，将体内的盐分分泌到囊泡中，暂时贮存起来，如果遇到大风、暴雨或触碰等，囊泡破裂，将盐分释放出来。我国有藜科的滨藜属、藜属、猪毛菜属，其中滨藜属植物有 10 余种。

3. 稀盐型（salt dilution）

有些植物既不能拒盐，也不能泌盐，而是把吸收到植物体内的大量盐分，通过吸水和快速生长、肉质化生长或细胞内的区域化分配等方式来加以稀释。例如，大麦生长在轻度盐渍土壤中，在拔节以前体内 NaCl 浓度较高，但随着拔节快速生长，胞内 NaCl 浓度降低，生长愈快，离子浓度愈低。这在一些抗盐性较强的品种中更为明显。近年来，人们利用植物激素（如吲哚乙酸）促进作物生长，可提高其抗盐性。比如，生长在盐渍土上的小麦喷施 5mg/L 吲哚乙酸溶液，产量会有所增加，而同样的处理用在非盐渍土上，则无明显效果。仙人掌等肉质化的植物在细胞内贮藏大量水分，降低了盐分的浓度。红甜菜等植物可把从外界吸收的大量离子区域化分配（compartmentalization）到液泡中，既可降低细胞质盐离子的毒害作用，又可增大液泡的浓度，降低其水势，保证细胞的吸水。

（二）耐盐

耐盐是植物通过自身的生理或代谢的适应，忍受已进入细胞的盐类，这种方式无论对盐生植物或淡土植物的抗盐能力都具有非常重要的意义。渗透调节是植物耐盐的主要机理之一。参与渗透调节的保护物质主要包括无机离子和有机溶质两大类（见本章第一节）。用无机离子进行渗透调节，比较经济，但过多积累会伤害细胞；利用有机物质进行渗透调节，会大量消耗光合产物。

这类植物耐盐的方式也称为积盐型（salt accumulation）。如许多叶肉质化真盐生植物及茎肉质化真盐生植物，前者把盐离子积累在叶片肉质化组织的液泡中，如藜科的碱蓬属（如盐地碱蓬、碱蓬等）和猪毛菜属（如猪毛菜、天山猪毛菜）；后者把盐离子积累在肉质化中柱的液泡中，主要有藜科的盐穗木属（如盐穗木）、盐节木属（如盐节木）、盐爪爪属（如圆叶盐爪爪、尖叶盐爪爪等）、盐角草属（如盐角草等）。

四、 植物抗盐的分子机制及信号转导

人们对植物体内盐胁迫信号转导途径的研究主要集中在渗透胁迫信号转导途径和有关离子胁迫的盐过敏感调控途径（salt overly sensitive pathway，SOS）两个方面。其中渗透胁迫信号转导途径又包括依赖脱落酸介导的信号转导和不依赖脱落酸的信号转导两类（图 11-5）。SOS 途径是由朱健康教授团队发现的。他们采用模式植物拟南芥，通过快中子轰击、T-DNA 诱变或化学突变等遗传突变分析手段，得到突变植株，对它们在含 NaCl 的琼脂培养基上进行根部弯曲分析，并结合定位克隆和等位检测等方法，获得了 5 组 SOS 突变体，目前已鉴定了 5 个耐盐基因，即 SOS_1、SOS_2、SOS_3、SOS_4 和 SOS_5。其中 SOS_1、SOS_2 和 SOS_3 介导了盐胁迫下植物细胞内离子稳态的信号转导途径，揭示了盐胁迫下细胞内 Na^+ 的外排和 Na^+ 向液泡内的区域化分布以及细胞对 K^+ 吸收的改善。SOS_1 是一种耐盐基因，编码质膜上的 Na^+/H^+ 反向转运蛋白。SOS_2 基因编码一个含有 446 个氨基酸的丝氨酸/苏氨酸类蛋白激酶，控制和激活 K^+ 和 Na^+ 运输蛋白的活性。SOS_3 基因编码一个 N 端豆蔻酰化的含有 3 个 EF 臂的钙结合蛋白，它可以感受盐胁迫激发的钙信号和参与信号转导。SOS_2 活性依赖于 SOS_3 的调节，或者说 SOS_2 在 SOS_3 的下游起作用，或者以 SOS_3-SOS_2 复合体的方式发挥作用。

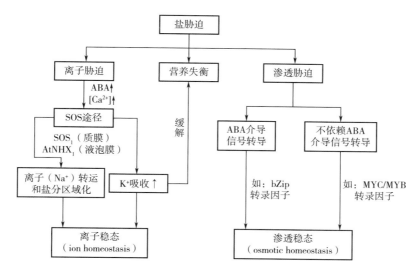

图 11-5　植物对盐胁迫的信号转导过程（Zhu，2003；Shilpim 和 Narendra，2005）

五、　提高植物抗盐性的途径

1. 选育抗盐品种

广泛收集和利用野生植物资源，尤其是盐生野生植物，运用杂交育种、组织培养、遗传工程和分子育种等技术并互相结合，把抗性基因导入栽培植物进行选育，这是提高植物抗盐性的最有效方法，如近年来取得较大进展的耐盐水稻品种选育。

2. 抗盐锻炼

利用植物幼龄期可塑性高、适应力强的特点，在播种前用盐溶液处理种子，进行抗盐锻炼，可提高其在生长发育过程中的抗盐能力。如把棉花种子用 0.3%~0.4% 的 NaCl 或 $CaCl_2$ 溶液浸种，可显著提高棉花种子在盐土中的萌发能力，并促进它以后的生长发育。

3. 加强栽培管理

盐碱地深耕可提高土壤蓄水力，加强天然降水淋盐作用，改善土壤结构，减少水分蒸发，抑制返盐。进行"春晚耕，秋早耕"，充分利用夏季降雨多，使盐分淋洗、下渗，耕层脱盐。增施磷肥和有机肥，可助土壤有效脱盐。种植耐盐绿肥（如田菁）等。

植物通过自身的快速生长稀释细胞内的盐浓度是很重要的抗盐机制之一。使用生长素等调节剂可以有效促进植物生长，使植物吸收大量的水分而避免体内盐浓度的增加。例如，用 IAA 喷施或浸种，可以促进小麦等作物生长和吸水，提高其抗盐性。赤霉素和细胞分裂素在菜豆、豌豆上也有类似效应。利用喷施脱落酸以诱导气孔关闭，从而降低蒸腾作用和盐分的被动吸收，也可以提高植物的抗盐能力。

第五节　环境污染与植物抗性

一、环境污染的含义及种类

随着近代工业的飞速发展，大批厂矿企业、居民区和现代交通工具等所排放的废渣、废气和废水（即俗称的"三废"）以及农业上大量应用化肥、农药所残留的有害物质越来越多，远远超过环境的自然净化能力，即造成了环境污染（environmental pollution）。

环境污染不仅直接危害人类的身心健康与安全，也对植物的生长发育造成非常有害的影响。如果处理不当，可造成农作物减产，甚至绝收，给农业生产造成巨大损失，甚至可以破坏整个生态系统。就其污染的因素而言，可分为大气污染、水体污染、土壤污染和生物污染几种。其中以大气污染和水体污染的危害面较广，而且也容易转化为土壤污染和生物污染。

二、不同污染对植物的危害

（一）大气污染物对植物的危害

大气污染物主要是燃料燃烧时排出的废气，工业生产中排出的粉尘、废气以及汽车尾气等。大气污染物主要有二氧化硫（SO_2）、氟化物、臭氧（O_3）、氯气（Cl_2）、粉尘和光化学烟雾等。有害气体进入植物的主要途径是气孔。有些气体直接对气孔开度有影响，如 SO_2 促使气孔张开，增加叶片对其的吸收；臭氧（O_3）则促使气孔关闭。如果植物体内积累的气体浓度超过了其敏感阈值，就会对植物造成伤害。大气污染物能否危害植物，取决于多种因素，不仅与有害气体的种类、浓度和作用时间有关，而且同植物的种类、发育阶段、生长状况及其他环境条件有关。

植物受大气污染的危害程度可分为急性危害、慢性危害和隐性危害三类。急性危害是指植物在短期内（几小时、几十分钟甚至更短）接触高浓度的污染物所造成的危害，如叶片出现伤斑、枯萎、脱落，甚至植株死亡。慢性危害是指低浓度的污染物在长时间作用下造成的危害，如叶片发黄到缺绿变白、生长发育进程受影响。隐性危害是指植物外观生长发育基本正常，无肉眼可见症状，只是由于生理代谢受到影响，导致作物产量和品质下降。此外，大气污染不仅给植物造成直接的伤害，还会产生一些间接影响，如由于生长发育不良而导致的抗性减弱，易受病虫害侵害等。

1. 二氧化硫对植物的伤害

它是含硫的各种燃料燃烧时的产物之一，大型炼油厂、冶炼厂、热电站、化肥厂和硫酸厂是散发 SO_2 的中心。因为其排放量大，是我国当前最主要的大气污染物，危害也最广泛，一般质量浓度达到 $0.05\sim10mg/L$ 时就有可能危害植物。

硫是植物必需的矿质元素之一，植物所需要的硫一部分来自大气中，因此一定浓度的 SO_2 对植物是有利的。但大气中的含硫量超过了植物的需要，就会给植物造成伤害。SO_2 危害植物的机理主要是由于它是一种还原性很强的酸性气体。如果它通过气孔进入叶片，溶于浸润细胞壁的水分中成为亚硫酸氢根离子（HSO_3^-）和亚硫酸根离子（SO_3^{2-}），并产生氢离子（H^+）降低细胞的 pH，干扰代谢过程；SO_3^{2-}和HSO_3^-可直接破坏蛋白质的结构，使酶失活，使叶绿素变成去镁叶绿素而受到破坏，光合速率下降；间接影响是产生更多自由基，严重伤害细胞。在雨天可以形成"酸雨"，使土壤酸化，不利于植物的生长，其典型症状是植物叶片叶脉间缺绿。各种植物对SO_2的抗性有所不同，敏感的植物有悬铃木、棉花、大豆、小麦、月季等，抗性强的植物有丁香、桂花、玉米、高粱、仙人掌、刺槐等。

2. 氟化物对植物的伤害

包括氟化氢（HF）、四氟化硅（SiF_4）、硅氟酸（H_2SiF_6）及氟气（F_2）等，其中排放量最大、毒性最强的是 HF。当浓度为 $1 \sim 5 \mu g/L$ 时，较长时间接触可使植物受害。凡是以冰晶石（$3NaF \cdot AlF_3$）、含氟磷矿〔$Ca_3(PO_4)_2 \cdot CaF_2$〕和萤石（CaF_2）等为生产原料的工厂，如炼铝厂、磷肥厂、钢铁厂、玻璃厂等，都可能排放氟化物到大气中，煤燃烧过程中也会有 HF 气体放出。

气态氟化物也主要通过气孔进入植物体内，其危害原因主要包括：F^-能与酶蛋白中的Ca^{2+}、Mg^{2+}等金属离子结合成络合物，使酶失活；气态氟化物是一些酶如烯醇酶、琥珀酸脱氢酶、酸性磷酸酯酶等的抑制剂；气态氟化物使叶绿素合成受阻，叶绿体破坏。试验证明，用不同浓度的各种空气污染物处理大麦、燕麦等作物，HF 对光合作用的抑制作用最强。HF 产生危害的典型症状是叶尖或边缘出现红棕色至黄褐色的坏死斑，受害组织与正常组织之间常形成明显界限。植物的幼叶、幼芽最易受氟化物的危害。

不同植物对氟化物的敏感程度也有区别，如唐菖蒲、葡萄、玉米、烟草、芝麻等属敏感型，而丝瓜、棉花、小麦、油菜、柳、侧柏等表现较强抗性。

3. 光化学烟雾对植物的伤害

汽车尾气中的一氧化氮（NO）和烯烃类碳氢化合物升到高空后，在太阳光紫外线的作用下，发生各种光化学反应，形成臭氧（O_3）、二氧化氮（NO_2）、醛类（RCHO）和硝酸过氧化乙酰（peroxyacetyl nitrate，PAN）等气态的有害物质，再与大气中的粒状污染物（如硫酸液滴、硝酸液滴等）混合呈浅蓝色烟雾状。由于这种污染物主要是通过光化学作用形成的，因此称其为光化学烟雾（photochemical smog）。下面简介 O_3、NO_2 和 PAN 对植物的危害。

O_3 是一种强氧化剂，能氧化破坏质膜，增加胞内物质外渗，破坏正常氧化还原过程，破坏叶绿素，促进戊糖磷酸呼吸途径，利于酚类化合物形成，并氧化成棕红色化合物，故伤斑呈黄、褐等颜色。当大气中 O_3 浓度为 0.1mg/L，延续 $2 \sim 3h$，烟草、苜蓿、菠菜、蚕豆等植物就会出现受害情况，典型症状是叶面上出现密集、细小的黄色、褐色或白色斑点，严重时出现大面积的失绿斑块。

NO_2 对植物的影响与 SO_2、O_3 和 HF 等有所不同，低浓度的 NO_2 不会引起植物伤害，高浓度时才会产生急性危害。一般情况下，当其质量浓度达到 $2 \sim 3mg/L$ 时，植物出现的初始症状是叶片上形成不规则的水渍斑，在暗中这种伤斑仍为绿色，见光后就开始失绿、褪色而坏死。空气中的 NO_2 进入叶片后，与水形成亚硝酸（HNO_2）和硝酸（HNO_3），酸度过高，就会伤害组织。NO_2 伤害程度与光照有关，在黑暗中或弱光下接触 NO_2 比在晴天接触 NO_2 更容易产生伤害。这主要是因为植物中存在硝酸还原酶和亚硝酸还原酶，在光照下它们可使进入植物体内的 NO_2^- 迅速还原，但在黑暗中亚硝酸还原酶不起作用或作用很小，所以光下植物能忍受一定浓度的 NO_2 而不出现伤害症状。对 NO_2 来说，蚕豆、黄瓜等是敏感植物，而石楠则是抗性很强的植物。

PAN 有剧毒，空气中质量浓度只要在 20μg/L 以上，就会伤害植物。伤害症状：初期叶背呈银灰色或古铜色斑点，以后叶背凹陷、变皱、扭曲，呈半透明状；严重时叶片两面都坏死。PAN 能抑制植物的光合作用，影响磷酸戊糖代谢途径和植物细胞壁的合成。不同植物对 PAN 的敏感性不同，番茄、烟草等对 PAN 很敏感，在质量浓度 15~20μg/L 延续 4h 即受害，而玉米、秋海棠、棉花等抗性强的植物可忍耐 75~100μg/L 延续 2h 也不受害。

4. 氯气对植物的伤害

有些化工厂、农药厂、冶炼厂在生产过程中会逸出大量 Cl_2。Cl_2 对植物的毒性要比同浓度的 SO_2 大 2~4 倍，它进入叶片后很快破坏叶绿素，产生褐色伤斑，严重时全叶漂白、枯卷甚至脱落。白菜、番茄、冬瓜、向日葵、大麦、水杉、枫杨等对 Cl_2 较敏感，而茭白、豇豆、银杏、丁香、侧柏、无花果等抗性较强。

（二）水体和土壤污染物对植物的危害

1. 水体污染物对植物的危害

随着工农业的迅速发展和城市人口的大量集中，含有各种污染物质的工业废水和生活污水大量排入水系，再加上大气污染物质、矿山残渣、化肥农药的残留成分被雨水所淋溶，使各种水体受到不同程度的污染，水质显著变劣。污染水体的污染物大致有金属污染物（汞、镉、铬、锌、镍、砷）、非金属污染物（硒、硼等）、有机污染物（酚、氰、三氯乙醛、苯类化合物、醛类化合物、石油等）三类，其中酚、氰、汞、铬、砷等被称为"五毒"。还有一些含病菌的污水也会污染植物，如城市下水道的污水等，进一步对食用者产生危害。

水中含有的这些污染物质，不仅危害水生生物资源和人们的健康与安全，也影响植物的正常生长。例如，当污水中酚含量超过 50μg/L 时，蔬菜的生长就会受到明显抑制，根变褐腐烂，叶色变黄。氰化物对植物呼吸过程有强烈的抑制作用，根短稀疏，甚至停止生长、干枯死亡。另外，污染水质中的各种金属和非金属，如汞、镉、铝、铅、铬、铜、锌、镍、砷、硒、硼等，其中有些是植物必需的微量元素，但在水中含量太高，会对植物造成严重危害，主要是这些元素可抑制酶的活性，或与蛋白质结合使其变性，破坏质膜的选择透性，阻碍植物的正常代谢。例如，汞可使植物光合下降，叶片黄化，分蘖受抑制，根系发育不良，植株变矮；砷可使叶片变为绿褐色，叶柄基部出现褐色斑点，根系变黑，严重时植株枯萎；铬可使水稻叶鞘出现紫褐色斑点、叶片内卷枯黄、根系短而稀疏、植株矮小等。

2. 土壤污染物对植物的危害

土壤污染主要来自水体污染和大气污染。用污水灌溉农田，有毒物质会沉积在土壤中；大气污染物随雨、雪降落到地表渗入土壤，以及施用某些残留量较高的化学农药和放射性物质不慎进入土壤等都会造成土壤污染。

土壤污染对植物的生长发育会产生非常严重的影响。具体表现为：首先，土壤污染会引起土壤酸碱度的变化，如 SO_2 气体淋溶于土中会使土壤酸化，水泥厂的粉尘会使土壤碱化；其次，土壤中沉积富集的有害物质达到一定量时，就会直接影响植物的生长甚至杀死植物；更为严重的是，生长在被污染的土壤中的植物，污染物能被植物吸收富集，转化为生物污染，通过食物链转而危害人、畜健康。例如，生长在电厂、玻璃厂、陶瓷厂等地区的牧草，富集大量的镉，人们吃了长期食用这种牧草的牛羊后，体内会积累镉，造成严重的"骨痛病"。

3. 重金属污染对植物的危害

重金属是指密度 4.0 以上的约 60 种元素或密度在 5.0 以上的 45 种元素。砷、硒是非金属，但是它的毒性及某些性质与重金属相似，所以将砷、硒列入重金属污染物范围内。如 Cu、Pb、Zn、Fe、Co、Ni、V、Ti、Mn、Cd、Hg、Cr、W、Mo、Ag 等为环境中常见的重金属。某些重金属如 Mn、Cu、Zn 等是植物生长的必需元素，在适当的浓度范围内，它们可以刺激植物的生长；而 Hg、Cd、Pb、As 等，则属非必需元素。无论是必需元素还是非必需元素，当重金属含量超过某一浓度时，都会对植物产生不同程度的毒害作用，轻的代谢紊乱生长发育受阻，重则导致植物死亡。

随着矿产资源的大量开采、冶炼、加工及商品制造（如电池）和城市污泥、污水的农用，重金属对土壤、水体的污染越来越严重。重金属一旦进入到环境或生态系统中会长期存留、积累或迁移，但不会消灭，因此它的危害性极大。重金属对植物体的伤害一般认为是由于重金属与植物体内生物大分子（如蛋白质等）的结合造成的。重金属能够与酶的活性中心或活性蛋白的巯基结合，引起蛋白质构象改变，导致酶活性丧失，从而影响细胞的正常生理代谢过程。此外，重金属还可以通过生物体内氧化还原反应，产生自由基而导致细胞的氧化损伤。

在长期进化过程中也形成了一些能在高浓度重金属环境中正常生长、完成生活史的特定生态型的植物，表明这些植物已经形成了一套适应重金属环境的抗性机制。植物适应重金属胁迫的机制包括阻止和控制重金属的吸收、体内螯合解毒、区室化分隔以及代谢平衡等，还可以通过与植物共生的根际微生物（如丛枝菌根菌丝）对重金属的积累作用从而阻止或减少重金属进入植物细胞内。例如，禾本科植物在缺铁状态下可分泌麦根酸类物质，显著提高铁的利用率，同时可控制其他重金属离子的吸收；荞麦等可通过其根系分泌物草酸络合铝，将无毒的草酸铝盐累积在叶片中。麦瓶草（Silene vulgaris）的耐锌品种可通过细胞内的区隔化分布把重金属主要集中在液泡中，其液泡中的锌含量是敏感品种的 2.5 倍。金属硫蛋白（MTs）和植物螯合肽（PCs）等作为植物体内的螯合物质可固定金属离子，降低重金属的生物毒性。

近年来科学家们开始探索利用生物来修复重金属污染土壤的新方法，其中植物修复（phytoremediation）技术被认为是一种成本低、无二次污染、易为公众所接受的自然过程。其基本思路之一是种植超积累植物（hyperaccumulator）于受污染的土壤，植物吸收重金属并将其转移到地上部，收获植物，焚烧后回收重金属，从而降低土壤中重金属的含量，实现治理目标。超积累植物是指对重金属的吸收量超过一般植物 100 倍以上的植物。目前已发现 400 多种植物能超量积累各种重金属，其中以超量积累镍的植物最多，涉及大戟科、十字花科、大风子科、堇菜科和苦脑尼亚科等"五科"，庭荠属、叶下珠属、Leucocroton 属、黄杨属、蒜芥属、柞木属、天料木属、Geissois 属、Bornmuellera 属和鼠鞭草属等"十属"，约有 230 余种。超量积累锌的植物天蓝遏蓝菜，其地上部锌含量可达土壤全锌含量的 16 倍，是一般植物（如油菜、萝卜等）的 150 倍。一些超积累植物能同时超量吸收、积累两种或几种重金属元素。

三、植物在环境保护中的作用

减少环境污染，进行环境保护的措施，主要包括工厂里添置治污净化设备，降低排污量；加强回收管理，防止污染物肆意扩散；改进生产工艺，消除污染物形成等。此外，利用不同植物对污染物敏感性的不同，有计划地在不同地区加以种植，既可以净化环境，降低污染程度，又可以监测环境，预报污染状况。

（一）净化环境

能够净化环境的植物较多，如地衣、垂柳、臭椿、山楂、板栗、夹竹桃、丁香等吸收 SO_2

能力较强；垂柳、拐枣、油菜等具有较强的吸收氟化物的能力；女贞、美人蕉、大叶黄杨等吸氯量较高；水生植物中的水葫芦、浮萍、金鱼藻、黑藻等可吸收水中的酚和氰化物，也可吸收汞、铅、镉、砷等。上述污染物被植物吸收后，有的分解成为营养物质，有的形成络合物，从而降低毒性，表现解毒功能。在一些污染较重的厂矿附近种植相应吸收污染物能力强的植物，既可绿化环境，又可减少污染。上述植物中，水葫芦还可以抑制城市水域中因营养富集而繁生的藻类的生长，使水色变清，提高景观价值。但水葫芦是引进物种，在我国没有天敌，也曾泛滥成灾，所以使用时需要注意。

（二）监测环境

监测环境除了常规的化学仪器分析外，还可以进行植物监测，因其操作简便有效，值得重视和推广。一般都是选用对某一污染物质极为敏感的植物作为指示植物。例如，某些苔藓、地衣在空气的 SO_2 含量为 150μL/L 时就会发生显著伤害。根据受害伤斑等可见症状、受害后生理生化活动的变化以及植物体内成分的异常改变，可以判断环境的污染类型和评价环境质量。

目前已发现不少可作为环境污染指示的植物：对 SO_2 有紫花苜蓿、棉花、土大黄、芝麻、龙牙草、地衣；对氟化物有唐菖蒲、萱草、葡萄、郁金香、雪松、杏、李等；对氯和氯化氢有萝卜、桃、菠菜、紫花苜蓿等；对 NO_2 有悬铃木、向日葵、秋海棠、烟草、番茄等；对 O_3 有菜豆、马铃薯、花生、洋葱等；对 PAN 有繁缕、早熟禾等；对汞有女贞、柳树等。

第六节　抗性生理与农业生产

一、逆境对作物产量的影响

逆境胁迫是导致作物产量降低的主要因素，据估计由此造成的全球作物损失超过 50%，且非生物胁迫造成的损失显著高于生物胁迫。如产量损失最大的粟，在干旱贫瘠地区生长时，产量为 2000kg/hm²，而由于生物和非生物胁迫造成的产量损失分别为 3800kg/hm² 和 20000kg/hm²。玉米产量是 4500kg/hm²，而生物和非生物胁迫造成的产量损失分别为 6000kg/hm² 和 19000kg/hm²，其他如小麦、大豆、燕麦、大麦也存在类似现象。对小麦、水稻、玉米、马铃薯和棉花 5 种重要作物进行调查，结果表明由于病害、昆虫和杂草造成的产量损失为 28%～40%，其中马铃薯最高为 40%，水稻为 38%，玉米为 30%，小麦和棉花为 28%，其中病害影响最大，然后是昆虫、杂草。因此，提高作物产量的重要途径就是保护环境，减少逆境胁迫造成的影响。这可从农业措施方面加强水分、土壤、养分、光照等管理，加强病虫害防控；还可加强遗传资源筛选利用，进行传统育种和分子育种，通过组织培养生产健康种苗等提高作物抗逆性。

二、提高作物抗逆性的农业措施

首先，利用避逆性或者创造适宜环境条件使作物免受逆境影响。如在广西西江沿岸种植早熟水稻品种，使水稻早熟，在洪水来临前已收获，从而避开七八月的洪涝灾害。采用适合的栽培技术也是提高农作物抗性的重要途径。例如，采用大棚种植、地膜覆盖、深耕深松、捕虫黄板、诱虫灯、防虫网、生物防治（如寄生蜂）、熏烟、补光等措施，显著提高保水、保温、保肥能力，降低病虫害发生，改善作物生长环境，提高产量和品质。

其次，利用农艺措施提高作物耐逆性，方法主要有三种。

（1）抗性锻炼　如播种前盐水、脱落酸浸种，或干湿交替处理等，通过抗性锻炼，使作物发生生理生化变化甚至产生相应的逆境蛋白，从而增强对不良环境的抵抗能力。

（2）调节氮、磷、钾的比例　进行合理施肥，也可使植物体内的物质代谢发生改变，抗逆能力提高。如磷能促进有机磷化合物的合成，有利于蛋白质形成和提高原生质胶体水合程度，从而提高植株的抗旱性；钾在增强植物抗寒、抗旱、抗盐碱、抗病虫害能力方面发挥重要作用；硅可以提高植株机械强度，积累酚类物质，增强抗病虫害、抗倒伏能力，抑制作物吸收土壤中过量的铁、锰，减轻过剩的铁、铝的毒害作用。

（3）化学调控　如喷施生长调节剂、抗蒸腾剂、抗寒剂或采用熏烟等方式提高作物抗逆能力。

三、　作物的抗性育种

品种是农作物抗性的基础，抗性品种的选育是提高作物抗性的根本途径。利用抗性资源，通过传统杂交等手段，可以选育出抗逆能力提高的新品种。然而遗传分析证实植物非生物胁迫抗性为数量性状，受多位点控制，每个位点起的作用很小（微效基因）。因此，传统育种策略难以克服不同位点间的负效应，而利用生物技术，发挥主控基因的作用，或进行多个功能基因聚合，能够有效克服负效应，容易获得抗性新品种。

分子生物学技术的迅速发展为抗性育种提供了更为有效可行的技术，很多转基因作物已获得成功，有的已在生产中广泛应用，产生了新型农业——分子农业。

分子农业（molecular agriculture）是应用分子遗传学的原理和方法，通过基因克隆、设计、重组和转基因技术，获得创新种质资源和转基因植物生物反应器，选育高产、高抗、优质新品种，生产生物制品的新型农业。其中应用分子标记和转基因进行品种选育，又称为分子育种，已成为高效快速作物新品种培育的重要手段。通过分子标记辅助可以把众多优良基因聚合到生产品种中，实现多基因累积，培育出广谱多抗优质作物新品种。通过转基因技术则可导入新基因、提高或降低原有基因表达水平，进行性状改良，得到新的种质资源，选育出新品种。比较成功的主要有转抗除草剂、抗虫、抗病、提高营养利用率、改善品质性状基因等，其中抗虫占37%，抗除草剂29%，高秆性状10%，抗病毒10%。然而抗非生物胁迫的转基因作物较少。

转基因植物生物反应器是一备受关注的新领域，主要是将目的基因导入植物中，利用植物生长快、可再生等特点，快速生产口服疫苗、工业用酶、药物、生物农药、生物能源、生物塑料等。如武汉大学进行植物源替代血浆来源的医药蛋白的研究与开发，已取得突破性进展并已进入规模化生产的阶段。

分子育种技术加快了抗性育种进度，提高了成功率，但也面临三大挑战。①抗性和高产之间的矛盾。高产是育种最关心的目标，但高产和抗性间存在冲突。如在逆境下，较小的冠层和较低结实率对维持植物生存是有利的。水分亏缺胁迫下，气孔关闭，减少水分蒸腾，提高了抗旱性，但抑制了光合作用和碳同化。因此，需要寻找既能提高植物抗性，又不影响高产的新策略。一种可行技术就是利用组织特异性和胁迫诱导表达启动子，让基因在植物受到逆境胁迫后在特定组织表达，从而增强了抗性，又对光合作用和碳同化影响不大。但要取得成功，不仅需要我们深入认识作物发育和产量构成机理、基因的表达调控等，也还需要分子生物学家、植物生理学家和育种家的通力合作；②抗非生物胁迫育种进展缓慢。由于植物对非生物胁迫抗性机理复杂，抗性分子机制尚未明确，其抗性多为数量性状基因控制，从而严重制约了抗非生物胁迫分子育种进度；③转基因作物安全性问题。抗生素标记基因的使用、基因变异、转基因来源、转基因逃逸等都可能会带来食品安全、生物多样性和生态环境安全问题。转基因作物应用以来一直存在争议。因此必须不断改进转基因技术，强化转基因安全性风险评估，提高转基因食品的安全性，防止转基因逃逸，降低转基因对环境的影响。

四、 抗性生理与分子生物学

抗性生理和分子生物学两学科相辅相成，相互促进。一方面，分子生物学技术的迅速发展，对抗性生理研究产生重要影响。逆境条件下，研究植物的生物大分子结构、功能的变化及其与抗逆性关系，对植物抗性现象进行分子验证，解析植物抗性的分子机制已经成为抗性生理研究的热点。随着基因组技术和强大的数据统计分析方法的发展，全基因组关联研究（genome-wide association studies，GWAS）已成为传统的双亲杂交、作图的补充工具，能够提供大量与植物抗性相关的候选基因，为抗性相关基因的发现和功能研究打下良好基础。对转录因子研究表明其在植物胁迫反应中具有多效性、复杂性。新的抗性基因及其调控作用不断被发现，逆境胁迫信号因子及其信号转导途径逐步被解释。另一方面，由于逆境胁迫的复杂多样性，植物抗性机制也不同，有主效基因，也有微效基因；有促进基因，也有抑制基因；有分子、信号、细胞器、细胞、组织、器官、个体和群落等不同层次。因此，植物抗性生理研究又为分子生物学发展提供了广阔视野，丰富了对基因表达、调控及生物大分子结构和功能的认识，加强分子生物学与生产实践结合，推动分子生物学进一步发展。

内容小结

逆境包括生物胁迫和非生物胁迫，种类众多。逆境下，植物遭受原初伤害与次生伤害，在形态和生理代谢方面发生明显变化，表现出不同形式的适应性和抗性。

逆境下生物膜结构和组分发生明显变化，其稳定性与抗逆性密切相关。渗透调节是植物适应胁迫的重要机制，可维持细胞的正常膨压，提高抗逆性；渗透调节物质主要包括无机离子和有机溶质两类。自由基、活性氧、活性氮具有损伤和保护双重作用，其作用取决于它们在植物体内浓度的动态平衡。交叉适应是指植物经历某种逆境后，能够提高植物对其他逆境的抵抗能力，与不同种类的植物抗逆相关基因表达、逆境蛋白合成有关。

温度胁迫包括低温伤害和高温伤害，其中低温伤害又包括冷害和冻害。冷害主要改变膜相，导致代谢紊乱。冻害主要是因结冰引起膜和细胞质的结构破坏所致。高温伤害使生物膜脂液化，膜蛋白变性。

水分胁迫包括干旱和涝害。干旱导致细胞过度脱水，膜结构被破坏，膜透性增大，代谢紊乱，光合作用下降，呼吸解偶联。涝害主要是缺氧所致，植物通过形成通气组织，消除有毒物质，提高抗涝能力。

盐胁迫对植物的伤害主要有膜透性改变、生理代谢紊乱、渗透胁迫、营养失衡与单盐毒害。植物抗盐的方式主要有拒盐、排盐、稀盐、积盐。

环境污染可分为大气污染、水体污染、土壤污染和生物污染，大气污染和水体污染的危害面较广，也容易转化为土壤污染和生物污染。大气污染物主要有二氧化硫、氟化物、臭氧、氯气、粉尘和光化学烟雾等。水体污染物大致有金属污染物、非金属污染物、有机污染物。

课程思政案例

1. 如何应用辩证唯物主义世界观和方法论学习植物逆境生理？
2. 如何利用植物逆境生理知识提高植物种质资源和生物多样性保护的水平？
3. 植物适应逆境的过程和机制对我们的学习、工作和生活有何启发意义？

参 考 文 献

［1］苍晶，李唯. 植物生理学［M］. 北京：高等教育出版社，2017.

［2］陈晓亚，薛红卫. 植物生理与分子生物学［M］.4 版. 北京：高等教育出版社，2012.

［3］蒋德安. 植物生理学［M］.3 版. 北京：高等教育出版社，2022.

［4］姜勇，罗深秋. 细胞信号转导的分子基础与功能调控［M］. 北京：科学出版社，2011.

［5］李合生，王学奎. 现代植物生理学［M］.4 版. 北京：高等教育出版社，2019.

［6］文涛. 植物生理学［M］. 北京：中国农业出版社，2018.

［7］孟庆伟，高辉远. 植物生理学［M］.2 版. 北京：中国农业出版社，2017.

［8］宋纯鹏，王学路，周云，等. 植物生理学［M］. 北京：科学出版社，2015.

［9］王三根，苍晶. 植物生理生化［M］.2 版. 北京：中国农业出版社，2015.

［10］王小菁. 植物生理学［M］. 北京：高等教育出版社，2019.

［11］武维华. 植物生理学［M］.3 版. 北京：科学出版社，2018.

［12］许智宏，薛红卫. 植物激素作用的分子机理［M］. 上海：上海科学技术出版社，2012.

［13］许智宏，种康. 植物细胞分化与器官发生［M］. 北京：科学出版社，2015.

［14］杨荣武. 生物化学［M］. 北京：科学出版社，2013.

［15］张继澍. 植物生理学［M］. 北京：高等教育出版社，2006.

［16］刘阳，邢鑫，李德全. LEA 蛋白的分类与功能研究进展［J］. 生物技术通报，2011，27（8）：36-44.

［17］孙永健，孙园园，蒋明金，等. 施肥水平对不同氮效率水稻氮素利用特征及产量的影响［J］. 中国农业科学，2016，49（24）：4745-4756.

［18］Buchanan B B, Gruissem W, Jones R L. Biochemistry and molecular biology of plants［M］. 2nd ed. Rockville, Maryland：American Society of Plant Physiologists，2015.

［19］Hayat S, Mori M, Pichtel J, et al. Nitric oxide in plant physiology［M］. Weinheim, Germany：Wiley-VCH Verlag，2010.

［20］Li J V, Li C Y, Smith S M. Plant hormones：biosynthesis and mechanisms of action［M］. Amsterdam, NL：Elsevier，2017.

［21］Pareek A, Sopory S K , Bohnert H J. Abiotic stress adaptation in plants physiological, molecular and genomic foundation［M］. Berlin, Germany：Springer，2010.

［22］Sunkar R. Plant stress tolerance methods and protocols［M］. New York, USA：Humana Press，2010.

［23］Taiz L, Zeiger E. Plant physiology［M］. 5th ed. Sunderland, UK：Sinauer Associate, Inc.，2010.

［24］Taiz L, Zeiger E, Møller I M, et al. Plant physiology and development［M］. 6th ed. Sunderland, UK：Sinauer Associate Inc.，2015.

［25］ Duan H K, Yan Z, Qi D, et al. Comparative study on the expression of genes involved in carotenoid and ABA biosynthetic pathway in response to salt stress in tomato ［J］. J Integr Agr, 2012, 11: 1093-1102.

［26］ Du M, Spalding E P, Gray W M. Rapid auxin-mediated cell expansion ［J］. Annual Review of Plant Biology, 2020, 71. DOI: 10. 1146/annurev-arplant-073019-025907.

［27］ Li L, Roosjen M, Takahashi K, et al. Cell surface and intracellular auxin signalling for H$^+$-influxes in root growth ［J］. Nature, 2021, 599: 273-277.

［28］ Lin W, Zhou X, Tang W, et al. TMK-based cell-surface auxin signalling activates cell-wall acidification ［J］. Nature, 2021, 599: 278-282.

［29］ Qin F, Shinozaki K, Yamaguchi-Shinozaki K. Achievements and challenges in understanding plant abiotic stress responses and tolerance ［J］. Plant Cell Physiology, 2011, 52 (9): 1569-1582.

［30］ Serre N B C, Kralík D, Yun P, et al. AFB1 controls rapid auxin signalling through membrane depolarization in *Arabidopsis thaliana* root ［J］. Nat. Plants, 2021, 7: 1229-1238.

［31］ Vogt L, Vinyard D J, Khan S, et al. Oxygen-evolving complex of photosystem rabidopsilysis of second-shell residues and hydrogen-bonding networks ［J］, Curr Opin Chem Biol, 2015, 25: 152-158.

［32］ Xu W, Zhang L, Xu X, et al. Seed development and viviparous germination in one accession of a tomato *rin* mutant ［J］. Breeding science, 2016, 66 (3): 372-380.

［33］ Takuma H, Hiroaki M, Tomohiro M, et al. Calcium-mediated rapid movements defend against herbivorous insects in *Mimosa pudica*. Nature Communications, 2022, 13. DOI: https: // doi. org/10. 1038/s41467-022-34106-x.